U0162557

"十三五"国家重点出版物出版规划项目

集成电路设计丛书

硅基功率集成电路设计技术

孙伟锋　刘斯扬　徐　申
钱钦松　祝　靖　著

科学出版社
龍門書局
北京

内 容 简 介

本书重点讲述硅基功率集成电路及相关集成器件的设计技术理论和应用。第 1 章综述功率集成电路基本概念、特点及发展；第 2～3 章介绍功率集成电路最核心的两种集成器件(LDMOS 和 SOI-LIGBT)的结构、原理及可靠性；在器件基础上，第 4～6 章重点阐述高压栅驱动集成电路、非隔离型电源管理集成电路及隔离型电源管理集成电路三种常见典型功率集成电路的设计方法及难点问题。

本书除讲述基本原理，还阐明近年来国际一流学术团体、一流企业在功率集成电路及相关集成器件设计技术方面的最新研究成果，以追求内容的先进性和实用性。

本书适用于具有一定功率半导体基础的高校科研人员，以及从事功率集成电路设计的专业工程人员。

图书在版编目（CIP）数据

硅基功率集成电路设计技术 / 孙伟锋等著. — 北京：龙门书局, 2020.3
(集成电路设计丛书)
“十三五”国家重点出版物出版规划项目 国家出版基金项目
ISBN 978-7-5088-5632-2

Ⅰ. ①硅… Ⅱ. ①孙… Ⅲ. ①硅基材料-集成电路-电路设计
Ⅳ. ①TN402

中国版本图书馆 CIP 数据核字（2019）第 182520 号

责任编辑：赵艳春 / 责任校对：樊雅琼
责任印制：师艳茹 / 封面设计：迷底书装

科 学 出 版 社 出版
龍 門 書 局
北京东黄城根北街 16 号
邮政编码：100717
http://www.sciencep.com

三河市春园印刷有限公司 印刷
科学出版社发行 各地新华书店经销

*

2020 年 3 月第 一 版 开本：720 × 1000 B5
2020 年 3 月第一次印刷 印张：25 3/4
字数：502 000

定价：199.00 元

（如有印装质量问题，我社负责调换）

《集成电路设计丛书》编委会

序

集成电路无疑是近 60 年来世界高新技术的最典型代表，它的产生、进步和发展无疑高度凝聚了人类的智慧结晶。集成电路产业是信息技术产业的核心，是支撑经济社会发展和保障国家安全的战略性、基础性和先导性产业，也是我国的战略性必争产业。当前和今后一段时期，我国的集成电路产业面临重要的发展机遇期，也是技术攻坚期。总体上讲，集成电路包括设计、制造、封装测试、材料等四大产业集群，其中集成电路设计是集成电路产业知识密集的体现，也是直接面向市场的核心和制高点。

“关键核心技术是要不来、买不来、讨不来的”，这是习近平总书记在 2018 年全国两院院士大会上的重要论述，这一论述对我国的集成电路技术和产业尤为重要。正是由于集成电路是电子信息产业的基石和现代工业的粮食，对国家安全和工业安全具有决定性的作用，我们必须、也只能立足于自主创新。

为落实国家集成电路产业发展推进纲要，加快推进我国集成电路设计技术和产业发展，多位院士和专家学者共同策划了这套《集成电路设计丛书》。这套丛书针对集成电路设计领域的关键和核心技术，在总结近年来我国集成电路设计领域主要成果的基础上，重点论述该领域的基础理论和关键技术，给出集成电路设计领域进一步的发展趋势。

值得指出的是，这套丛书是我国中青年学者近年来学术成就和技术攻关成果的总结，体现集成电路设计技术和应用研究的结合，感谢他们为大家介绍总结国内外集成电路设计领域的最新进展，每本书内容丰富，信息量很大。丛书内容包含了先进的微处理器、系统芯片与可重构计算、半导体存储器、混合信号集成电路、射频集成电路、集成电路设计自动化、功率集成电路、毫米波及太赫兹集成电路、硅基光电片上网络等方面的研究工作和研究进展。本丛书旨在使读者进一步了解该领域的研究成果和经验，吸引和引导更多的年轻学者和科研工作者积极投入到集成电路设计这项既具有挑战又有吸引力的事业中来，为我国集成电路设计产业发展做出贡献。

感谢撰写丛书的各领域专家学者。愿这套丛书能成为广大读者，尤其是科研工作者、青年学者和研究生十分有用的参考书，使大家能够进一步明确发展方向和目标，为开展集成电路的创新研究和工程应用奠定重要基础。同时，希望这套丛书也能为我国集成电路设计领域的专家学者提供一个展示研究成果的交流平台，进一步促进和推动我国集成电路设计领域的教学、科研和产业的深入发展。

郝跃

2018 年 6 月 8 日

前　言

功率集成电路(power integrated circuit, PIC)是将功率集成器件与信号处理电路、外围接口电路、保护电路及检测诊断电路等集成在同一芯片的集成电路，主要用于实现对各种电能的处理和转换。近年来，功率集成电路发展迅猛，已广泛应用于轨道交通、工业控制、家用电器及航空航天等领域。据估算，世界上至少50%的电子设备需要通过功率半导体元件控制。世界著名的市场研究与战略咨询机构 Yole Development 调查显示：近 3 年，全球功率半导体市场规模平均年增长12%，2017 年已超过 160 亿美元，未来还将维持 7%的年增长率，预计 2020 年将突破 180 亿美元。其中，功率集成电路占全球功率半导体市场的 50%以上，后续增长势头明显，市场前景广阔。因此，功率集成电路及相关集成器件的设计技术理论和应用研究意义重大。

作者所在的东南大学国家 ASIC 工程技术研究中心长期从事功率集成相关理论、设计和应用的研究。近 20 年来，团队在功率集成器件及电路设计技术方面取得了一定进展，已在 *IEEE T-PE*、*IEEE T-ED*、*IEEE EDL* 及 *IEEE ISPSD* 等权威期刊和顶级会议上发表论文 100 余篇，获得发明专利授权 200 余项，并获得国家技术发明奖二等奖、教育部高等学校科学研究优秀成果奖——技术发明奖一等奖及江苏省科学技术奖一等奖等科技奖励。由于成果散落于各个期刊、会议论文集中，且限于篇幅，有些内容不能在论文中详细展开讨论，相互间的关联性也无法详尽阐明，因此，作者及团队人员基于研究成果，并结合目前国际功率集成领域的最新研究进展，进行系统归纳、整理并编书成册。一方面，对我们近年来的研究工作做一个阶段性的总结，另一方面，希望能为从事功率集成技术研究的同行提供一点参考和借鉴，为推动我国功率集成电路产业发展略尽绵薄之力。此次，恰逢科学出版社盛情邀请参与编著《集成电路设计丛书》的良机，几经揣摩修改，写成本书。

本书内容共分 6 章。第 1 章介绍功率集成电路的基本概念、研究现状及发展趋势。第 2 章首先介绍功率集成电路核心器件 LDMOS 的基本结构及工作原理；进而针对功率集成器件击穿电压与导通电阻的矛盾问题，重点阐明目前国际最先进的 LDMOS 耐压提升技术及其原理；此外，本章还针对功率 LDMOS 器件在实际工作过程中面临的热载流子退化、超越安全工作区失效、高温偏置退化及静电泄放冲击损伤等系列可靠性问题进行深入探讨。第 3 章重点讨论功率集成电路另一核心器件 SOI-LIGBT 的两大研究热点：电流密度提升技术及关断速度提升技术，阐述各类先进技术的特征、原理及效果；本章还对设计者重点关注的闩锁可靠性及短路可靠性问题展开讨论。第 4 章围绕高压栅驱动电路设计，介绍电路的功能、应用及制造工艺，详细阐述该电路设计所需的抗 dV/dt 噪声能力提升、集成自举、抗 V_S 负过冲能力提升及输出驱动等关键核心技术，并对相关测试系统设计给出指导性建议。第 5 章首先介绍非隔离型电源的拓扑分类及控制电路的基本实现方法；其次介绍线性稳压电源的工作原理，阐明线性稳压电源的高效率技术与无片外电容技术的设计方法；再次重点介绍 Buck 型开关电源的工作原理以及高效率、高频化全集成、单电感多输出及电源管理接口等设计技术；最后介绍 Boost 型开关电源中的功率因数校正技术，并讨论功率因数提升技术与实现方法。第 6 章首先介绍隔离型电源的拓扑分类及其对应的控制电路的实现方法；其次介绍反激变换器的工作原理，并分析变换器性能的相关技术，包括多模式高效率控制技术、高精度电压与电流补偿技术、高动态响应技术以及单管谐振控制技术等；最后介绍 LLC 谐振变换器的拓扑及工作原理，并对 LLC 谐振变换器的软启动技术、软开关与容性保护技术及电流模环路调制技术等进行深入分析。

本书的研究工作得到了国家重点研发计划、国家“核高基”重大专项、国家自然科学基金、国家“863”计划等的持续资助，在此表示衷心的感谢！同时，衷心感谢无锡华润上华科技有限公司、苏州博创集成电路设计有限公司、无锡芯朋微电子股份有限公司及无锡新洁能股份有限公司等合作企业对本书研究成果的产业转化给予的大力支持！此外，还要衷心感谢为本书编著工作提出诸多宝贵意见和指导性建议的老师！同时，衷心感谢为本书的出版付出了大量辛勤劳动的工作人员！感谢大家！

本书内容主要基于作者所在研究团队多年来的研究成果，然而由于作者水平有限，加之时间仓促，书中难免有疏漏和不妥之处，恳请读者批评指正！

作　者

2018 年 10 月于东南大学

目　　录

第 1 章　绪　　论

据美国能源部估计，所有能源消耗中约有 40%首先转化为电能。截至 2017 年，全球用电总量已经突破 23 万亿千瓦 · 时，高效的能源转换是降低成本和更好地利用电力资源的关键，使用半导体设备控制和转换电力的电子设备是实现绿色未来的核心。自 20 世纪 50 年代以来，半导体产业发展逐渐分为两个方向：一个是以集成电路为主的微电子技术，其单片集成的器件越来越多，单个器件的功率越来越小；另一个则是以大功率半导体器件为主的电力电子技术，单个器件的功率越来越大，耐压越来越高[1]。这两大分支都逐渐趋于完善，给工业生产、交通运输以及日常生活带来了巨大的便利。随着应用领域的不断扩大，微电子技术和电力电子技术这两个分支相互结合，出现了 PIC 技术，它既具有一定的功率处理能力，又能进行功率控制、信号处理和与外界通信，得到了工业界的高度重视。

进入 21 世纪以后，随着各种先进的半导体材料制备技术、集成电路制造工艺以及新型功率半导体器件技术的不断涌现，PIC 技术得到了实质性的提升和快速发展[2-6]，与分立器件相比，PIC 不仅在电路性能、可靠性和功耗方面有很大优势，而且在降低成本、减小体积和减轻重量等方面有着巨大的潜能。近年来，智能手机、笔记本电脑等便携式电子产品的需求强劲增长，以电压调整器为代表的电源管理集成电路得到迅速发展，在全球半导体市场整体疲软的大背景下，功率半导体市场稳步扩大。如图 1.1 所示，2018 年全球功率半导体销售额突破 160

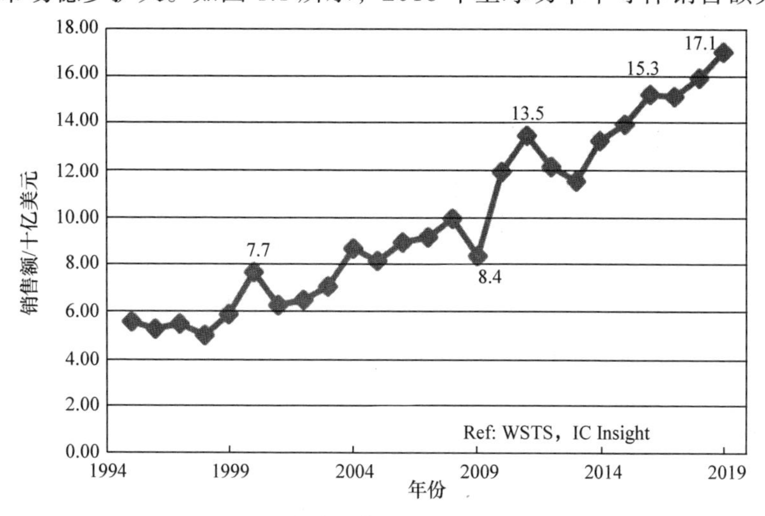

图 1.1　功率半导体销售额随时间的变化

亿美元，预计2020年将突破180亿美元。其中，PIC占了全球功率半导体市场的50%以上，且后续的增长势头也很明显。随着功率系统的集成度和功率密度的不断提升，PIC技术的发展趋势是工作频率更高、功率密度更大、功率损耗更低、电路功能更全，因此PIC在集成型功率器件设计、集成工艺技术和电路拓扑等方面面临巨大挑战。

1.1　功率集成电路基本概念

1.1.1　功率集成电路的定义

完整的功率电子系统包含三个部分[7]：信号的采集/输入和放大电路、驱动负载工作的功率处理电路以及产生控制信号的信号处理电路。将一个完整功率电子系统电路或其中的一部分集成在一个半导体芯片上就形成了PIC[3]。

PIC是将高压功率器件及其驱动电路、保护电路、接口电路等外围电路集成在同一个芯片上的集成电路，是系统信号处理部分和执行部分的桥梁。具体来说，PIC采用一定的工艺，把一个功率电路中所需的晶体管、二极管、电阻、电容和电感等元件及布线连在一起，制作在一小块或几小块半导体晶片或介质基片上，然后封装在一个管壳内，成为具有所需电路功能的微型结构。广义而言，PIC是控制电路与功率负载之间的接口电路，其最简单的电路包括电平转移和驱动电路，它的作用是将微处理器输出的逻辑信号电平转换成足以驱动负载的驱动信号电平。PIC与分立器件构成的功率电路相比具有成本低、可靠性高、体积小、低电磁干扰等一系列优越性，近年来获得了突飞猛进的发展。

按照早期的工艺发展，PIC可以分为智能功率集成电路(smart power integrated circuit, SPIC)和高压集成电路(high voltage integrated circuit, HVIC)两类[3, 6, 8-11]：SPIC是将输入(控制或功能)电路与功率器件集成在同一芯片中，主要用来接通或切断大功率，电流容量相对较大，常用于电压转化/调节器、汽车功率开关和电机驱动等；HVIC是将低压逻辑与高压输出级集成在同一芯片上，功率器件一般多路并行，处理电流能力相对较低，主要用于显示驱动与电话通信等要求高压容量的应用场合。但是，随着PIC的不断发展，其处理电流的能力越来越强，系统集成度也越来越高，它们在工作电压和器件结构上都很难区分，因此习惯把它们统称为PIC。

PIC的种类及应用繁多。如图1.2所示，PIC被广泛运用于电力电子、网络通信、计算机和消费电子、工业与汽车电子等诸多领域。从电压和电流等级来看，可以将PIC的应用划分为三类[12, 13]：第一类为低压大电流的PIC，用于汽车点火、集成调节器、点式打印机及步进电机驱动等；第二类为高压小电流的PIC，用于平板显示、交换机等；第三类为大电流PIC，用于电源及家用电器等。

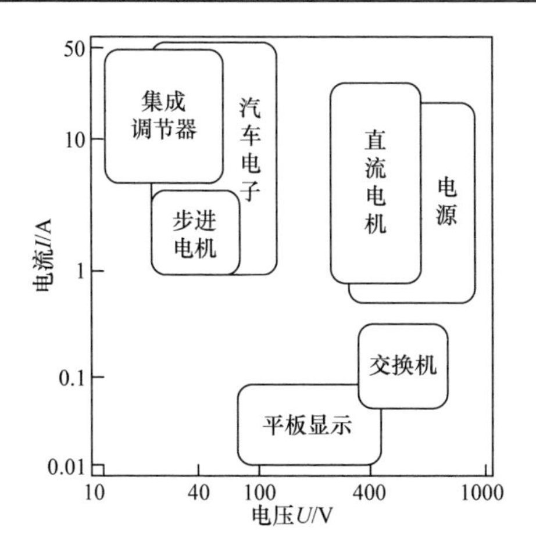

图 1.2　从电压、电流划分的 PIC 应用

1.1.2　功率集成电路的发展历程

PIC 最早出现于 20 世纪 70 年代后期，1980 年 Cini 等就实现了带有过温、短路和过载等保护功能的 PIC，其最高输出功率为 20W，应用于汽车电子系统，是早期 PIC 的代表[14]。芯片采用 PN 结隔离工艺技术，其功率器件的集电极通过 N+埋层以及深磷注入引出到表面。由于当时电子系统大多采用双极型器件，驱动双极型器件需要很大的电流，而且驱动和保护电路也比较复杂，因而该放大器将众多分立器件集成在同一芯片上，减少了系统中的元器件数、互连数和焊点数，不仅减小了系统的体积、成本和重量，而且提高了系统的稳定性和可靠性。不过早期的 PIC 虽然在系统稳定性、功能和成本等方面比分立器件有很多改进，但是受双极型器件电流驱动和电路复杂等特点的影响，其应用领域受到很大程度的限制。

20 世纪 80 年代，功率 MOSFET、绝缘栅双极型晶体管(insulated gate bipolar transistor，IGBT)等具有 MOS 栅控制、高输入阻抗、低驱动功耗、容易保护等特点的新型 MOS 类功率器件出现，这使得驱动电路大为简化，迅速带动了 PIC 的发展，但复杂的系统设计和昂贵的工艺成本仍旧限制了 PIC 的应用。进入 90 年代后，PIC 的设计与工艺水平不断提高，性能价格比也随之上升，PIC 逐步进入了实用阶段[15]。我国是全球最大的消费类电子商品市场和生产基地，随着 PIC 的发展，其被广泛应用于开关电源、电机驱动、工业控制、汽车电子、日常照明和家用电器等方面。

随着时间的推移，在输出相同功率的前提下，PIC 芯片的面积越来越小。早期 PIC 采用的是改进型 BiCMOS V 形沟槽工艺，其特征尺寸较大(约 6μm)，低压控制部分电路就占据了芯片面积的 1/2。随着微电子技术和电力电子技术的发展，器件设计、隔离技术、功率器件集成技术等方面都有了进一步的提高，1994 年开发的 PIC 芯片首次采用了沟槽隔离技术来隔离功率器件和低压电路，横向绝缘栅双极型晶体管(lateral IGBT，LIGBT)与低压器件良好的介质隔离，能避免大电流引起的闩锁效应，PIC 的稳定性有了进一步提升。至 2001 年，相同输出功率的 LIGBT 在版图面积方面进一步缩小，PIC 在差不多的面积下集成了更多的低压控制功能以及保护电路。

图 1.3 所示为一款目前最先进的单片智能功率芯片的照片，其将所有芯片、器件、元件集成到一块芯片中，通过芯片内部的金属互连线进行连接并实现功能[16-18]。该芯片内部集成了栅极驱动芯片、功率开关器件、续流二极管以及具有检测和保护功能的元件或电路。基于单芯片集成方案的智能功率芯片可以将传统多芯片单封装方案中的所有分立元器件全部集成到一块芯片中，因此，大大减小了封装体积，降低了整机体积及复杂度；单芯片集成方案全部采用芯片内部金属进行互连，大大缩短了互连线的长度，同时增强了整机系统的抗干扰能力；与多芯片单封装的智能功率驱动模块相比，单片智能功率芯片的制造良率也具有极大的优势，可进一步降低制造成本；此外，单片智能功率芯片中可集成更多的控制电路、保护电路，与多芯片单封装的方案相比更容易丰富功能，将更多的外部元件进行集成，从而使整机系统更加微型化、智能化。

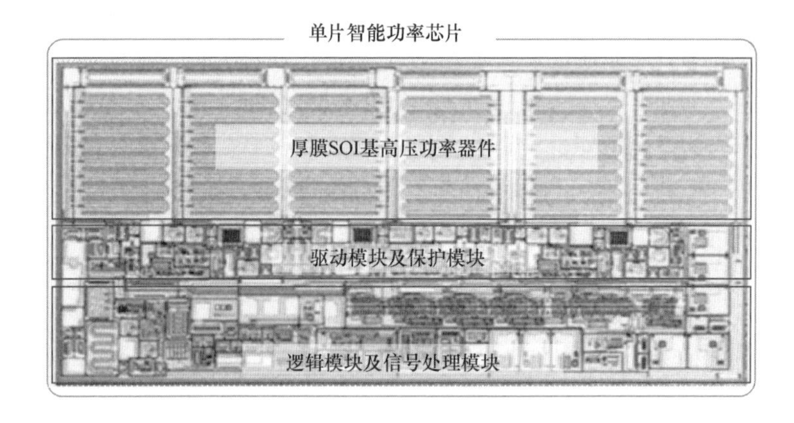

图 1.3 单片智能功率芯片照片

PIC 在以节能减排、绿色环保为主题的当代社会，市场规模和应用领域不断延伸、技术优势逐步得以体现。与此同时，也诞生了一批功率集成技术领域的国内外著名半导体公司，如德州仪器公司(TI)、意法半导体有限公司(ST)、飞兆半导体公司(Fairchild)、国际整流器公司(IR)、安森美半导体公司(On-Semi)、仕兰微电子股份有限公司等。高性价比、兼容 CMOS 工艺、内置高压大电流功率器件和高集成度始终是 PIC 发展研究的热点。

1.1.3 功率集成电路技术的特点

PIC 是以半导体功率器件和集成电路整合一体为技术依托的一种特殊集成电路。技术的不断进步不仅使 PIC 技术向更新的方向不断发展，而且为 PIC 应用范围的拓展提供了更大的可能性。

对于 PIC 而言，其主要完成的功能有功率处理、低压控制和接口通信等。典型的 PIC 工作原理如图 1.4 所示，功率输入由功率转换器主电路转换为功率输出。控制器检测来自输入/初级侧和输出/次级侧的信号，并将其与参考信号进行比较。控制信号控制主功率晶体管，图 1.4 中结构用于模拟(analog, A)控制方法。数字(digital, D)控制方法通常需要带有微处理器或数字信号处理器(digital signal processor, DSP)的 A/D 和 D/A 转换器。

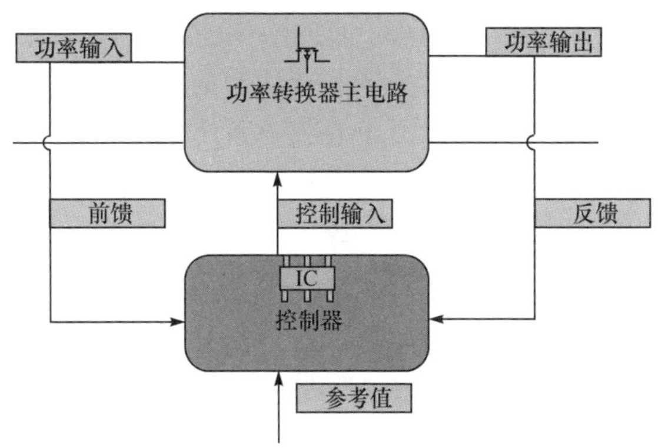

图 1.4 PIC 基本原理示意图

PIC 要实现这些功能首先必须解决一系列兼容性问题，不仅要实现高压和低压之间的兼容，还要实现数模混合电路和功率电路的兼容、制造功率器件和制造普通器件工艺的兼容。为了控制成本，还必须考虑到光刻层次的兼容性，尽量使用同种掺杂实现不同器件的工艺层次。PIC 的功率处理意味着散热问题也需要着重考虑。功率器件的选择和布局将极大地影响其电路模块的性能，需要在版图设计时对电热问题进行统筹安排。同时，功率电路驱动电流能力处理是否恰当也极大地限制了整体电路性能的发挥。因此，PIC 兼容技术将直接影响 PIC 的性能、成本、速度和功耗。

为了更好地解决 PIC 的兼容问题，目前采用了很多工艺技术和手段，其中 BCD(Bipolar-CMOS-DMOS)技术是最主要的一种。它能够将 Bipolar 模拟电路、CMOS 逻辑电路和 DMOS 高压功率器件集成在同一硅衬底上。具体而言，BCD 工艺中可集成的器件主要有低压 CMOS 器件、纵向或横向 NPN 器件、纵向或横向 PNP 器件、高压 DMOS 以及各种类型的二极管、电阻和电容等，有些特殊的BCD工艺还集成了JFET(junction field-effect transistor)器件和EEPROM(electrically erasable programmable read only memory)等。BCD 工艺技术综合了双极型器件高跨导、强负载驱动能力和 CMOS 集成度高、低功耗的优点，使其互相取长补短，发挥各自的优点。更重要的是，它集成了 DMOS 器件，DMOS 器件可以在开关模式下工作，功耗较低，不需要昂贵的封装和冷却系统就可以将大功率传递给负载。这么多的器件在给电路设计者带来设计便利和灵活性的同时，也给兼容工艺开发者带来了很大的挑战：首先必须做到低压器件和高压器件的工艺兼容，同时必须考虑减少工艺步骤,即尽量使不同器件能在同种掺杂浓度和深度下兼容实现。达到这些方面的最佳兼容，特别是随着 BCD 工艺的日益复杂，不仅需要良好的工艺设计和精准的工艺模拟软件仿真，在必要时还需要进行性能和兼容性方面的合理折中。BCD 功率集成技术的开发过程中，需要紧密结合兼容器件、集成工艺和载体芯片等三方面要素，这三者相互作用，构成了 BCD 功率集成开发设计的关键。一套设计优良的 BCD 工艺，不仅能让 Bipolar、CMOS 和 DMOS 三类器件在集成之后仍旧发挥各自的优势，而且相比原有的基础工艺不应增加太多的工艺步骤。只有这样，制造出来的芯片才能在提高系统整体性能的同时，达到节省成本和增强可靠性的目的。根据 BCD 工艺应用的广泛性和灵活性，依据不同的应用要求，BCD 工艺主要可分为高功率 BCD、高密度 BCD、SOI-BCD(silicon on insulator BCD)和高压 BCD 四个方向。

1.2 功率集成电路核心器件概述

功率器件广泛应用于计算机、网络通信、消费电子和工业控制等各类电子产品中，主要包括双极型功率晶体管(power BJT)、门极关断晶闸管(gate turn-off thyristor，GTO)、MOS 控制晶闸管(MOS controlled thyristor，MCT)、功率场效应晶体管(power MOSFET)、IGBT、静电感应晶体管(static induction transistor，SIT)和静电感应晶闸管(static induction thyristor，SITH)等。这些功率器件因其不同特点和优势应用于不同的电子领域。

功率器件根据电流方向和引出端的不同，可以分为横向功率器件和纵向功率器件。一般而言，纵向功率器件的电极分布在芯片表面和衬底材料的底部，电流呈纵向流动，与集成电路工艺较难兼容；横向功率器件的电极均在芯片表面，电流呈横向流动，在工艺和结构上较易与集成电路工艺兼容。根据结构的不同，横向功率器件主要包括双极型功率晶体管、横向双扩散场效应晶体管(lateral double-diffusion MOSFET，LDMOS)、LIGBT 等，这些集成功率器件为 PIC 的实现提供了多种选择途径。

1.2.1 功率半导体器件发展历程

1957年，美国无线电公司(RCA)实验室研发的晶闸管问世，标志着电力电子器件的诞生，从此电力电子技术得到了迅速发展[19]。图1.5给出了功率器件的发展历程[20]。新器件的不断发展，给PIC的发展带来了契机。20世纪六七十年代，晶闸管的派生器件如双向晶闸管、快速晶闸管、逆导晶闸管、非对称晶闸管等半控型器件相继问世。晶闸管本身工作频率低(4000Hz以下)，主要用于交流/直流(alternating current/direct current, AC/DC)速调、调光和调温等低频领域，同时晶闸管的不可关断性直接影响器件的应用范围。另外，双极型功率晶体管的电流电压容量小、电流控制和驱动功率大等缺点也直接制约着双极型功率晶体管的应用范围。

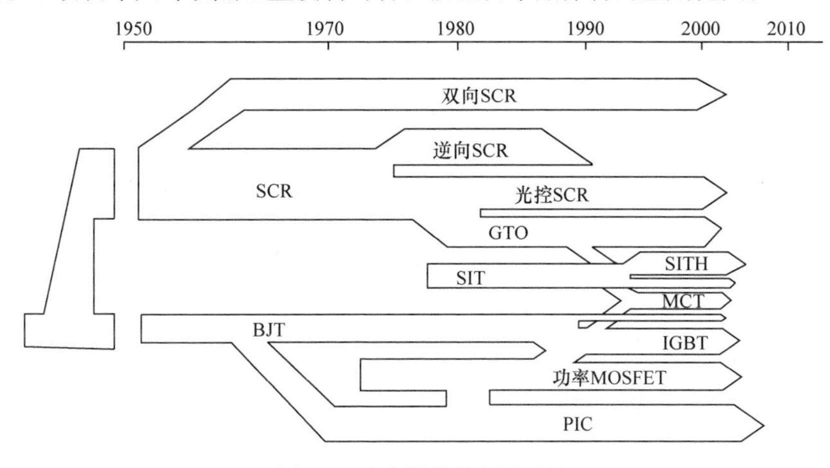

图1.5 功率器件的发展过程

20世纪60年代，全控型电力电子器件——GTO研制成功，实现了门极关断功能，并使斩波工作频率扩展到1kHz以上。70年代中期，GTO又在电流电压容量方面取得突破。GTO容量很大，但工作频率较低(1～2kHz)。70年代，巨型功率晶体管(giant transistor, GTR)和功率MOSFET也开始出现。GTR是电流控制的双极双结电力电子器件，功率容量较大，最初应用于电源、电机控制等中等容量和频率的电路中。

1976年De Clercq和Plummer基于Tarui等提出的设想结构，成功地做出了高压大电流功率LDMOS器件[21]。1979年Collins等在保留和发挥早期平面型功率MOSFET本身优点的基础上提出了VDMOS器件结构。VDMOS是一种电压控制的MOSFET，该功率器件首次实现了场控功能，从而打开了高频应用的大门。根据结构的不同，VDMOS分为两种：一种是横向结构，即LDMOS；另一种是垂直结构，包括纵向双扩散MOSFET(vertically double-diffused MOSFET, VDMOS)、V形槽VMOS管(vertical V-groove MOSFET, VVMOS)和U形槽VMOS管(vertical

U-groove MOSFET，VUMOS)。功率 MOSFET 是在集成电路工艺基础上发展起来的新一代电力电子开关器件。

1983 年，美国 GE 公司和 RCA 公司首次研制出 IGBT 功率器件，其利用 MOSFET 驱动双极型晶体管，既有双极型器件的高电流密度和低导通电阻特点，又具有功率 MOSFET 的栅控能力和高输入阻抗。IGBT 电流容量较大，开关速度比功率 MOSFET 稍慢，驱动简单，广泛应用于电机控制、中大功率开关电源和逆变器、家用电器等快速低损耗领域。随着技术的进步，IGBT 器件于 1986 年开始正式生产并逐渐系列化，商品化的 IGBT 单片水平达到 50A/1000V。发展到 20 世纪 90 年代初，IGBT 模块饱和电流已经达到几 kA 的水平，耐压也远远超过了 1000V。

如图 1.6 所示，硅基功率器件经历了第一代和第二代的发展，BJT、GTO、功率 MOS、IGBT 等分立型和集成型功率器件已经取得了非常广泛的应用，并向着大功率、易驱动、高频化、模块化和集成化不断优化。在器件结构方面，复合型器件仍是研究的重点，IGBT 的开关频率和额定容量还可以提高；电路方面，模块化将具有更大的竞争优势；封装技术的进步是实现小型化的主要途径。BJT、GTO、功率 MOS、IGBT 等主流功率器件在不同的功率级别的应用领域都有着广阔的发展前景。

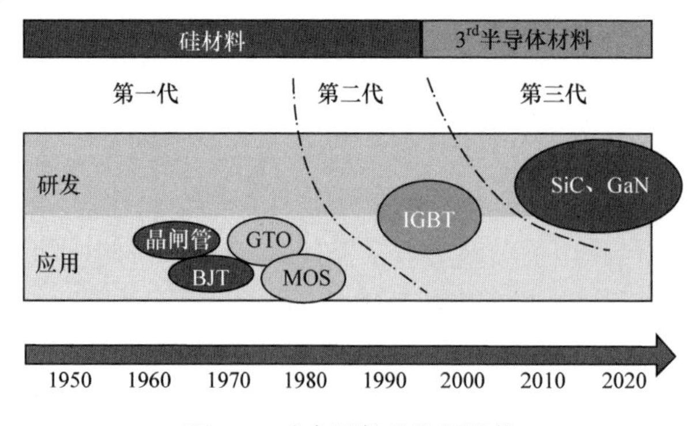

图 1.6　功率器件的发展趋势

在材料方面，第三代半导体又称宽禁带半导体(禁带宽度大于 2.2eV)，如碳化硅(SiC)、氮化镓(GaN)、氧化锌(ZnO)、金刚石、氮化铝(AlN)等，具有高击穿电场、高热导率、高电子饱和速率及高抗辐射能力等优越性能，适合于制作高温、高频、高抗辐射及大功率器件，是支撑国防军备、5G 移动通信、微波射频、电力电子、光电子应用、能源互联网、新能源汽车、高速列车等产业创新、可持续发展和转型升级的核心材料和关键器件。针对第三代半导体材料的器件结构优化、驱动电路设计、集成平台开发等的研究是目前功率半导体领域的热点方向之一，打开了第三代功率半导体的大门。

1.2.2　功率集成电路的核心器件

如前所述，横向功率器件在工艺和结构上能较好地与集成电路工艺相兼容。这里简单介绍 PIC 的核心功率集成器件，即 LDMOS 器件和 LIGBT 器件。

1. LDMOS 器件

如图 1.7 所示，LDMOS 器件是一种横向双扩散的特殊 MOS 结构。该结构用硼磷二次扩散差形成沟道，在沟道和源极之间增加一个长度较长、浓度较低的 N 型漂移区。LDMOS 器件主要利用两次注入的再分布温度和时间来精确控制沟道长度，因而其沟道长度可以不受光刻最小尺寸的限制。LDMOS 器件主要利用低浓度 N 型漂移区阻碍器件的击穿，当漏极电压增大时，耗尽区主要向低浓度漂移区延伸。因而只要选择合适的漂移区长度和浓度以及其他一些参数，击穿电压(breakdown voltage, BV)可以灵活调节。但是，随着漂移区长度的增大，LDMOS 器件的耐压提升的同时，器件导通电阻也相应增大。LDMOS 器件的源、栅和漏三个电极均在硅片表面，易与集成电路中其他器件兼容，目前已广泛应用于 PIC 中。

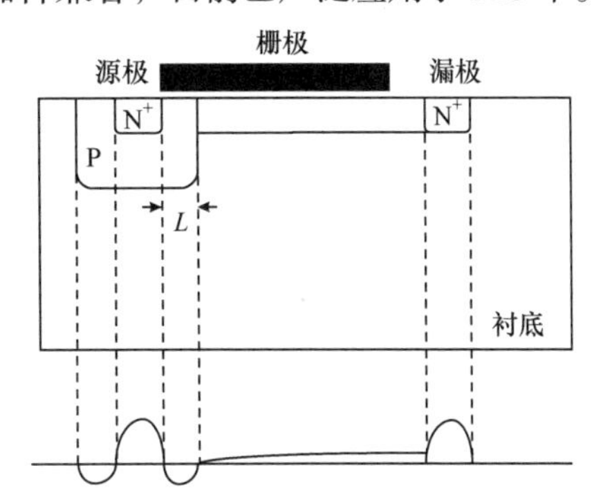

图 1.7　LDMOS 器件剖面图及掺杂示意图

LDMOS 器件具有与双极型功率器件截然不同的优势。它通过栅极电压控制电流，因而具有输入阻抗高、驱动电路简单、开关速度快等优点，工作频率可以达到数百 kHz 范围，适用于开关电源、高频电子整流器等场合，与其他功率器件相比，其具有如下几个特点：电压控制型器件，输入阻抗高、驱动功率低、驱动电路简单；电流负温度系数，有效防止电流和热效应集中，安全工作区大，热稳定性好；多子器件，没有少子存储效应，开关速度快，工作频率高，抗辐照能力强；器件可并联，容易通过并联实现较强的功率处理能力。然而，LDMOS 器件的缺点是电流容量相对较小、耐压相对较低、通态压降大，不适用于非常大功率的装置。经过近 40 年的发展，LDMOS 器件在器件结构、工艺技术等方面取得很大进展，运用这些技术和结构，LDMOS 器件的耐压、导通电阻等性能得到了巨大的改善。

2. LIGBT 器件

IGBT 是由双极型晶体管和 MOS 晶体管组成的复合全控型电压驱动式电力电子器件，既有双极型器件的高电流密度和低导通电阻特点，又有功率 MOSFET 的栅控能力和高输入阻抗。早期分立 IGBT 器件的发射极和栅极两个电极在硅片的表面，而集电极在硅片的背面，因而不易与集成电路中的其他器件兼容，并没有在 PIC 中广泛应用。直到 LIGBT 诞生，才为 IGBT 在 PIC 中的应用开辟了一条新道路，结合其他一些终端技术(如阳极短路、场板技术、表面变掺杂技术和衬底埋层等)，LIGBT 器件的性能得到了日新月异的发展。

如图 1.8 给出了 LIGBT 剖面图及掺杂示意图，与 LDMOS 结构十分相似，主要差异在于它将源极 N^+变为 P^+,从而在 $P^+NP\text{-}N^+$四层结构中引入 PN 结注入机制。LIGBT 可以看作一个 MOSFET 驱动的双极型器件，集电极 P^+、N 型衬底和 P 型体区构成双极型晶体管，一旦 PNP 晶体管注入流经 MOSFET 的电子，N 型漂移区将产生电导调制效应，从而有效降低 N 型漂移区的电阻，器件总导通电阻也随之显著下降。

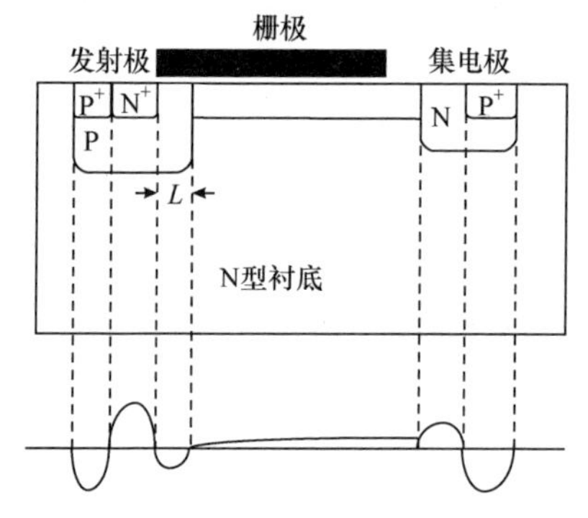

图 1.8 LIGBT 剖面图及掺杂示意图

LIGBT 相对于 LDMOS 而言，由于电导调制作用，具有电流密度大、特征导通电阻低等优点。LIGBT 作为双极型器件，导通时电导调制效应使得器件导通电阻大大减小,但相应的少子注入也造成了器件在关断时存在电荷存储效应，导致 LIGBT 存在关断时间长的缺点。同时，LIGBT 器件设计中一个重要的方面是闩锁效应的抑制，当器件正常工作时，栅极开启，相当于 PNP 晶体管基极导通，而 PNP 晶体管的基极和集电极分别为 NPN 晶体管的集电极和基极提供电流，导致 NPN 晶体管也导通，两管组合起来形成了正反馈，引起导通电流不可控地增大，造成器件失效。

为了改善 LIGBT 的关断时间，必须减小器件漂移区的少子电荷存储效应。于是，人们研制出采用阳极短路的 LIGBT 结构、采用互补栅结构的 LIGBT 等。为了抑制 LIGBT 的闩锁效应,采用 P^+埋层和深 P^+阱来降低垂直 NPN 晶体管的增益,集电极采用 N 型缓冲层结构控制集电极的发射效率，达到提高闩锁电流密度和器件开关速度的目的，这些方法将在后面章节详细阐述。

1.3 功率集成电路基本结构

如前所述，功率电子系统包含三个部分：信号的采集/输入和放大电路、驱动负载工作的功率处理电路以及产生功率处理所需控制信号的信号处理电路。具体而言，一个完整的功率电子系统包括输入接口、信号处理、存储器、电源和功率电路等基本电路结构，其典型电路结构框图如图 1.9 所示。早期功率电子系统受制于工艺条件和成本等因素，大多采用分立器件和电路组合而成，这既增加了功率电子系统的成本和体积，也降低了功率电子系统的可靠性。PIC 的出现和发展，使得可以集成的功能和电路模块越来越多，不仅包括传统 SoC(system on chip)中的信号采集、数据处理、控制用的基本电路，还包括功率处理和驱动电路，以至于可以利用 PIC 输出直接控制功率负载工作。

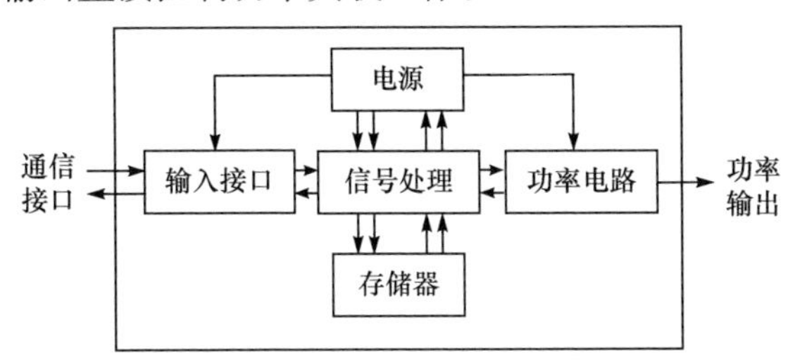

图 1.9 完整 PIC 系统典型电路结构框图

输入接口电路是系统与外界联系的桥梁，它将外界的信号以电信号的方式传送给 PIC 系统内部的其他电路模块，其输入接口电路包括传感器、按键开关以及有线/无线通信接口等。传感器是输入接口电路的重要组成部分，它检测外界一些环境状况变量或过压/欠压等工作条件，然后将信号反馈给信号处理或功率电路，从而保证电路的正常工作；按键开关、无线/有线通信接口则将外界的数字/模拟信号发送到信号处理模块，或者将工作状态或数据信号传送给外界监控，为控制功率电路做准备。

信号处理电路是 PIC 系统的核心控制部分，可以包括微处理器、DSP 和 MCU 等模块。它将输入接口电路得到的各种信号进行数据处理，并依据处理结果对功率电路进行合理控制；同时它还要对电源进行监视、控制和管理，最大可能地发挥电源效率，减少无用功耗。这部分电路通常采用标准 CMOS 电路实现，利用 CMOS 电路可以降低系统功耗并提高集成密度。

电源模块主要提供系统中其他模块所需要的电源形式，包括 DC/AC、高压/低压等不同类型的电源电压。电源模块必须具有良好的抗电源干扰、浪涌和电磁兼容性(electromagnetic compatibility，EMC)等性能，以保证其他模块不会因为电源干扰而出现工作异常。由于要处理大电流和高电压，电源模块需要采用功率器件。

存储器有 ROM、RAM、EEPROM 和 Flash 等几种类型，依照不同的应用和工艺兼容等条件选择合适的存储器类型，对信号处理电路中的数据进行储存和读取。在许多应用中，出于功率控制参数微调、非线性校正等要求就需要将相应的数据写入存储器中。

功率电路主要为马达、显示器和照明灯等负载提供与之相匹配的电源能量。同样要处理大电流和高电压，功率电路要有良好的保护装置，如过压、过流和过温等保护装置。功率电路绝大多数采用集成型功率器件实现。为了配合功率器件工作，很多时候还需要增加栅驱动电路，以便更好地发挥功率器件的性能。

从上述分析可知，PIC 和普通集成电路的区别主要来自功率器件的加入，为了充分发挥功率器件的功能和性能，PIC 和普通集成电路相比增加了如下几个电路模块。

(1) 电平位移模块：电平位移模块作为低压控制和高压驱动电路之间的桥梁，起着非常关键的作用，它将低压逻辑信号转化为高压驱动信号并提供一定的驱动电流。

(2) 栅驱动模块：栅驱动模块给功率器件的栅结构提供充分的充电/放电电流，保证功率器件的快速开启和关断。由于功率器件的面积很大，驱动栅极电压相当于驱动一个很大的电容负载，因而需要较大的驱动电流。

(3) 各种过检测和保护模块：PIC 中存在高压和大电流，常常会造成芯片内部处于过流、过压和发热过大的状态。如果不及时处理，PIC 很容易损坏，因而保护电路在 PIC 中十分重要，只有完备而有效的保护电路才能保证 PIC 安全正常地工作。一般保护电路包括温度保护电路、过流保护电路、过压/欠压保护电路等。

实际应用中的 PIC 将完整的功率电子系统或其中的一部分集成在一个半导体芯片上，下面以 HVIC 和 SPIC 为例予以介绍。

1. HVIC

HVIC 是将数个高压功率器件和低压数字/模拟电路集成在同一芯片上的单片集成电路，一般由三部分组成——低压数字/模拟电路、电平位移电路和高压输出电路，常应用于各种显示驱动、照明、电机驱动和中小功率电源等高压电路中[22]。

早期 HVIC 的低压数字电路包含位移寄存器、计数器、选择器和缓冲器等部分，现代 HVIC 的数字电路还可以通过 CPU、DSP、MCU 等实现非常复杂的功能。低压模拟电路主要由各种数模转换器及各种放大器等部分组成，同时，先进的 HVIC 还包含了完善的检测和保护电路。

电平位移电路对于很多 HVIC 的半桥驱动器都非常重要，通过电平位移电路将低压数字信号转化为高压控制信号来驱动高压端的功率输出器件。为了更好地驱动功率输出器件，栅驱动电路也是必需的。它可以提供安培量级的峰值电流给功率器件栅极，提高功率器件的开关速度。单片集成可以有效地减少寄生效应，提高功率器件的开关速度。

高压输出电路由功率器件组成，根据负载类型和大小，设计不同功率的功率器件。

2. SPIC

SPIC 将输出功率器件、低压控制信号处理，以及传感、保护、检测、诊断等功能电路集成在同一芯片上，一般包括三个部分：功率控制、检测和保护以及接口电路[23]。SPIC 是微电子技术和电力电子技术、控制技术、检测技术相结合的产物，目前被广泛应用于汽车电子、开关电源、电机驱动、工业控制和电源管理等方面。

功率控制电路包括功率器件和驱动电路两部分，主要实现终端功率输出处理功能，出于功耗、控制难度等考虑，功率电路一般使用 LDMOS、LIGBT。为了保证功率器件正常工作并充分发挥性能，一般还需要增加栅极驱动电路或者电平位移电路来控制功率器件的开启和关断。

检测和保护电路主要针对 SPIC 高压、大电流的特点，增加 SPIC 或外围电路发生异常情况(过压/欠压、过温、过流和断路/短路等)时进行保护的功能，从而较好地保护 SPIC 不被损坏，提高 SPIC 的稳定性和使用寿命。SPIC 的检测和保护功能一般由高速双极型晶体管构成的高性能模拟电路完成，随着 CMOS 特征尺寸的减小，标准 CMOS 器件的截止频率大幅提升，目前很多检测和保护电路也采用 CMOS 电路代替双极型晶体管电路，以简化工艺步骤、降低成本、减小面积。

SPIC 接口电路一般由高密度逻辑 CMOS 实现，主要功能是完成与微机的信息交互，对微机的指令进行简单处理，然后控制功率器件做出响应，同时将当前的工作状态、负载信息及其他检测信息传送回微机系统，为下一步更好地控制 SPIC 提供数据。随着 BCD 工艺的发展，接口电路的存储和通信功能也取得了长足的发展。

1.4 功率集成电路的挑战和机遇

从 PIC 的发展历程可以看出，PIC 之所以能够走入历史舞台，正是由于它有着分立器件或普通集成电路无法比拟的优势和特点。然而 PIC 要在今后激烈的技术竞争当中不落下风，还需要向工作频率更高、功率密度更大、功率损耗更低和电路功能更全等方向进一步发展。图 1.10 是 PIC 器件及工艺平台的发展路线图[2]。硅材料平台仍是主流的功率器件工艺平台，对这个工艺平台进行持续优化，并开发一些专用工艺技术，以保持其性能提升。硅工艺平台将持续到 2030 年左右。未来属于宽禁带材料，预计 SiC 工艺平台、GaN 工艺平台将在 2025 年被使用。在这两者中间还有一种混合平台，用特殊封装技术制备宽禁带材料功率器件及硅基功率器件的集成功率模块，可以大幅提升功率模块的整体性能，预计此种混合工艺平台在 2035 年前会一直被广泛使用。PIC 的发展离不开 PIC 技术的推进，如何利用不断发展的工艺技术和手段实现更多功率器件和功能电路的兼容集成将是一项始终值得研究的课题。

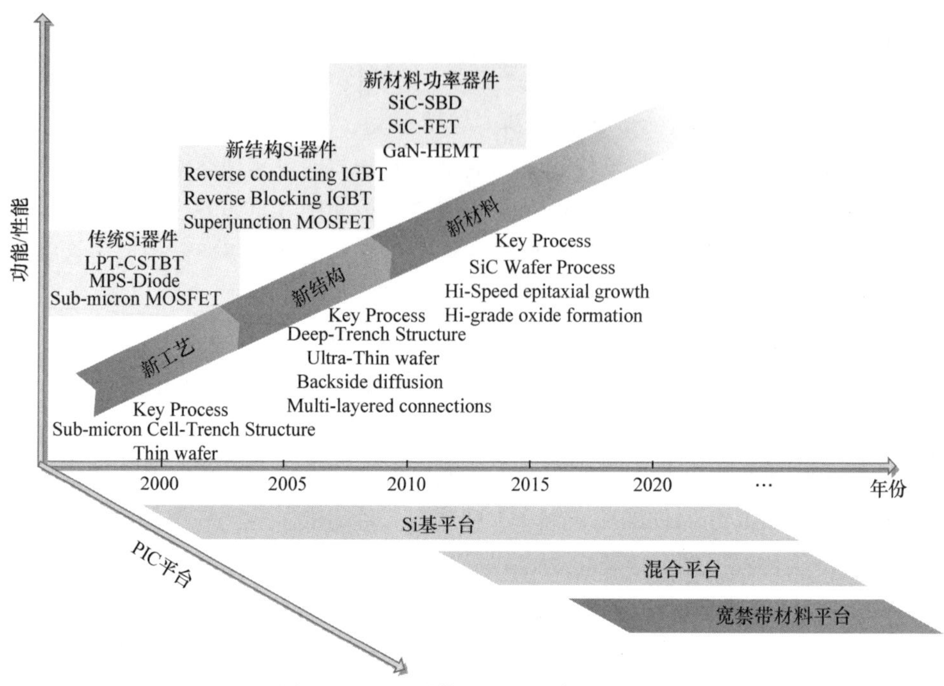

图 1.10　PIC 器件及工艺平台发展趋势

目前 PIC 主要面临的挑战有以下几个方面。

(1) 新型功率器件的研制[24-26]：目前已出现很多新型器件结构，如超结(super junction，SJ)理论衍生的新 MOSFET 结构、Trench 工艺器件、集成门极换流晶闸管(integrated gate commutated thyristor，IGCT)等。新型功率器件的问世，为 PIC 的集成提供了更多的余地。然而如何将不同工艺条件下的高性能新型功率器件与已有的集成电路工艺相兼容，是亟待解决的问题。

(2) 利用新材料研制 PIC[27, 28]：与传统硅材料相比，SiC 和 GaN 等材料具有更佳的禁带宽度、临界击穿电场强度、饱和速度和热导率，其问世以后一直受到研究人员的关注，目前已经成为 PIC 兼容技术中研究的热点。

(3) PIC 向 Power SoC 方向发展：将一个完整的功率电子系统全部集成在一起的系统级 PIC 称为片上功率电子系统(power SoC，PSoC)，是 PIC 发展的主要方向之一，使多种不同元器件(Memory、CMOS、DMOS 和传感器等)兼容并存将是其中的关键。

尽管 PIC 有许多优点，但是在实际应用中，PIC 并没有“一统天下”。原因主要有三点：一是由于需要集成不同结构的功率器件，很多情况下兼容性的考虑会导致不能充分发挥出功率器件的最佳性能；二是采用兼容多种器件的技术，会导致工艺复杂度或占用芯片面积的增加，从而增加产品的成本；三是工艺复杂度和占用芯片面积的增加必然会导致产品率的降低，从而间接影响 PIC 成本。这些都构成了 PIC 技术研究的重点，可以预见 PIC 的新器件、新工艺和新电路技术始终是推动 PIC 向前发展的主要挑战与动力。

参 考 文 献

[1] ITRS. Roadmap. http://www.itrs2.net/. 2013.

[2] 孙伟锋, 张波, 肖胜安, 等. 功率半导体器件与功率集成技术的发展现状及展望. 中国科学(信息科学), 2012, 42(12): 1616-1630.

[3] 陈星弼. 功率 MOSFET 与高压集成电路. 南京: 东南大学出版社, 2007.

[4] 张波. 功率集成电路及其应用: 特邀主编评述. 电力电子技术, 2013, 47: 1-2.

[5] Baliga B J. Fundamentals of Power Semiconductor Devices. New York: Springer Science Business Media, 2008.

[6] 洪慧. 功率集成电路技术理论与设计. 杭州: 浙江大学出版社, 2011.

[7] Zhong Q C. Power electronics-enabled autonomous power systems. IEEE Transactions on Industrial Electronics, 2017, 64(7): 5907-5918.

[8] Baliga B J. Advanced Power MOSFET Concepts. New York: Springer Science Business Media, 2010.

[9] Falater S, Hopkins T. Smart power integration for automotive applications. Automotive Power Electronics, Dearborn, 1989: 119-125.

[10] Buccella P, Stefanucci C, Zou H, et al. Methodology for 3-D substrate network extraction for SPICE Simulation of parasitic currents in smart power ICs. IEEE Transactions on Computer-Aided Design of Integrated Circuits and Systems, 2016, 35: 1489-1502.

[11] Özkiliç M C, Honsberg M, Radke T. A novel intelligent power module (IPM) in a compact transfer mold package with new high voltage integrated circuit (HVIC) and integrated bootstrap diodes. Power Electronics and Motion Control Conference, Ohrid, 2010: T6-14-T6-18.

[12] 张秀澹. 功率集成电路的发展概况. 微纳电子技术,1991(3): 20-25.

[13] Amaratunga G, Udrea F. Power devices for high voltage integrated circuits: New device and technology concepts. 2001 International Semiconductor Conference, Sinaia, 2001: 441-448.

[14] Cini C, Palara S, Seragnoli G. A new chip and a new package for higher power. IEEE Transactions on Consumer Electronics, 1980, 26(1): 54-72.

[15] 郎静. 功率集成电路的研究与设计. 西安: 西安电子科技大学, 2007.

[16] Nakagawa A, Funaki H, Yamaguchi Y, et al. Improvement in lateral IGBT design for 500V 3A one chip inverter ICs. IEEE International Symposium on Power Semiconductor Devices & ICs, Toronto, 1999: 321-324.

[17] Hara K, Wada S, Sakano J, et al. 600V single chip inverter IC with new SOI technology. IEEE International Symposium on Power Semiconductor Devices & ICs, Waikoloa, 2014: 418-421.

[18] Nakagawa A, Yamaguchi Y, Ogura T, et al. 500V three phase inverter ICs based on a new dielectric isolation technique. IEEE International Symposium on Power Semiconductor Devices and ICs, Tokyo, 1992: 328-332.

[19] Mueller C W, Hilibrand J. The Thyristor: a new high-speed switching transistor. IEEE Transactions on Electron Devices, 1958, 5(1): 2-5.

[20] 王兆安. 电力电子技术的发展动向. 电力电子技术, 1995(4): 80-85.

[21] De Clercq M J, Plummer J D. Avalanche breakdown in high-voltage D-MOS devices. IEEE Transactions on Electron Devices,1976, 23(1): 1-4.
[22] 祝靖. 高压栅极驱动芯片可靠性研究. 南京: 东南大学, 2015.
[23] 杨晶琦. 电力电子器件原理与设计. 北京: 国防工业出版社, 1999.
[24] Iwamuro N, Laska T. IGBT History, state-of-the-Art, and future prospects. IEEE Transactions on Electron Devices, 2017, 64: 741-752.
[25] Williams R K, Darwish M N, Blanchard R A, et al. The trench power MOSFET: Part I—History, technology, and prospects. IEEE Transactions on Electron Devices,2017, 64(3): 674-691.
[26] Williams R K, Darwish M N, Blanchard R A, et al. The trench power MOSFET—Part II: application specific VDMOS, LDMOS, packaging, and reliability. IEEE Transactions on Electron Devices, 2017, 64(3): 692-712.
[27] Friedrichs P. SiC power devices for industrial applications. International Power Electronics Conference, Sapporo, 2010: 3241-3248.
[28] Ishida M, Uemoto Y, Ueda T, et al. GaN power switching devices. International Power Electronics Conference, Sapporo, 2010: 1014-1017.

第 2 章　集成型功率 LDMOS 器件设计

功率 LDMOS 和 LIGBT 由于易集成的特点，成为 PIC 中的核心器件，其性能的好坏直接决定了电路的优劣。本章将详细地介绍功率 LDMOS 器件的结构特点、工作原理及耐压提升技术等。此外，由于功率器件长期工作在高温、高压及高电流密度的恶劣工作环境中，其面临的可靠性问题也不可忽视。因而，本章同时探讨了功率 LDMOS 的相关可靠性问题,包括热载流子(hot carrier, HC)可靠性、安全工作区(safe operation area, SOA)可靠性、高温反向偏压(high temperature reverse bias, HTRB)可靠性及静电放电(electro-static discharge, ESD)可靠性等。

2.1　功率 LDMOS 器件结构及工作原理

2.1.1　功率 LDMOS 器件结构

LDMOS 器件由标准 MOS 器件发展而来，在保留标准 MOS 速度快、功耗小等优点的基础上努力增大工作电压、电流，从而提高工作功率。图 2.1 是标准 MOS 器件的基本结构剖面图。衬底掺杂浓度较低，源漏高浓度掺杂，漏端电压增加时，耗尽区主要向衬底延伸。因此要提高器件耐压，需要采用高阻衬底，同时为了防止穿通，需要增加沟道长度 L。根据式(2.1)，标准 MOS 器件的漏电流与沟道长度 L 成反比，即

$$I_{\mathrm{d}} = k'\frac{W}{L}\left(V_{\mathrm{gt}}V_{\min} - \frac{V_{\min}^2}{2}\right)(1+\lambda V_{\mathrm{ds}}) \tag{2.1}$$

其中，$V_{\min}=\min(V_{\mathrm{gt}},V_{\mathrm{ds}},V_{\mathrm{dsat}})$，$V_{\mathrm{gt}}=V_{\mathrm{ds}}-V_{\mathrm{th}}$。增加 L 必然会降低器件工作电流，从而无法提高器件工作功率。为了解决这一矛盾，1971 年 Tarui 等提出了 LDMOS 器件，其剖面结构和掺杂示意如图 2.2 所示。与标准 MOS 器件相比，LDMOS 主要有两点不同：①沟道与漏之间增加了较长的低浓度 N 型漂移区。由于该区的杂质浓度远远低于 P 型沟道的杂质浓度，当漏电压增加时，耗尽区主要向低浓度的漂移区延伸；②沟道区的长度主要由两次扩散的结深来控制，因此 L 可以做得很小且不受光刻精度的限制。如果需要更大的器件工作电流，只要增加沟道宽度即可。

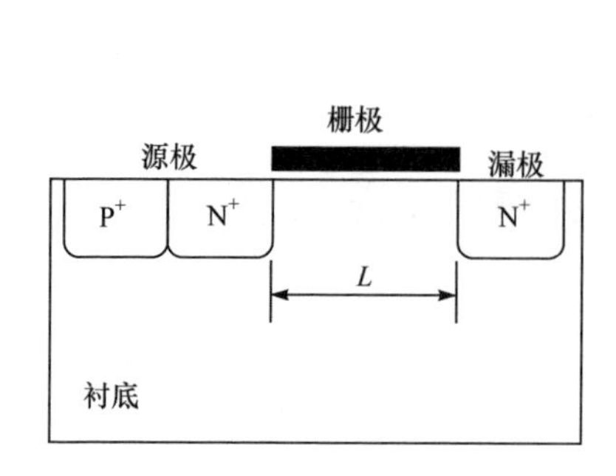

图 2.1　标准 MOS 器件剖面图

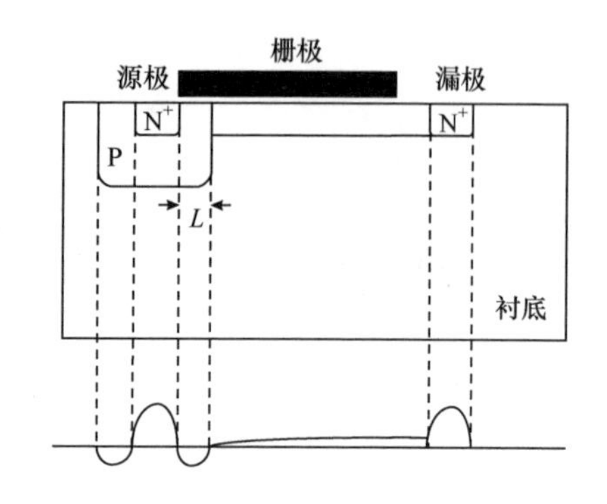

图 2.2　LDMOS 剖面图及掺杂示意图

2.1.2　功率 LDMOS 器件工作原理

图 2.3 是更为详细的 LDMOS 器件结构图，该器件主要有 P 型体区(P-body)，N 型漂移区(N-drift)和 N 型缓冲层(N-buffer)构成。当漏源之间施加高电压时，轻掺杂的 N 型漂移区和 P 型体区形成的 PN 结随着漏源电压 V_{ds} 的升高而互相耗尽展开，由于 P 型体区的浓度高于 N 型漂移区的浓度，耗尽层绝大部分会在 N 型漂移区内形成并向器件的漏极延伸，最终受到 N 型缓冲层的阻挡而耗尽截止。由于该 N 型缓冲层掺杂浓度较高，耗尽层展宽速度大大下降，所以该 N 型缓冲层起到了防止器件耗尽层直接扩展到漏端的作用，有效地避免了器件穿通现象的发生。因此，相比于普通的 MOS 器件，功率 LDMOS 器件能够承受更高的漏源电压。

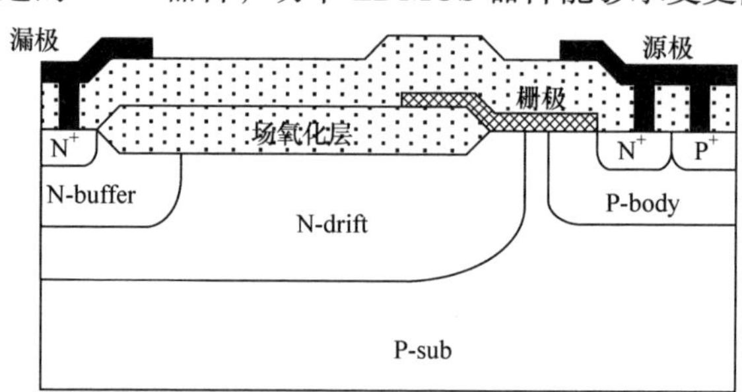

图 2.3　LDMOS 器件剖面图

在关态条件下，器件的漂移区承担了大部分的电压，故其设计直接决定了器件的耐压水平。因此通过适当地增加漂移区长度，或者降低漂移区的掺杂浓度，可以有效地提高 LDMOS 器件的耐压水平。但是随着器件漂移区长度进一步加长，漂移区掺杂浓度进一步降低，使得器件导通电阻随器件耐压的增长而变大，这在高压工作条件下将产生很大的功率损耗，导致器件在高耐压和低导通电阻之间产生不可避免的矛盾。

在开态条件下，LDMOS 器件的漏源之间施加正向高电压且栅极处于高电位，当 V_{gs} 增加并接近阈值电压时，栅极下方 P 型体区表面的空穴被耗尽，耗尽层主要由不可移动的负电荷构成。随着 V_{gs} 的继续增加，当其高于阈值电压时，P 型体区的少子电子被吸引至表面并形成一层反型层，此反型层的浓度随着 V_{gs} 的增加而增大。在正常的工作条件下，LDMOS 器件的漏极施加正电压，因而电子可以从源极 N^+出发，通过栅极下面的反型层，然后经过漂移区和缓冲层最终被漏极收集。图 2.4 为功率 LDMOS 器件的输出特性曲线，从曲线上可以看出漏极电流随 V_{ds} 的增加先呈线性变化，当沟道夹断后，电流不变且出现饱和，该特性也与普通的低压 MOS 器件相似。

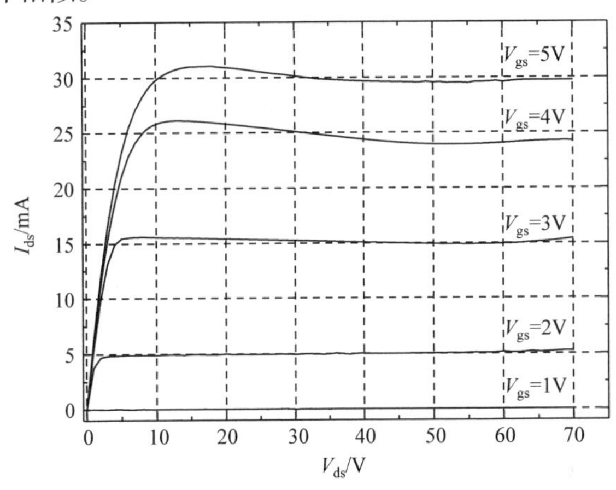

图 2.4　功率 LDMOS 器件的输出特性曲线

此外，LDMOS 器件在 PIC 中一般作为开关使用，理想的开关如图 2.5 所示，其存在两种状态：开态(On-State)和关态(Off-State)。对于图 2.3 所示的 LDMOS 器件而言，其开态的条件为漏极施加正向高电压、源极接地同时栅极施加正向电压；其关态的条件为源极接地、漏极施加正向高电压同时栅极处于低电位。在开态时，漏源电流 I_{ds} 足够大，而漏源电压 V_{ds} 几乎为零；在关态时漏源电压 V_{ds} 足够大，而漏源电流 I_{ds} 几乎为零，这样保证了器件开态和关态的功率(电流和电压的乘积)都为零。

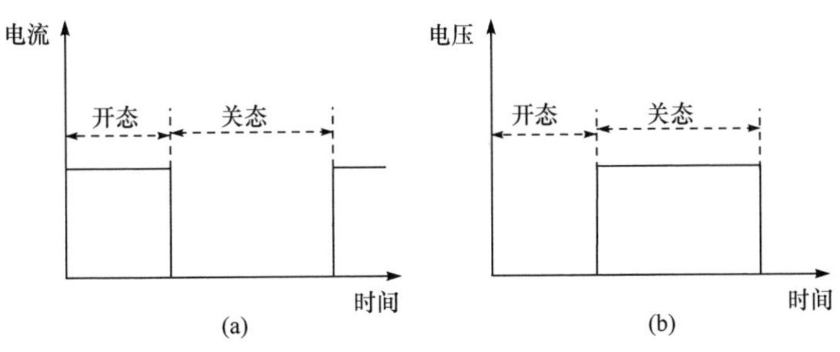

图 2.5　理想开关的开态和关态

2.2　功率 LDMOS 器件耐压提升技术

通常所说的击穿电压主要是指 LDMOS 器件的关态击穿电压，它是高压 LDMOS 器件的一个最基本也是最关键的参数。任何高压器件首先要达到其耐压的要求，然后再改善其他的电学性能。目前，已经存在许多提高功率 LDMOS 器件的耐压技术，如场板技术、浅沟槽隔离技术、埋层技术、漂移区变掺杂技术及超结技术等，下面将逐一详细介绍这些技术的基本原理。

2.2.1　场板技术

场板技术(field plate, FP)是功率 LDMOS 器件设计中最常用的技术之一[1]，其作用是提高器件的表面耐压，下面通过带有场板的 P^+/N 结来解释场板理论。

图 2.6 是带有场板结构的 P^+/N 结在反向偏压下的耗尽层及电力线分布示意图，图中箭头为电力线方向，虚线为耗尽层边界。通常场板是接低电位的，这里定义场板和 P^+扩散区相连为零电位，由于 N-epi 接高反向偏压 V，所以会在场板上感应负电荷并吸收电力线，同时在场板的另一头感应出正电荷重新将电力线发射回 P^+阱区。从图 2.6 可知场板中感应负电荷改变正空间电荷区的电场线，所以一部分电力线经由这些被感应的电荷分散开来，从而降低了 P^+/N-epi 结曲率处(击穿点)的电场强度，降低了碰撞电离率，从而可以提高器件耐压。

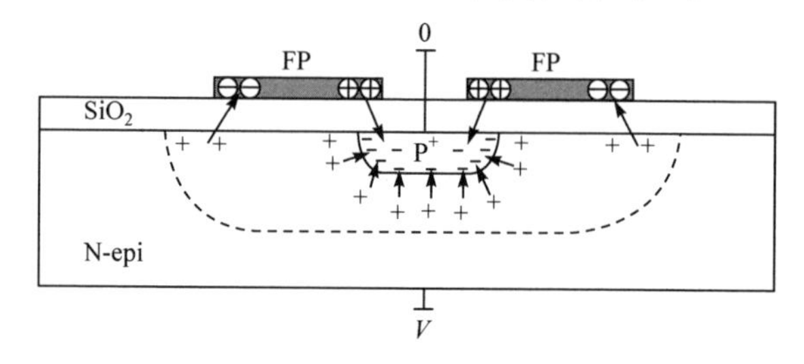

图 2.6　场板结构示意图

场板下除边缘部分外，电场分布是一维的，在 Si 和 SiO_2 界面处电场是连续的，当击穿发生时，Si 中的电场为 E_c，存在式(2.2)和式(2.3)：

$$\varepsilon_s E_c = \varepsilon_{ox} E_{ox} \tag{2.2}$$

$$E_{ox} = \frac{\varepsilon_s E_c}{\varepsilon_{ox}} \tag{2.3}$$

此时氧化层的压降为 $\frac{\varepsilon_s E_c}{\varepsilon_{ox}} t_{ox}$，有场板时的击穿电压为击穿时半导体耐压和氧化层中的压降之和。

$$V_{(BV)FP} = 3t_{ox} \cdot 4010 N_B^{1/8} + 5.34 \times 10^{13} N_B^{-0.75} \tag{2.4}$$

其中，t_{ox} 为氧化层厚度；N_B 为 N-epi 掺杂浓度；E_{ox} 为氧化层中的电场。上述一维计算公式不适用于场板的边缘部分，场板边缘由于电场线不能相互抵消而存在峰值电场，在实际应用中往往场板的边缘峰值电场会影响硅表面电场从而影响器件的击穿电压。

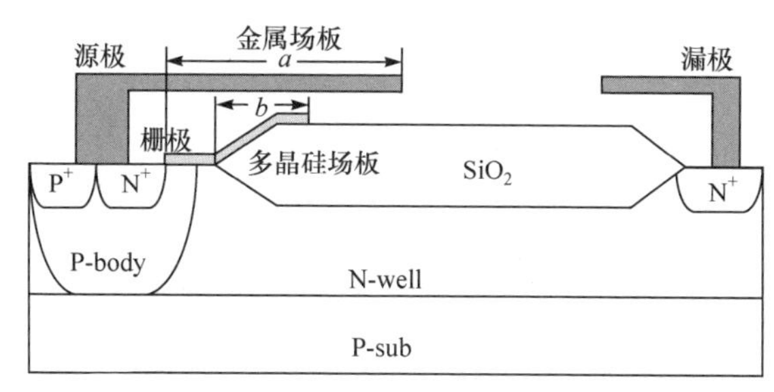

图 2.7　带有金属场板和栅极多晶硅场板的 LDMOS 器件

如图 2.7 所示，功率 LDMOS 器件设计中通常采用金属和多晶硅作为场板，且场板通常接低电位。图 2.8(a)和(b)给出了当功率 LDMOS 器件采用栅极多晶硅场板和没有采用栅极多晶硅场板时的电势线分布。可以明显地看到没有栅极多晶硅场板的器件，其在沟道附近的 Si 表面电势线集中，存在很强的电场，而采用栅极多晶硅场板的器件，由于场板的作用，原先集中的电势线被舒缓，表面电场强度下降。这也和图 2.9 给出的功率 LDMOS 器件在有无栅极多晶硅场板情况下，器件表面电场强度分布的结果相符。

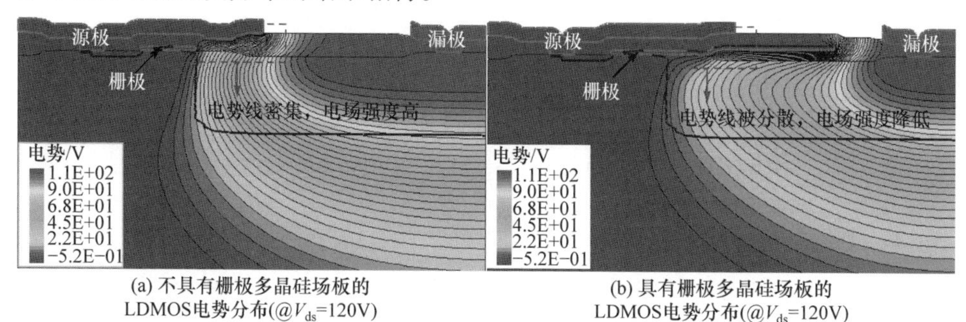

图 2.8　功率 LDMOS 器件采用栅极多晶硅场板和没有采用栅极多晶硅场板时的电势线分布

此外，为了获得最大的击穿电压，功率 LDMOS 器件的场板需要经过仔细的设计，其关键是金属场板的长度 a 和多晶硅场板的长度 b。当然，场板下的氧化层厚度也会对场板的耐压产生很大影响，但通常情况下场板下氧化层的厚度一定，所以优化场板主要是优化场板的长度。图 2.10(a)和(b)分别显示了功率 LDMOS 器件的关态击穿电压随着不同源极金属场板长度和不同栅极多晶硅场板长度的变化，可以发现

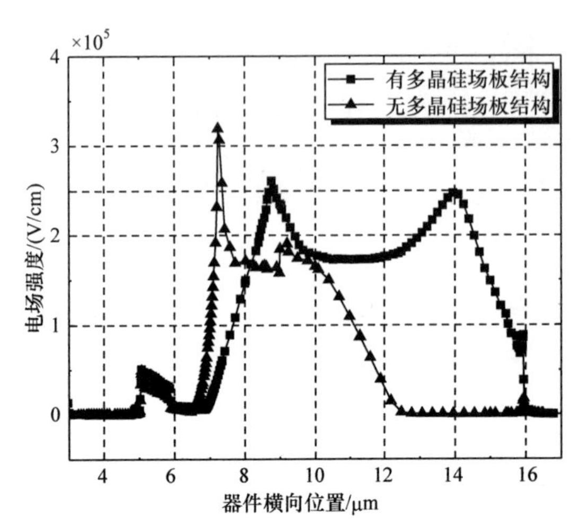

图 2.9　有无多晶硅场板的功率 LDMOS 器件表面电场分布(@V_{ds}=120V)

栅极多晶硅场板的变化对器件的击穿电压有明显的影响，而源极金属场板对器件击穿电压的影响并不十分明显。这是场板下方不同厚度的氧化层所造成的，如果氧化层太厚，场板分散电力线的作用被屏蔽，场板调制器件表面电场的效果就降低了。

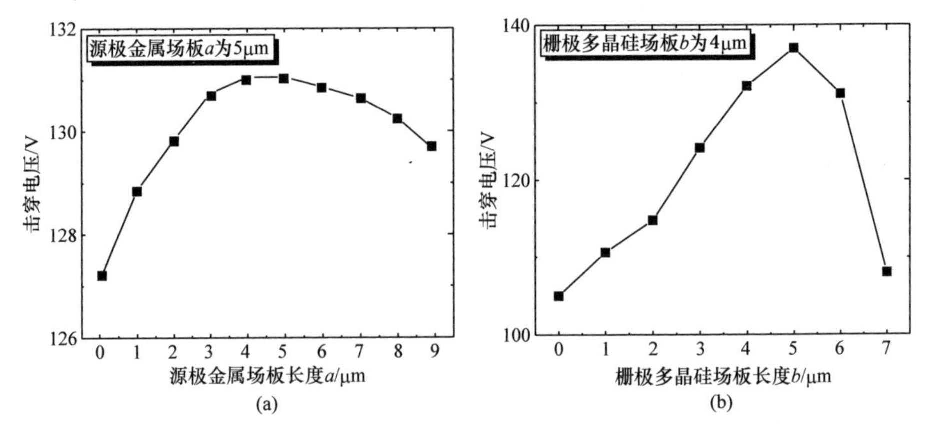

图 2.10　源极金属场板和栅极多晶硅场板长度变化对功率 LDMOS 器件关态击穿电压的影响

另外，无论源极金属场板还是栅极多晶硅场板，它们的长度太长或者太短，器件的关态击穿电压都会下降。图 2.11 为过短的场板长度下 LDMOS 硅表面电势线分布示意图，从图中可看出，当场板过短时会引起硅表面电势线(虚线)分布密集，无法有效地分散原先已经密集存在于 P-body 和 N-well 附近的电势线，硅表面电场峰值过高导致击穿电压下降。同样，如果场板过长，则会把过密的电势线引入漏端的 N^+/N^-结处，这也不利于器件击穿电压的提高。综上可知，场板技术可以有效地改善器件表面的电场分布情况，使器件的表面电场峰值降低，从而提高击穿电压。

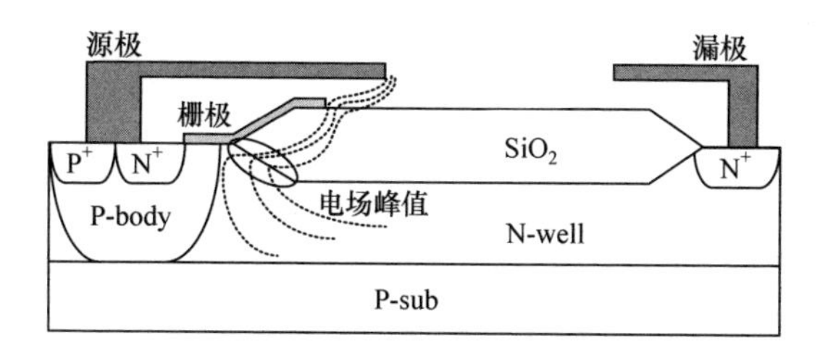

图 2.11　过短场板下 LDMOS 器件表面电势分布示意图

除了常规场板技术的应用，如图 2.12 所示是带有浮空多晶硅栅极场板的 LDMOS 器件。当器件处于正向阻断时，浮空多晶硅在电场作用下能够产生感应电荷，进而能够影响周围电场的分布，有效地调制器件表面的电场。图 2.13 所示为关态情况下含有浮空多晶硅栅极场板结构与无浮空多晶硅栅极场板结构的 LDMOS 表面电场分布的对比图。从图中可以看出，在相同漏极电压偏置下，浮空多晶硅栅极场板结构有效降低了表面的最大峰值电场，同时在浮空多晶硅栅极场板两端额外引入了小的电场尖峰，使得器件的表面电场分布更加接近矩形。因此，引入浮空多晶硅栅极场板结构有利于提高器件的关态击穿电压。另外，在开态情况下，浮空多晶硅栅极场板会产生一定的感应电势，能够辅助耗尽浮空多晶硅栅极场板区域下方的漂移区，因而有助于电流路径远离器件表面，进而降低器件的表面电流密度，对改善器件的可靠性有一定帮助。

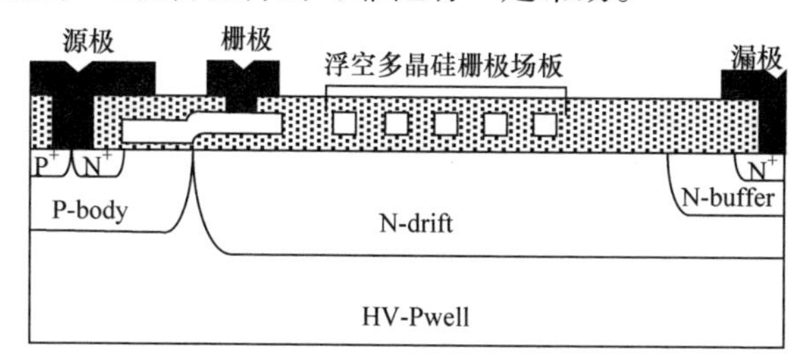

图 2.12　带有浮空多晶硅栅极场板的 LDMOS 器件

2.2.2　沟槽隔离技术

为了提高 LDMOS 器件的击穿电压，需要克服器件的表面电荷效应，通常在漂移区的表面设置一层较厚的场氧化层 LOCOS(local oxidation of silicon)。LOCOS 工艺利用氮化硅掩蔽氧化层的特点，先在薄氧化层上淀积一层氮化硅，接着刻蚀出氧化窗口并通过高温热生长形成一层较厚的氧化层[2-3]。图 2.14 所示为带有 LOCOS 结构的 LDMOS 器件(LOCOS-LDMOS)结构图，LOCOS 结构虽然制作简单，但也存在很多缺陷。首先是鸟嘴问题，由于鸟嘴的氧化层较薄，不能起到隔离的作用，同时不能作为有源区进行离子注入，相当于无用的区域，甚至还侵入有源区，降低了器件的有效宽度。其次，由于 LOCOS 是生长的氧化层而不是淀

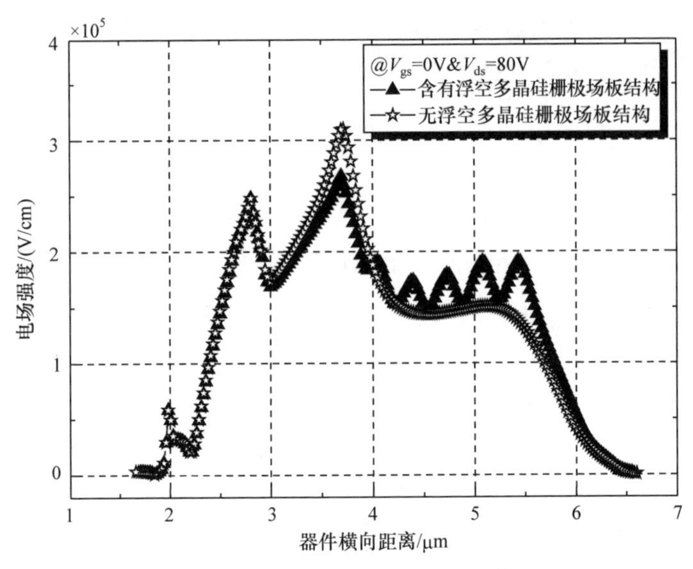

图 2.13　含有浮空多晶硅栅极场板结构与无浮空多晶硅栅极场板结构的 LDMOS 表面电场分布(@V_{gs}=0V&V_{ds}=80V)

积的氧化层，所以具有不可控性，实际高温扩散的时候，氧化层并不会长到氮化硅窗口表面就停止，而是会继续生长，最终形成局部凸起的表面，这种不平坦化会不利于后续工艺的进行。

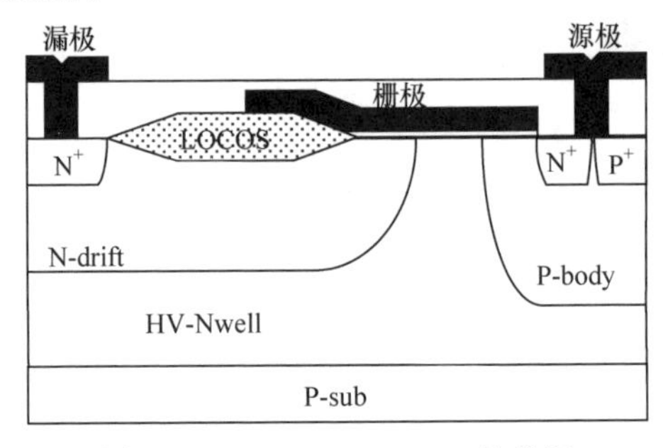

图 2.14　LOCOS-LDMOS 结构图

随着BCD工艺向着深亚微米发展，沟槽隔离[4]工艺出现并逐步取代了LOCOS工艺成为主流的氧化隔离技术。沟槽隔离技术又可以分为浅沟槽隔离(shallow trench isolation, STI)技术和深沟槽隔离技术(deep trench isolation, DTI)两种。

1. 浅沟槽隔离技术

图 2.15 所示为带有 STI 结构的 LDMOS 器件(STI-LDMOS)结构图，与 LOCOS 相比，STI 具有很多优势。首先，STI 氧化层可以做得更厚，更大限度地减小漏电流(抗漏电能力比LOCOS工艺提升3倍左右)，同时能承受更大的击穿电压。其次，

横向扩散系数和刻蚀角度只由精密刻蚀工艺中的同向刻蚀比和异向刻蚀比决定，几乎不会侵入芯片的有源区，弥补了场氧化层横向扩散形成鸟嘴的缺点，利于集成度的提高。

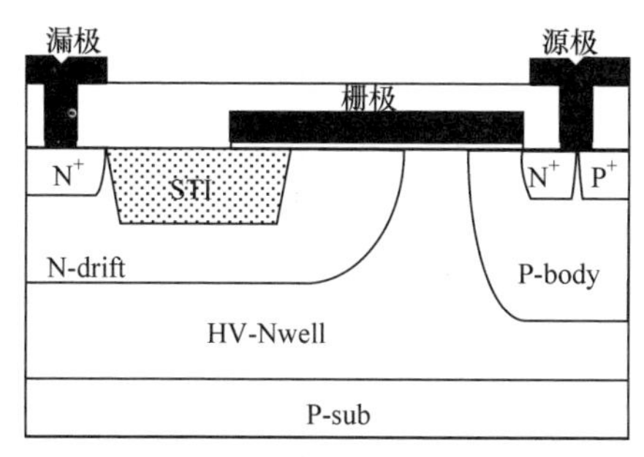

图 2.15　STI-LDMOS 结构图

LOCOS 和 STI 结构都可以在不改变器件横向尺寸的条件下，提高器件的击穿电压。但是，在器件尺寸不变的情况下，相比于 LOCOS 结构，STI 结构能够更加明显地提升器件击穿能力。为此，我们对无 STI、LOCOS 和 STI 三种结构(图 2.16)的 LDMOS 器件关态击穿电压进行了比较。图 2.17 显示了三种不同结构 LDMOS 器件的关态击穿电压，可以明显地看出 STI-LDMOS 器件的关态击穿电压要高于其他两个结构。

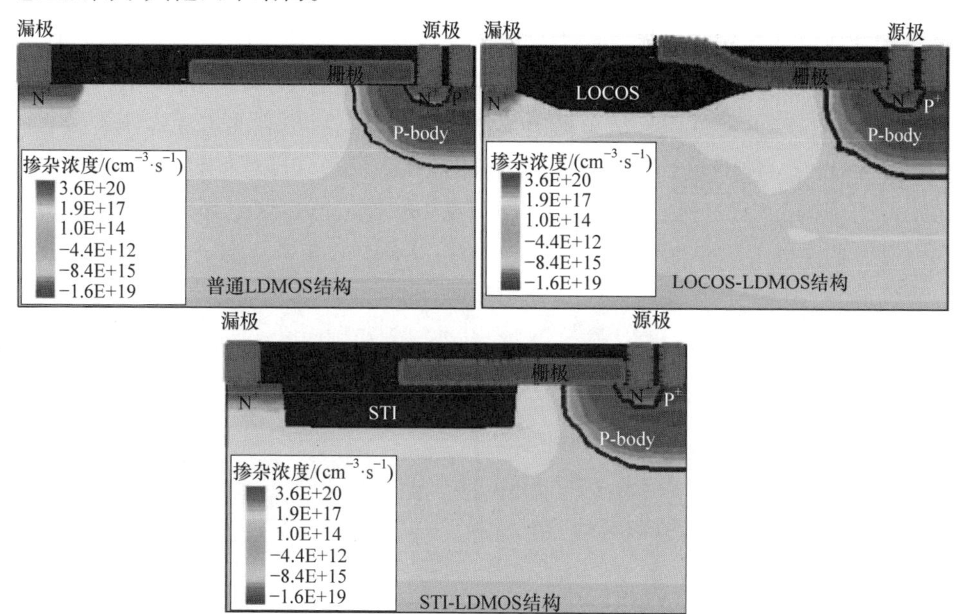

图 2.16　三种不同 LDMOS 结构的示意图

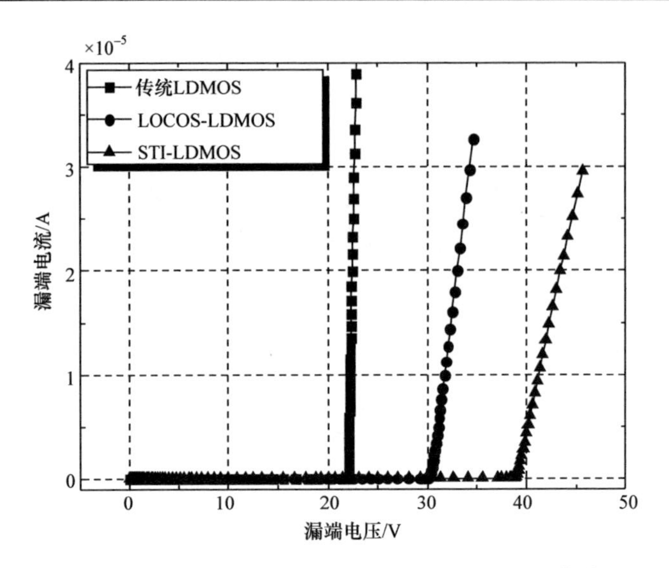

图 2.17 三种不同的 LDMOS 结构关态击穿电压曲线

图 2.18 为上述三种结构在相同漏端电压下的 LDMOS 器件的电势线分布。可以看出，仅带有场板结构的传统 LDMOS 表面的电势线非常集中，电势线密集处存在较强的电场。采用 LOCOS 结构的 LDMOS，LOCOS 氧化层承担了大部分的电势，器件表面电势线被舒缓，但是由于 LOCOS 工艺的缺陷，LOCOS 特有的鸟嘴结构造成电势线集中，器件的击穿电压提升有限。采用 STI 结构的 LDMOS 器件，STI 可以在漂移区内承担大部分电场，使漂移区电场分布更加均匀，有效减小表面电场，降低器件内部的碰撞电离率，因此其具有更高的击穿电压。图 2.19 进一步给出了三种不同 LDMOS 器件的表面电场分布，可以看出普通结构在场板边沿具有最高的电场峰值，而 STI 结构的电场峰值最低，这也和电势线的分析相符合。

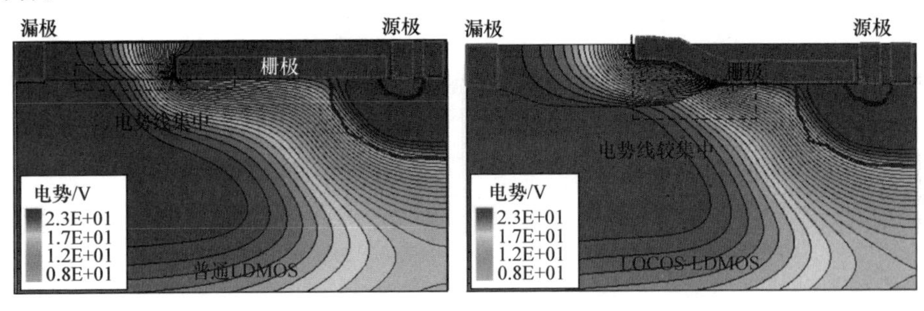

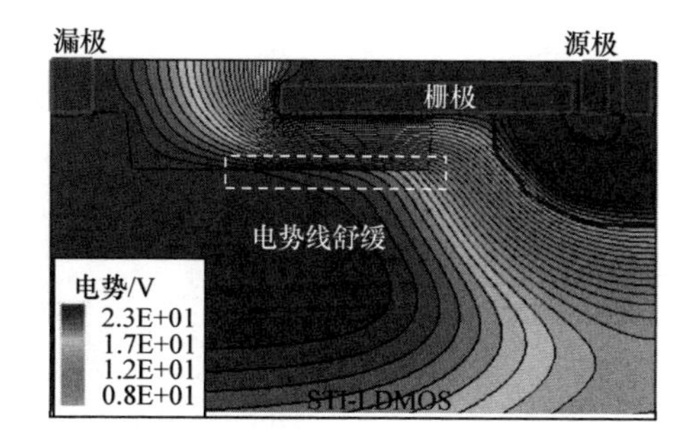

图 2.18　三种不同的 LDMOS 结构电势线分布(@V_{gs}=0V&V_{ds}=23V)

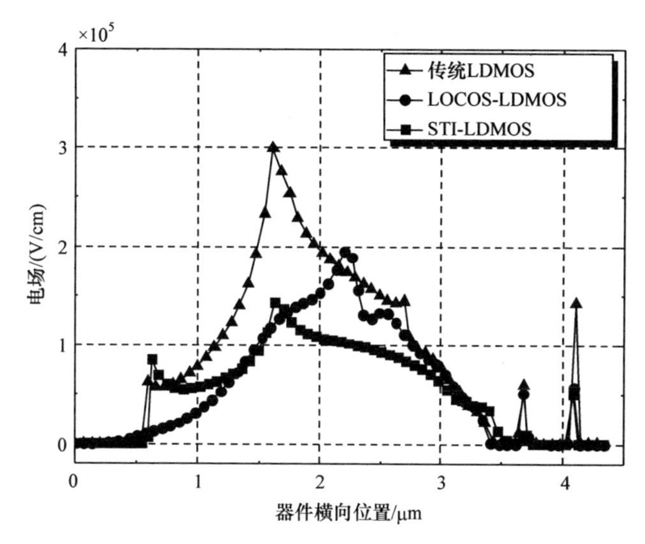

图 2.19　三种不同的 LDMOS 结构表面电场分布(@V_{gs}=0V&V_{ds}=23V)

2. 深沟槽隔离技术

深沟槽隔离技术和浅沟槽隔离技术特点类似，都是在 LDMOS 器件的漂移区嵌入沟槽介质层，不过这里的沟槽深度更深，一般在 0.6～1μm，故名 DTI。图 2.20 显示了带有 DTI 的槽栅结构的 LDMOS 器件(DTI-LDMOS)结构图。采用 DTI 结构，器件漂移区的介质层面积将更大，我们知道二氧化硅的临界击穿电场要大于硅材料，因此更大的介质层面积带来了能够耐受更高电压的优点。图 2.21 显示了 DTI 结构在漏端电压为 48V 时的电势分布曲线，明显看到大部分电势线主要集中在 DTI 内，说明 DTI 承担了大部分的电势线，和 STI 相比，DTI 结构可以在更小的器件横向尺寸下获得更高的击穿电压。

当然，增加 DTI 的深度或者长度在一定范围内可以获得更高的击穿电压，但是这样会使得器件的导通电阻迅速增加，影响器件的性能。为此，在器件设计时需要折中考虑击穿电压和导通电阻的要求，合理地设计 DTI 参数。

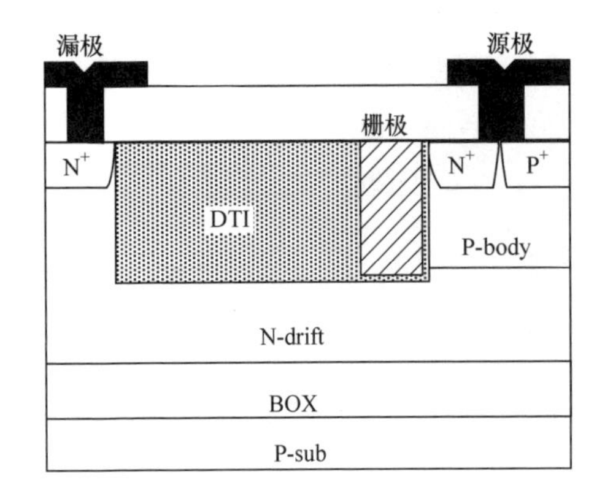

图 2.20　DTI-LDMOS 结构图

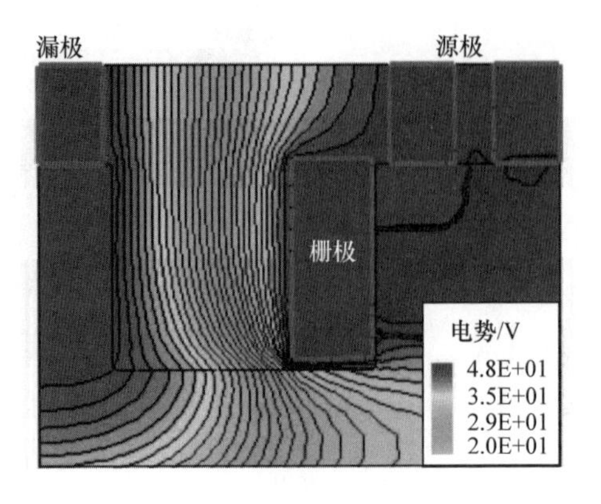

图 2.21　DTI-LDMOS 电势分布
(@V_{gs}=0V&V_{ds}=48V)

3. 分裂 STI 结构

前面已经介绍了两种沟槽隔离技术，但是沟槽隔离技术也存在一定的缺陷。由于在漂移区嵌入了沟槽介质层，原先由源极发射，直接经由表面被漏极收集的电子电流现在就需要绕过漂移区嵌入的沟槽介质层，无形之中增加了器件的电流路径，导致了器件的导通电阻增加。为了克服这一问题，这里介绍一种分裂 STI 结构，既保证了器件的击穿电压，又具有较低的导通电阻。

图 2.22 为分裂 STI 结构的 LDMOS 器件示意图。和常规的 STI-LDMOS 器件结构相比，该结构的特点是在器件的宽度方向上采用了分裂的 STI 布局，这样在器件开启时，一部分电流就无须绕过 STI，可以直接通过硅区域被漏极收集，有效地降低了器件的导通电阻。

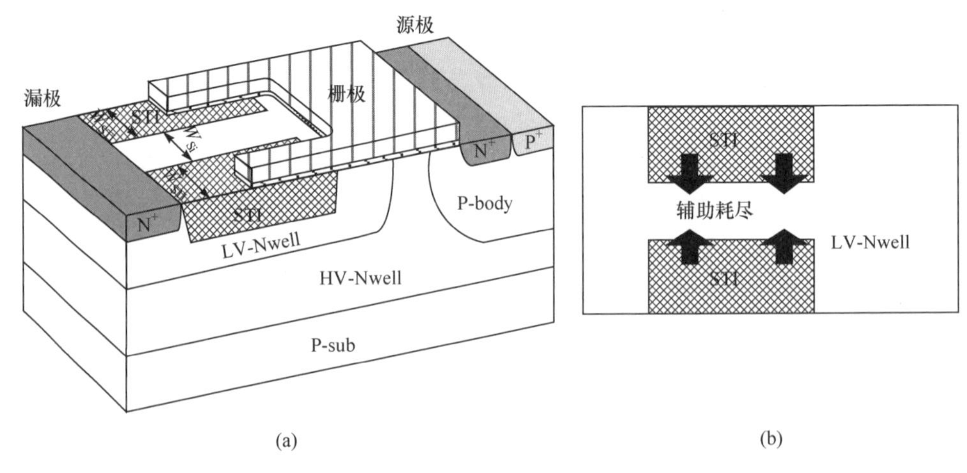

图 2.22　分裂 STI 结构的 LDMOS 器件示意图

当然，采用分裂 STI 结构的击穿电压会比全 STI 的结构有所损失。但是，由于 STI 辅助耗尽的作用，在电场的作用下，中间间隔出来的硅区域可以通过两侧的 STI 的帮助很快地耗尽(图 2.22(b))。因此，可以通过调整器件的 W_{STI}/W_{Si} 的宽度比例来弥补一部分损失的击穿电压。图 2.23(a)和(b)显示了 W_{STI}/W_{Si} = 0.4μm/0.6μm 和 W_{STI}/W_{Si}=0.65μm/0.35μm 的宽度比例下，耗尽层的对比图。从图中可以发现，如果硅区域的宽度过宽，该部分的耗尽层不容易有效地展宽。这是由于两侧的 STI 间距过远，STI 不能对硅区域进行有效的辅助耗尽作用，从而会影响器件的击穿电压。图 2.24 显示了不同 W_{STI}/W_{Si} 宽度比例下，LDMOS 器件击穿电压的变化，器件的击穿电压和 W_{STI}/W_{Si} 的宽度比例成正比，该结果也与前面的分析相互印证。

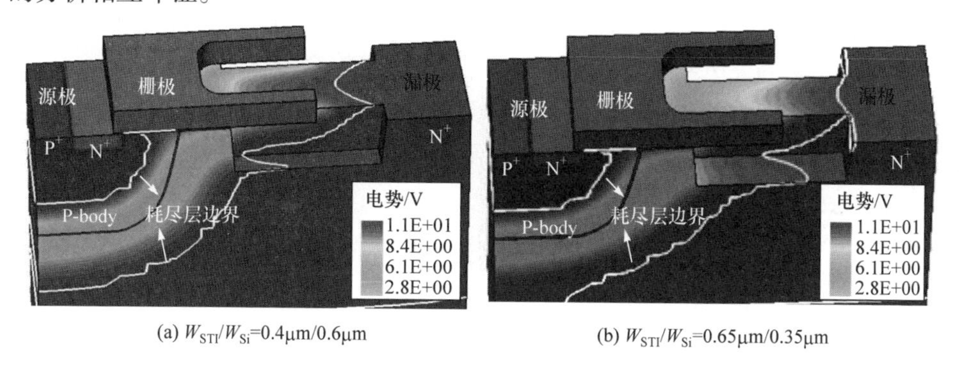

(a) W_{STI}/W_{Si}=0.4μm/0.6μm　　(b) W_{STI}/W_{Si}=0.65μm/0.35μm

图 2.23　W_{STI}/W_{Si}=0.4μm/0.6μm 及 W_{STI}/W_{Si}=0.65μm/0.35μm 时的耗尽层分布

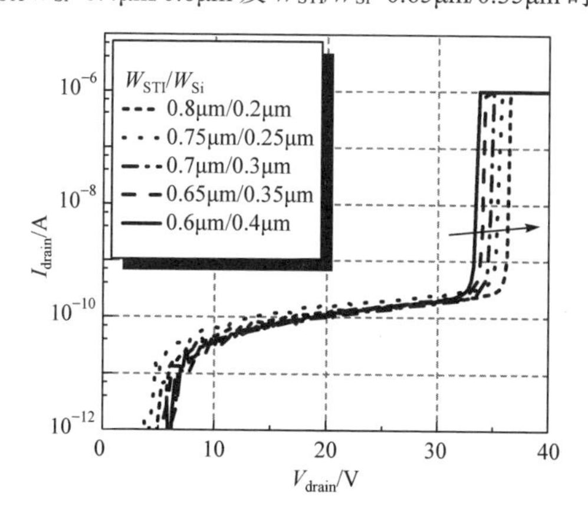

图 2.24　不同 W_{STI}/W_{Si} 宽度比例的 LDMOS 器件击穿电压曲线

2.2.3　埋层技术

1979 年 Appeal 和 Vaes 提出了一种可以降低表面电场的方法，称为降低表面电场(reduce surface field, RESURF)技术[5]。与早期做法不同的是，RESURF 使用较薄的外延层，让衬底和漂移区的耗尽层可以很快地向上延伸与沟道和漂移区的耗尽层产生相互作用，让漂移区完全耗尽，有效地降低表面电场。

埋层作为 RESURF 最直接典型的应用，其目的是在 LDMOS 器件漂移区的不同位置插入埋层，提高器件的 RESURF 效果。随着工艺技术的发展，在原先 Single-RESURF 技术的基础上逐渐发展出了 Double-RESURF 以及 Triple-RESURF 等技术。下面就 RESURF LDMOS 结构分别给出这三种 RESURF 类型并加以讨论。在上述的 Single-RESURF 结构中外延层只和 P-sub 耗尽，外延层掺杂剂量 $Q_{nsr}=1.0\times10^{12}cm^{-2}$，Single-RESURF LDMOS 剖面结构及其纵向耗尽和其电场强度分布如图 2.25 所示。Double-RESURF 结构是在 Single-RESURF 结构基础上增加了一个 P-top 阱，此 P-top 阱处在外延层的上表面，增加的 P-top 阱使外延层不仅和 P-sub 耗尽还和 P-top 下表面耗尽，所以 Double-RESURF 结构的外延层掺杂剂量可达到 $Q_{ndr}=2.0\times10^{12}cm^{-2}$，Double-RESURF LDMOS 剖面结构及其纵向耗尽和其电场强度分布如图 2.26 所示。Triple-RESURF 结构和 Double-RESURF 结构相似，不过其 P-top 阱不是位于外延层的上表面而是悬浮在外延层中，悬浮的 P 阱(称作 P-bury)使外延层不仅和 P-sub 耗尽还同时和 P-bury 的上下表面耗尽，所以 Triple-RESURF 结构的外延层掺杂剂量可高达 $Q_{ntr}=3.0\times10^{12}cm^{-2}$，Triple-RESURF LDMOS 剖面结构及其纵向耗尽和其电场强度分布如图 2.27 所示[6]。

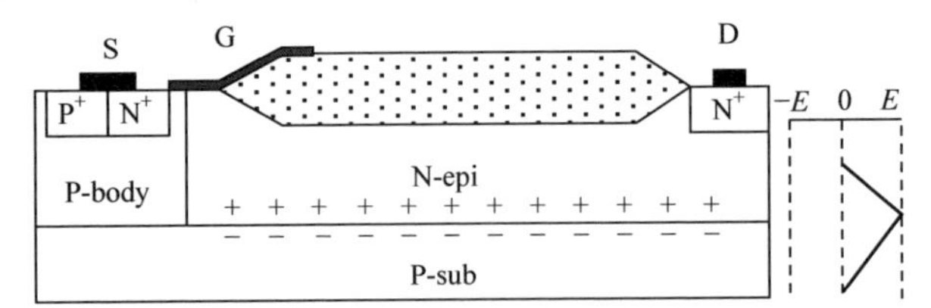

图 2.25　Single-RESURF LDMOS 剖面及其纵向耗尽和电场分布

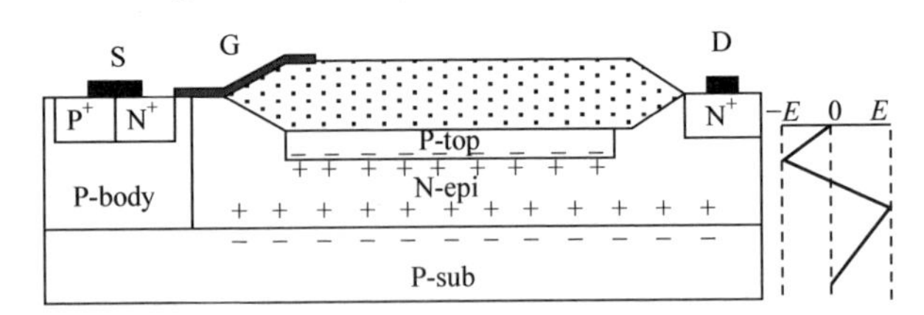

图 2.26　Double-RESURF LDMOS 剖面及其纵向耗尽和电场分布

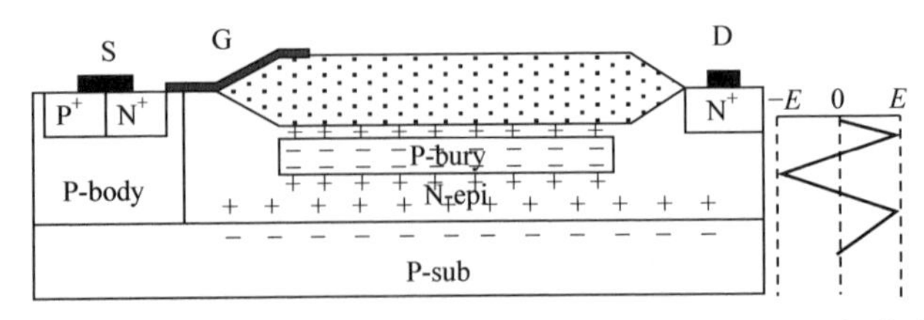

图 2.27　Triple-RESURF LDMOS 剖面及其纵向耗尽和电场分布

外延层的掺杂剂量直接影响着器件的特征导通电阻 $R_{on,sp}$，掺杂浓度高则特征导通电阻小，反之亦然。由于上述各结构都使外延层完全耗尽，横向电场分布以及耗尽层宽度(器件尺寸一定)相同所以器件的击穿电压 BV 理论上相同，但根据上述分析 Double-RESURF LDMOS 和 Triple-RESURF LDMOS 外延层剂量是 Single-RESURF LDMOS 的 2 倍和 3 倍，所以其特征导通电阻分别约为 Single-RESURF LDMOS 的 1/2 和 1/3，下面分别给出三种 RESURF 结构的外延层剂量计算公式：

$$Q_{\text{single-RESURF}} = \frac{\varepsilon_s \cdot E_c}{q}\sqrt{\frac{P_{\text{sub}}}{N_{\text{epi}} + P_{\text{sub}}}} \tag{2.5}$$

$$Q_{\text{double-RESURF}} = \frac{\varepsilon_s \cdot E_c}{q}\left(\sqrt{\frac{N_{\text{epi}}}{N_{\text{epi}} + P_{\text{sub}}}} + \sqrt{\frac{N_{\text{epi}}P_{\text{sub}}}{P_{\text{top}}(N_{\text{epi}} + P_{\text{sub}})}}\right) \tag{2.6}$$

$$Q_{\text{triple-RESURF}} = \frac{\varepsilon_s \cdot E_c}{q}\left(\sqrt{\frac{4N_{\text{epi}}}{N_{\text{epi}} + P_{\text{sub}}}} + \sqrt{\frac{N_{\text{epi}}P_{\text{sub}}}{P_{\text{bury}}(N_{\text{epi}} + P_{\text{sub}})}}\right) \tag{2.7}$$

从式(2.5)～式(2.7)可推导出在 P_{sub}、P_{top} 和 P_{bury} 浓度不变时，外延层剂量 Q_n 的增加，可使外延层的浓度 N_{epi} 增加，特征导通电阻相应降低，具体表达式为

$$R_{\text{on,sp}} = \frac{L}{\mu_n q N_{\text{epi}} S}A = \frac{L}{\mu_n q N_{\text{epi}} t_{\text{epi}} W}LW = \frac{L^2}{\mu_n q N_{\text{epi}} t_{\text{epi}}} = \frac{L^2}{\mu_n q Q_n} \tag{2.8}$$

式中，L 为器件长度；A 为器件的表面积；S 为器件横截面积；W 为器件宽度；μ_n 为电子迁移率。从式(2.8)可知增加外延层掺杂剂量可减小器件的特征导通电阻，而当外延层厚度 t_{epi} 不变时，增加外延层浓度可减小器件的特征导通电阻。

进一步地，我们分析同样外延层浓度下，上述三种 LDMOS 器件的击穿电压特性。图 2.28 给出了图 2.25～图 2.27 所示的三种 RESURF 埋层结构的 LDMOS 器件的击穿电压曲线的比较，从图中可以看出，带 P-bury 层的结构具有更高的击穿电压。这是由于 P-bury 层具有更好的 RESURF 效果，可以有效地舒缓器件的表面电场。图 2.29 给出了上述三种结构的电势分布情况，不带埋层的结构，其表面电势线分布较为集中，带 P-top 层的结构表面的电势线分布较为舒缓。相比之下，带 P-bury 层结构的 LDMOS 器件的表面电势线分布最为舒缓，其击穿电压也最高。

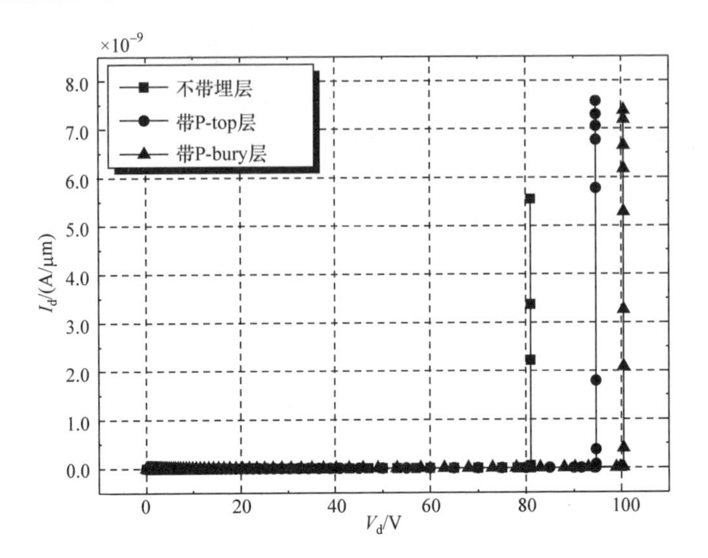

图 2.28　三种 RESURF 结构 LDMOS 器件击穿电压曲线

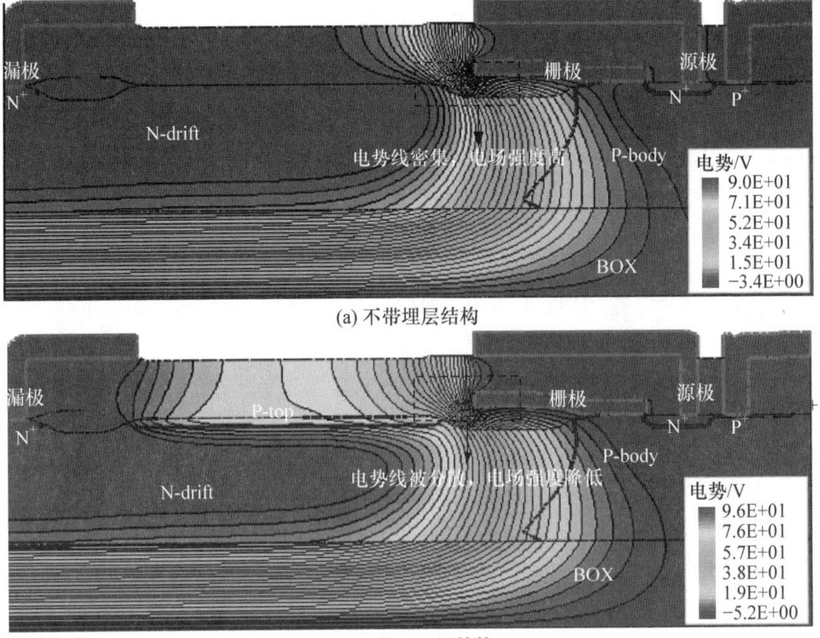

(a) 不带埋层结构

(b) 带P-top层结构

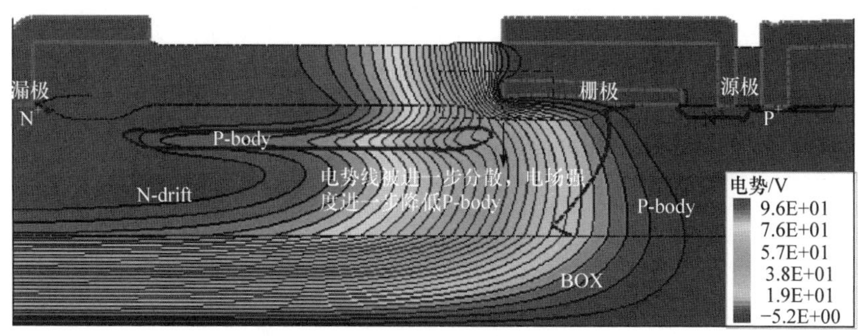

(c) 带P-bury层结构

图 2.29　三种 RESURF LDMOS 结构的电势分布(@V_{gs}=0V&V_{ds}=95V)

2.2.4　漂移区变掺杂技术

根据高斯方程式(2.9)我们知道，在 PN 结上的平均电场强度取决于 PN 结中所包含的总电荷量。

$$\oint \boldsymbol{E} \mathrm{d}\boldsymbol{A} = \frac{1}{\varepsilon} \cdot \int \xi \mathrm{d}V \tag{2.9}$$

$$\langle E \rangle = \frac{1}{\varepsilon} \cdot \frac{Q}{A} \tag{2.10}$$

$$E_{\max} \leqslant \frac{e}{\varepsilon} \cdot \text{Implanted Dose} \tag{2.11}$$

式中，$\boldsymbol{E}$ 代表电场强度；$\langle E \rangle$ 代表平均电场强度；ε 代表介电常数；ξ 代表电荷密度；Q 代表总电荷量。对于如图 2.30 所示的 P^+N^-结而言，根据式(2.11)，最大击穿电压与掺杂浓度直接相关。如果 A 点掺杂浓度超过 B 点，则 A 点的电场会超过 B 点，反之，B 点的电场超过 A 点。由此可见，掺杂浓度可以有效控制该处的电场大小。因此可以通过控制 N^-的掺杂浓度来调节该 P^+N^-结的电场分布。

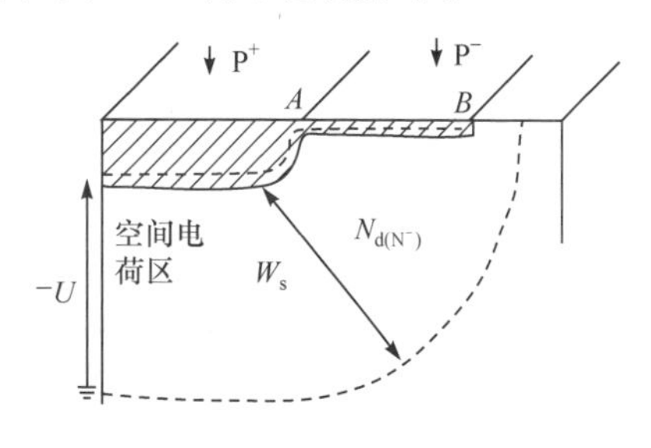

图 2.30　P^+N^-结示意图

LDMOS 器件击穿电压的大小主要取决于器件的漂移区，将上述变掺杂的概念应用到 LDMOS 器件的漂移区，通过调整漂移区的电荷分布来使得器件表面电场分布更加均匀，就可以获得比漂移区均匀掺杂更高的击穿电压，这就是漂移区变掺杂技术[7]。选择何种变掺杂分布，需要在设计过程中不断调整漂移区掺杂情况、器件工艺参数(如漂移区长度、结深)等，最终得出最优的设计方案。目前，应用较多的变掺杂技术是线性变掺杂(lateral variation doping, LVD)，即漂移区的掺杂浓度由源极至漏极逐渐增加，且呈线性分布。图 2.31 给出了漂移区均匀掺杂的 LDMOS 和漂移区采用线性变掺杂的 LDMOS 器件表面的电场分布，可以明显地发现，采用漂移区线性变掺杂的器件表面电场分布更加均匀，器件电场峰值也低于漂移区均匀掺杂的 LDMOS 器件。

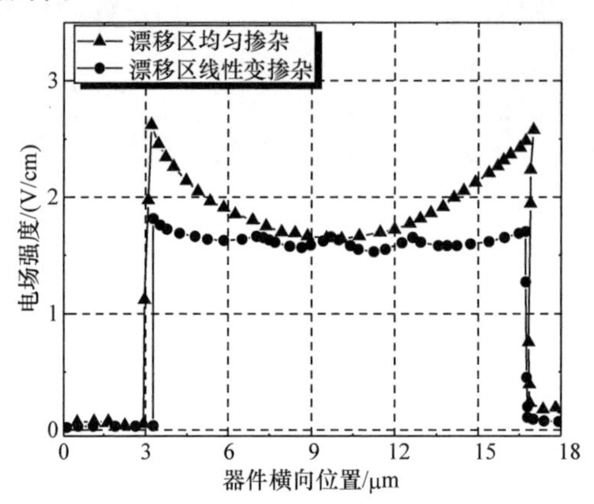

图 2.31　采用漂移区均匀掺杂和漂移区线性变掺杂的 LDMOS 器件表面电场分布

线性变掺杂漂移区可通过横向变掺杂技术来实现[8]。这种技术的实质是，在掩模版上通过光刻的方式，在合适的位置上刻上一些细槽用于杂质注入，细槽尺寸沿着源极指向漏极的方向逐渐变大，然后通过这些细槽注入适量的 N 型杂质，使之在高温条件下向两侧逐渐扩散开，经过合适的时间间隔，扩散达到稳定的状态，如果通过对掩模版上的细槽的宽度和分布情况进行合理化设计，漂移区掺杂浓度将会很接近理想的线性分布，即漂移区的掺杂浓度沿 X 轴正方向线性增加。横向变掺杂技术的示意图如图 2.32，其本质为阶梯掺杂。

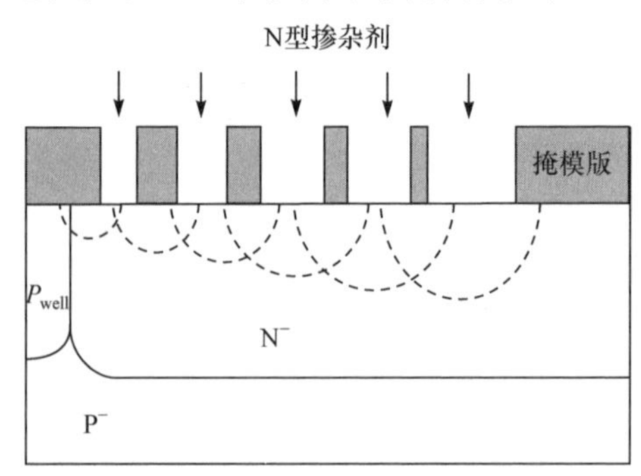

图 2.32　横向变掺杂技术示意图

漂移区掺杂浓度分布示意图如图 2.33 所示，图中的矩形代表初始时刻注入的 N 型杂质的具体分布区域与浓度，随后通过各个细槽注入的 N 型杂质将会在高温环境下进行扩散，在时间足够长并且各个工艺参数得以合理化设计的前提下，最终的掺杂浓度分布将非常接近图中的理想的直线，也就是线性变掺杂状态。在这种情况下，通过对器件的工艺和技术进行改进和优化，能够设计出具有理想导通电阻和击穿电压的器件。

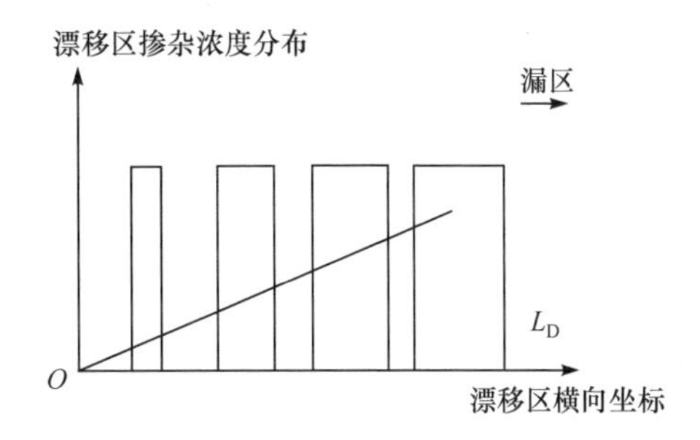

图 2.33　漂移区掺杂浓度分布示意图

2.2.5　超结技术

超结(super junction, SJ)原理诞生于 20 世纪 80 年代末 90 年代初，从此之后，超结理论得到认可并且被广泛应用，这种概念的提出成功地打破了“硅限”，它使得功率器件能够同时得到低通态功耗和高击穿电压。

图 2.34 所示为一个最简单的理想超结结构。这个超结结构在 x、y、z 方向上的尺寸分别为 l_x、l_y、l_z。它由一系列厚度为 d 的交替排列的 P 型或 N 型硅组成，且 P 型硅和 N 型硅的掺杂浓度分别为 N_a 和 N_d。为了简化分析，可以把此结构看成理想 JFET 结构，并且假设 N_a=N_d。

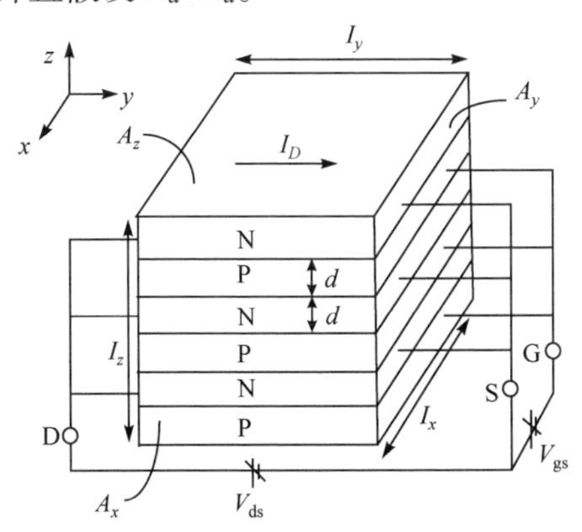

图 2.34　简单理想超结结构示意图

当此等效结型场效应管处于关态时，为使超结结构完全耗尽，在击穿发生之前，相邻 PN 结的耗尽层必须相互连接起来。假设 PN 结的位置在 $z=0$ 处，当完全耗尽时，耗尽层的边缘分别处于 $z=z_p$ 和 $z=z_n=z_p-d$ 的位置。也就是说，当耗尽层开始交叠时，两侧耗尽层中的泊松方程表示如下：

$$\frac{\partial E}{\partial z}=\frac{q\cdot N_a}{\varepsilon_s},\quad 0\leqslant z\leqslant z_p \tag{2.12}$$

$$\frac{\partial E}{\partial z}=\frac{q\cdot N_d}{\varepsilon_s},\quad z_n\leqslant z\leqslant 0 \tag{2.13}$$

且边界条件为 $z=z_{\mathrm{p}}$ 和 $z=z_{\mathrm{n}}=z_{\mathrm{p}}-d$ 时，$E_z=0$。从而推导 z 方向上的电场分布：

$$E_z=\frac{q\cdot N_a}{\varepsilon_{\mathrm{s}}}(z-z_{\mathrm{p}}),\quad 0\leqslant z\leqslant z_{\mathrm{p}} \tag{2.14}$$

$$E_z=-\frac{q\cdot N_d}{\varepsilon_{\mathrm{s}}}(z-z_{\mathrm{n}}),\quad z_{\mathrm{n}}\leqslant z\leqslant 0 \tag{2.15}$$

又因为 $N_a=N_d$，那么由式(2.14)和式(2.15)可推导出在 $z=0$ 处 E_z 的最大值为

$$|E_z|_{\max}=\frac{q\cdot N_a\cdot d}{2\cdot\varepsilon_{\mathrm{s}}}=\frac{q\cdot N_d\cdot d}{2\cdot\varepsilon_{\mathrm{s}}},\quad z_{\mathrm{p}}=-z_{\mathrm{n}}=\frac{d}{2} \tag{2.16}$$

为避免发生击穿，$|E_z|_{\max}$ 就必须小于临界场强 E_{c}，于是要求：

$$\frac{q\cdot N_d\cdot d}{2\cdot\varepsilon_{\mathrm{s}}}<E_{\mathrm{c}} \tag{2.17}$$

因为超结器件的优化掺杂浓度 N_d(或 N_a)未知，但是 z 方向上的峰值电场强度和浓度有着密切的关系，所以在下面的推导中引入了优化系数 α ($0<\alpha<1$)，于是可得

$$q\cdot N_d\cdot d=2\cdot\varepsilon_{\mathrm{s}}\cdot|E_z|_{\max}=2\cdot\alpha\cdot\varepsilon_{\mathrm{s}}\cdot E_{\mathrm{c}} \tag{2.18}$$

为了进一步分析，对基于图 2.34 所示的结构进行一些结构上的修改：分别在图 2.34 所示结构的左右两侧增加厚度为 d 的 N 型漏区和 P 型栅区，并且这两个区域的掺杂浓度分别是 N_d 和 N_a。假设在相邻 PN 结的耗尽层相互交叠之前，除了栅区和漏区的边缘，电场强度只在 z 方向上增加，即只有 E_z。当耗尽层交叠后，电场只在 y 方向上增加，即只有 E_y，而且 y 方向上电场强度的增量 E_y 取决于漏栅之间的偏置，且在整个超结结构区域中恒定。图 2.35 所示的是在 N 型半导体区域内，沿着 y 方向上的电场强度分布情况。

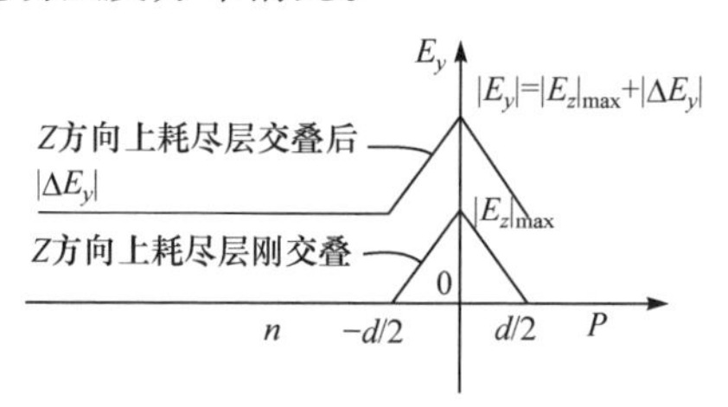

图 2.35　超结结构 N 型半导体区域中 y 方向上的电场强度分布

根据图 2.35 可得漏栅间电压 V_{dg}：

$$V_{\mathrm{dg}}=\frac{d\cdot|E_z|_{\max}}{2}+|\Delta E_y|\cdot l_y \tag{2.19}$$

当 l_y 远远大于 d 时，式(2.19)可以近似为

$$V_{\mathrm{dg}}=|\Delta E_y|\cdot l_y \tag{2.20}$$

E_x 在整个超结结构中均为零，E_z 在点$(y, z)=(0, -d/2), (-l_y, d/2)$处也为零，由图 2.35 可知，器件达到临界击穿时：

$$|\Delta E_y|_{\max} = (1-\alpha)\cdot E_c \tag{2.21}$$

将式(2.19)代入式(2.18)，可得击穿电压：

$$V_B = (1-\alpha)\cdot E_c \cdot l_y \tag{2.22}$$

对于纵向超结器件而言，电流流通的方向是 y 方向，器件在 y 方向上的特征导通电阻为

$$R_{on}\cdot A_y = \frac{2\cdot d}{l_z}\cdot\frac{1}{\mu\cdot q\cdot N_d\cdot d}\cdot\frac{l_y}{l_x}\cdot(l_z\cdot l_x) \tag{2.23}$$

将式(2.16)和式(2.20)代入式(2.21)，消去 N_d 和 l_y。最终得到特征导通电阻为

$$R_{on}\cdot A_y = \frac{1}{\alpha(1-\alpha)}\cdot d\cdot\frac{V_B}{\mu\cdot\varepsilon_s\cdot E_c^2} \tag{2.24}$$

由式(2.24)可以看出，通过理想的超结结构推导，特征导通电阻与击穿电压近似呈线性的关系。该关系打破了“硅限”中的 2.5 次方，这也就是超结原理的价值所在。

超结理论被提出并得到验证后，便成功地应用于各种器件结构中，超结 LDMOS 器件就是其中之一，其结构示于图 2.36，该新型结构和传统 LDMOS 结构的差别在于：超结结构取代了传统 LDMOS 结构中的漂移区。

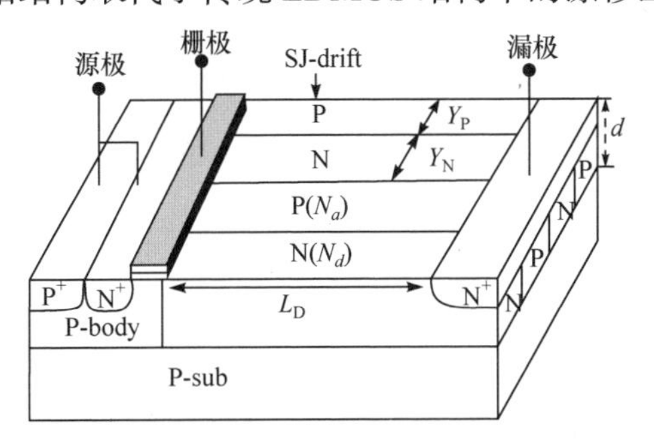

图 2.36　常见的超结 LDMOS 结构示意图

传统 LDMOS 的开态电阻主要是由支撑电压的漂移区的电阻支配的，尤其是在高压 LDMOS 中，对于一个 600V 的器件而言，漂移区电阻占到了总通态电阻的 95%以上。漂移区的耐压能力是由其厚度和掺杂浓度决定的。为了增加击穿电压，必须同时降低漂移区的掺杂浓度和增加该层的厚度。然而，晶体管的电阻是作为它的击穿电压的一个函数而存在的。因此，改进晶体管性能的主要重点就是在保证击穿电压的同时，降低漂移区的电阻。

超结原理提供了驾驭漂移区电阻的一种新途径。从图 2.37 看出，一些附加的垂直 P 型柱状结构(P-pillar)插入了漂移区，当该晶体管处于反向偏置时，一个沿器件宽度方向的电场就会建立起来。空间电荷层沿着 PN 结物理线建立，并随着漏压的增加，逐渐扩展到整个 PN 条块结构中。此刻的漂移区被完全耗尽，它扮演着类似 PIN 结构的支撑电压层的角色。如果电压进一步升高，电场就会在空间电荷层没有进一步扩展的情况下线性增强。这使得在相同漂移区浓度下，SJ-LDMOS 具有更高的击穿电压，如图 2.38 所示。反而言之，在相同的击穿电压基础上，如果将漂移区中 N 型柱状半导体的浓度做得比传统 LDMOS 的漂移区的浓度高，器件就具有更低的导通电阻。

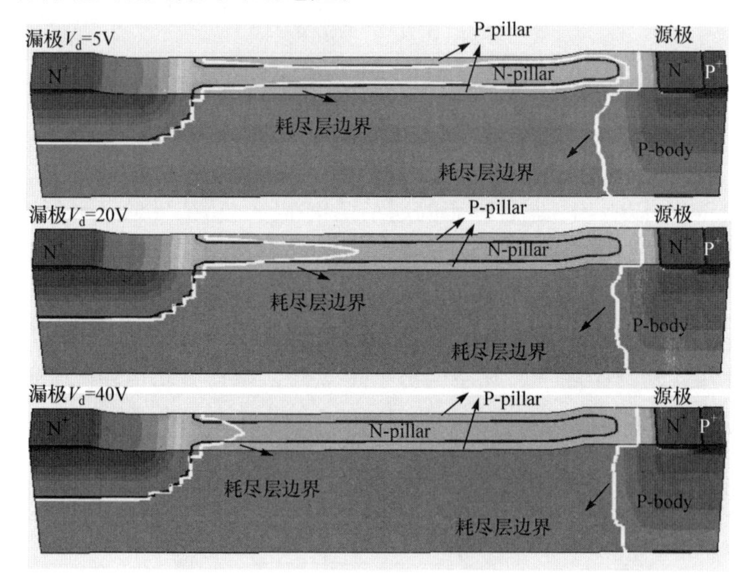

图 2.37　超结 LDMOS 器件耗尽层变化

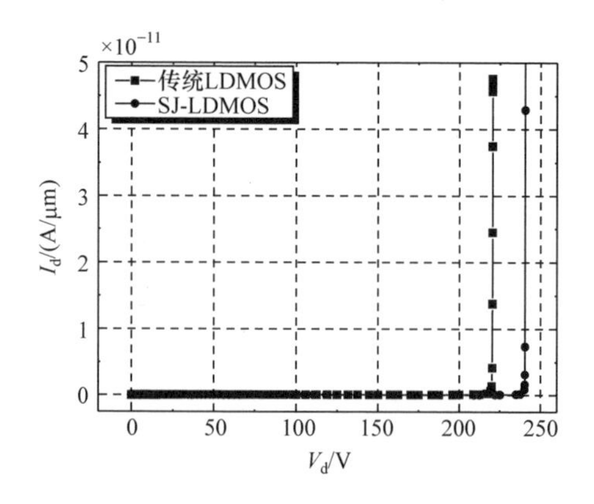

图 2.38　同样漂移区浓度下传统 LDMOS 和 SJ-LDMOS 器件击穿电压对比

根据超结原理，SJ-LDMOS 漂移区必须满足 P 型柱体和 N 型柱体的电荷达到高度补偿，即 P 型柱体和 N 型柱体的电荷必须保持平衡，改变或者破坏这种电荷平衡都将导致超结器件性能的下降。超结器件设计时，设计者通常用电荷灵敏度来评价电荷非平衡效应。

$$\mathrm{IM}=\frac{|N_a-N_d|}{N_a}\times 100\%=\frac{|\Delta N|}{N_a}\times 100\% \tag{2.25}$$

式中，IM 是以百分比表示的电荷不平衡程度；N_a 是 P 型柱区掺杂浓度的绝对值；$|\Delta N|$为柱区的净掺杂浓度。图 2.39 表示器件击穿电压与电荷不平衡程度的影响关系，图中的曲线出现峰值为模拟中得到的最优化点，电荷灵敏度在一定区间内其击穿电压值可以满足设计要求，但是 SJ-LDMOS 其下方有低阻的衬底，而低阻衬底会与漂移区中的 N 型区柱体耗尽，这种辅助耗尽作用会对 SJ-LDMOS 的特性造成很大的影响，甚至会出现相同漂移区超结耐压低于传统 LDMOS。这种辅助耗尽称为衬底辅助耗尽效应 (substrate assisted- depletion effect, SAD)，目前，在设计 SJ-LDMOS 器件时所面对的最大挑战就是寻找实际办法抑制和消除这种效应，这也是限制 SJ-LDMOS 器件进一步发展的瓶颈。

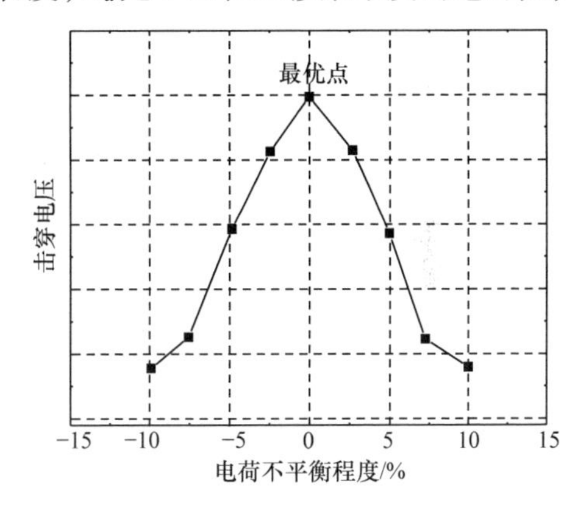

图 2.39 关态下固定 N 型浓度对应的 P 型浓度电荷灵敏度对击穿电压的影响

综上所述，为了使功率 LDMOS 器件的击穿电压和导通电阻获得最佳的品质因子(FOM=BV^2/R_{on})，科研人员提出了许多提升耐压的核心技术，包括场板技术、浅沟槽隔离技术、埋层技术、漂移区变掺杂技术及超结技术等，它们在功率 LDMOS 耐压技术发展的进程中扮演着极其重要的角色。在实际的功率 LDMOS 器件设计中，这些技术不局限于单一使用，可以相互交错使用，发挥各自的技术优势，使得功率 LDMOS 工作电压从 9V 扩展至 2000V。

2.3 功率 LDMOS 器件可靠性

随着研究的不断深入，功率 LDMOS 器件在结构设计、版图设计、工艺制造等方面都已经日渐成熟。然而，由于功率 LDMOS 器件通常工作在高温、高压、高频、强辐射及大功率等恶劣环境下，其面临的可靠性风险要比常规的集成电路大得多。最为突出的一点就是 PIC 中相应的功率器件在电极上承受的电压更高，器件内部电场更强，结温也更高，因而器件的可靠性问题显得更为突出，甚至已经成为制约 LDMOS 器件进一步发展的瓶颈。所以，随着微电子工艺线宽的减小，由功率 LDMOS 器件的超安全工作区、热载流子退化、高温反偏退化、静电放电损伤等造成的电路失效也已成为制约 PIC 进一步发展的瓶颈。

2.3.1　热载流子可靠性

热载流子效应是指在高电场下，某些载流子获得相当高的能量，形成热载流子。由于载流子可以翻越 Si-SiO_2 界面势垒进入栅氧化层，诱生大量的 Si-SiO_2 界面态，或被栅氧化层中的电荷陷阱俘获，或产生新的氧化层陷阱，从而影响器件的阈值电压、跨导、饱和电流等参数的值，造成器件特性的退化，影响着器件的可靠性。因此，功率 LDMOS 器件的热载流子注入是影响器件可靠性的一个重要因素。

热载流子效应引起器件特性退化的物理机制，主要归结为热载流子诱导器件损伤的生长。为了对器件的性能退化进行定性评估以及物理解释，需要通过有效的测试手段得到器件中的具体损伤情况以及生长规律。对功率 LDMOS 器件热载流子退化特性的研究，可以从分析损伤的种类、生长位置及注入特性等方面入手。本节将重点阐述 LDMOS 器件的热载流子退化特性和热载流子注入机制。

1. 热载流子退化的最严重条件

功率 LDMOS 在加电应力情况下，一方面器件沟道中强电场使导电载流子加速，并获得高能量，一部分载流子将克服漏极和栅极之间的反方向电场和 Si-SiO_2 之间 3.2eV 的势垒，注入 SiO_2 中，而其中少部分由栅极流出成为栅电流 I_g。另一方面，在沟道中产生的电子-空穴对，电子在电场的作用下，被器件漏极所收集，相应产生的空穴将在强栅场的作用下进入衬底，成为衬底电流 I_{sub}。由于 MOS 器件的热载流子效应产生了衬底电流以及栅电流，衬底电流和栅电流的大小体现了热载流子效应的强弱，因此它们常被用来衡量和监测器件的热载流子效应。

最差应力模式就是器件在工作电压下，热载流子退化最坏时所施加的应力模式。工作电压下的最差应力模式的确定，对于选择加速应力下的偏置条件非常重要。目前，对于最差应力模式的确定有三种看法：衬底电流最大值 $I_{sub,peak}$ 为最大应力模式[9]；$V_{gs}=V_{ds}$ 为最大应力模式[10]；$V_{gs}=V_{ds}$ 和 $I_{sub,peak}$ 在同种寿命预测模型下退化的比较。按照业界的标准，目前较常用的最差热载流子退化应力模式的确定方法为：固定一个比器件工作电压稍高的 V_{ds}，扫描 V_{gs}，器件的最大衬底电流对应的 V_{gs} 与所固定的 V_{ds} 的组合即该器件的最差热载流子应力模式条件。

图 2.40 给出了 LDMOS 器件衬底电流随栅压变化的关系曲线，分别针对 V_{ds}=80V、90V、100V 条件进行了测试。可以看到，在不同的 V_{ds} 下，I_{sub} 的最大值均发生在 V_{gs}=2.5V 左右。同时，从图中可以清楚地看到，衬底电流随着栅极电压的增大存在一个峰值。这是因为，当漏源电压 V_{ds} 为固定值时，随着栅极电压 V_{gs} 的增大，漏源电流 I_{ds} 和饱和电压 V_{dsat} 都将随之增加。而 V_{dsat} 增大后，在沟道饱和区的沟道电场被削弱，从而导致碰撞电离率的下降，使得衬底电流随着 V_{gs} 的进一步增大而减小。因此，在某一 V_{gs} 值，衬底电流将出现峰值。由于衬底电流最大的点对应的也是热载流子最严重的时刻，所以，此时的应力条件常被用来监测热载流子效应。

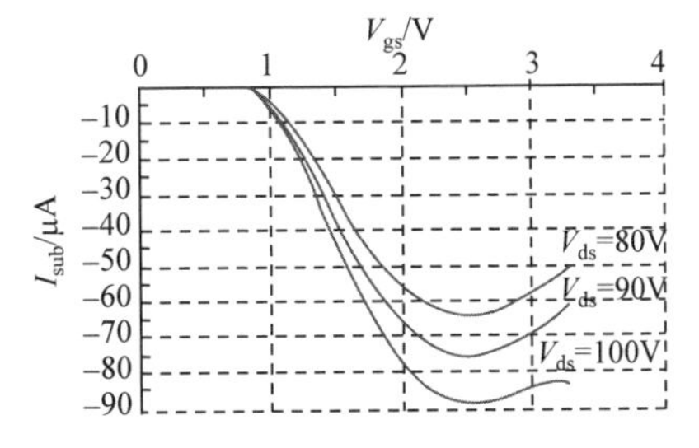

图 2.40　LDMOS 器件衬底电流曲线测试结果

2. 热载流子退化行为趋势

对于功率 LDMOS 器件(图 2.41)，该器件的工作电压为 100V，其击穿电压设计为 112V。其最重要的 4 个电参数为：阈值电压 V_{th}，特征导通电阻 R_{on}，跨导 g_m 以及漏端饱和电流 I_{dsat}。其中，阈值电压 V_{th} 可以使用最大跨导法得到，特征导通电阻 R_{on} 和跨导 g_m 都可以在 V_{ds}=0.1V, V_{gs}=5V 时测得，而漏端饱和电流 I_{dsat} 测于 V_{ds}=40V, V_{gs}=5V 时。

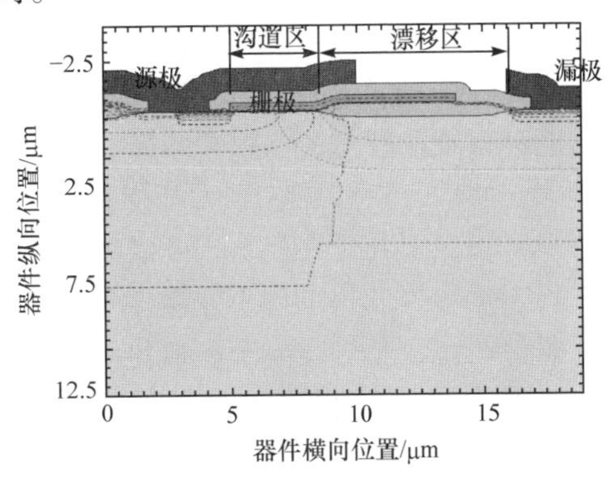

图 2.41　高压 LDMOS 器件结构

图 2.42 给出了功率 LDMOS 器件最重要的 4 个电参数——阈值电压 V_{th}，特征导通电阻 R_{on}，跨导 g_m 以及漏端饱和电流 I_{dsat} 在最差热载流子应力模式 V_{gs}=2.3V 且 V_{ds}=100V 下的退化情况。从图中我们看到，阈值电压 V_{th} 随着时间的增长是缓

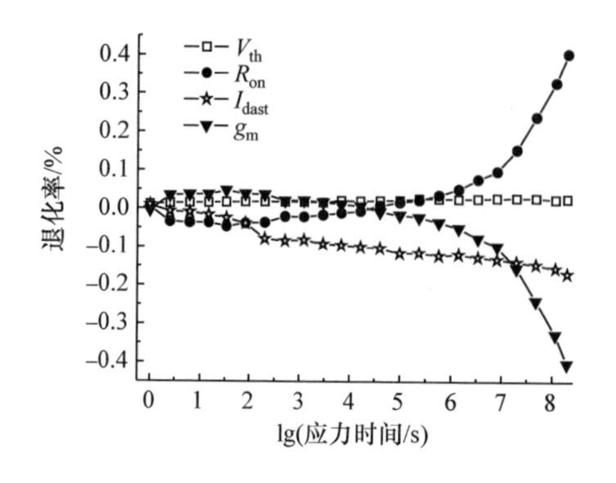

图 2.42 功率 LDMOS 器件静电参数热载流子退化结果

慢增大的，尽管退化程度不是很显著，但是存在明显的增大趋势。在应力时间增大到 1000s 时，阈值电压的增加趋向于饱和。而特征导通电阻 R_{on} 的退化是最大的，而且比较特殊，呈现明显的两阶段的退化现象，它一开始随着时间的增大而慢慢减小，其退化量是一个负值。但是，在约 100s 后，特征导通电阻 R_{on} 开始改变退化方向，其退化量变为正值，并且在 1000s 后，开始以很快的退化率增大。跨导 g_m 的退化基本上是和特征导通电阻相反的。漏端饱和电流 I_{dsat} 随着应力时间的增大而减小，变化的速度不是一个固定的值，在约前 100s 的应力时间中，漏端饱和电流 I_{dsat} 随着应力时间的退化系数较小，然而在 100s 之后，其开始以一个较大的退化系数减小，尽管如此，其退化量还是比特征导通电阻 R_{on} 小很多。因此，可以认为，特征导通电阻 R_{on} 的退化是功率 LDMOS 器件热载流子退化最严重的参数，可以用来评估器件热载流子退化情况。

与常规 NMOS 管相比，功率 LDMOS 器件的热载流子退化呈现出新的特点：一方面，在所有静电参数中，变化最显著的是特征导通电阻；另一方面，特征导通电阻的变化，呈现出两种截然不同的规律，显然是有不同的注入机制在起作用。而这些，在低压器件中是未曾观察到过的。显然，阈值电压随着应力时间的增大表现出增长的规律，说明在栅氧中存在着热电子的注入，因为阈值电压对栅氧热电子注入是非常敏感的。而特征导通电阻 R_{on} 和漏端饱和电流 I_{dsat} 的退化情况说明在器件内部至少存在两种以上的热载流子退化机制，其相互作用，影响着器件的静电参数的退化[11-13]。

3. 热载流子退化机理

对于功率 LDMOS 器件而言，其热载流子在氧化层中的俘获量与氧化层中的电荷陷阱密度成正比，界面态则与界面质量、界面键密度有关。提高氧化层和界面质量是减小热载流子损伤的基本保证。界面态是由高电场下获得较高能量的热载流子向氧化层注入所引起的，因此，界面态产生的区域就是沟道水平电场峰值与热载流子注入峰值所处的区域。

根据上述原理，在最坏热载流子应力条件下：V_{gs}=2.3V 且 V_{ds}=100V，如图 2.43(a)所示，功率 LDMOS 器件内部横向电场在漂移区边界的地方，存在一个峰值。由于横向电场会加速载流子从源端向漏端漂移，横向电场峰值的存在，会进一步加速载流子的运动，在此最大值周围，电子和空穴的能量都会比较高。除了器件内部的横向电场，在器件表面还存在垂直于 Si/SiO_2 表面的纵向电场，纵向电场的大小和方向直接影响了 LDMOS 器件热载流子注入的电性和程度。在最坏应力下，功率 LDMOS 器件在沟道区以及在漂移区分别存在最大值，同时在沟道区和漂移区的纵向电场方向是相反的。在沟道区，纵向电场是正值，纵向电场垂直器件 Si/SiO_2 表面，指向器件内部，而在积累区，纵向电场开始改变方向(符号发生变化)，在漂移区，纵向电场为负值，纵向电场垂直器件 Si/SiO_2 表面，从器件内部指向表面。因此，在沟道区，正向的纵向电场，将带负电电子拉入栅氧化层中，而在漂移区，负向的纵向电场，将带正电的空穴推入场氧化层中。结合图 2.43(b)可知，在沟道区，有部分电子具有较大的能量，因此会由于纵向电场的作用而进入栅氧化层，同样地，在漂移区，有部分空穴具有较大的能量，因此会由于纵向电场的作用而进入场氧化层，而在积累区，由于部分电子具有足够大的热能，使其能够挣脱逐步变为正向的纵向电场的作用，而进入了栅氧化层[14,15]。

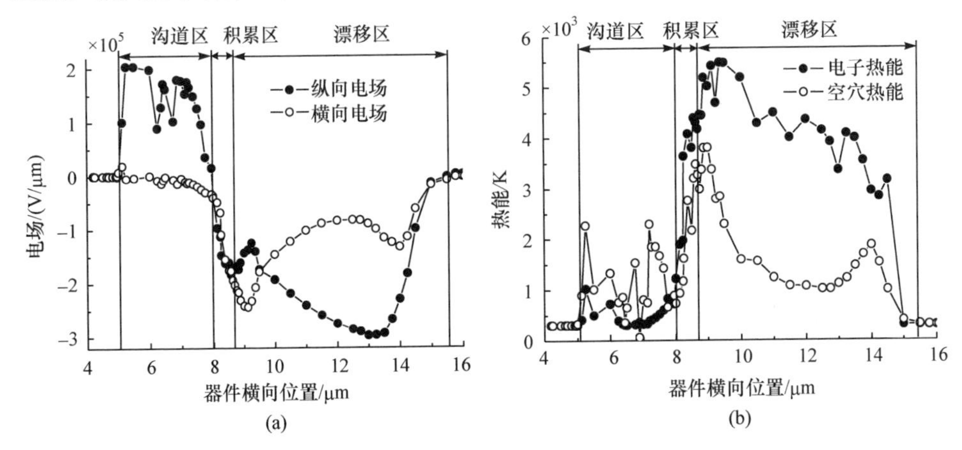

图 2.43　功率 LDMOS 器件 Si/SiO_2 表面电场和载流子热能分布情况

因此，功率 LDMOS 器件在沟道区和积累区，电子都有较高的注入概率，而空穴在漂移区有较高的注入概率，如图 2.44 所示。由于氧化层在生长的过程中，容易引入缺陷，于是在氧化层中留下了空穴陷阱和电子陷阱，注入栅氧中的热电子和注入场氧中的热空穴，易被这些陷阱捕获。沟道中热电子的注入和俘获，导致沟道上方栅氧中存在负电荷，相应地，由于负电荷具有吸引正电荷和排斥负电荷的作用，会将 P-well 中可动的带负电荷的电子推入沟道底部，留下带正电荷的空穴，同时，若 P-well 中存在可动的带正电荷的离子，此正电荷也会被吸引到沟道表面，从而导致沟道表面具有较高浓度的正电荷，导致 P-well 浓度增大。这样，器件的阈值 V_{th} 就会相应地提高，特征导通电阻 R_{on} 会减小。图 2.44 同时表明，热电子也会在积累区中注入和被氧化层俘获，进入栅氧的负电荷会将 N-drift 中可动的负电荷推入沟道底部，留下带正电荷的空穴，导致 N-drift 浓度减小，相应地，器件的阈值 V_{th} 会减小，而特征导通电阻 R_{on} 会增大。由于器件的积累区长度较短，电子的注入概率也相对有限，在沟道中俘获的热电子和在积累区俘获的热电子共同作用，将导致器件的阈值 V_{th} 有一定程度的增大，特征导通电阻 R_{on} 有一定程度的减小。由于阈值电压 V_{th} 是对栅氧下的电子的注入非常敏感的，所以其在热载流子压力下，将表现出一定的增长趋势。

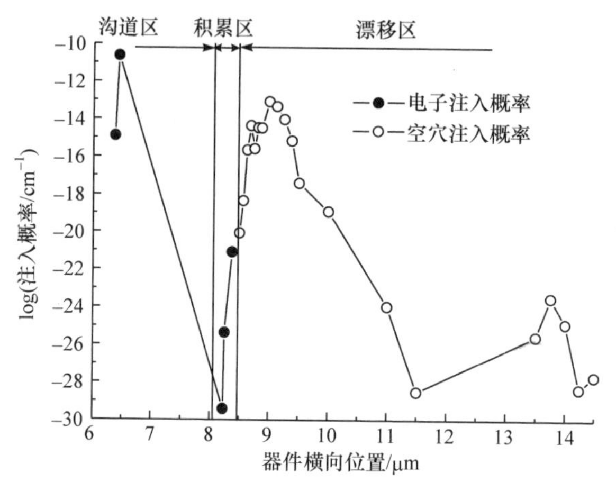

图 2.44　功率 LDMOS 器件 Si/SiO_2 表面载流子注入氧化层概率

另外，由于漂移区中存在空穴的注入和俘获，漂移区上方的场氧中存在正电荷的陷落，这些正电荷就会在漂移区表面诱生出镜像的负电荷，导致 N-drift 表面有效浓度增大，相应地增大了漂移区中的碰撞电离概率，同时增大了漏端饱和电流 I_{dsat} 和衬底电流 I_b。由于 N-drift 浓度增大，电阻降低，对于器件内部电流而言就要流经一个较低的电阻区，所以，特征导通电阻 R_{on} 也会减小。从图 2.44 载流子的注入概率中看到，空穴注入场氧的量大于电子注入栅氧的量，因此，热空穴和热电子的注入的中和作用，最终导致特征导通电阻 R_{on} 的减小和漏端饱和电流 I_{dsat} 的增大[16]。

综上所述，功率 LDMOS 由于工作在高电压下，载流子在高场中获得足够的能量，形成热载流子的概率大大增加，通过上面的分析可知，对于功率 LDMOS 器件的热载流子效应来说，主要存在以下退化机制。

第一种机制是强的表面电场下的沟道区以及积累区界面态 D_{it} 的产生，这是垂直于沟道区栅氧中的电场和载流子能量的结果，是最为常见的热载流子注入机制。界面态 D_{it} 的形成，引起载流子的散射，从而减小了载流子的迁移率，导致了电流的减小或导通电阻的增大。

第二种机制是位于鸟嘴附近积累区和沟道中的热电子的注入。当沟道区热电子注入栅氧，部分被俘获，诱生的表面电荷使 P-well 中有效浓度增大，导致

特征导通电阻 R_{on} 和阈值电压 V_{th} 增大。随着应力时间的增加，注入的载流子在栅氧中产生了反向的电场，限制了载流子的进一步注入，因此，注入机制会逐步达到饱和。

第三种机制是场氧化层中的热空穴的注入。从上面的分析可知，这是由于空穴能量很高，电场又有利于空穴的注入。当热空穴在场氧化层中注入和被俘获时，将有效地增加漂移区 N-drift 的浓度，因此导致特征导通电阻 R_{on} 逐渐减小。同样地，随着应力时间的增加，热空穴的注入也会逐步达到饱和。

2.3.2　安全工作区可靠性

安全工作区的英文全称为 Safe Operation Area，简称 SOA。它是用 I_d-V_d 平面描述 LDMOS 能够正常工作的区域。它的最上边界是由器件能够承受的最大漏电流决定的，最右边界由器件能够承受的最大漏电压决定，如图 2.45 所示。图中同时表示出了固定栅压下漏电流随漏电压变化的一条曲线。当曲线接近 SOA 边界时，曲线的斜率突然上升，导致器件电流无法控制而趋向于无穷，这种现象称为骤回(snapback)，在此 snapback 点之外，器件表现出负阻特性，漏电流急剧上升，漏电压下降，最后热击穿器件被烧毁[17]。

功率 LDMOS 器件的 SOA 受众多复杂的因素影响，例如，电流、电压、激励曲线形状、激励时间、温度等。根据施加应力的时间大小，或是电学效应的影响占主导因素，或是热效应的影响占主导因素。目前，存在三种评价功率 LDMOS 器件 SOA 的体系，分别为电学 SOA、热学 SOA 及热载流子寿命 SOA。下面将分别介绍这三种器件 SOA[18]。

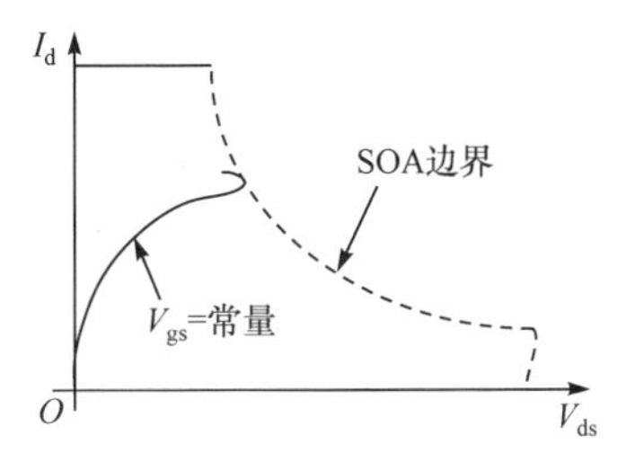

图 2.45　LDMOS 器件在 SOA 边界的 I-V 曲线呈现负阻效应

1. 电学 SOA

电学 SOA 定义为去除热效应的 LDMOS 器件，其为 I_d-V_d 平面发生 snapback 现象时的边界。这种情况一般是采用非常短的脉冲(数量级为纳秒)对器件进行测量，此时，器件内部还来不及产生自热。该 SOA 的范围一般直接和器件内部的雪崩电流有关。

任何 MOS 晶体管内部都寄生有一个三极管，LDMOS 当然也不例外，此三极管以 LDMOS 的沟道为基极从衬底引出，以 LDMOS 的漂移区为集电极从漏极引出，以源区为发射极，从源引出，如图 2.46 所示。因为衬底的浓度一般比较低，

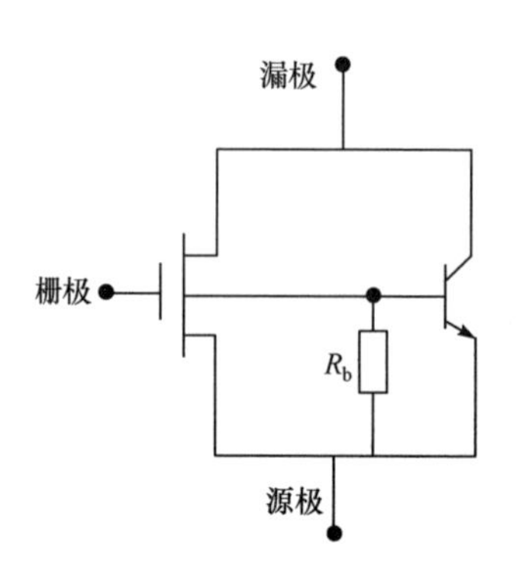

图 2.46 LDMOS 的寄生三极管示意图

电阻比较高，较小的泄漏电流流经衬底便会产生较大压降，当此压降超过寄生三极管的开启电压时，器件导通，电压电流的正反馈将迅速使器件失效。在漏端加上高压的情况下，由于 LDMOS 中寄生的三极管开启，LDMOS 会出现 snapback 现象。

流经 R_b 的电流 I_b 可以写成如下的式子：

$$I_b = (M_n - 1)I_s + I_{diff} + I_{gen} \quad (2.26)$$

式中，I_s 是开启态源电流；I_{diff} 是反向泄漏电流；I_{gen} 是由于载流子跃迁而产生的电流，称为产生电流。$(M_n-1)I_s$ 是碰撞电离而产生的电流，因沟道和漂移区有较高的电场，载流子流经其内时发生碰撞从而产生二次载流子，二次载流子在电场的作用下漂移回源或漏，导致 $(M_n-1)I_s$ 的产生。M_n 为雪崩因子，由电场强度决定。

图 2.47 给出了寄生三极管基-射电压随 LDMOS 漏电压的变化曲线。由图可以看出，随着漏电压的增加，电场强度逐渐增加，碰撞引起的电流增加导致 R_b 上的压降逐渐升高。当某个峰值电场接近临界电场时，R_b 上的压降接近 PN 结的开启电压，三极管导通，引起正反馈，漏电流迅速增大，而漏电压却突然下降，这就是前面提到的 snapback。如果不采取有效的措施，器件会因发生热击穿而烧毁。

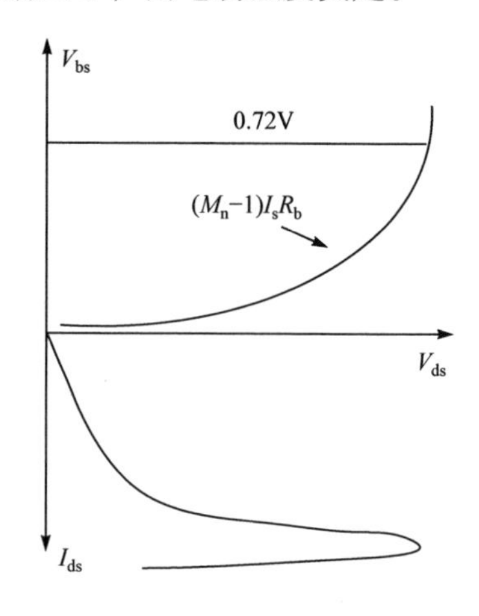

图 2.47 寄生三极管与 LDMOS 的电压电流曲线

2. 热学 SOA

热学 SOA 定义为考虑器件热效应时，功率 LDMOS 器件 I_d-V_d 平面发生 snapback 现象时的边界。这种情况一般是采用较长的脉冲(数量级在毫秒)对器件进行测量。热学对功率 LDMOS 器件 SOA 的影响可以分为热效应、热点耦合效应及自加热效应三个过程。

1) 热效应

随着温度的升高，半导体器件内部或外部会有很多因素影响器件或电路的正常工作。某一特定温度下，某一种半导体材料内的载流子数量是一定的，随着温度的变化，载流子数目服从下面的公式[19]：

$$n_{\mathrm{i}}=\sqrt{N_{\mathrm{c}}N_{\mathrm{v}}}\mathrm{e}^{-E_{\mathrm{g}}/2KT} \tag{2.27}$$

式中，T 是器件温度；K 是玻尔兹曼常量；E_{g} 是半导体材料的禁带宽度，用电子伏特来衡量；N_{c} 和 N_{v} 分别表示电子和空穴的状态密度。不同材料内本征载流子密度不同。

半导体材料的本征载流子数目随温度的变化呈指数变化，当本征载流子多到 PN 结不再具有反向阻断电流能力的时候，意味着器件失效。按照这种理论，当温度高到器件衬底的本征载流子浓度与其掺杂浓度相同时，器件失效。利用式(2.27)有 $n_{\mathrm{i}}(T)=N_{\mathrm{sub}}$。对于掺杂浓度为 $5\times10^{15}\mathrm{cm}^{-3}$ 的衬底算得失效温度为 T_{fail}=603K。但实际上，根据这种理论，只有当本征载流子的浓度超过 N-well 时，漂移区到源区才会穿通，器件才会失效，这个温度至少要到 725K[20]。

随着温度的升高，本征载流子的浓度随之升高，反向 PN 结的漏电流迅速增加，在反向偏压低于 1V 且温度小于 1000℃时，反向 PN 结的 I-V 关系式可以近似表示为[21]

$$I_{\mathrm{diff}}=-qAn_{\mathrm{i}}\left[\frac{n_{\mathrm{i}}}{N_{\mathrm{D}}}\sqrt{\frac{D_{\mathrm{P}}}{t}}+\frac{W}{2t}\right] \tag{2.28}$$

式中，q 是电荷量；A 是 PN 结面积；D_{P} 是空穴扩散系数；N_{D} 是施主浓度，W 是耗尽层宽度。将式(2.28)与式(2.27)联立，由此温度与反向漏电流的关系式可以知道，随温度升高，漏电流呈指数增加。

另一种漏电流机制是电子或者空穴获得足够的能量后，跃迁或者隧穿后成为能够导电的自由载流子，这种称为产生电流的漏电流与温度和 PN 结的反向电压的关系式为[22]

$$I_{\mathrm{gen}}=-AK\cdot T^{2}\mathrm{e}^{-q\Phi_{\mathrm{B}}/KT} \tag{2.29}$$

式中，Φ_{B} 是结势垒高度；K 是半导体材料有效 Richardson 常数。由式(2.29)可见，产生的漏电流也是随着温度的升高而增大。

2) 热点耦合效应

当考虑 LDMOS 的等效电路热效应时，情况会变得异常复杂，一般采用如图 2.48 的等效电路图来考虑 LDMOS 的热效应。整个图的实线部分的电路是温度较低时，器件正常工作的等效电路图，温度较高时，热效应明显，加上虚线部分使等效电路模型更加精确。

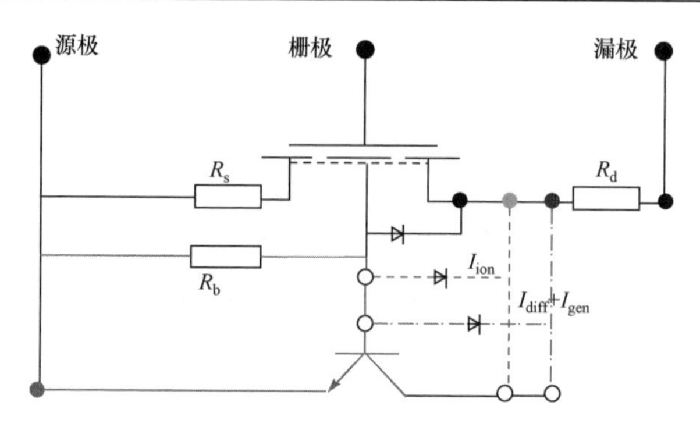

图 2.48　雪崩滞回电压变化示意图

与图 2.46 不同之处有三点：第一点不同在于，随着温度的升高，晶格振动加快，载流子与晶格碰撞的概率增加，平均自由程变小，载流子迁移率降低，半导体材料的导通电阻变小，随着温度的升高半导体电阻的变化可以用式(2.30)表示：

$$R = R_0(1+T^x) \tag{2.30}$$

此处 R_0 表示半导体材料电阻在室温时的值，对于大多数的半导体材料，x 的值一般为 1.5～2.5。图 2.48 中的 R_s、R_d、R_b 分别代表的是 LDMOS 器件源极、漏极和体区的寄生阱电阻，故它们可以表示为

$$R_b = R_{b0}(1+T^x) \tag{2.31}$$

$$R_s = R_{s0}(1+T^x) \tag{2.32}$$

$$R_d = R_{d0}(1+T^x) \tag{2.33}$$

第二点不同在于，流经基极电阻电流的三个组成部分中的后两部分，即式(2.26)右端的后两项将随着温度的增加成为主导。第三点不同在于，寄生三极管导通的开启电压将随着温度的升高逐渐下降，服从式(2.34)，下降速度为 1.6～2mV/K。

$$V_{be} = \frac{K \cdot T}{q}\ln\left[\frac{J_c}{J_s(T)}\right] \tag{2.34}$$

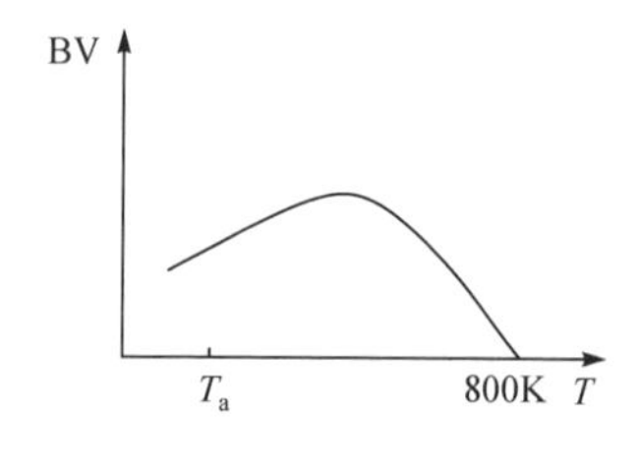

图 2.49　snapback 电压随温度的变化曲线(假定器件等温)

式中，J_c 是三极管集电极电流密度，并假定它是恒定的；J_s 是饱和电流密度。以上三个因素使得寄生三极管随着温度的升高更加容易开启。然而三极管何时开启却是一个很难预测的问题。一个定性的随温度变化器件发生 snapback 的漏压变化的示意图如图 2.49 所示。随着温度的升高，器件能够承受的电压先升高后降低。当温度较低时，式(2.26)右端第一项碰撞电离电流占主导地位，随着温度的升高，碰撞概率减小，碰撞电离电流减小。同时，R_d 和 R_s 升高，器

件饱和电流下降，进一步降低了碰撞电流，使得snapback电压升高。

当温度继续升高时，式(2.26)右端后两项产生电流和反向漂移电流占主导地位，随着温度的升高，这两种漏电流都急剧增加，R_s和R_d升高，使得基极电流迅速升高，同时使三极管开启需要的电压减小，因而snapback电压迅速降低。实际上如果令式(2.34)等于零，得到T=900K，也就是说当环境温度为900K时，器件无法工作。

3) 自加热效应

前面的效应都是假定器件内部温度都是均衡的，如果考虑器件本身产生的热，以及热传导的时间延迟性，也就是考虑不均衡温度的自加热效应，则器件的工作限制将更加苛刻。

自加热效应是指在高电场作用下载流子能量迅速增加以至于不能全部将吸收的能量传递给晶格，于是载流子和晶格之间就有了温度差，导致器件的有源工作区产生局部加热效应。电场强度越高的地方，局部加热效应越明显，LDMOS漏端需要承受较高的电压，其内部经过优化后的电场强度仍然比较高，因而自加热效应更明显。根据前面提及的热理论，I_{diff}、I_{gen}和R_b必然都很大，因而相比于它们的升高，其他热效应可以忽略不计，联立式(2.28)、式(2.29)、式(2.31)、式(2.34)，从而得到图2.50的定性表示的自加热效应引起温度升高导致寄生三极管开启的示意图。图中两条曲线(实线表示温度较低时的状态，虚线表示温度较高时的状态)描述了由于基极电流流过基极电阻而产生基极压降的变化情况：直线描述了随着温度的升高，寄生三极管开启需要的基极电压。在曲线和直线的交点处，也就是当基极压降能够导致寄生三极管开启的时候，器件失效。

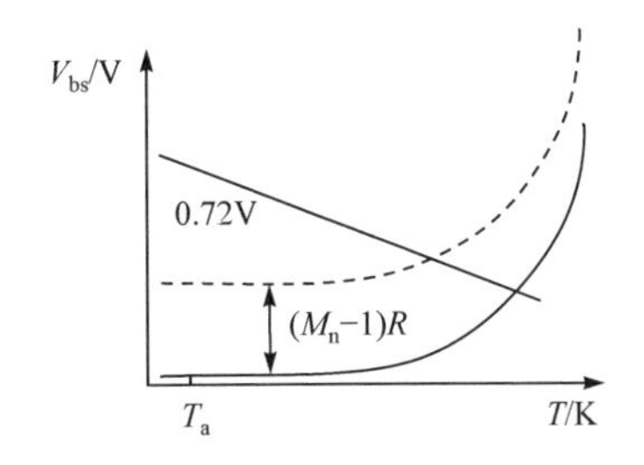

图2.50　随温度变化寄生三极管开启示意图

自加热效应由自身产生热引起，因而器件本身的输入功率不同，自加热效应的效果也不同。图2.51示出了相同器件不同输入功率下漏电流随时间的变化情况。环境温度相同，都为室温300K，当器件的输入功率较高时，器件温度迅速升高，使电流下降，之后温度继续上升，三极管开启导致器件失效；当器件输入功率较低时，器件温度先是上升，电流下降，最终电流温度都达到一个稳态。控制LDMOS输入功率是通过控制栅压实现的，自加热效应使器件不能在大功率下工作，因而安全工作区域缩小。

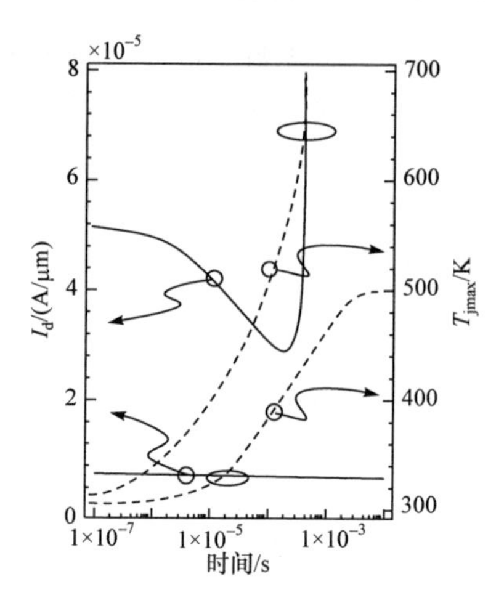

图 2.51　不同输入功率下 LDMOS 考虑自加热效应时漏电流随时间变化情况

3. 热载流子寿命 SOA

热载流子寿命 SOA 定义为在非常长的时间(数量级在秒甚至到年)应力下，缓慢的器件性能参数退化至器件不能正常工作的边界。

随着电场强度的增加，在沟道或漂移区漂移的载流子会获得巨大的动能以至于能够隧穿到 SiO_2 中，从而影响其内电荷分布，这种现象称为热载流子效应，这是导致长期工作的器件失效的主要机理。对于功率 LDMOS 器件，其源跟栅都加有高电压，更容易产生高电场，因而热载流子效应将更加严重，从而影响器件的热载流子寿命 SOA。

热载流子效应会引起阈值 V_{th}，导通电阻 R_{dson}，饱和电流 I_{dsat} 等参数的退化，甚至引起栅击穿。热载流子效应决定的器件寿命可以由下面的经验公式表示：

$$\tau = \tau_0 \exp\left(\frac{V_0}{V_g} + \frac{V_1}{V_d - V_2}\right) \tag{2.35}$$

式中，V_0、V_1、V_2 是常量。器件额定工作时间 t 确定后，得到一个 V_d 和 V_g 的关系式，以 V_d、V_g 分别为横纵坐标，画出表达式所表示的曲线便是由热载流子决定的安全工作区。事实上，热载流子寿命 SOA 与由热电效应决定电热学 SOA 完全没有关系，它只是在原来 SOA 的基础上所加的新限制。

结合上面的分析，电、热、热载流子效应决定了功率 LDMOS 器件的 SOA，三条曲线的内边确定的区域便是 LDMOS 的安全工作区。图 2.52 中的三条曲线上标出了随参数的变化曲线的活动趋势。三条曲线都跟电场 E_{max} 有关系，降低电场强度，三条曲线同时外移，SOA 扩展提高。同时，三条曲线都跟面积 A 有关系，增加器件面积，三条曲线也都外移，SOA 扩展提高。随着环境温度 T 的升高，碰撞电离减弱，SOA 扩展提高，而热学及热载流子寿命 SOA 降低。当然，热载流子寿命 SOA 还跟时间有关系，如果要求器件工作时间不长，自然工作条件宽松，则 SOA 扩展提高。增加器件面积会增加成本，因此在环境温度一定的情况下，最有效的提高 SOA 的方法是优化器件电场。

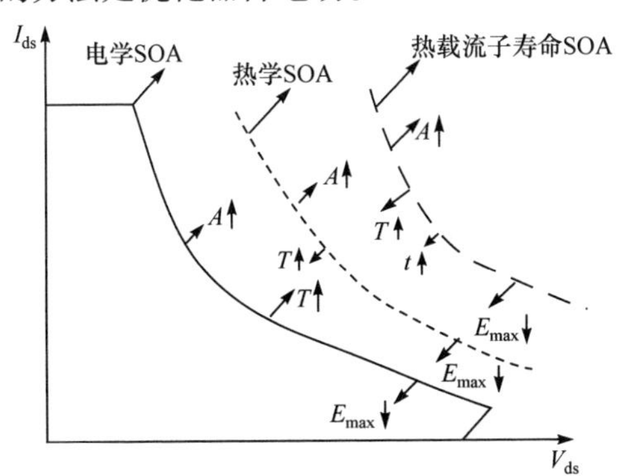

图 2.52　三种 SOA 变化示意图

2.3.3　HTRB 可靠性

高温反向偏压(HTRB)应力考核是一种探究芯片或器件老化后是否还能正常工作的考核方法。LDMOS 器件在长时间处于工作状态后会老化，其性能会产生一定的退化[23]，因此，为了确保器件在使用寿命内可以正常工作，在器件量产前必须通过老化考核。由于器件的使用寿命一般为几年到十几年，若按照正常工作环境进行使用寿命的考核需花费很长的时间，这对器件量产进程会产生极大的影响。HTRB 考核的过程中，芯片或器件处于高温高压的环境下加速老化，以此来估算芯片或器件的使用寿命并找出长时间使用后出现的问题。不同的使用寿命对应不同的考核时间。对于消费类电子来说，其使用寿命为 3～5 年，对应的 HTRB 考核时间为 168h；而对于使用寿命更长的电子产品或军品来说，其对应的考核时间更长一些。

1. HTRB 应力下 LDMOS 器件退化行为趋势

LDMOS 器件在 HTRB 应力之后会存在各种参数的退化，器件的击穿电压和导通电阻会发生漂移，如图 2.53 所示。对于 LDMOS 而言，最明显的退化发生在应力 168h 之后，在 500h 和 1000h 之后，虽然器件的击穿电压和导通电阻依然存在退化，但是和 168h 相比，退化的量比较小。

2. HTRB 应力下 LDMOS 的退化机理

1) 击穿电压退化机理

在 HTRB 应力之前，LDMOS 器件的关态击穿点一般被设计在器件漏极下方的 N 埋层和 P 衬底的 PN 结处，这样做的好处是可以最大限度地提高器件的关态

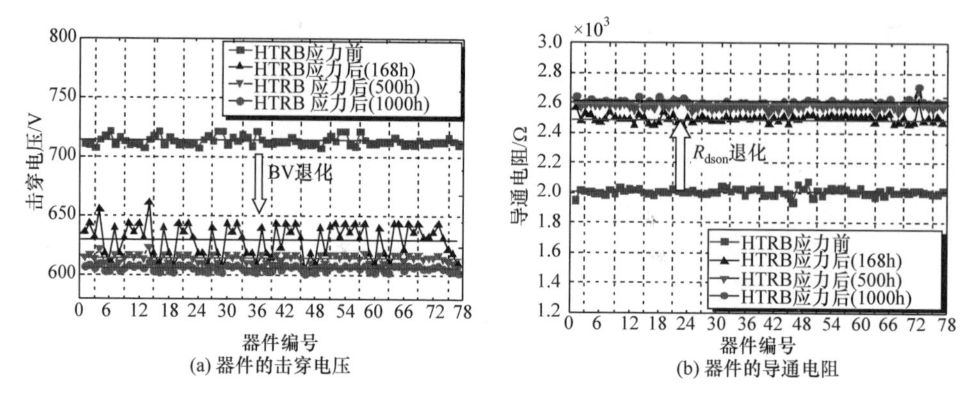

图 2.53　HTRB 应力前后 LDMOS 器件的退化情况

击穿电压，如图 2.54 所示。同时，图 2.55 给出了 LDMOS 器件在 Si/SiO_2 界面的电场强度分布，可以明显地看到在器件表面，栅极场板末端存在一个电场峰值，这在 2.2 节的场板原理中已经提到过，电场峰值会对 LDMOS 器件在 HTRB 应力下产生负面的影响。

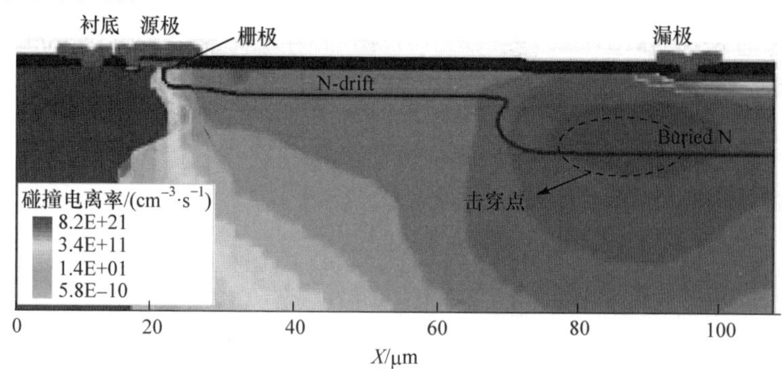

图 2.54　LDMOS 器件的关态击穿点(@V_{ds}=700V)

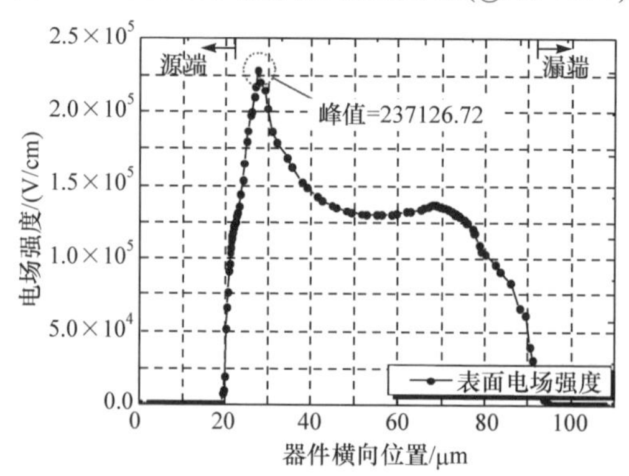

图 2.55　LDMOS 表面电场强度分布图(@V_{ds}=700V)

LDMOS 器件在 HTRB 应力过程中，器件一直处于反偏状态。我们已经知道器件在反偏状态下，栅极场板末端下方会存在电场峰值，这会造成表面的碰撞电离严重，产生大量的电子-空穴对，而且会导致热空穴注入该处的场氧中。器件场氧中空穴的注入使得 LDMOS 器件表面的电场进一步加强，最终表面的电场强度超过了体内的电场强度，击穿点从原先的体内转移至栅极场板末端的器件表面，从而，LDMOS 的关态击穿电压发生退化，如图 2.56 所示。

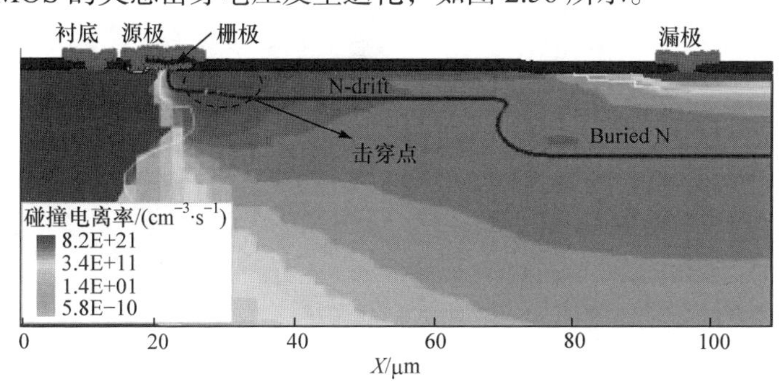

图 2.56　在 HTRB 应力之后 LDMOS 器件的关态击穿点(@V_{ds}=560V)

2) 导通电阻退化机理

前面已经阐述了注入的正电荷对 LDMOS 器件击穿电压的影响，同时，这对 LDMOS 器件的导通电阻产生了影响。由于在 HTRB 应力之后，器件体内的碰撞电离峰值位置已经由体内转移至器件表面。表面剧烈的碰撞电离会使得 Si/SiO_2 界面的悬挂键有更高的概率被产生的电子-空穴对打断，从而使界面处产生大量的界面态。界面处的界面态会俘获一部分电子，降低器件表面的电子电流的迁移率，使得器件的电流减小，导通电阻增加。不仅如此，在高栅压下，LDMOS 器件在靠近沟道鸟嘴处的场氧中会陷入负电荷。图 2.57(a)和(b)给出了 LDMOS 器件在 HTRB 应力前后的电子电流分布。在负电荷的作用下，漂移区会被引入的负电荷耗尽，损失了表面的电流路径，从而使导通电阻增加。

3. LDMOS 器件 HTRB 退化改善方法

根据前面的阐述，我们已经知道功率 LDMOS 在 HTRB 应力下的退化特性及其相关机理。可以把问题的原因归结于器件栅极场板下方过大的电场峰值。最有效、便捷的降低 LDMOS 表面电场的方法是减小漂移区的注入浓度，但是这样会牺牲器件的导通电阻。所以，这就需要折中器件的可靠性和性能，而且折中这一设计思想始终贯穿整个器件的研制之中。为此，我们将原有的 $1.3\times10^{12}cm^{-2}$ 漂移区注入浓度变为 $1.0\times10^{12}cm^{-2}$，在降低了 LDMOS 器件漂移区注入浓度后，栅极场板下方的峰值电场明显被抑制。图 2.58 显示，在 HTRB 应力之后，器件的关态击穿点没有发生转移。同时，实验证实(图 2.59)，器件在 HTRB 应力之后，器件的关态击穿电压和导通电阻也没有发生退化。

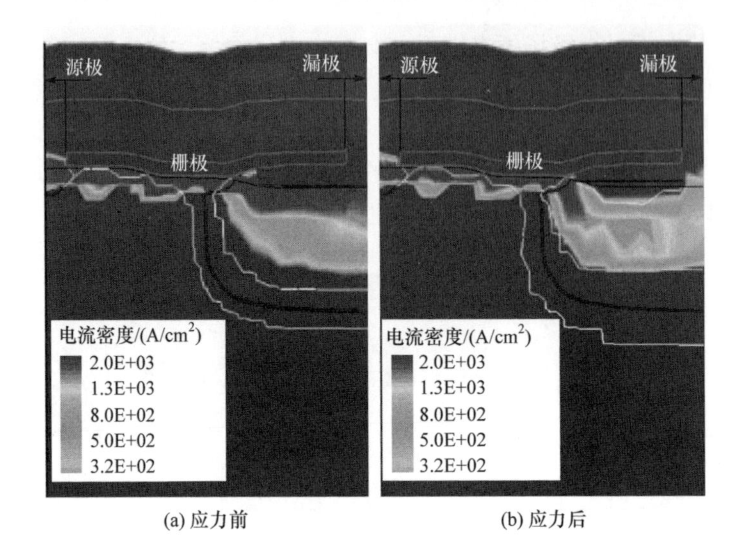

(a) 应力前　　　　　　　　　(b) 应力后

图 2.57　HTRB 应力之前与应力之后电子电流分布(@V_{gs}=12V, V_{ds}=10V)

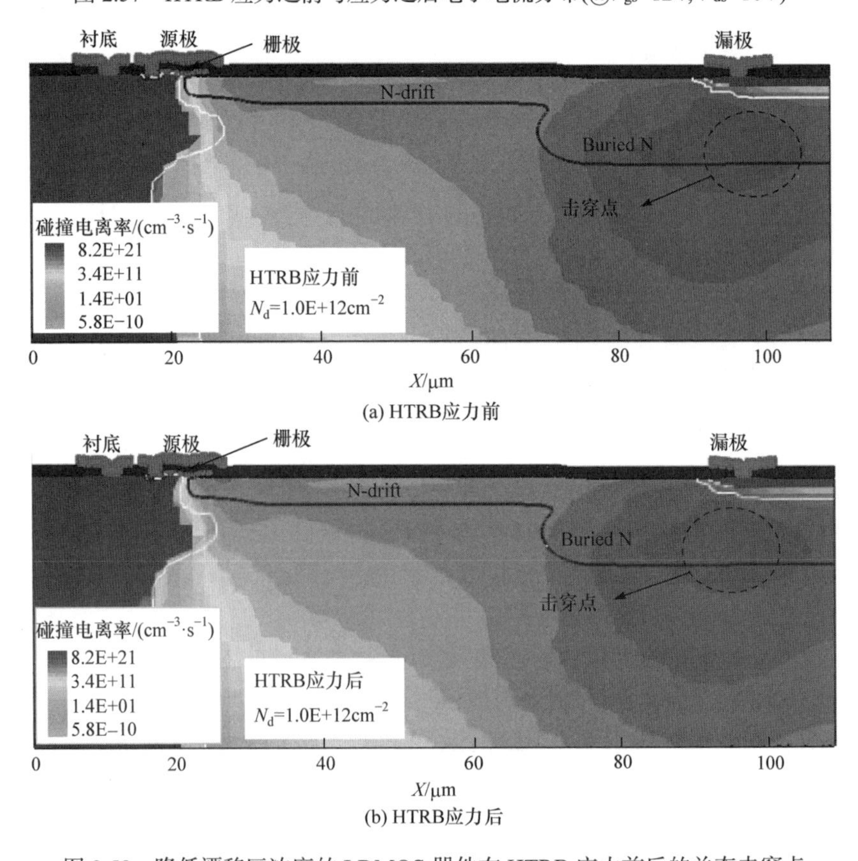

图 2.58　降低漂移区浓度的 LDMOS 器件在 HTRB 应力前后的关态击穿点

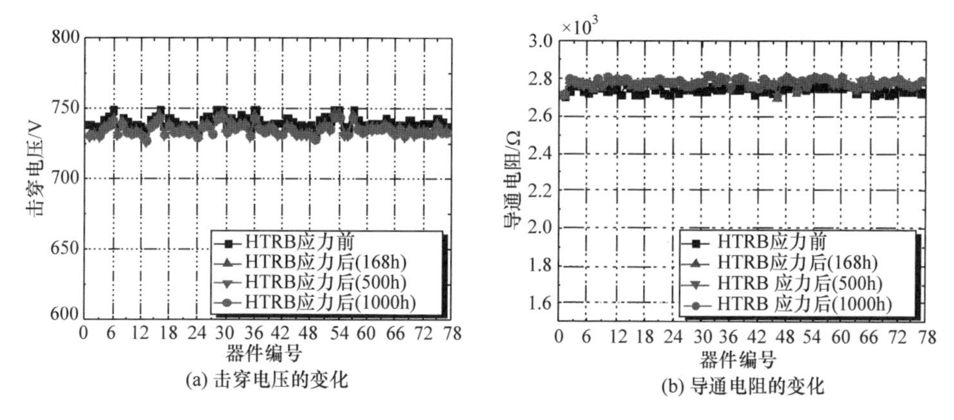

图 2.59　降低漂移区浓度的 LDMOS 器件的 HTRB 应力考核情况

2.3.4　ESD 可靠性

ESD 是指当两个带有不同静电电荷量的物体互相接触时，由于静电电势的不同导致电荷在两个物体之间发生电荷转移的电荷再分配过程。在芯片和器件的可靠性问题研究方面，ESD 应力带来的危害尤为显著，据 National Semiconductor Corporation 统计，超过 37%的芯片失效是由 ESD/EOS 问题引起的。

ESD 保护器件的主要要求包括两个方面：一方面是 ESD 保护器件的触发电压要低于被保护器件的结击穿电压和内部电路的栅氧化层的击穿电压；另一方面是保护器件能及时地将 ESD 电压钳位到一个安全的等级。栅极接地 LDMOS 是最简单的保护结构，也是一种常用的 ESD 保护结构。下面将详细地说明栅极接地 LDMOS 器件的 ESD 响应特性[24, 25]。

1. 功率 LDMOS 器件 ESD 响应特性

在 ESD 应力下，功率 LDMOS 器件的响应行为大致可以分为四个阶段(图 2.60)：正向阻断阶段(从 A 点到 B 点)，snapback 阶段(从 B 点到 C 点)，维持阶段(从 C 点到 D 点)，二次击穿阶段(从 D'点到 E'点)，D'点为 D 点应力之后的漏电流测试数据。定义 V_{t1} 为触发电压，I_{t1} 为触发电流，I_{hold} 为维持电流，V_{hold} 为维持电压，I_{t2} 为二次击穿电流，V_{t2} 为二次击穿电压，这些 ESD 设计的关键参数在进行保护设计时需要满足以下三个条件。

(1) 保护器件的触发电压 V_{t1} 要低于被保护器件的 V_{t1}；

(2) V_{hold} 大于电源电压 V_{dd}，防止正常工作时发生大的漏电或造成闩锁(latchup)效应；

(3) ESD 保护结构常设计为多指结构，为了保证多指的均匀触发，防止电流集中现象，被保护器件的栅氧化层击穿电压 $V_{oxide}>V_{t2}>V_{t1}$。

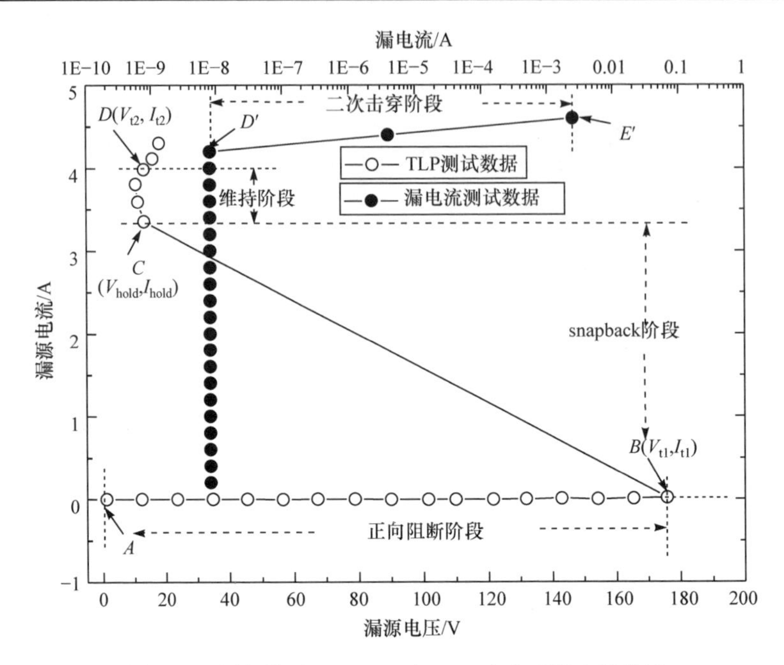

图 2.60　栅极接地 LDMOS 在 TLP 应力下的电学特性

2. 正向阻断区响应机理

功率 LDMOS 器件的正向阻断机理主要为 N-drift/P-sub 结的雪崩击穿。当应力较低时，功率 LDMOS 器件的响应电压很低，N-drift/P-sub 结形成的耗尽层较窄，电场峰值位于器件中间 PN 结曲率最高的位置。此时，因为 TLP 电流较低，所以完全可以通过反向偏置的 PN 结泄放，空穴电流和电子电流分别被源极和漏极收集。由于电流和电场较低，在正向阻断阶段产生的热量很少，对于器件没有任何的损伤。在较低的电压下，二极管的反偏电流可以表达为

$$I_{\mathrm{R}}=\frac{qADN_{\mathrm{c}}N_{\mathrm{V}}}{L_{\mathrm{d}}N_{\mathrm{B}}}\exp\left(\frac{-E_{\mathrm{g}}}{kT}\right)+\frac{qW}{\tau_{\mathrm{e}}}\sqrt{N_{\mathrm{c}}N_{\mathrm{V}}}\exp\left(\frac{-E_{\mathrm{g}}}{2kT}\right) \tag{2.36}$$

式中，等号右边第一项是中性区域的扩散电流，等号右边第二项为空间电荷区的产生电流。反偏电流和 $1/kT$ 的关系可以表述为：低温下，反偏电流主要是空穴电荷区产生的电流，高温下是中性区域的扩散电流。因为功率 LDMOS 器件在正向阻断阶段持续的时间很短，产生的热量很低，所以器件温度变化可以忽略，接近初始温度 300K，其反偏电流主要为空间电荷区的产生电流。

3. snapback 区响应机理

LDMOS 产生 snapback 现象的本质是内部寄生三极管触发开启，这里我们将

结合图 2.61 所示的功率 LDMOS 器件内部的寄生关系来详细地解释触发机理。随着应力幅度的增加，功率 LDMOS 器件的响应电压开始上升，N-drift/P-sub 结形成的耗尽层向轻掺杂的漏极方向扩展，耗尽层最终受到 N-buffer 的阻挡而不能继续展宽。在这个阶段内电流依然是通过反向的 PN 结泄放，由于碰撞电离产生的电子和空穴对相对很少，电场的峰值依然位于器件中心区域的 PN 结处。当电流继续增大时，N-drift/P-sub 结附近的高电场区域的雪崩倍增产生大量的电子空穴对，这些碰撞电离产生的电子和空穴分别被高电位的漏极 N^+区域和低电位的源极 P^+区域收集。当雪崩碰撞电离产生的空穴电流 I_{hole} 流经 P-well 时，由于寄生的电阻 R_{pwell} 提升了源极 N^+区域下的 P-well 区的局部电势 V_B。当 V_B 超过 0.7V 时，P-well/N^+源结(寄生 NPN 管的发射结)正偏，大量的电子从 N^+源端注入体内并最终被漏极收集。

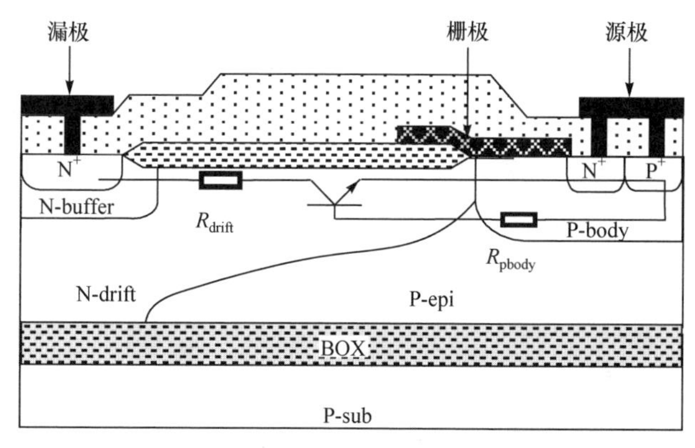

图 2.61　功率 LDMOS 器件内部寄生关系示意图

4. 维持区响应机理

寄生的双极型晶体管 NPN 开启后，发射极(功率 LDMOS 器件的源极)向体内注入大量的电子电流，集电极(功率 LDMOS 器件的漏极)电流 I_C 增加，为雪崩倍增提供了额外的电流源，降低了维持寄生 NPN 管导通所需要的雪崩倍增因子 M。另外，由源极产生的大量电子注入 LDMOS 器件内的固定电荷区域，这些可移动的负电荷超过了固定电荷密度，导致了 Kirk 效应的发生，电场峰值由原来低掺杂的 N-drift/P-epi 结移动至漏端高浓度的 N^+区域附近，如图 2.62 所示。

电场峰值向漏结 N^+/N-buffer 区域的扩展使碰撞电离产生的空穴电流向体内的注入浓度增加，这些空穴在 P-well 区引起的电导调制使得 R_{pwell} 减小，并且在大电流下寄生 NPN 管的 β 发生衰退，这些都要求 M 增加。除此之外，温度上升导致碰撞电离率减小，为了维持寄生 NPN 管处于导通状态，反偏 N-drift/P-epi 结的电场就必须继续增加，所以在维持区开始出现正阻现象。

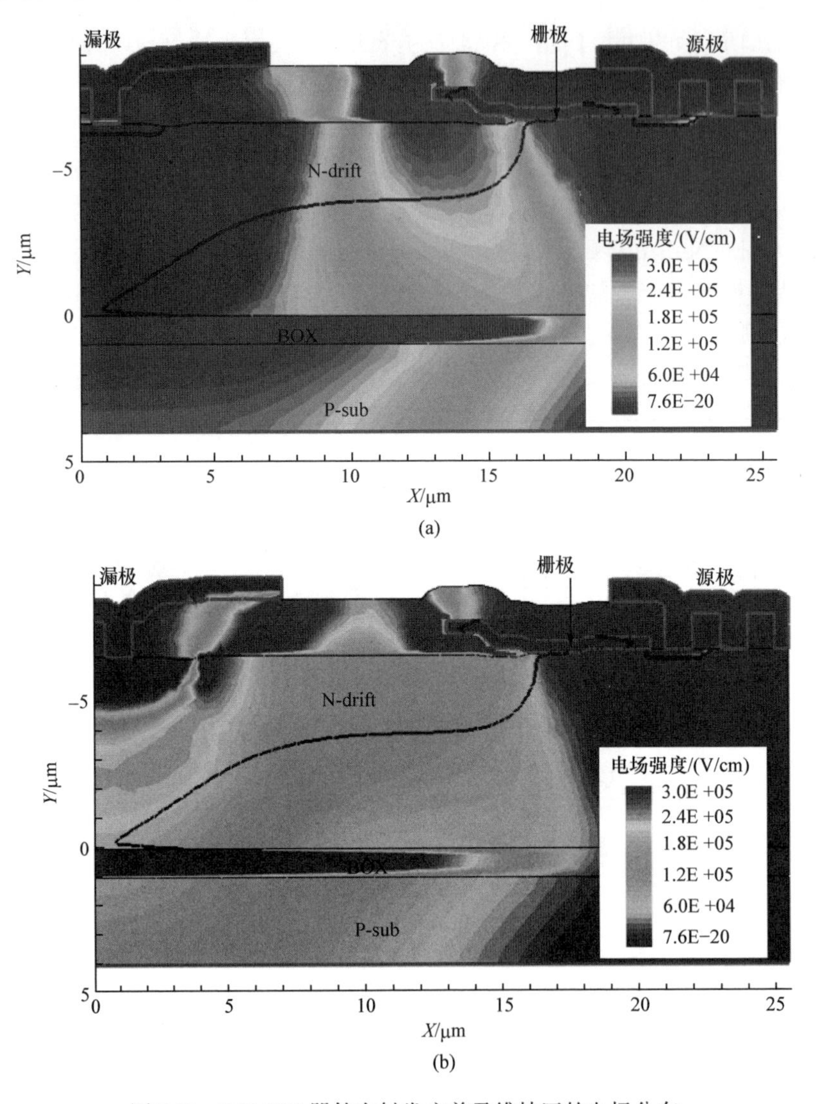

图 2.62　LDMOS 器件在触发之前及维持区的电场分布

5. 二次击穿区响应机理

随着 ESD 应力的继续增加，器件泄放的能量变高，器件内部的热量逐渐增加。直到这个热量产生的晶格温度超过了硅的承受能力，器件发生二次击穿，即失效。因此，ESD 应力下器件内部的热变化和温度变化也非常重要。在正向阻断阶段，纵然电场强度较高，但是流经器件内部的电流较低，因此产生的热量也很低；在 snapback 阶段，电流有所增加，但是持续的时间很短，这两个阶段内器件都不会发生热失效。器件内部热量产生最高也最需要考核的阶段是维持区。

功率 LDMOS 器件中热源由三个主要部分组成：第一部分为焦耳产生热 $J \cdot E$，与电流密度和电场强度有关；第二部分为晶格产生热，由载流子产生和复合过程导致；第三部分是由加热或冷却引起的 Thomson 效应引起的，描述了当载流子穿过某个区域时，由于温度梯度而引起空间的热能变化。

在反偏的 PN 结中，焦耳热是热量的主要来源，其次是由于温度梯度较大导致的 Thomson 热。在高电场区域，碰撞电离较高，载流子产生复合热的影响可以忽略。反偏 PN 结耗散的焦耳热是引起器件失效的主要原因，对于反偏结而言，准确地表达为 $J \cdot E$，其中 J 是流经结的电流密度，E 是电场强度。

功率 LDMOS 器件在 ESD 应力下最终的失效点在漏极 N^{+}附近，由于器件内部寄生晶体管开启，器件内部呈现大电流的状态，这是 Kirk 效应发生的基础，器件内部的电场峰值转移至漏端，此处产生大量的焦耳热，使得器件的晶格温度快速上升，器件失效(图 2.63)。进一步，我们对失效的 LDMOS 器件进行了剖片分析，发现器件的损伤点确实出现在漏端(图 2.64)。

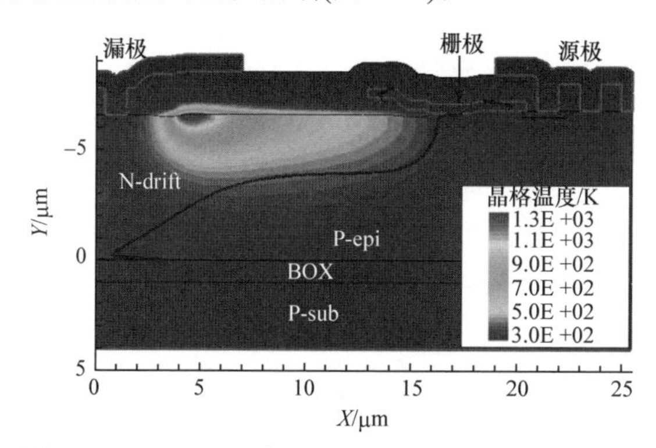

图 2.63　LDMOS 器件在 ESD 应力下的晶格温度分布

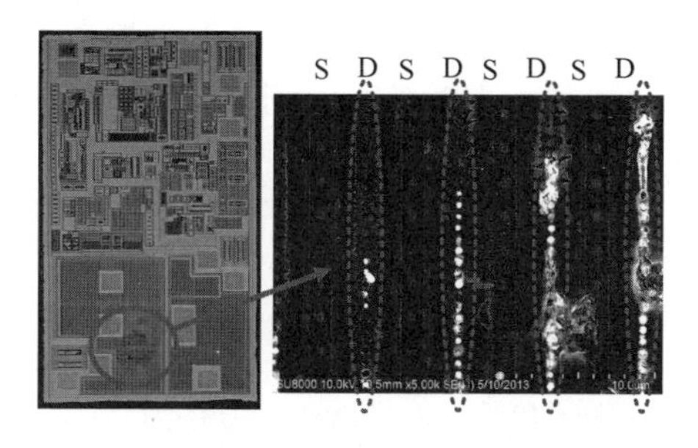

图 2.64　剖层处理后器件发生失效的位置和效果示意图

通过以上对 ESD 应力下的 LDMOS 器件的整个物理响应过程的分析看出栅极接地，LDMOS 在经受 ESD 应力时，随着 ESD 电流的增加，寄生的横向 NPN 管导通并提供低阻的路径，泄放大的放电电流，直至发生不可逆的损伤。

参考文献

[1] Feller W, Flack E, Gerlach W. Multistep field plates for high-voltage planar p-n junctions. IEEE Transactions on Electron Devices, 1992, 39(6): 1514-1520.

[2] Huang C L, Soleimani H, Grula G, et al. LOCOS process-induced stress effect on CMOS SOI characteristics//IEEE International SOI Conference, Sanibel Island, 1996.

[3] 黄庆安. LOCOS(局域硅氧化工艺)—种用于静电电机的微加工工艺. 电子器件, 1990(2):51.

[4] Davari B. A variable-size shallow trench isolation (STI) technology with diffused sidewall doping for submicron CMOS//International Electron Devices Meeting, San Francisco, 1989: 92-95.

[5] Appels J A, Vaes H M J. High voltage thin layer devices (RESURF devices) // International Electron Devices Meeting, Washington DC, 1979: 238-241.

[6] Liu S, Zhang C, Sun W, et al. Anomalous output characteristic shift for the n-type lateral diffused metal-oxide-semiconductor transistor with floating P-top layer. Applied Physics Letters, 2014, 104(15): 1898.

[7] Stengl R, Gosele U. Variation of lateral doping: A new concept to avoid high voltage breakdown of planar junctions // International Electron Devices Meeting, Washington DC, 1985: 154-157.

[8] Lai T M L, Sin J K O, Man W, et al. Implementation of linear doping profiles for high voltage thin-film SOI devices // International Symposium on Power Semiconductor Devices and ICs, Santa Barbara, 2002: 315-320.

[9] Li E, Rosenbaum E, Tao J, et al. Projecting lifetime of deep submicron MOSFETs. IEEE Transactions on Electron Devices, 2001, 48(4): 671-678.

[10] 赵要, 胡靖, 许铭真, 等. MOSFET的热载流子效应及其表征技术. 微电子学, 2003, 33 (5): 432-438.

[11] Liu S, Ren X, Fang Y, et al. Hot-carrier-induced degradations and optimizations for lateral DMOS transistor with multiple floating poly-gate field plates. IEEE Transactions on Electron Devices, 2017, 35(99): 1-7.

[12] Liu S, Sun W, Wan W, et al. Anomalous hot-carrier-induced linear drain current degradation of LDMOS under pulse gate stress with different amplitudes. IEEE Electron Device Letters, 2013, 34(6): 786-788.

[13] Liu S, Sun W, Zhang C, et al. OFF-state inrush-current-induced electrical parameter degradations for high-voltage lateral DMOS transistors. IEEE Transactions on Electron Devices, 2015, 62(11): 3767-3773.

[14] Liu S, Sun W, Wan W, et al. Hot-carrier degradation mechanism for p-type symmetric LDMOS transistor with thick gate oxide. Electronics Letters, 2013, 48(24): 1545-1546.

[15] Sun W, Liu S, Huang T, et al. Linear drain current degradation of ps-LDMOS transistor under i_submax and i_gmax stress. IEEE Electron Device Letters, 2013, 34(8): 1032-1034.

[16] Zhang C, Liu S, Sun W, et al. Investigations of hot-carrier-induced degradation for 700V n-LDMOS transistor under different stress conditions. IETE Journal of Research, 2013, 59(4): 410-414.

[17] Sun Z, Sun W, Shi L. A review of safe operation area. Microelectronics Journal, 2006, 37(7):661-667.

[18] Moens P, Bosch G V D. Characterization of total safe operating area of lateral DMOS transistors. IEEE Transactions on Device & Materials Reliability, 2006, 6(3): 349-357.

[19] Pierret R F. Advanced Semiconductor Fundamentals. MA: Addison-Wesley, 1987: 91-134.

[20] Merchant S, Baird R, Bennett P, et al. Energy capability of lateral and vertical DMOS transistors in an advanced automotive smart power technology // International Symposium on Power Semiconductor Devices and ICs, Kyoto, 2002: 317-320.

[21] Neudeck G W. The PN Junction Diode, Modular Series on Solid State Devices. 2nd ed. MA: Addison-Wesley, 1989.

[22] Rhoderick E H, Williams R H. Metal-Semiconductor Contacts. Oxford: Clarendon, 1998.

[23] Zhu J, Sun W, Chen H, et al. Investigation on electrical degradation of high voltage nLDMOS after high temperature reverse bias stress. IEEE Transactions on Device & Materials Reliability, 2014, 14(2): 651-656.

[24] Mergens M P J, Wilkening W, Mettler S, et al. Analysis of lateral DMOS power devices under ESD stress conditions. IEEE Transactions on Electron Devices, 2000, 47(11): 2128-2137.

[25] Qian Q, Sun W, Zhu J, et al. Investigation of the shift of hot spot in lateral diffused LDMOS under ESD conditions. Microelectronics Reliability, 2010, 50(12): 1935-1941.

第3章　集成型功率 SOI-LIGBT 器件设计

第2章介绍了功率 LDMOS 器件的工作原理及相关技术，本章将介绍 PIC 中的另一类核心器件：LIGBT。相比于第2章中的 LDMOS 器件，LIGBT 器件因其双极性导通特性而具有电流能力大的优势，常被用作功率级输出器件。采用 LIGBT 器件能够有效缩小 PIC 的整体面积，降低功率级器件的导通损耗。在体硅 LIGBT 器件中，从发射极流出的空穴会因纵向电场作用注入衬底区域，存储在衬底中的空穴会严重拖慢器件的关断速度；因此，目前 LIGBT 普遍采用绝缘体上硅工艺进行制造，埋氧层能够完全将顶层硅和衬底隔离开来，避免空穴注入衬底。

3.1　SOI 技术概述

3.1.1　SOI 工艺特点

SOI 工艺由于具有寄生电容小、隔离性能好及抗辐射等优点得到了越来越多高端集成电路的青睐。图 3.1 为典型 SOI 和体硅 MOSFET 器件截面结构示意图，可以看出，它们的主要区别在于有源区和衬底之间的隔离方式以及不同有源区之间的隔离方式。对于有源区和衬底之间的隔离，传统的体硅工艺采用反偏 PN 结进行隔离；随着集成电路规模的不断扩大，有源区与衬底之间反偏 PN 结的漏电及结电容严重影响了电路的功耗和性能，而 SOI 工艺中有源区和衬底之间的隔离采用的是 SiO_2。SiO_2 绝缘性能好，且介电常数只有 Si 的 1/3，因此，SOI 工艺可大大降低大规模集成电路的漏电和寄生电容。同时，SiO_2 还可以作为阻挡层减少离子辐射对有源区内器件的损伤。对于有源区之间的隔离，传统的体硅工艺采用反偏 PN 结隔离的方式并以场氧化层进行辅助，这种隔离方式使得同类型器件间的隔离复杂，器件之间的相互串扰难以避免；而 SOI 工艺中有源区之间的隔离采用的是 SiO_2 槽隔离的方式。SiO_2 槽隔离方式简单、隔离效果好，且隔离面积小，可以有效避免器件间的串扰，防止闩锁效应发生，并提高电路的集成度。SOI 工艺在隔离方式上的改进可使电路的速度提升、功耗降低、面积减小，满足大规模集成电路低功耗、高精度、高可靠性和高集成度的需求，在存储器、微波通信、智能电子、高压电路和抗辐照等领域具有广阔的应用前景。

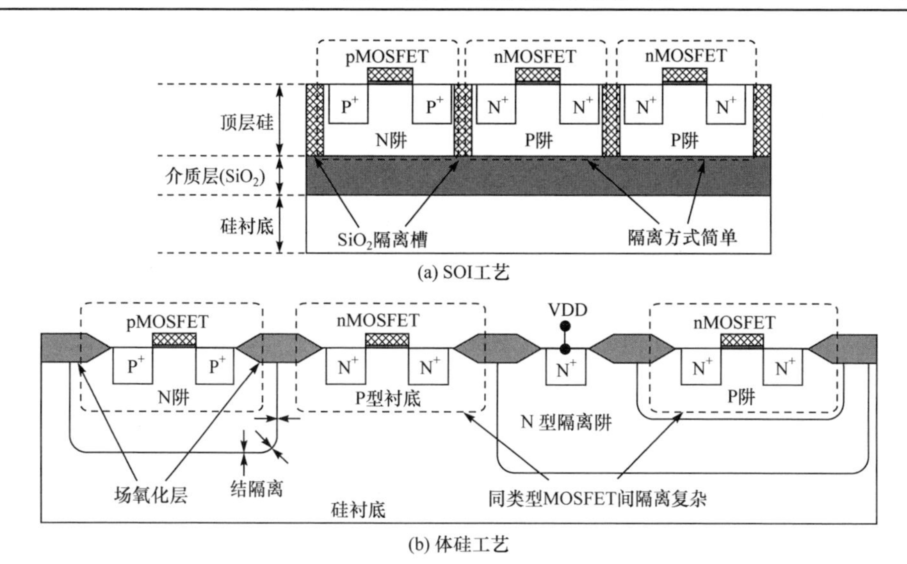

图 3.1　典型 SOI 和体硅 MOSFET 器件的截面结构示意图

对比 SOI 工艺与传统的体硅工艺不难发现：SOI 工艺与体硅工艺最大的不同就在于 SOI 工艺采用了 SOI 晶圆。因此，SOI 晶圆制备技术的发展过程也就是 SOI 工艺的发展历程。最早的绝缘体上的硅技术是 Manasevit 和 Sipson 于 1963 年提出的蓝宝石上的硅(silicon-on-sapphire, SOS)[1]。SOS 由于缺陷密度和成本都比较高，在 20 世纪 80 年代逐渐被以 SiO_2 为介质的 SOI 材料取代。SOI 晶圆的制备先后出现了以下几类技术：多晶硅沉积、同质外延、液相再结晶、多孔硅、离子束合成、键合和层转移。目前正在应用的主要是后三类技术中的注氧隔离技术(separation by implanted oxygen, SIMOX)、键合和背面腐蚀技术(bond and etch-back SOI, BESOI)、智能剥离技术(smart-cut)和外延层转移技术(epitaxial layer transfer, ELTRAN)[2]，它们的制备工艺及其优缺点如下。

1. SIMOX 技术

SIMOX 技术制备 SOI 晶圆的流程为：首先取一片普通的硅衬底，通过高能注入机将氧离子注入距离硅衬底表面一定深度的位置，然后通过高温退火使注入的氧离子与硅原子形成 SiO_2 绝缘介质层，最后在硅衬底上外延一定厚度的硅层，使顶层硅达到所需要的厚度，得到所需要的 SOI 晶圆[3-5]。该方法已经较为成熟，已经在 IBM、美国 IBIS、日本 SUMCO 和 Nippon Steel 等公司实现了商业化。

SIMOX 的优点在于：可以通过离子注入的能量和剂量准确地控制介质层的厚度；得到的介质层厚度均匀、界面陡峭、埋氧化层形貌好。该技术的缺点在于：介质层厚度不能过厚(0.4μm 左右)；大尺寸晶圆(8in①、12in)难以量产；高能注入

① 1in = 2.54cm。

会给顶层硅带来缺陷和应力，从而引入大量位错，使顶层硅的质量下降；高能离子注入和长时间的高温退火使得该制备技术的成本很高。

2. BESOI 技术

BESOI 技术制备 SOI 晶圆的流程为：首先取两片硅衬底并在其中一片衬底表面经过热氧化生长氧化层(也可将两片衬底均进行热氧化生长氧化层)，然后利用键合技术将一片硅衬底的热氧化界面与另一衬底的硅界面或是两块衬底的热氧化界面键合，并经过干氧气氛的热处理加强键合力度，最后将其中一片衬底研磨减薄至所需要的顶层硅厚度，得到所需要的 SOI 晶圆[6-8]。现在日本 S.E.H、佳能、美国 Sibond 等公司可利用此技术批量生产高质量的 SOI 晶圆，国内的上海新傲科技股份有限公司、中国科学院上海微系统与信息技术研究所和中国电子科技集团第 24 研究所等也均能基于 BESOI 技术进行 SOI 晶圆制备。

BESOI 技术的优点在于：可以制备较大介质层厚度的 SOI 晶圆；介质层是由热氧化形成的，介质层致密，电气隔离效果好。该技术的缺点在于：顶层硅的厚度均匀性难以控制，不适于制作薄顶层硅(100nm 以下)的 SOI 晶圆。该技术需要消耗 2 块硅衬底才能生产一片 SOI 晶圆，严重的材料浪费导致其成本很高。

3. Smart-cut 技术

Smart-cut 技术制备 SOI 晶圆的流程为：首先在一片硅片上热氧化生长一层 SiO_2 介质层，并在距离该硅片表面一定深度处注入氢离子形成智能剥离层，然后将该硅片的 SiO_2 介质层与另一片新硅片键合在一起，最后在一定温度下退火使原始硅片的注氢层产生微小的气泡而发生裂解，将原始硅片的介质层和部分硅层转移到新硅片上，再对顶层硅进行化学机械抛光处理后即可在新硅片上得到 SOI 结构的晶圆[9-11]。法国 SOITEC 公司是该技术的主要推动者，并靠此技术成为 SOI 晶圆的主要供应商。

Smart-cut 技术的优点在于：可以制作不同介质层厚度的 SOI 晶圆；介质层由热氧化形成，介质致密，电气隔离效果好；智能剥离后原始硅片还可以继续使用，材料浪费率极低，大大降低了制作成本；顶层硅的厚度均匀，硅层平整度好。其缺点在于：相对于体硅晶圆，该技术所生长的 SOI 晶圆的介质层界面缺陷依然会对顶层硅上的器件可靠性产生影响，有待进一步改进。

4. ELTRAN 技术

ELTRAN 技术制备 SOI 晶圆的流程为：首先在一片表面为多孔硅的体硅片上外延生长一层硅膜，并在外延硅膜表面热氧化生长一层 SiO_2 介质，然后将该 SiO_2 表面键合到另一片新硅片上，最后利用高压水流喷射原始硅片的多孔硅层，使其在多孔硅层分裂,即可将介质层和外延层转移到新硅片上,得到 SOI 结构的晶圆。目前使用此技术制作 SOI 晶圆的主要是日本佳能和东芝公司[12-14]。

ELTRAN 技术的优点在于：可以制作不同厚度介质层和不同厚度顶层硅的 SOI 晶圆，适用范围广；介质层致密，电气隔离效果好；顶层硅由外延技术得到，厚度均匀、质量好；多孔硅衬底可以循环使用，可以有效控制成本。其缺点在于：多孔硅上生长厚的外延层会导致成本较高。

3.1.2 SOI 工艺在高压集成电路领域的优势

高压集成电路的特点在于引入了 LDMOS 和 LIGBT 等高压器件，因此 SOI 工艺在高压集成电路领域的特殊优势主要体现在 SOI 工艺对高压器件的优化，主要包含简化高边器件设计、简化双极型器件隔离及提高高压器件纵向耐压这三个方面，具体如下。

1. 简化高边器件设计

功耗是高压功率集成电路最核心的问题之一，为了有效降低电路的功耗，高压集成电路中反向器的高边器件经常采用 NMOS 或 N 型 IGBT 替代 PMOS 以获得较低的导通电阻[15]。图 3.2(a)所示为一个典型 DC-DC 电路的输出级，为了提升电路的能量转换效率,输出级电路的高边和低边均采用了 N 型 LDMOS(NLDMOS)。对比图 3.2(a)中高边器件和低边器件的波形可以发现,高边器件不同于低边器件，其漏端电压固定为高电压(V_d)，而源端电压(V_s)却随开关波形在高和低之间变化，图中 V_{gs} 为栅源电压，V_{sub} 为衬底电压。图 3.2(b)显示了体硅工艺中高边 NLDMOS 器件的截面结构示意图，为了使器件的源端电位可以随意浮动，器件的源和衬底间需要用 N 型埋层(N-type buried layer，NBL)进行电位隔离，增加了工艺步骤和工艺复杂度。另外，如图 3.2(c)所示，采用体硅工艺的高边 NLDMOS 在工作时，由于漏端和衬底端采用结隔离，反偏 PN 结的耗尽压缩了器件的电流流通路径，使器件电流更加靠近器件 Si/SiO_2 界面，该耗尽层扩展不仅会降低高边 NLDMOS 器件的电流能力，还会恶化高边 NLDMOS 器件的热载流子可靠性[16]。而采用 SOI 工艺之后，由于 SOI 衬底本身可以实现顶层硅和衬底的良好隔离，使得 SOI 工艺中的高边 NLDMOS 可以直接采用低边 NLDMOS 的结构,降低了工艺开发的难度。另外，由于 SOI 工艺消除了体硅工艺结隔离带来的耗尽层扩展，采用 SOI 工艺可以提高高边 NLDMOS 的电流能力和可靠性。综上所述，SOI 工艺具有简化高边器件设计，提高高边器件性能和可靠性方面的优势。

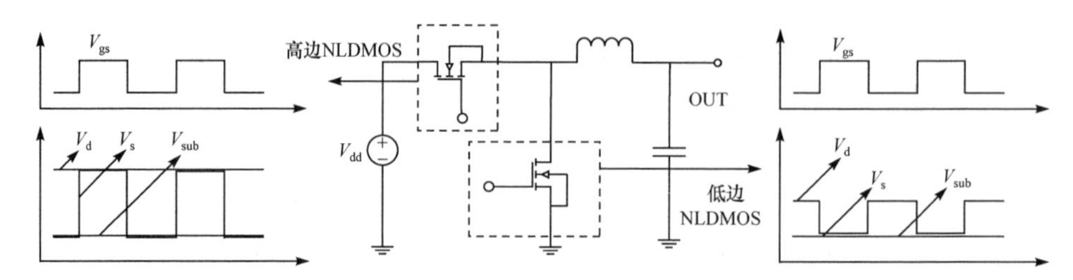

(a) 典型的DC-DC电路及其LDMOS工作波形

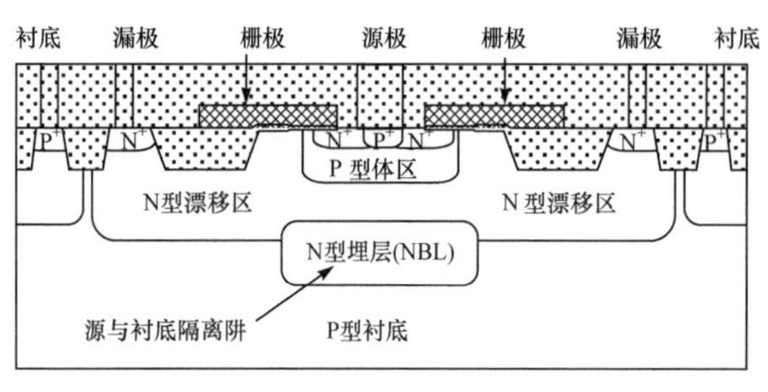

(b) 体硅工艺中高边NLDMOS器件的截面结构示意图

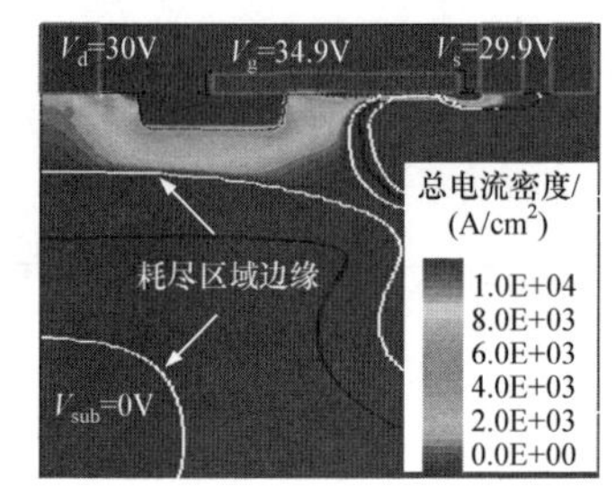

(c) 高边NLDMOS器件的电流密度分布

图 3.2　高边 NLDMOS 在电路中的应用及其器件特点

2. 简化双极型器件隔离

LIGBT 和 BJT 具有高的电流能力，在高压功率集成电路中有广泛的应用。它们的特点在于，器件工作时体内同时存在电子和空穴两种载流子，因此，为了防止器件之间的相互干扰，需要对器件中两种载流子进行隔离。图 3.3 显示了体硅工艺和 SOI 工艺中的 LIGBT 器件的截面结构对比，对比可以发现：体硅工艺中增加了 P 型埋层(P-type buried layer，PBL)和 N 型埋层(N-type buried layer，NBL)两个深埋层来实现 LIGBT 器件的隔离，这大大增加了工艺的复杂度和工艺成本，而且随着器件工作电压级别的升高，埋层所需要的深度也相应增加，因此，当工作电压级别较高时，只能采用多次外延技术实现深埋层，使得工艺成本进一步增加；而 SOI 工艺中的 LIGBT 器件可以利用埋氧层和 SiO_2 沟槽实现良好的载流子隔离，大大降低了工艺的复杂度和器件设计困难度。因此，采用 SOI 工艺在双极型器件隔离方面优势明显。

3. 提高高压器件纵向耐压

耐压技术是高压器件开发中的关键问题之一，SOI 工艺相对体硅工艺在纵向方向上引入了介质层(SiO_2)，为高压器件的纵向耐压带来了完全不同的设计思路。由于 SiO_2 的介电常数只有 Si 的 1/3，根据高斯定律，SiO_2 介质内的纵向电场是 Si 介质内纵向电场的 3 倍。同时，由于 SiO_2 介质内没有空间电荷，根据泊松方程，

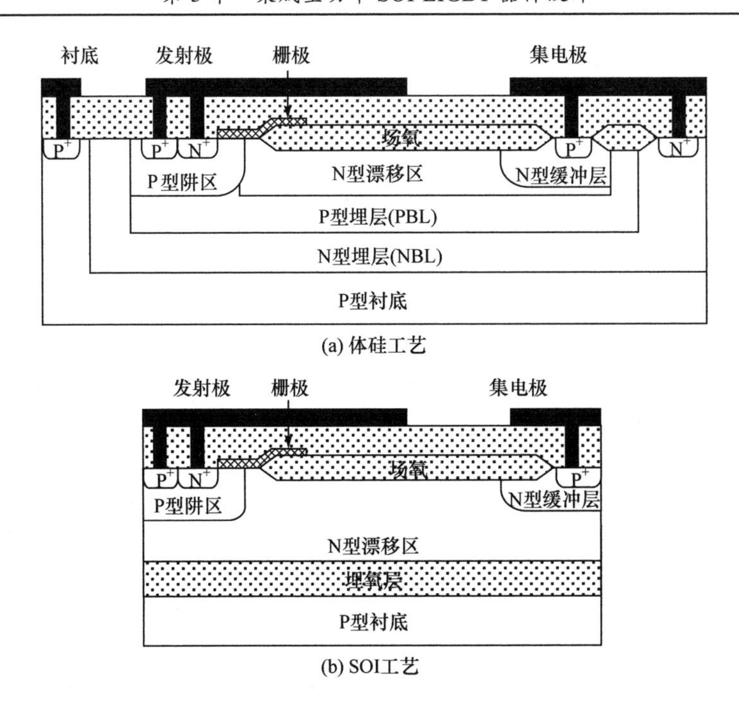

图 3.3　体硅工艺和 SOI 工艺中的 LIGBT 器件截面结构对比

电场在 SiO_2 内将是一个常数，因此，只要增加 SiO_2 介质层的厚度通常就可提高器件的纵向耐压。值得注意的是，SiO_2 介质中电场虽然是 Si 介质中的 3 倍，但是 SiO_2 介质的击穿电场却是 Si 介质的 10 倍以上，因此，可以通过进一步提高器件 SiO_2 层中的电场来提高器件的纵向耐压。

3.2　功率 SOI-LIGBT 器件的结构及工作原理

LIGBT 器件的工作原理和 LDMOS 相比有巨大差别，导通过程中同时存在电子和空穴两种载流子参与导电，关断过程中存储在漂移区中的载流子经过抽取和复合两种作用后消失，关断过程更复杂。本节将介绍 SOI-LIGBT 器件的耐压原理、导通原理及开关原理。

3.2.1　SOI-LIGBT 器件的结构

图 3.4 所示为 SOI-LIGBT 器件的截面结构示意图，发射极(emitter，E)一侧包括 P 型体区及 P^+/N^+发射极，集电极(collector，C)一侧包括 N 型缓冲层和 P^+集电极；N 型缓冲层一般用作场截止层来提高器件的耐压，同时可以抑制器件的漏电；栅极(gate，G)通常由多晶硅构成并通过金属引出。图 3.4 所示为 N 型 SOI-LIGBT

器件，N 型漂移区下方为埋氧层(SiO_2介质层)，埋氧层将 N 型漂移区与 P 型衬底隔离开来；在器件的两侧有沟槽(深槽氧化层)将 SOI-LIGBT 器件与其他器件隔离开来。SOI-LIGBT 器件目前主要用于单片智能功率芯片中，该芯片集成了栅极驱动电路、功率开关器件、续流二极管以及保护电路。图 3.5 所示为典型的单片智能功率芯片架构图，主要包括驱动级和功率级两个部分，驱动级主要由栅极驱动电路和保护电路组成，而功率级一般由六个 SOI-LIGBT 器件和六个续流二极管(freewheeling diode，FWD)组成，这些功率器件以三相桥式的方式进行连接。应单片智能功率芯片需求，所集成的器件需要在高频、高压、大电流等极限条件下工作，SOI-LIGBT 器件的特性直接影响整个单片智能功率芯片的性能和可靠性。

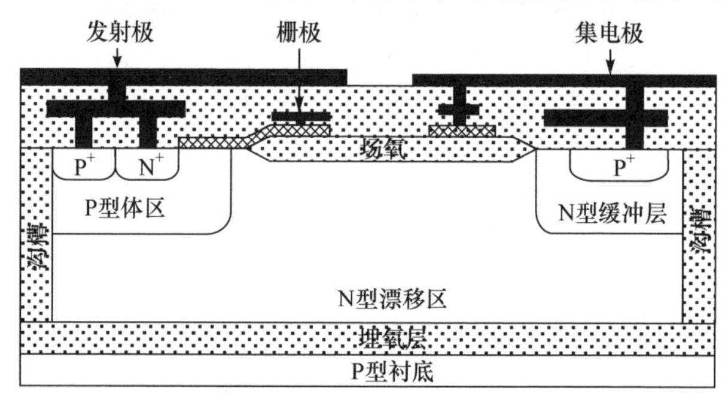

图 3.4　SOI-LIGBT 器件的截面结构示意图

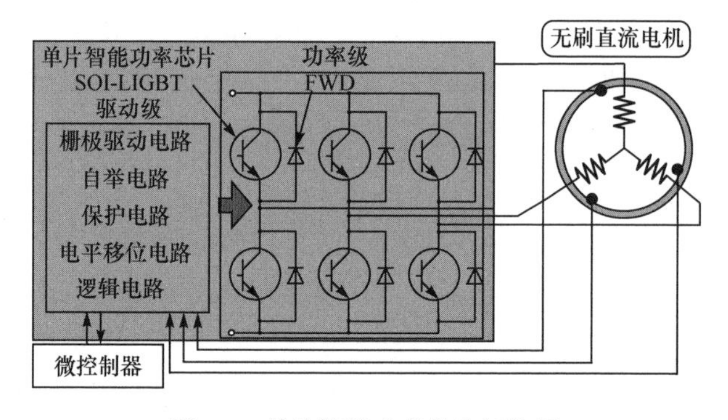

图 3.5　单片智能功率芯片架构图

3.2.2　耐压原理

SOI-LIGBT 器件的耐压原理和体硅横向器件的耐压原理类似，均由横向耐压和纵向耐压共同决定，横向击穿电压为发射极和集电极之间沿着横向的击穿电压，纵向击穿电压为集电极和衬底之间的击穿电压。当器件的纵向击穿电压大于横向击穿电压时，可以通过增加漂移区的长度来增加横向耗尽层的宽度，进而增加器件的耐压；当器件的横向击穿电压大于纵向击穿电压时，即便增大漂移区的宽度也不会增大器件的击穿电压，此时器件的击穿电压受纵向击穿电压的限制。SOI-LIGBT 器件在纵向上通过 N 型漂移区和埋氧层耐压，埋氧层阻挡了耗尽层向衬底展宽，衬底的掺杂类型和掺杂浓度对器件的耐压影响不明显。纵向电压由漂移区(顶层硅)和埋氧层共同承担，纵向击穿电压的大小取决于顶层硅的掺杂浓度、顶层硅的厚度以及埋氧层的厚度。增加顶层硅的厚度和埋氧层的厚度，在一定程度上可以增加纵向击穿电压。

图 3.6 所示为 SOI-LIGBT 器件的耐压过程及击穿点示意图，图中标示出了可能的击穿点——A 点、B 点和 C 点，其中 A 点位于发射极一侧场氧末端的鸟嘴处，B 点位于集电极区域下方的埋氧层上表面处，C 点位于集电极一侧场氧末端的鸟嘴处。

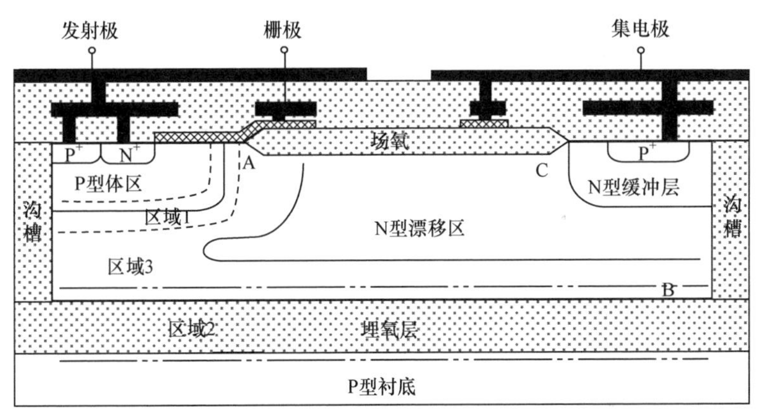

图 3.6　SOI-LIGBT 器件的耐压过程及击穿点示意图

栅极与发射极接零电位，集电极接高电位，随着集电极电位逐渐升高，器件的耐压过程如下。

阶段 1：P 型体区与 N 型漂移区开始耗尽(区域 1)，因为 P 型体区的掺杂浓度高于 N 型漂移区，所以耗尽层主要向 N 型漂移区扩展；

阶段 2：N 型漂移区与 P 型衬底开始耗尽纵向耐压(区域 2)，由于埋氧层可以承受大部分纵向耐压，所以其下方的 P 型衬底对纵向耐压的贡献很小；

阶段 3：随着区域 1 和区域 2 的耗尽层展宽，P 型体区下方的 N 型漂移区被完全耗尽，两个区域的耗尽层被连接起来(区域 3)，此时的横向电场分布如图 3.7(a)所示；

阶段 4：耗尽层进一步扩展，直至将整个 N 型漂移区完全耗尽，因为 N 型缓冲层的掺杂浓度较高，电场在 N 型缓冲层的边界附近截止，此时的横向电场分布如图 3.7(b)所示；

阶段 5：继续增大集电极电压，N 型漂移区中电场将进一步被抬升，分布如图 3.7(c)所示。若发射极一侧的峰值电场较大($E_m>E_{m1}$)，则击穿通常发生在 A 点；

若集电极一侧的峰值电场较大，则击穿通常发生在 B 点(E_m<E_{m1})；若纵向所能承受的最大电压小于横向，则击穿通常发生在 C 点。

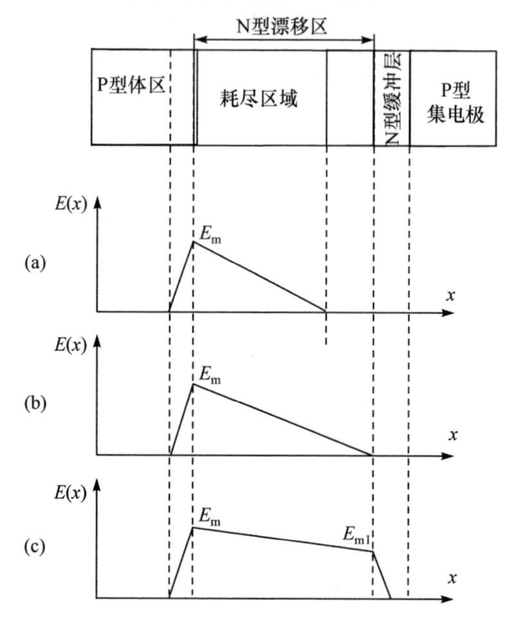

图 3.7　SOI-LIGBT 器件的横向电场变化过程

3.2.3　导通原理

器件电流分为线性电流和饱和电流，饱和电流主要是衡量器件的使用范围，线性电流则决定了器件的导通损耗。图 3.8 所示为 SOI-LIGBT 器件的导通原理示意图，其中 I_p 为 PNP 寄生三极管的空穴电流，I_n 为 PNP 寄生三极管的电子电流。当发射极接地，集电极加高电位且栅极电位大于阈值电压时，栅氧化层下方的 P 型体区表面形成电子反型层(导电沟道)，电子流入 N 型漂移区并形成电子电流 I_n；I_n 充当由 P^+集电极/N 型漂移区(N 型缓冲层)/P 型体区构成的 PNP 寄生三极管的基极电流，P^+集电极注入空穴到 N 型漂移区中形成 I_p。由于空穴注入 N 型漂移区中会引起“电导调制”效应，SOI-LIGBT 器件的电流能力一般远大于 LDMOS 器件，SOI-LIGBT 器件的导通原理和普通 IGBT 近似，在此不再赘述。

3.2.4　开关原理

开关过程可分为开启过程和关断过程。由于大量存储在漂移区中的载流子需要在关断过程中被清除出漂移区，SOI-LIGBT 器件往往呈现出较慢的关断速度和较大的关断损耗。相比于开启过程，关断过程往往是设计者更关注的过程，本小节将介绍 SOI-LIGBT 器件的关断过程。图 3.9 所示为器件的感性负载开关电路与

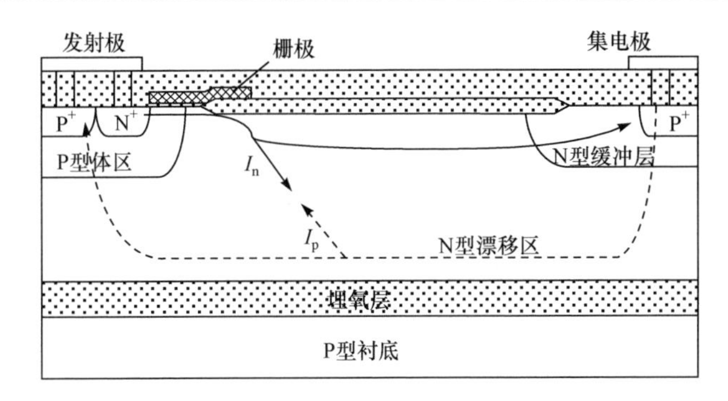

图 3.8　SOI-LIGBT 器件的导通原理示意图

关断波形示意图。当器件的栅极电压低于阈值电压时，沟道关闭，电感负载上的电流(I_L)继续流过 SOI-LIGBT 器件；直到集电极-发射极电压(V_{CE})达到 DC 总线电压(V_{DC})后，FWD 导通，此时的 I_L 开始流向 FWD，同时 SOI-LIGBT 器件的电流(I_{CE})开始下降，当 I_{CE} 下降到零时，关断过程结束。

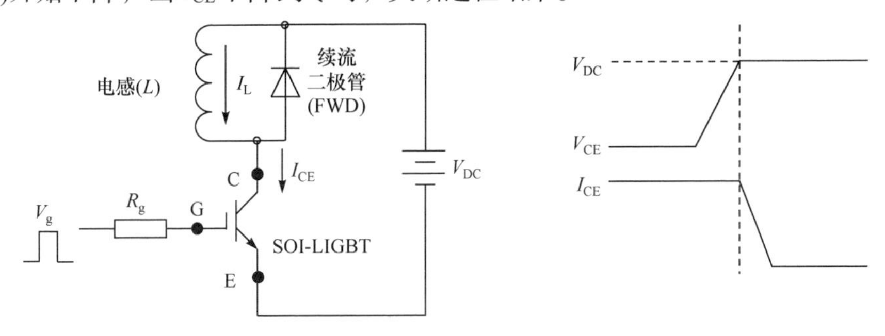

图 3.9　SOI-LIGBT 器件的感性负载开关电路与关断波形示意图

通过仿真对 SOI-LIGBT 器件的关断过程进行分析，仿真条件为：栅压从 15V 减小到 0V，V_{DC} 为 300V，电感 L 为 3mH，栅电阻 R_g 为 200Ω，关断时器件的初始电流密度 I_{CE} 为 100A/cm^2。关断过程中的耗尽层和电子电流密度分布如图 3.10 所示。如图 3.10(a)所示，关断开始前，SOI-LIGBT 处于导通状态，此时 N 漂移区内的电流密度较高。当栅压降低到阈值电压以下时，电子电流不再从发射极流入漂移区，集电极电压开始上升，漂移区逐渐被耗尽以承受电压。

如图 3.10(b)～(g)所示，耗尽层一方面向集电极方向横向展宽，另一方面向埋氧层方向纵向展宽，耗尽层之间有一条供载流子抽取的通道。如图 3.10(h)所示，当电压上升到 300V 时，漂移区大部分被耗尽，载流子的撤离通道逐渐关闭；此时集电极一侧的 N 型缓冲层下方仍有很大面积的未耗尽区域，该区域内存储着剩余的载流子，随着 I_{CE} 的下降，它们大部分通过复合消失。

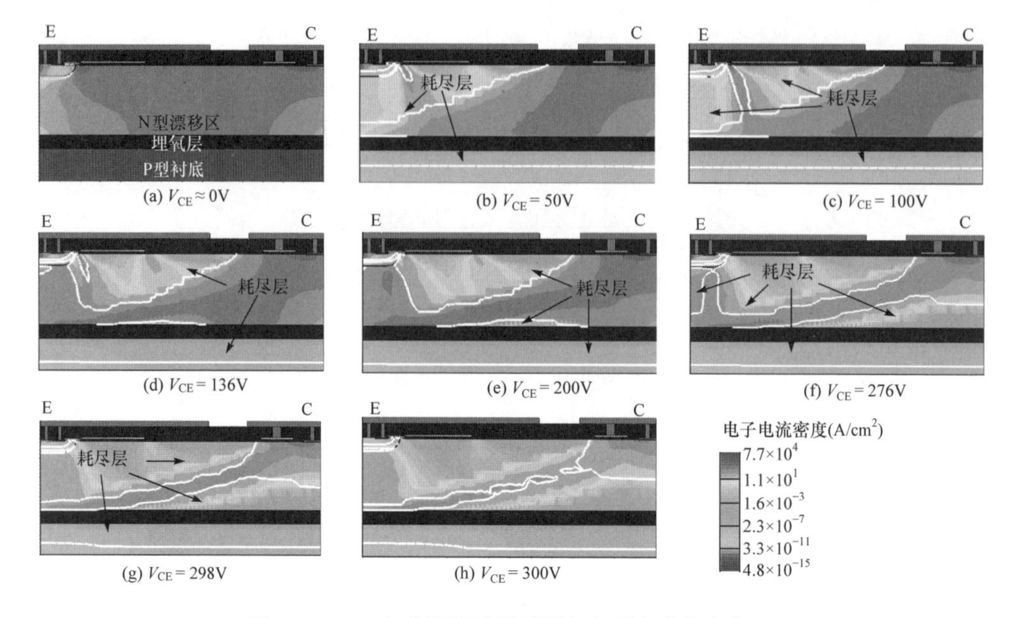

图 3.10 V_{CE}上升阶段的耗尽层和电子电流密度分布

3.3 功率 SOI-LIGBT 器件电流密度提升技术

SOI-LIGBT 器件常作为 PIC 中的功率级开关器件使用，要求具备一定的电流输出能力。提高 SOI-LIGBT 器件的电流密度一方面可以降低其导通损耗，减小芯片整体的功耗；另一方面可以在保证电流级别不变的情况下缩减器件的面积，降低芯片成本；因此，电流密度提升技术是 SOI-LIGBT 器件的研究热点之一。本节将从发射极优化、漂移区优化及集电极优化三个角度详细讲解各类电流密度提升技术的原理。

3.3.1 发射极优化技术

1. 多沟道结构

目前用于提升 SOI-LIGBT 器件电流密度(J_C)的最常见技术为多沟道技术[17-19]。图 3.11 所示为多沟道 SOI-LIGBT 器件的截面结构示意图。多沟道技术的特征在于在发射极一侧设置多个沟道[17-21]，当器件导通时，多个沟道同时向漂移区中注入电子，提高了作为寄生 PNP 三极管基极电流的电子电流密度，进而增强了集电极的空穴注入和漂移区的电导调制效应，最终提高了器件 J_C。在多沟道结构中，从距离漂移区较远的沟道流出的电子需要经过一个或多个 P 型体区下方的区域才能进入漂移区中；受到相邻 P 型体区之间以及 P 型体区下方寄生电阻的影响，随着沟道个数的增加，流入漂移区中的电子电流并没有按相应比例增加，电流密度的提升效果随着沟道个数的增加变得越来越弱。

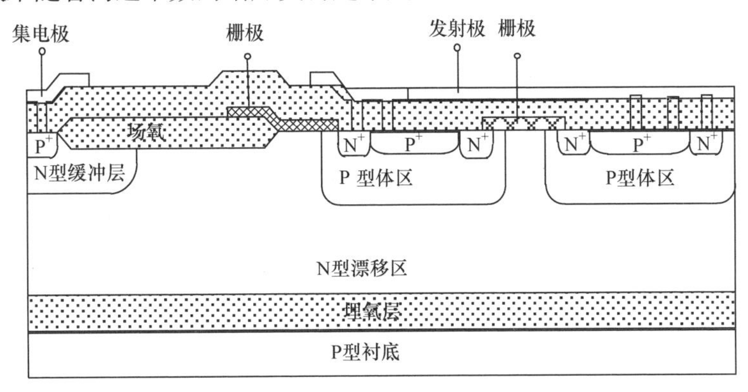

图 3.11　多沟道 SOI-LIGBT 器件的截面结构示意图

2. 直角 U 型沟道结构

目前，已经有多种技术可用于提升 SOI-LIGBT 的电流密度[17-27]。在这些技术中，公认比较有效果的技术是前面所提到的多沟道技术。但是，在多沟道 SOI-LIGBT 中，相邻沟道间 P 型体区下方的寄生电阻会导致电子电流减小，当沟道个数较多时，该技术的效果大打折扣[21]。通常采用载流子存储层[18]或者额外发射极 N 阱[19,21]来解决多沟道结构的这个问题，但是，为了达到降低相邻沟道间 P 型体区下方寄生电阻的效果，载流子存储层或者额外 N 阱通常需要较高的掺杂浓度，这又会导致 SOI-LIGBT 器件击穿电压的退化。为了克服多沟道结构的缺点，同时提升 SOI-LIGBT 器件的电流密度，产生了 U 型沟道技术[28]。

图 3.12 所示为新型 U 型沟道 SOI-LIGBT 与传统 SOI-LIGBT 器件的三维结构图。两种结构可采用相同的掺杂浓度和相同的工艺流程制造。如图 3.12(a)所示，在单个元胞中，U 型沟道由平行沟道和垂直沟道组成，平行沟道的宽度为 W_{PC}，垂直沟道的宽度为 W_{OC}。图 3.13 所示为 SOI 高压技术的关键工艺步骤。该工艺第一步为深槽隔离。然后，通过离子注入形成 N 型缓冲层和 P 型体区。然后，生长场氧化层、JFET 区域离子注入、生长栅氧化层，P 阱区域通过多晶硅栅自对准形成，该工艺包括两层金属。图 3.14 所示为 U 型沟道 SOI-LIGBT 器件的显微照片和版图截图，版图中的器件总宽度为 1200μm。

如图 3.15(a)所示，对于任一给定的 W_{OC}，U 型沟道 SOI-LIGBT 器件都存在一个最优的 J_C 值。随着 W_{PC} 增大，J_C 先增大后减小。当 W_{PC} = 10μm 时，可以得到最大的 J_C。在相同 W_{PC} 条件下，如果 W_{OC} < 80μm，J_C 随着 W_{OC} 的增大而增大。当 W_{PC} < 10μm 或者 W_{OC} > 80μm 时，因为 JFET 区域电阻比较大，无法忽略，J_C

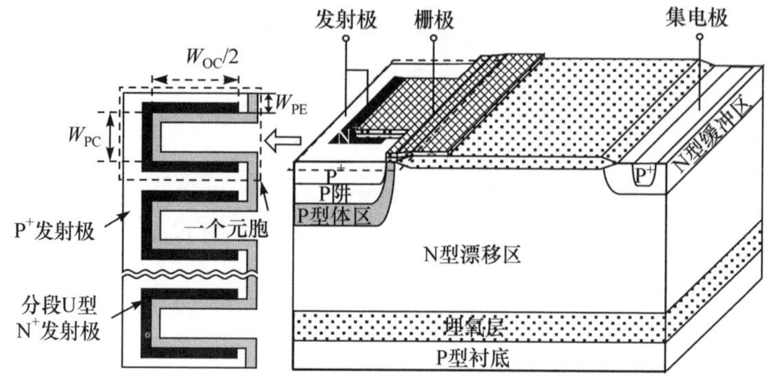

(a) U型沟道SOI-LIGBT

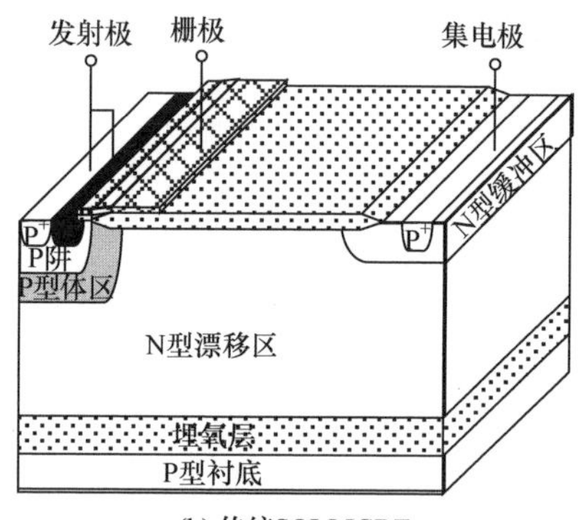

(b) 传统SOI-LIGBT

图 3.12　器件三维结构示意图

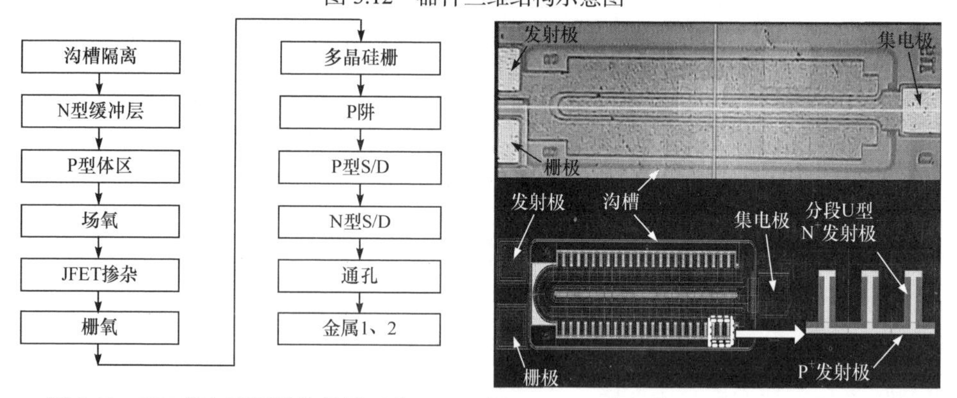

图 3.13　SOI 横向高压器件关键工艺　　　　图 3.14　U 型沟道 SOI-LIGBT 显微照片与版图

呈现出退化趋势。当 W_{PC} = 10μm 和 W_{OC} = 80μm 时，U 型沟道 SOI-LIGBT 器件电流能力和闩锁电压的折中关系如图 3.15(b)所示。图中，向左的箭头代表曲线对应左侧的纵坐标，向右的箭头代表曲线对应右侧的纵坐标。从图 3.15(b)中仿真的空穴电流分布可以看出，大部分空穴电流被相邻 N⁺发射极之间的 P⁺发射极所吸收。因此，增大 W_{PE} 有利于提升器件的抗闩锁能力，即有利于提高器件的闩锁电

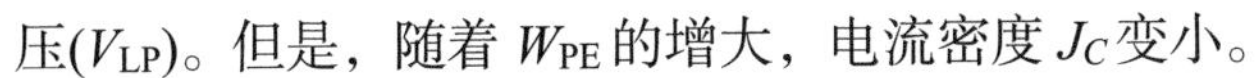

压(V_{LP})。但是，随着 W_{PE} 的增大，电流密度 J_C 变小。

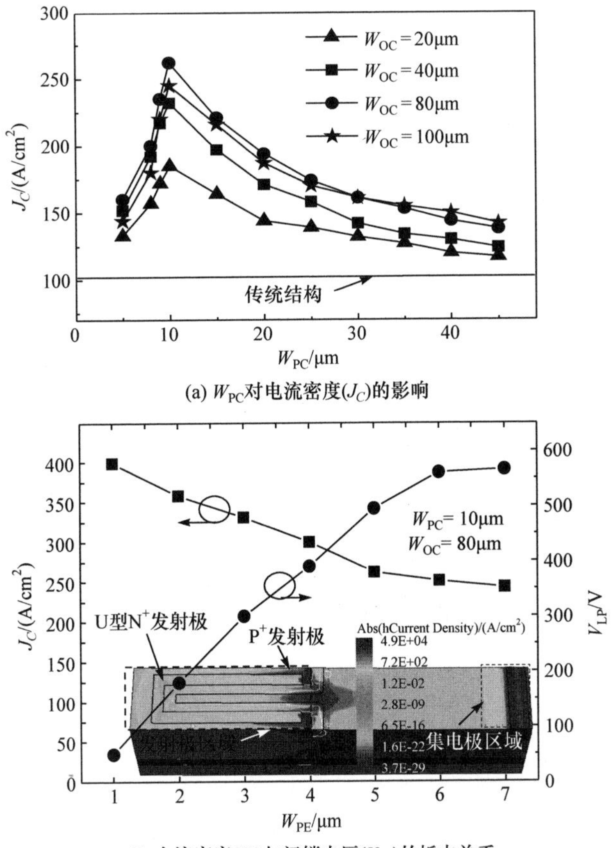

(a) W_{PC}对电流密度(J_C)的影响

(b) 电流密度(J_C)与闩锁电压(V_{LP})的折中关系

图 3.15 尺寸参数对器件特性的影响

图 3.16 所示为 U 型沟道 SOI-LIGBT 器件和传统 SOI-LIGBT 器件的 *I-V* 测试对比图，所加栅压 V_{GE} 为 5V。相比于传统 SOI-LIGBT 器件，U 型沟道 SOI-LIGBT 在 V_{CE} = 3V 时的电流密度提升了 118%。如图 3.17 所示，当 W_{PE} = 6μm 时，U 型沟道 SOI-LIGBT 在 V_{CE} = 500V 时仍可以不发生闩锁，减小 W_{PE} 会使闩锁电压变低，这是被 P$^+$发射极吸收的空穴数量随之减少所致。

3. 非直角 U 型沟道结构

在基本的 U 型沟道技术中，垂直沟道和平行沟道的夹角 α 为 90°。下面将通过建立解析模型和仿真研究 α 对器件性能的影响[29]，进一步讨论如何提升 U 型沟道 SOI-LIGBT 器件的性能。

图 3.18(a)所示为 U 型沟道 SOI-LIGBT 器件三维结构示意图，图中所示 a、b、c 分别为平行沟道、垂直沟道以及 JFET 区域。每个元胞中，U 型沟道包含一个平

行沟道和两个垂直沟道，JFET 区域被 U 型沟道所包围。

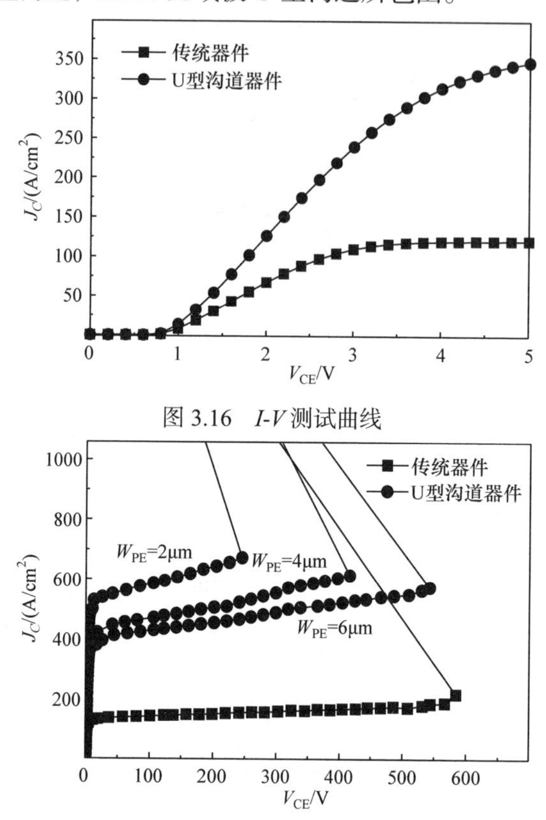

图 3.16　*I-V* 测试曲线

图 3.17　传统 SOI-LIGBT 器件和 U 型沟道 SOI-LIGBT 器件的闩锁电压测试曲线

如图 3.18(b)所示，在单个元胞中，平行沟道的宽度为 W_{PC}，垂直沟道沿着 x 方向的总宽度为 $2W_{OC}$，垂直沟道与平行沟道之间的夹角为 α。采用 MOS-BJT 模型，U 型沟道 SOI-LIGBT 的总电流可以表示为

$$I_{cell}=\frac{V_{CE}-V_d-\varphi_C}{R_{ch}+R_J}(1+\beta) \tag{3.1}$$

式中，V_{CE} 是集电极-发射极电压；R_{ch} 是 U 型沟道的总电阻；R_J 是 JFET 电阻阻值；V_d 是贯穿漂移区的电势差；φ_C 是集电极一侧 PN 结的内建电势；β 是器件寄生三极管的共发射极增益。

单个元胞的 U 沟道器件面积如下：

$$\begin{aligned}S&=\left(L_d+W_{OC}+2L_{PE}+L_{NE}+L_{ch}+L_{NB}+L_{PC}\right)\\&\quad\cdot\left[2W_{PE}+W_{PC}+2\left(W_{\propto}+L_{PE}\right)\tan\left(\alpha-90^{\circ}\right)\right]\\&=\left(L_d+W_{\propto}\right)W_d\end{aligned} \tag{3.2}$$

式中，L_d、L_{PE}、L_{NE}、L_{ch}、L_{NB}、L_{PC}分别是 N 漂移区、P^+发射极区域、N^+发射极区域、U 型沟道、N 型缓冲层区域以及 P^+集电极区域的长度；W_d是 N 漂移区的宽度。

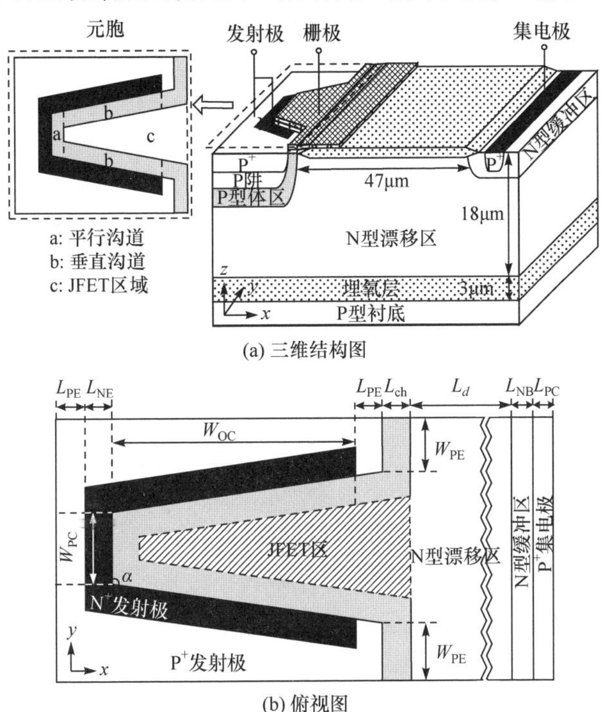

(a) 三维结构图

(b) 俯视图

图 3.18　U 型沟道 SOI-LIGBT 器件的结构示意图

于是，U 型沟道 SOI-LIGBT 器件的电流密度可以表示为

$$J_C = \frac{I_{\text{cell}}}{S} = \frac{V_{\text{CE}} - V_d - \varphi_{\text{C}}}{\left(R_{\text{ch}} + R_J\right)\left(L'_d + W_{\text{OC}}\right)W_d}(1+\beta) \tag{3.3}$$

式中，R_{ch}、R_J和 V_d可以分别用式(3.4)～式(3.6)[30]表示：

$$R_{\text{ch}} = \frac{L_{\text{ch}}}{C_{\text{ox}}\mu_n Z\left(V_{\text{GE}} - V_{\text{th}}\right)} \tag{3.4}$$

$$R_J = \frac{W_{\propto} + L_{\text{PE}}}{2q\mu_n N_d t_J\left(W_{\text{OC}} + L_{\text{PE}}\right)\tan(\alpha - 90°)} \cdot \ln\left[\frac{W_{\text{PC}} - 2L_{\text{ch}} + 2\left(W_{\propto} + L_{\text{PE}}\right)\tan(\alpha - 90°)}{W_{\text{PC}} - 2L_{\text{ch}}}\right] \tag{3.5}$$

$$V_d = \frac{2kT}{q}\ln\left\{\frac{J_C\left(L_d - W_{\text{CE}}\right)\left(L'_d + W_{\text{OC}}\right)}{2qt_d D_a n_i F\left[\left(L_d - W_{\text{CE}}\right)/L_a\right]}\right\} \tag{3.6}$$

式(3.4)～式(3.6)中，N_d是 N 漂移区的掺杂浓度；t_d是 N 漂移区的厚度；t_J是 JFET

区域的深度；V_{th}是阈值电压；V_{GE}是栅极电压；μ_n是电子迁移率；D_a是双极扩散系数；n_i本征载流子浓度；L_a是双极扩散长度。在式(3.4)中，Z是U型沟道的总宽度，为$2W_{OC}/\cos(\alpha-90°)+W_{PC}$。在式(3.6)中，$F[(L_d-W_{CE})/L_a]$表示为[30]

$$F\left[\left(L_d-W_{CE}\right)/L_a\right]=\frac{\left[\left(L_d-W_{CE}\right)/L_a\right]\tanh\left[\left(L_d-W_{CE}\right)/L_a\right]}{\sqrt{1-0.25\tanh^4\left[\left(L_d-W_{CE}\right)/L_a\right]}}e^{-\left[\left(L_d-W_{CE}\right)/L_a\right]^2} \tag{3.7}$$

根据式(3.4)～式(3.7)，当U型沟道器件的相关尺寸参数满足$\tan(\alpha-90°)<\sqrt{(W_{PC}-2L_{ch})(2W_{PE}+W_{PC})}/2(W_{OC}+L_{PE})$时，$\partial J_C/\partial\alpha>0$。因此，当$\alpha$在0到$\arctan\left[\sqrt{(W_{PC}-2L_{ch})(2W_{PE}+W_{PC})}/2(W_{OC}+L_{PE})\right]+90°$范围内时，U型沟道SOI-LIGBT器件的$J_C$随着$\alpha$的增大而增大。

如图3.19所示，在仿真结果和模型计算结果中，对于提升电流密度(J_C)，α均存在其最优值。随着α的增大，J_C先增大后减小。当$W_{PC}=10\mu m$，$W_{OC}=40\mu m$和$W_{PE}=6\mu m$时，α的最优值为100°，并且仿真和模型计算结果一致。但是，通过模型计算的J_C值要小于仿真的电流密度(J_C)值，这种差别一方面是由于栅压正偏会在JFET区域形成积累层，模型中并未计算积累层的影响，另一方面是由于平行沟道和垂直沟道流出的电子路径存在差异，也未计算到模型中。无论计算结果还是仿真结果，J_C都存在最优值。当其他尺寸参数不变时，器件的元胞宽度(间距)会随着α的增大而增大，元胞的密度也随之下降。

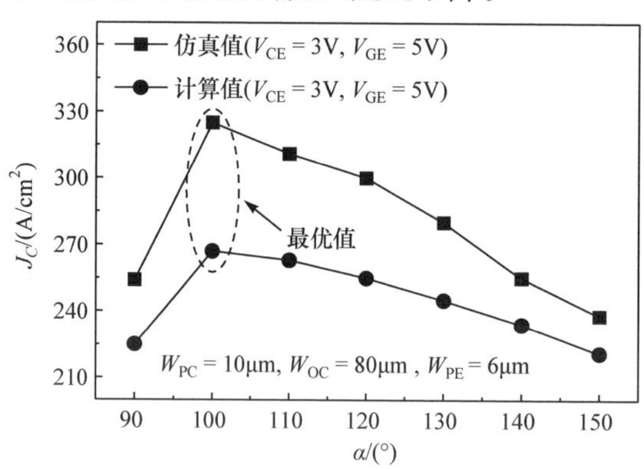

图3.19　U型沟道SOI-LIGB器件的电流密度(J_C)随着α的变化趋势

图3.20所示为U型沟道器件三维仿真(半个元胞)在$V_{CE}=3V$和$V_{GE}=5V$条件下的电子电流分布。在相同的$W_{PC}=10\mu m$、$W_{OC}=40\mu m$和$W_{PE}=6\mu m$条件下，当$\alpha=90°$和$\alpha=100°$时，半个元胞的宽度($W_d/2$)分别是11μm和18μm。从图中可以看出，在开态时，平行沟道和垂直沟道均注入电子到漂移区。但是，沿着U型沟道的末端(沿着A1-A2和B1-B2)，电子电流密度分布非常不均匀，且当$\alpha=100°$时，电子电流密度分布相对均匀。

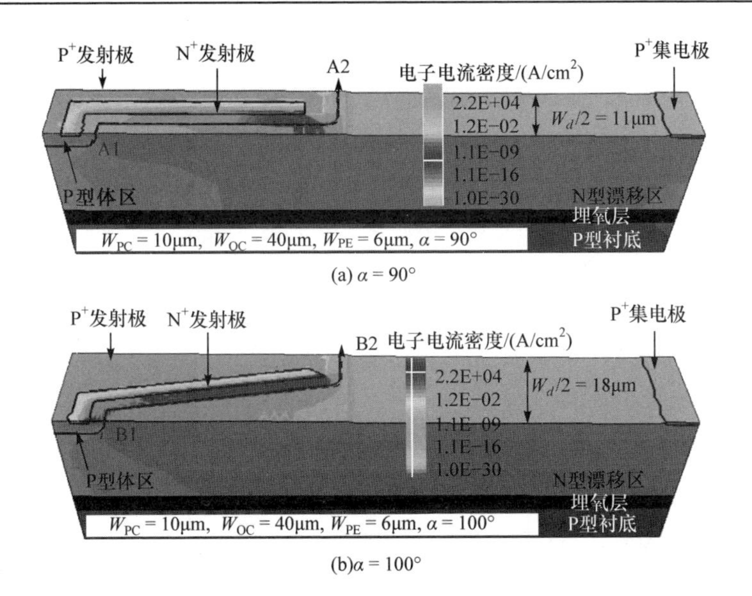

(a) $\alpha = 90°$

(b) $\alpha = 100°$

图 3.20 U 型沟道 SOI-LIGBT 器件(半个元胞)在 $V_{CE} = 3V$ 和 $V_{GE} = 5V$ 条件下的电子电流分布

图 3.21 所示为沟道末端电势和电子电流密度沿路径 A1-A2 及 B1-B2 的分布。可以看出，α 从 90°增大到 100°，沟道末端的电势均匀程度和电子电流密度的均匀程度都得到了改善。

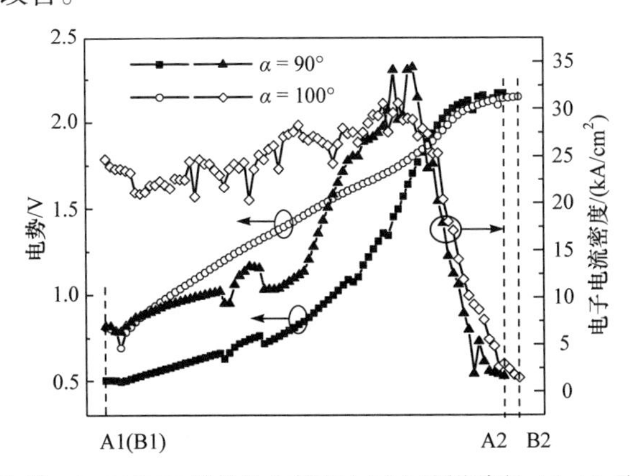

图 3.21 U 型沟道 SOI-LIGBT 器件的电势和电子电流沿路径 A1-A2 及 B1-B2 的分布

在 LIGBT 器件中，由 P⁺集电极注入 N 型漂移区中的空穴，要流经 N⁺发射极下方的 P 型体区才能最终流进 P⁺发射极。当 P 型体区和 N⁺发射极组成的 PN 压降超过 0.7V 时，由 N⁺发射极、P 型体区、N 漂移区组成寄生三极管开启，器件发生闩锁。

为了研究 U 型沟道 SOI-LIGBT 器件的闩锁免疫能力，需要重点关注发射极区域的空穴电流。在 U 型沟道器件中，在相邻的 U 型沟道之间设置有 P⁺发射极，这些P^+发射极可以吸收来自器件集电极的空穴电流。器件的闩锁电压随着P^+发射极宽度的增大而增大[28]。但是，如果P^+发射极的宽度较大，会导致电流能力大幅降低。如图3.22(b)所示，无论$\alpha = 90°$还是$\alpha = 100°$，P^+发射极都吸收了大部分空穴，因此，在C3到C4之间以及D3到D4之间，空穴电流密度出现了峰值。对于α为90°的结构，在C1到C2之间，空穴电流密度极低，且在C2到C3之间突然变大，这说明空穴很难流到C1到C2之间的区域，比较容易在C2到C3之间的区域堆积。对于α为100°的结构，在D1到D3之间的区域，空穴电流密度相对均匀，因此，增大α将有利于增大闩锁电压。

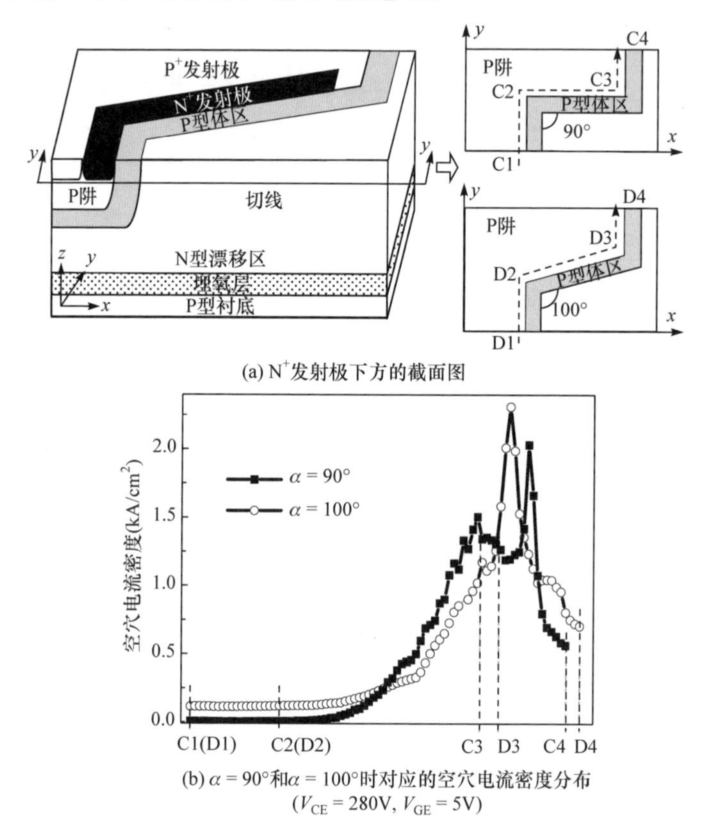

(a) N^+发射极下方的截面图

(b) $\alpha = 90°$和$\alpha = 100°$时对应的空穴电流密度分布 ($V_{CE} = 280V$, $V_{GE} = 5V$)

图3.22 U型沟道SOI-LIGBT器件的空穴电流密度分布

图3.23为U型沟道SOI-LIGBT器件的SEM剖面图。图3.24所示为U型沟道SOI-LIGBT器件的I-V测试曲线，测试条件为$V_{CE} = 3V$及$V_{GE} = 5V$，$\alpha = 90°$、100°、120°及150°时，器件的电流密度分别为240A/cm^2、305A/cm^2、261A/cm^{2}及190A/cm^2。

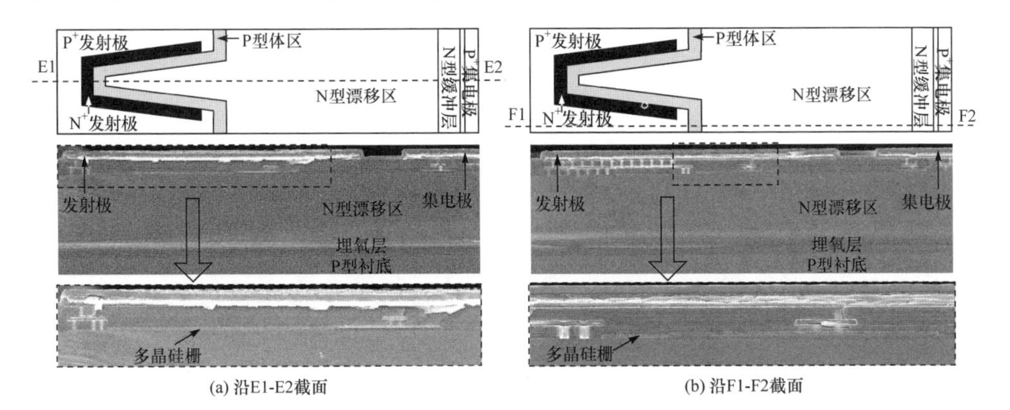

图 3.23　U 型沟道 SOI-LIGBT 器件的 SEM 剖面图

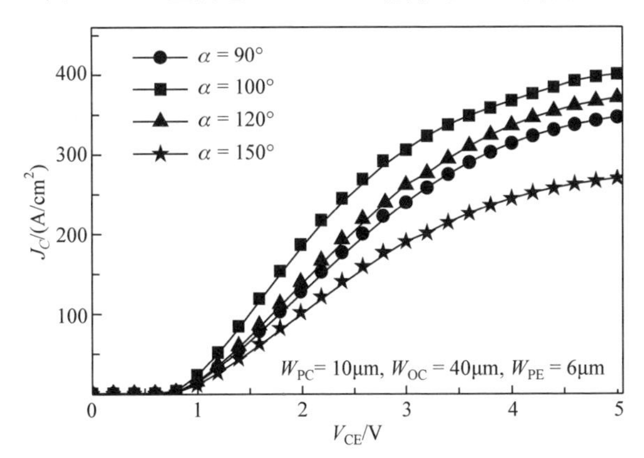

图 3.24　U 型沟道 SOI-LIGBT 器件的 *I-V* 测试曲线

图 3.25 所示 $\alpha = 90°$和 $\alpha = 100°$时，U 型沟道 SOI-LIGBT 器件电流密度(J_C)和闩锁电压(V_{LP})随 W_{PE} 的变化趋势。闩锁电压(V_{LP})采用 100ns 的传输线脉冲(transmission line pulses，TLP)系统进行测试。V_{LP}随着 W_{PE}的增大而增大，因此比较宽的 W_{PE}有利于提升 U 型沟道 SOI-LIGBT 器件的闩锁免疫能力。J_C随着 W_{PE}的增大而减小，同时，J_C和 V_{LP}之间存在明显的折中关系。前面已经提到，在 $\alpha = 100°$的结构中，JFET 区域的电势分布较为均匀且空穴电流堆积也得到了缓解，因此，相比于 $\alpha = 90°$的结构，$\alpha = 100°$的结构具有更好的 J_C和 V_{LP}折中关系，相比于 $\alpha = 90°$的结构，J_C和 V_{LP}分别改善了 27.1%和 3.5%。

图 3.26 所示为击穿电压(BV)与比导通电阻($R_{on.sp}$)的折中关系。图中把 U 型沟道 SOI-LIGBT 器件与目前已有的多沟道、单沟道及三维沟道 SOI-LIGBT 器件进行了比较。U 型沟道 SOI-LIGBT 获得了极为优秀的击穿电压(BV)与比导通电阻($R_{on.sp}$)的折中关系。

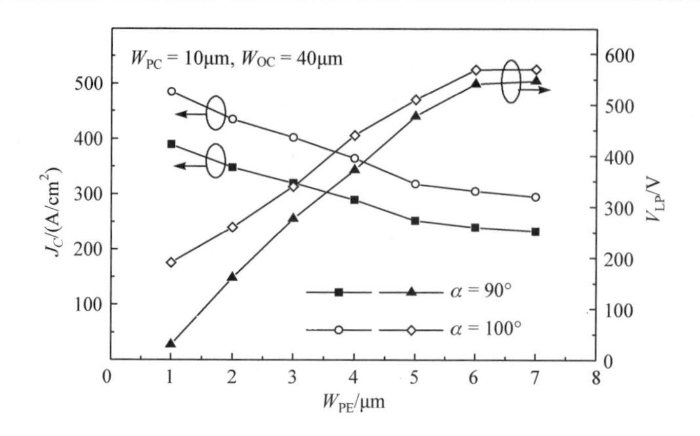

图 3.25　U 型沟道 SOI-LIGBT 器件的电流密度(J_C)和闩锁电压(V_{LP})随 W_{PE} 的变化趋势

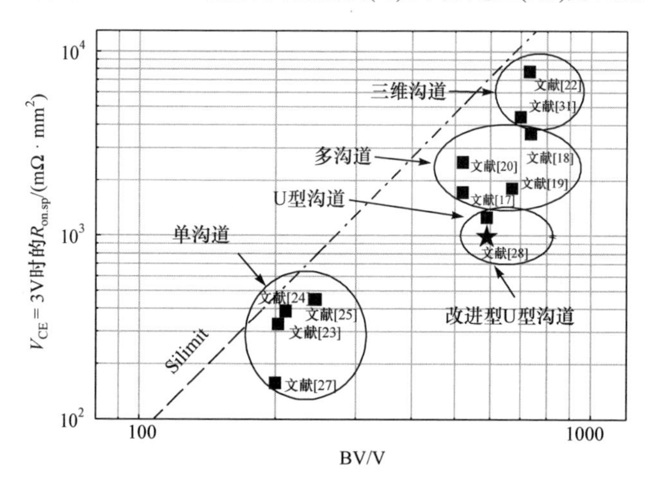

图 3.26　U 型沟道 SOI-LIGBT 器件与其他 SOI-LIGBT 器件的击穿电压(BV)与比导通电阻($R_{on.sp}$)的折中关系

3.3.2　漂移区优化技术

本小节介绍一种漂移区优化技术：漂移区倒掺杂技术。倒掺杂的高压阱底层浓度较高，增强了高压阱对于漂移区辅助耗尽的作用，提升了器件的整体 RESURF 效果，将器件的表面峰值电场成功引入体内，显著提升了器件的击穿电压；此外，倒掺杂的高压阱顶层浓度较低，使得漂移区的有效掺杂浓度提升，因而有效降低了器件导通电阻，提高了器件的电流密度。

图 3.27 所示为一种采用倒掺杂高压 N 阱的 SOI-LIGBT 器件结构[25]，与传统器件相比，该器件的电流密度(V_{GE} = 7.8V 和 V_{CE} = 150V)增加了 20%以上，关态 BV 增加了 24V，如图 3.28 所示。

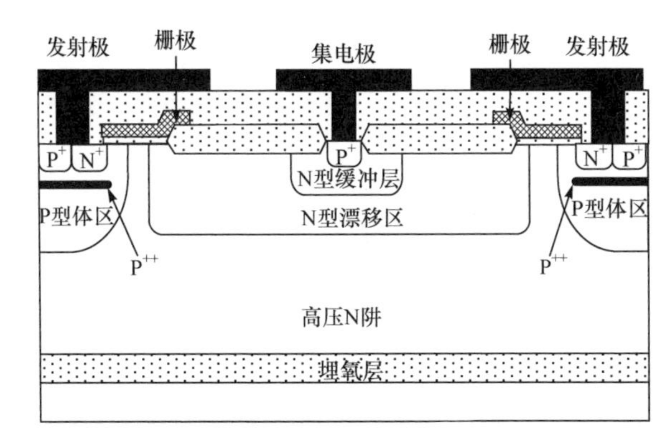

图 3.27 倒掺杂 SOI-LIGBT 器件的截面结构示意图

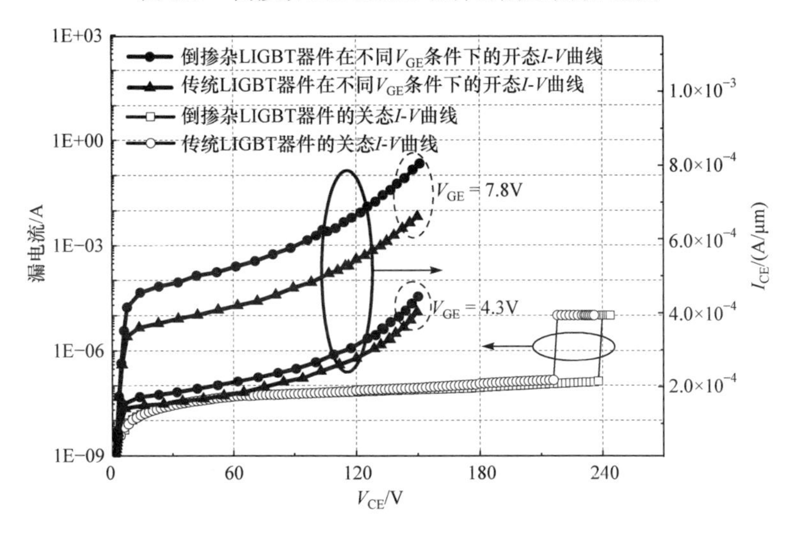

图 3.28 室温下倒掺杂器件与传统器件的开态、关态 I-V 曲线

倒掺杂器件结构与传统器件结构的差别在于高压阱的掺杂浓度分布，如图 3.29 所示。倒掺杂的高压 N 阱底部掺杂浓度大于表面掺杂浓度，而传统高压阱则相反。在采用倒掺杂技术的 SOI-LIGBT 器件中，由于高压阱底层的浓度比顶层浓度高，沿表面的电场被拉入器件的主体，垂直“RESURF (reduced surface filed)”效应得到增强，因此，关态击穿电压得到了改善。此外，由于倒高压阱顶层的浓度较低，与传统器件相比，倒掺杂器件 N 型漂移区的有效浓度将会增加，获得更高的电子电流密度。倒掺杂 SOI-LIGBT 器件可将击穿电压提升 11%，导通电阻降低 23%，在栅极电压 7.8V、集电极电压 150V 条件下的瞬态功率密度可高达 600kW/cm^2。

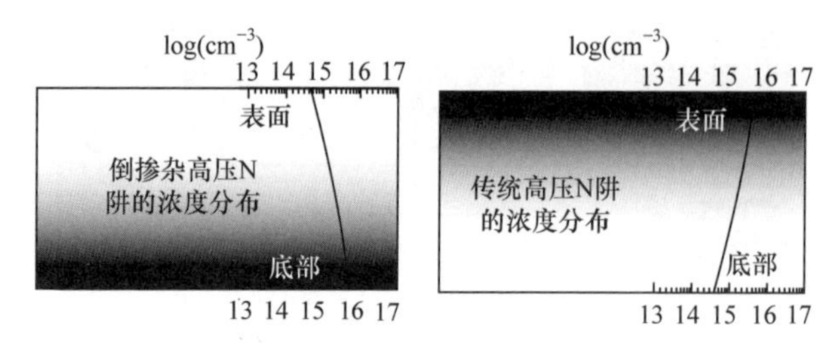

图 3.29　两种器件高压阱掺杂浓度分布

3.3.3　集电区优化技术

1. W 型缓冲层结构

W 型缓冲层(W-shaped buffer, WB)结构中的 N 型缓冲层为 W 形状，采用 W 型缓冲层的 SOI-LIGBT 器件命名为 WB-LIGBT 器件[32]。WB-LIGBT 器件的截面结构示意图如图 3.30 所示，在集电极区域，缓冲层从传统的 U 形状变为 W 形状。

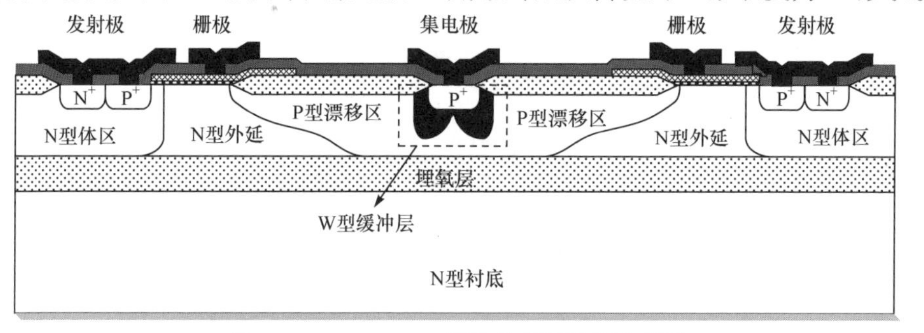

图 3.30　WB-LIGBT 器件的截面结构示意图

除了集电极的空穴注入采用 W 型缓冲层之外，WB-LIGBT 器件与传统 LIGBT 器件的工作方式相同。当 N 型缓冲层浓度减小时，集电极电流 I_{CE} 将变大，WB-LIGBT 器件中 N 型缓冲层的平均浓度较小，因而可以提高器件的电流能力，如图 3.31 所示。

2. 级联结构

图 3.32 所示为级联型 SOI-LIGBT 器件的三维结构示意图[33]，该结构将传统 SOI-LIGBT 器件与 PNP 双极晶体管进行级联。与传统 SOI-LIGBT 相比，该级联结构增加了一个 N 型缓冲层 2，其作用是与 P 体区、N 型漂移区构成一个 PNP 双极晶体管；采用互联金属将 LIGBT 的集电极与 PNP 双极晶体管的基极相连，将 LIGBT 的集电极电流作为 PNP 双极晶体管的基极电流，对 LIGBT 的集电极电流进行放大，从而提高器件整体的电流能力。

级联型 SOI-LIGBT 器件的工作原理如下：当栅极电压大于阈值电压时，电子从 P 体区中的 N$^+$发射极流出，通过沟道流入 N 漂移区，接着从传统 LIGBT 的集电极流出，经由互联金属流入 PNP 双极晶体管的基区(N 型缓冲层 2)；PNP 双极晶体管对 LIGBT 的电流进行放大后输出。从图 3.33 可以看出级联型 SOI-LIGBT 器件的电流密度相比于传统 SOI-LIGBT 器件有 25%以上的提升。

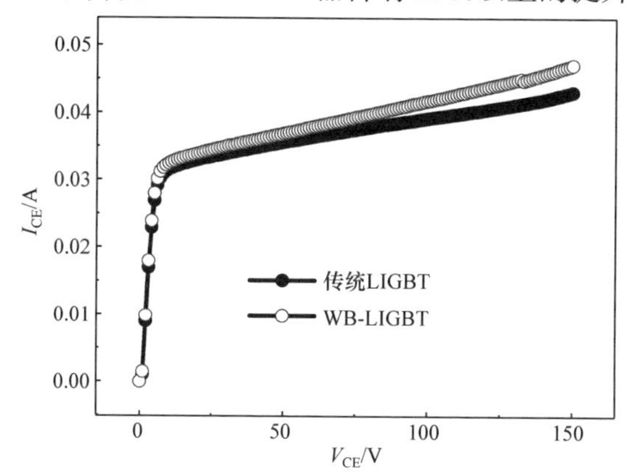

图 3.31　W 型缓冲层结构与传统结构的 *I-V* 曲线

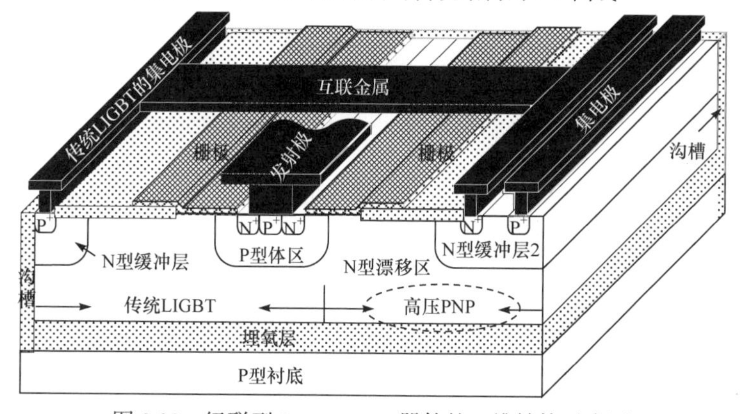

图 3.32　级联型 SOI-LIGBT 器件的三维结构示意图

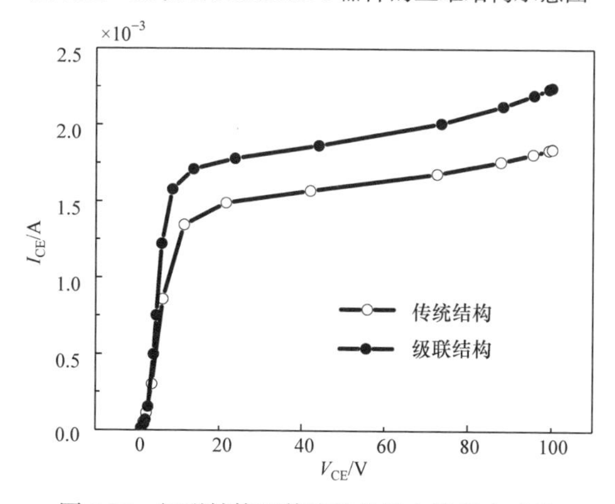

图 3.33　级联结构和传统结构的电流能力对比

3.4　功率 SOI-LIGBT 器件关断速度提升技术

SOI-LIGBT 器件在 PIC 中一般用作开关器件[34]，存储在漂移区中大量的过剩载流子需要在关断过程中被移除，往往造成 SOI-LIGBT 器件相比 LDMOS 有着较大的关断损耗和较慢的关断速度。本节将从载流子存储优化及载流子抽取加速两个方面来详细讲解各类关断速度提升技术的原理。

3.4.1　载流子存储优化技术

1. 漂移区双沟槽结构

提高 SOI-LIGBT 器件关断速度的传统技术手段包括阳极短路技术、双栅技术等，这些技术都是通过在阳极(集电极)增加专门的电子路径来达到快速关断的目的，会造成"回跳"现象或者需要额外的控制电路。下面介绍一种双沟槽 SOI-LIGBT 器件[35]，该器件能够大幅缩短漂移区的长度，减少存储的载流子数量，达到快速关断的目的；同时，双沟槽可以承受一定的电压，确保器件的击穿电压不因漂移区的缩短而减小。

图 3.34 所示为双沟槽(dual deep-oxide trenches，DDOT)SOI-LIGBT 器件的截面结构示意图。该结构在漂移区中置入了两个深沟槽氧化层。沟槽 T_E 位于发射极一侧，沟槽 T_C 位于集电极一侧。N 型漂移区的掺杂浓度为 $8.3\times10^{14}cm^{-3}$。BOX 层(埋氧层)下方的 P 型衬底的电阻率为 10Ω·cm。器件漂移区和 BOX 层的厚度分别为 18μm 和 3.5μm。在 DDOT SOI-LIGBT 器件中，L_d 是漂移区的长度，L_1 是 P 型体区层和 T_E 之间的距离，L_2 是 T_C 和 N 型缓冲层之间的距离，S_T 是 T_E 和 T_C 之间的间距。基于课题组前期实验[36,37]，沟槽的宽度和深度分别为 2.2μm 和 14.4μm。DDOT SOI-LIGBT 器件的关键尺寸和掺杂参数如表 3.1 所示。

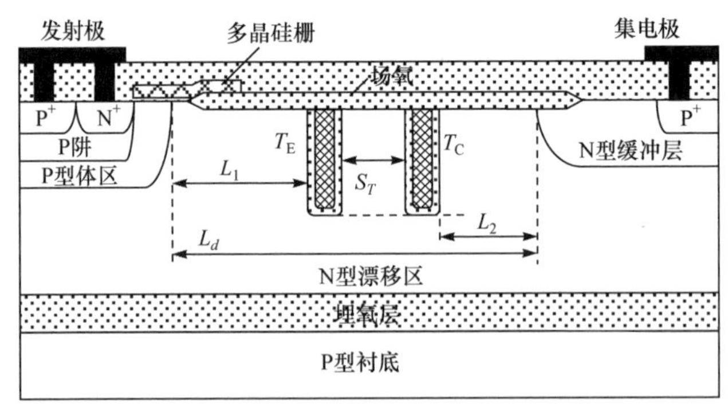

图 3.34　DDOT SOI-LIGBT 器件的截面结构示意图

表 3.1　DDOT SOI-LIGBT 器件的关键尺寸参数

参数	传统结构	DDOT 结构
P 衬底电阻率/(Ω · cm)	10	10
BOX 层厚度/μm	3.5	3.5
N 漂移区长度/μm	47	L_d
N 漂移区厚度/μm	18	18
N 漂移区掺杂浓度/cm^{-3}	8.3×10^{14}	8.3×10^{14}
DDOT 深度(T_E 和 T_C)/μm	/	14.4
侧壁氧化层厚度/μm	/	0.8
DDOT 间距/μm	/	S_T

图 3.35 所示为 DDOT SOI-LIGBT 器件关态时从 15V 到 560V 的等电势线分布图。如图 3.35(a)所示，器件最初从 P 型体区/N 型漂移区结开始纵向耗尽。当电压比较高时，沟槽 T_E 和 T_C 可以承受电压，如图 3.35(b)和(c)所示。然后，集电极一侧的硅区域从横向和纵向两个方向被耗尽，最终耗尽层被 N 型缓冲层所阻挡，如 3.35(d)所示。

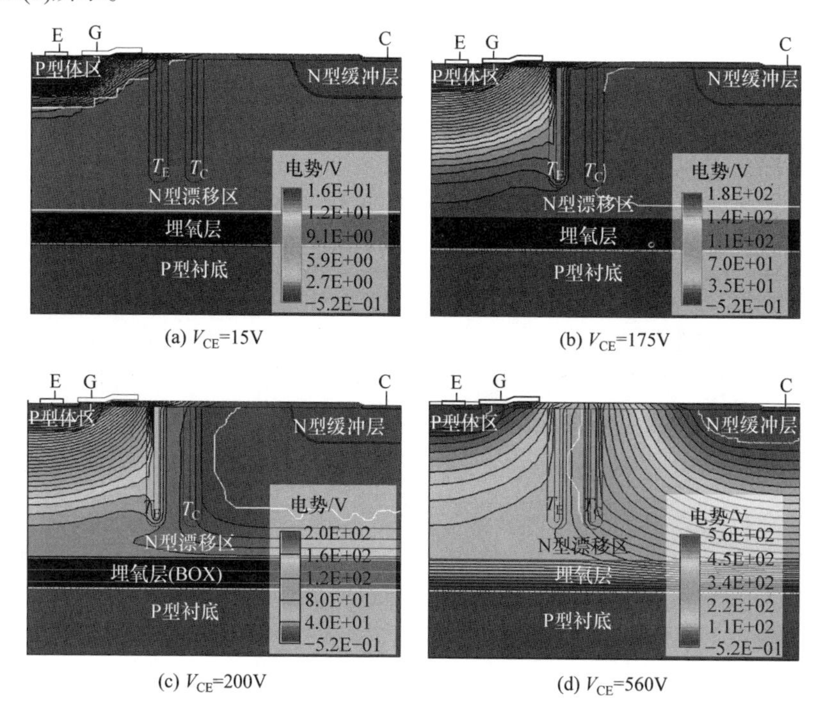

(a) V_{CE}=15V　(b) V_{CE}=175V　(c) V_{CE}=200V　(d) V_{CE}=560V

图 3.35　关态时器件的电势分布(白线：耗尽层边界；黑线：等电势线)

图 3.36 所示为 DDOT 器件与传统 SOI-LIGBT 器件击穿时的表面电势分布。当 L_1 = 5μm、L_2 = 9μm 和 S_T = 2μm 时，DDOT 结构(L_d = 20.4μm)可以获得和传统结构(L_d = 47μm)几乎相同的击穿电压仿真值。对于传统结构来说，需要很长的漂移区来承受集电极-发射极之间的电压，如果缩短漂移区长度到 20.4μm，传统器件仿真的击穿电压则下降到 300V，这说明对于传统器件来说需要足够长的漂移区来承受高电压。在 DDOT 器件中，T_E 和 T_C 总计承受了 205V 的电压，占击穿电压的 36.6%。因此，DDOT 器件能够在较短漂移区(较小的 L_d)的情况下实现高耐压。

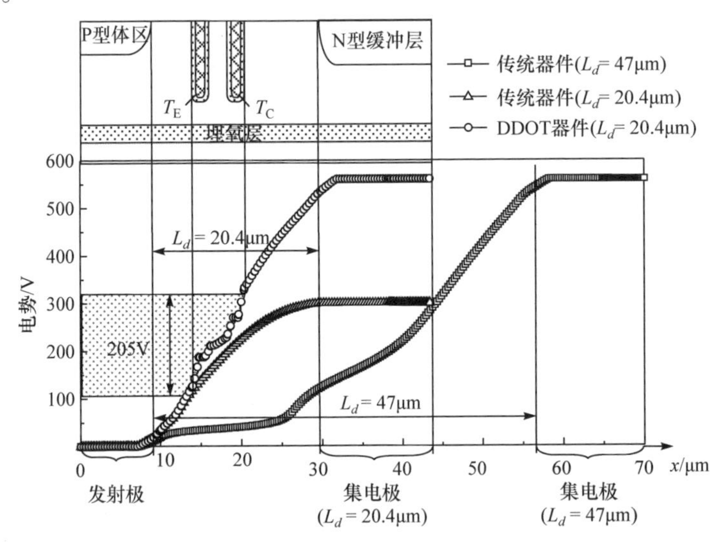

图 3.36　DDOT 器件与传统 SOI-LIGBT 器件击穿时的表面电势分布

在导通状态下，DDOT SOI-LIGBT 器件和传统器件的导电行为也明显不同。图 3.37(a)所示为 DDOT 与传统 SOI-LIGBT 器件在 100A/cm^2 电流时的空穴电流密度分布。对 DDOT 器件(L_1 = 5μm，L_2 = 9μm，S_T = 2μm，L_d = 20.4μm)来说，双沟槽能够起到空穴屏蔽的效果，使得双沟槽下方硅区域的电导调制效应增强。图 3.37(b)所示为沿 y = 1.8μm 和 y = 9μm 截线上的空穴分布。和传统器件相比，DDOT 器件漂移区中存储的载流子数量明显减少。同时，由于漂移区的缩短，关断时 DDOT 器件会耗尽得更快。存储载流子数量的减少以及较短的漂移区能够加速器件的关断过程。

对于 DDOT SOI-LIGBT 器件来说，尺寸参数 L_1 和 L_2 是设计的关键。图 3.38(a)所示为 L_1 和 L_2 对击穿电压(BV)测试值的影响。增大 L_1 或者 L_2 都有助于提升击穿电压。当 $L_1 \geqslant$ 5μm 及 $L_2 \geqslant$ 9μm 时，击穿电压可以达到 560V 的最优值。L_1 < 5μm 或者 L_2 < 9μm 都会导致击穿电压降低。如图 3.38(b)所示，当 L_1 = 3μm 及 L_2 = 9μm

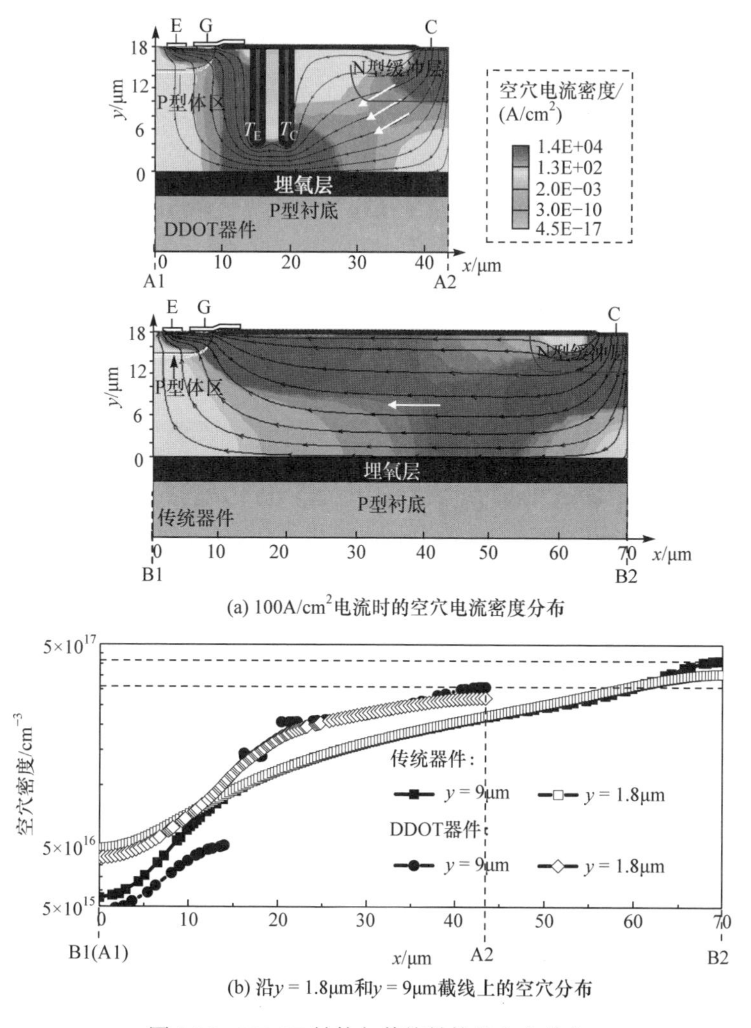

(a) 100A/cm^{2}电流时的空穴电流密度分布

(b) 沿y = 1.8μm和y = 9μm截线上的空穴分布

图 3.37　DDOT 结构与传统结构的空穴分布

时，提前击穿发生在 P 型体区/N 型漂移区组成的 PN 结；当 L_1 = 5μm 及 L_2 = 6μm 时，提前击穿发生在 N 漂移区/N 型缓冲层结。因此，从击穿电压的角度来说，$L_1 \geqslant$ 5μm 和 $L_2 \geqslant$ 9μm 都必须得到满足，如果得不到满足，器件的表面横向耐压则不足，击穿点位于器件的表面。图 3.38(c)中比较了 DDOT 器件与传统 SOI-LIGBT 器件的击穿电压测试曲线，当 L_1 = 5μm，L_2 = 9μm 及 S_T = 2μm 时，DDOT SOI-LIGBT 器件可以获得和传统器件几乎相同的击穿电压。

图 3.39(a)所示为不同 S_T条件下的 L_1 和 L_2 对导通压降(V_{ON})测试值的影响。增加 L_1 或者 S_T 会导致 V_{ON} 变大，这是因为增加电流路径的长度。对于给定的 L_2 和 S_T，V_{ON} 随着 L_1 的增大，先增大后减小。当 S_T = 2μm 及 L_2 = 9μm 时，对于 V_{ON}

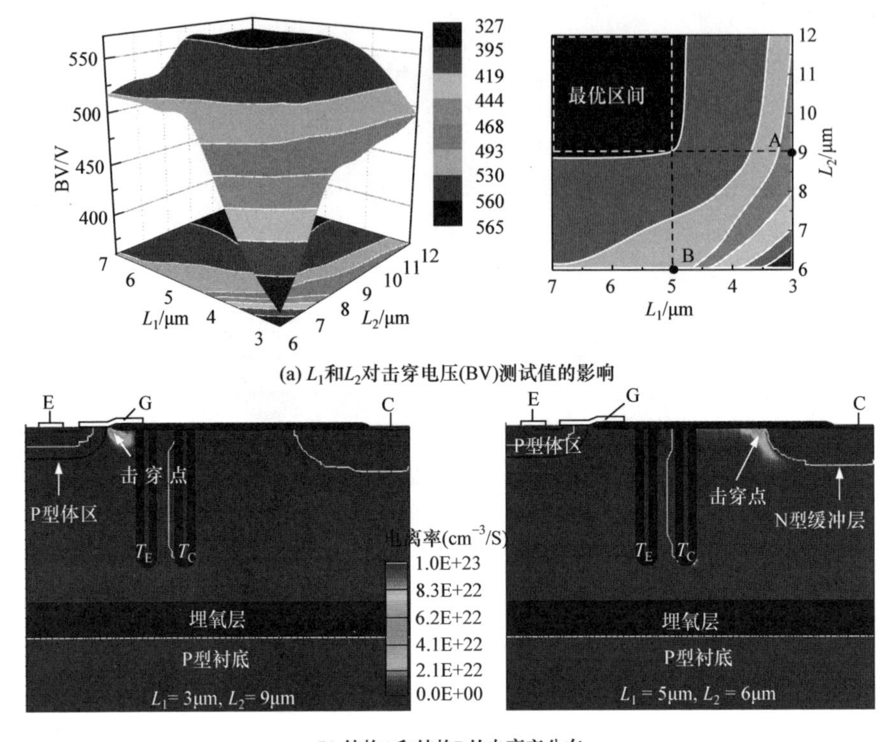

(a) L_1和L_2对击穿电压(BV)测试值的影响

(b) 结构A和结构B的电离率分布

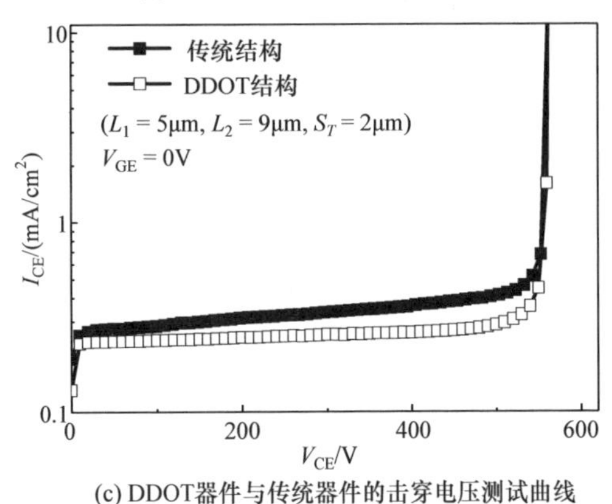

(c) DDOT器件与传统器件的击穿电压测试曲线

图 3.38　击穿电压(BV)的仿真与测试结果

来说，最优的 L_1 是 8μm。图 3.39(b)所示为 DDOT 器件沿电流路径上的电压降。A 点位于 P 型体区的右边界；B 点位于 T_E 的底部，C 点位于 T_C 的底部，D 点位于 N 型缓冲层的左边界。V_A、V_B、V_C、V_D 分别是 A 点、B 点、C 点和 D 点的电位。使 L_1 从 5μm 增大到 8μm 能够缓解 P 型体区和 T_E 之间的 JFET 效应，从而降低 T_E 左侧的电压降(V_B–V_A)。因此，可以通过适当的增加 L_1 来降低 V_{ON}。

当 L_1 = 8μm，L_2 = 9μm 及 S_T = 2μm 时，DDOT SOI-LIGBT 器件的 V_{ON} 为 1.61V。

图 3.39(c)所示为 DDOT 与传统 SOI-LIGBT 器件的 *I-V* 测试曲线，测试所加栅极电压 V_{GE} 为 15V。尽管 DDOT 器件的漂移区较短，但是电流需要绕过双沟槽才能到达发射极，并且在双沟槽和 BOX 上表面之间的路径比较窄，因此，DDOT 器件的电流能力仅仅比传统器件好一点。

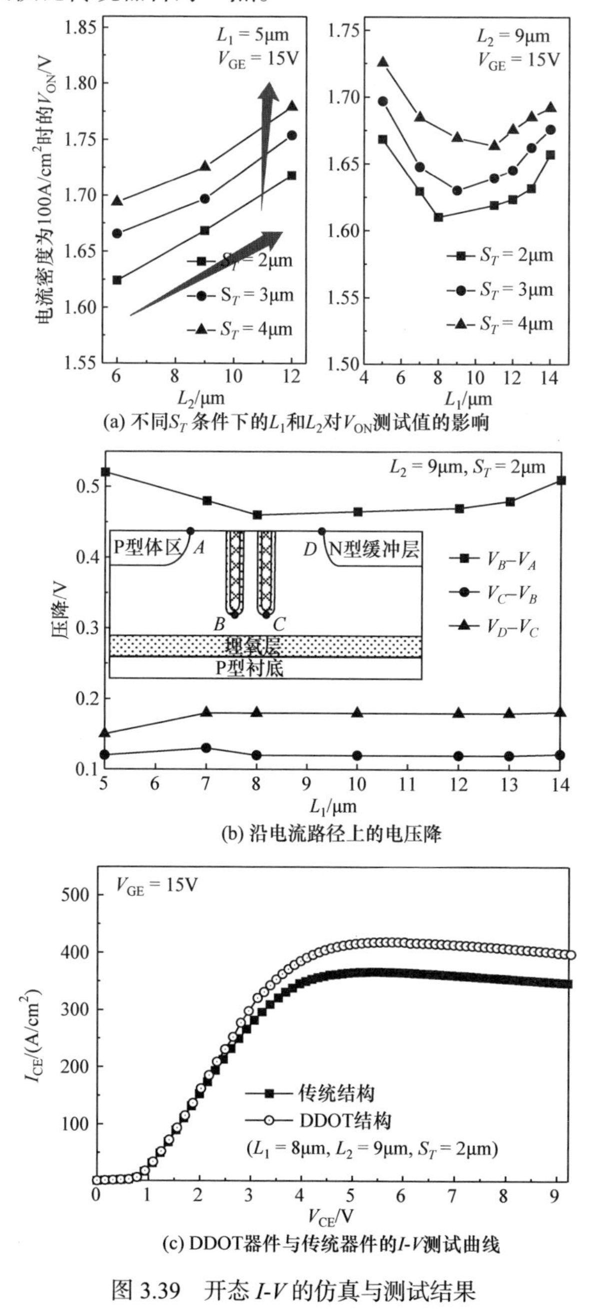

(a) 不同S_T条件下的L_1和L_2对V_{ON}测试值的影响

(b) 沿电流路径上的电压降

(c) DDOT器件与传统器件的*I-V*测试曲线

图 3.39　开态 *I-V* 的仿真与测试结果

图 3.40 所示为 DDOT 与传统 SOI-LIGBT 器件在 $T = 300\text{K}$ 时的仿真与测试关断波形。DDOT 器件的尺寸参数为：$L_1 = 8\mu\text{m}$，$L_2 = 9\mu\text{m}$，$S_T = 2\mu\text{m}$ 以及 $L_d = 23.4\mu\text{m}$。传统器件的漂移区长度 L_d 为 47μm。测试时，直流母线电压为 300V，采用 3mH 电感，在 100A/cm^2 条件下进行关断测试。由于 DDOT SOI-LIGBT 器件的 L_d 比较小，关断时 V_{CE} 上升时间相比于传统 SOI-LIGBT 器件要快。图 3.41 比较了传统器件、DDOT 器件以及其他一些器件的关断时间，可以看出，DDOT 器件获得了最小的关断时间(t_{OFF})。

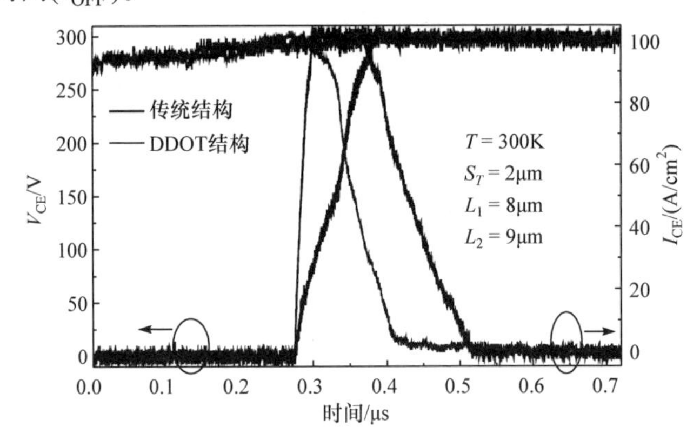

图 3.40　DDOT 与传统 SOI-LIGBT 器件在 $T = 300\text{K}$ 时的关断波形

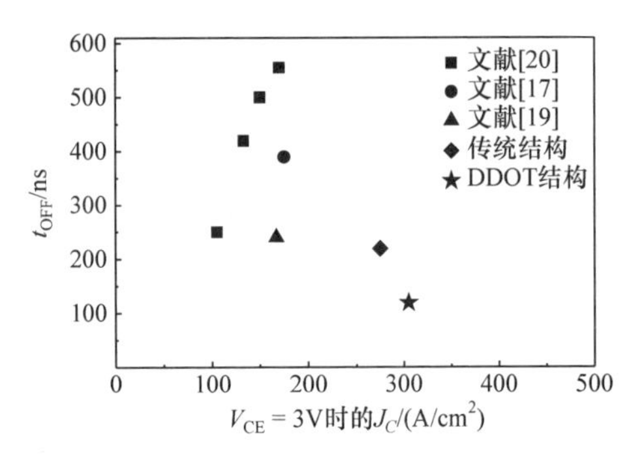

图 3.41　DDOT、传统及其他 SOI-LIGBT 器件的电流密度(J_C)与关断时间 (t_{OFF}) 的折中关系

在图 3.42 中比较了 DDOT 器件和传统器件的关断损耗(E_{OFF})与导通压降(V_{ON})的折中关系。通过调节 P^+集电极的掺杂浓度可以获得不同 E_{OFF} 和 V_{ON} 值，然后绘制成曲线。在 $T = 300\text{K}$、电流密度为 100A/cm^2 时，DDOT SOI-LIGBT 器件获得了 1.61V 的 V_{ON}，其关断损耗比传统 SOI-LIGBT 器件低 36.9%。

2. 漂移区三沟槽结构

下面将介绍一种性能更加优秀的三沟槽(triple deep-oxide trenches, TDOT)结构[38]。

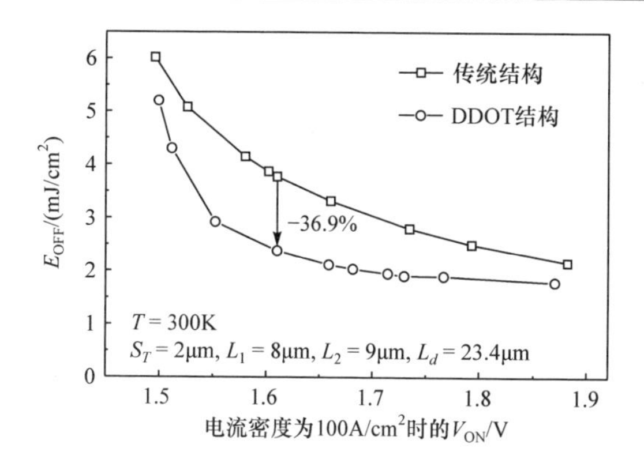

图 3.42　开态电流为 100A/cm^2 及 T = 300K 时的关断损耗 (E_{OFF}) 与 V_{ON} 的折中关系曲线

图 3.43 所示为 TDOT SOI-LIGT 器件的截面结果示意图。在 TDOT 结构中，T_E 和 T_C 分别为发射极一侧和集电极一侧的深槽，T_M 是位于 T_E 和 T_C 之间的深槽。L_1 为 T_E 和 P 型体区的间距，L_2 为 T_C 和 N 型缓冲层的间距，S_T 是相邻深槽之间的间距，T_E 和 T_C 的深度比 T_M 浅。T_M 的深度和宽度分别为 14.4μm 和 2.2μm，较浅的 T_E 和 T_C 由氧化层完全填充。

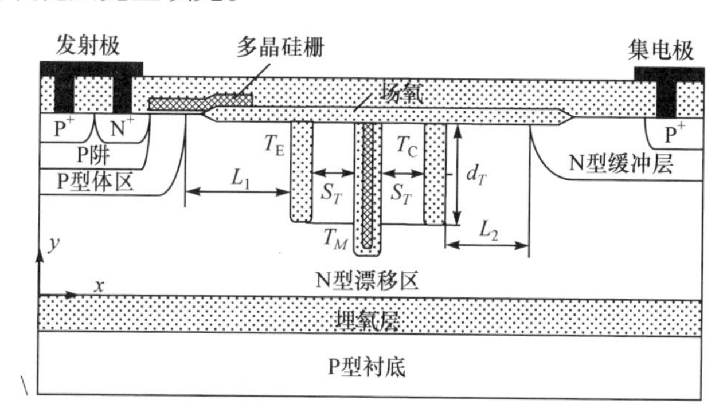

图 3.43　TDOT SOI-LIGBT 器件的截面结构示意图

图 3.44 所示为 DDOT 结构(L_1 = 5μm, L_2 = 9μm, S_T = 2μm)和 TDOT 结构(L_1 = 5μm，L_2 = 5μm，S_T = 2μm，d_T = 7μm)击穿时的电势分布。在两种结构中，DOT 都可以辅助承受集电极和发射极之间的电压。在 TDOT 结构中，浅的 DOT 结合深的 DOT 增加了 DOT 承受的总电压。由于 T_E 和 T_C 比 T_M 浅，电势线很容易穿刺到 T_M 中。

图 3.45 所示为 DDOT 和 TDOT 结构在击穿时的表面电势分布。在 L_1 = 5μm 和 S_T = 2μm 条件下，TDOT 结构获得了和 DDOT 几乎相同的击穿电压。DDOT 和 TDOT 结构中，沟槽所承受的电压分别为 205V 和 293V。TDOT 承受了更高的电压，因此，TDOT 结构中的漂移区可以进一步缩短，L_2 从 DDOT 结构中的 9μm

缩短到了 TDOT 中的 5μm。

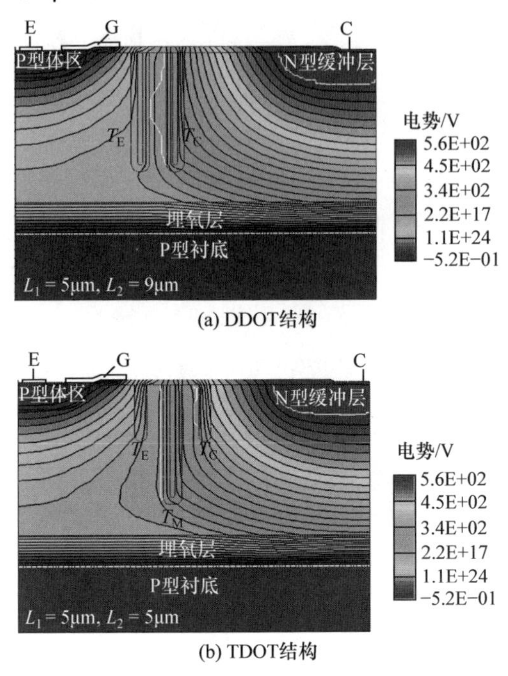

(a) DDOT结构

(b) TDOT结构

图 3.44　器件击穿时的电势分布

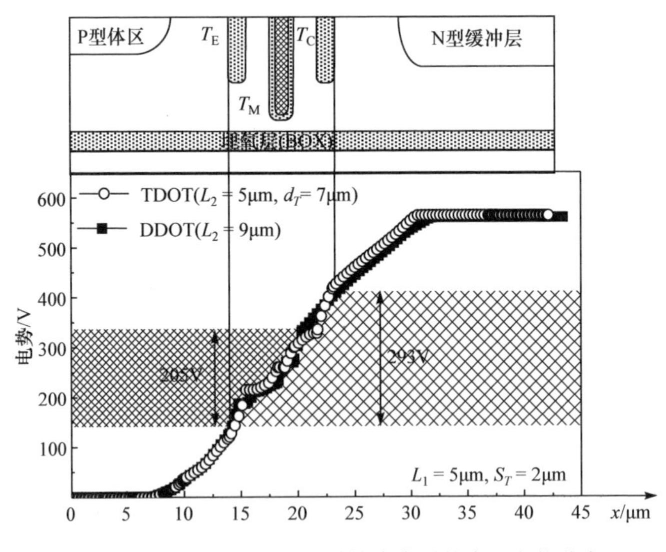

图 3.45　TDOT 与 DDOT 结构击穿时的表面电势分布

图 3.46 所示为 DDOT 和 TDOT 结构开态时的电流密度与电势分布。与 DDOT 结构相比，由于 TDOT 结构的 T_E 和 T_C 较浅，进而电流路径也较短。在 DDOT 结

构中，需要适当地增加 L_1 才能达到减少 V_{ON} 的目的，这是由于 P 型体区和 T_E 之间存在明显的 JFET 效应[35]。在 TDOT 结构中，采用较浅的 T_E 可以缓解 JFET 效应。

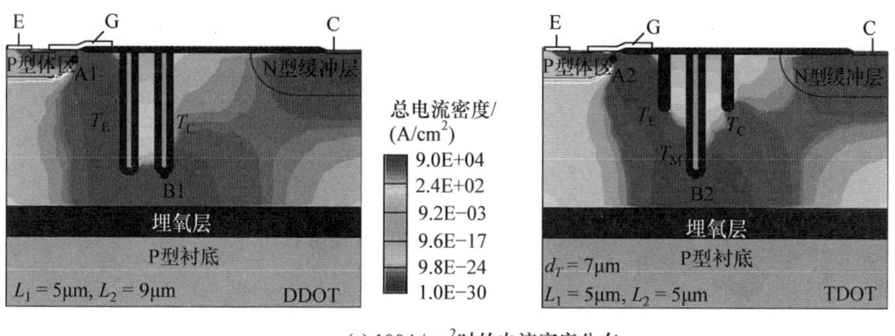

(a) 100A/cm²时的电流密度分布

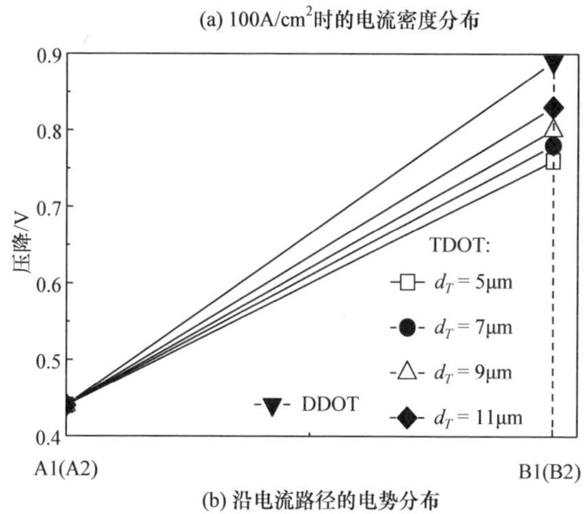

(b) 沿电流路径的电势分布

图 3.46　DDOT 和 TDOT 结构开态时的电流密度与电势分布

图 3.46(b)所示为电流路径上的电压降。A1 和 A2 分别为 DDOT 结构和 TDOT 结构中 P 型体区边缘的点。B1 是 DDOT 结构中 T_C 底部的点，B2 是 TDOT 结构中 T_M 底部的点。从图中可以看出，TDOT 结构的电压降要比 DDOT 结构低。随着 d_T 的减小，TDOT 结构中的电压降减小，因此，较浅的 DOT 对降低电流路径上的电压降有利，即对器件的 V_{ON} 有利。

图 3.47(a)所示为 DDOT 结构和 TDOT 结构在开态电流为 100A/cm² 时的空穴密度分布。通过改变 P^+ 集电极的掺杂浓度，将两种结构的 V_{ON} 都调节为 1.61V。如图 3.47(b)所示为截线 $y = 12\mu m$ 上的空穴密度分布。和 DDOT 结构相比，TDOT 结构漂移区中的空穴密度更低，特别是靠近集电极一侧，这有利于关断时加快存储载流子的抽取。

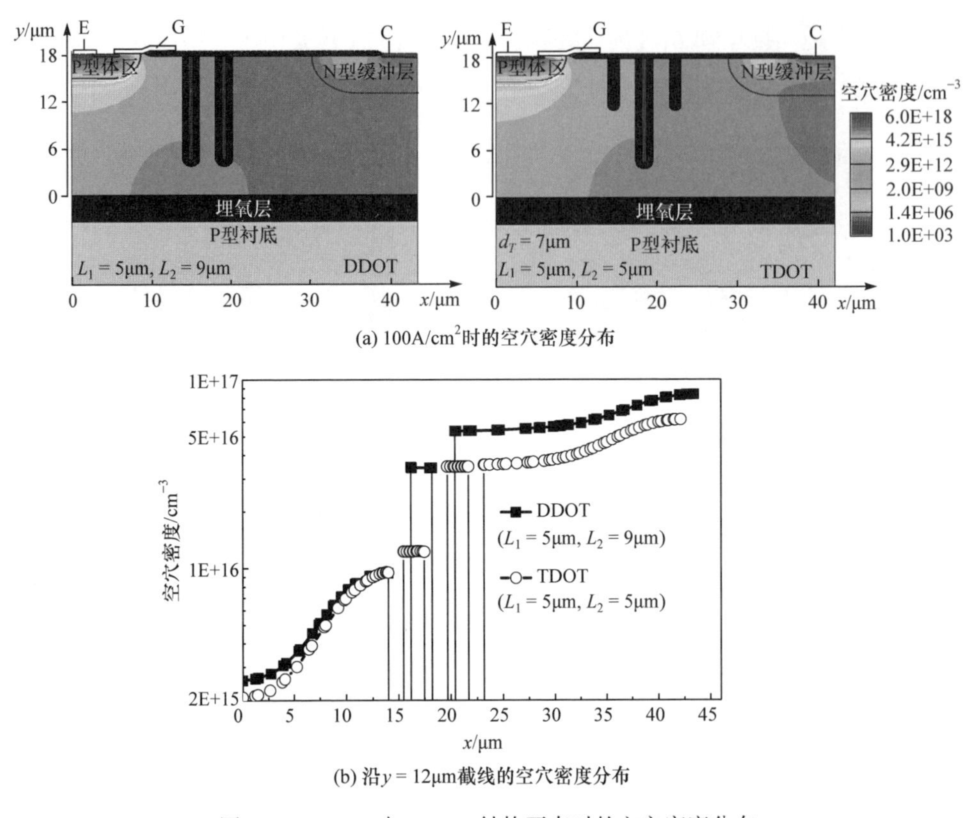

(a) 100A/cm²时的空穴密度分布

(b) 沿 y = 12μm截线的空穴密度分布

图 3.47　DDOT 与 TDOT 结构开态时的空穴密度分布

图 3.48(a)所示为 DDOT 和 TDOT 结构中获得 560V 击穿电压的 L_1 和 L_2 范围。与 DDOT 结构相比，TDOT 结构可以用更小的 L_1 便可获得 560V 的击穿电压。当 $L_1 = 5\mu m$ 和 $S_T = 2\mu m$ 时，DDOT 结构和 TDOT 结构获得 560V 击穿电压所需的最小 L_2 分别为 9μm 和 5μm。如图 3.48(b)所示为 S_T 对 BV 测试值的影响。在两种结构中，S_T 对击穿电压的影响都很小。

如图 3.48(c)所示，当 $L_1 = 5\mu m$，$L_2 = 5\mu m$，$S_T = 2\mu m$ 和 $d_T = 7\mu m$ 时，TDOT 结构获得了和 DDOT 结构几乎相同的击穿电压。

图 3.49(a)所示为 TDOT 结构中 L_1 和 d_T 对 V_{ON} 的影响。增加 d_T 会使电流路径变长，导致 V_{ON} 变大。对于给定的 d_T，随着 L_1 的增大，V_{ON} 先减小后增大。当 $d_T = 7\mu m$ 时，获得最优 V_{ON} 的 L_1 值为 8μm。当 $L_1 = 8\mu m$，$L_2 = 5\mu m$，$d_T = 7\mu m$ 和 $S_T = 2\mu m$ 时，TDOT 结构在开态电流密度为 100A/cm² 时获得了 1.53V 的 V_{ON}。如图 3.49(b)所示为 DDOT 结构和 TDOT 结构的 I-V 测试曲线。由于发射极一侧的 JFET 效应得到了缓解，TDOT 结构获得了比 DDOT 结构更低的 V_{ON} 和更高的 J_C。

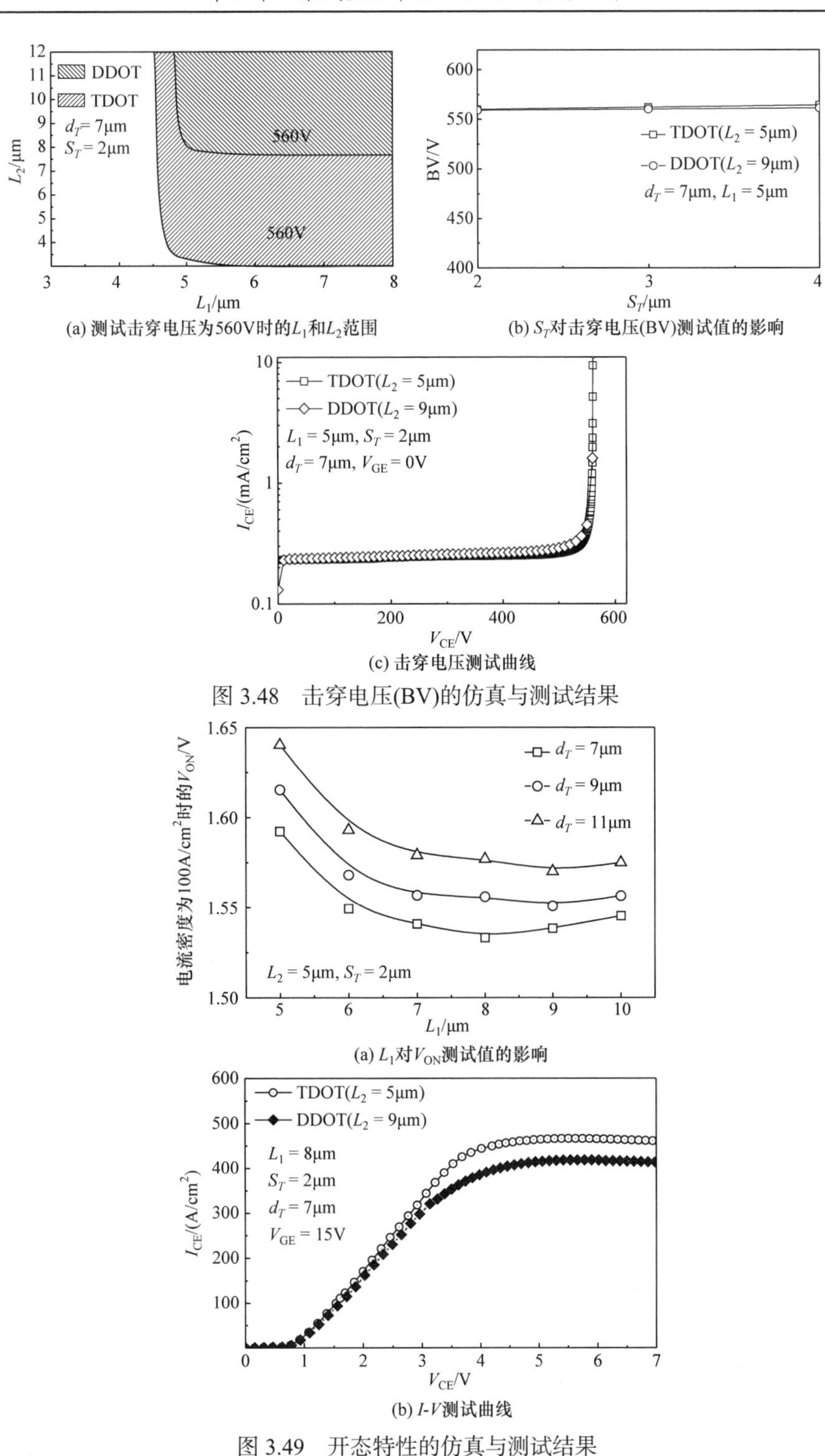

(a) 测试击穿电压为560V时的L_1和L_2范围

(b) S_T对击穿电压(BV)测试值的影响

(c) 击穿电压测试曲线

图 3.48　击穿电压(BV)的仿真与测试结果

(a) L_1对V_{ON}测试值的影响

(b) I-V测试曲线

图 3.49　开态特性的仿真与测试结果

图 3.50(a)所示为 DDOT SOI-LIGBT 器件($L_1 = 8\mu m$，$L_2 = 9\mu m$，$S_T = 2\mu m$，$d_T = 7\mu m$)[35]和 TDOT SOI-LIGBT 器件($L_1 = 8\mu m$，$L_2 = 5\mu m$，$S_T = 2\mu m$，$d_T = 7\mu m$)在 $T = 300K$ 时的感性负载关断测试和仿真波形。母线电压为 300V，开态电流密度为 $100A/cm^2$，电感负载的值为 3mH。从图中可以看出，TDOT 结构的关断要比 DDOT 结构快很多。图 3.50(b)所示为截线 $y = 12\mu m$ 上在 t_0、t_1、t_2 和 t_3 时刻的仿真空穴密度分布。TDOT 结构实现了较快的载流子抽取。

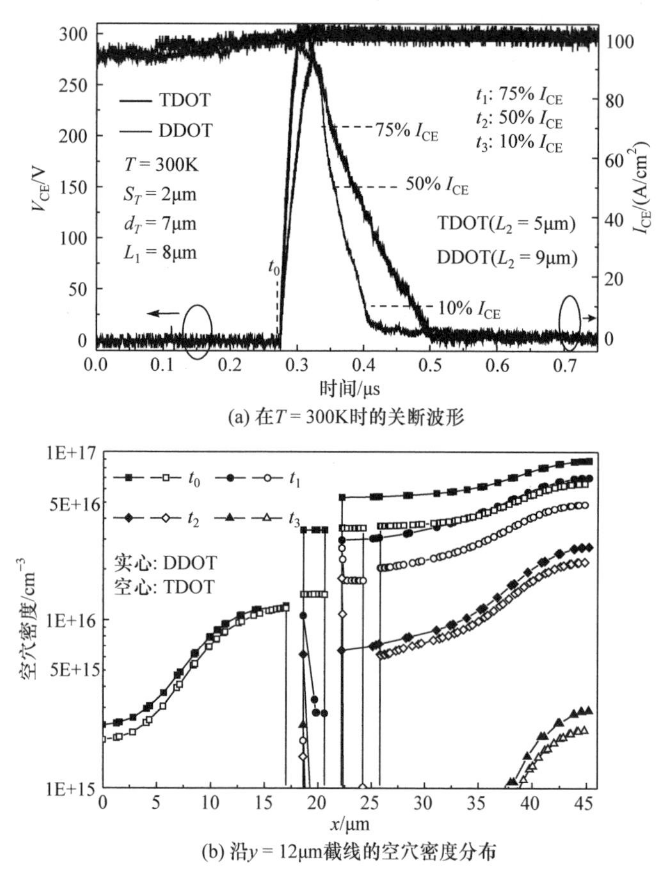

图 3.50　DDOT 和 TDOT 结构的关断特性

通过改变 P^+集电极的掺杂浓度，可以获得 DDOT 和 TDOT 结构的 E_{OFF}-V_{ON} 折中关系图。如图 3.51 所示，当 $V_{ON} = 1.53V$ 时，和 DDOT 结构相比，TDOT 结构的 E_{OFF} 减小了 36.1%；DDOT 结构的 E_{OFF} 比传统 SOI-LIGBT 器件低 36.9%，因此，TDOT 结构的 E_{OFF} 可以比传统 SOI-LIGBT 器件低 59.6%。如图 3.52 所示，与其他已经报道的结构[17,19-20]相比，TDOT 结构获得了最优的 J_C-t_{OFF} 折中关系。

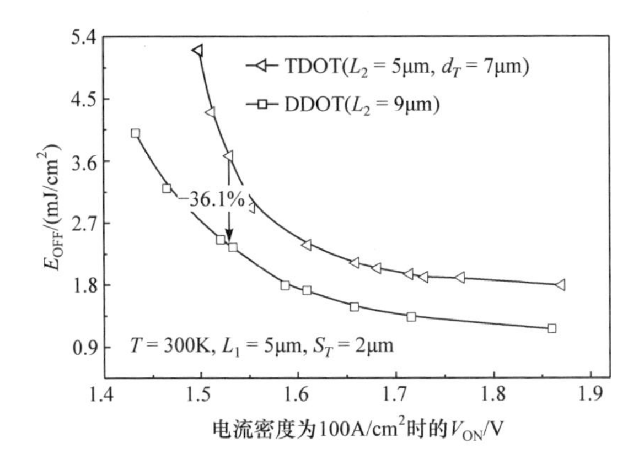

图 3.51　开态电流为 100A/cm^2 及 T = 300K 时的关断损耗 (E_{OFF}) 与 V_{ON} 的折中关系曲线

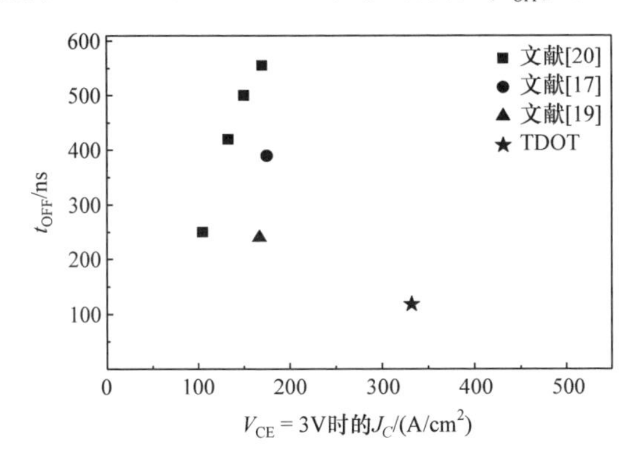

图 3.52　三沟槽及其他 SOI-LIGBT 器件的电流密度(J_C)与关断时间 (t_{OFF}) 的折中关系

3. 槽栅结构

3.3.1 小节中介绍了采用了平面栅极的 U 型沟道结构，下面将讨论将槽栅引入 U 型沟道器件中，达到加快关断速度的目的。槽栅 U 型沟道(trench gate U-shaped channel, TGU)SOI-LIGBT 器件[39]的三维结构原理图如图 3.53(a)所示。和图 3.53(b)中所示的平面栅极 U 型沟道(planar gate U-shaped channel, PGU)SOI-LIGBT 器件相比，TGU 器件的发射极一侧存在两个槽栅(G1 和 G2)，其中 G1 作为栅极，G2 作为空穴阻挡层。

和 PGU 结构相同，沟道由平行沟道和垂直沟道组成，平行沟道和垂直沟道的夹角为 α，垂直沟道沿着 x 方向的沟道总宽度为 $2W_{OC}$。单个元胞中，沿着 y 方向的平行沟道宽度为($W_{PC}+2W_{PE}$)。G1 和 G2 由 70nm 的侧壁氧化层和填充的多晶硅组成。d_T 是沟槽的深度。N$^+$和 P$^+$发射极设置在 G1 和 G2 之间的区域，N$^+$和 P$^+$发射极的长度相同，为 3μm。G1 和 G2 的间距为 6μm，W_{PE} 和 d_T 分别为 6μm 和 12μm。PGU 和 TGU 器件采用相同的尺寸和掺杂浓度，漂移区的长度为 47μm，

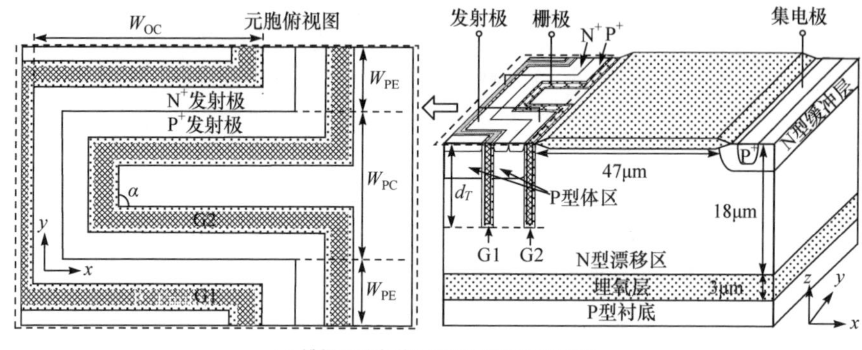

(a) 槽栅U型沟道(TGU)SOI-LIGBT器件

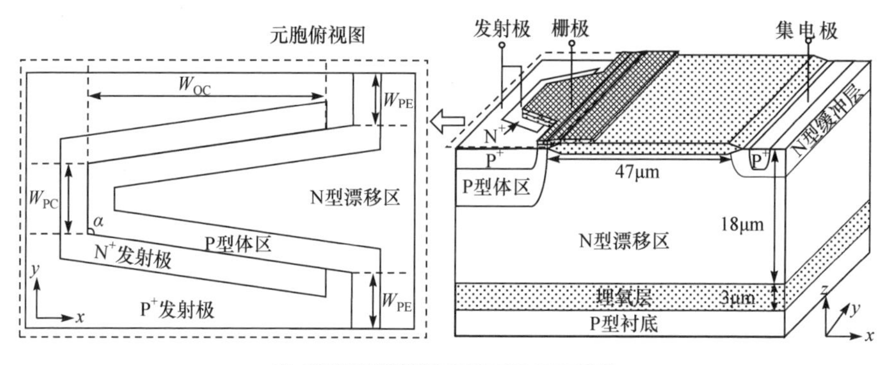

(b) 平面栅U型沟道(PGU)SOI-LIGBT器件

图 3.53　U 型沟道 SOI-LIGBT 器件的结构示意图

BOX 层的厚度为 3μm，漂移区的掺杂浓度为 $8.3\times10^{14}\text{cm}^{-3}$，P 型衬底的电阻率为 10Ω · cm，漂移区的厚度为 18μm。

开态 *I-V* 仿真时，栅极电压设置为 15V。图 3.54(a)所示为 PGU 和 TGU 结构在开态电流为 100A/cm^2 时的空穴密度分布。除了 PGU 和 TGU 器件，对一种不带 G2 的 TGU 器件也进行了仿真，用于对比。为了加快仿真，三种结构均采用半个元胞进行仿真，W_{PC} 为 15μm，W_{OC} 为 20μm，α 为 90°，P^+集电极的掺杂浓度为 $5\times10^{19}\text{cm}^{-3}$。

图 3.54(b)中比较了三种结构的沿 A1-A2 截面的空穴密度分布。G1 和 G2 对载流子分布进行了调制。在发射极一侧，TGU 结构的空穴电流密度明显大于其他两种结构，这要归功于 G2 所产生的空穴存储效应。当来自 P^+集电极的空穴载流子流向发射极时，由于有 G2 的阻挡作用，空穴将存储在漂移区中，特别是在靠近 G2 的发射极区域，发射极区域电导调制的增强将会降低 V_{ON}。

从图 3.54(b)中还可以看出，在 TGU 结构以及不带 G2 的 TGU 结构中，集电极一侧的空穴密度都比 PGU 结构低。从槽栅沟道流出的电子电流比平面栅沟道流出来的电子电流要小，削弱了 TGU 结构中集电极的空穴注入。在 TGU 结构中，发射极区域的载流子密度较高，而集电极区域的载流子密度较低，因此，整体的载流子分布较为均匀。当 $x > 43.4\mu m$ 时，TGU 结构的空穴载流子密度远低于 PGU 结构；在仿真结构的右边界($x = 92\mu m$)，空穴电流从 PGU 结构中的 $2\times10^{17}cm^{-3}$ 减少到了 TGU 结构中的 $1\times10^{17}cm^{-3}$。漂移区中($x > 43.4\mu m$)以及集电极一侧较低的载流子密度有利于 TGU 结构的快速关断。

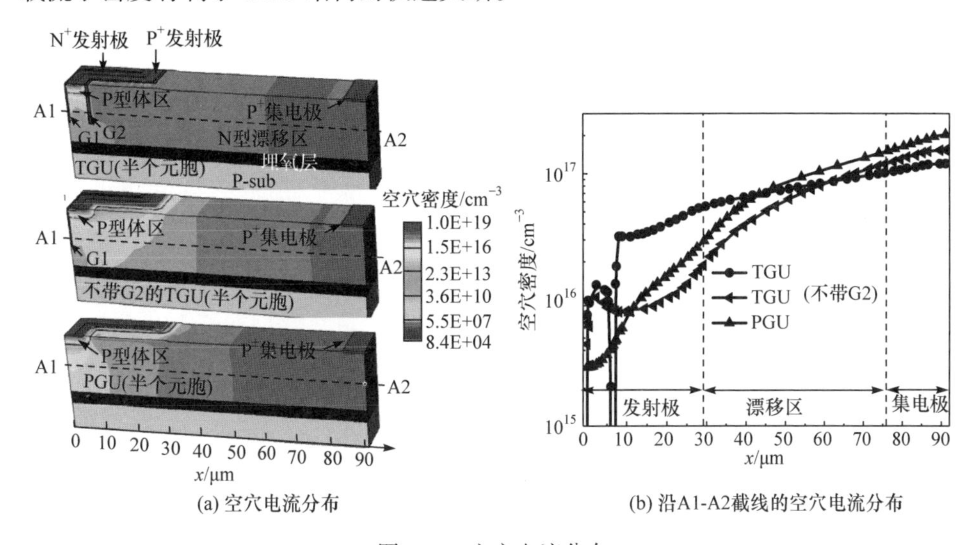

(a) 空穴电流分布　　(b) 沿A1-A2截线的空穴电流分布

图 3.54　空穴电流分布

图 3.55(a)所示为 PGU 和 TGU 结构的感性负载关断波形。测试条件为：母线电压为 300V，开态电流密度为 $100A/cm^2$，栅电阻为 100Ω，电感负载为 3mH。通过调节 P^+集电极的掺杂浓度，使两种结构的 V_{ON} 在 $100A/cm^2$ 时都为 1.22V。从关断波形可以看出，TGU 结构的关断速度比 PGU 结构要快。

图 3.55(b)所示为关断时漂移区中沿截线 A1-A2(如图 3.54 所标注)的空穴密度分布。在 t_0 时刻(关断的起始阶段)，TGU 结构的空穴密度要比 PGU 结构低，特别是在集电极附近的区域。在关断过程中，存储在漂移区中的载流子逐渐被移除。可以看出，TGU 结构中存储载流子的抽取速度远快于 PGU 结构。同时，因为在集电极区域的载流子密度比较低，TGU 结构的电流拖尾时间也较短。

图 3.56 所示为 PGU 和 TGU 结构的关断损耗-导通压降(E_{OFF}-V_{ON})和开态击穿电压-导通压降(BV_{ON}-V_{ON})的折中关系曲线。其中 TGU 结构的折中关系要远优于 PGU 结构，PGU 结构的 E_{OFF} 为 $6.5mJ/cm^2$，当 V_{ON} 为 1.22V 时，TGU 结构的 E_{OFF} 相比 PGU 结构可以减少 53.3%，为 $3.1mJ/cm^2$。因为 TGU 结构较强的闩锁免疫能力，故其 BV_{ON} 随 V_{ON} 的变化的敏感度相比 PGU 结构要低。

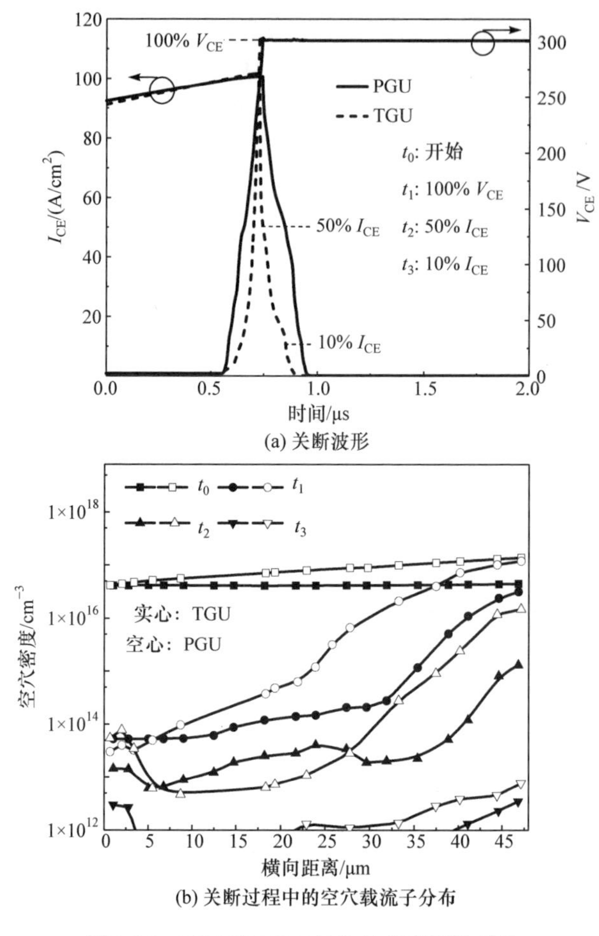

(a) 关断波形

(b) 关断过程中的空穴载流子分布

图 3.55　PGU 和 TGU 结构的关断特性对比

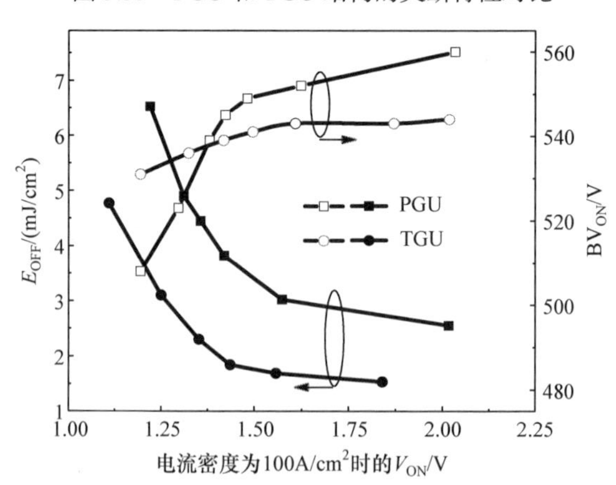

图 3.56　关断损耗-导通压降(E_{OFF}-V_{ON})和开态击穿电压-导通压降(BV_{ON}-V_{ON})的折中关系曲线

3.4.2　载流子抽取加速技术

1. 阳极短路技术

阳极短路 LIGBT 是在集电极引入 N^+阳极结构，将原本的 P^+集电区阳极和 N^+阳极通过金属电极短接，为关断时的电子排空提供了额外的通道，加快器件的关断速度[40]；但是采用这种结构的器件在开启后会先经历 MOSFET(单极)的导通过程，再经历 IGBT(双极)的导通过程，由于 MOSFET 的电流能力远小于 IGBT 的电流能力，在器件由单极导通转为双极导通的瞬间，电流会突然变大，导通压降会突然变小，这种现象称为回跳现象，是阳极短路结构所特有的现象；回跳现象的存在会导致器件工作状态的不稳定，同时在小电流情况下，器件工作在单极状态下，呈现出较大的导通压降，这也是器件应用所不希望看到的。分段(分离)阳极结构是在阳极短路结构的基础上提出的[41]，目的是抑制阳极短路结构的回跳现象，主要通过分段或分离设置 N^+阳极和 P^+阳极等手段来增大二者之间的电阻，当电子途经 P^+阳极下方流向 N^+阳极时，如果二者之间的电阻较大，在 P^+阳极和 N^+阳极之间产生的电位差也会较大，那么 P^+阳极和 N 型漂移区(或 N 型缓冲层)所组成的二极管也比较容易开启，器件很容易从单极导通转到双极导通状态；这种手段想要获得较低的回跳电压或者完全抑制回跳现象，则需要通过增加 N^+阳极和 P^+阳极之间的距离来增大二者之间的电阻，这会导致器件的面积增大。为了克服上述缺点，Qin 等提出了一种 NPN 控制的阳极结构[42]，这种结构在分段阳极 LIGBT 的集电极 N^+侧下方增加了 P 型阱，导通时器件以双极模式为主，关断时高的集电极电压使 P 型阱表面反型，形成电子抽取的通道，该结构在消除回跳现象的同时，能实现快速关断。

下面简单介绍一种抑制电流回跳效应较为有效的结构。图 3.57 所示为分段沟槽 SOI-LIGBT 器件的三维结构示意图[43]。在该结构中，沟槽和 N^+阳极都采用分段形式，N^+阳极和 P^+阳极短接。

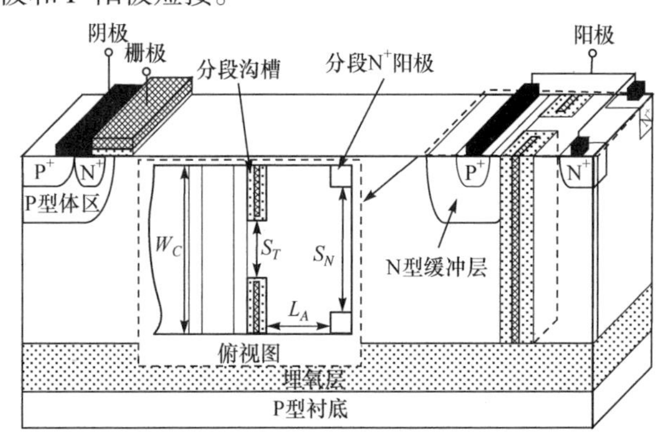

图 3.57　分段沟槽 SOI-LIGBT 器件的三维结构示意图

图 3.58 所示为分段沟槽 SOI-LIGBT 器件的等效电路示意图。当施加正的栅极电压(大于阈值电压)和相对较低的阳极电压时，电子从 N^+阳极流出，通过沟道进入 N 型漂移区，流经寄生电阻 R_T和 R_N，最终被 N^+阳极收集，此时器件为单极导通状态。随着阳极电压的增加，电子电流在 N^+阳极和节点 A 之间产生的电压将会升高；当电压增加到约 0.7V 时，由 P^+阳极和 N 型缓冲层组成的 PN 结导通，P^+阳极开始注入空穴到漂移区中，器件从单极导通转到双极导通状态。由于 R_T 和 R_N 两个寄生电阻的存在，P^+阳极和 N^+阳极之间的寄生电阻相比于一般阳极短路结构要大，器件容易进入双极导通状态，因此，电流回调得到了更好的抑制。

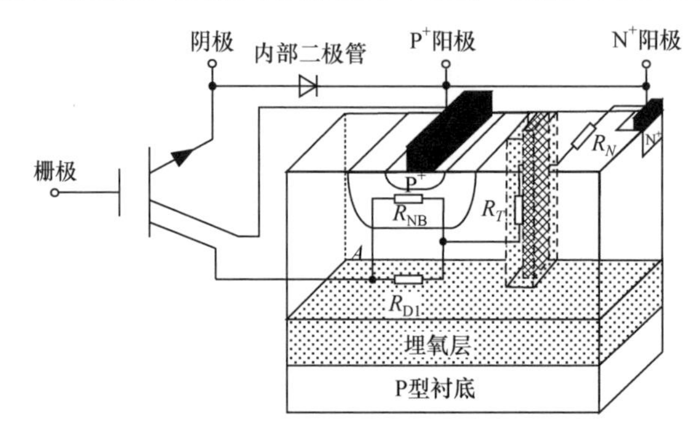

图 3.58　分段沟槽 SOI-LIGBT 器件的等效电路示意图

2. 肖特基结构

图 3.59 所示为一种肖特基 SOI-LIGBT 器件的截面结构示意图[18]，该器件在集电极轻掺杂 P 层区上添加了肖特基接触，该肖特基接触可以加快关断过程中的电子抽取速率，提升关断速度。如图 3.60 所示，该肖特基 SOI-LIGBT 器件获得了 38ns 的关断时间，甚至比传统 LDMOS 器件还要快。但是由于肖特基接触的存在，该器件的电流能力也远小于一般 SOI-LIGBT 器件。

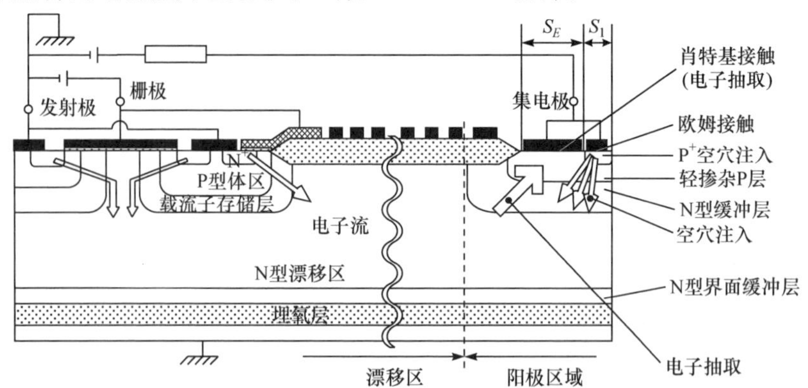

图 3.59　肖特基 SOI-LIGBT 器件的截面结构示意图[18]

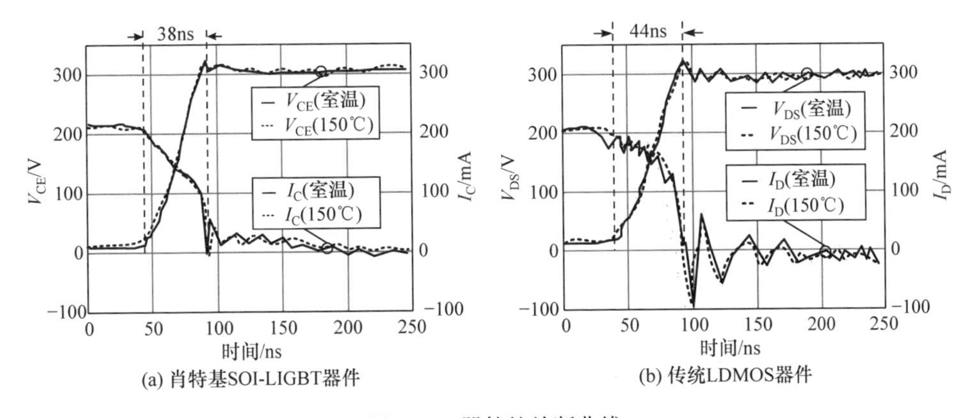

图 3.60　器件的关断曲线

3. 超结结构

图 3.61 所示为一种超结 SOI-LIGBT 器件的截面结构示意图[44]，该器件在 N 型漂移区中设置了超结结构，超结结构的 P 柱与 P 型体区连接，N 柱与 N 型缓冲层连接。在关断过程中，P 柱为低电位，N 柱为高电位，由 P 柱和 N 柱所形成的 PN 结处于反向偏置状态。随着电压 V_{CE} 的增加，施加在 PN 结上的反向偏压变大，耗尽层纵向展宽将载流子“挤压”出漂移区。

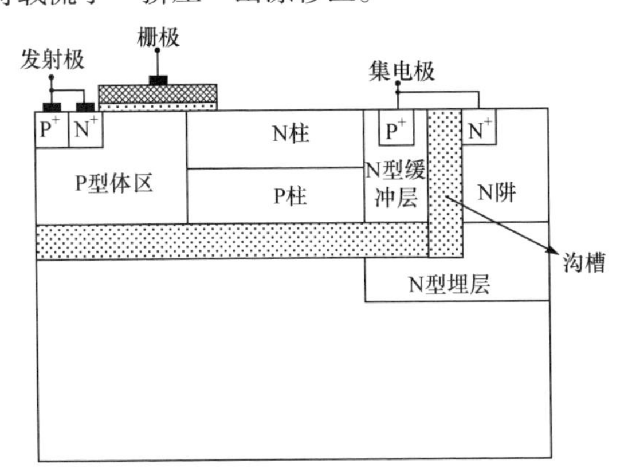

图 3.61　超结 SOI-LIGBT 器件的截面结构示意图[44]

图 3.62 所示为超结 SOI-LIGBT 器件的关断曲线，超结 P 柱和 N 柱之间相互耗尽加快了漂移区中载流子的抽取，使超结 SOI-LIGBT 器件获得了较快的关断速度。

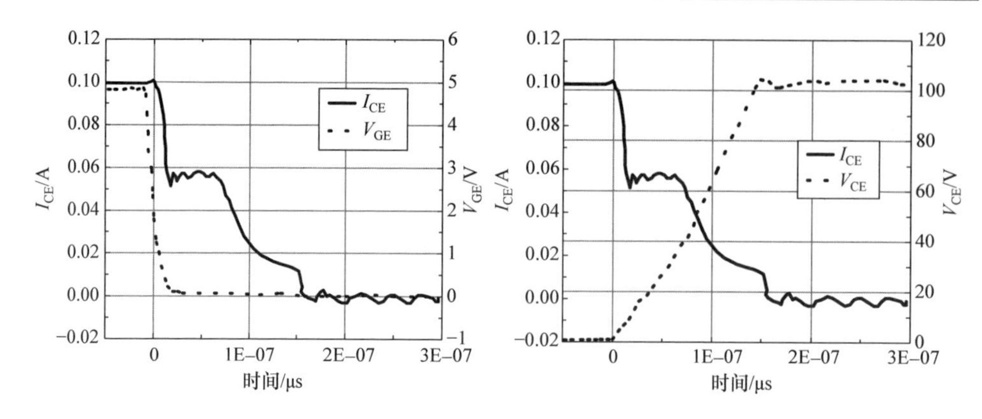

图 3.62　超结 SOI-LIGBT 器件的关断曲线[45]

3.5　功率 SOI-LIGBT 器件的可靠性

高性能的 PIC 要求 SOI-LIGBT 器件有较低的开关损耗、较低的导通压降和较快的开关速度，在满足上述要求的同时，还需要具有很好的可靠性。闩锁可靠性和短路可靠性是 SOI-LIGBT 器件最重要的两类可靠性，本节将针对这两类可靠性进行讨论。

3.5.1　闩锁可靠性

集电极一侧的沟槽会影响空穴电流的路径及分布，P 型体区的注入剂量和注入窗口将直接影响 N^+发射极下方的寄生电阻大小。本节将讲解沟槽及 P 型体区对 SOI-LIGBT 器件闩锁可靠性的影响。

1. 沟槽对闩锁可靠性的影响

沟槽的形成通常采用先侧壁氧化再用多晶硅填充的办法，形成如图 3.63(a)所示的三明治结构：沟槽两侧是氧化层，中间是重掺杂的多晶硅。图 3.63 显示了带有沟槽和无沟槽情况下，器件在栅极电压 V_{GE} = 10V，集电极-发射极电压 V_{CE} = 200V 条件下的空穴电流分布，图中 V_S 为 P 型体区的体电位，即 P^+发射极的电位。可以看到，无沟槽器件的空穴电流全部流经 N^+发射极下方并由 P^+发射极收集；而器件发射极侧边存在沟槽时，部分空穴电流会沿着沟槽侧壁流动，再由 P^+发射极收集。沟槽中多晶硅的电势为 44.5V，而器件内部 SOI 层的电势为 68.7V，二者之间的电势差使得空穴电流向沟槽方向流动。图 3.64 所示为带有沟槽和不带沟槽 SOI-LIGBT 器件的版图截图。器件闩锁特性的测试结果如图 3.65 所示，发射极一侧的沟槽可以大幅提高器件的闩锁电压。

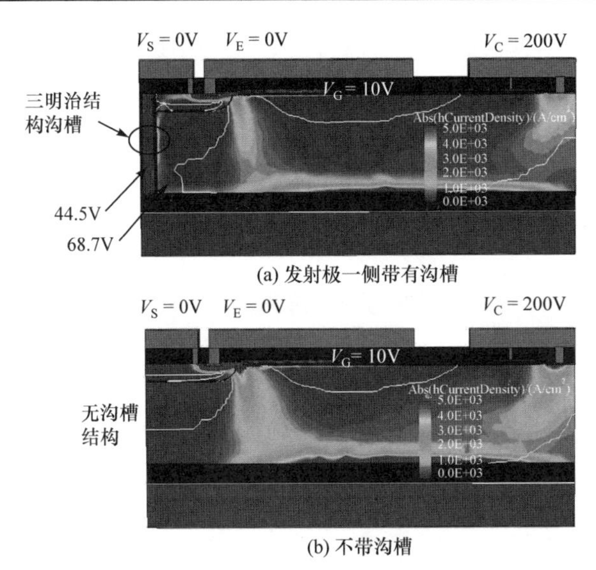

(a) 发射极一侧带有沟槽

(b) 不带沟槽

图 3.63　SOI-LIGBT 器件的空穴电流分布

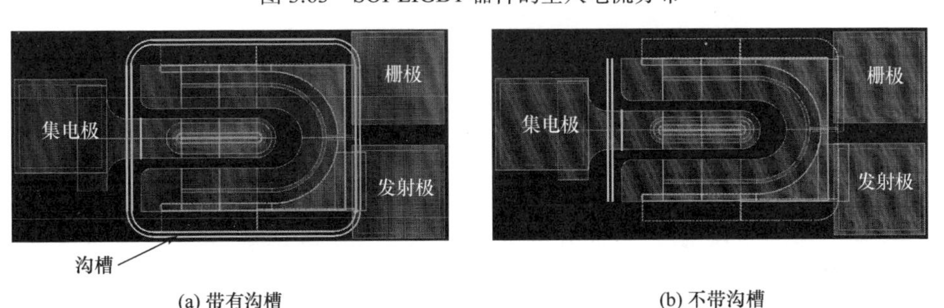

(a) 带有沟槽　　　　(b) 不带沟槽

图 3.64　带有沟槽和不带沟槽 SOI-LIGBT 器件的版图截图

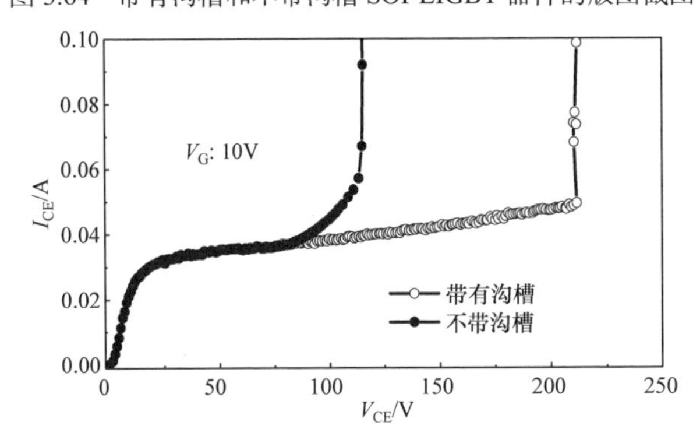

图 3.65　沟槽对 SOI-LIGBT 器件闩锁特性的影响

2. P 型体区对闩锁可靠性的影响

通过提高 P 型体区的掺杂浓度来降低 N^+发射极下方的寄生电阻是增强器件

闩锁可靠性的有效方法，但是单纯提高 P 型体区的掺杂浓度会增大器件的阈值电压和降低器件的电流能力；为了避免这些问题，可在 N^+发射极下方形成一个高浓度的 P 阱，该 P 阱可通过高能离子形成。如图 3.66 所示，高浓度的 P 阱只分布于 N^+发射极和 P^+发射极下方。考虑到 P 阱的横向扩散，需要严格控制其注入窗口，以防止 P 型杂质扩散到沟道区域而影响器件的阈值。

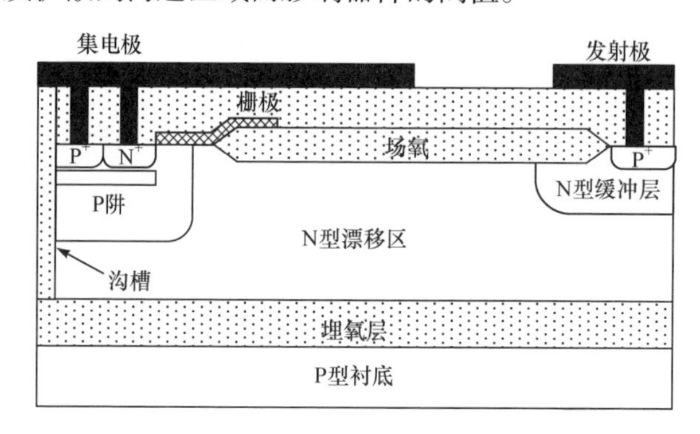

图 3.66 采用高浓度 P 阱的 SOI-LIGBT 器件的截面结构示意图

从图 3.67 中可以看到，当 P 阱的注入能量增大之后，器件 N^+发射极下方的空穴电流路径更宽，即 N^+发射极下方的寄生电阻更小。此外，增大 P 阱的注入能量能使 P 阱距离器件表面的沟道更远，减少 P 阱的横向扩散对器件沟道区表面掺杂浓度的影响，从而降低 P 阱对器件阈值的影响。图 3.68 所示为不同 P 阱注入能量条件下的闩锁特性测试曲线，提高 P 阱的注入能量可以提升器件的闩锁可靠性。

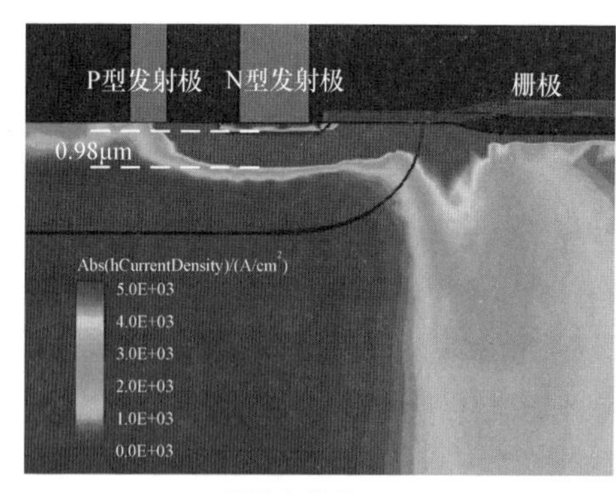

(a) P阱注入能量：60keV

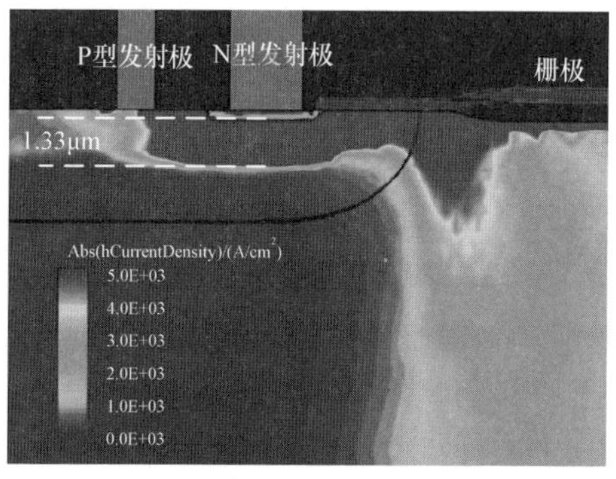

(b) P阱注入能量：90keV

图 3.67 不同 P 阱注入能量条件下的 SOI-LIGBT 器件开态(V_{GE} = 15V，V_{CE} = 200V)空穴电流分布

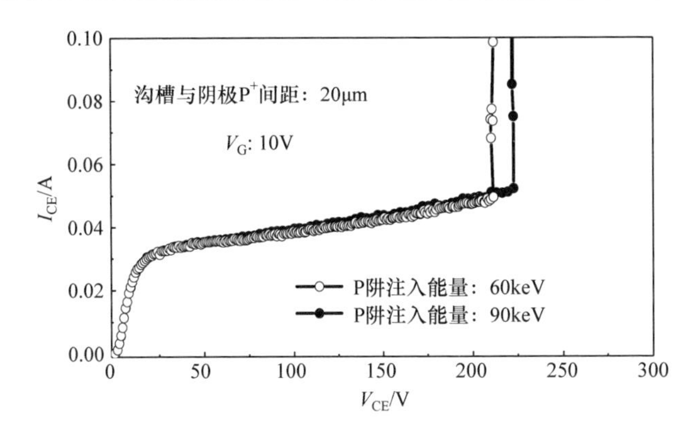

图 3.68　采用不同 P 阱注入能量的 SOI-LIGBT 器件的闩锁特性测试曲线

3.5.2　短路可靠性

1. 短路过程与失效类型

以单片智能功率芯片为例，SOI-LIGBT 器件以桥式电路的形式进行连接，下面以半桥电路结构为例来说明器件的短路过程。在半桥电路结构中，高侧 SOI-LIGBT 器件(M1)和低侧 SOI-LIGBT 器件(M2)以图 3.69 形式连接，该电路结构常用于电机控制、DC-AC 逆变以及电子镇流器等场合。高侧及低侧 SOI-LIGBT 器件的栅极由栅极驱动电路控制。高侧和低侧的栅极信号相位相反，高侧和低侧 SOI-LIGBT 器件交替导通，输出信号 V_S 在 0 电位和母线电压 V_{DC} 之间摆动。

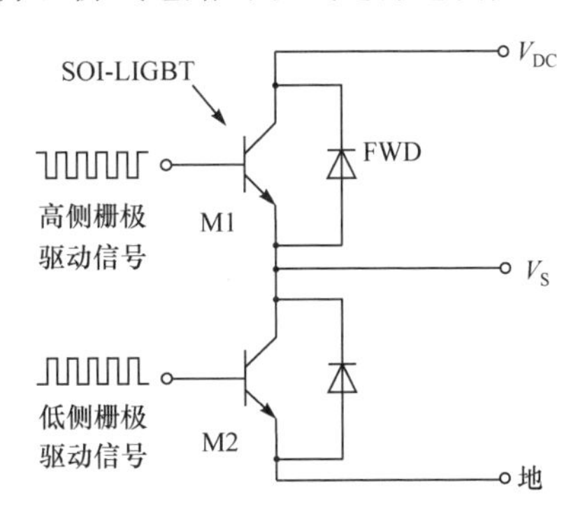

图 3.69　半桥连接关系

存在以下几种情况会使高侧 SOI-LIGBT 器件或者低侧 SOI-LIGBT 器件发生短路。第一种情况是外围元件烧坏导致 V_{DC} 和 V_S 之间短路。假如此时低侧 SOI-LIGBT 器件恰好处于开启状态，那么 V_{DC} 电压将施加于下管的集电极和发射极两端，低侧 SOI-LIGBT 器件同时承受高电压和大电流应力，处于短路状态。第二种情况是驱动电路信号误输出。当驱动电路受到外围电路噪声信号干扰时，如果驱动电路本身的抗干扰能力不强，会出现高侧栅极信号和低侧栅极信号同时为高电平的情况，此时高侧 SOI-LIGBT 器件和低侧 SOI-LIGBT 器件同时导通，发生短路。还存在其他情况会导致 SOI-LIGBT 器件短路，如高侧 SOI-LIGBT 器件开启的瞬间，会在 V_S 端口产生一个 dV_S/dt 的应力，该应力通过低侧 SOI-LIGBT 器件的米勒电容产生位移电流，并且对栅极-发射极电容进行充电，如果位移电流足够大会导致栅极电位抬升到阈值电压以上，低侧 SOI-LIGBT 器件同时导通，发生短路。综上所述，在器件的具体运用中，会由于电路本身固有的寄生条件，保护电路性能的不稳定性以及电源的不稳定性等因素导致器件处于短路状态下；从短路过程来看，只要是上下管同时导通时发生短路，对电路都具有不可逆转的破坏性。

图 3.70 所示为典型的短路过程中的电流波形。可以将该过程分为四个阶段：第一个阶段为短路起始阶段，器件开启，电流快速上升到峰值；第二个阶段是短路维持阶段，该阶段中，器件持续承受大电流应力；第三个阶段为关断阶段，器件开始关断，电流下降；第四个阶段为拖尾及漏电阶段，该阶段器件的栅极电压已经低于阈值电压，但是由于器件内部还处于高温状态，存在电流拖尾和漏电现象。上述四个阶段都有可能发生短路失效，但失效的类型在各个阶段均不同。

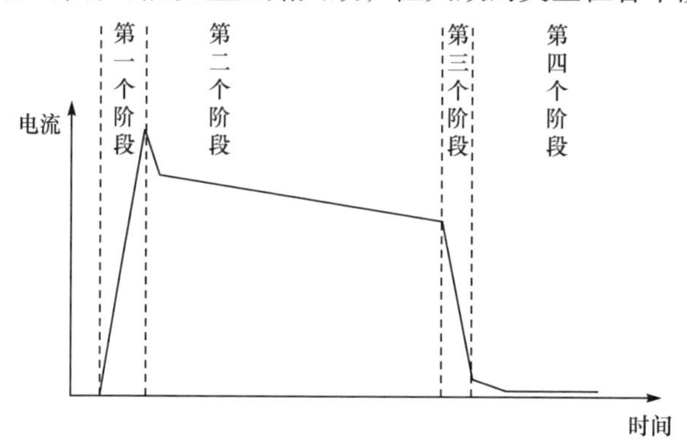

图 3.70　典型的短路过程中的电流波形

第一个阶段常见的失效类型为动态闩锁，器件的电流快速上升到峰值电流，极易触发器件内部寄生的 NPN 三极管。第二个阶段的常见失效类型为自热失效，该阶段中，器件处于高电压、大电流应力下，器件持续发热，结温升高。器件内部形成热点，热量向周围区域扩散，受封装、器件结构等方面的影响，如果热量不能有效散出，会使热点的温度持续升高，最终达到硅的极限温度，发生热失效。第三个阶段的常见失效类型为误开启失效。该阶段器件关断，栅极电压降低，电流快速下降，产生 di/dt 应力，同时由于集电极杂散电感的存在，会在 SOI-LIGBT 的集电极端产生一个 dV/dt 应力，该 dV/dt 应力通过 SOI-LIGBT 的米勒电容产生位移电流，导致栅极信号振荡，器件误开启无法正常关断。第四个阶段常见的失效类型为热不均匀失效。在第四个阶段，SOI-LIGBT 器件沟道已经关闭，但是由于器件的热量还未完全散出，如果此时热量在器件内部分布不均匀，会产生局部热点，当局部温度过高时，PN 结的漏电变大，导致电流迟迟无法降到零；当热量传递不及时时，局部温度便会升高，电流会向局部热点区域集中，局部温度会进一步升高，在如此正反馈机制下，温度一旦达到硅的极限温度，器件便损坏。

2. 双栅控制型深槽氧化层结构

下面介绍一种基于深槽氧化层(deep oxide trench, DOT)SOI-LIGBT 器件提出的双栅控制型结构[46]，该结构能大幅提升器件的短路能力。对于 DOT SOI-LIGBT 来说，在漂移区中采用 DOT 可以使漂移区的长度大约缩短 1/2[47]，因此，器件可以获得比较大的电流能力，同时制造成本得以降低。但是，对于 DOT SOI-LIGBT 来说，空穴需要绕过 DOT，经过比较长的路径才能流出器件[48]，会导致短路状态下 N^+发射极区域的晶格温度有明显上升，引起器件的闩锁或者热崩。下面将采用仿真手段揭示新型双栅控制 DOT SOI-LIGBT 器件的机理，并通过实验进行验证。

如图 3.71(a)所示，传统 DOT-LIGBT 器件的特征在于：在漂移区中植入了一个 DOT；沟槽栅延伸到 BOX 层的上表面[49]。A 区域为 N^+发射极下方区域，B 区域为漂移区中靠近 DOT 的区域。N 漂移区厚度 t_{epi} 为 16μm，DOT 的深度 t_d 为 11μm，DOT 的宽度 W_d 为 10μm。图 3.71(b)所示为本书所提出的新型 DOT SOI-LIGBT 器件，和传统 DOT SOI-LIGBT 相比，G2 位于 DOT 中。

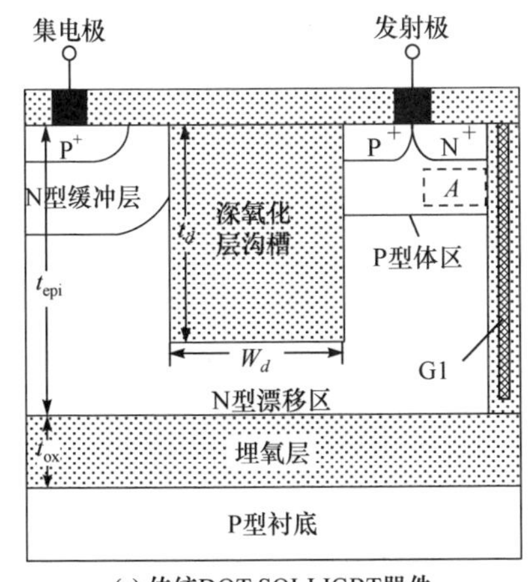

(a) 传统DOT SOI-LIGBT器件

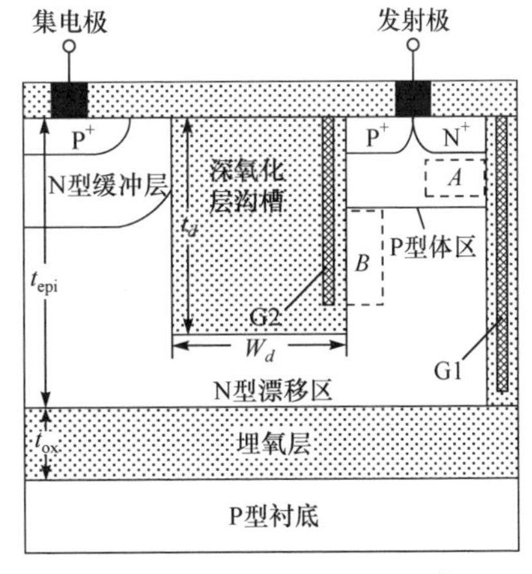

(b) 新型双栅DOT SOI-LIGBT器件

图 3.71　器件截面结构示意图

图 3.72 所示为关态时传统结构和双栅结构的电势线分布，图中 V_{G1} 和 V_{G2} 分别为 G1 和 G2 的电位。G2 作为发射极侧纵向场板，当其接地时，能够屏蔽来自集电极一侧的横向电场。在相同尺寸和掺杂浓度条件下，双栅结构的耐压比传统结构低了 9V 左右。

图 3.73 所示为传统结构和双栅结构在开态时的空穴电流密度分布，集电极-发射极电压(V_{CE})设置为 300V。在传统结构中，空穴沿着 G1 流动，经过 N^+发射极下方的区域(区域 A)流向 P^+发射极。一旦横向流过区域 A 的空穴电流密度达到临界值，由 N^+发射极，P 型体区以及 N 漂移区组成的寄生三极管被激活。如图 3.73(b)所示，在双栅结构中，G2 所加电压为负压，会在区域 B 形成空穴反型

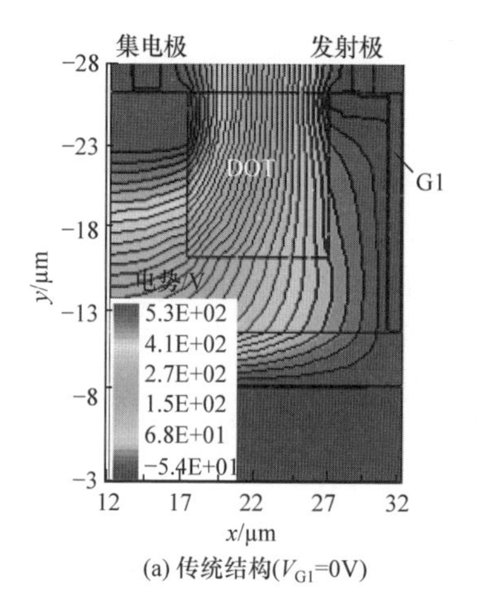

(a) 传统结构(V_{G1}=0V)

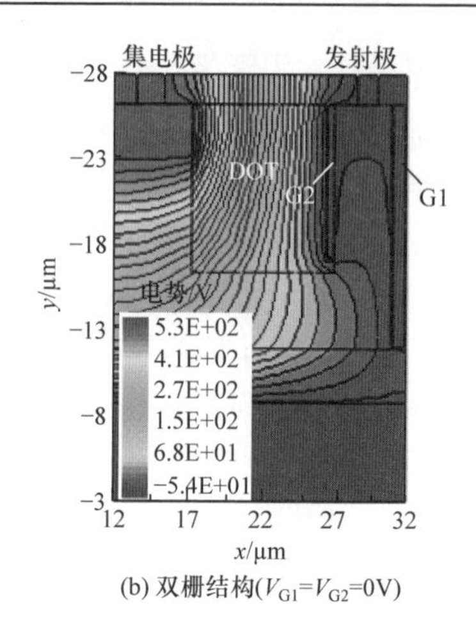

(b) 双栅结构(V_{G1}=V_{G2}=0V)

图 3.72　电势分布

层。因此，在双栅结构中存在一个额外的空穴低阻通道，流过区域 *A* 的空穴电流密度相比传统结构会大幅下降。

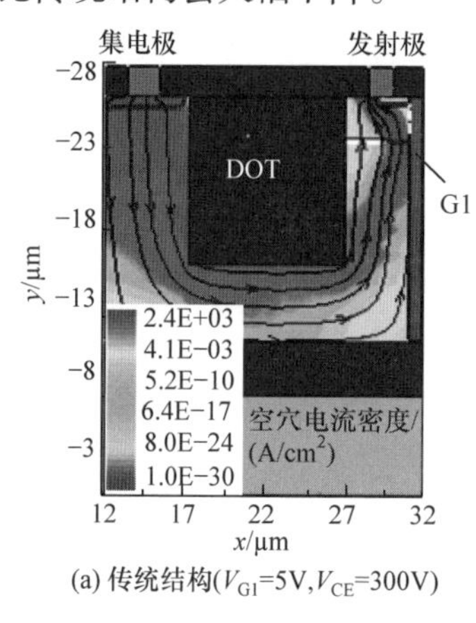

(a) 传统结构(V_{G1}=5V,V_{CE}=300V)

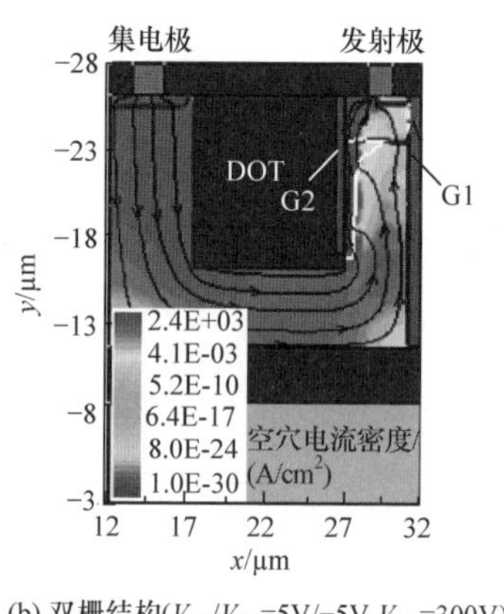

(b) 双栅结构(V_{G1}/V_{G2}=5V/−5V,V_{CE}=300V)

图 3.73　空穴电流分布

除了作为额外的空穴电流路径，空穴反型层还可以充当额外的热量耗散通道。图 3.74 所示为传统结构和双栅结构的空穴热通量分布图，在传统结构中，空穴电流产生的热量只能通过区域 *A* 进行耗散，而在双栅结构中，热量可以通过区域 *A* 和 *B* 同时进行耗散。对于 SOI-LIGBT 器件来说，热量会沿着电流的路径进行传递，空穴的流动路径即热量传递的路径。在双栅结构中，空穴可以通过区域 *B* 流向发射极。

图 3.75 所示为传统结构和双栅结构的晶格温度分布图。两种结构的最大晶格温度几乎相同，但是由于双栅结构中存在额外的空穴电流路径，其区域 *A* 的晶格温度相比传统结构要低。因此，双栅结构达到了两个效果：第一，G2 形成了额外

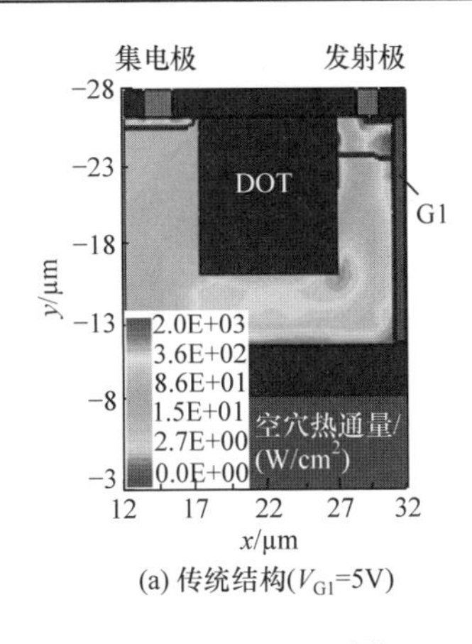

(a) 传统结构(V_{G1}=5V)

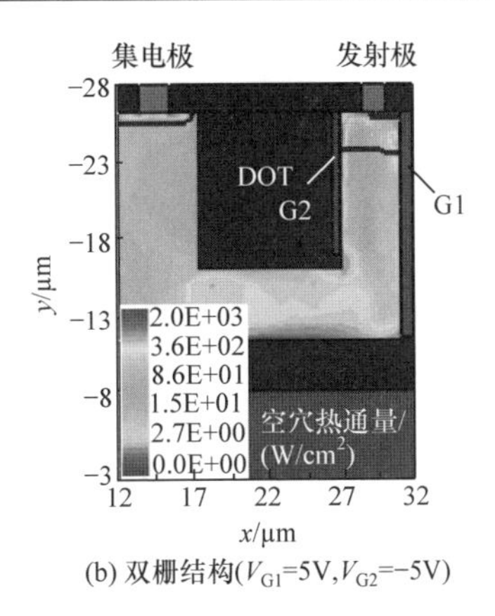

(b) 双栅结构(V_{G1}=5V,V_{G2}=−5V)

图 3.74　空穴热通量分布

的电流路径，使流过区域 A 的空穴电流密度降低；第二，额外的电流路径提供了额外的散热通道，抑制了区域 A 晶格温度的上升。这两种效果都可以推迟短路状态时寄生三极管的开启。图 3.76 所示为传统结构和双栅结构的短路测试波形。在相同的峰值电流为 2.2A 的情况下，传统结构和双栅结构的短路维持时间分别为 2.2μs 和 3.4μs。

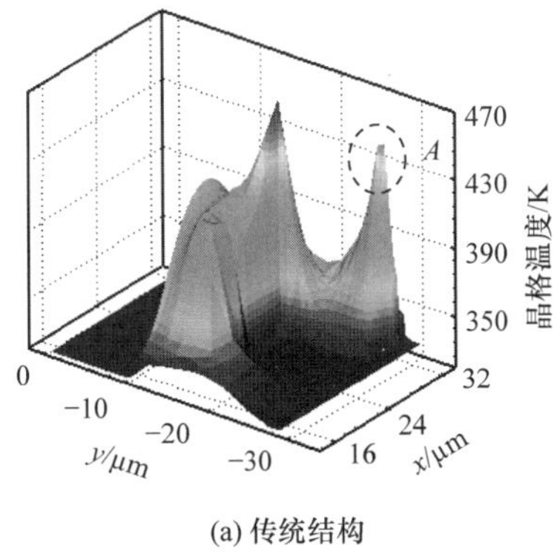

(a) 传统结构

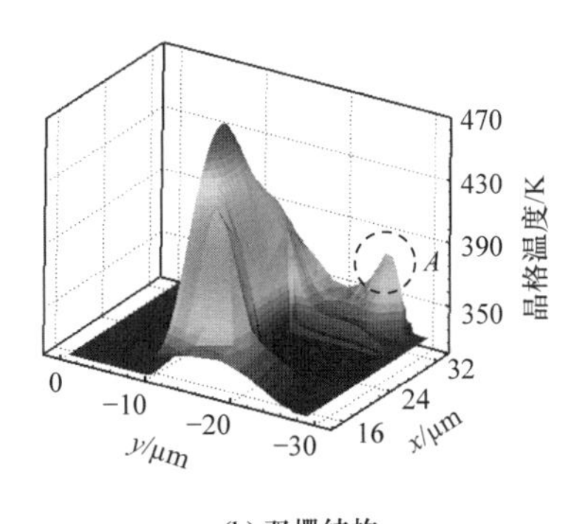

(b) 双栅结构

图 3.75　晶格温度分布

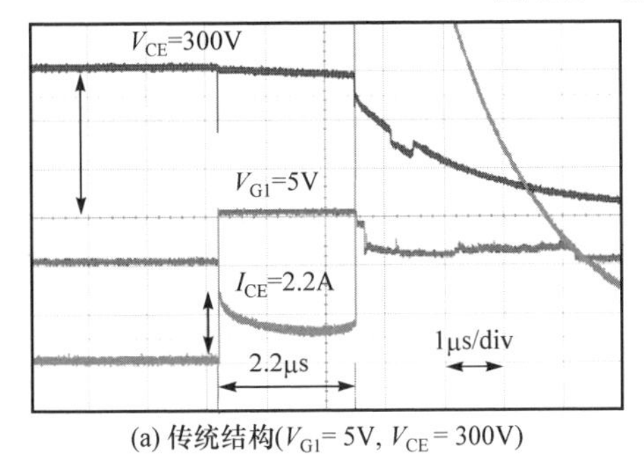

(a) 传统结构(V_{G1}= 5V, V_{CE} = 300V)

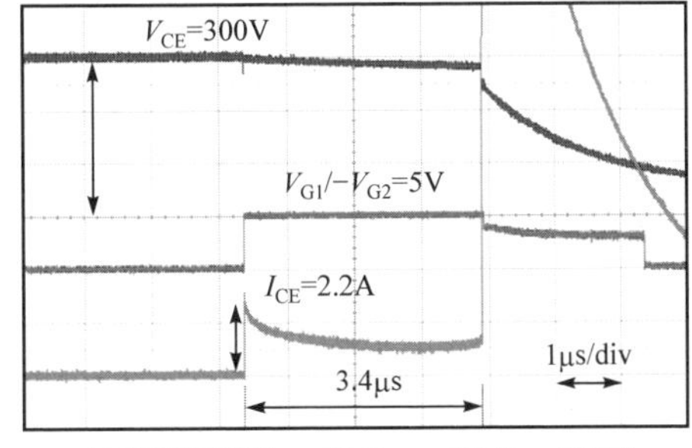

(b) 双栅结构(V_{G1}= 5V,V_{G2} = −5V,V_{CE}= 300V)

图 3.76　短路测试波形

参 考 文 献

[1] Manasevit H M, Simpson W I. Single-crystal silicon on a sapphire substrate. Journal of Applied Physics, 1964, 35(4): 1349-1351.

[2] 陈猛, 王一波. SOI 材料的发展历史、应用现状与发展新趋势(上). 中国集成电路, 2007, 16(8): 44-48.

[3] Colinge J P. The development of CMOS/SIMOX technology. Microelectronic Engineering, 1995, 28(1): 423-430.

[4] Aspar B, Guilhalmenc C, Pudda C, et al. Buried oxide layers formed by low dose SIMOX processes. Microelectronic Engineering, 1995, 28(1): 411-414.

[5] Cheng X, Lin Z, Wang Y, et al. A study of Si epitaxial layer growth on SOI wafers prepared by SIMOX. Vacuum, 2004, 75(1): 25-32.

[6] Lasky J B. Wafer bonding for silicon-on-insulator technologies. Applied Physics Letters, 1986, 48(1): 78-80.

[7] Harendt C, Wondrak W, Apel U, et al. Wafer bonding for intelligent power ICs: Integration of vertical structures// IEEE International SOI Conference, Tucson, 1995: 152-153.

[8] Ogura A. Highly uniform SOI fabrication by applying voltage during KOH etching of bonded wafers// IEEE International SOI Conference, Tucson, 1995: 58-59.

[9] Auberton-Herve A J, Maleville C. 300 mm ultra thin SOI material using Smart-Cut technology // IEEE International SOI Conference, Williamsburg, 2002: 1-5.

[10] Maleville C, Mazuré C. Smart-Cut technology: From 300 mm ultrathin SOI production to advanced engineered substrates. Solid-State Electronics, 2004, 48(6): 1055-1063.

[11] Bruel M. Silicon on insulator material technology. Electronics Letters, 1995, 31(14): 1201-1202.

[12] Yonehara T, Sakaguchi K, Sato N. Epitaxial layer transfer by bond and etch back of porous Si. Applied Physics Letters, 1994, 64(16): 2108-2110.

[13] Plößl A, Kräuter G. Silicon-on-insulator: Materials aspects and applications. Solid-State Electronics, 2000, 44(5): 775-782.

[14] Sakaguchi K, Yonehara T. SOI wafers based on epitaxial technology. Solid State Technology, 2000, 43(6): 88.

[15] Qiao M, Zhou X, He Y, et al. 300-V high-side thin-layer-SOI field pLDMOS with multiple field plates based on field implant technology. IEEE Electron Device Letters, 2012, 33(10): 1438-1440.

[16] Sun W, Zhang C, Liu S, et al. Hot-carrier-induced on-resistance degradation of n-type lateral DMOS transistor with shallow trench isolation for high side application. IEEE Transactions on Device and Materials Reliability, 2015, 15(3): 1.

[17] Nakagawa A, Funaki H, Yamaguchi Y, et al. Improvement in lateral IGBT design for 500V 3A one chip inverter ICs // IEEE 11th International Symposium on Power Semiconductor Devices and ICs, Toronto, 1999: 321-324.

[18] Shigeki T, Akio N, Youichi A, et al. Carrier-storage effect and extraction-enhanced lateral IGBT

(E^2LIGBT): A super-high speed and low on-state voltage LIGBT superior to LDMOSFET // IEEE 24th International Symposium on Power Semiconductor Devices and ICs, Bruges, 2012: 393-396.

[19] Hara K, Wada S, Sakano J, et al. 600V single chip inverter IC with new SOI technology// IEEE 26th International Symposium on Power Semiconductor Devices and ICs, Waikoloa, 2014: 418-421.

[20] Funaki H, Matsudai T, Nakagawa A, et al. Multi-channel SOI lateral IGBTs with large SOA// IEEE 9th International Symposium on Power Semiconductor Devices and ICs, Weimar, 1997: 33-36.

[21] Sakano J, Shirakawa S, Hara K, et al. Large current capability 270V lateral IGBT with multi-emitter // IEEE 22nd International Symposium on Power Semiconductor Devices and ICs, Hiroshima, 2010: 83-86.

[22] Zhu J, Sun W, Qian Q, et al. 700V thin SOI-LIGBT with high current capability // IEEE 25th International Symposium on Power Semiconductor Devices and ICs, Kanazawa, 2013: 119-122.

[23] Lu D H, Jimbo S, Fujishima N. A low on-resistance high voltage SOI LIGBT with oxide trench in drift region and hole bypass gate configuration // IEEE 2005 International Electron Devices Meeting, Washington D C, 2005: 381-384.

[24] Lu D H, Mizushima T, Kitamura A, et al. Retrograded channel SOI LIGBTs with enhanced safe operating area // IEEE 20th International Symposium on Power Semiconductor Devices and ICs, Orlando, 2008: 32-35.

[25] Liu S, Sun W, Huang T, et al. Novel 200V power devices with large current capability and high reliability by inverted HV-well SOI technology // IEEE 25th International Symposium on Power Semiconductor Devices and ICs, Kanazawa, 2013: 115-118.

[26] Trajkovic T, Udugampola N, Pathirana V, et al. 800V lateral IGBT in bulk Si for low power compact SMPS applications // IEEE 25th International Symposium on Power Semiconductor Devices and ICs, Kanazawa, 2013: 401-404.

[27] Tsujiuchi M, Nitta T, Ipposhi T, et al. Evolution of 200V lateral-IGBT technology// IEEE 26th International Symposium on Power Semiconductor Devices and ICs, Waikoloa, 2014: 426-429.

[28] Zhu J, Sun W, Zhang L, et al. High voltage thick SOI-LIGBT with high current density and latch-up immunity // IEEE 27th International Symposium on Power Semiconductor Devices and ICs, Hong Kong, 2015: 169-172.

[29] Zhu J, Zhang L, Sun W, et al. Further study of the U-Shaped channel SOI-LIGBT with enhanced current density for high-voltage monolithic ICs. IEEE Transactions on Electron Devices, 2016, 63(3): 1161-1167.

[30] Choo S C. Effect of carrier lifetime on the forward characteristics of high-power devices. IEEE Transactions on Electron Devices, 1970, 17(9): 647-652.

[31] Zhu J, Sun W, Dai W, et al. TC-LIGBTs on the thin SOI layer for the high voltage monolithic ICs with high current density and latch-up immunity. IEEE Transactions on Electron Devices, 2014, 61(11):3814-3820.

[32] Qian Q, Liu S, Sun W, et al. A robust w-shape-buffer LIGBT device with large current capability.

IEEE Transactions on Electron Devices,2014, 29(9): 4466-4469.

[33] 刘斯扬. 一种大电流 N 型绝缘体上硅横向绝缘栅双极型晶体管: 中国, 1029566368. 2015-02-04.

[34] Zhang L, Zhu J, Sun W, et al. Novel snapback-free reverse-conducting SOI-LIGBT with dual embedded diodes. IEEE Transactions on Electron Devices, 2017, 64(3): 1187-1192.

[35] Zhang L, Zhu J, Sun W, et al. Low-loss SOI-LIGBT with dual deep-oxide trenches. IEEE Transactions on Electron Devices, 2017, 64(8): 3282-3286.

[36] Zhang L, Zhu J, Sun W, et al. A novel high-voltage interconnection structure with dual trenches for 500V SOI-LIGBT // IEEE 28th International Symposium on Power Semiconductor Devices and ICs, Prague, 2016: 439-442.

[37] Zhang L, Zhu J, Sun W, et al. A new high-voltage interconnection shielding method for SOI monolithic ICs. Solid-State Electronics, 2017, 133: 25-30.

[38] Zhang L, Zhu J, Zhao M , et al. Low-loss SOI-LIGBT with triple deep-oxide trenches. IEEE Transactions on Electron Devices, 2017, 64(9): 3756-3761.

[39] Zhang L, Zhu J, Sun W, et al. A U-shaped channel SOI-LIGBT with dual trenches. IEEE Transactions on Electron Devices, 2017, 64(6): 2587-2591.

[40] Gough P A, Simpson M R, Rumennik V. Fast switching lateral insulated gate transistor // IEEE 1986 International Electron Devices Meeting, Los Angeles, 1986: 218-221.

[41] Sin J K O, Mukherjee S. Lateral insulated-gate bipolar transistor (LIGBT) with a segmented anode structure. IEEE Electron Device Letters, 1991, 12(2): 45-47.

[42] Qin Z, Sankara Narayanan E M. NPN controlled lateral insulated gate bipolar transistor. Electronics Letters, 1995, 31(23): 2045-2047.

[43] Zhang L, Zhu J, Sun W, et al. A high current density SOI-LIGBT with segmented trenches in the anode region for suppressing negative differential resistance regime// IEEE 27th International Symposium on Power Semiconductor Devices and ICs, Hong Kong, 2015: 49-52.

[44] Kho E C T, Hoelke A D, Pilkington S J, et al. 200-V lateral superjunction LIGBT on partial SOI. IEEE Electron Device Letters, 2012, 33(9): 1291-1293.

[45] Tee E K C, Hoelke A, Pilkington S, et al. 200V superjunction lateral IGBT fabricated on partial SOI // IEEE 25th International Symposium on Power Semiconductor Devices and ICs, Kanazawa, 2013: 389-392.

[46] Zhang L, Zhu J, Sun W, et al. 500 V dual gate deep-oxide trench SOI-LIGBT with improved short-circuit immunity. Electronics Letters, 2015, 51(1): 78-80.

[47] Son W S, Sohn Y H, Choi S Y. SOI RESURF LDMOS transistor using trench filled with oxide. Electronics Letters, 2003, 39(24): 1760-1761.

[48] Fu Q, Zhang B, Luo X, et al. Small-sized silicon-on-insulator lateral insulated gate bipolar transistor for larger forward bias safe operating area and lower turnoff energy. Micro & Nano Letters, 2013, 8(7): 386-389.

[49] Luo X, Fan J, Wang Y, et al. Ultralow specific on-resistance high-voltage SOI lateral MOSFET. IEEE Electron Device Letters, 2011, 32(2): 185-187.

第 4 章　高压栅驱动集成电路设计

前面介绍了 PIC 的两种核心器件，本章开始逐步介绍典型的 PIC。随着电机能效等级要求越来越严格，变频直流无刷电机正逐步替代传统交流电机，被广泛应用于白色家电、电动交通工具及航模航拍等领域。高压栅驱动电路是直流电机系统中的核心芯片之一，是近十年 PIC 研究的热点。本章将介绍栅驱动电路的应用及其制造工艺的基本知识，重点探讨栅驱动芯片设计的核心关键技术：抗 dV/dt 噪声能力提升技术、抗 V_S 负过冲能力提升技术、集成自举技术及输出驱动技术。此外，为了提高测试的准确性与精度，本章还将介绍高压栅驱动电路相关测试系统设计的关键点。

4.1　高压栅驱动芯片概述

4.1.1　高压栅驱动芯片功能与应用

高压栅驱动芯片属于 PIC，它能够接收处理器的低压控制信号，将其转化成能够控制与驱动功率器件(如 DMOS 器件或 IGBT 器件)的高压大电流信号[1]。根据功率器件的拓扑连接形式及个数不同，高压栅驱动芯片可分为单通道高侧驱动芯片、双通道半桥驱动芯片及六通道三相驱动芯片等。图 4.1 所示的是一个典型双通道半桥驱动芯片内部信号传输原理图，该芯片拥有两个输入端，分别为高侧输入端 HIN 和低侧输入端 LIN，它们直接接收来自处理器的低压控制信号(一般为 3.3V 或 5V 的信号)，通过内部信号处理，分别在高侧输出端 HO 与低侧输出端 LO 产生能够控制功率器件的栅极驱动信号(一般为 12V 或 15V 的信号)。此外值得注意的是，高压栅驱动芯片不仅拥有电源信号端 V_{CC} 与地信号端 COM，还拥有浮置电源信号端 V_B 与浮地信号端 V_S，其中浮地信号端 V_S 的信号来自功率器件 T1 和 T2 构成的半桥拓扑结构的输出，决定着高侧通道的电平转换输出值。低侧通道的输入信号通过内部逻辑控制电路、延时电路及输出驱动电路等模块的处理，到达输出端 LO 并控制低侧功率器件 T2 的开启与关断。但与之不同的是，高侧通道的输入信号须通过高压电平移位电路转化为高压信号，然后通过输出驱动电路，才能到达高侧输出端 HO 并控制高侧功率器件 T1 的开启与关闭。当 T2 关断、T1 开启时，栅极驱动芯片的内部有些电路模块的衬底电位为浮地信号，以浮动电位作为衬底电位的区域称为高压盆区，简称高盆区，其他区域称为低压盆区，简称低盆区。高压电平移位电路的输入在低压盆区，输出在高压盆区，它是高压栅驱动芯片中最关键的电路结构之一。

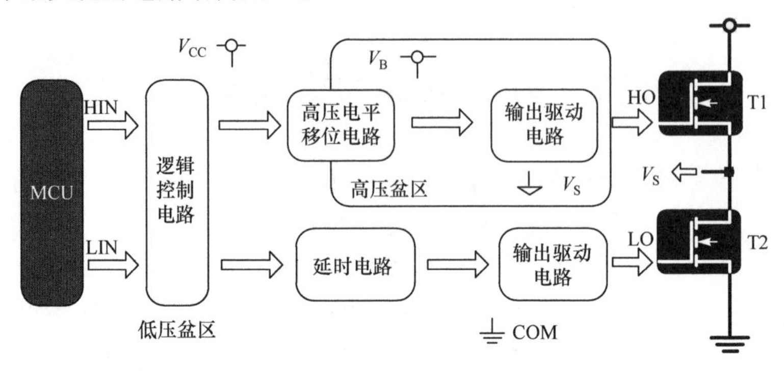

图 4.1　典型双通道半桥栅驱动芯片内部信号传输原理图

目前，可集成的高压电平移位电路技术主要包括三种[2-6]：功率管电平移位技术、脉冲变压器移位技术和光耦隔离移位技术。其中功率管电平移位技术的集成难度最低，并具有成本低、占用面积小和信号传递可靠性高等优点，被广泛应用于民用消费类电子产品所需的高压驱动芯片中。但相比于另外两种高压移位技术，功率管电平移位技术中的结隔离能力偏弱，特别是在高温环境下，漏电会急剧升高，EMI 噪声也变得更加敏感，不适用于高温高频应用系统。

高压栅驱动芯片作为直流无刷电机系统中的核心部件，如图 4.2 所示[7]，被广泛应用于变频家用电器、电动交通工具、电动设备及航模航拍等领域。在典型的直流无刷电机系统中，高压栅驱动芯片接收来自处理器 MCU 的控制信号，通过由六个功率管构成的三相桥式拓扑结构来驱动电机。三相桥结构和电机的状态也会实时通过采样电路给处理器 MCU 提供反馈信号，如果发生功率管过流或电机转动异常，处理器都可以通过控制高压栅驱动芯片关闭电机。由 AC-DC 与 DC-DC 模块构成的电源模块可以为处理器、栅驱动芯片及功率管提供电源。一般处理器所需的电源电压为 3.3V 或 5V，功率管所需的电源会根据电机的应用而定，一般是几百伏，但是值得注意的是，高压栅驱动芯片低侧电源由电源模块直接提供，一般为 12V 或 15V，而高侧电源还需要通过自举电路[8,9]。

4.1.2　高压栅驱动芯片工艺概述

高压栅驱动芯片内部同时具有高压信号与低压信号，因此其制造必须采用高低压兼容工艺，由于双极型工艺的漏电较大、上限工作频率较低，所以目前常用的高低压兼容工艺为 BCD(Bipolar-CMOS-DMOS)工艺[10-14]。BCD 工艺是 1986 年意法半导体(ST)公司率先研制成功的一种单片 PIC 工艺技术，如图 4.3 所示，它能够将 Bipolar 模拟电路、CMOS 逻辑电路和 DMOS 高压功率器件集成

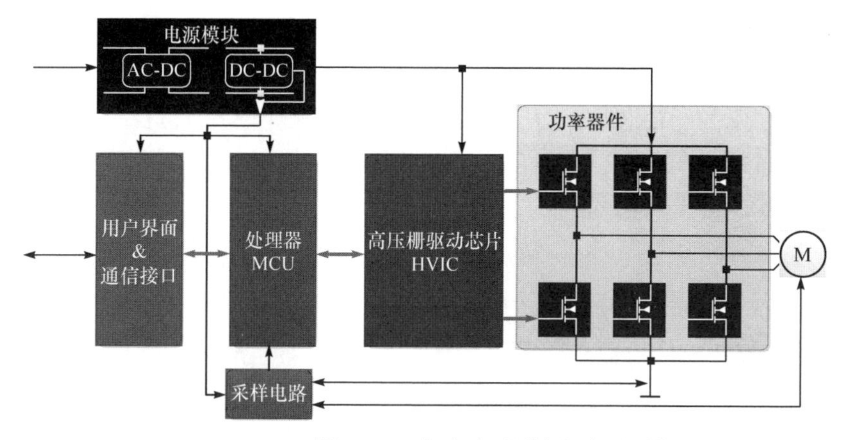

图 4.2　三相直流无刷电机应用系统

在同一芯片上。由于 BCD 工艺结合了 Bipolar 晶体管的高模拟精度、CMOS 的高集成度以及 DMOS 的高功率特性，所以，它已成为 PIC 的主流工艺技术。BCD 工艺中典型的器件包括低压 CMOS 器件、中压 CMOS 器件、各种击穿电压的 LDMOS 器件、垂直或横向的 PNP 管或 NPN 管、肖特基二极管、齐纳二极管、各种阱电阻及多晶电阻等，有些工艺甚至集成了 EEPROM、结型场效应管等。如此丰富的器件，给电路设计者带来了极大的灵活性，增强了整个芯片的功能。由于 BCD 工艺中器件种类众多，必须做到所有器件间的兼容，尤其是高压与低压器件间的隔离。下面简单地介绍常用的几种 BCD 工艺。

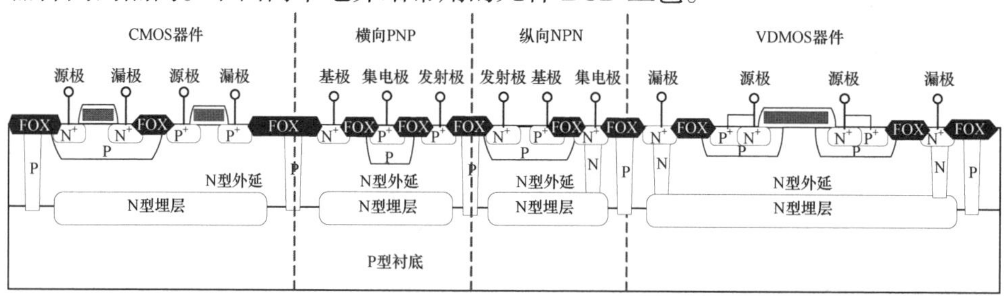

(a) 一种集成了VDMOS器件的高压BCD工艺剖面结构示意图

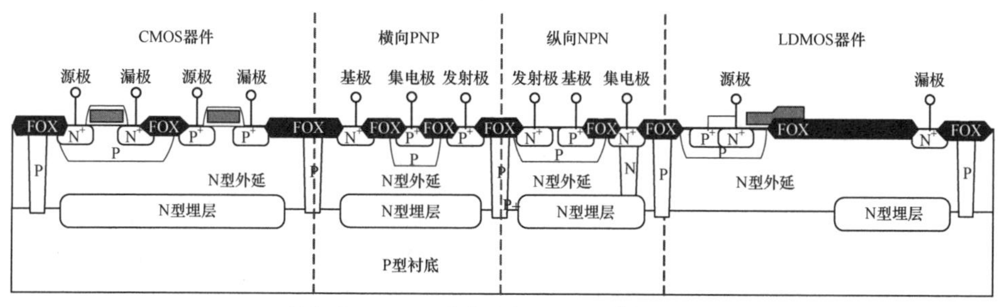

(b) 一种集成了LDMOS器件的高压BCD工艺剖面结构示意图

图 4.3　单片 PIC 工艺技术

图 4.4 所示的是典型的高功率 BCD 工艺剖面结构示意图，该工艺利用高浓度的 N 型埋层与深阱技术，同时集成了 LDMOS 器件与 VDMOS 器件。它主要应用于高压、大电流要求的驱动芯片，由于这类应用领域的功耗较大，因此为了满足热阻的要求，芯片的面积一般较大，它的技术发展趋势就是如何在实现强鲁棒性的基础上，进一步降低芯片的成本。

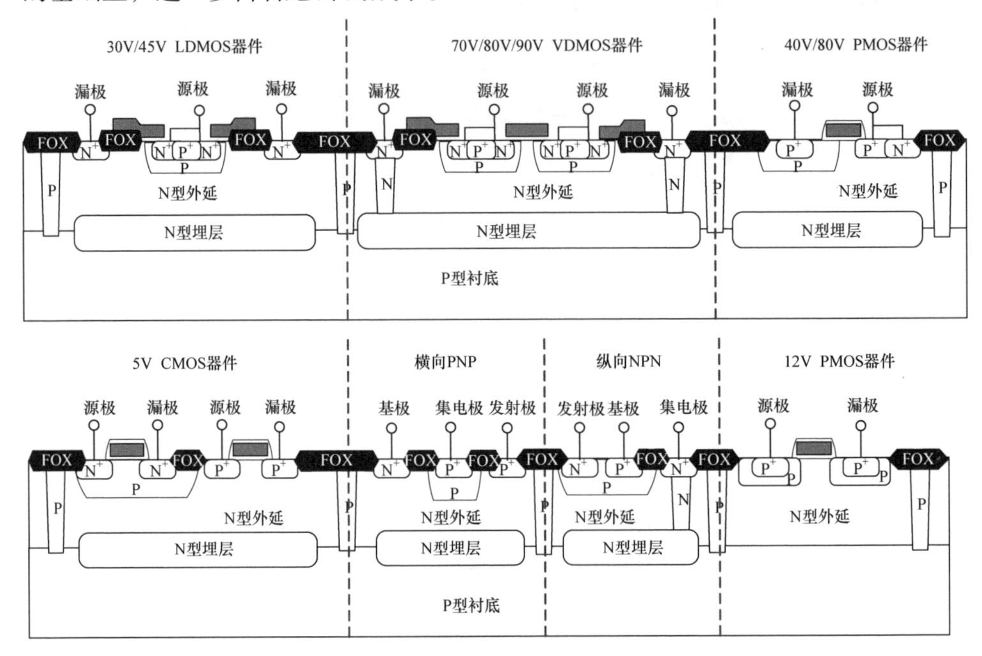

图 4.4　高功率 BCD 工艺剖面结构示意图

高密度 BCD 工艺是集成度最高的 BCD 工艺，目前常用于汽车电子用功率芯片中，它可将相对复杂的数字逻辑信号处理单元和功率驱动单元同时集成在同一块芯片上，采用数字智能控制的方法来实现最佳驱动以提高性能，有的甚至集成了非挥发性存储器。高密度 BCD 工艺可以使得芯片面积减小、功能增强，有利于系统体积和重量的减小，它代表了 BCD 工艺的主流方向，未来会有更广的应用领域。

此外，高密度 BCD 工艺发展的一个显著趋势是采用了模块化的工艺开发策略。模块化是指将一些可选用的器件做成标准模块，根据应用需要选用或省去该模块。模块化代表了 BCD 工艺发展的一个显著特征，采用模块化的方法，可以在短时间内开发出多种不同类型的芯片，在性能、功能和成本上达到最佳折中，从而方便地实现产品的多样化，快速满足持续增长的市场需求。高密度 BCD 工艺普遍采用双栅氧、薄栅氧实现低压器件，厚栅氧用于制造功率器件。此外，一种新型的大斜角注入工艺也被用来减少热过程。

根据材料的不同，BCD 工艺又可分为体硅 BCD 工艺与 SOI-BCD 工艺。随着 SOI 晶圆价格的逐步下降和工艺的进一步改进，基于 SOI 的 PIC 产品在各个领域纷纷涌现，如显示驱动芯片、xDSL 驱动芯片、单片智能驱动芯片等。SOI 的优势是显而易见的，器件间的全介质隔离完全抑制了衬底电流，消除了闩锁效应。同时，衬底寄生电容的降低，也能够减小串扰，提升开关速度，并且使版图设计更加简易。全介质隔离也大大减小了硅片面积的损失，提高了封装密度，具有优越的 EMC 等特点。随着汽车电子市场的快速增长，SOI-BCD 的发展前景将更加广阔。综上所述，能够实现高低压兼容的 BCD 工艺种类众多，重要的是根据高压栅驱动芯片的具体需求，如电压等级、电流能力、工作频率、可靠性要求及成本等，选择一种适合的工艺。

4.2　高压栅驱动集成电路关键技术

4.2.1　抗 d*V*/d*t* 噪声能力提升技术

图 4.5 所示的是高压栅驱动芯片在典型半桥系统中的应用，图中半桥系统结构由两个功率管构成，T1 和 T2 分别是高侧功率管和低侧功率管，两个功率管在高压栅驱动芯片的控制下交替导通与关断。功率管 T1 的源端与功率管 T2 的漏端相连，作为半桥系统的输出，它驱动的往往是感性负载。高压栅驱动芯片的高盆浮置地信号(V_S)来源于半桥系统的输出信号，高盆浮置电源信号(V_B)是通过自举电路产生的。

d*V*/d*t* 噪声的产生原因主要有两种：一种是低侧功率管 T2 处于关断状态，高侧功率管 T1 开启，V_S 端的电位上升，产生了 d*V*/d*t* 噪声。但是，此时的 d*V*/d*t* 噪声主要和高侧功率管 T1 的开关速度相关，由于系统中 T1 的开关速度一般都在微秒量级，所以，当半桥系统母线电压不超过 600V 的情况下，d*V*/d*t* 噪声并不十分严重。另一种是由于低侧功率管 T2 的关断速度较快，负载电感上的能量没有完全泄放。此时，负载电感上的电流将会通过与高侧功率管 T1 的体二极管进行续流，使得 V_S 端的电压迅速上升。由于二极管导通速度非常快，所以这种情况下产生的 d*V*/d*t* 噪声较大。

为了分析低侧功率管 T2 的关断速度与 d*V*/d*t* 噪声大小的关系，我们通过改变功率管 T2 栅端的驱动电阻大小来控制其开关速度。如图 4.6 所示，假设母线电压为 480V，当栅极电阻为 200Ω 时，d*V*/d*t* 噪声大约为 20V/ns，但是，当栅极电阻为 1Ω 时，d*V*/d*t* 信号增大为 125V/ns，因此，很明显，系统产生的 d*V*/d*t* 噪声信号与功率管 T2 的关断速度正相关。

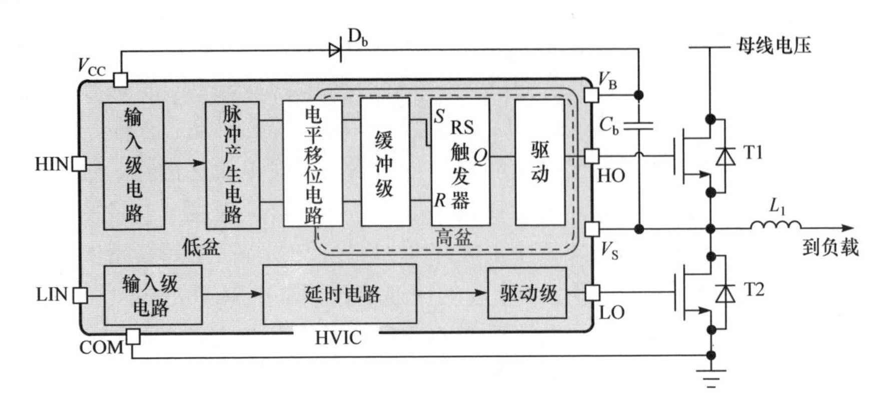

图 4.5　高压栅驱动芯片在典型半桥系统中的应用

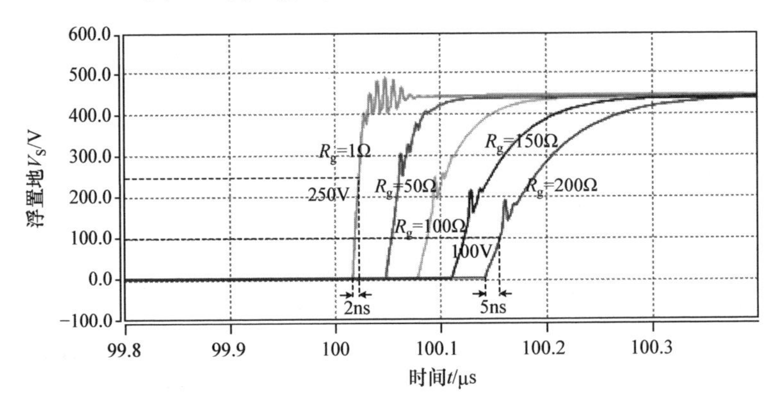

图 4.6　dV/dt 噪声与功率管 T2 栅极电阻的关系

图 4.7 所示的是 dV/dt 噪声与负载电感的关系，因为负载电感主要是起续流的作用，因此，负载电感的大小对 dV/dt 噪声几乎没有影响，正如仿真结果所示。但是电感越大，电压振荡会越严重。当然，如果负载电容及功率管 T1、T2 的开启与关断速度都不变，系统产生的 dV/dt 噪声信号大小将与系统母线电压成正比，如图 4.8 所示，当母线电压为 50V，并以每步长 100V 增大到 450V 时，系统产生的 dV/dt 噪声分别约为 5V/ns、25V/ns、65V/ns、90V/ns 及 125V/ns。

由于高侧采用自举供电，V_S 端电压信号的快速变化会直接导致 V_B 端电压信号也跟随变化，且其变化的速率基本相同。图 4.9 是高压栅极驱动芯片高盆与低盆结构示意图。图中所示的电容指的是高盆与低盆之间的寄生电容，寄生电容的大小与高盆的面积及埋层、衬底的浓度相关，在 dV/dt 噪声的作用下，寄生电容上将产生较大的位移电流，该位移电流从高盆 PMOS 管的衬底接触流到低侧 NMOS 管的衬底接触。由于在 N 阱和 P 型衬底中存在寄生电阻，如果位移电流在上述两个寄生电阻上的压降大于二极管的开启电平，高侧 PMOS 管的寄生 PNP

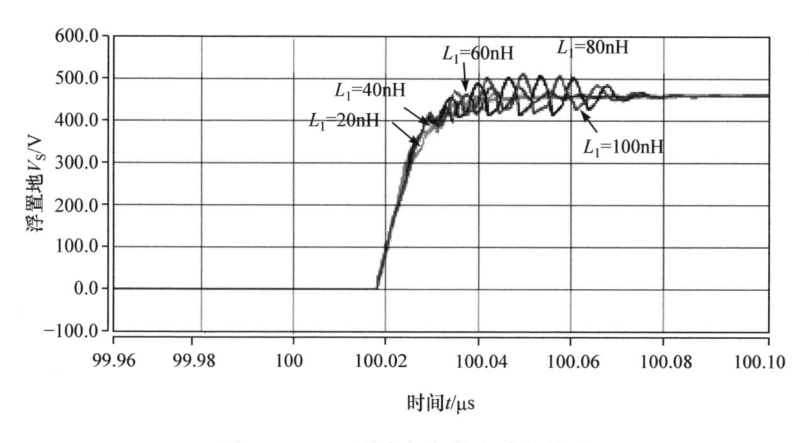

图 4.7　dV/dt 噪声与负载电感的关系

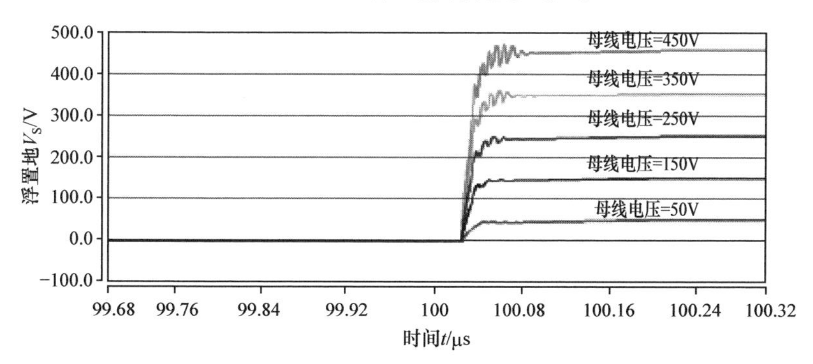

图 4.8　dV/dt 噪声与母线电压的关系

管与低侧NMOS管的寄生NPN管将被触发导通，使得低侧NMOS管与高侧PMOS管的导通状态发生变化，从而影响电路的逻辑功能，导致信号丢失。

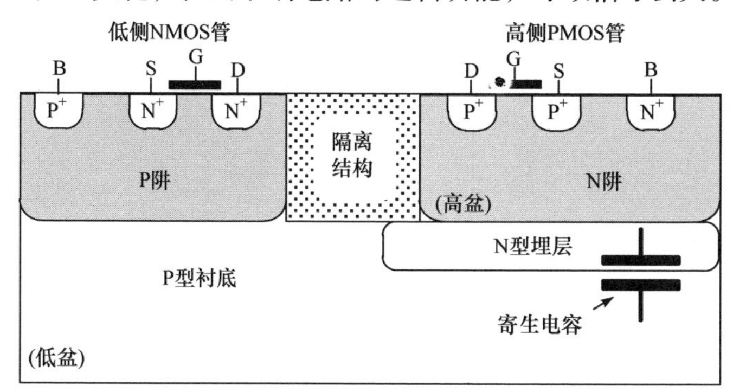

图 4.9　高压栅极驱动芯片高盆与低盆结构示意图

dV/dt 噪声不仅能通过寄生电容对电路产生影响，还能通过高压电平移位电路对芯片造成影响。电平移位电路是高压栅极驱动芯片中最关键的电路之一，它能够有效地将低盆的信号传递到高盆，并最终输出控制高侧功率管。图 4.10 所示是单脉冲触发电平移位电路结构图，该电路由一个 LDMOS 器件与一个负载电阻 R_d 构成。电平移位电路的输入信号来源于前级的脉冲产生电路。图中的 V_S 端为高盆浮置地，浮置地 V_S 与浮置电源 V_B 之间的电容为自举电容。自举电容中的电荷将提供功率管开通所需的栅电荷、高盆逻辑电路静态电流所消耗的电荷及高压电平移位电路工作所消耗的电荷。如果自举电容太小，将无法提供上述电荷，高侧电路将因欠压而停止工作，因此，为了保证芯片正常工作，自举电容值通常需要仔细计算评估。通常来说，半桥栅驱动芯片的高侧输出与低侧输出工作在互补状态，因此芯片 LO 输出高电平时，HO 输出低电平。波形时序如图 4.11 所示，设 LDMOS 器件开启时，负载电阻 R_d 上的压降为 V_T。当输入电平 V_{IN} 为高电平时，LDMOS 器件开启，高盆 V_S 电位为母线电压 V_H，高盆电源 V_B 为 V_H+V_{CC}，因为在负载电阻 R_d 上的压降为 V_T，因此 LDMOS 器件漏端的电压为 $V_H+V_{CC}-V_T$，HO 输出高电平。

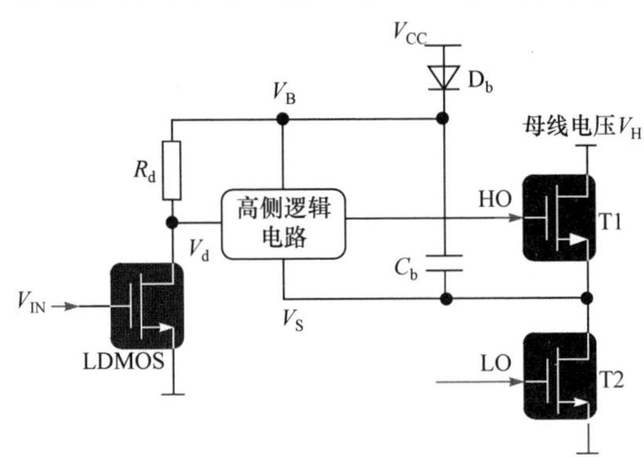

图 4.10　单脉冲触发电平移位电路结构图

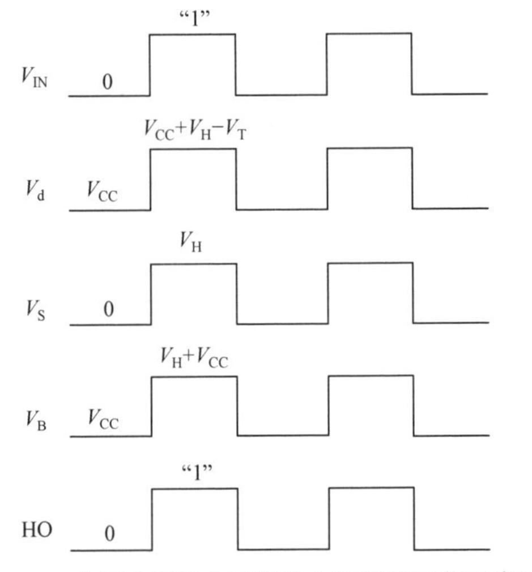

图 4.11　单脉冲触发电平移位电路结构工作时序图

在图 4.10 中，当 LDMOS 器件导通时，它长时间工作在高压大电流的状态，这不仅增加了整个电平移位电路的功耗，而且会增加 LDMOS 器件被击穿的概率。为了增强 LDMOS 器件的可靠性及降低电平移位电路的功耗，高压栅极驱动芯片开始采用双脉冲触发电平移位电路结构，如图 4.12 所示。输入信号通过脉冲产生电路产生两路窄脉冲信号，分别控制电平移位电路中的两个 LDMOS 器件，产生两个窄脉冲输出信号，然后再通过 RS 触发器将两个窄脉冲信号还原成正常信号。虽然该电路相比于单脉冲触发电平移位电路而言更复杂，但却能有效地降低电路功耗和提高稳定性。因此，双脉冲触发电平移位电路是目前最常用的电平移位电路结构。

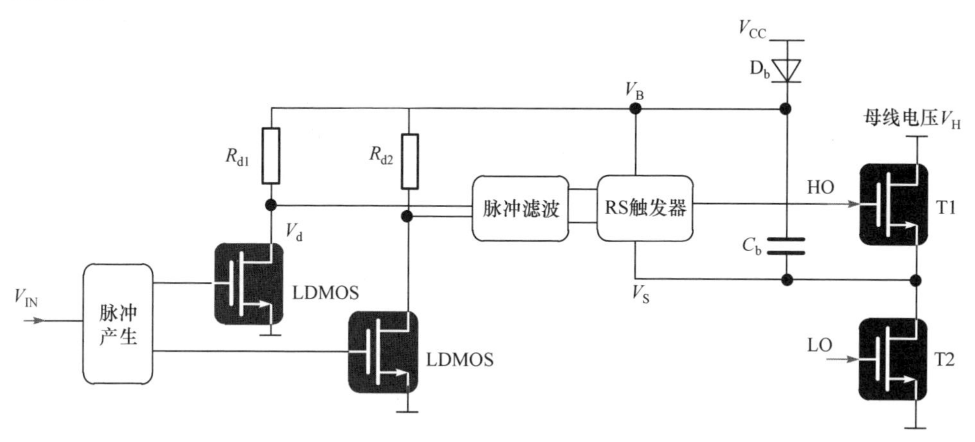

图 4.12　双脉冲触发电平移位电路结构

对于双脉冲触发电平移位电路而言，dV/dt 噪声会通过 LDMOS 器件的漏端寄生电容产生位移电流，该电流会在电平移位电路结构的负载电阻 R_{d1} 和 R_{d2} 上产生压降，如果压降大于后续模块的逻辑输入阈值，则噪声信号将会被传递到后一级，导致 RS 触发器电路锁存错误状态，触发错误逻辑，影响芯片的正常功能。为了能够提升芯片的抗 dV/dt 的能力，最简单的方法是在电平移位电路的输出与 RS 触发器之间添加脉冲滤波电路，如图 4.12 所示，对于较小的 dV/dt 噪声信号，脉冲滤波电路可以有效地将其滤除。但是，为了保证芯片正常窄脉冲的有效传递，脉冲滤波电路的滤波宽度不能大于 LDMOS 器件栅极正常输入窄脉冲信号的宽度，因此，这种方法无法让芯片获得较大的抗 dV/dt 噪声能力。

为了获得更高的抗噪能力，另一种有效的方法是在高侧添加噪声消除电路。图 4.13 是一种典型的共模噪声消除电路的芯片高侧功能框图[15]，从图中可以看出，共模噪声消除电路主要包括两部分：噪声滤除电路及置位端信号抑制电路。噪声滤除电路包括一个电压差分放大器、一个电流差分放大器及一个施密特触发器。当 dV/dt 噪声信号进入芯片后，电压差分放大器将 dV/dt 噪声产生的共模电压信号转变成共模电流信号，然后通过电流差分放大器与施密特触发器将其滤除。由于工艺偏差或版图不匹配等因素，噪声滤除电路可能无法将噪声信号完全滤除，这时可以通过置位端信号抑制电路将置位端噪声屏蔽，保证 RS 触发器不会被噪声信号触发。图 4.14 所示为噪声滤除电路结构，其中 M1、M2、M7 和 M8 构成了电压差分放大器，M3、M6、M9 和 M12 构成了电流差分放大器。图中所示的 NMOS 管与 PMOS 管的宽长比都相等，节点 S_{IN} 与节点 R_{IN} 分别表示的是置位端与复位端 LDMOS 器件的漏端信号，其中节点 S_{IN} 的信号控制着电压差分放大器中的 M1 与 M8 器件，节点 R_{IN} 的信号控制着电压差分放大器中的 M2 与 M7 器件。S_{VDA} 与 R_{VDA} 分别是差分放大器的输出，它主要由 S_{IN} 和 R_{IN} 的信号电压差决定。通过 M5、M6 或 M9、M10，电压差信号被转换成电流信号。R_{OUT} 与 S_{OUT} 是整个滤波电路的输出信号。图 4.15 所示为置位端信号抑制电路，它包括与非门和或门电路。其中或门的输出信号为 R_{OUT} 信号与欠压保护电路的输出信号，表 4.1 所示为该置位端信号抑制结构的功能表，从表中可以看出，当 R_{OUT} 信号为高电平时，RS 触发器的输出为低电平，S_{OUT} 信号无法传递到后级电路。

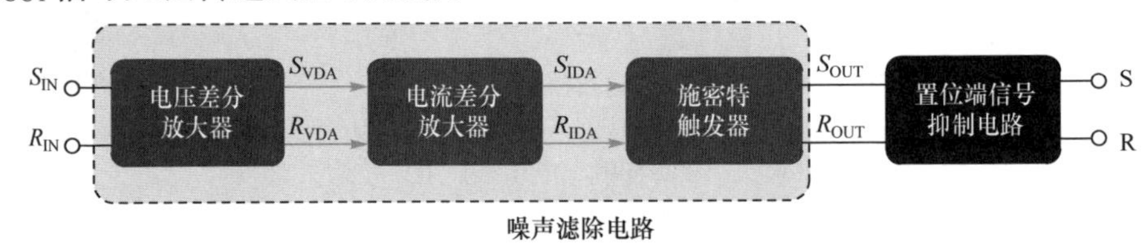

图 4.13　共模噪声消除电路的功能框图

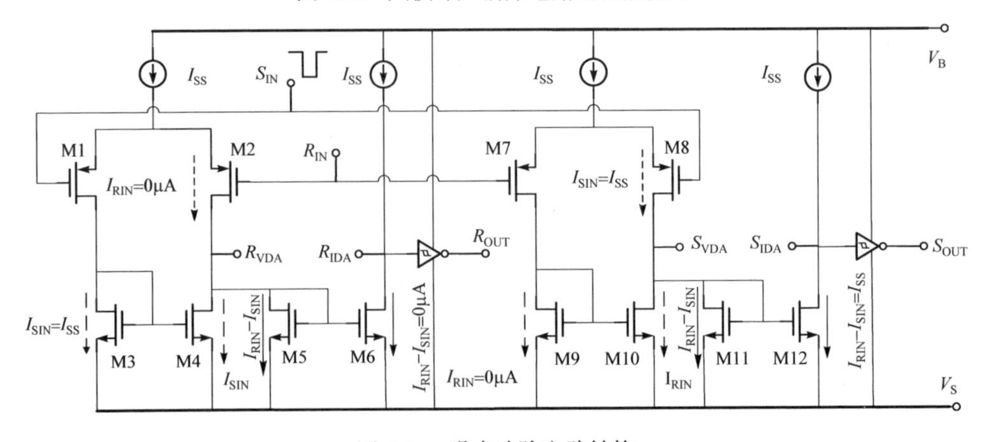

图 4.14　噪声滤除电路结构

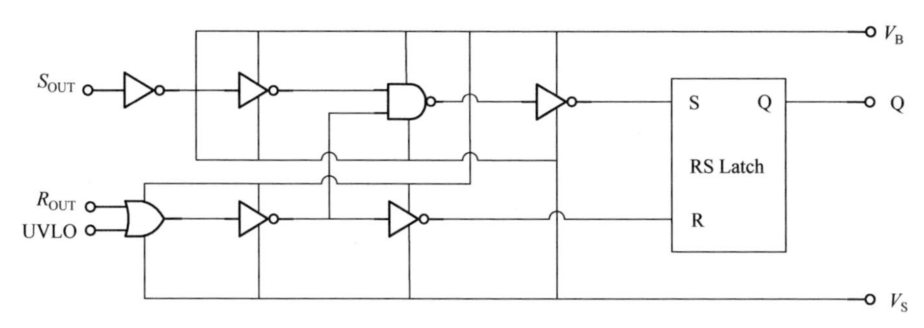

图 4.15　置位端信号抑制电路结构

表 4.1　逻辑信号状态表

UVLO 信号	S_{OUT} 信号	R_{OUT} 信号	S 端信号	R 端信号	Q 端信号
逻辑 1	逻辑 1	不定	逻辑 0	逻辑 1	逻辑 0
逻辑 1	逻辑 0	不定	逻辑 0	逻辑 1	逻辑 0
逻辑 0	逻辑 1	逻辑 0	逻辑 1	逻辑 0	逻辑 1
逻辑 0	逻辑 0	逻辑 1	逻辑 0	逻辑 1	逻辑 0
逻辑 0	逻辑 1	逻辑 1	逻辑 0	逻辑 1	逻辑 0

综上所述，对于使用单脉冲触发的高压电平移位电路的芯片而言，高侧无须RS 触发电路，因此，即使有 dV/dt 噪声信号，也不会存在 RS 触发器锁存错误状态的风险。但是，这种电平移位电路的 LDMOS 器件开通时间较长，功耗较大。双脉冲触发的高压电平移位电路解决了以上问题，但易受 dV/dt 噪声的影响，为了提高芯片的抗 dV/dt 噪声能力，目前普遍采用的是噪声抑制电路，但电路结构较为复杂，并且对版图的匹配及工艺稳定有着较高的要求。

V-I-V(电压-电流-电压)噪声滤除技术是仙童半导体在其高压栅驱动芯片中广泛运用的技术[16]，如图 4.16 所示。V-I-V 噪声滤除电路将电阻 R_1、R_2 上的电压信号通过电压-电流转换器(V/I Converter)转换为电流信号，再通过电流-电压转化器(I/V Converter)转换为电压信号，该结构不再需要倒相器采样 R_1 和 R_2 上的电压信号，只要电压-电流转换器正常工作，置位信号 SET 和复位信号 RESET 就可以被采样，因此改善了 V_S 负过冲的能力。其次当 dV/dt 噪声产生时，R_1 和 R_2 上的压降转换的电流通过电压-电流转换器内部的交叉耦合对结构相互抵消，因此不会有电流信号输出至电流-电压转化器，从而消除了共模噪声。

但这种 V-I-V 结构在工艺实现上存在寄生问题[17]，如图 4.17 所示，当半桥拓扑高侧功率管关断时，V_S 端电压会迅速下降，电平移位电路中 LDMOS 漏源寄生电容便会放电，但高盆中 MOS 器件的寄生 PNP 管 TP1 和 TP2 会使得此过程中有电流流入负载电阻，进而引起 RS 触发器误操作。

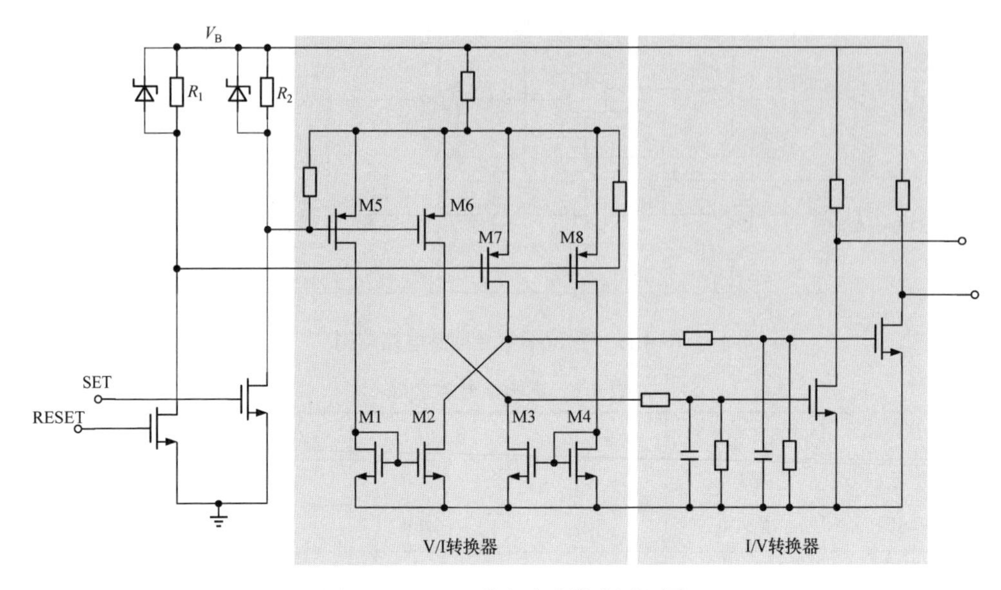

图 4.16　V-I-V 噪声滤除技术原理图

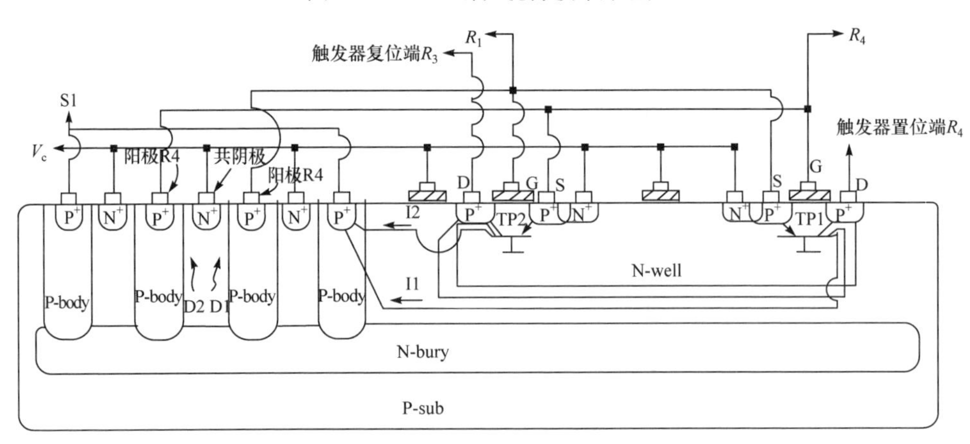

图 4.17　V-I-V 结构中的工艺寄生效应

针对双脉冲触发电平移位电路存在的延时与可靠性之间的矛盾，安森美半导体提出了旁路电容式共模噪声抑制电平移位技术[18]，通过利用共模检测电路检测共模噪声信号，并采用噪声滤除电路消除共模噪声对电路的影响。如图 4.18 所示，带有旁路电容式共模噪声抑制电路的电平移位电路，相比传统的高压电平移位电路，增加了两路共模噪声抑制电路，由电阻 R_2(或 R_4)串联高压电容 C_1(或 C_2)组成，采集到的共模 dV/dt 噪声信号经过 PMOS 管 P_1(或 P_2)反馈到电平移位电路的输出端，起到共模噪声检测与抑制的作用。

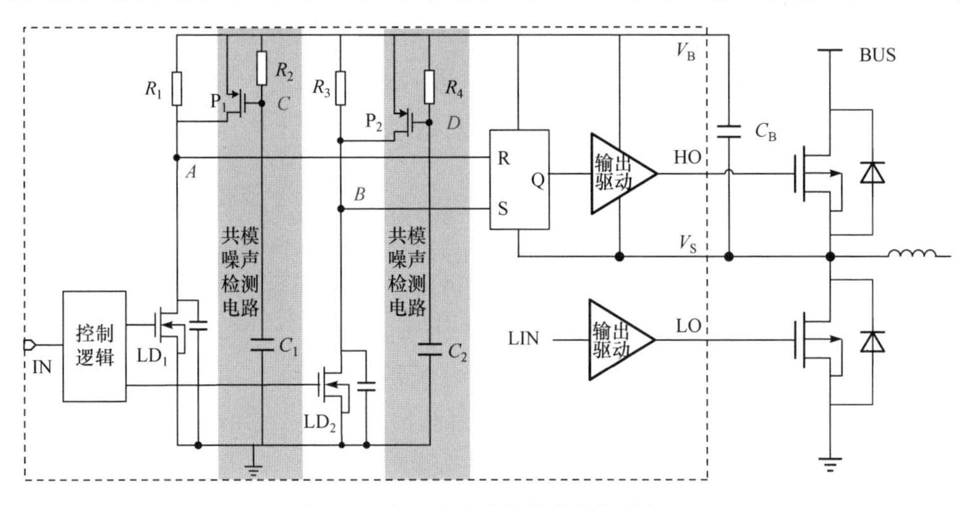

图 4.18　旁路电容式共模噪声抑制电路

如图 4.19 所示，当输入信号保持恒定低电平信号时，控制逻辑不会输出脉冲信号，两个 LDMOS 的栅极电位保持恒定低电位，即 LDMOS 处于关闭状态。dV/dt 噪声会通过位移电流使 A、B、C、D 四点的电压信号改变，但当噪声检测电路检

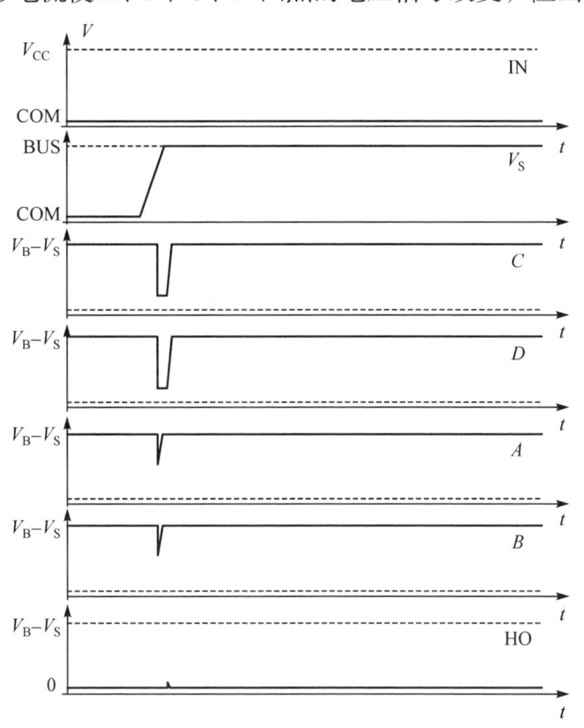

图 4.19　旁路电容式共模抑制电平移位电路信号变化示意图

测到 dV/dt 噪声时，PMOS 管 P_1 和 P_2 开启，这样 A 点和 B 点的电位又会迅速跟随 V_B 变化，达到了抑制噪声的目的，HO 输出保持低电平不变。虽然该电路结构非常简单，但目前体硅工艺较难集成一个能够耐压超过 600V 高压电容。

4.2.2 集成自举技术

半桥栅驱动芯片拥有高侧电路和低侧电路两部分，其中低侧电路部分由电源电压 V_{CC} 直接供电，而高侧电路部分的浮置电源必须通过自举充电的方式来实现。传统应用是通过外接自举二极管来实现自举电容的供电，但集成自举技术因可以提升芯片集成度及降低成本而备受欢迎。

图 4.20 是集成自举半桥栅驱动芯片内部结构简化框图，集成自举电路的核心是提供自举充电电流的自举器件 LDMOS 及其控制电路。当功率管 T2 导通、功率管 T1 关断时，高侧浮置地信号 V_S 被拉低，自举器件 LDMOS 的栅极驱动电路输出高电平，使器件导通，低侧电源 V_{CC} 通过 LDMOS 给自举电容 C_B 充电；当功率管 T1 导通、功率管 T2 关断时，高侧浮置地信号 V_S 升至母线电压 V_H，浮置电源 V_B 的电压抬升至 $V_{CC}+V_H$，为高侧电路供电。此时，自举器件 LDMOS 的栅极驱动电路输出信号为低，器件处于关断状态，阻止了自举电容的电荷回流及保证了芯片的耐压可靠性。LDMOS 器件背栅驱动电路的作用是防止内部寄生三极管导通及抑制背栅效应，后面有详细的描述。

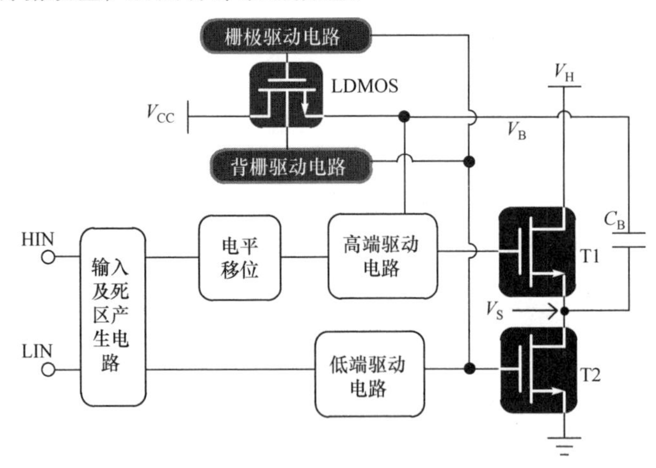

图 4.20　集成自举半桥栅驱动芯片内部结构简化框图

由于集成自举电路的作用与传统外置自举二极管的工作机理类似，通常将集成自举电路称为二极管仿真器电路[19]。因为高压二极管是少子器件，在体硅工艺中集成二极管会导致衬底寄生电流，而采用 LDMOS 器件构成的二极管仿真器电路可解决这一可靠性问题，虽然 LDMOS 器件的导电能力比二极管弱，但自举充电电流的能力可通过调节 LDMOS 器件的沟道宽度来实现，并且，LDMOS 器件还具有导通压降低、无反向恢复电荷等优点。

集成自举器件 LDMOS 器件剖面结构图如图 4.21 所示，在自举电路中，LDMOS 的源极 S 端连接到低侧电源 V_{CC}，漏极连接到高侧浮置电源 V_B，但需注意的是，当图 4.20 中低侧功率管 T1 关断，功率管 T2 打开时，高侧浮地信号 V_S 由零电位跳变到母线电压 V_H 的瞬间，浮置电源 V_B 会产生瞬时高压，并通过米勒电容 C_{gd} 耦合到栅极，当栅极耦合噪声大于阈值电压时，就会导致 LDMOS 器件误开启，所以集成自举电路的栅极驱动电路需具有防止 LDMOS 误开启的功能。此外，为了防止 LDMOS 器件中寄生 NPN 三极管和 PNP 三极管开启而发生闩锁效应，LDMOS 器件的衬底电压必须比源端电压低，所以背栅驱动电路需要具有防闩锁效应的功能。

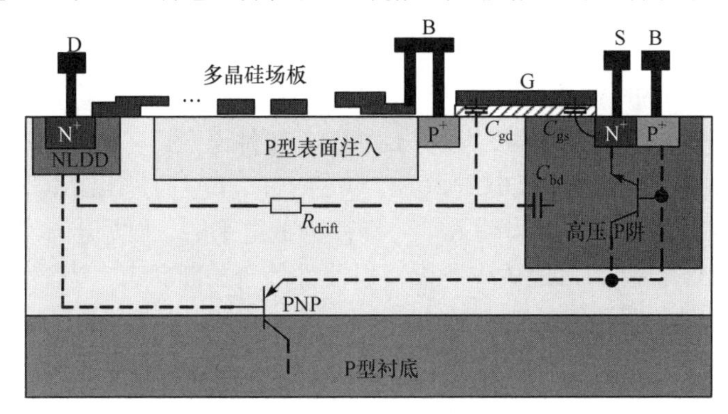

图 4.21　集成自举用 LDMOS 器件剖面结构图

图 4.22 是一种固定背栅电位的集成自举控制电路，输入 V_{IN} 为低电平时，LDMOS 器件的栅源电压小于器件阈值电压，LDMOS 器件处于关断状态；当输入 V_{IN} 为高电平时，LDMOS 器件的栅极电位约等于 V_{CC} 的 2 倍，LDMOS 器件开启，V_{CC} 给自举电容充电。对于背栅驱动电路而言，若背栅的电压值过大(如直接接到电源电压 V_{CC})，则容易触发寄生三极管导通，导致电容的充电速度过慢。但是，若背栅电压值过低(如接到地 0V)，由于衬偏效应，会造成 LDMOS 的阈值电压较大，导致 LDMOS 器件的导通电阻变大，同样会导致自举电容的充电速度变慢。所以 LDMOS 的背栅电位选择需同时兼顾寄生三极管的漏电和 LDMOS 器件的导通电阻。图 4.22 所示电路中的背栅电位被固定为 V_{CC}–$3V_D$，其中 V_D 为二极管的导通压降，虽然保证了背栅电压比电源电压低，但是如果浮置电源电压过低时，如芯片处于启动或重载工作情况下，寄生三极管仍然处于导通状态，影响芯片的可靠性。

图 4.23 是一种动态背栅偏置的集成自举控制电路[20]，其 LDMOS 器件的背栅电压由 MOS 器件 M1 的源漏电压决定，可以跟随高侧浮动电源电压而变化。对于栅极驱动电路，当输入信号 V_{IN} 为低电平时，LDMOS 器件的栅极电压也为低电

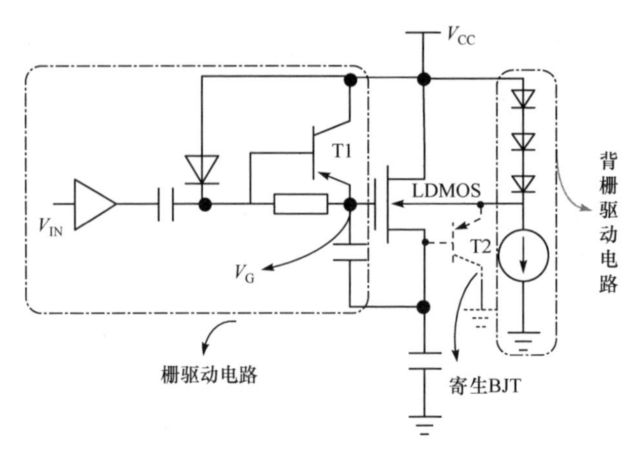

图 4.22　固定背栅电位的集成自举控制电路

平，电容 C_2 两端的电压为 V_{CC}。并且由于 MOS 管 M2 的导通电阻较小，能有效减小米勒效应带来的栅极噪声，防止 LDMOS 器件误开启。当输入信号 V_{IN} 为高电平时，LDMOS 器件的栅极电压约为 2 倍的 V_{CC}，V_{CC} 通过 LDMOS 对自举电容充电。对于背栅驱动电路，当输入信号 V_{IN} 为低电平时，背栅电压为低电平，此时虽然 LDMOS 器件的衬偏效应严重，但器件处于关断状态，当输入信号 V_{IN} 为高电平时，背栅电压跟随浮置电源 V_B 变化，且背栅电位始终小于浮置电源电压，即有效地防止了寄生三极管开启，又降低了充电过程中器件的衬偏效应，保证了较快的充电速率。

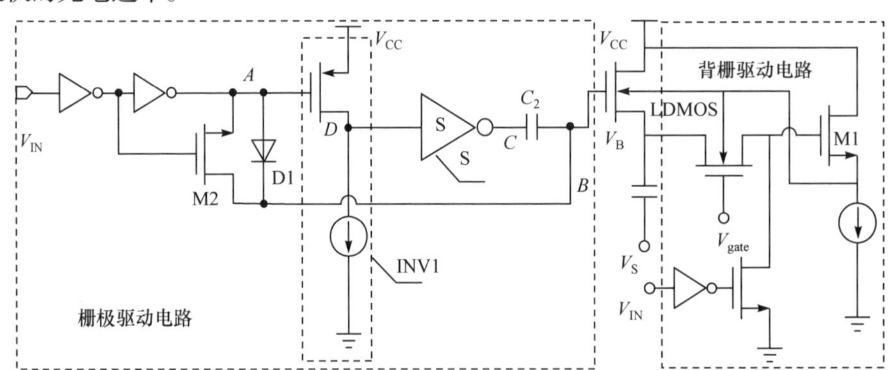

图 4.23　动态背栅偏置的集成自举控制电路

图 4.24 所示的是双 FET 动态背栅偏置的集成自举电路，该结构拥有两个 LDMOS 器件：FET1 与 FET2。它们的漏端接高侧浮置电源 V_B，FET1 的源端接电源电压 V_{CC}，FET2 的源端接电流源电路，V_{IN} 信号为低端死区控制模块的输出信号，图中左边方形虚线框内是集成自举器件的栅极驱动电路，当 V_{IN} 为高电平时，通过施密特触发器 INT1 的整形，B_1 位置输出高电平，再经过 INT2，A_5 位置

输出低电平，NMOS 管 MN1、MN2、MN5 导通，将 A_1 位置、A_4 位置的电位拉低，FET1 和 FET2 的栅极和背栅电位一直保持为低，此时由于体效应，FET1 和 FET2 的阈值电压较大，降低了误开启的风险。当 V_{IN} 为低电平时，B_1 位置输出低电平，A_5 位置的电位被拉高，电位上升速度取决于 A_5 位置的容性负载，当 A_5 位置的电位未达到 $V_{CC}-V_{thp}$ 时，M1 一直导通，A_3 位置输出高电平，经施密特整形后，B_2 位置为低电平，MN1 的寄生二极管导通，对电容 C_2 充电。当 A_5 位置的电位大于 $V_{CC}-V_{th}$ 时，M1 截止，M2 将 A_3 位置的电位拉低，B_2 位置输出高电平，将 FET1 的栅电位抬高到 $2V_{CC}-V_{thp}-V_D$(V_D 为二极管正向导通压降，V_{thp} 为 PMOS 管的阈值电压)，FET1 开启，电源电压 V_{CC} 给自举电容充电。图中右边方形虚线框内是背栅驱动电路，当 V_{IN} 为高电平时，INT4 输出高电平，MN2 和 MN5 导通，A_2 位置和 A_4 位置均为低电平，此时 FET1 和 FET2 的栅极和背栅电位一直保持为低，两个器件均处于截止状态；当 V_{IN} 为低电平时，FET1 导通，电源 V_{CC} 开始对自举电容 C_B 充电，浮置电源 V_B 逐渐升高，由于 FET2 导通，在恒流源 MN4 的作用下，A_2 位置的电位跟随 V_B 电位的上升逐渐上升，MN6 与恒流源 MN3 构成源极跟随器，MN6 的栅源电压恒定，即使 A_4 节点的电位也跟随 V_B 升高而增大，但总与 A_2 的电位相差一个 MN6 的栅源电压，因此可以保证寄生三极管不会导通。

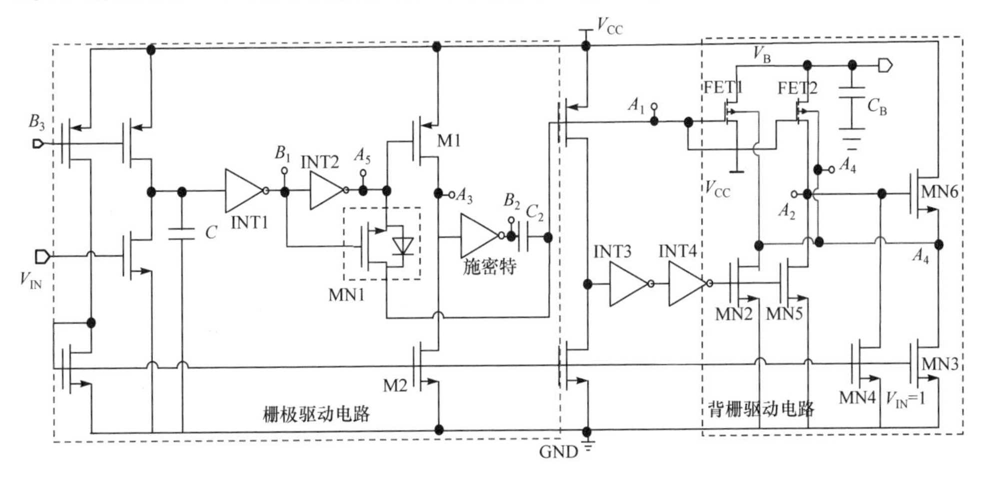

图 4.24　双 FET 动态背栅偏置的集成自举电路

4.2.3　抗 V_S 负过冲能力提升技术

图 4.25 所示是高压栅驱动芯片在考虑寄生电感的半桥系统中的应用，L_1 与 L_2 分别是低侧功率管 T2 发射极与集电极的寄生电感。在感性负载系统中，当高侧功率管 T1 导通时，母线电压通过功率管对负载进行充电，电感负载 L_{LOAD} 上的电流逐渐增大，V_S 的电位基本与母线电压相等；当高侧功率管 T1 关断而低侧功

率管并未开通的状态下，由于电感负载 L_{LOAD} 要保持输出电流的方向与大小，那么与低侧功率管 T2 并联的高压二极管开始导通，但是由于寄生电感 L_1 与 L_2 的存在，V_S 的电位会迅速被拉低，并产生一个较大的负过冲电压。理论上 V_S 负过冲电压的大小为

$$V_{SN} = (di/dt)\cdot(L_1 + L_2) \tag{4.1}$$

式中，di/dt 是负载电流变化速率。从式(4.1)可以看出，瞬态负过冲噪声随着电流变化斜率或寄生电感的增大而增大，其中电流的变化速率主要和高侧功率管 T1 的关断速度有关。

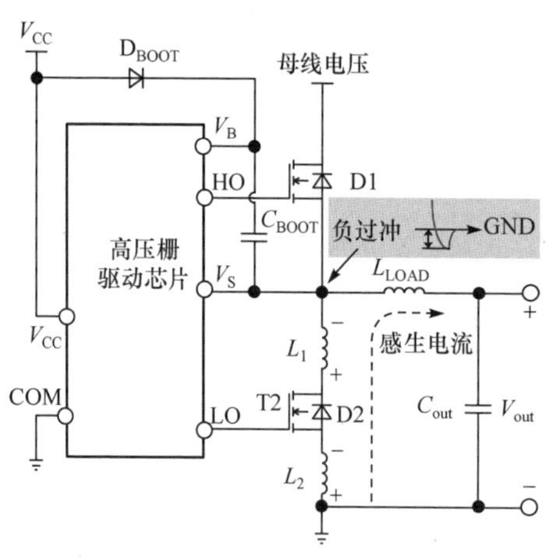

图 4.25　高压栅驱动芯片在考虑寄生电感的半桥系统中的应用

图 4.26 所示的是瞬态 V_S 负过冲大小与功率管 T1 关断速度的关系，其中母线电压为 450V，寄生电感 L_1=100nH，L_2=100nH。通过改变功率管 T1 栅极电阻的大小来改变其关断速度，从仿真结果可以看出，随着栅极电阻变小，瞬态 V_S 负过冲的幅度上升明显。当栅极电阻为 80Ω 时，瞬态 V_S 负过冲大小约为−70V，当栅极电阻为 1Ω 时，瞬态 V_S 负过冲变大，约为−200V。从式(4.1)中也可以看出，瞬态 V_S 负过冲同样与 L_1 与 L_2 的大小相关。图 4.27 所示的是瞬态 V_S 负过冲大小与电感 L_1 的关系，此时母线电压、电感 L_2 及功率管栅极电阻的大小固定。从仿真结果可以看出，瞬态 V_S 负过冲的幅度与电感 L_1 的大小成正比，当 L_1 从 20nH 变化到 100nH 时，瞬态 V_S 负过冲从约−50V 变化到−180V。图 4.28 所示的是瞬态 V_S 负过冲大小与电感 L_2 的关系，值得注意的是，瞬态负过冲随 L_2 的变化而变化的幅度较小(随着 L_2 从 20nH 变化到 100nH，瞬态 V_S 负过冲的幅度几乎没有变化)，因为 di/dt 在 L_2 上产生的感生电动势会降低功率管 T2 的发射极电压，它们是一个折中的关系。

高盆浮置电源 V_B 是通过自举电路对高盆浮置地 V_S 信号充电而产生的，当 V_S 信号为低电平时，V_{CC} 通过二极管对自举电容充电，使得 V_B 与 V_S 之间的电势差大约为电源电压 V_{CC}。当瞬态 V_S 负过冲应力到来时，由于时间极短，电容上的电压无法及时变化，因此 V_B 上的电压也会降低，当负过冲的幅度大于 V_{CC} 后，V_B 的电压值将会降低到 0V 以下，如图 4.29 所示。

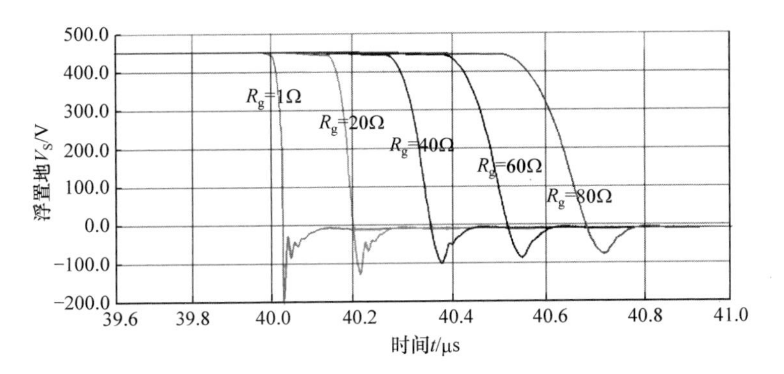

图 4.26　瞬态 V_S 负过冲大小与功率管 TI 关断速度的关系

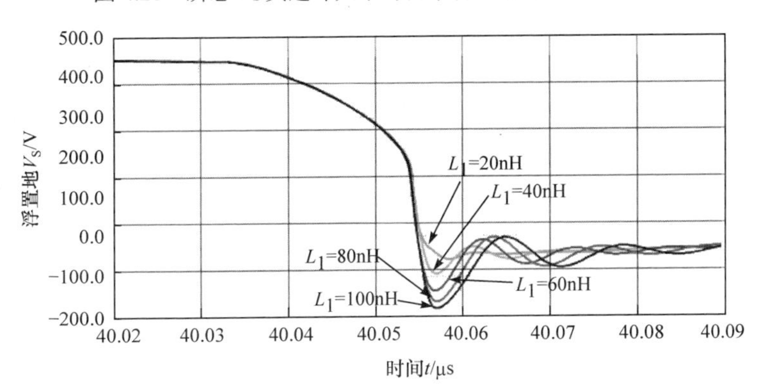

图 4.27　瞬态 V_S 负过冲大小与电感 L_1 的关系

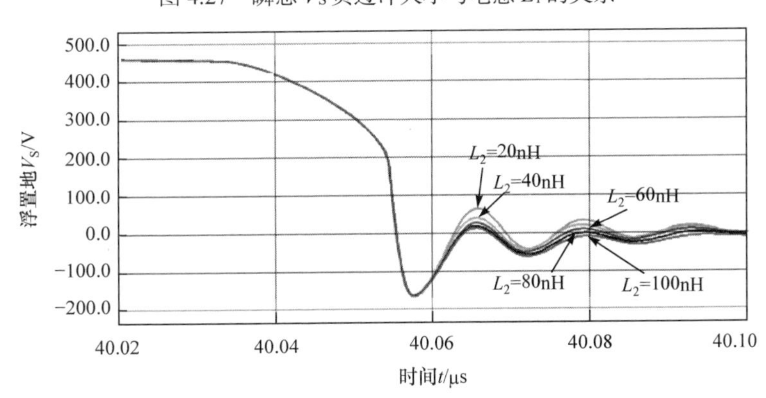

图 4.28　瞬态 V_S 负过冲大小与电感 L_2 的关系

高压栅驱动芯片的高盆区域存在 CMOS 逻辑电路，其中高盆中 N 阱区域及 N 型埋层区域与 V_B 连接，P 阱区域与 V_S 连接，如图 4.30 所示。当瞬态 V_S 负过冲应力导致 V_B 电压降低到 0V 以下时，由 P 阱/N 型埋层/P 型衬底构成的寄生 PNP 三极管 Q1 将被触发，触发后的寄生三极管电流通过 P 阱与 P 阱电极接触，在寄生

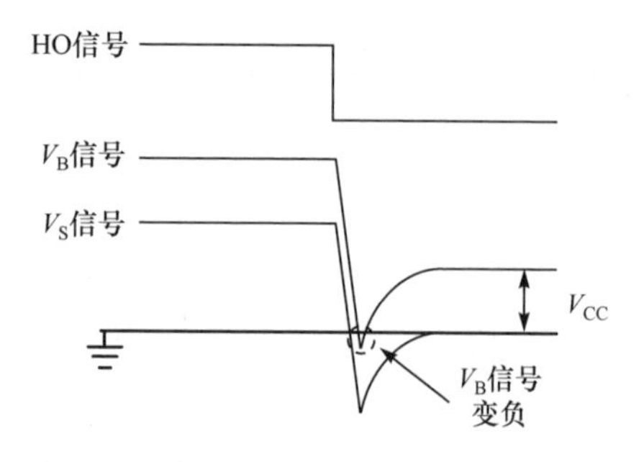

图 4.29　瞬态 V_S 负过冲对 V_B 电压的影响

电阻 R_2 上形成一定的电压降，如果电压降大于二极管的开启电平，那么由 N 阱/P 阱/NMOS 的源极接触 N^+构成的寄生 NPN 三极管 Q2 也被触发，三极管 Q2 的集电极电流流过 P 阱中的寄生电阻 R_{Pwell}，导致由 PMOS 源极 P^+/N 阱/P 阱形成的寄生三极管 Q3 导通，最终发生闩锁效应，甚至使芯片烧毁。为了防止闩锁效应，我们通常在版图中加入多子环与少子环结构，这是一种最简单有效的方法。

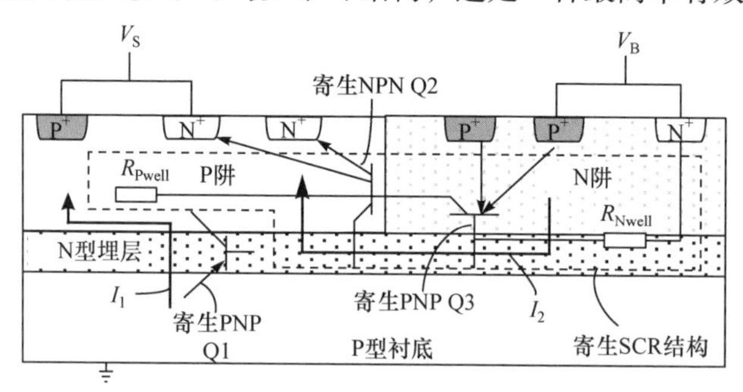

图 4.30　瞬态 V_S 负过冲造成的闩锁风险

如图 4.31 所示，多子环就是加入与阱和衬底同类型的掺杂接触区域，其实质是减小多数载流子电流在寄生电阻上产生的压降。N 阱内的多数载流子一般通过形成 N^+扩散来减小所有 P^+寄生发射极的阱电阻，同样，衬底内的多数载流子用 P^+扩散来减小所有可能的 N^+发射区的旁路衬底电阻。

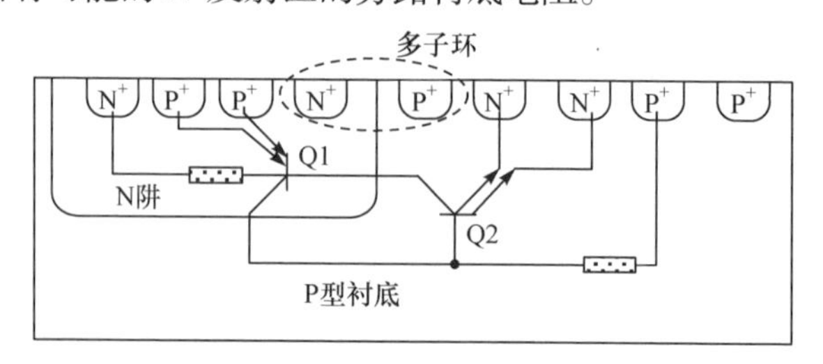

图 4.31　多子环结构示意图

如图 4.32 所示，少子环可以是受反向偏置的源漏极扩散区或者是附加的阱扩散区。阱扩散保护环比源漏极扩散更有效，因为它们扩散进入衬底更深。从本质上讲，衬底中的少子环对注入衬底中的少数载流子具有预先收集的作用，能够显著减小衬底中横向寄生晶体管的电流增益。少数载流子经常被用来封闭一个潜在的注入源。通常少数载流子保护环放在衬底内，而不是阱内。

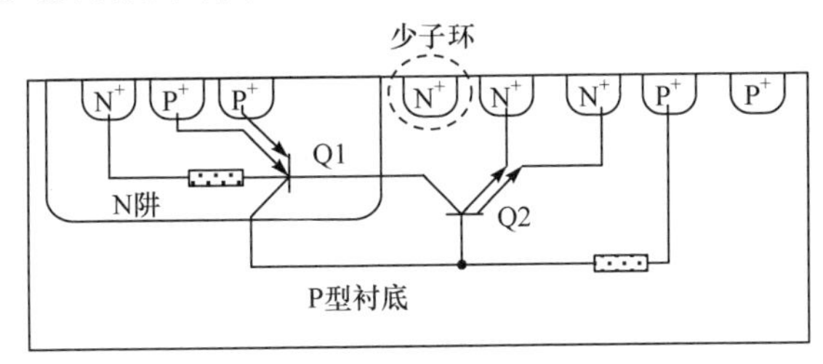

图 4.32　少子环结构示意图

无论采用多子环结构，还是少子环结构，都只能降低闩锁的风险，并不能防止寄生三极管的开启，当寄生三极管开启时间过长时，同样存在热损毁的风险。图 4.33 是一种反馈式抗瞬态 V_S 负过冲能力提升电路[21]。该电路结构将芯片的高盆浮置地分成了两个：一个是 V_S，另一个是 V_S'。其中 V_S 与外部焊盘相连，作为瞬态 V_S 负过冲检测与抑制电路的地信号，而 V_S' 不直接与外部焊盘相连，作为内部逻辑电路的地信号。该电路可以检测瞬态 V_S 负过冲信号，从而快速调节高侧输出灌电流的大小，通过改变高侧功率管的关断速率来降低瞬态 V_S 负过冲持续的时间。图中所示的寄生 PNP 管为 P 型衬底，与高盆浮置电源 V_B 相连的 N 阱以及与 V_S' 相连的 P 阱所构成的，V_S' 与 V_S 之间连接有齐纳二极管 D1，MP8、MP9、MN12、MN13 及 MN14 构成电流镜电路，通过电阻 R_3 与 MN14 导通电阻的分压产生控制 MN9 栅极的信号。

正常工作时(即无瞬态 V_S 负过冲噪声时)，该电路不工作，只会消耗很低的功耗。且由于 NMOS 管 M11 处于导通状态，内部逻辑电路的地信号 V_S' 与 V_S 相等。当瞬态 V_S 负过冲信号突然到来时，寄生 PNP 管将会被触发，V_S' 的电压会迅速升高，但是由于齐纳管 D1 的存在，V_S 的电位与 V_S' 的电位会被钳位，由于钳位电压大于 NMOS 器件的阈值电压，NMOS 管 MN2 将会导通，产生电流 I_a。在电流镜(MN12、MP8、MP9、MN13、MN14)的作用下，电阻 R_3 将会产生压降，使得 NMOS 管 MN9 关闭，因此高侧输出的灌电流将减小，降低高侧功率器件的关断速度，达到减少瞬态 V_S 负过冲时间的作用。仿真结果如图 4.34 所示，当瞬态 V_S 过冲信号幅度为 50V 时，V_S 信号和 V_S' 信号的电压差为 6.7V，灌电流从 2.5A 降低为 1.25A。当然，也可以通过改变电阻 R_3 的大小来控制灌电流降低的幅度。

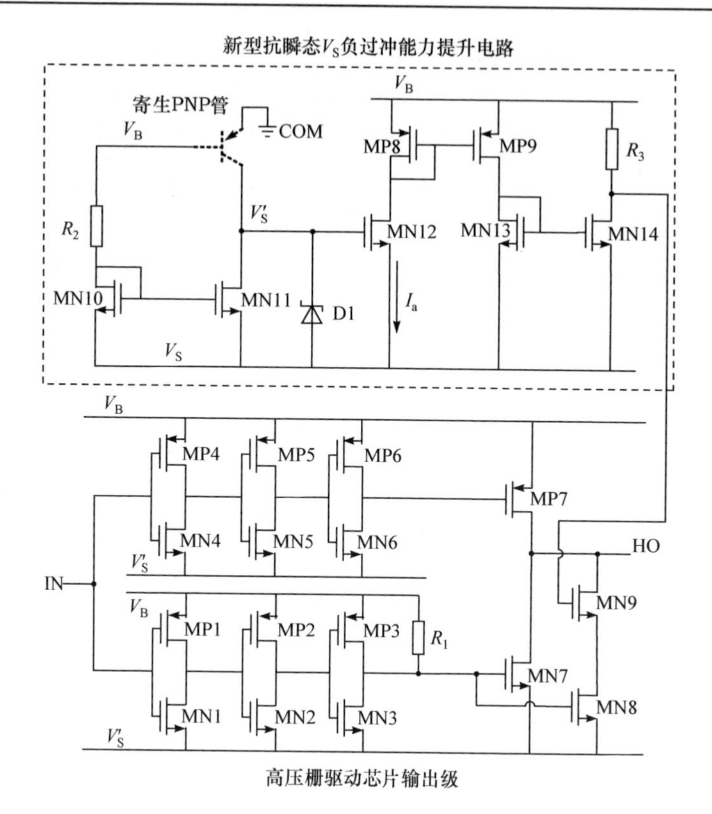

图 4.33　反馈式抗瞬态 V_S 负过冲能力提升电路

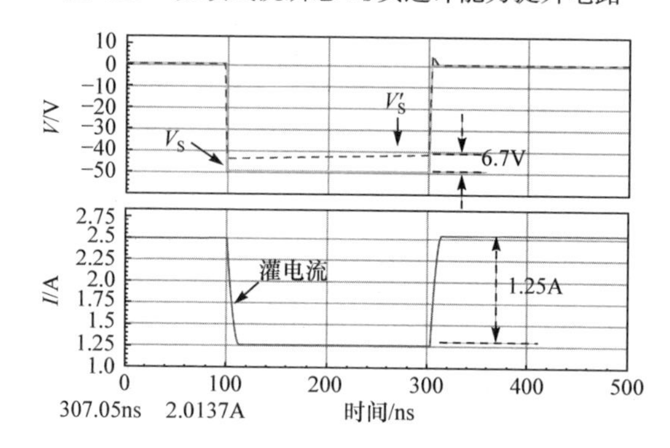

图 4.34　反馈式抗瞬态 V_S 负过冲能力提升电路仿真结果

4.2.4　输出驱动技术

高压栅驱动芯片的最后一级电路称为输出级电路,它是驱动功率器件(DMOS 器件或 IGBT 器件)的关键模块，该电路直接决定功率器件的开关速度、开关损耗及工作可靠性等。用不同阻值的栅电阻进行开通和关断功率器件仍然是目前最常用的栅驱动控制方法，如图 4.35 所示，开通和关断过程的栅电阻分别为 R_{on}、R_{off}。以驱动 IGBT 为例，在器件导通后，集电极电流上升，不考虑跨导 g_m 随 V_{GE} 变化，开通过程回路方程如表达式(4.2)所示，又由 IGBT 的转移特性可知集电极电流的表达式(4.3)，进而可导出$(\mathrm{d}I_{CE}/\mathrm{d}t)_{on}$的表达式为式(4.4)。

$$L_E(\mathrm{d}I_{CE}/\mathrm{d}t)_{on} + V_{GE} + R_{on}C_{ies}\cdot \mathrm{d}V_{GE}/\mathrm{d}t = V_{CC} \tag{4.2}$$

$$I_{CE} = g_m(V_{GE} - V_{th}) \tag{4.3}$$

$$(\mathrm{d}I_{CE}/\mathrm{d}t)_{on} \approx \frac{V_{CC} - V_{GE}}{(R_{on}C_{ies}/g_m) + L_E} \tag{4.4}$$

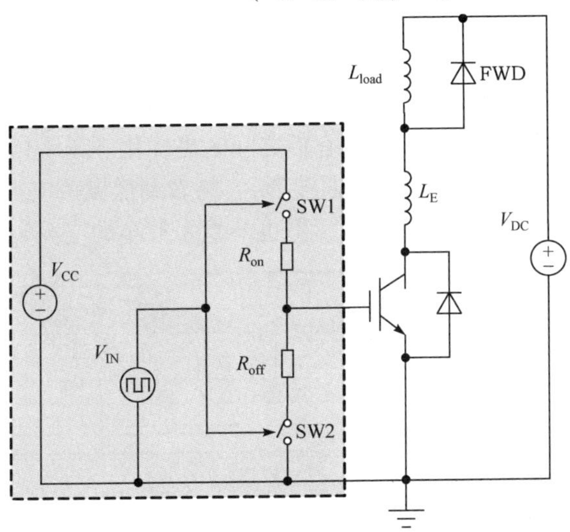

图 4.35　不同栅电阻驱动 IGBT 电路应用电路图

当 V_{GE} 达到米勒电压时，栅电流给 C_{GC} 充电，如式(4.5)所示，集电极电压开始下降，由式(4.6)可得$(\mathrm{d}V_{CE}/\mathrm{d}t)_{on}$的表达式：

$$i_G = C_{GC}(\mathrm{d}V_{CE}/\mathrm{d}t)_{on} = (V_{CC} - V_{GE})/R_{on} \tag{4.5}$$

$$(\mathrm{d}V_{CE}/\mathrm{d}t)_{on} = \frac{V_{CC} - V_{GE}}{R_{on}\cdot C_{GC}} \tag{4.6}$$

电路的开通损耗 $E_{on,con}$ 及开通过程中的电流过冲 $I_{RR,con}$ 分别为

$$E_{on,con} = \frac{V_{DC}\cdot\left[(R_{on}C_{ies}/g_m) + L_E\right]\left[I_{CE} + \sqrt{\dfrac{2\tau\cdot I_{CE}\cdot(V_{CC} - V_{GE})}{(R_{on}C_{ies}/g_m) + L_E}}\right]^2 + R_{on}C_{GC}I_{CE}V_{DC}^2}{2(V_{CC} - V_{GE})} \tag{4.7}$$

$$I_{\mathrm{RR,con}}=\sqrt{\frac{2\tau\cdot I_{\mathrm{CE}}\cdot\left(V_{\mathrm{CC}}-V_{\mathrm{GE}}\right)}{\left(R_{\mathrm{on}}C_{\mathrm{ies}}/g_{\mathrm{m}}\right)+L_{\mathrm{E}}}}\tag{4.8}$$

从式(4.7)和式(4.8)可知，为满足损耗和电流过冲噪声的要求，只有一个可变量 R_{on} 可以进行调节设计；由式(4.3)和式(4.6)可知，开通过程中的 $\mathrm{d}I_{\mathrm{CE}}/\mathrm{d}t$ 和 $\mathrm{d}V_{\mathrm{CE}}/\mathrm{d}t$ 均与电阻 R_{on} 相关，这不利于开通损耗和电流过冲这对矛盾的优化设计。通过将式(4.7)和式(4.8)对 R_{on} 求偏导数，可以发现：

$$\frac{\partial E_{\mathrm{on,con}}}{\partial R_{\mathrm{on}}}>0,\quad \frac{\partial I_{\mathrm{RR,con}}}{\partial R_{\mathrm{on}}}<0\tag{4.9}$$

式(4.9)表明，随着 R_{on} 的增加，IGBT 的开通损耗 $E_{\mathrm{on,con}}$ 增加，电流过冲 $I_{\mathrm{RR,con}}$ 减小；反之亦然，即减小 R_{on}，开通损耗 $E_{\mathrm{on,con}}$ 降低，但是电流过冲 $I_{\mathrm{RR,con}}$ 增加。因此，这种驱动方法只能通过选择适当的开启电阻，在开通损耗和电流过冲这对矛盾中取得一个折中，并不能实现它们之间的更优化。图 4.36 所示为在 R_{on}=10Ω 和 R_{on}=200Ω 的情况下，IGBT 的开通波形，容易看到低栅极电阻(R_{on}=10Ω)情况下，得到快速开关时间和较低开关损耗，但也产生了较高的电流尖峰。

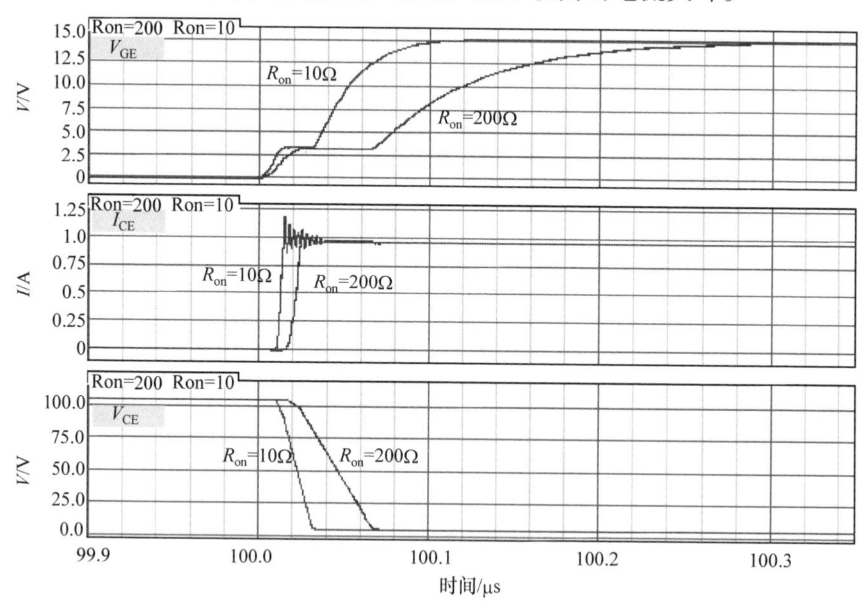

图 4.36　开通电阻为 R_{on}=10Ω 和 R_{on}=200Ω 的开通波形仿真图

同理，关断过程中集电极电流变化率$(\mathrm{d}I_{\mathrm{CE}}/\mathrm{d}t)_{\mathrm{off}}$ 及集电极电压变化率$(\mathrm{d}V_{\mathrm{CE}}/\mathrm{d}t)_{\mathrm{off}}$ 的关系式分别如式(4.10)和式(4.11)所示。

$$\left(\mathrm{d}I_{\mathrm{CE}}/\mathrm{d}t\right)_{\mathrm{off}}\approx-\frac{V_{\mathrm{th}}+I_{\mathrm{CE}}/g_{\mathrm{m}}}{\left(R_{\mathrm{off}}C_{\mathrm{ies}}/g_{\mathrm{m}}\right)+L_{\mathrm{E}}}\tag{4.10}$$

$$\left(\mathrm{d}V_{\mathrm{CE}}/\mathrm{d}t\right)_{\mathrm{off}} \approx \frac{V_{\mathrm{th}}+I_{\mathrm{CE}}/g_{\mathrm{m}}}{R_{\mathrm{off}}C_{\mathrm{GC}}} \tag{4.11}$$

$(\mathrm{d}I_{\mathrm{CE}}/\mathrm{d}t)_{\mathrm{off}}$、$(\mathrm{d}V_{\mathrm{CE}}/\mathrm{d}t)_{\mathrm{off}}$ 均和 R_{off} 密切相关，且随着 R_{off} 值增加，$(\mathrm{d}I_{\mathrm{CE}}/\mathrm{d}t)_{\mathrm{off}}$、$(\mathrm{d}V_{\mathrm{CE}}/\mathrm{d}t)_{\mathrm{off}}$ 均减小，同样，这也是不利于优化关断损耗和电压过冲这对矛盾的。如上所述，功率栅驱动的控制要求优化开关损耗(E_{on}，E_{off})和过冲应力(I_{RR}，V_{OV})之间的矛盾。单一的栅电阻驱动，因为从电路结构上来说控制电路仅有一个栅电阻，从控制信号上来说是控制信号缺少变化，驱动电流或者电压在需要变大或变小的时候无法调整，只能实现折中的两个极端：很大的损耗和很小的过冲或很小的损耗和很大的过冲。

图 4.37 为一种线性电流型驱动技术[22]，该电路可提供一个线性的充电电流$(\mathrm{d}I_{\mathrm{SW}}/\mathrm{d}t=k)$。当 $V_{\mathrm{G}}-V_{\mathrm{th}}<V_{\mathrm{DC}}$ 时，功率管 T1 处于饱和区，其集电极电流大小如式(4.12)所示，其中$(W/L)_{\mathrm{SW}}$为开关器件的宽长比，为载流子的迁移率，V_{th} 为开关器件的阈值电压。

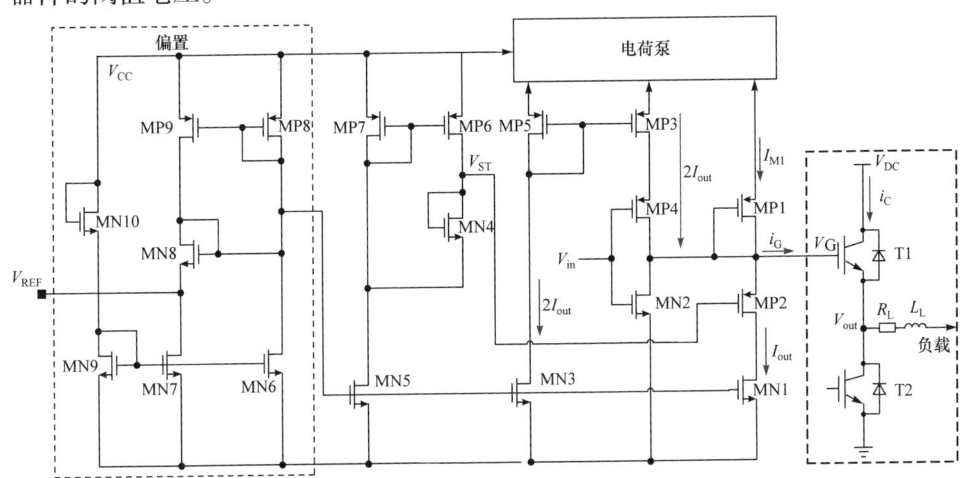

图 4.37　线性电流驱动简化电路

$$I_{\mathrm{SW}}=\mu_n C_{\mathrm{ox}}(W/L)_{\mathrm{SW}}\left(V_{\mathrm{G}}-V_{\mathrm{out}}-V_{\mathrm{th}}\right)^2=k_{\mathrm{SW}}\left(V_{\mathrm{G}}-V_{\mathrm{out}}-V_{\mathrm{th}}\right)^2 \tag{4.12}$$

设 $\mathrm{d}I_{\mathrm{SW}}/\mathrm{d}t=k_1$，则由式(4.12)可知

$$V_{\mathrm{G}}-V_{\mathrm{out}}=V_{\mathrm{th}}+\sqrt{2k_1t/k_{\mathrm{SW}}} \tag{4.13}$$

在所接负载条件为电阻和电感时电压 V_{out} 为式(4.14),其中 R_{L} 为负载电阻值，L_{L} 为负载电感值。

$$V_{\mathrm{out}}=R_{\mathrm{L}}I_{\mathrm{SW}}+L_{\mathrm{L}}\cdot\mathrm{d}I_{\mathrm{SW}}/\mathrm{d}t \tag{4.14}$$

根据式(4.13)和式(4.14)以及设计要求，V_{G} 可表述为式(4.15)，同时由于 $i_{\mathrm{C}}=C_{\mathrm{gate}}\cdot\mathrm{d}V_{\mathrm{G}}/\mathrm{d}t$，则所需的充电电流 i_{G1} 的表达式为式(4.16)。

$$V_G = R_L k_1 t + L_L k_1 + V_{th} + \sqrt{2k_1 t / k_{SW}} \tag{4.15}$$

$$i_{G1} = C_{gate} R_L k_1 + C_{gate} \sqrt{k_1 / 2k_{SW} t} \tag{4.16}$$

假设式(4.16)中第一项为 $2I_{out}$，由图 4.37 电路中 MP5、MP3 组成的镜像电流产生，第二项由 MP1 产生，表示为 I_{M1}。当 $V_G > V_{DC} + V_{th}$ 时功率管进入线性区，根据线性区电流、电压关系，可推导出所需的栅极电流为式(4.17)。

$$i_{G2} = I_{out} \tag{4.17}$$

该电流驱动不需要栅极电阻，易集成。但此方案只可将 dI_{CE}/dt 限制在某个定值，且无法优化开关损耗。

2010 年富士半导体提出了一种优化开通阶段电流过冲和损耗问题的闭环栅极控制方法[23]。其电路结构如图 4.38 所示，核心思想是通过误差放大器将功率管的栅极电压(V_{GE})与事先设定的指数波形成比例，从而达到较优的功率管栅极驱动波形。另外一种闭环控制技术的典型的代表是剑桥大学 Palmer 等提出的有源电压控制技术或集电极电压 V_{CE} 反馈技术，其已经被证明是一种有效地提高 IGBT 开关性能的技术。

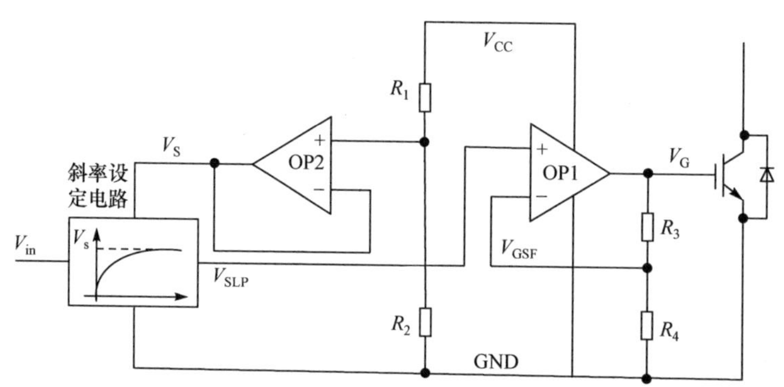

图 4.38　富士半导体提出的栅极控制技术

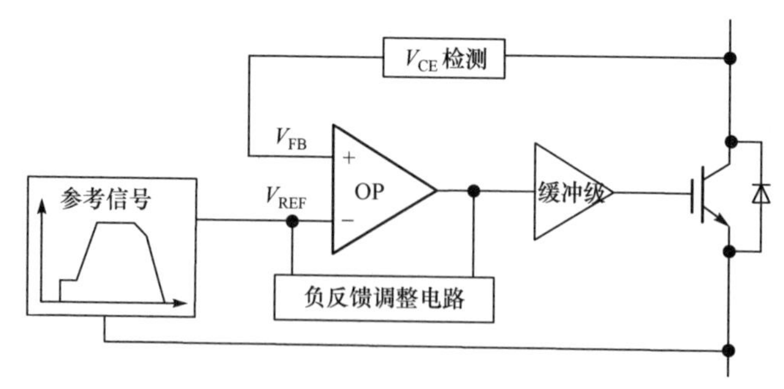

图 4.39　集电极电压 V_{CE} 反馈技术

集电极电压 V_{CE} 反馈技术通过 IGBT 的集电极电压闭环控制，如图 4.39 所示，

V_{CE}跟踪设定好波形的理想的参考信号 V_{REF}。V_{CE}通过反馈网络反馈到高速运放和参考信号 V_{REF}进行比较，其输出再经过校正网络后作为缓冲器的输入，并经过由 MOS 管构成的射极跟随器驱动控制 IGBT。其中，参考信号 V_{REF}的设定关键在于关断时的预偏压和固定斜坡阶段以及开通时的慢速变化和快速变化阶段。IGBT 关断时，预偏压阶段使 IGBT 工作在有源区，从而通过负反馈信号与参考信号的比较，使 IGBT 工作在有源区，避免了 IGBT 寄生参数的非线性影响和驱动信号传输延迟等造成的关断电压过冲，当预偏压阶段结束时，控制 IGBT 集电极电压 V_{CE}以固定斜率上升；IGBT 开通时，慢速下降阶段为续流二极管的反向恢复电流提供时间，从而减小开通时的电流过冲，当二极管反向恢复结束后，快速变化阶段，控制 V_{CE}以较快的电压变化率下降，从而降低 IGBT 开通损耗。这种闭环电压栅极控制技术，强烈依赖于参考信号 V_{CE}波形的精确设定。一般会利用功能强大的现场可编程门阵列(field programmable gate array, FPGA)产生复杂而且精确的参考信号 V_{CE}，不利于单片集成。图 4.40 所示的是具有可调输出能力的驱动电路结构图及其驱动控制方案[24]，主要由三部分组成：自适应电流源、逻辑控制单元以及 dV_{CE}/dt 检测。根据图 4.40(b)的控制方案，通过对栅极电压信号和集电极电压斜率的检测，确定器件的工作状态，逻辑控制单元输出二比特的控制信号(图 4.40(a)中的 A 和 B)，根据控制信号的不同状态，调节输出电流，实现对 IGBT 的驱动优化。以开通为例，在 $V_{th} < V_{GE} < V_M$ 阶段，栅电流与栅极-射极电压关系表达式为式(4.18)，式中 i_{mos} 近似为 0。则根据集电极电流与栅射电压 V_{GE} 的关系可推导出集电极电流与栅电流的关系如式(4.19)所示。

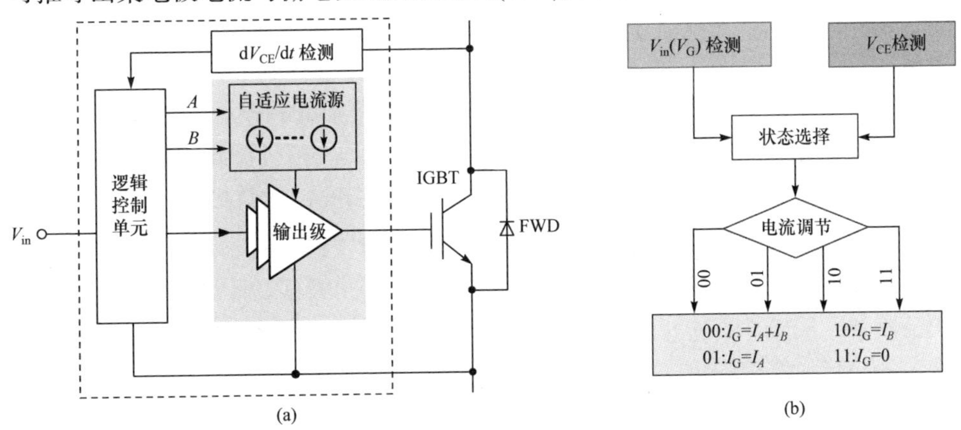

图 4.40　具有可调输出能力的驱动电路结构框图及其驱动控制方案

$$i_G = C_{GE} \cdot dV_{GE} / dt - C_{GC} \cdot d\left(V_{CE} - V_{GE}\right) / dt + i_{mos} \tag{4.18}$$

$$\left(dI_{CE} / dt\right)_{on} = g_m \cdot dV_{GE} / dt = g_m \cdot i_G / \left(C_{GC} + C_{GE}\right) \tag{4.19}$$

在米勒平台阶段开始，集电极-发射极电压 V_{CE} 开始下降，受电压影响的栅极-集

电极电容 C_{GC} 急剧增大。所有的栅电流给 C_{GC} 充电，由电流、电压关系可推导出集电极-发射极电压变化率与所需栅电流的关系式如式(4.20)所示，此阶段对于器件的开通损耗造成很大影响。

$$(\mathrm{d}V_{CE}/\mathrm{d}t)_{on} = -i_G / C_{GC} \tag{4.20}$$

关断过程，当 V_{GE} 达到米勒平台电压时，V_{CE} 开始上升，此过程对 C_{GC} 放电，表达式为式(4.21)，在这个时间段，集电极电流基本不变。当栅极-发射极电压下降到 $V_{th} < V_{GE} < V_M$，集电极电流下降，此过程集电极电流与栅电流的关系可表达为式(4.22)，此时 i_G 为放电电流。

$$(\mathrm{d}V_{CE}/\mathrm{d}t)_{off} = i_G / C_{GC} \tag{4.21}$$

$$(\mathrm{d}I_{CE}/\mathrm{d}t)_{off} = g_m \cdot \mathrm{d}V_{GE}/\mathrm{d}t = -g_m \cdot i_G / C_{GE} \tag{4.22}$$

通过上述推导可知，开关损耗和电流过冲均可表示为栅极电流的函数，可通过自适应调节的驱动电流来控制开关过程的各个阶段，达到开关损耗与过冲的优化折中目的。

图 4.41 所示的是固定电阻的栅驱动(图 4.41(a))与可调驱动(图 4.41(b))的开通波形对比，固定电阻的栅驱动为阶跃型驱动电流，即开通过程中驱动电流近乎不变；可调驱动的电流可分成四个阶段：0～t_0 为 IGBT 开通的第一阶段，V_{GE} 达到阈值电压前，检测点为阈值电压，为了减小开通延迟时间，较大的栅电流 i_{G1} 给输入电容(包括栅极-射极电容 C_{GE} 和栅极-集电极电容 C_{GC1})充电；t_0～t_1 为第二阶段，集电极电流从 0 开始上升到最大值，此阶段为了抑制反向恢复电流产生尖峰电流，较小的栅电流 i_{G2} 给 C_{GE} 和 C_{GC1} 充电；直到 V_{GE} 达到平台电压，集电极-发射极电压 V_{CE} 开始下降，t_1～t_2 分成两个阶段，即分别给电容 C_{GC1} 和 C_{GC2} 充电，对应电流为 i_{G3} 和 i_{G4}，由于 $C_{GC1} << C_{GC2}$，为得到一个线性度较好的 $\mathrm{d}V_{CE}/\mathrm{d}t$，则要求 $i_{G4}>i_{G3}$；最后 V_{GE} 继续上升，直到 V_{CC}，由于此阶段对开关损耗与电流、电压过冲没有太大影响，为了电路设计简便，设此阶段栅电流 i_{G4} 与 i_{G1} 相同。各个阶段所需栅电流的具体表达式为式(4.23)～式(4.26)，根据设计目标可确定出式中所需参数，例如，通过 I_{RR} 的指标，可推算出 $\mathrm{d}I_{CE}/\mathrm{d}t$，再结合 E_{on} 指标，可推算出 $\mathrm{d}V_{CE}/\mathrm{d}t$，代入式中即可求得各阶段所需的驱动电流。

$$i_{G1} = (C_{GE} + C_{GC1}) \cdot V_{th} / t_0 \tag{4.23}$$

$$i_{G2} = \left[(C_{GE} + C_{GC1}) / \Delta g_m\right] \cdot (\mathrm{d}i_C / \mathrm{d}t)_{on} \tag{4.24}$$

$$i_{G3} = C_{GC1} \cdot \left|\mathrm{d}V_{CE} / \mathrm{d}t\right|_{on} \tag{4.25}$$

$$i_{G4} = C_{GC2} \cdot \left|\mathrm{d}V_{CE} / \mathrm{d}t\right|_{on} \tag{4.26}$$

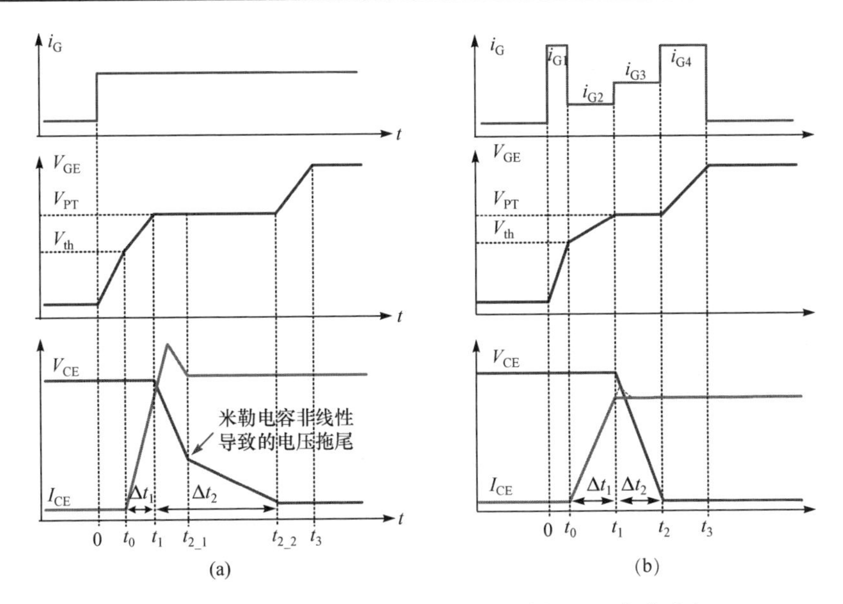

图 4.41　固定电阻的栅驱动与可调驱动的开通波形对比

输出电流自适应调节驱动的具体电路如图 4.42 所示，如上所述可调电流分成四个阶段控制，因此需要三个检测点，以开通为例，当 $V_{GE} > V_{REF,2}$(参考电压 $V_{REF,2}$ 取被驱动器件的阈值电压 V_{th})，则输出 $X_2 = 1$。根据 dV_{CE}/dt 检测米勒平台，米勒平台器件 $X_1 = 1$；当 $V_{GE} > V_{REF,3}$ 时(其中取 $V_{PT} \leqslant V_{REF,3} \leqslant V_{CC}$)，输出 $X_3=1$。电路的工作流程及关键波形如图 4.43 所示，由于 V_{in} 与 V_G 反相，所以当 $V_{in}=0$ 时 IGBT 的栅极电压 V_G 为高电平，IGBT 导通。第一个阶段，栅极-发射极电压 V_{GE} 上升到开启阈值电压 V_{th}($V_{GE} < V_{th}$)，因为可调电流控制端 A、B 接 PMOS 管，均为低电平有效，此阶段 $A=0$，$B=0$，两路电流同时作用得到大的栅极电流 i_{G1} 对电容 C_{GE} 进行充电，以减小开通延迟时间；第二个阶段 V_{GE} 大于阈值电压($V_{GE} > V_{th}$)，$A=0$，$B=1$，仅 I_A 路电流作用，小的栅极电流 i_{G2} 给栅极输入电容充电，以减小 dI_{CE}/dt，抑制反向恢复电流产生的电流尖峰；第三个阶段 V_{GE} 为米勒平台电压，此时 V_{CE} 开始下降($|dV_{CE}/dt| > 0$)，$A=1$，$B=0$，仅 I_B 路电流作用($I_B > I_A$)，较大的电流 i_{G3} 主要给米勒电容 C_{GC} 充电，以增大 dV_{CE}/dt，减小米勒平台时间，进而减小该阶段的开通损耗；由于米勒电容的非线性，随着 V_{CE} 减小，电容值急骤增加，$A=0$，$B=0$，提供大电流 i_{G4} 给突变后的米勒电容 C_{GC2}，以减小 V_{CE} 下降时间。直到 V_{CE} 下降到 0，充电完成。所以通过可调电流可独立控制 dI_{CE}/dt 和 dV_{CE}/dt，实现电流过冲抑制与开通损耗折中。

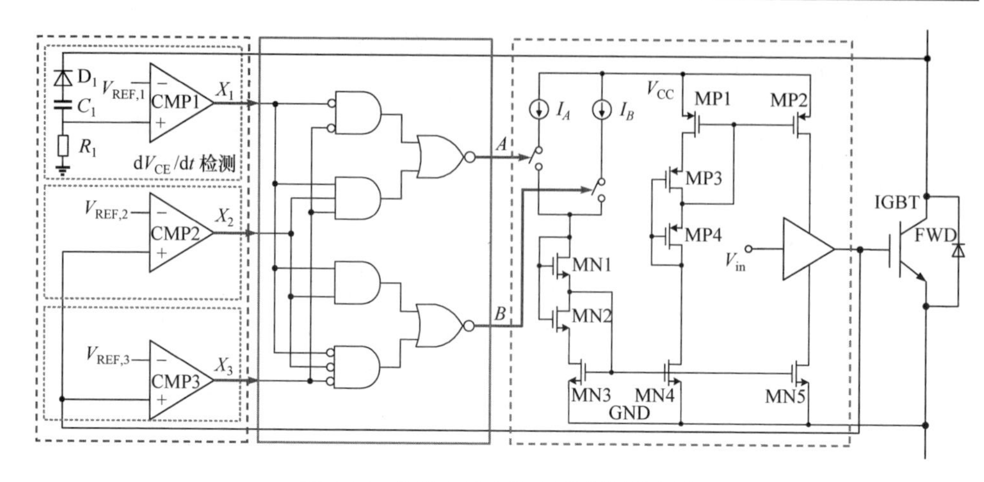

图 4.42　输出电流自适应调节驱动电路

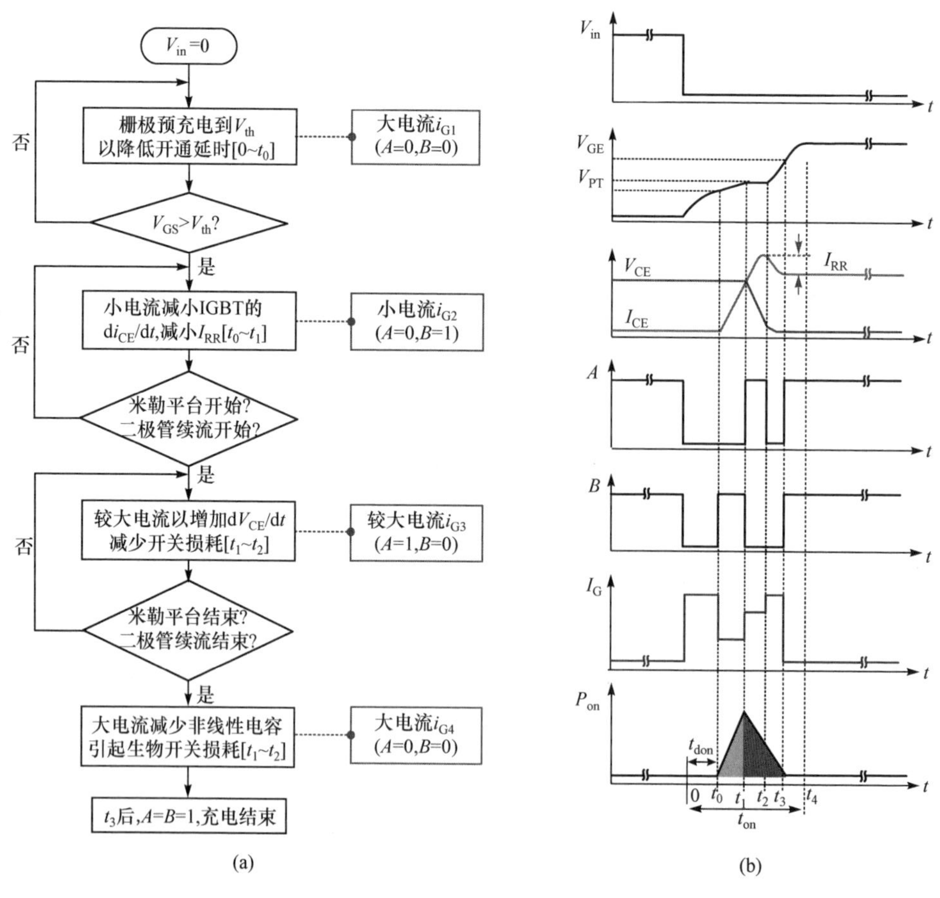

图 4.43　新型驱动电路的工作流程图以及对应的波形图

图 4.44 给出了固定栅电阻驱动方法和采用可调驱动的仿真结果，被驱动功率器件是一款额定电压为 600V、20A 的 IGBT。如图 4.44(a)及图 4.44(b)所示，采用大电流驱动的器件开通损耗小于小电流驱动，然而，大电流驱动时器件的电流过冲要大于小电流驱动的情况。如图 4.44(c)所示，自适应电流驱动的开通损耗与电流过冲获得了一个更好的折中。图 4.44(d)给出了电流过冲与开通损耗之间的折中关系曲线，在开通损耗 E_{on} 相同的情况下，采用可调驱动技术驱动的 IGBT 的电流过冲 I_{RR} 更优(纵向比较)；在电流过冲 I_{RR} 相同的情况下，采用可调驱动技术驱动的 IGBT 的开通损耗 E_{on} 更优(横向比较)。

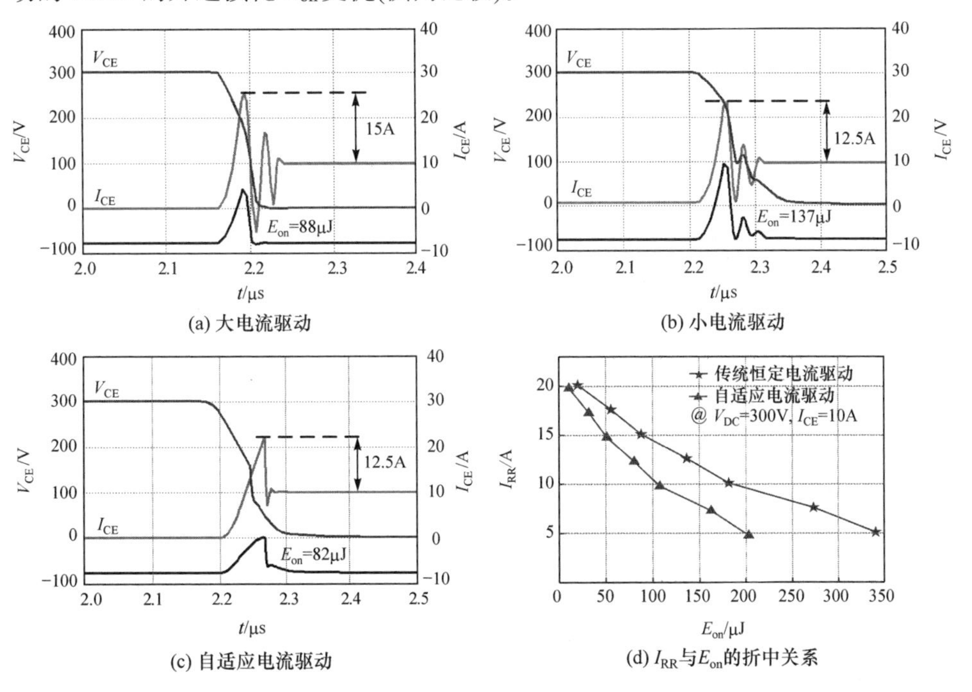

图 4.44　固定电流驱动与可调驱动电路的开通损耗与电流过冲仿真结果对比

4.3　高压栅驱动集成电路测试技术

4.3.1　高压栅驱动芯片测试系统设计难点

测试是评估芯片设计是否满足要求的必要手段，虽然产业界有许多高精度的测试机台可以完成各种性能的测试，但是目前高压栅驱动芯片的测试仍是借助电源、函数发生器、示波器等，配合测试系统板完成。因此，为高压栅驱动芯片设计专用的系统测试板尤为重要。

表 4.2 是典型的半桥高压栅驱动芯片动态性能参数[25]，其动态参数包括上升时间、下降时间、延迟时间等，但值得注意的是，以上所有动态参数都是纳秒级数值，延时匹配需要控制在几纳秒的范围之内，因此，测试系统板的设计必须考虑测试精度与稳定性。

表 4.2　典型半桥高压栅驱动芯片动态性能参数

参数		测试条件	最小值	典型值	最大值	单位
t_{LPHL}	低侧关断传播延迟(LI 下降沿到 LO 下降沿)	—	—	30	56	ns
t_{HPHL}	高侧关断传播延迟(HI 下降沿到 HO 下降沿)	—	—	30	56	ns
t_{LPLH}	低侧开启传播延迟(LI 上升沿到 LO 上升沿)	—	—	32	56	ns
t_{HPLH}	高侧开启传播延迟(HI 上升沿到 HO 上升沿)	—	—	32	56	ns
t_{MON}	延迟匹配:低侧开启和高侧关断	—	—	2	15	ns
t_{MOFF}	延迟匹配:低侧关断和高侧开启	—	—	2	15	ns
t_{RC}, t_{FC}	输出下降或上升时间	C_L = 1000pF	—	15	—	ns
t_{PW}	能改变输出的最小输入脉宽	—	—	50	—	ns

此外，高压栅驱动集成电路有两个非常重要的可靠性指标需要评估，分别是抗 dV/dt 噪声能力与抗 V_S 负过冲能力。关于芯片抗 dV/dt 噪声能力的测试，测试系统必须能够提供足够高的 dV/dt 应力信号，才能有效地完成高压浮栅驱动芯片抗 dV/dt 噪声能力的测试。但快速的电压信号变化会给测试系统本身带来很多麻烦。例如，较大的 dV/dt 应力可能引起系统中用于传递信号的功率开关管失效、误开启等。但更严重的是，快速的电压变化必然引起快速的电流变化，即 dV/dt 测试系统中的 di/dt 应力也很大，系统中很小的寄生电感都会产生较大的电压噪声，而对系统精度与可靠性产生很大的影响。例如，功率开关管的漏端寄生电感在器件关断时刻，较大的电流变化率会产生一个很大的电压过冲，该过冲电压与母线电压一起施加在功率开关管漏端，如果大于开关管的击穿电压，则可能使功率管发生击穿损坏，因此，对于产生较大 dV/dt 应力的测试系统而言，必须考虑系统电路中寄生参数的影响。当测试系统板设计与布局布线时一定要将寄生电感、寄生电容、寄生电阻等控制在可接受范围内。与 dV/dt 测试类似，V_S 引脚的负过冲能力的测试也较难。因为 V_S 负过冲电压是由系统中的寄生电感引起的，负过冲的电压幅值与寄生电感大小、负载电流以及功率管的开关速度均相关，如何量化寄生参数并找到寄生参数与负过冲幅

度之间的关系是设计符合要求的测试系统的关键所在。

4.3.2　测试系统设计考虑

因为寄生参数对高压栅驱动芯片测试系统的影响较大，所以在设计测试系统之前，需对寄生参数进行量化及仿真分析。

1. PCB 走线的寄生参数

PCB 走线的寄生参数主要包括寄生电阻和寄生电感两部分，但两条相邻很近的平行走线间还存在寄生电容。

对于规则的扁平走线，在知道材料属性以及走线尺寸的条件下，其直流电阻可以根据式(4.27)求得。

$$R_{\mathrm{DC}}=\frac{\rho L}{S}=\frac{\rho L}{wt} \tag{4.27}$$

式中，w 为 PCB 走线的宽度；t 为厚度；L 为长度。ρ是走线材料的电阻率，一般采用的都是铜走线，其电阻率为 $1.75\times10^{-8}\Omega\cdot\mathrm{m}$。

寄生电感一般分为自感和互感两部分，互感一般是线线之间引起的，而在功率芯片的测试系统中，我们更多考虑的是走线的自感，根据经验公式，对于一个给定边长的矩形 PCB 走线，其自身寄生电感可通过式(4.28)求得。

$$L_{\mathrm{p}}=\frac{\mu_0}{2\pi}\left[\ln\left(\frac{2l}{w+l}\right)+\frac{1}{2}+\frac{0.02235(w+t)}{l}\right] \tag{4.28}$$

式中，w 为 PCB 走线的宽度；t 为厚度；l 为长度；μ_0 为磁导率。根据式(4.27)，对于一根长 2.54cm，厚度为 35μm，宽度为 0.25mm 的走线，它的寄生电感近似为 28.9nH。通过计算可知，如果导线长度减少一半，则寄生电感将减小 44%，但宽度增加一倍，寄生电感仅减小 11%，因此在设计测试系统中，应尽量缩短导线长度而不是增加走线宽度来减小电感。

PCB 中两条平行的走线，走线与地平面或地线之间会产生寄生电容。如图 4.45 所示，为信号走线与地平面关系的简化图。它们之间的寄生电容可通过式(4.29)近似求得。

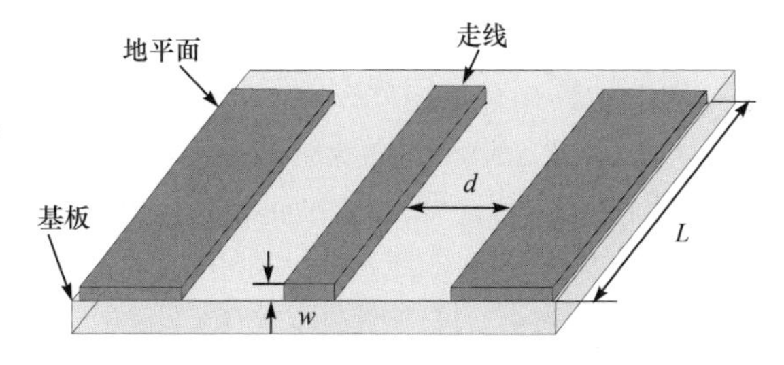

图 4.45　信号走线与地线关系的简化图

$$C_{\mathrm{p}} = 2\frac{w \cdot L \cdot e_0 \cdot e_r}{d}(\mathrm{pF}) \tag{4.29}$$

式中，w 为 PCB 走线的宽度；L 为厚度；d 为信号走线与地线之间的距离；e_0 为空气的介电常数，典型值为 8.85×10^{-12} F/m；e_r 为基板的相对介电常数。

理论计算的好处是能够快速计算寄生参数的数值量级、优化寄生设计的方向等，但寄生数值的精度是不足的，而且对于复杂的走线，理论计算会变得非常复杂，因此，我们也可以用软件来提取系统的寄生参数。

在知道 PCB 基本工艺及材料属性的前提下，可以使用 Q3D Extractor 软件对寄生参数进行提取。通常，对于一般要求的测试系统 PCB 而言，铜箔的厚度 t 均为 35μm，厚度为 1.6mm。根据以上条件，通过软件仿真就能分析走线的寄生参数与走线长宽之间的关系，并给出简单的拟合公式，方便计算 PCB 走线的寄生参数。下面用一个简单的仿真模型来进行仿真分析，如图 4.46 所示。

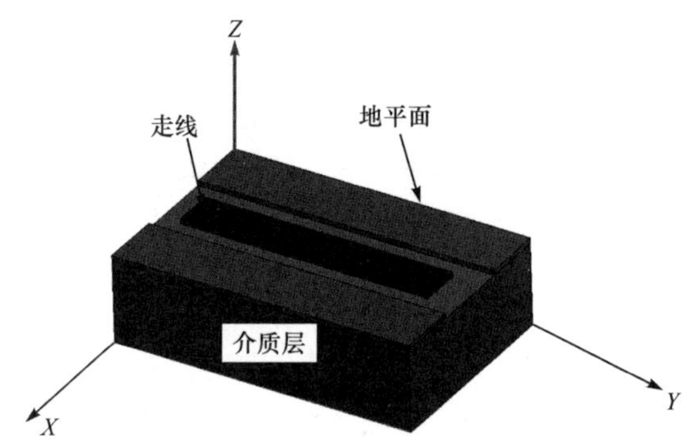

图 4.46　PCB 中扁平走线电阻模型

2. PCB 走线宽度与寄生参数的关系

该部分将通过仿真，得出寄生电阻以及寄生电感与走线的宽度之间的关系。仿真中保持走线长度 L 为 30mm，走线的厚度为 35μm，将走线宽度 w 从 0.254mm(10mil)开始，按 10mil 为步长，增加到 100mil，观察寄生参数的变化情况。仿真结果如图 4.47 所示。

从仿真结果可知，在走线长度不变的情况下，走线宽度增加 10 倍，寄生电感仅仅减小 43.04%，与理论计算相符，因此在实际 PCB 布线中，通过增加走线宽度来减小寄生电感并不是最有效的方法。走线的寄生电阻随着走线变宽明显减小，所以在需要考虑寄生电阻的情况下，可以采用加宽导线这一方法。从仿真结果可知，宽度为 0.254mm，长度为 30mm 的走线最大寄生电阻为 55mΩ 左右，这一数值对高压栅驱动芯片动态时间参数的影响是可以忽略不计的。

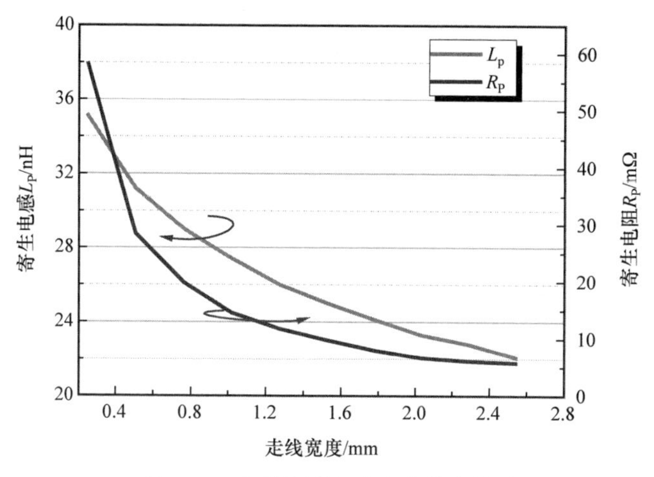

图 4.47　走线宽度与寄生参数的关系

3. PCB 走线长度与寄生参数的关系

该部分将通过仿真得出走线的长度与寄生电阻、寄生电感之间的关系。分别取两种宽度：$w = 0.254$mm 及 $w = 0.762$mm，厚度为 35μm。将走线长度 L 从 10mm 开始，按 5mm 为步长，增加到 50mm，观察寄生参数的变化情况。仿真结果如图 4.48 所示。

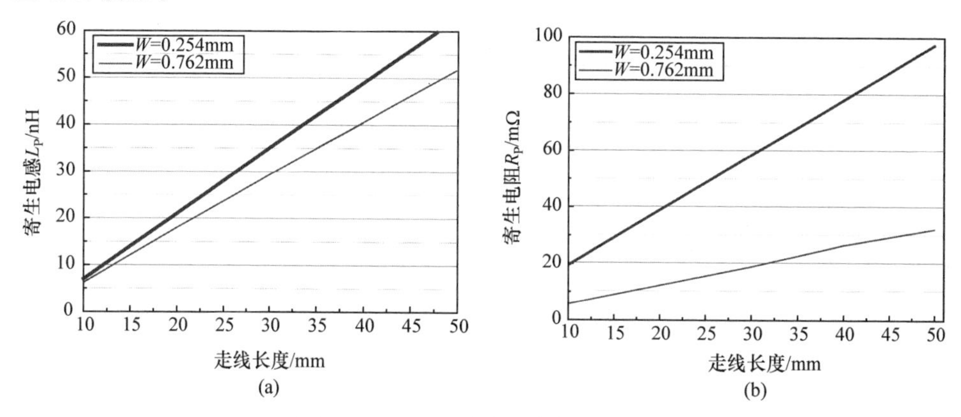

图 4.48　寄生参数与走向长度的关系

从图 4.48 可以看出，在已知 PCB 材料属性的前提下，根据仿真结果，可将走线寄生电感用一个简单的一元一次方程拟合。在走线宽度 $w = 0.254$mm 条件下，走线寄生电感为 L_p=(1.4L−7)nH；在走线宽度 $w = 0.762$mm 条件下，走线寄生电感为 L_p=(1.13L−4.6)nH。

同理，从图中 4.48(b)可以看出，在走线宽度一定的条件下，走线的寄生电阻也可用一个简单的一元一次方程拟合。在走线宽度 $w = 0.254$mm 条件下，走线寄

生电阻为 $R_{\mathrm{p}}=(1.95L)\,\mathrm{m}\Omega$；在走线宽度 $w = 0.762\mathrm{mm}$ 条件下，走线寄生电阻为 $R_{\mathrm{p}}=\left(\frac{2}{3}L-1\right)\mathrm{m}\Omega$。

综上所述，在走线宽度不变的前提下，寄生电感与寄生电阻均随着 PCB 走线长度的增加而增加，且呈线性关系。从图 4.48 也可看出寄生电感受走线宽度的影响较小，而寄生电阻受走线长度影响较大。

4. PCB 走线和地平面之间距离与寄生参数的关系

该部分将通过仿真分析走线与地平面之间距离与寄生电容之间的关系。保持走线宽度为 0.762mm，长度为 30mm，厚度为 35μm，分别将 PCB 覆铜安全距离设为 10mil、20mil、30mil 以及 40mil。不同间距对寄生电容的影响如图 4.49 所示。

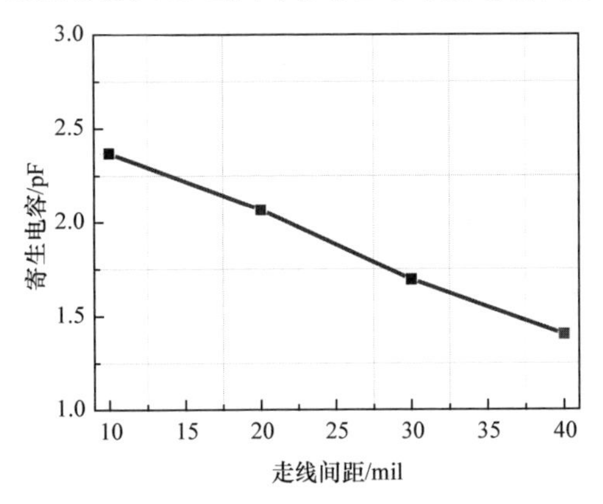

图 4.49　寄生电容与走线间距之间的关系

从仿真结果可知，走线与地平面之间的寄生电容非常小，一般都在几皮法左右，这个量级的寄生电容对高压驱动芯片动态参数测试的影响也很小，对测试精度的影响可以忽略不计。

对于测试系统板上的走线过孔，在低频条件下，它的寄生效应可以忽略不计，但在快速应力的测试系统设计中，过孔的寄生效应需要引起注意，下面将研究电路中的过孔所引入的寄生参数问题。

对于寄生电感，在已知过孔具体尺寸的前提下，可以通过式(4.30)求得。

$$L_{\mathrm{p}}=2h\left[\ln\left(\frac{4h}{d}\right)+1\right] \tag{4.30}$$

式中，h 为过孔的长度，即 PCB 的厚度；d 为过孔的直径。

对于寄生电容，可以通过式(4.31)求得。

$$C_{\mathrm{p}}=\frac{0.55\varepsilon_r hD_1}{D_2-D_1} \tag{4.31}$$

式中，D_1 为环绕过孔的焊盘的直径；D_2 为接地层的过孔直径；h 为过孔的长度，即 PCB 的厚度；ε_r 为基板材料的相对介电常数，典型值为 4.5。

根据式(4.31)可知，过孔的寄生参数与过孔的几何尺寸密切相关，下面将根据实际应用中的双层电路板，仿真过孔直径以及焊盘大小对寄生参数的影响，从而获得一个直观的结果。图 4.50 为典型的过孔模型。PCB 厚度为 1.6mm，即过孔的高度为 1.6mm。

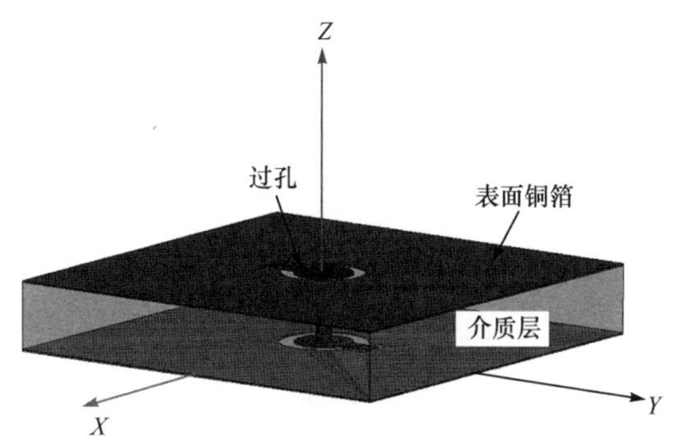

图 4.50　过孔的模型

5. 过孔与焊盘直径的关系

仿真中将接地层的过孔直径 D_2 设为固定值 0.8mm，过孔的长度设为 1.6mm，改变焊盘的大小，从而观察寄生电容以及寄生电感与焊盘直径的关系，仿真结果如图 4.51 所示。

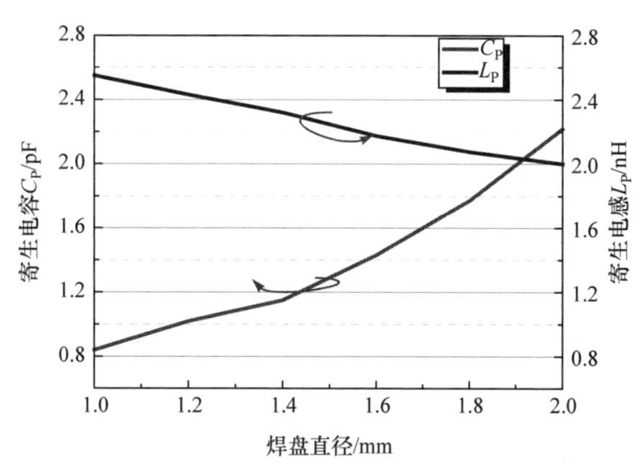

图 4.51　寄生参数与焊盘直径的关系

从仿真结果可知，过孔的寄生电感受焊盘大小的影响较小，一个典型过孔的寄生电感大约为 2nH。而过孔的寄生电容受焊盘的影响较大，因此在系统设计使用过孔时，可以通过使用较小的焊盘来减小过孔的寄生电容。

6. 过孔与通孔直径的关系

仿真中将焊盘直径 D_1 设为固定值 1.2mm，过孔的长度设为 1.6mm，通过改变孔径的大小，观察寄生电容以及寄生电感与孔径的关系。仿真结果如图 4.52 所示。

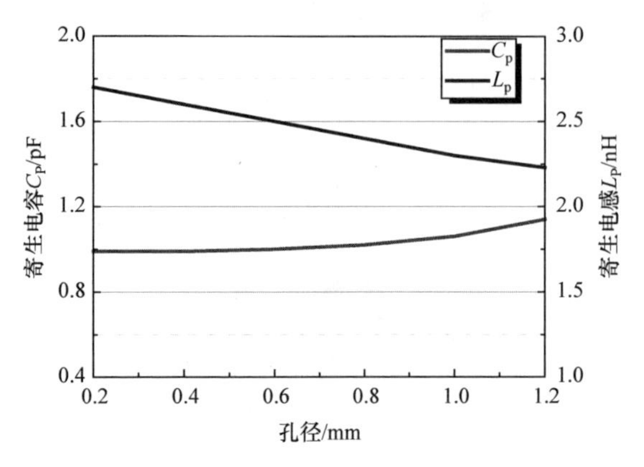

图 4.52　寄生参数与通孔直径的关系

由图 4.53 可知，通孔的直径对寄生电容影响非常小，在常用的尺寸范围内几乎不变。通孔的直径对它的寄生电感影响也较小，这是因为增大通孔直径与增宽走线相似。

经过对 PCB 走线以及通孔寄生参数的研究得知，走线和通孔的寄生电容均非常小，对于一般的高压栅驱动芯片而言，小于 10pF 的电容，不会对动态参数的测试精度带来明显的影响。同样，小于几十毫欧的寄生电阻，对动态参数的测试影响也微乎其微。但是，走线的寄生电感较大，它是影响动态参数测试精度的首要因素。基于以上理论及仿真结果，根据设计经验，如果需要将动态参数的测试精度控制在 5%以内，在走线宽度为 0.245mm 的条件下，PCB 上信号走线长度不能超过 40mm；如果走线宽度为 0.762mm，则 PCB 走线长度不能超过 48mm。如果受到布局限制，器件之间距离较远导致走线需要很长，则必须通过加宽走线来保证较低的寄生电感。

除了要控制走线的长度而降低寄生电感，电源去耦也是动态参数测试电路中必不可少的手段。由于高压栅驱动芯片的动态时间参数非常短，所以对电源系统的稳定性提出了很高的要求，如果不对电源系统进行合理的去耦处理，也会使开关时间测试出现较大误差。

例如，在设计一个驱动 15nF 的电容的电路中，假设电容从 0V 到 25V 的充电时间为 25ns，则所需要的电流为 15A(在实际应用中，该充电电流不是恒定值，而是一个瞬时电流尖峰，峰值可达 30A 左右)。为了达到系统要求，该驱动电路的电源部分必须能够提供该电流值，这就意味着电源系统与高压栅驱动芯片之间必须具有非常低的阻抗，为了达到这一效果，可以在驱动芯片部分放置若干去耦电容。

下面再从电荷量的角度考察去耦电容的作用，如图 4.53 所示，从图中左侧往右侧看，第一条曲线代表一次开关过程中电路所需要的电子数量，曲线与横坐标包围的面积代表所需要的电荷量，曲线的斜率代表何时需要这些电子。最右侧的曲线表示电源系统能够提供的电荷量。从图中可以看出，电源系统可以提供数量最多的电荷，但是它的速度比较慢，因为一般情况下电源系统内部都带有数值较大的电感与电容，所以它们的响应较慢。此外，电源系统与高压栅驱动芯片之间的距离也是重要的影响因素，假设电子在 1ns 时间里运行的距离是 6in，并且系统中器件能够在 1ns 内完成一次动作，则在器件工作的过程中，它所需要的电子都必须在 6in 的距离内，1/2 的电子应在 3in 以内，其他以此类推。

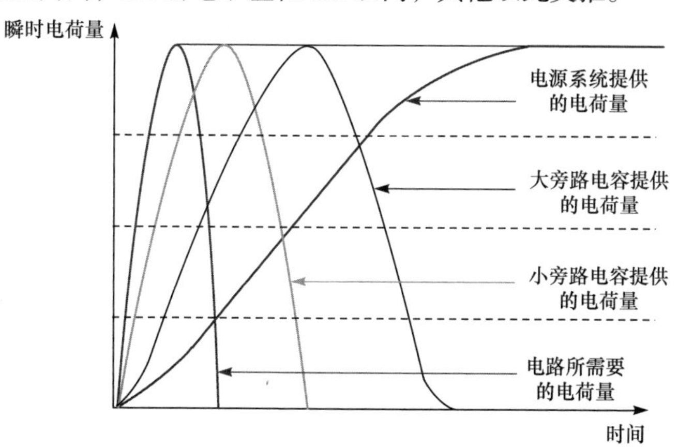

图 4.53　不同旁路电容所能提供的瞬时电荷量示意图

电容值越大的旁路电容可以提供的电荷量也越多，与电源系统相比，该旁路电容的寄生电感值要小得多，但还是不够小，不能让电容足够快地提供器件动作时所需要的电荷量。相比较大电容，小电容所具有的寄生电感也相对较小，所以小电容的响应速度较大电容要更快一点，但是小电容所能提供的电荷量也较小，所以它们可能不能单独提供器件动作时所需要的电荷量。因此，如果所设计的电路没有去耦电路或者去耦电路不能够满足要求，那么器件将不能按照设计速度进行工作，系统的速度也就会慢下来。根据测试经验，在对电路进行去耦处理时需要注意：

(1) 采用一个电容值较大的电容(一般为 10～100μF)，并且尽量让该电容靠近高压栅驱动芯片的电源引脚，保证在芯片动作时可以快速提供电荷，同时防止由于电源变化对芯片测试精度所造成的影响；

(2) 采用一个电容值较小的电容(一般取 0.01～0.1μF)，同样使该电容尽可能地靠近高压栅驱动芯片的电源引脚，用于滤除高频噪声；

(3) 所有的去耦电容都要通过尽量短的走线或者过孔连接至具有非常低阻抗的地平面，可以采用去耦电容与电源引脚共用一个焊盘或者采用小面积电源平面代替电源走线等方法减小去耦部分的寄生电感影响。

参 考 文 献

[1] Wikipedia. Gate Driver. https://en.wikipedia.org/wiki/Gate_driver[2016-11-08].

[2] Andrew S, Kevin L. New communication and isolation technology for integrated gate driver IC solutions suitable for IGBT and Si/SiC MOSFETs: Gate drive units, intelligent integrated drivers//IEEE Applied Power Electronics Conference and Exposition, San Antonio, 2018: 2986-2991.

[3] Aamir R, Ramkrishan M. A resonant gate driver circuit with turn-on and turn-off d*V*/d*t* control//IEEMA Engineer Infinite Conference, Greater Noida, 2018: 1-5.

[4] Khairul S, Lu D. Magnetically isolated gate driver with leakage inductance immunity. IEEE Transactions on Power Electronics, 2014, 29(4):1567-1572.

[5] Wang R, Danilovic M, Boroyevich D, et al. Transformer-isolated gate drive design for SiC JFET phase-leg module//IEEE Energy Conversion Congress and Exposition, 2011:1728-1733.

[6] Zhu J, Zhang Y W, Sun W F, et al. Noise immunity and its temperature characteristics study of the capacitive-loaded level shift circuit for high voltage gate drive IC. IEEE Transactions on Industrial Electronics, 2018 , 65 (4):3027-3034.

[7] Infineon. Brushless DC motor (BLDC). https://www.infineon.com/cms/en/applications/motor-control-drives/brushless-dc-motor/ [2018-03-05].

[8] ON Semiconductor. Design and application guide of bootstrap circuit for high-voltage gate-drive IC. http://www.onsemi.cn/pub/Collateral/AN-6076.pdf[2014-12-18].

[9] Zhu J, Sun W F, Zhang Y W, et al. An integrated bootstrap diode emulator for 600-V high voltage gate drive IC with P-Sub/P-Epi technology. IEEE Transactions on Power Electronics, 2016, 31(1):518-523.

[10] Park I Y , Choi Y K , Ko K Y, et al. BCD (Bipolar-CMOS-DMOS) technology trends for power management IC//The International Conference on Power Electronics – ECCE Asia, Jeju, 2011.

[11] Huang T Y , Huang C H , Huang C F, et al. Demonstration of a HV BCD technology with LV CMOS process//IEEE International Symposium on Power Semiconductor Devices & ICs, Hong Kong, 2015:193-196.

[12] Li M, Koo J M, Purakh R V. 0.18μm BCD technology platform with performance and cost optimized fully isolated LDMOS//IEEE International Conference on Electron Devices and Solid-State Circuits, Hong Kong, 2015:820-822.

[13] Mao K, Qiao M, Jiang L, et al. A 0.35μm 700V BCD technology with self-isolated and non-isolated ultra-low specific on-resistance DB-nLDMOS//IEEE International Symposium on Power Semiconductor Devices & ICs, Kanazawa, 2013:397-400.

[14] Wessels P J J. SOI based technology for smart power applications//IEEE International SOI

Conference, Indian Wells, 2007:5-7.

[15] Song K N, Kim H W. A resonant half bridge driver with novel common mode rejection technique implemented in 1.0μm high voltage (650V) DIMOS process. Microelectronics Journal, 2011, 42(1): 74-81.

[16] Hwang J T , Jung M S , Kim J S, et al. Noise immunity enhanced 625V high-side driver//European Solid-State Circuits Conference (ESSCIRC), Montreux, 2006: 572-575.

[17] Diazzi C, Martignoni F, Tarantola M. Integrated control circuit with a level shifter for switching an electronic switch: US, US5552731A, 1996.

[18] Rozsypal, Antonin. Translator circuit and method therefor:US, US7176723, 2007.

[19] Janaswamy A, Jayaraman R, Wacyk T. High voltage integrated circuit driver for half-bridge circuit employing a bootstrap diode emulator: US, US5373435, 1994.

[20] Wilhelm D. Bootstrap diode emulator with dynamic back-gate biasing: US, US7215189, 2007.

[21] Zhu J, Sun G P, Sun W F, et al. Negative voltage surge resistant circuit design in HVIC. Electronics Letters, 2013, 49(23): 1476-1477.

[22] Chen J, Kornegay S K T, Ryu S H. A silicon carbide CMOS intelligent gate driver circuit with stable operation over a wide temperature range. IEEE Journal of Solid-State Circuits, 1999, 34(2): 192-204.

[23] Nakamori A, Mori T, Yamazaki T, et al. Drive circuit：US, US7859315B2, 2010.

[24] 张允武. 600V 单片集成智能功率驱动芯片关键技术研究. 南京：东南大学, 2016.

[25] Texas Instruments. LM5109A High Voltage 1A Peak Half Bridge Gate Driver. www.ti.com/product/LM5109A, 2016.

第5章　非隔离型电源管理集成电路设计

在功率系统中，电源是最为重要的内容之一，相关功率变换、控制、管理等集成电路种类繁多，而非隔离型电源管理集成电路则是其中极具代表性的一个大类。本章首先介绍非隔离型电源的拓扑分类及控制电路的基本实现方法；其次介绍线性稳压电源的工作原理，阐述线性稳压电源的高效率技术与无片外电容技术的设计方法；然后重点介绍 Buck 型开关电源的工作原理以及高效率、高频化全集成、单电感多输出、电源管理接口等设计技术；最后讲述 Boost 型开关电源中的功率因数校正(power factor correction, PFC)技术原理，并描述功率因数提升技术与实现方法。

5.1　非隔离型电源及控制电路概述

对应不同应用与功率等级，电源有多种拓扑结构，如按照输入、输出端是否电气隔离来分类，可分为非隔离式和隔离式两种。非隔离型电源无须变压器、光耦等隔离器件，在结构上更简洁、损耗来源较少，多用于中小功率且无安全隔离问题的应用中，下面将重点介绍此类电源的电路拓扑。

5.1.1　电路拓扑及分类

非隔离型电源拓扑主要有低压差线性稳压器(low dropout regulator，LDO)、Buck 变换器、Boost 变换器、双管 Buck-Boost 变换器、Cuk 变换器、Zeta 变换器等，每种拓扑都有其适用的范围及各自的优缺点。

LDO 主要应用场景为输入电压和输出电压压差相距不大的场景中，并且压降越小，LDO 线性稳压器的表现越好，转换效率越高、功耗越低。

LDO 的典型拓扑如图 5.1 所示，其调整原理是：通过输出电压分压采样，与基准电压源产生的参考电压分别加在误差放大器的同相和反相端，放大器输出直接控制调整管的栅极电位以改变导通电阻，调整压降以保证输出稳定。由于整个系统是闭环应用，且放大器工作在深度负反馈下，故其输入端可以看成虚短，由此可以推出 LDO 的输出电压为

$$V_{\text{out}} = V_{\text{ref}}\left(1+\frac{R_1}{R_2}\right) \tag{5.1}$$

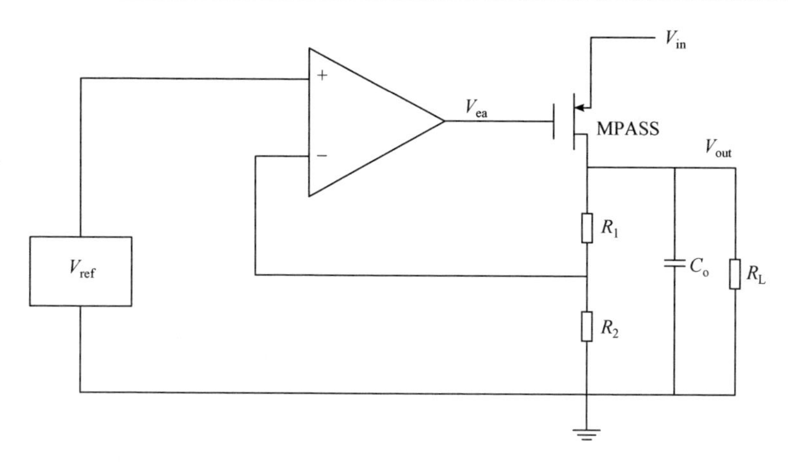

图 5.1　LDO 典型拓扑图

Buck 电路的典型拓扑如图 5.2 所示，包含两个开关和一个低通 LC 滤波网络，两个开关不断地在“开”和“关”两种状态之间切换。在一个开关周期 T_s 中，功率 MOS 管 M1 在 T_{on} 时间段内导通，L_x 点为高电位，二极管 Q2 因受反向偏压而截止；在该周期剩下的时间 T_{off} 内，M1 关断，此时 L_x 点和 V_{in} 断开，L 产生感生电势，维持原先电流，二极管 Q2 此时导通续流，L_x 点电位比输出负端电压低一个二极管压降。

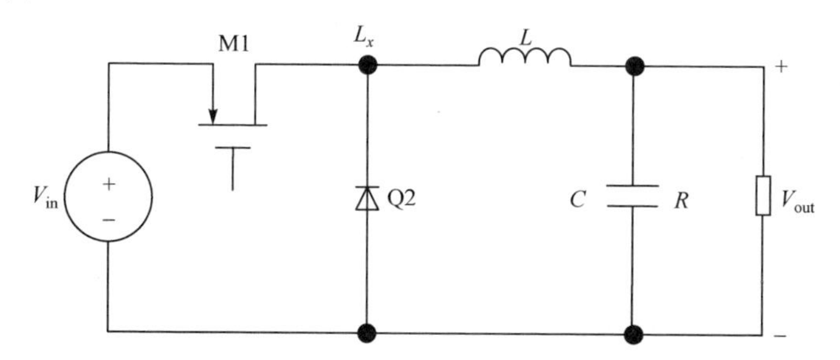

图 5.2　Buck 电路的典型拓扑图

若用占空比来表示功率管导通时间 T_{on} 与开关周期 T_s 的比值，可记为 D_1，不同的 D_1 值会改变开关管的开关时间，从而控制输出电压的大小。为了减少二极管 Q2 的导通损耗，经常会用另外一个功率 MOS 管代替 Q2，这样就组成了我们常见的同步整流 Buck 变换器。

Boost 电路的典型拓扑如图 5.3 所示，在此假设电容器 C 已被充电，当功率开关器件 Q1 在导通的状态时，由于 V_{in} 所得的能量会存储在电感器 L 上；此时由于在二极管 D1 阳极的电位会小于输出电压 V_{out}，所以二极管就会被反向偏压。因此输出电容器 C 的电荷提供输出电流至负载。而当开关器件 Q1 在截止状态时，电

流则会继续流过 L，不过此时电感器会改变电磁场，所以其电压极性会反转过来，这样会使得二极管 D1 正向偏压，并使得存储在电感器的能量产生输出电流，而此电流会流经二极管 D1，然后到负载上。

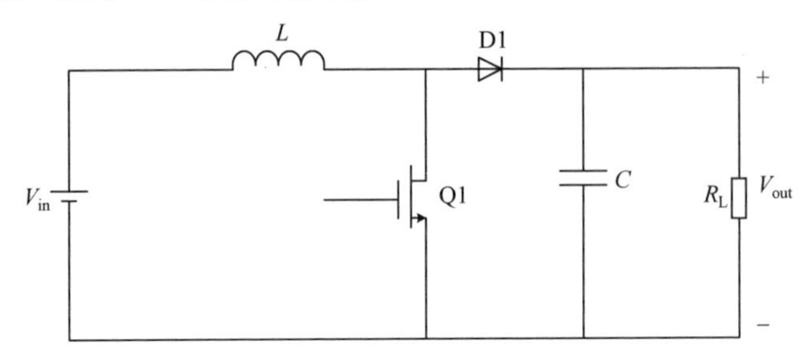

图 5.3　Boost 电路的典型拓扑图

前面已经介绍了降压型和升压型转换器，接下来将讨论由此两者串联而成的两用型(Buck-Boost)转换器。如图 5.4 所示，是 Buck-Boost 的典型拓扑图。

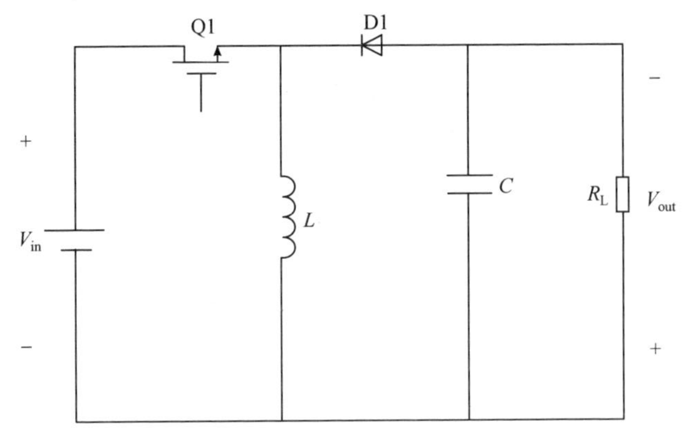

图 5.4　Buck-Boost 的典型拓扑图

当功率开关管 Q1 在导通期间，电流会流经电感器 L，并将能量存储在其中，此时由于电压极性的关系，二极管 D1 是在反向偏压状态，假设输出电容器 C 原先已被充电，所以可以继续提供输出电流至负载 R_L 上。当功率开关管 Q1 在截止状态时，由于磁能释放出来，所以在电感器 L 上的电压极性会翻转过来，这样使得二极管 D1 为正向偏压。而存储在电感器上的能量，则会在负载上产生反向的输出电流，并且会将输出电容器 C 充电，因此，负载 R_L 上的输出电压极性正好与输入电压相反。

CUK 电路的典型拓扑如图 5.5 所示，给出了输入、输出的电流波形。电路的开关元件是功率 MOS 管，电容器 C_1 作为输入端和输出端的能量转移元件。

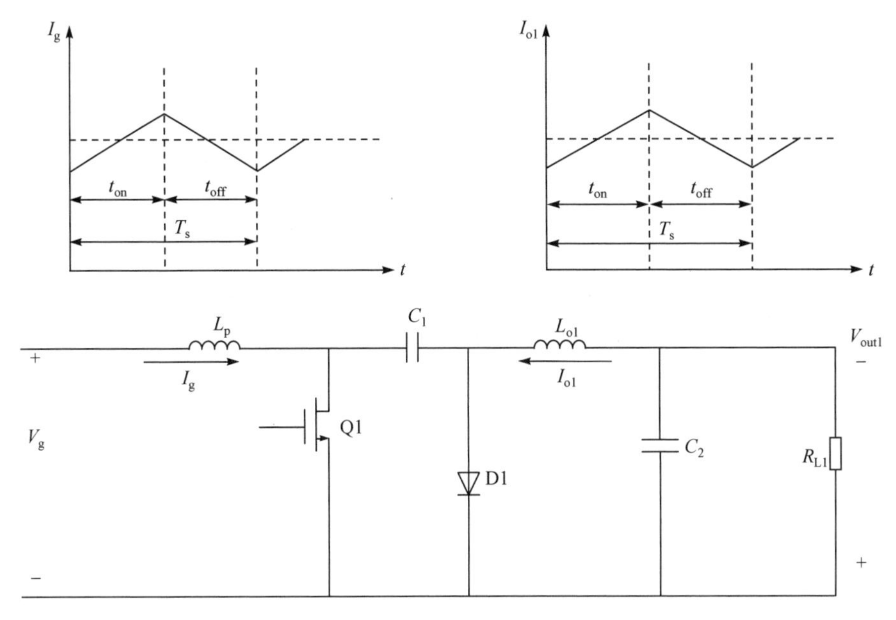

图 5.5　CUK 电路的典型拓扑图

当 Q1 关闭时，二极管 D1 处在导通状态，此时输入电流会通过电感器 L_p 在正方向上对电容 C_1 进行充电。而在电感器 L_{o1} 的能量会转移至输出端，这样可使得输出电流 I_{o1} 成为非脉动电流。当 Q1 导通时，二极管 D1 则处于截止状态，此时电容器 C_1 的正端就会接到低电位，也就是说电容器 C_1 会通过负载 R_{L1} 和电感器 L_{o1} 放电。所以，电容器 C_2 端的电压就会变成负的输出电压。在开关周期 T_s 的作用下，功率开关 Q1 就会重复上述的开和关的状态。

Zeta 电路的典型拓扑如图 5.6 所示。该变换器由功率开关管 S、续流二极管 D、储能电容 C_1、储能电感 L_1、滤波电感 L_o、滤波电容 C_o 和负载 R 组成。Zeta 变换器两种工作状态如图 5.7 所示。

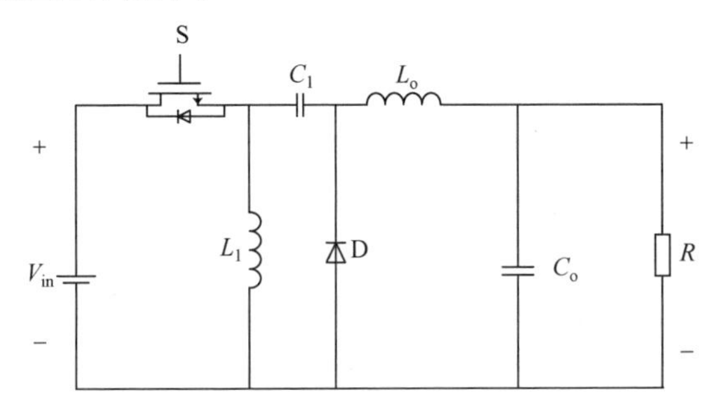

图 5.6　Zeta 电路的典型拓扑图

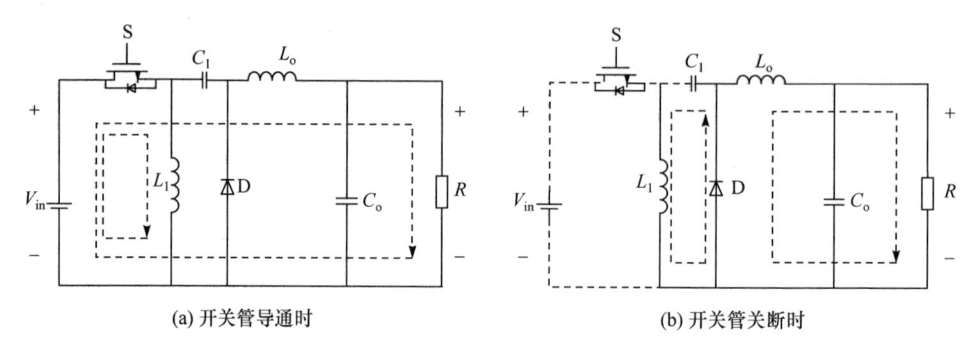

图 5.7　Zeta 变换器工作状态图

功率开关管 S 导通时，Zeta 变换器工作状态如图 5.7(a)所示，电源给储能电感 L_1 充电，L_1 电流线性上升，同时电源和储能电容 C_1 向负载供能，储能电容 C_1 电压下降，滤波电感 L_o 电流上升；功率开关管 S 关断时，Zeta 变换器工作状态如图 5.7(b)所示，储能电感 L_1 电流通过续流二极管 D 续流并向储能电容充电，此时储能电感 L_1 电流下降，储能电容 C_1 电压上升，滤波电感 L_o 通过续流二极管 D 续流，滤波电感 L_o 电流下降。在工作过程中储能电感 L_1 不断将能量转移到储能电容 C_1 上，之后输入电源和储能电容 C_1 一起向负载供能。所以储能电感 L_1 和储能电容 C_1 相当于中间储能元件，起到能量转移的作用。Zeta 变换器输入与输出电压是同极性的。

5.1.2　控制电路概述

一个常规电源的控制电路主要包含四个部分，分别为采样模块、误差放大模块、脉宽调制模块及驱动电路，如图 5.8 所示。

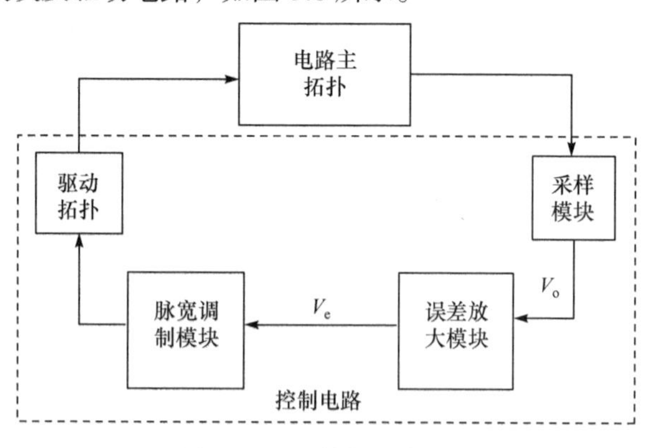

图 5.8　电源控制回路简图

当电路处于正常工作模式时，采样模块采样输出电压、电流信息并传递给误差放大模块，误差放大模块将所采信号与参考电压进行比较并把误差信号放大补偿，之后传递给电路的脉宽调制模块，根据误差电压的大小调节开关控制信号的占空比，最后将控制信号传递给驱动电路，从而控制主电路拓扑的开关器件进行工作，输出稳定的电压或电流。

其中，采样模块的主要作用是对输出电压或电流信息进行采样，针对不同的电路拓扑，拥有不同的采样方法。主要可以分为两类：直接采样和间接采样。直接采样有电阻分压采样，模数转换器(analog-to-digital converter, ADC)采样等。间接采样有光耦采样、变压器辅助绕组采样等。

误差放大模块的输入信号是采样模块的输出 V_{out} 以及参考电压 V_{ref}，误差放大模块对采样信号 V_{out} 和参考电压 V_{ref} 进行比较，并得到误差信号 V_e，最后将误差信号进行适当的处理放大，其中包括环路控制及补偿策略，然后将结果输出给脉宽调制模块。

脉宽调制模块接收放大后的误差信号 V_e，通过特定的控制方式产生占空比信号。控制方式可分为两类：一类是电压控制模式，另一类是峰值电流控制模式。此处仅以电压控制模式来说明脉宽调制模块的基本工作原理。

如图 5.9 所示，误差信号 V_e 和固定的三角脉冲信号 V_t 同时输入比较器，从而产生具有高低电平的占空比信号。

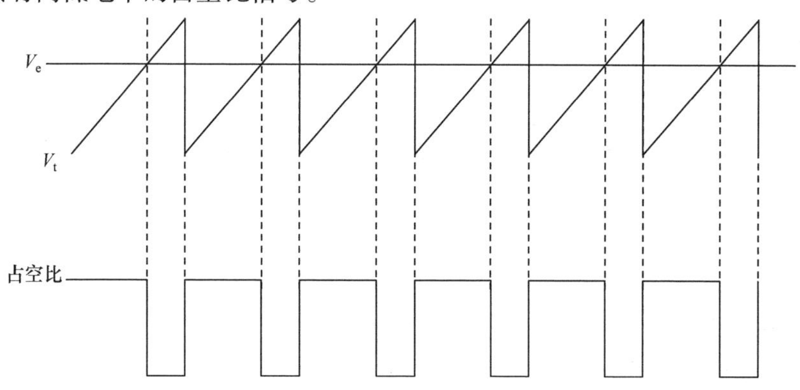

图 5.9　电压控制模式脉宽调制原理图

由于脉宽调制模块产生的占空比信号比较微弱，还不足以驱动功率开关的开启和关断，所以占空比信号在输出给功率开关之前还要经过驱动电路，以增强占空比信号的驱动能力。

5.2　线性稳压电源电路设计

5.2.1　基本工作原理

由于 LDO 的稳压原理是和负载串接一个可变电阻器件，以分压的方式输出到负载上合适的电压，所以也称为串联型稳压电路，其具体实现电路工作原理如图 5.10 所示。

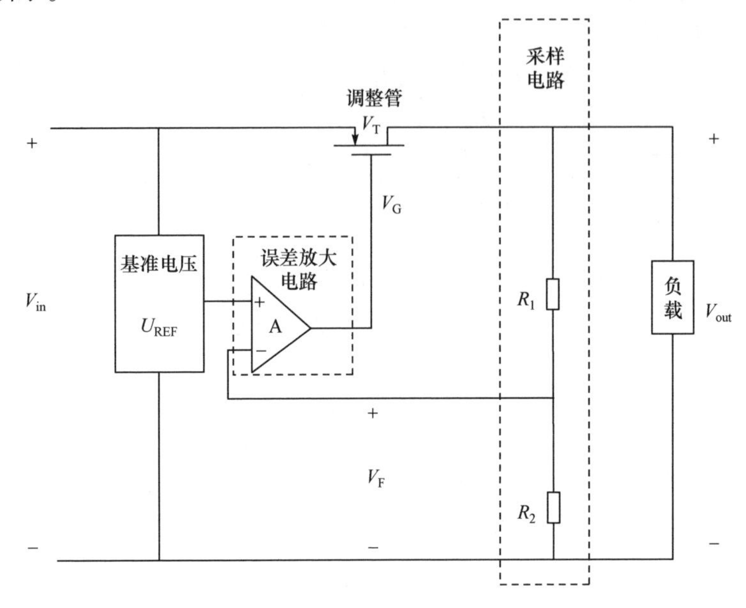

图 5.10　串联型稳压电路

1. 电路组成和工作原理

串联型稳压电路组成包括采样电路、调整管、基准电压与误差放大电路。

1) 采样电路

由电阻 R_1 和 R_2 组成，取出 V_{out} 的一部分 V_F，送到误差放大电路的反相输入端。

2) 基准电压和误差放大电路

基准电压 V_{REF} 接到误差放大电路的同相输入端。采样电压 V_F 与基准电压 V_{REF} 进行比较后，再由放大器将两者的差值进行放大。

误差放大电路 A 的作用是将基准电压与采样电压之差($V_{REF}-V_F$)进行放大，然后再送到调整管的栅极。如果误差放大电路的放大倍数比较大，则只要输出电压 V_{out} 产生一点微小的变化，即能引起调整管的栅极电压 V_G 发生较大的变化，提高稳压效果。

3) 调整管

调整管 V_T 接在输入直流电压 V_{in} 和输出端负载电阻之间。在栅极电压 V_G 作用下，调整管的漏-源电压 V_{ds} 将发生相应的变化，最终调整输出电压 $V_{out}=V_{in}-V_{ds}$，使之基本保持稳定。

在图 5.10 中，假设由于 V_{in} 增大(或假定 I_o 减小)而导致输出电压 V_{out} 增大，则通过采样后反馈到误差放大电路反相输入端的电压 V_F 也按比例增大，但其同相输

入端的电压 V_{REF} 保持不变，故放大电路 A 的差模输入电压 $V_{id}=V_{REF}-V_F$ 将减小，于是放大电路 A 的输出电压 V_G 减小，即调整管的栅极电压减小，从而引起调整管的等效电阻增大，从而 V_{sd} 增大，结果阻止输出电压 $V_{out}=V_{in}-V_{sd}$ 增大。

以上稳压过程可简明表示如下：

$$V_{in}\uparrow 或 I_o\uparrow\to V_{out}\uparrow\to V_F\uparrow\to V_{id}\downarrow\to V_G\downarrow\to V_{sd}\uparrow\to V_{out}\downarrow$$

由此看出，串联型稳压电路稳压的过程，实质上是通过电压负反馈使输出电压 V_{out} 保持稳定的过程，故这种稳压电路也称为串联反馈式稳压电路。

2. 调整管的选择

调整管是串联型稳压电路的重要组成部分，工作在放大区担负着调整输出电压的重任。它不仅需要根据外界条件的变化，随时调整本身的管压降以保持输出电压稳定，而且还要提供负载所要求的全部电流。此处以一个设计案例来说明调整管的选择。

在 LDO 中，随着负载电流大小，功率管可工作在饱和区、线性区或亚阈值区。本例中假设功率管输入和输出的电压差为 0.3V，最大负载电流为 100mA。SMIC 0.18μm 工艺中 PMOS 的工艺参数和设计指标如表 5.1 所示，可估算出功率管的宽长比。

表 5.1　SMIC 0.18μm 工艺中 PMOS 功率管的工艺参数和设计指标

功率管的相关指标	指标范围	工艺参数	大小
输入电压 V_{in}	2.1～3.6V	PMOS 管阈值 V_{thp}	−0.41V
输出电压 V_{out}	1.8V	$\mu_p C_{ox}$	73.33μA/V^2
压差 $V_{drop\text{-}out}$	0.2V	最小沟道长度 L_{min}	0.16μm
最大负载电路	100mA		

对重载情况予以考虑可得出功率管的宽长比。

(1) 重载时功率管仍工作在饱和区，则有

$$\left(\frac{W}{L}\right)_{Power}=\frac{2I_{LOAD,max}}{\mu_p C_{ox}(V_{sg}-|V_{thp}|)^2(1+\lambda V_{sd})} \tag{5.2}$$

(2) 重载时功率管工作在线性区，则有

$$\left(\frac{W}{L}\right)_{Power}=\frac{2I_{LOAD,max}}{\mu_p C_{ox}[2(V_{sg}-|V_{thp}|)V_{sd}-V_{sd}{}^2]}=\frac{2\times 100mA}{73.32\mu A/V}\approx 5.98\times 10^3 \tag{5.3}$$

结合上述两种情况，为了确保 LDO 在工艺、温度、电压等要素变化的条件下仍能提供 100mA 电流，本例子中功率管的宽长比可设为 30×10^3：1。

3. 线性稳压电源的优缺点

线性稳压电源突出的优点是其结构简单、成本低，此外它的静态电流小，噪声也比较小，最后，相对于开关电源，线性稳压电源具有较低的射频干扰(radio frequency interference, RFI)。线性稳压电源的缺点有：它只能实现降压；输出与输入之间有公共端，不能实现隔离；调整管承受输入比输出电压高的部分，且电流等同于负载电流，所以在高压差情况下，功耗大，效率极低。

5.2.2　高效率设计技术

电源电路的效率始终是最关键的指标之一，LDO 虽然整体功耗较小，但是仍然会影响整体芯片或系统的效率，尤其是待机或轻载时，需要专门对效率进行优化设计。下面从调整管选型、环路补偿设计和内部电路等方面介绍 LDO 的高效率设计技术。

1. 调整管设计

在低功耗设计时，调整管的选择应该使压差电压最小。按照所使用的调整器件可分为五大类：达林顿管、NPN、PNP、PMOS 和 NMOS 稳压器，如图 5.11 所示。选择哪类调整器件由所使用的工艺和 LDO 的性能要求所决定，然而这些结构的本质性能是以晶体管实际传输的输出电流为中心的。

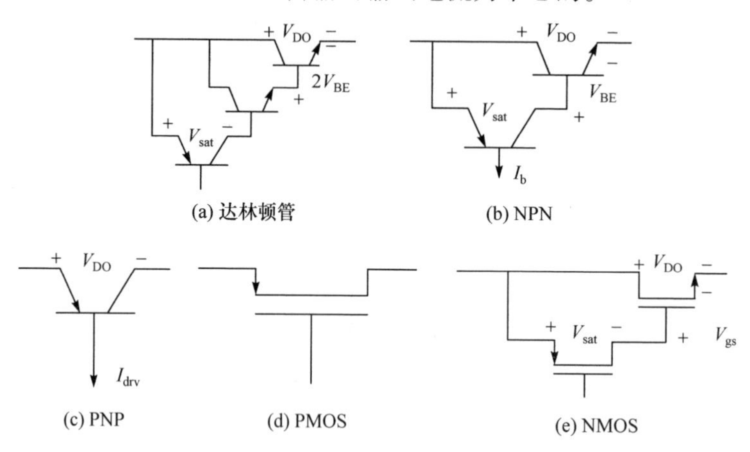

图 5.11　调整器件结构种类

静态电流(或接地电流)是指输入和输出电流的差：$I_Q = I_i - I_o$。静态电流由偏置电流(如带隙基准电压源、采用电阻和误差放大器)和串联调整管的驱动电流(它对输出功耗无贡献)和保护电路的电流等组成。静态电流的大小主要由串联调整器件、系统结构和环境温度等条件决定。

线性稳压器通常使用双极或 MOS 管作为调整管，双极晶体管的集电极电流为

$$I_c = \beta I_b \tag{5.4}$$

式中，β 为正向电流增益，典型范围为 20～500；I_c 是集电极电流；I_b 是基极电流。式(5.4)表明双极晶体管的基极电流正比于集电极电流。随着负载电流的增加，基极电流也增加。由于基极电流对静态电流有贡献，双极晶体管本质上具有高的静态电流，而且由于双极晶体管的发射极和基极之间附加的寄生电流通路使静态电流增加，寄生电流通路是因基极电压比输出电压低引起的。

而 PMOS 管漏源电流为

$$I_{ds} = g_m(|V_{gs}| - |V_{th}|)^2 \tag{5.5}$$

式中，V_{th} 是器件的阈值电压。从式(5.5)看出漏源电流 I_{ds} 是栅源电压的函数，而不是栅电流的函数，因此不论负载情况如何，MOS 管都有一个接近于常数的栅电流。

图 5.11(b)中 NPN 管的基极驱动电流是 PNP 管的集电极电流，因此 PNP 管的基极电流 I_b 是驱动电流的 $1/\beta$，故这里可以忽略，因而 NPN 调整管结构的 LDO 总的静态电流为

$$I_Q = I_{bias} = I_r + I_a + I_s \tag{5.6}$$

式中，I_r、I_a 和 I_s 分别为基准源、误差放大器和采样电阻的静态电流。

PNP 管的静态电流最大，由图 5.11(c)可得到 NPN 管的静态电路表达式为

$$I_Q = I_{drv} + I_{bias} \tag{5.7}$$

式中，I_{drv} 为 PNP 管的基极驱动电流。

表 5.2 给出了不同调整管对应于不同 LDO 性能参数的应用比较。对于给定的输入电压双极器件能够传输最高的输出电流，MOS 管单位面积的输出电流能力受到宽长比和栅驱动能力的限制，然而，MOS 器件的电压驱动特性对流过该管的静态电流最小化是有利的。双极晶体管是驱动电流器件，其有限的正向电流增益 β 在整个工艺变化中可低到 20；因此，在大负载电流期间，驱动双极调整管的误差放大器必须是相对大基极电流的电流源或电流沉。然而 NPN 管的基极电流流向输出，而 PNP 管的基极电流流向地，因此 NPN 实现的结构比 PNP 更适合低静态电流，而且静态电流对 PNP 调整器件变得相当大。快速响应对负载阶跃电流来说是必要的，可通过 NPN 结构取得。另外，横向 PNP 管时间响应较慢，纵向 PNP 管能够产生快速时间响应，但在标准工艺技术中，它的可用性受到限制。MOS 管比纵向双极器件慢，但比横向 PNP 快。

表 5.2　调整器件结构的比较

参数	达林顿管	NPN	PNP	NMOS	PMOS
I_{o-max}	高	高	高	中	中
I_Q	中	中	大	低	低
$V_{drop-out}$	$V_{sat}+2V_{be}$	$V_{sat}+V_{be}$	V_{ce-sat}	$V_{sat}+V_{gs}$	V_{sd-sat}
速度	快	快	慢	中	中

最低的压差可由 PMOS(V_{sd-sat})管和 PNP 管(V_{ce-sat})获得，近似为 0.1～0.4V。NPN 达林顿管、NPN 管和 NMOS 管除了V_{sat}外至少包含一个$V_{be}(V_{gs})$，最小压差电压为 0.8～1.2V。然而这些调整器件的压差电压可以通过利用电荷泵得到改善，这种方法的主要缺点是电路结构复杂且制造成本高，它需要一个振荡器，因此增加了总静态电流、噪声抑制比和电路复杂性。除电荷泵方法外，PMOS 器件具有最低的压差电压，这是由它们的可变阻抗特性决定的，V_{sd}随栅驱动电压和 PMOS 调制管的宽长比而变化。另外，PNP 器件具有近似 200mV 的常数饱和电压。综上所述，典型情况下，PMOS 器件是最好的选择，它是压差、静态电流、输出电流和速度的最好折中。针对 PMOS 设计，应有以下考虑。

线性变换器 LDO 要求输入电压大于输出电压一定的差值时，系统才具有正常工作的能力，即能保证输出电压稳定。当输出电压下降到某一临界值时，系统失去对输出电压的调整能力。因此$V_{drop-out}$定义为临界点处输入电压与输出电压之间的差值。$V_{drop-out}$也是输出级，即调整管的源漏电压。调整管是 LDO 中最重要的部分之一，具有很大的宽长比。因为低功耗要求实现很小的$V_{drop-out}$，所以导通管的过驱动电压必须很小才能实现。而当输出电流一定时，过驱动电压的大小与导通管的宽长比成反比，所以必须增大调整管的宽长比来获得更小的$V_{drop-out}$。同时根据工作在线性区的 MOS 管导通电阻，如式(5.8)可知，只有将调整管的宽长比增加到很大才能将其电阻降低，才能使其上的$V_{drop-out}$很小。

$$R_{on}=\frac{1}{\mu_n C_{ox}\dfrac{W}{L}(V_{gs}-V_{th})} \tag{5.8}$$

PMOS 调整管的尺寸是决定 LDO 的$V_{drop-out}$这一指标的关键因素。但是 PMOS 调整管的尺寸太大将导致其输出端产生一个很大的寄生电容，形成一个低频极点，对 LDO 系统的稳定性提出更高的挑战，并使版图面积增大。因此在保证系统稳定性和版图面积限制的前提下尽量增大 PMOS 调整管的尺寸以降低$V_{drop-out}$。当输入电压较大时，调整管栅源最大驱动电压V_{gs}也较大。驱动电流调整和输出能力也大。当输入电压降低到 $V_{DD}=V_{drop\text{-}out}+V_{out}$ 时到达临界点，若 V_{DD} 再进一步减小，则系统将失去对输出最大电流的驱动调整能力。在临界点，输出电压保持稳定，并且满足系统指标。因此：

$$V_{gs}^{max}=V_{DD}=V_{drop\text{-}out}+V_{out} \tag{5.9}$$

当系统处于临界点时，设源漏电压为 50mV，此时因 PMOS 调整管工作于线性区，故：

$$I_{ds}=K\left[\left(V_{gs}-V_{thp}\right)V_{sd}-\frac{1}{2}V_{sd}{}^{2}\right] \tag{5.10}$$

代入以上各参数，以及结合体工艺参数可以求出 PMOS 调整管的大致宽长比为 60000/1。LDO 线性变换器的功耗 P_W 为输入能量与输出能量之差，表示为

$$P_W=V_I I_I-V_o I_o=\left(V_I-V_o\right)I_o+V_I I_q=V_{drop\text{-}out}I_o+V_I I_Q \tag{5.11}$$

式中，第一项为调整管送出电流时必须的压降引起的功耗 $V_{drop\text{-}out}I_o$；第二项是内部电路工作时产生的静态功耗 $V_I I_Q$。由式(5.11)可以看出，要降低功耗，一方面是要降低 $V_{drop\text{-}out}$；另一方面是要降低 I_Q。通过上述计算，当输出电流为 100mA 时，$V_{drop\text{-}out}$ 降低为 50mV 的低压差，故而功耗的第一项得到很好地降低。通过使用微安级的偏置电流，以及在不工作的状态下关断偏置电流，使得整个电路中的电流可以很好地降低功耗第二项的损耗。

2. 环路补偿电路设计

考虑到稳定性问题，LDO 电路中要引入正确的环路补偿，这将增加 LDO 的整体功耗。传统电流缓冲补偿结构图[1]如图 5.12 所示。

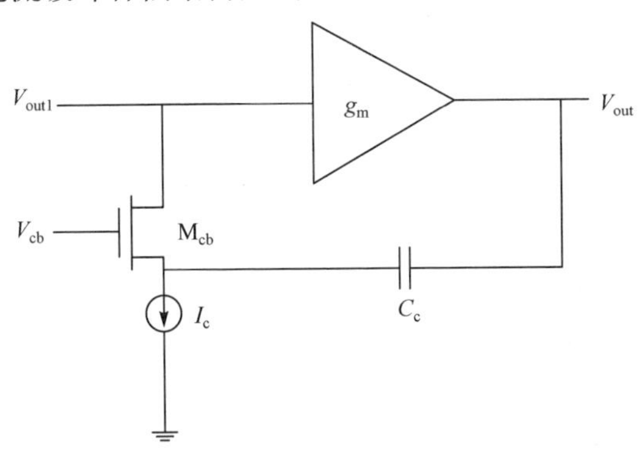

图 5.12　传统电流缓冲补偿结构图

从图 5.12 中可以看出，由于串联了 MOS 管 M_{cb}，阻断了从 V_{out1} 到 V_{out} 的前馈通路，从而防止右半平面零点的产生，这也是米勒补偿的一种改进形式。但是该

传统电流缓冲补偿需要电路提供额外的电流，这就增大了整个芯片的功率损耗。下面针对此方法的电路结构进行改进。

图 5.13 为采用嵌入式电流缓冲电路的 LDO 结构[2]，在该结构中，起环路稳定作用的电流缓冲电路被嵌入误差放大器电路中，通过元器件的共用，消除图 5.12 中传统补偿结构中的额外功耗。

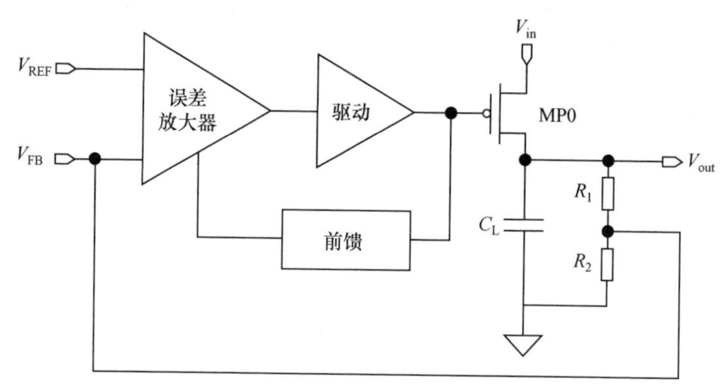

图 5.13　采用嵌入式电流缓冲电路的 LDO 结构

如图 5.14 所示，在原 LDO 的误差放大器模块中，嵌入一个由共栅级 MN7

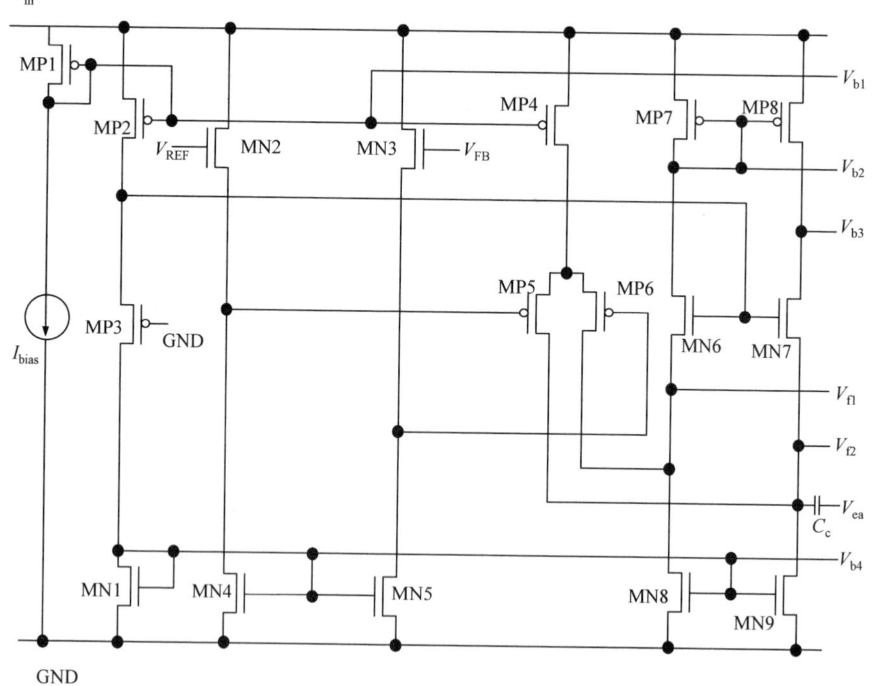

图 5.14　嵌入电流缓冲电路的误差放大器电路图

与补偿电容 C_c 组成的电流缓冲电路，该电路与原 LDO 电路的共源共栅输出级共用了 MN7 和 MN9，分别替代了图 5.12 中 M_{cb} 和 I_c 的电路功能。采用此电路形式，在进行环路补偿的同时，从结构设计上消除了引入电流缓冲电路所带来的额外功率。

3. 其他电路模块设计

LDO 除了调整管、环路补偿电路，还包括偏置电路、基准以及误差放大器等基本电路模块，若要实现整体的低功耗，这些电路环节都需要进行优化设计。由于这些模块都是模拟集成电路中比较经典的电路，相关参考文献较多，这里就不详细阐述了。此外，为了增加功率密度，无输出电容的 LDO 技术这几年也成为研究热点[3,4]，其环路需要进行特殊的补偿以保持输出电压的稳定。

以偏置电路为例，LDO 电路中各支路到地的偏置电流的总和是电路静态电流的主要组成部分，因此可以通过减小电路中各个支路的偏置电流来减小电路的总静态电流，从而降低整个电路的静态功耗。一种实现低功耗偏置的电路如图 5.15 所示。

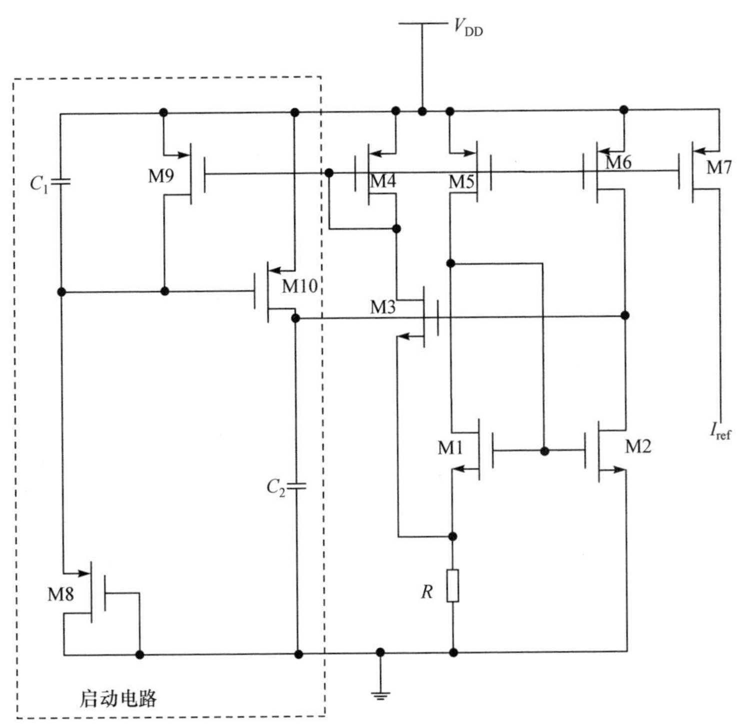

图 5.15　偏置电路

该电路主要通过将 NMOS 管 M1、M2、M3 的工作状态设置在亚阈值区域来减小电路的功耗。工作在亚阈值区域的电路可以使用较低的电源电压，因此可以具有较小的亚阈值电流，从而减小了电路的功耗。PMOS 管 M4、M5、M6、M7 组成电流镜结构，从而复制电流，M8、M9、M10 和 C_1、C_2 组成偏置电路中的启动电路，保证电路能够正常启动工作。

5.3　Buck 型开关电源电路设计

开关型调整器利用晶体管的“开”和“关”两个状态，将输入的直流电压转变为方波，这些方波可以调节占空比，最后通过合适的滤波器得到直流输出电压。滤波器一般由电感和输出电容组成，可以将方波转化为平滑的无纹波直流输出，其中调节占空比可以调整输出电容滤波的平均电压。电路中可以通过输出负反馈控制占空比，得到不受输入电压和负载变化影响的稳定输出电压。开关电源中最基础和最常见的结构就是 Buck 型变换器。

5.3.1　基本工作原理

理想 Buck 型开关电源在 MOSFET 不同的开关状态下的拓扑结构变化如图 5.16 所示。其中包含两个开关和一个低通 LC 滤波网络，两个开关不断地在“开”和“关”两种状态之间切换，在一个开关周期 T_s 中，功率 MOS 管 M1 在 t_{on} 时间段内导通，L_x 点高电位，二极管 Q2 因受反向偏压而截止(图 5.16(a))。若用占空比来表示功率管导通时间与开关周期的比值，则此段时间导通占空比可记为 D_1，不同的 d_1 值会改变开关管的开关时间，从而控制输出电压的大小。

$$D_1 = \frac{T_{on}}{T_s} \tag{5.12}$$

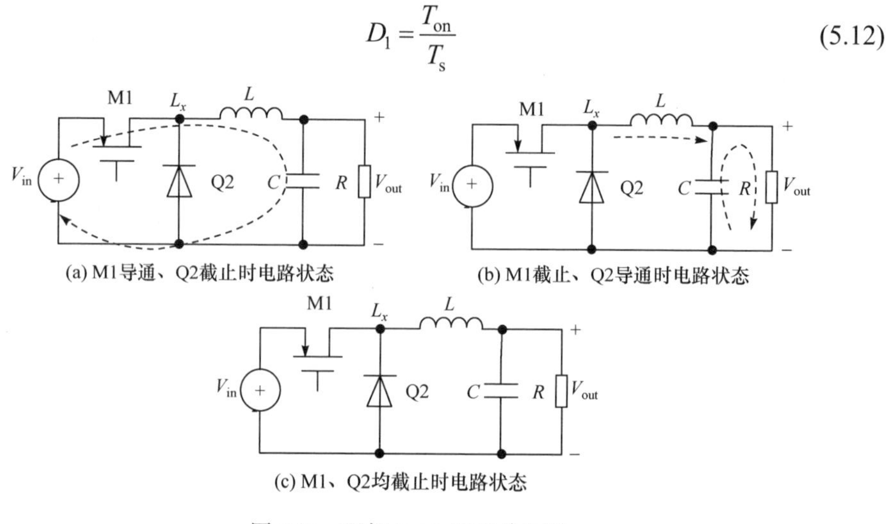

(a) M1导通、Q2截止时电路状态

(b) M1截止、Q2导通时电路状态

(c) M1、Q2均截止时电路状态

图 5.16　理想 Buck 型开关电源

在 D_1T_s 时段内，电流由输入源流经 M1、电感 L 到电容 C 和负载 R，能量由输入源传送到电感，电感上流经的电流不断增大，电感储能也随之增加。电感电流线性上升的斜率 m_1 为

$$m_1 = \frac{V_{\text{in}} - V_{\text{out}}}{L} \tag{5.13}$$

设该段时间内电感电流上升的增量为 $\Delta I_{L,\text{rise}}$，则

$$\Delta I_{L,\text{rise}} = \int_0^{D_1T_s} \frac{V_{\text{in}} - V_{\text{out}}}{L} \mathrm{d}t = \frac{V_{\text{in}} - V_{\text{out}}}{L} D_1T_s \tag{5.14}$$

下一个时间段内功率 MOS 管 M1 截止从而切断电源和电感的连接，由于电感电流不能突变，电流仍维持原来的流向，使 L_x 点电位降至比地电位还低一个二极管的正向导通压降，二极管 Q2 导通，为电感电流提供通路，如图 5.16(b)所示，能量由电感流向负载，电感电流随时间下降，下降的斜率 m_2 为

$$m_2 = -\frac{V_{\text{out}}}{L} \tag{5.15}$$

设在 MOS 管截止二极管的导通占空比为 D_2。该时段内，电感电流线性下降的电流变化量为 $\Delta I_{L,\text{fall}}$，则

$$\Delta I_{L,\text{fall}} = \int_{D_1T_s}^{(D_1+D_2)T_s} \frac{V_{\text{out}}}{L} \mathrm{d}t = \frac{V_{\text{out}}}{L} D_2T_s \tag{5.16}$$

当电感 L 较小、负载电阻 R 较大、开关周期 T_s 较大时，将会出现电感电流已经下降到零，新的周期尚未开始的状态，即功率管 M1 和整流管 Q2 均截止(图 5.16(c))，可将此段时间的占空比记为 D_3，此时电感电流维持为 0，直到下一周期开始。

如果新的开关周期在电感电流尚未降至零时开始，则系统工作在连续导通模式(continuous conduction mode, CCM)，工作波形见图 5.17(a)，此模式下有 $D_1+D_2=1$。稳态时，电感上存储的电流和消耗的电流变化量相等，即式(5.14)、式(5.16)右边相等，可得

$$\frac{V_{\text{out}}}{V_{\text{in}}} = \frac{D_1}{D_1 + D_2} \tag{5.17}$$

若新的周期尚未开始，电感电流已经下降到零，则系统工作在不连续导通模式(discontinuous conduction mode, DCM)，一个周期内的电感电流状态可分为上升、下降、维持为 0 三个阶段，如图 5.17(b)中 D_1、D_2、D_3 三个时段，此模式下有 $D_1+D_2+D_3=1$。

5.3.2　高效率设计技术

为了提高开关电源效率，需建立精确合理的损耗模型，这也是认识和分析开

关电源功耗的基础。本节将介绍峰值电流型 Buck 电源内部存在的各种损耗机制，以及相互间的联系，得到影响电源自身损耗的主要因素，并对开关电源各项损耗总结分析，为设计高转换效率的开关电源提供理论基础。基于所推出的损耗模型，从电路设计角度优化峰值电流型 Buck 电源的转换效率。

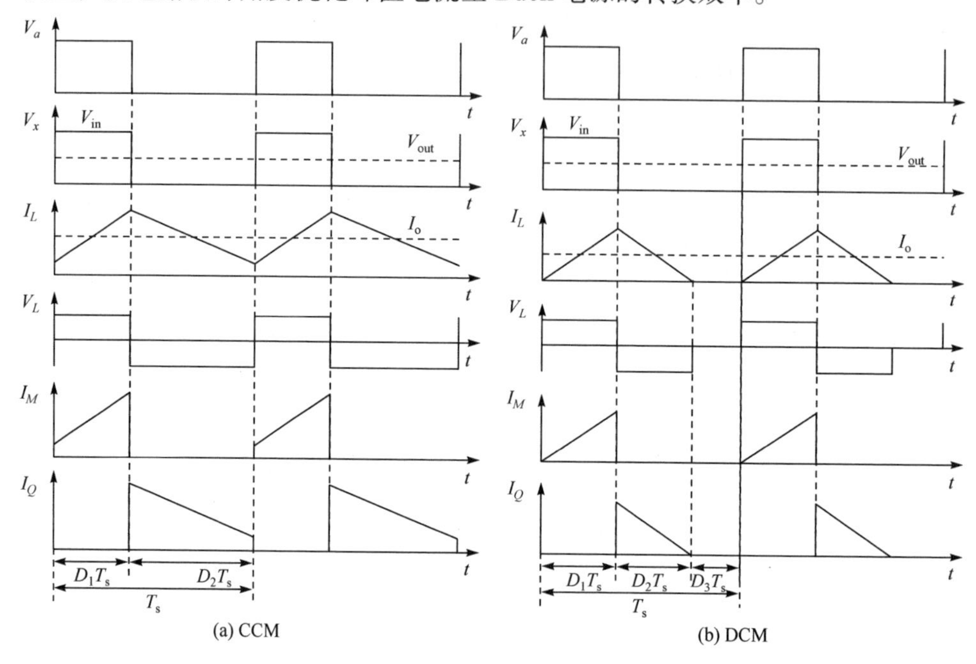

图 5.17　Buck 型开关电源的工作波形

1. 电路损耗模型分析

峰值电流型 Buck 电源自身的损耗可分为两类:控制电路损耗和功率级损耗。控制电路损耗与电源调制方式、功能复杂程度相关，而且在全部自身损耗当中所占比重不大，因此这里着重讨论功率级损耗。峰值电流型 Buck 电源功率级损耗根据产生机制可以分为传导损耗 P_{cond}、驱动损耗 P_{sw}、交叠损耗 P_{ov}、死区时间损耗 P_{DT}。我们可以将功率管驱动损耗与交叠损耗合称为开关损耗。

传导损耗是峰值电流型 Buck 电源中重要的一项损耗，其产生原因是电源转换器中的功率 MOS 管的导通电阻 R_{on}、滤波电容的等效串联电阻(equivalent series resistance, ESR)以及滤波电感的直流内阻(direct current resistance, DCR)，以及其他寄生电阻和杂散电阻。传导损耗与负载电流的大小、开关电源输出电流的均方根有效值(root mean square, RMS)相关，影响 RMS 的因素较多，包括开关电源工作频率、滤波电感值、输入输出电压差和工作模式等。

驱动损耗对于峰值电流型 Buck 电源也是较为重要的一项损耗。驱动损耗主要包括开关节点电容充放电损耗和驱动损耗。影响驱动损耗的主要因素是开关电源转换器的工作频率，以及开关节点的寄生电容。反向恢复损耗也是一项开关损耗，影响其大小的主要因素是工作频率和开关过程中的反向恢复电荷。影响开关损耗的因素主要有工作频率、栅驱动电压以及栅充放电电荷。

交叠损耗在高转换频率的 Buck 电源中，也占有较大比重。交叠损耗是由功率开关管在开启/关断过程中的电压、电流交叠产生的，转换频率是影响交叠损耗的主要因素，其次输出电流负载、功率管尺寸等因素也对交流损耗有一定影响。

死区损耗是另一项较为独立的损耗，特别是对于输出负载电流变化较宽的应用。死区损耗是由峰值电流型 Buck 电源功率开关管在死区时间内的体二极管导通产生的。

其他损耗还包括漏电流、待机损耗、控制电路的损耗。研究和分析电源转换器的损耗产生机制，模拟绘制损耗随着工作环境变化的曲线，建立各种损耗的损耗模型将为改善开关电源转换效率提供理论依据。

1) 传导损耗

影响传导损耗的因素主要是功率管尺寸和负载电流。本节分别对直流和交流传导损耗进行研究，建立传导损耗与负载电流、功率管尺寸的关系模型，同时补充 DCM 和脉冲跳周期调制(pulse skipping modulation, PSM)模式的传导损耗模型，提出轻载情况传导损耗模型。

如图 5.18 所示，在常用带同步整流的 Buck 功率级拓扑中，高边功率管 PMOS 和低边同步整流管 NMOS(以下简称功率 P 管和功率 N 管)依次在每个周期内导通，流过功率管的电流中含有直流分量和交流分量，分别对应输出电流和输出电流纹波，相应的功率级传导损耗 P_{cond} 分为直流传导损耗 $P_{\text{cond(dc)}}$和交流传导损耗 $P_{\text{cond(ac)}}$，如下式：

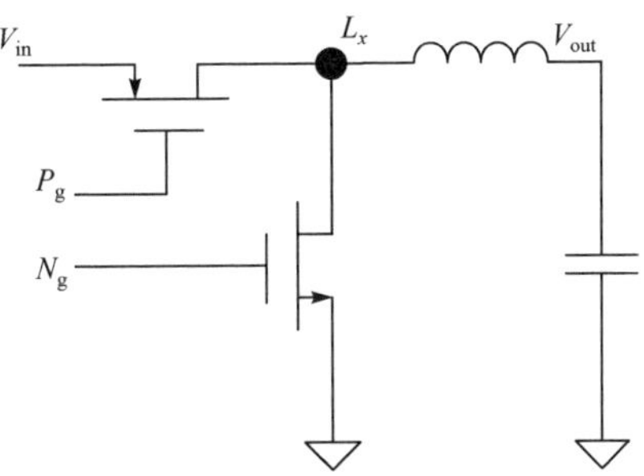

图 5.18　带同步整流管的开关电源功率级

$$P_{\text{cond}} = P_{\text{cond(dc)}} + P_{\text{cond(ac)}} \tag{5.18}$$

功率 P 管和功率 N 管在各自的导通周期内，工作在线性区，式(5.19)为工作在线性区的 MOS 管导通电阻公式：

$$R_{\text{on}} = \frac{1}{(V_{\text{dd}} - V_{\text{th}})\dfrac{W}{L}\cdot K} \tag{5.19}$$

根据直流传导损耗的概念，可知直流传导损耗 $P_{\text{cond(dc)}}$可用式(5.20)表示：

$$P_{\text{cond(dc)}} = {I_o}^2 R_{\text{on,P}} D + {I_o}^2 R_{\text{on,N}} (1-D) \tag{5.20}$$

式中，I_o 为电源转换器的平均输出电流；$R_{\text{on,P}}$ 和 $R_{\text{on,N}}$ 分别为高边功率管 PMOS 和低边同步整流管 NMOS 的导通电阻；D 为电源转换器工作占空比。将式(5.19)代入式(5.20)得到直流传导损耗 $P_{\text{cond(dc)}}$，一般地功率管 PMOS 和功率管 NMOS 的栅长均取工艺最小栅长 L。

$$P_{\text{cond(dc)}} = {I_o}^2 L \left[\frac{D}{(V_{\text{dd}} - V_{\text{thp}}) W_{\text{P}} \cdot K_{\text{P}}} + \frac{1-D}{(V_{\text{dd}} - V_{\text{thn}}) W_{\text{N}} \cdot K_{\text{N}}} \right] \tag{5.21}$$

式中，V_{thp} 和 V_{thn} 分别为功率 P 管和功率 N 管阈值电压；W_{P} 和 W_{N} 分别为功率 P 管和功率 N 管的栅宽；K_{P} 和 K_{N} 分别为功率 P 管和功率 N 管的工艺参数。典型地，为了使传导损耗在开关电源工作于各种占空比时，效率最优化，取功率 P 管和功率 N 管具有相同的导通电阻：

$$R_{\text{on}} = \frac{1}{(V_{\text{dd}} - V_{\text{thp}}) \dfrac{W_{\text{P}}}{L_{\text{P}}} \cdot K_{\text{P}}} = \frac{1}{(V_{\text{dd}} - V_{\text{thn}}) \dfrac{W_{\text{N}}}{L_{\text{N}}} \cdot K_{\text{N}}} \tag{5.22}$$

对于开关电源转换器，流经功率 MOS 管的电流可近似为三角波，因此计算传导损耗时，除了直流传导损耗 $P_{\text{cond(dc)}}$，还必须计算交流传导损耗 $P_{\text{cond(ac)}}$，即 RMS 损耗功率。

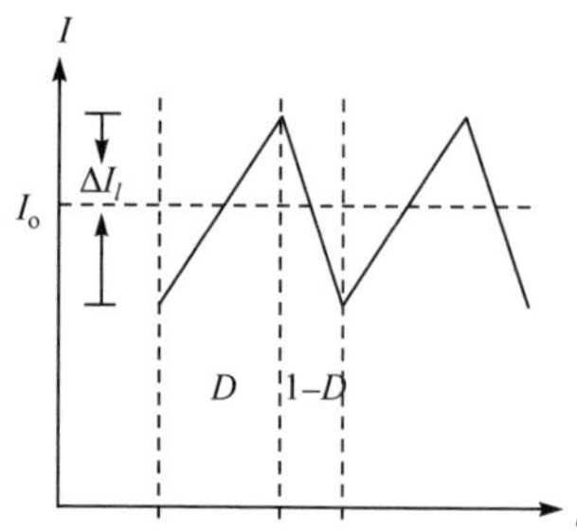

图 5.19　工作在 CCM 下的传导电流波形

对于工作在 CCM 下的电源转换器，传导电流为三角波，如图 5.19 所示，三角波的峰峰值由工作频率以及外部滤波电感 L 决定，上升、下降斜率由电源转换器工作占空比决定。式(5.23)给出了交流传导损耗 $P_{\text{cond(ac)}}$。其中 R_{on} 为功率管的导通电阻，I_{rms} 为交流电流。由于功率管导通电阻与功率管尺寸成反比，由式(5.22)可知增大功率管尺寸，可以减少传导损耗[5]。

$$P_{\text{cond(ac)}} = R_{\text{on}} \cdot I_{\text{rms}}^2(\text{ac}) = R_{\text{on}} \cdot \frac{1}{3} \cdot \left(\frac{\Delta I_l}{2} \right)^2 \tag{5.23}$$

工作在 DCM 下的电源转换器，传导电流为三角波加一段零电流波形，如图 5.20 所示，电流三角波积分取平均值，即输出电流值。三角波的峰峰值由工作频率和外部滤波电感 L 决定，上升、下降斜率由电源转换器工作占空比决定。式(5.24)给出了交流传导损耗 $P_{\text{cond(ac)}}$。

$$
\begin{aligned}
P_{\text{cond(ac)}} &= \frac{1}{T} R_{\text{on}} \int_0^{T'} i_p^2 \mathrm{d}t = \frac{2}{T} R_{\text{on}} \int_0^{\frac{T'}{2}} \left(\frac{2}{T'} \cdot I_p \cdot t \right)^2 \mathrm{d}t \\
&= \frac{1}{3} R_{\text{on}} \frac{I_p^2 \cdot T'}{T}
\end{aligned} \tag{5.24}
$$

式中，T 为电源转换器工作频率；T' 为 DCM 的有效工作周期；i_p 为电感电流瞬态值；I_p 为 DCM 下电感电流峰峰值。因为T'与T存在如下关系：

$$
T' = \frac{I_p}{\Delta I_l} T \tag{5.25}
$$

式中，ΔI_l 为连续模式下电感电流峰峰值，DCM 的传导损耗表达式为

$$
P_{\text{cond}} = \frac{1}{3} R_{\text{on}} \frac{I_p^3}{\Delta I_l} = \frac{1}{3} R_{\text{on}} \frac{(I_{\text{o}} + \Delta I_l/2)^3}{\Delta I_l} \tag{5.26}
$$

对于工作在 PSM 模式下的电源转换器，传导电流波形如图 5.21 所示，电流波形积分取平均值，即输出电流值。由于 PSM 模式下传导电流的峰峰值比 CCM 和 DCM 大，特别是在极轻载时更显著，所以交流传导损耗会随着负载进一步下降而升高。

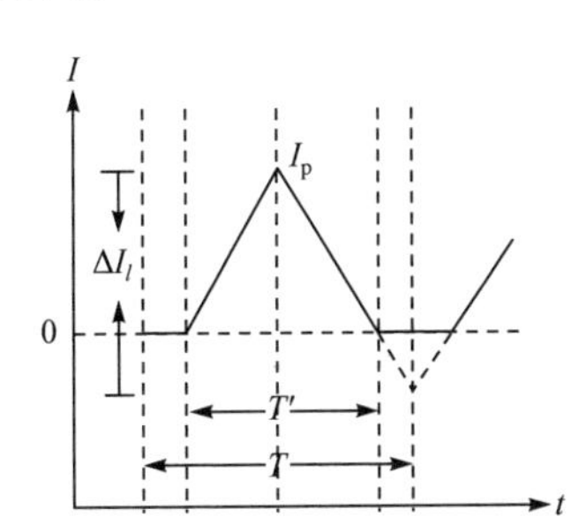

图 5.20　工作在 DCM 的传导电流波形

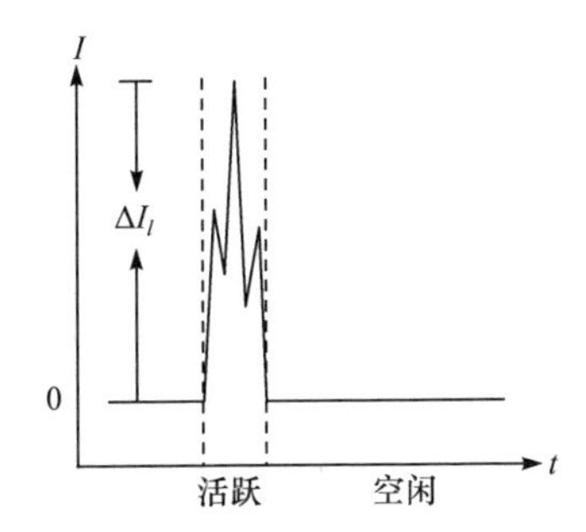

图 5.21　工作在 PSM 的传导电流波形

综上，当开关电源输出级一定时，传导损耗随着负载电流的变化，依次为

$$
P_{\text{cond}}(I_{\text{o}}, W) = \begin{cases}
\left[I_{\text{o}}^2 + \dfrac{1}{3} \cdot \left(\dfrac{\Delta I_l}{2} \right)^2 \right] \cdot \dfrac{L}{(V_{\text{dd}} - V_{\text{th}}) W \cdot K}, & \text{CCM} \\
\dfrac{1}{3} \dfrac{(I_{\text{o}} + \Delta I_l/2)^3}{\Delta I_l} \cdot \dfrac{L}{(V_{\text{dd}} - V_{\text{th}}) W \cdot K}, & \text{DCM} \\
\text{交流传导损耗升高}, & \text{PSM}
\end{cases} \tag{5.27}
$$

式(5.27)再次说明了，传导损耗随着负载电流的增大，在 CCM 下呈平方增大。在 SMIC 0.13μm CMOS 工艺下，负载为 300mA 时，以功率管 0.2Ω 的导通电阻计

算，传导损耗达 18mW，而控制电路损耗约为 2mW。由此可见在重载情况下，减少传导损耗意义重大。由式(5.27)可得传导损耗随负载变化曲线如图 5.22 所示。

2) 驱动损耗

峰值电流型 Buck 电源的驱动损耗，由开关节点电容充放电引起驱动损耗组成。影响驱动损耗的主要因素是开关电源转换器的工作频率、功率管尺寸，以及开关节点的寄生电容、电感大小。本节着重分析工作频率与功率管尺寸对驱动损耗的影响。

由于功率开关管和驱动电路的MOS管存在一定的寄生电容，如图5.23所示，包括栅源寄生电容 C_{gs}、栅漏电容 C_{gd}、漏体电容 C_{db}，这些都是影响功率开关管驱动损耗的寄生电容。在开关周期中由于寄生电容充放电，会引入损耗，称为驱动损耗，损耗量与开关信号翻转点的寄生电容成正比：

$$P_{sw} = f_s C V_{p\text{-}p}^2 \tag{5.28}$$

式中，f_s 为开关电源工作频率；C 为开关信号翻转点的寄生电容总和；$V_{p\text{-}p}$ 为翻转点的充放电电压差。

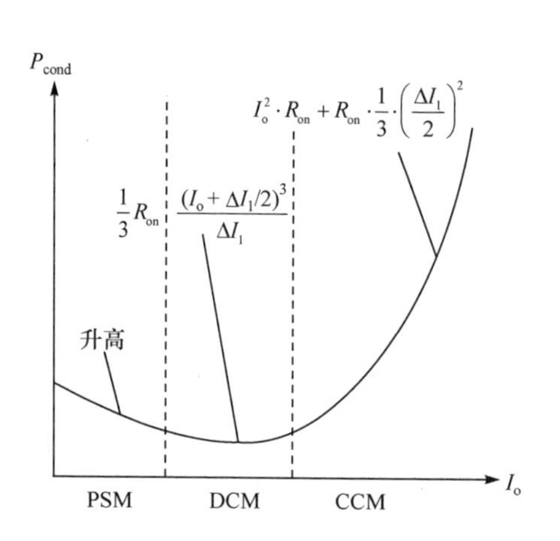

图 5.22　传导损耗随负载电流变化趋势

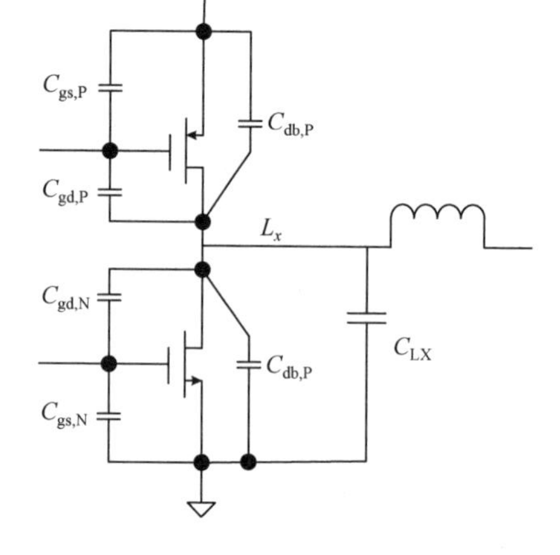

图 5.23　开关节点的寄生电容分布

驱动损耗包含功率管栅节点电容充放电损耗 $P_{sw,G}$ 和驱动电路开关节点充放电损耗 P_{drive}。对于电源功率管的栅节点，开关过程的翻转压为驱动电路的电源电压即 V_{dd}，驱动损耗为

$$P_{sw,G} = f_s(C_{gs,N} + C_{gs,P} + C_{gd,N} + C_{gd,P}) \cdot V_{dd}^2 \tag{5.29}$$

其包括功率 P 管和功率 N 管的栅漏电容 C_{gd}、栅体电容 C_{gb}、栅源电容 C_{gs}。设定驱动最后级反相器尺寸与功率管尺寸比例为 α_1，则驱动最后级尺寸为 $\alpha_1 W_p$。理想情况下，驱动电路的损耗为

$$P_{\text{drive}} = f_s \cdot (C_{gs} + 2C_{gd} + C_{db}) \left(1 + \frac{1}{b}\right) \left(\frac{\alpha^n - 1}{\alpha - 1}\right) V_{dd}^2 \tag{5.30}$$

式中，α 为驱动电路的驱动比例；n 为驱动级数；b 为功率 P 管与功率 N 管的尺寸之比。以下描述功率管在线性区中尺寸与各寄生电容的关系：

$$C_{gs} = C_{ov} W_p + 0.5 C_{ox} W_p L \tag{5.31}$$

$$C_{gd} = C_{ov} W_p + 0.5 C_{ox} W_p L \tag{5.32}$$

$$C_{db} = W_p E C_j + 2(W_p + E) C_{jsw} \tag{5.33}$$

式中，C_{ov}、C_{ox}、C_j、C_{jsw} 为工艺参数；L 为栅长；W_p 和 E 分别表示功率管栅宽和漏区宽度，得到开关损耗与电源转换频率和功率管尺寸的关系为

$$\begin{aligned} P_{sw} &= P_{sw,G} + P_{\text{drive}} \\ &= f_s \cdot V_{dd}^2 \left[(C_{gs} + C_{gd})_{N,P} + (C_{gs} + C_{gd} + C_{db}) \left(1 + \frac{1}{b}\right) \frac{\alpha^n - 1}{\alpha - 1} \right] \end{aligned} \tag{5.34}$$

由式(5.34)可知，减小功率管尺寸可以减少开关损耗，同时当系统工作在轻载时，电源转换频率下降，开关损耗也会随之降低，如图 5.24 所示。

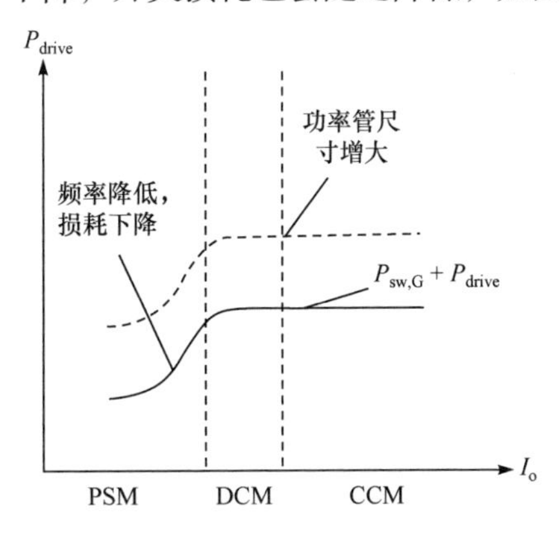

图 5.24　驱动损耗变化趋势

3) 交叠损耗

峰值电流型 Buck 电源的交叠损耗，主要由开关电源转换器中流经功率管的电流和功率管压降交叠产生。影响交叠损耗的主要因素是电源转换频率，同时功率管尺寸、负载电流也对交叠损耗产生一定的影响。本节深入分析了交叠损耗产生的过程，得到其与功率管尺寸、负载电流的关系模型。

对于典型的 MOS 管，在开启/关断过程中，导通电流和导通压降在一定时间内产生交叠，交叠时间产生的损耗即交叠损耗，图 5.25 为交叠损耗的示意图。

其中，I_{ds}表示功率开关管的源漏电流，V_{ds}表示功率开关管的源漏电压，在功率管开启/关断过程中，其交叠时间分别为t_{on}和t_{off}，式(5.35)给出交叠损耗P_{ov}的计算公式：

$$P_{ov}=f_s\int_0^T v_{ds}i_{ds}\mathrm{d}t \tag{5.35}$$

式中，f_s为开关电源工作频率；v_{ds}和i_{ds}分别为开启/关断过程中的瞬态源漏压降和瞬态源漏电流；T为交叠持续时间。可见求出开关过程中准确的瞬态源漏压降、瞬态源漏电流以及开关时间，即可求出交叠损耗。

对于内部集成功率管的峰值电流型 Buck 电源，在计算开关过程中的瞬态源漏压降和瞬态源漏电流时，由于功率管的寄生参数和芯片封装寄生参数的影响，图 5.25 给出交叠损耗模型与实际存在较大偏差，本节考虑了寄生参数对交叠损耗的影响，给出了更加接近实际的交叠损耗模型。由图 5.26 开关节点的电压波形可见，N 管在开启/关断过程中，L_x节点电压翻转值小于一个 PN 结压降V_{BD}，这使得功率 N 管的交叠损耗相比功率 P 管小很多，因此本节交叠损耗的计算仅以功率 P 管为主。

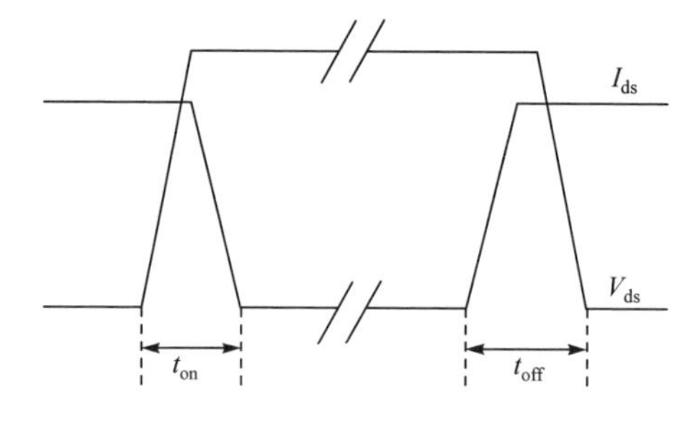

图 5.25　交叠损耗的示意图

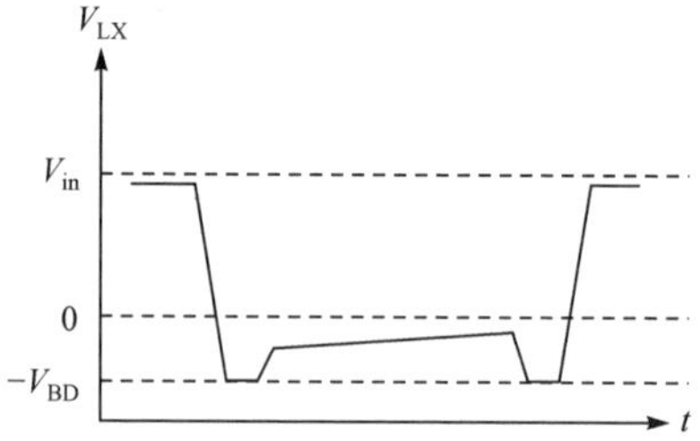

图 5.26　开关节点工作周期波形

在建立交叠损耗模型前，有必要先对典型的功率级电路寄生参数进行介绍，如图 5.27 所示。在图 5.23 中开关节点寄生电容的基础上，引入开关节点寄生电容C_{LX}，表示在节点L_x处寄生的不包含功率 P 管和 N 管漏端寄生电容的其他电容，如 PAD 寄生电容；$D_{b,N}$表示寄生体二极管，R_f和R_r分别表示功率管的驱动关断和开启电阻。

对于图 5.27 给出的功率级电路模型，功率开关管开启时刻的V_{gs}、V_{ds}和I_{ds}曲线如图 5.28 所示。将功率管开启过程中的V_{gs}、V_{ds}和I_{ds}以及交叠损耗$P_{ov,r}$进行分段，并近似为线性。

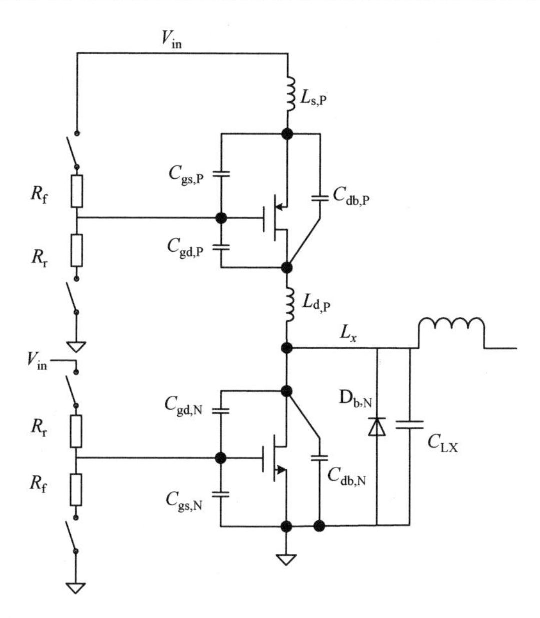

图 5.27 峰值电流型 Buck 电源功率级模型

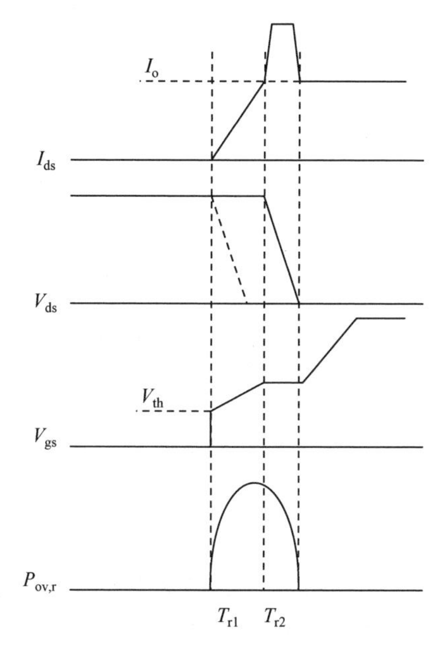

图 5.28 功率管开启过程

将功率 P 管的开启过程分成 T_{r1} 和 T_{r2} 两个时间段。在 T_{r1} 时间段内，功率 P 管的栅源电压超过阈值电压 V_{th}，漏电流 I_{ds} 开始增加，但小于输出电流 I_o，由于电感电流连续性，使开关节点 L_x 的电压必须满足电感电流连续条件，因此功率 N 管的体二极管仍然导通，开关节点 L_x 电压值仍保持$-V_{BD}$。T_{r1} 时间段内漏端电流从零上升到输出电流 I_o，图 5.28 近似为线性上升，漏源电压 V_{ds} 保持固定，约为 $V_{in}+V_{BD}$，由式(5.35)中交叠损耗公式可知，求出时间 T_{r1} 即可求出此段时间的交叠损耗。在 T_{r2} 时间段内，功率 P 管的漏电流 I_d 达到输出电流 I_o，此时功率 N 管的体二极管关断，功率 P 管的漏电流一部分提供给电感作为 I_o，另一部分对开关节点 L_x 的寄生电容进行充电，使节点 L_x 的电压值开始上升，功率 P 管的 V_{ds} 开始下降，当 V_{LX} 的上升斜率满足米勒平台条件，即驱动电流 I_g 与米勒电流 $C_{gd}\dfrac{dV_{LX}}{dt}$ 相等，此时栅压保持不变，漏电流 I_{ds} 也近似不变，由式(5.35)可知，求出此时的 I_{ds} 和时间 T_{r2} 即可求出此段时间的交叠损耗。

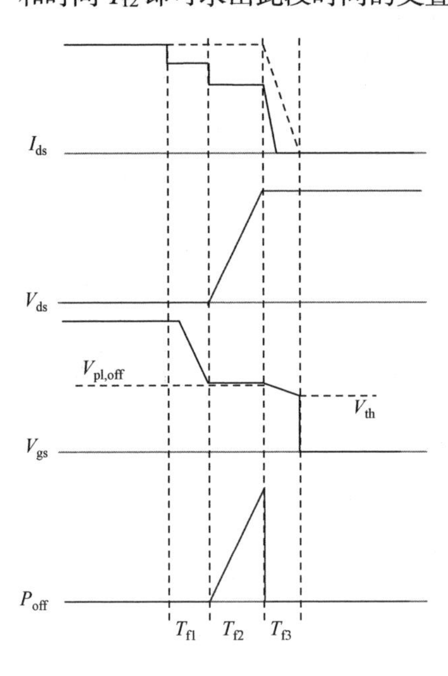

图 5.29　功率管关断过程

对于图 5.27 给出的功率级电路模型，功率开关管开启时刻的 V_{gs}、V_{ds} 和 I_{ds} 曲线如图 5.29 所示。将功率管开启过程中的 V_{gs}、V_{ds} 和 I_{ds} 曲线以及交叠损耗进行分段，并近似为线性。

将功率 P 管的关断过程，分成 T_{f1}、T_{f2} 和 T_{f3} 三个时间段。在 T_{f1} 时间段内，功率 P 管的栅电压 V_g 由 V_{in} 减小到 $V_{pl,off}$，功率 P 管的源漏电流 I_{ds} 近似保持不变，仅由米勒电容 C_{gd} 的栅端电压变化产生的电流 I_{gd}：

$$I_{gd}=\frac{dV_g}{dt}C_{gd} \tag{5.36}$$

由于电感电流的连续性，开关节点 L_x 电压必须满足电感电流连续条件，开关节点电压仍保持为 V_{in}，所以此段时间无交叠损耗。在 T_{f2} 时间段内，功率 P 管的栅端电压 V_g 保持在米勒平台电压 $V_{pl,off}$，漏端电压开始下降，此时功率 N 管的体二极管仍未导通，功率 P 管的源漏电流 I_{ds}、米勒效应电流 I_{gd} 以及开关节点 L_x 的寄生电容放电电流 I_{CLX} 共同组成了电感电流，其中功率 P 管的源漏电流 I_{ds} 近似保持不变，功率 P 管的源漏电压 V_{ds} 近似为线性上升，求出时间 T_{f2} 即可求出此段功率 P 管关断过程的交叠损耗。在 T_{f3} 时间段内，开关节点 L_x 电压值下降到 $-V_{BD}$，功率 N 管的体二极管导通，此时功率 P 管的源漏电流下降至零，下降过程持续了 T_{f3} 时间，求出 T_{f3} 时间即可求出此段功率 P 管关断过程的交叠损耗。

以上内容分析了功率 P 管的交叠损耗产生过程，在建立了交叠损耗的模型的基础上进行分析与总结。

(1) DC-DC 转换器的工作频率主要决定交叠损耗，损耗与频率成正比；

(2) 输出的负载电流会影响交叠损耗，损耗与输出电流近似呈线性关系，输出电流越大交叠损耗越大；

(3) 驱动电阻会影响交叠损耗，损耗与驱动电阻近似成正比；

(4) 功率管尺寸会影响交叠损耗，损耗与功率管尺寸呈线性关系。

高频是开关电源 DC-DC 发展的重要方向，由于交叠损耗随着频率上升而逐渐突出，在设计高频开关电源 DC-DC 中出现了软开关等技术以减少开关交叠损耗，但同时增加了电路设计的难度。可以看到驱动电路、功率管尺寸等因素也是影响交叠损耗的重要因素，后续会将交叠损耗和其他损耗因素进行折中，对驱动电路和功率管尺寸进行优化。

4) 死区时间损耗

在电源转换器工作过程中，需要防止功率 P 管和功率 N 管同时开启，这将会造成由功率 P 管到功率 N 管的电流溃通。一般在功率 P 管和功率 N 管的开启/关断之间提供某一延迟，这段延迟称为死区时间。这里将分析死区时间在峰值电流型 Buck 电源工作周期中的产生过程，并对其损耗进行建模，为设定最佳的死区时间提供依据。

过长的死区时间会使开关节点 L_x 出现负电压，如图 5.30 所示，这将导致功率 N 管体二极管导通，引入损耗。

过短的死区时间，如图 5.31 所示，开关节点 L_x 的电压值未下降到零电压时功率 N 管开启，产生功率 N 管的正向电流。死区时间过长和过短都不利于电源转换效率，最佳死区时间为功率 P 管的关断时间、功率 N 管的开启时间与节点 L_x 处寄生电容的放电时间 T_a 之和，记为最优时间 T_{opt}[6]。

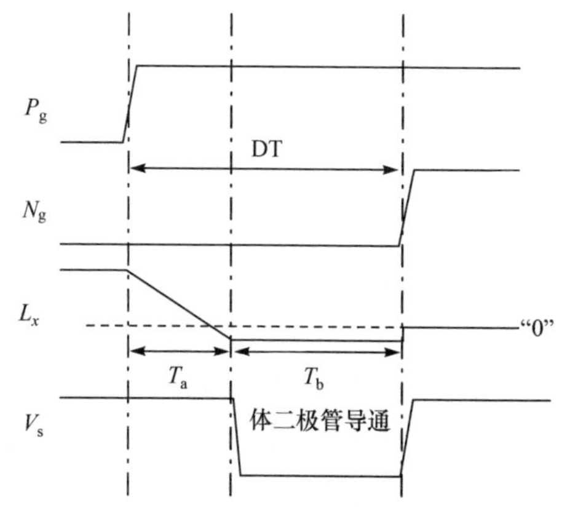

图 5.30 过长的死区时间

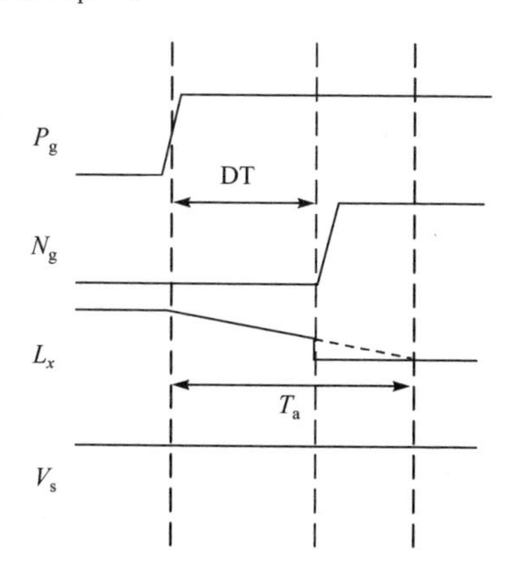

图 5.31 过短的死区时间

上述分析可知，死区时间的最优值为

$$T_{\text{opt}} = T_{\text{r,P}} + T_{\text{r,N}} + \frac{C_{\text{LX}} V_{\text{dd}}}{I_{\text{o}}} - T_{\text{drv,N}} \tag{5.37}$$

式中，$T_{\text{r,P}}$ 和 $T_{\text{r,N}}$ 分别为功率 P 管和功率 N 管的上升时间；$T_{\text{drv,N}}$ 为功率 N 管的驱动延迟，$C_{\text{LX}}V_{\text{dd}}/I_{\text{o}}$ 为开关节点 L_x 的寄生电容放电时间。由式(5.37)可知，最优死区时间与功率管尺寸、驱动电路以及负载电流相关。

对于输出电流 I_{o} 较大的情况，实际的死区延迟时间 T_{fac} 比 T_{opt} 长，这段时间即图 5.30 中示出的体二极管导通时间：

$$T_{\text{b}} = T_{\text{fac}} - T_{\text{opt}} \tag{5.38}$$

在时间 T_{b} 内，功率管的体二极管导通，导通压降约为 V_{BD}，功率 P 管关断周期的导通电流为 $I_{\text{o}}+\Delta I_{\text{o}}$，功率 P 管开启周期导通电流为 $I_{\text{o}}-\Delta I_{\text{o}}$，以下分析以功率 P 管关断周期为例进行分析，开启周期类似。给出输出电流 I_{o} 较大时，死区损耗模型：

$$P_{\text{DT}} = V_{\text{BD}}(I_{\text{o}} - \Delta I_{\text{o}})(T_{\text{fac}} - T_{\text{opt}}) f_{\text{s}} \tag{5.39}$$

对于输出电流 I_{o} 较小的情况，实际的死区延时时间 T_{fac} 比 T_{opt} 短，即在功率 P 管关断后，开关节点电位尚未降低到 0 时，功率 N 管开启。由于功率 N 管过早开启，开关节点 L_x 寄生电容的电荷将从功率 N 管流向地，引起损耗。当 T_{fac} 比 T_{opt} 短较多时，会引起由功率 P 管到功率 N 管的直通电流，这将引起非常严重的损耗，必须防止这种情况发生，因此死区时间通常设置较长时间，留有一定裕度。给出输出电流 I_{o} 较小时，死区损耗模型：

$$P_{\text{DT}} = \left(1 - \frac{T_{\text{fac}}}{T_{\text{opt}}}\right)^2 V_{\text{dd}}^2 C_{\text{LX}} f_{\text{s}} \tag{5.40}$$

综上，给出死区损耗的模型如下：

$$P_{\text{DT}} = \begin{cases} V_{\text{BD}} I_{\text{o}} (T_{\text{fac}} - T_{\text{opt}}) f_{\text{s}}, & T_{\text{fac}} \geqslant T_{\text{opt}} \\ \left(1 - \dfrac{T_{\text{fac}}}{T_{\text{opt}}}\right)^2 V_{\text{dd}}^2 C_{\text{LX}} f_{\text{s}}, & T_{\text{fac}} < T_{\text{opt}} \end{cases} \tag{5.41}$$

图 5.32 给出设定了固定死区时间的峰值电流型 Buck 电源，死区损耗随负载电流的变化曲线。对于负载电流在较大范围内变化的开关电源，固定的死区时间会在不同负载情况下，产生不同损耗，如图 5.32 所示，当死区时间大于最优时间 T_{opt} 时，损耗呈一阶线性函数上升，死区时间越长上升曲线斜率越大；当死区时间小于最优时间 T_{opt} 时，损耗为二阶函数，死区时间越长损耗变化越快。

5) 损耗分析

峰值电流型 Buck 电源工作在重载情况下，由于负载电流较大，传导损耗成为最主要的功率级损耗，而且随着负载电流的急剧上升，这也是重载时转换效率

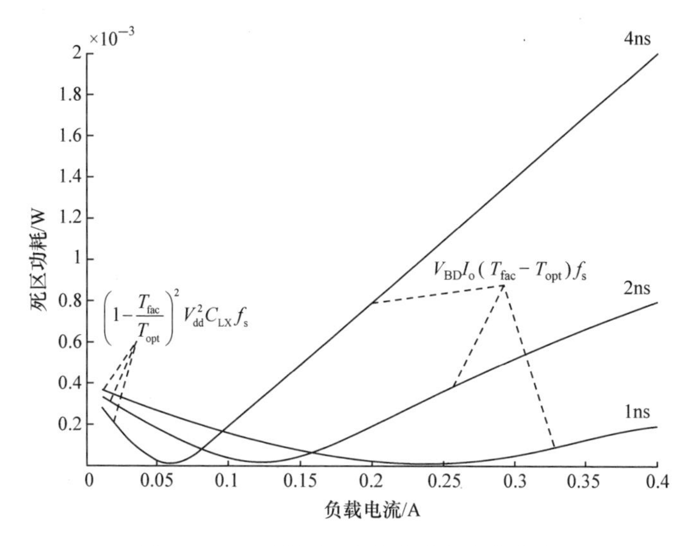

图 5.32　死区损耗随负载电流的变化曲线

下降的主要原因。其次驱动损耗和交叠损耗也是影响电源转换效率的重要因素，但与重载时的负载功率相差较远，对重载的转换效率影响较小。在中等负载时，传导损耗占自身损耗比重下降，但驱动损耗和交叠损耗所占比重上升，限制了中等负载电源的转换效率。在轻负载时，开关电源转换器自身能量损耗变得尤为突出，这是因为驱动损耗在开关电源的输入功率中所占比重变大，限制了开关电源转换器的转换效率。因为硬开关的开关电源驱动损耗和交叠损耗(都与开关电源转换器的工作频率有关)在负载下降后占较大比重。

图 5.33 给出了开关电源转换器的传导损耗、交叠损耗和驱动损耗占输入功率的比例随着负载电流的变化趋势，在固定频率的 CCM 下，驱动损耗和交叠损耗逐渐成为影响效率的主导因素。为了提高轻载的转换效率，最佳的方法是使用 PSM 模式。同时，可以注意到在轻载甚至空载的情况下，传导损耗在转换损耗中占的比重也会逐渐上升，这是因为在 PSM 模式下，输出电流的纹波加大，使得交流传导损耗逐渐变大[7]。

2. 高效率电路设计与验证

前面详细分析了峰值电流型 Buck 电源损耗模型，这里着重从电路设计角度，优化峰值电流型 Buck 电源的转换效率。分别从功率管分段驱动、驱动电路、死区时间控制等方面进行电路的优化设计。

1) 功率管低功耗设计

由于峰值电流型 Buck 电源的自身损耗，特别是传导损耗随负载电流的变化而显著变化，对电源转换效率影响较大，同时功率管尺寸又是影响传导损耗的主

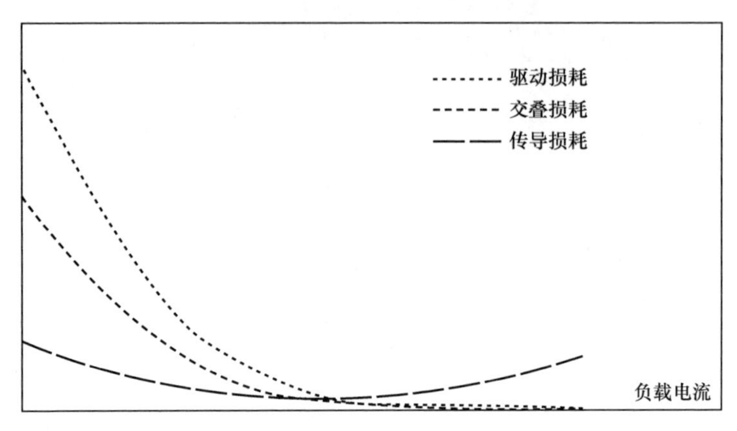

图 5.33　各损耗所占输入功率的比例随负载变化趋势

要因素，因此考虑对于不同负载电流，使用不同的功率管尺寸，以减少负载电流变化对电源转换效率的影响。本节首先针对固定负载，对功率管尺寸进行优化，在此基础上设计分段驱动的功率管，实现较宽负载范围内的高转换效率。

一般功率管的栅长为工艺最小栅长，设计功率管尺寸只要研究最优的功率管宽 W。由第 2 章的分析结果可知，对于一定的负载电流 I_o，功率管尺寸越大，传导损耗越小，但驱动损耗和交叠损耗会随之增大。为了得到固定负载下最优的功率管尺寸，需要得到各项损耗与功率管尺寸的关系。

以 SMIC 0.13μm 工艺为例，表 5.3 为其工艺参数，以及部分 Buck 电源的设计指标，将各项损耗模型代入表中数据简化后可得式(5.42)～式(5.44)。

表 5.3　SMIC 0.13μm 的工艺参数

名称	数值	名称	数值
阈值电压 V_{th}	0.7V	C_{ov}	3.04×10^{-10} F/m
电源电压 V_{in}	3.3V	C_{ox}	5.0×10^{-11} F/m
工作频率 f_s	2MHz	C_j	1.22×10^{-3} F/m^2
V_{BD}	0.65V	C_{jsw}	4.56×10^{-11}F/m
功率管栅长	0.35μm	K_P	34.8μA/V^2
电感电流纹波 ΔI_o	80mA	K_N	118.3μA/V^2

假定设计指标要求的 DC-DC 主要工作在负载 100～200mA，因此以下设计过程中，以 150mA 定负载电流为峰值效率点。其传导损耗 P_{cond}，驱动损耗 P_{sw}，交叠损耗 P_{ov} 可以计算为

$$P_{\text{cond}}(W_{\text{P}})=\left[I_{\text{o}}^2+\frac{1}{3}\left(\frac{\Delta I_{\text{o}}}{2}\right)^2\right]\frac{1}{(V_{\text{in}}-V_{\text{th}})K_{\text{P}}\cdot\dfrac{W_{\text{P}}}{L}}=\frac{0.12}{W_{\text{P}}} \tag{5.42}$$

$$P_{\text{sw}}(W_{\text{P}})=f_{\text{s}}C_{\text{total}}V_{\text{dd}}^2=92W_{\text{P}} \tag{5.43}$$

$$P_{\text{ov}}(W_{\text{P}})=P_{\text{ov,on1}}+P_{\text{ov,on2}}+P_{\text{ov,off2}}+P_{\text{ov,off3}}\approx 85W_{\text{P}} \tag{5.44}$$

对于给定负载电流，最优尺寸满足：

$$\frac{\partial P}{\partial W_{\text{P}}}=\frac{\partial(P_{\text{cond}}+P_{\text{sw}}+P_{\text{ov}})}{\partial W_{\text{P}}}=-\frac{0.12}{W_{\text{P}}{}^2}+177=0 \tag{5.45}$$

由式(5.44)可得固定负载电流下，最优功率管尺寸 $W_{\text{P,opt}}$ 为

$$W_{\text{P,opt}}=\sqrt{0.12/177}=26037(\mu\text{m}) \tag{5.46}$$

以上推导可以得到固定负载电流时的最优功率管尺寸，但是随着负载电流在一定范围内变化，传导损耗、驱动损耗和交叠损耗的最优折中将不再平衡，计算 80～250mA 区间各负载电流段的最优尺寸，结果如图 5.34 所示。

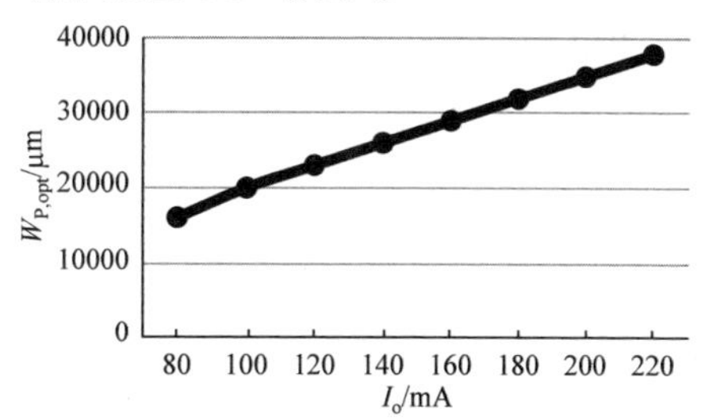

图 5.34　不同负载下的最优功率管尺寸

由图 5.34 可知，功率管的最优尺寸 $W_{\text{P,opt}}$ 与负载电流 I_{o} 呈线性关系，由此可设计分段驱动的最优尺寸功率管。

功率管分段驱动的思想是，设计对于负载变化具有自适应调整功能的功率管，以减少负载变化较大时的传导损耗，提高 Buck 电源的转换效率。这种方法称为最优尺寸控制(optimization width control, OWC)。由于不同负载电流下，有效工作的功率管尺寸不同，驱动电流以及导通电阻会根据负载不同而改变。最优尺寸控制的功率管尺寸使得功率管的充放电电荷和寄生电阻能够在较宽的负载范围内实现与其他损耗的折中，使效率最优化。同时 OWC 在所有负载情况下工作在固定频率，因此对 Buck 电源的动态性能没有影响，OWC 电路本身也容易实现。

图 5.35(a)为传统固定尺寸功率管示意，固定尺寸给电源带来损耗上面已给出分析，图 5.35(b)为最优尺寸功率管示意图，当系统检测到负载电流在某个量级时，自动打开相应尺寸的开关管，由 EN1～EN3 控制，结合适当的控制电路，可以动态改变开关管尺寸，使系统功耗保持最优。

OWC 可以在宽负载范围应用的电压转换器中起到良好效果，它的简单结构也易于实现。图 5.36 示出了上述 OWC 的基本实现方法，其为一个传统的峰值电流型 Buck 电源，具有多个不同尺寸并联的功率管，检测电感电流并通过电阻转换成电压，检测电路上的电压差被放大并与两个设定的门限电压进行比较，V_1 和

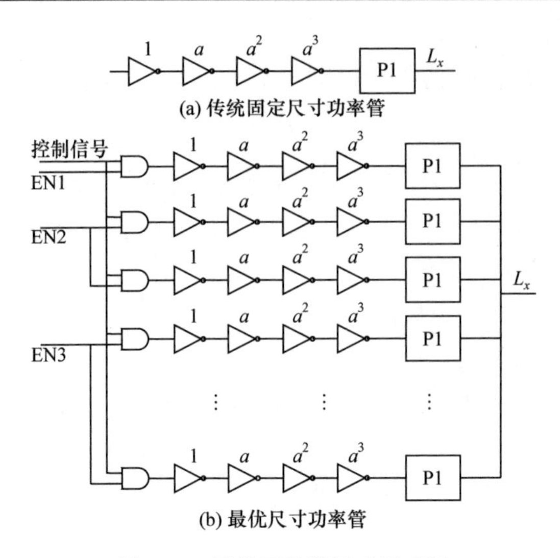

图 5.35　最优开关管尺寸示意图

V_2是两个门限电压值，代表了一定的负载电流值，其中 V_1设定了轻载和中载的门限电压，V_2设定了中载和重载的门限电压。

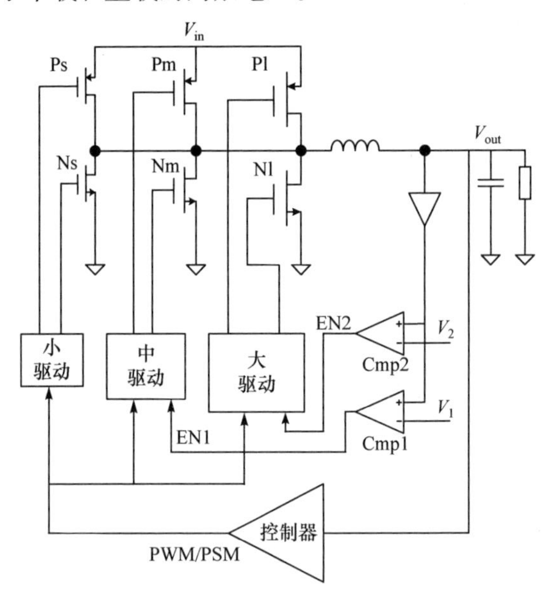

图 5.36　OWC 控制的实现

图 5.37 示出了 OWC 控制电路的工作波形，假设负载电流从 0 到满载情况，图中描述了转换器的工作情况。

(1) 在轻载情况下，表征负载电流的检测电压值小于设定的门限电压 V_1 值，比较器 Cmp1 和比较器 Cmp2 输出均为低电平，只有小尺寸的功率管有效工作。

这样可以实现在轻负载情况下，转换器工作在小尺寸功率管的优化状态。为了进一步优化转换效率，当负载更小时可以考虑减少开关频率。工作频率减小对极轻载情况下的效率贡献十分明显。

(2) 在中载情况下，表征负载电流的检测电压值大于门限电压值 V_1，小于门限电压值 V_2；比较器 Cmp1 输出高电平，比较器 Cmp2 输出低电平。这样中等尺寸功率管使能信号将开启，中等尺寸功率管开始工作，以最优的功率管尺寸保持转换效率的优化。

(3) 在重载情况下，检测电压值大于门限电压 V_1 和 V_2，比较器 Cmp1 和比较器 Cmp2 都输出高电平，大尺寸 MOS 管开始工作，使得功率管的导通电阻进一步下降。功率管仍然保持转换效率优化。

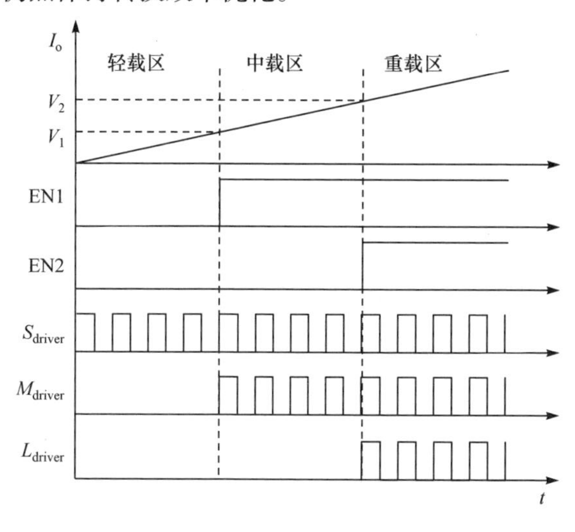

图 5.37　OWC 控制电路的工作波形

2) 驱动电路低功耗设计

驱动电路是指将 DC-DC 调制器的数字控制信号，进行功率放大进而驱动开关管的电路模块。驱动电路设计最重要的指标是如何在最小的驱动延迟和自身功耗下，有效地驱动功率管。由损耗模型可知，驱动电路对 Buck 电源的转换效率具有很大影响。驱动电路包含不可忽略的自身损耗，并且驱动电路直接影响功率级的开关损耗。

驱动前级设计考虑：通常情况下驱动电路采用如图 5.35 所示的电路实现，其中后一级的反相器中 MOS 管的栅宽 W 与其前一级相比放大 α 倍，所有 MOS 管栅长 L 不变。设置不同的放大倍数与放大级数 N，对驱动电路的延迟时间和功耗产生影响。合理配置级数 N 与比例因子 α，则可获得最小延时。倒相器系列的延迟时间随工作电压的提高、沟道长度的缩短和阈值电压的降低而下降，同时是各级输入电容、输出电容和几何结构的函数。

驱动最后级设计考虑：驱动最后级连接功率管栅端，控制功率管的开启和关断。驱动最后级需要提供足够大的驱动电流以保证功率管在较短时间内完成开启/关断的切换，但过大的驱动电流会引起功率管产生大的脉冲电流，一方面引起较大的交叠损耗，另一方面减少了功率管寿命。因此选择合适的驱动最后级需要进行驱动损耗和功率管的开关损耗的折中，同时需要考虑驱动电路的面积以节省成本。

驱动电路损耗为

$$P_{\mathrm{drv}} = f_{\mathrm{s}} V_{\mathrm{dd}}^2 (W_{\mathrm{pd1}} + W_{\mathrm{nd1}})(C_{\mathrm{in}} + tf \cdot C_{\mathrm{out}}) \frac{1-\alpha^n}{1-\alpha} \tag{5.47}$$

设 $C_{\mathrm{in},i}$ 是倒相器单位沟道宽度的输入电容，$C_{\mathrm{out},i}$ 是倒相器单位沟道宽度的输出电容，R_{N}、R_{P} 分别为第一个倒相器中的 NMOS 管和 PMOS 管的沟道电阻。所以倒相器链的总延时为

$$t_{\mathrm{tot}} = \frac{1.8L}{k_n' V_{\mathrm{dd}} (1-\alpha_{T_n})^2} \left\{ \sum_{i=1}^{N-1} \left[C_{\mathrm{out},i} + C_{\mathrm{in},i} \frac{W_{n(i+1)}}{W_{ni}} \right] + C_{\mathrm{out},N} + \frac{C_{\mathrm{L}}}{W_{nN}} \right\} \tag{5.48}$$

令 $\partial t_{\mathrm{tot}} / \partial W = 0$，且可证明 $\partial^2 t_{\mathrm{tot}} / \partial^2 W > 0$，得到最小的 t_{tot} 为

$$t_{\mathrm{tot,min}} = \frac{1.8L}{k_n' V_{\mathrm{dd}} (1-\alpha_{T_n})^2} \left[NC_{\mathrm{out}} + C_{\mathrm{in}} (\alpha + \alpha^2 + \alpha^3 + \cdots + \alpha^{N-1}) + \frac{C_{\mathrm{L}}}{W_{nN}} \right] \tag{5.49}$$

忽略 C_{out}，令 $\partial t_{\mathrm{tot}} / \partial N = 0$，则可求得最佳级数 N，$N = \ln(C_{\mathrm{L}} / C_{\mathrm{g}})$，$\alpha = (C_{\mathrm{L}} / C_{\mathrm{g}})^{\frac{1}{N}}$。$C_{\mathrm{L}}$ 和 C_{g} 分别是驱动最后级和驱动第一级倒相器的栅电容。根据栅电容公式：

$$\begin{aligned} C_{\mathrm{g,total}} &= C_{\mathrm{gs}} + C_{\mathrm{gd}} = (C_{\mathrm{gs0}} W + 0.67 C_{\mathrm{ox}} WL) + (C_{\mathrm{gd0}} + 0.5 C_{\mathrm{ox}} L_{\mathrm{eff}}) W \\ &= 0.304W + 1.17W + 1.00W (\mathrm{fF/m}) \end{aligned} \tag{5.50}$$

功率 P 管的驱动最后级 P 管的 $C_{\mathrm{L,P}}$=1186fF，N 管的 $C_{\mathrm{L,N}}$=395fF；功率 N 管的驱动最后级 P 管的 $C_{\mathrm{L,P}}$=370fF，N 管的 $C_{\mathrm{L,N}}$=148fF。

对于功率 P 管的驱动电路，若取第一级倒相器两 MOS 管的 W/L 分别为 3.5μm/0.35μm，1μm/0.35μm，则 $C_{\mathrm{g}}=C_{\mathrm{L,N}}+C_{\mathrm{L,P}}$ =3.18fF。

对于功率 N 管的驱动电路，若取第一级倒相器两 MOS 管的 W/L 分别为 2.5μm/0.35μm，0.8μm/0.35μm，则 $C_{\mathrm{g}}=C_{\mathrm{L,N}}+C_{\mathrm{L,P}}$ =2.5fF。

所以最佳级数为

$$N_{\mathrm{P}} = \ln(C_{\mathrm{L,P}} / C_{\mathrm{g}}) = \ln(1581/3.18) \approx 6 \tag{5.51}$$

$$N_N = \ln(C_{L,N}/C_g) = \ln(518/2.5) \approx 5 \tag{5.52}$$

$$\alpha_P = (C_{L,P}/C_g)^{\frac{1}{N_P}} = (1581/3.18)^{1/6} \approx 2.82 \tag{5.53}$$

$$\alpha_N = (C_{L,N}/C_g)^{\frac{1}{N_N}} = (518/2.5)^{1/5} \approx 2.9 \tag{5.54}$$

在以上工艺中，理论计算表明，当$\alpha_P = 2.82$、$\alpha_N = 2.9$时，倒相器链的延迟时间最小。功率 P 管和功率 N 管驱动电路驱动链的级数为 6 和 5，对应的倒相器驱动链的总延时分别为$t_P = 0.213\text{ns}$，$t_N = 0.152\text{ns}$。

3) 自适应死区时间电路低功耗设计

由死区时间损耗模型可知，对于负载在较宽范围变化的 Buck 电源而言，固定的死区时间不能在所有负载范围内实现高转化效率，为保证死区损耗在常用负载电流时损耗接近最小，这里介绍一种简单有效的自适应死区时间控制电路。

最优死区时间 T_{opt} 为输出电流的函数，因此自适应死区时间控制电路通常需要检测输出电流，如图 5.38 所示。图中自适应死区时间控制的思路是通过采样电路检测输出电流，通过调节电路对死区时间进行设定，并控制受控延迟单元，产生自适应输出电流变化的死区时间[8, 9]。

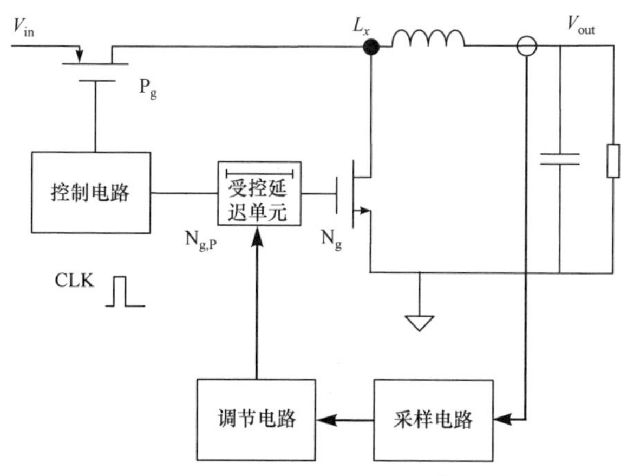

图 5.38　传统自适应死区控制电路拓扑

图 5.38 所示的自适应死区时间控制电路中存在两个问题。第一，需要一个电流采样电路，使得设计变得较为复杂；第二，由于采样电路和调节电路的延迟作用，死区时间调整需要精细的设计，才能实现设计自适应死区时间控制的初衷。为此需要进行优化设计，改善传统自适应死区时间控制电路的不足。

当死区时间过长，电感电流仅由体二极管的导通提供时，开关节点 L_x 的电压约为一个 PN 节压降$-V_{BD}$，因此设计图 5.39 所示的采样电路。

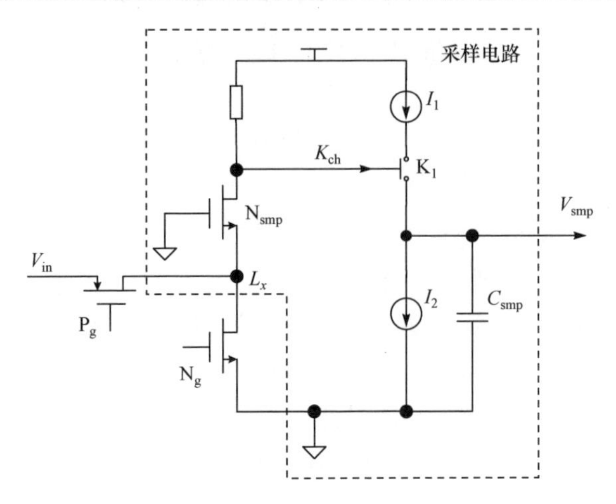

图 5.39　自适应死区控制采样电路

图 5.39 中采样管 N_{smp} 源极连接在开关节点 L_x 上，栅极接地，漏极连接负载并作为采样的输出信号。当 L_x 节点出现负电压时，整流管体二极管导通，采样管 N_{smp} 导通，并使信号 K_{ch} 变低，使开关 K_1 导通对采样电容 C_{smp} 进行充电，充电电流为 I_1。图中电流漏 I_2 为放电回路，控制电流漏 I_2 在开关电源每个工作周期导通固定的时间，对采样电容泄放固定电荷。图 5.40 为采样电路工作时序。

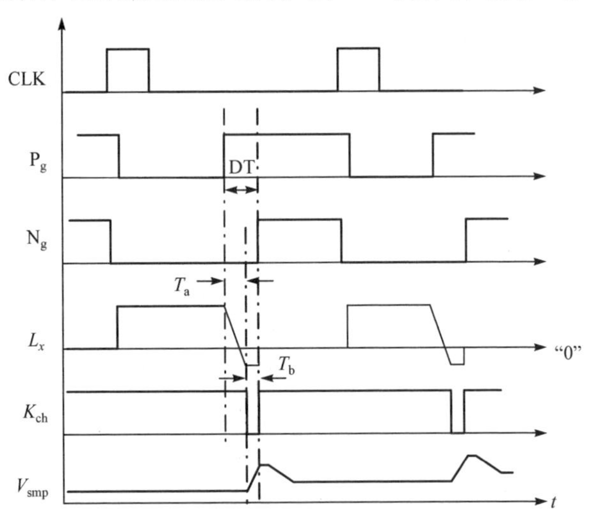

图 5.40　采样电路工作时序

在开关电源正常工作周期中，死区时间设置较长以防止低边同步整流管出现正向电流，因此会在功率 P 管关断之后、功率 N 管开启之前，由于功率 N 管体二极管到体导通在 L_x 节点出现负电压，持续 T_b 时间，此时开关 K_1 导通，采样电容 C_{smp} 充电；充电结束后控制开关 K_1 关断，通过电流漏 I_2 对采样电容 C_{smp} 进行

放电，放电量为 Q_{dch}。采样电容电压值 V_{smp} 在一个工作周期后电压变化量为

$$\Delta V_{smp} = \frac{I_{ch}T_b - Q_{dch}}{C_{smp}} = A \cdot \Delta T_b \tag{5.55}$$

式中，A 为采样系数，与采样电容容值、采样电路的充放电电流有关，图 5.40 给出了采样电容电压值 V_{smp} 的变化。

图 5.41 给出了调节电路和受控延迟单元的原理图以及连接关系，图中采样电容 C_{smp} 的电压值 V_{smp} 经过缓冲器，被复制和保持在保持电容 C_{dey} 上，如图 5.42 所示，记保持电容的电压值信号为 V_{dey}。缓冲器连接一个转换器，将电压值 V_{dey} 转换成受控延迟单元延迟时间的信号 S_{dey}，设置转换比例为

$$\Delta S_{dey} = B \cdot \Delta V_{dey} = A \cdot B \cdot \Delta T_b \tag{5.56}$$

式中，B 为转换系数。图 5.41 为典型的电流受控延迟单元，通过调节电路产生的控制信号 S_{dey} 对受控延迟单元充电，受控延迟单元输出信号与输入信号的延迟时间取决于充电信号的大小，一般地：

$$\mathrm{DT} = \frac{C}{S_{dey}} \tag{5.57}$$

式中，C 为延迟系数；延迟时间 DT 与控制信号成反比，若控制信号 S_{dey} 变化，死区时间改变量为

$$\Delta \mathrm{DT} = \frac{C}{S_{dey} + \Delta S_{dey}} - \frac{C}{S_{dey}} = -\frac{C \cdot \Delta S_{dey}}{S_{dey}(S_{dey} + \Delta S_{dey})} \tag{5.58}$$

由于 $S_{dey} \gg \Delta S_{dey}$，且 S_{dey} 在较少的周期内可认为是固定值，所以死区时间改变量与控制信号 S_{dey} 的关系近似为

$$\Delta \mathrm{DT} = -C' \cdot \Delta S_{dey} \tag{5.59}$$

式中，C' 近似为常数，由图 5.42 可知，由于充电电流增大，受控延迟单元延迟时间由 DT_1 减小为 DT_2，即充电电流与下一个周期的死区时间成反比。

综上，开关电源转换器由于某种原因，体二极管导通时间改变了 ΔT_b，采样电容的电压值将变化，经过所述的自适应死区时间控制，下一工作周期的死区时间将改变：

$$\Delta \mathrm{DT} = -ABC' \cdot \Delta T_b \tag{5.60}$$

调整系数 ABC' 的乘积为合适值，即可根据电源转换器的工作情况自适应地调整死区时间。典型地设置 ABC' 的乘积为 1/2，即当体二极管导通时间改变 ΔT_b 时，下一个周期，死区时间将跟随体二极管导通时间的改变减少 $-\frac{1}{2}\Delta T_b$，经过三四个周期后，死区时间 DT 逐渐逼近所述最优时间 T_{opt}。

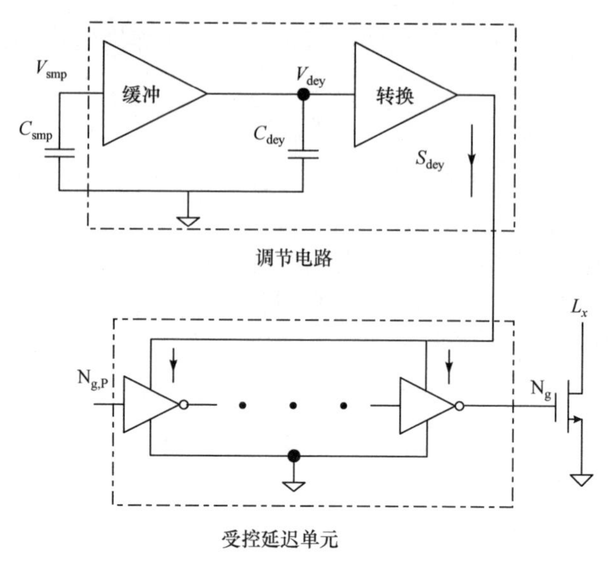

图 5.41　调节电路和受控延迟单元

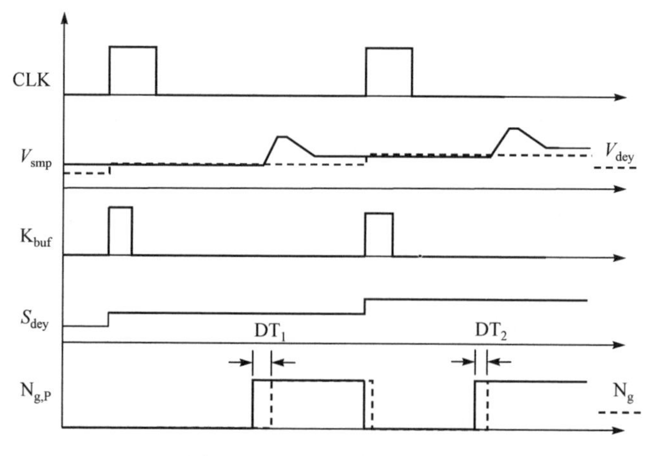

图 5.42　调节电路工作波形

4) 控制电路的效率优化

峰值电流型 Buck 电源在重载情况下一般采用 CCM 的脉冲宽度调制(pulse width modulation, PWM)方式，当负载下降后，为了防止同步整流 N 管的正向导通，将采用 DCM 的 PWM 方式，当负载进一步下降到轻载甚至极轻载时，Buck 电源可以选择的工作模式有 PFM 模式、强迫连续模式和 PSM 模式。

PFM 模式是通过迟滞比较器监控输出电压，控制功率 MOS 管工作，其具有时间短、效率高的优点，但纹波最大；强迫连续模式电感的电流双向流动，效率最低，纹波最小；PSM 模式工作在 DCM 并跳去一些脉冲，效率和纹波介于上述两种模式之间。

本设计从效率角度出发，对于轻载情况，采用 PSM 模式。PSM 模式原理图如图 5.43 所示。输出电压通过两个电阻组成的分压器连接到反馈引脚 FB。FB 引脚为电压误差放大器的反相输入端，电压误差放大器的同相输入端连接到参考电压 V_{ref}。PSM 模式电路由两个比较器组成。低电压检测比较器(low voltage comparer, LVC)的正相端连接到电压误差放大器输出反相端 $V_{o,-}$，反相端连接到电压误差放大器输出正相端 $V_{o,+}$，高电压检测比较器(high voltage comparer, HVC)与之相反。

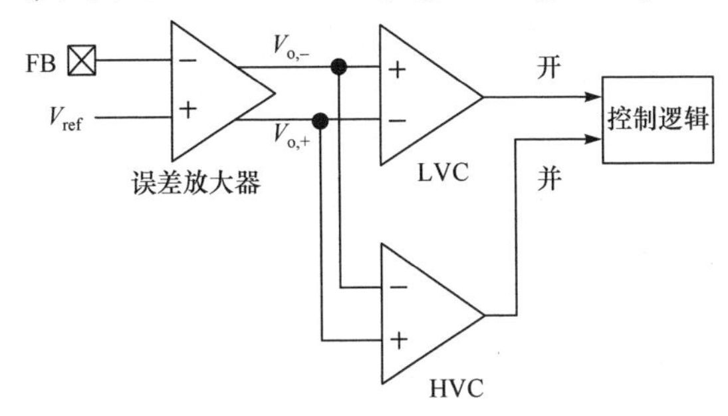

图 5.43　PSM 模式控制拓扑

正常工作时，引脚 $V_{o,-}$和引脚 $V_{o,+}$的电压值差不足以使 LVC 和 HVC 输出翻转，系统不会进入 PSM 工作模式。当输出负载降低时，输出电压将提高，引脚 FB 的电压相应地提高，引脚 $V_{o,-}$的电压随之降低，但此时 $V_{o,-}$和 $V_{o,+}$的电压值差不足以使 HVC 输出翻转，系统仍然不会进入 PSM 工作模式。当输出负载降低到一定值时，$V_{o,-}$和 $V_{o,+}$的电压值差大到使得 HVC 输出翻转，控制电路将使功率 P 管的驱动使能关闭，功率 P 管关断，此时输入不再向输出端传输能量，输出的大电容将维持低的输出负载，因此输出的大电容的电压将慢慢地降低，即输出电压慢慢地降低，引脚 FB 的电压相应地也降低，由于电压误差放大器为负反馈，因此 $V_{o,+}$的电压随之提高，但此时 $V_{o,+}$和 $V_{o,-}$的电压差值不足以使 LVC 输出翻转，高端 MOSFET 仍然关断。输出电压继续降低，引脚 FB 的电压相应地也降低，引脚 $V_{o,+}$的电压随之提高。经过一段长的时间后，$V_{o,+}$和 $V_{o,-}$的电压值差使得 LVC 输出翻转，功率 P 管的驱动使能将被打开，系统进入正常的 PWM 操作，功率 P 管进入开关操作。由于输入的能量大于输出负载所消耗的能量，所以输出电压将随之提高。当输出电压提高到一定值时，PSM 工作模式比较器输出将又一次翻转，从低电压变为高电压，功率 P 管的驱动输出被屏蔽，功率 P 管关断停止开关操作，如此反复。这种工作模式即 PSM 工作模式[10,11]。

由于 PSM 模式通过使用比较器控制高端开关管工作的时间很短，停止工作的时间很长，所以极大地降低了开关损耗，提高了系统的效率。另外，由于功率 P 管停止工作的时间很长，在此期间，输出电容将维持输出的负载的能量，输出电容的电压降低较大的值，因此输出电容的纹波电压大，即输出的纹波电压大。

PSM 模式具有最高轻载效率，但是具有最差的轻载调整率和最大的输出电压纹波。对于电压纹波要求并不严格的场合，PSM 模式是降压型 Buck 变换器在轻载环境下最佳的选择。

5.3.3　高频化全集成设计技术

便携式电子产品的小型化发展趋势对电源变换器提出了更高能量密度的需求，CMOS 工艺和封装技术的进步令芯片尺寸不断缩小，大尺寸片外元件成为制约变换器尺寸的瓶颈。由于全集成电源变换器无须片外电感及电容等元件，极大地减小了变换器的体积和成本，且避免了芯片外部干扰对芯片电路性能的影响，近年来已成为电源变换器研究的热点。如图 5.44 所示，片上集成的 Buck 电源转换器可以通过工作在更高的开关频率上来免去对大值电容、电感的需求，小的电容、电感也更有利于与电路在同一个封装内集成，并且可以简化电源转换器到处理器之间的传输路径来降低传输损耗以及提升系统的响应速度。但是在设计片上集成 Buck 电源转换器时，会存在低品质因数集成电感、低负载调整率和片上占用面积增加的问题。

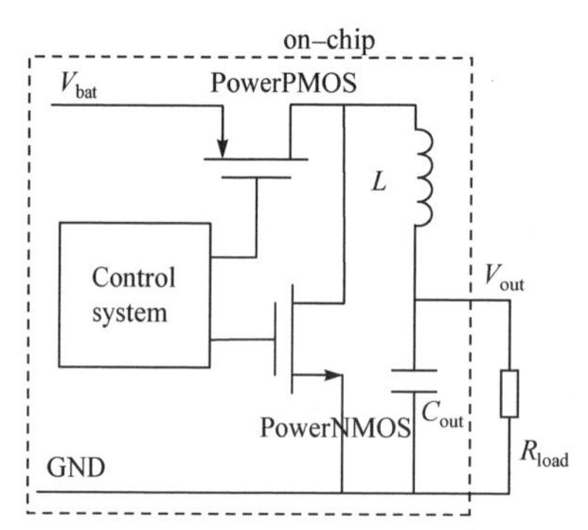

图 5.44　片上集成 Buck 电源电路

本节将设计一种全集成的 DC-DC 电源变换器，工作频率为 250MHz，采用 Buck 电源变换器结构，使用高频下的二进制 PWM 控制方法，从而解决传统的电感型开关电源的控制方法在高频工作时难以设计和实现的问题。该结构使用二进制延时线和逻辑电路相结合的方法产生 PWM 信号对高频工作下的 Buck 电源变换器进行控制，并由稳态控制模块对系统在不同状态下的工作进行区分控制，从而保证在维持较高稳定性的同时可以获得较好的启动速度和负载调整过程。

1. 基于二进制 PWM 控制方法

传统开关电源的反馈控制环路主要分为电压模式控制和电流模式控制两种。虽然引入电流模式控制后，简化了功率级的传递函数，使得频率补偿更简单，且可以获得更大的环路带宽，对于所期望的 250MHz 的工作频率而言，电信号变化过快，设计出一个同时满足高精度和高采样速度的电感电流采样电路变得非常困难。且由于此时的开关频率已经足够高，有着比低工作频率的电源变换器更快的环路响应速度，所以选择只采样电压信号构建环路成了最好的选择。然而过高的系统工作频率会为电压模式控制环路的设计和补偿网络的搭建增加难度，故需要找到一个更易于设计的控制方法使得开关频率在 250MHz 时仍能够控制系统的稳定运行。二进制 PWM 开关电源的控制方法即基于这种情况设计的，使用了加减计数器和二进制延迟时间相配合工作，最终产生合适的 PWM 信号输出至功率管中控制系统的稳定工作。

图 5.45 所示为二进制 PWM 开关电源变换器的控制结构图，在图中主要有高低侧功率管 M1、M2，输出电感 L，输出电容 C_{out}，用来作为负载的负载电阻 R_{load}，由 R_1、R_2 组成的反馈网络，钟控高速比较器 comp，加减计数器以及包含二进制延时线模块的 PWM 信号产生模块组成。

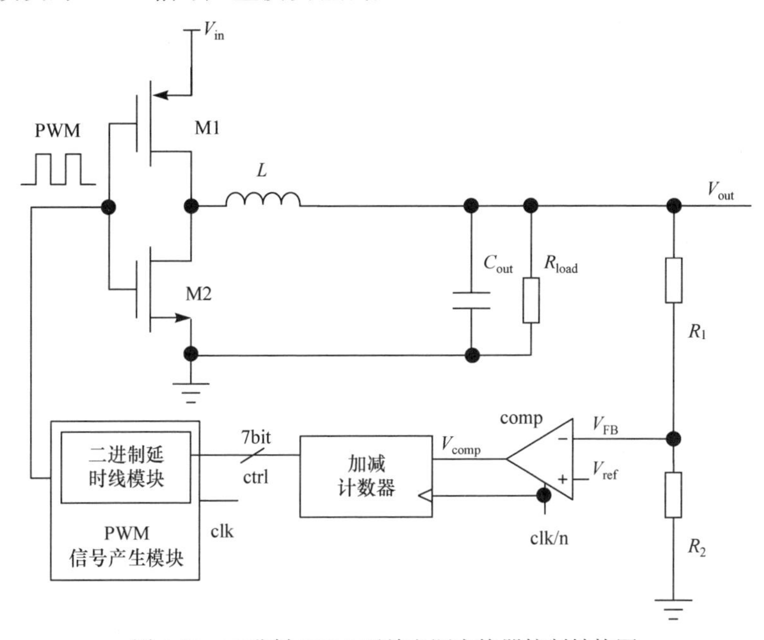

图 5.45　二进制 PWM 开关电源变换器控制结构图

从图 5.45 中可以看到系统在功率级部分和传统的电压模式 Buck 型电源变换器没有什么区别，二进制 PWM 开关电源变换器的不同之处在于在反馈环路中使用钟控高速比较器 comp 来取代传统电压模式控制环路中的误差放大器，用来采集反馈电压和设定目标电压的误差信息。同时二进制 PWM 控制环路使用了二进制延时线，与加减计数器提供的 7 位控制信号在 PWM 信号产生模块中产生合适的 PWM 信号，进而输出至功率管中驱动变换器工作，而不是传统电压模中与周期斜坡信号比较的方式产生 PWM 信号。在 250MHz 的工作频率下，搭建精度较高且输出信号稳定的 250MHz 的斜坡信号发生器较为困难，易导致频率的较大偏差和斜坡峰峰值与设计值的不同。通过使用二进制延时线在 7 位控制信号 ctrl 下产生 PWM 的方法可以有效避免上述问题的发生，稳定有效地调节输出电压并保持在设定值。

二进制 PWM 开关电源变换器的控制方法简单介绍如下。首先根据电压采样网络预先设定的基准电压 V_{ref}，得到期望的输出电压为

$$V_{out} = V_{ref} \cdot \frac{R_1 + R_2}{R_2} \tag{5.61}$$

信号 clk/n 为 250M 工作信号的 n 分频信号，将这一信号作为时钟输入钟控高速比较器 comp 和加减计数器中，则在每个 clk/n 信号的边沿，comp 会对其正、负输入端的输入电压进行比较，即将输出电压 V_{out} 经过反馈网络分压后的反馈电压 V_{FB} 与设定的基准电压 V_{ref} 相比较，结果 V_{comp} 会传递至加减计数器中作为加减控制信号，加减计数器中储存有一个 7 位二进制控制信号 ctrl，这一信号同 V_{comp} 一样，在 clk/n 的每个周期发生一次变化。加减计数器产生的控制信号 ctrl 将被输入至后一级 PWM 信号产生模块中的二进制延时线。二进制延时线是一种可以根据二进制控制信号调节延时时长，从而最终产生不同占空比 PWM 信号的模块。举例说明，若设计工作周期为 T_s，则对于一个 N 位的二进制延时线而言，最小时间步长 t_{step} 如式(5.62)所示，即每次 clk/n 信号周期，PWM 信号的正半周期时间都会增加或降低 t_{step} 时间。当输出电压固定于稳定值时，则二进制控制信号 ctrl 在一稳定值上下波动，从而使得 PWM 占空比稳定于一个固定值。最终系统将 PWM 信号产生模块生成的 PWM 输出到高低侧功率二极管，从而最终控制输出电压的稳定性。

$$t_{step} = \frac{T_s}{2^{N-1}} \tag{5.62}$$

在这一二进制 PWM 开关电源变换器控制系统中，通过调节 clk/n 信号中的分频系数 n，可以调整钟控高速比较器 comp 进行比较的周期，从而改变反馈系统的灵敏度。若系统反应过于灵敏则二进制控制信号 ctrl 会过快地变化，从而使得输出振荡，那么需要将分频系数 n 调大，若系统反应过于迟钝则二进制控制信号 ctrl 变化速度不足，使得输出的动态反应速度下降，则需要将分频系数 n 调小。所以需要将 n 设置为合适的取值，从而保证系统环路工作稳定，且获得尽可能高的精度。

然而图 5.45 所示的电源变换器控制结构在工作于稳态情况下时，由于二进制控制信号 ctrl 会在一个稳定值上下波动，这种波动会导致输出的 PWM 控制信号占空比在一稳定值上下波动。式(5.63)所示为 Buck 结构开关电源变换器输入电压 V_{in}、输出电压 V_{out} 与 PWM 控制信号占空比 D 之间的关系。可以看出，占空比 D 的波动最终会使得输出电压随之变化，这在变换器稳态工作时会引起输出电压纹波增大，影响系统性能。

$$V_{out} = V_{in} \cdot D \tag{5.63}$$

为解决稳态工作下，波动的占空比对输出纹波的影响这一问题，可引入稳态控制模块。图 5.46 即引入稳态控制模块的二进制 PWM 开关电源变换器控制结构图。在图 5.45 的基础上，又增加了两个钟控高速比较器 comp+、comp−和稳态控制模块。comp+和 comp−的两个比较端中，有一端共同接 V_{FB}，另一端分别接 $V_{ref}+\Delta V$ 和 $V_{ref}-\Delta V$，同时两比较器和时钟 clk/n 相连。两比较器的输出接至稳态控制模块后，稳态控制模块产生信号至加减计数器中，用于控制二进制控制信号 ctrl。

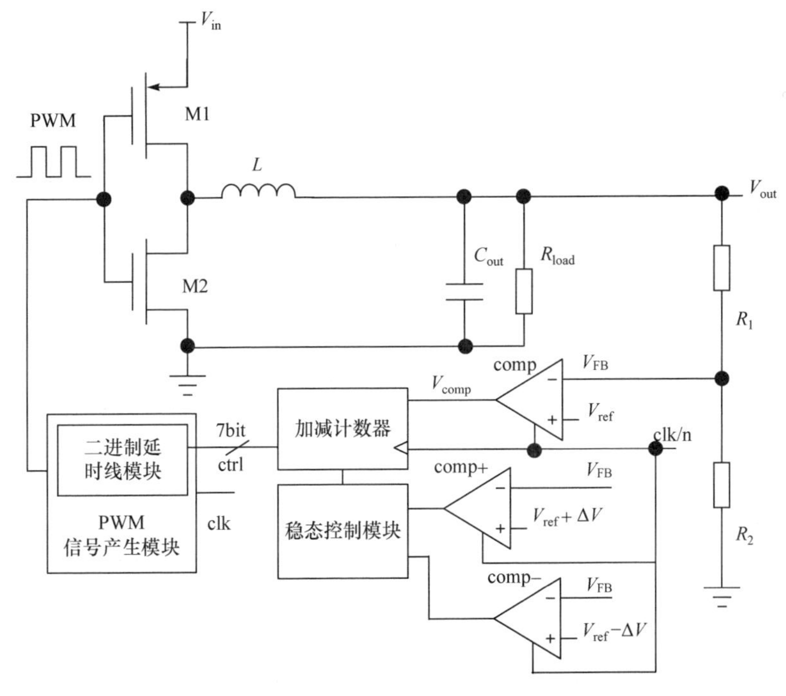

图 5.46　引入稳态控制模块的二进制 PWM 开关电源变换器控制结构图

新增的稳态控制模块在系统进入稳态输出时，即 ctrl 信号围绕一个定值数次上下波动以后，就控制 ctrl 固定不变，并通过两比较器 comp+、comp−检测输出电压。直到输出电压变化超出设定电压范围 $V_{ref}-\Delta V$～$V_{ref}+\Delta V$ 后，系统重新采用原控制环路，ctrl 信号再次变化对输出电压进行调控，直到再次稳定。

从上述工作原理可知，通过设置合适的分频系数 n，可以控制系统反馈环路工作在稳定状况下。下面使用 MATLAB 中 Simulink 工具对二进制 PWM 开关电源变换器的控制逻辑和环路进行行为级建模，从而验证系统设计的可行性。同时通过对 Simulink 所建立的环路模型进行不断调整，从而找到合适的分频系数 n，以满足系统最优的稳定控制要求。

图 5.47 所示为使用 Simulink 搭建的系统环路模型，通过这一模型不仅可以对

系统环路功能进行模拟，同时可以辅助确定无源电容、电感大小，为之后的设计工作打下基础。模型中简单设置输入电压为 3V，输出电压为 1.25V。由于面积、成本以及工艺的限制，通常制作的片上电感都不大于 10nH，因此本例电路所使用的电感值定为 10nH。同时考虑到面积等因素，此处取输出电感为 3.6nF。

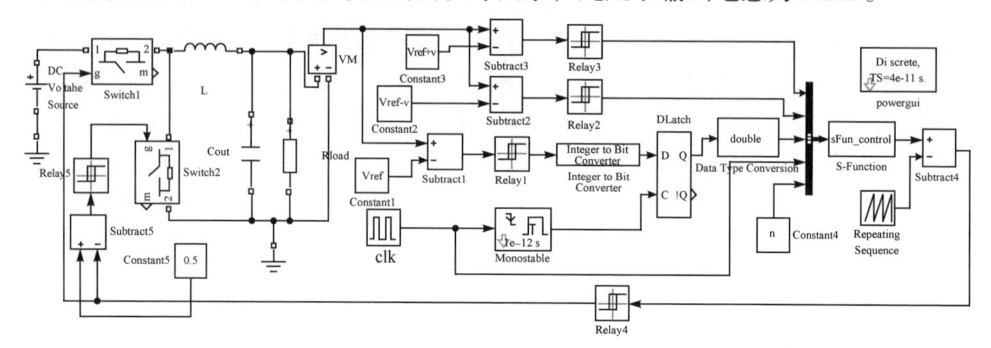

图 5.47　Simulink 搭建的系统环路模型

下面具体对环路各部分进行介绍。图 5.48 为系统环路功率级仿真模型，其中模块 Switch1、Switch2 分别代表系统中的高低侧功率管，其中 g 信号输入端为控制信号，用于控制端口 1、2 之间的导通。无源器件 L、C_{out}、R_{load} 分别为环路的输出电感、输出电容以及输出负载。为了控制输出电流为 300mA，此处设定负载电阻阻值为 4.16Ω。

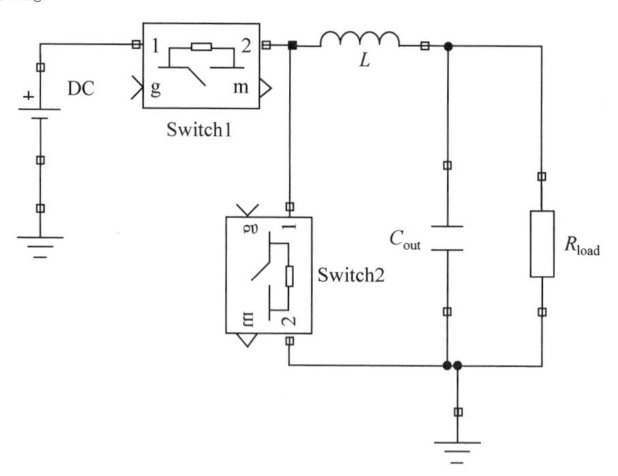

图 5.48　环路功率级模型

图 5.49 所示为环路中 3 个钟控高速比较器模型。通过电压计 VM 采集的输出电压被接至三个减法器中与基准电压做差后，将信号通过转接器 Relay 形成比较器结果，其中 V_{ref} 即预设的输出电压。同时 clk 模块产生系统的工作时钟 250MHz，借助单稳态模块 Monostable 产生脉冲信号驱动 D 触发器，从而使得之前产生的比

较器输出有钟控的效果。参数 n 即前面提及的 clk/n 信号中的分频系数，用来控制钟控高速比较器产生比较的频率。

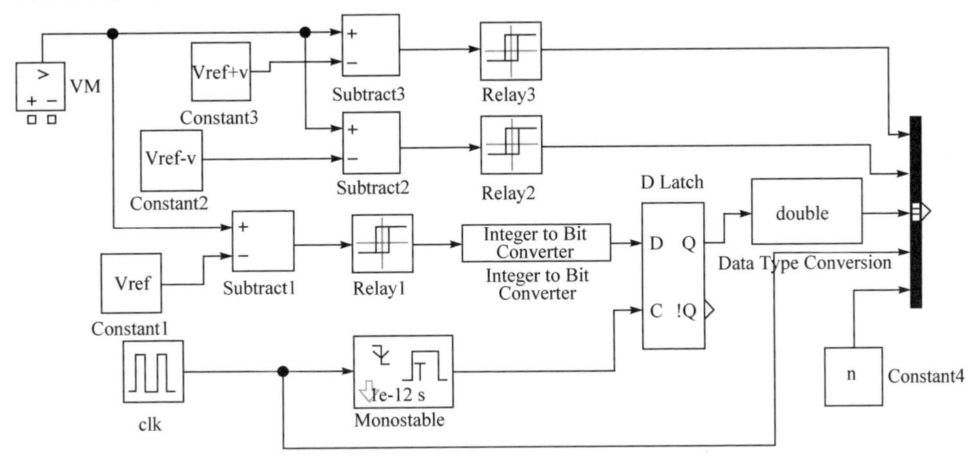

图 5.49 钟控高速比较器模型

加减计数器、稳态控制以及 PWM 产生模型如图 5.50 所示，模型中使用 S 函数(S-Function)来实现加减计数器和稳态控制逻辑，将单位振幅的 250MHz 斜坡信号和输出占空比比较，来生成占空比合适的 PWM 信号，处理后输入功率管中控制功率管的开关，实现控制环路的连接。S 函数内部控制逻辑如下所示：当系统输出电压未达到稳态时，比较器 comp 即图 5.49 中的 Subtract1 正常工作，依据之前设定的分频系数 n，每 n 个系统工作周期 comp 对系统输出电压 V_{out} 和基准电压 V_{ref}(此处设置为 1.25V)进行比较，而用于稳态控制的两个比较器 comp+和 comp−，即图 5.49 中 Subtract2 和 Subtract3 不工作。比较器 comp 产生的输出用于控制 7 位控制字 ctrl，每过分频系数 n 个系统周期后进行一次变化，若输出电压 V_{out} 小于 V_{ref} 则控制字 ctrl 增加 1，若输出电压 V_{out} 大于 V_{ref} 则控制字 ctrl 减小 1。如此工作直到输出电压稳定时，控制字 ctrl 在两相邻数值间来回波动，输出电压围绕设定电压上下变化。当检测到控制字 ctrl 连续在两相邻数值间的波动数次以后，控制字 ctrl 固定于定值以减小输出电压纹波。

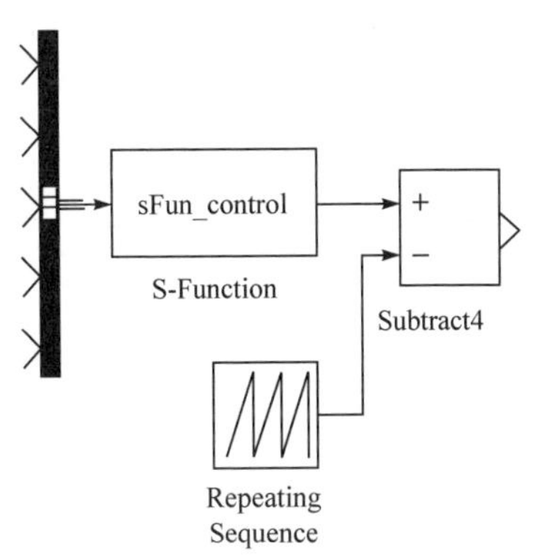

图 5.50 加减计数器、稳态控制及 PWM 产生模型

当控制字 ctrl 固定后，比较器 comp 停止工作，稳态控制模块中两比较器启动，使用与非稳定时 comp 比较器相同的时钟，

即依据分频系数 n，每 n 个系统周期后使用 Subtract2 和 Subtract3 将输出电压和 $V_{ref}-\Delta V$、$V_{ref}+\Delta V$ 比较，以确定输出电压稳定在 $V_{ref}-\Delta V$ 至 $V_{ref}+\Delta V$ 范围内，则继续固定控制字 ctrl，令系统工作于低电压纹波下。若检测到输出电压超出 $V_{ref}-\Delta V$ 至 $V_{ref}+\Delta V$ 范围，则回到未达稳态时的工作状态，comp+、comp−停止工作，comp 启动比较，控制字 ctrl 根据比较结果进行调整。

为了确定合适的分频系数 n，当不使用稳态调节时，取分频系数为 2、4、8，查看使用不同分频系数时系统的输出情况。图 5.51 展示了 3 个分频系数下系统的工作状况。图中第一行为系统的输出电压值 V_{out}，第二行为此时的系统占空比 D。观察图 5.51 各状态的占空比可以发现，当分频系数为 2 时，占空比波动超出一个最低有效位(least significant bit, LSB)，占空比变化过快，需要增加分频系数以降低反馈环路的灵敏度。当分频系数大于 4 时，占空比在一个 LSB 范围波动，此时认为反馈环路灵敏度适合使用。大的反馈系数 n 有利于降低比较器的带宽要求从而降低系统的设计难度。然而随着反馈系数 n 的增加，输出电压的动态特性也会随之变差。此处最终选取分频系数为 8 在电路设计中使用，即高速钟控比较器的比较频率为 31MHz，可以较好地满足系统输出电压动态性能的要求，同时可以适当地节约能耗。然而从图 5.51 中可以直观看出，由于稳定工作时占空比的波动，输出电压在两个占空比对应的输出电压间波动，这增大了输出电压的纹波。

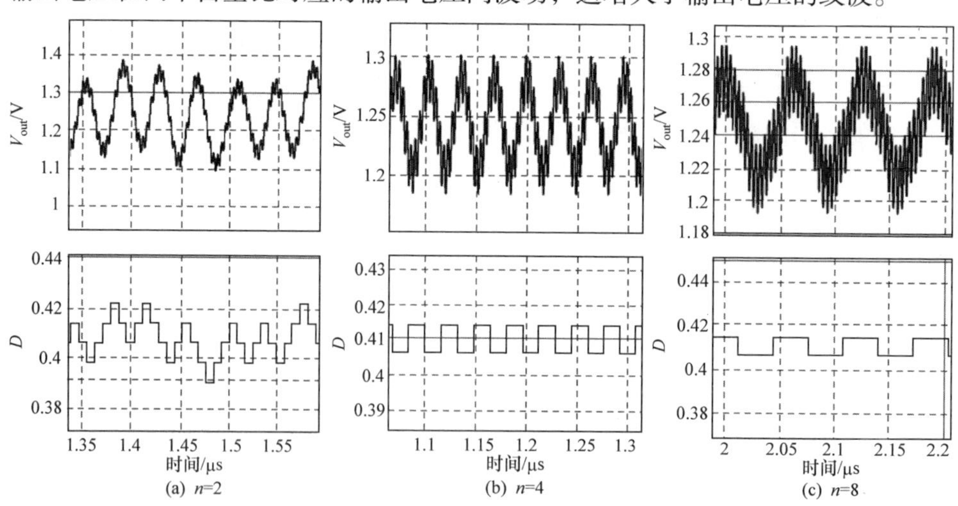

(a) n=2　(b) n=4　(c) n=8

图 5.51　不同分频系数下系统工作状态

在确定了分频系数 n 之后，验证稳态控制模块减小输出纹波的功能。启动稳态控制模块后，在 S 函数中，占空比除了受到比较器 comp 的比较结果控制以外，还受到稳态控制模块的控制。当控制字 ctrl 连续的数次在一个 LSB 范围波动时，则固定占空比的值以减小输出电压纹波，直到输出电压超过 $V_{ref}-\Delta V$ 至 $V_{ref}+\Delta V$ 范围为止。图 5.52 通过仿真展示了这一过程，图中可见当输出电压 V_{out} 达到设定值后，占空比波动数次即固定于定值，输出电压纹波显著下降。在不使用稳态控制模块时，输出电压纹波为 102mV，使用稳态控制模块后，输出电压纹波减小为 41mV。

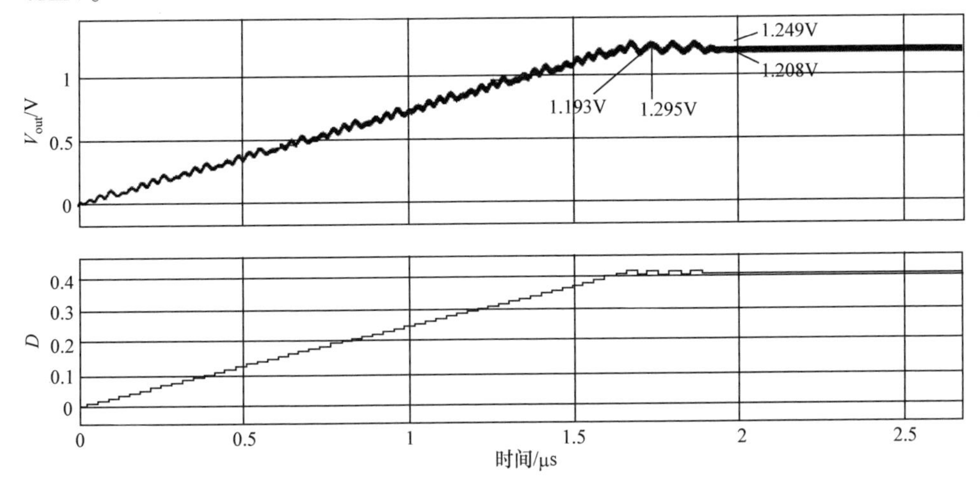

图 5.52　使用稳态控制模块后系统启动过程

式(5.64)为电感电流纹波的计算公式，其中 ΔI 为电感电流纹波，V_{in} 为变换器的输入电压，V_{out} 为变换器的输出电压，L 为所选取的电感值，T_s 为系统的工作周期，D 为系统占空比。取标准状态下 3V 输入电压，1.25V 输出电压为例，此时的系统占空比为 0.417，则将以上数据代入式(5.64)中，可以求出此时理想状态下电流纹波为 0.29A。

$$\Delta I = \frac{V_{in} - V_{out}}{L} T_s \cdot D \tag{5.64}$$

Buck 结构的输出纹波计算公式如式(5.65)所示，其中 R_{ESR} 为输出电容寄生电阻，模型中理想状况下忽略寄生电阻时，理想输出纹波为 40.2mV，与图 5.52 中的结果基本一致。

$$\Delta V = \Delta I \cdot R_{ESR} + \frac{T_s \Delta I}{8C} \tag{5.65}$$

通过仿真验证了设计的合理性。

2. 电路设计与验证

上面主要分析了二进制 PWM 控制的开关电源的拓扑结构和控制逻辑，并依据其工作模式和控制方法对开关电源进行仿真，最终验证控制方法的合理性。本节将对二进制 PWM 控制的开关电源进行电路设计，并研究其控制模式、瞬态响应、输出纹波以及效率等性能。

该二进制 PWM 控制的开关电源设计指标如表 5.4 所示。

表 5.4 设计指标

性能参数	符号	设计指标	单位
电源电压	V_{BAT}	2.5～3.3 (typ 3)	V
输出电压	V_{out}	1.25	V
输出电压纹波	V_{ripple}	<50	mV
瞬态响应时间	t_{trans}	<0.5	μs
瞬态过冲电压	V_{trans}	<200	mV
片上功率电容	C_{out}	3.6	nF
片上功率电感	L	10	nH
开关频率	f	250	MHz
转换效率	η	>60	%
最大负载	I_{max}	500	mA

对全集成的二进制 PWM 控制的开关电源电路设计而言，其主要的电路模块为钟控高速比较器、加减计数器、二进制延时线、输出功率管、基准电压产生电路、片上功率电感、逻辑控制模块，下面将分别对主要电路模块的设计进行介绍。

1) 钟控高速比较器

由于系统工作频率很高，对比较器的设计提出了较高的要求，需要在保持较高精度的同时，拥有高速工作的能力。从原理上看比较器可作为放大器的一种特殊应用，而根据使用的放大器的工作方法，可以把比较器分为开环和闭环两种。开环比较器一般是将一个无反馈补偿的运算放大器设置于开环工作状态；闭环比较器则是将微小输入电压差通过正反馈放大，如迟滞比较器和 latch 电路[12]。

这两种比较器各有利弊，开环比较器的优点在于不需要增加频率补偿，就可以获得很大的带宽，从而尽可能地减小输出响应延时，但是当工作在大信号状态时，由于输出电压摆率和电路结构的影响，输出电压的输出范围和输出摆幅往往受到限制。闭环比较器的优点在于可以通过正反馈对信号的产生过程进行加速，并且产生大摆幅的输出，然而这种正反馈大摆幅的输出特性会给输入级引入踢回噪声，影响比较器精度。在设计高性能比较器时常综合这两种比较器进行级联使用，从而取长补短以进行最优设计。

在设计高速比较器时，首先应当注意的就是降低比较器的延时，提高比较速度。这里采用差分放大器作为前置放大器，放大输入信号，再通过可再生动态锁存比较器加速输出的方法对高速比较器进行设计。差分放大器作为前置放大器在减小误差、提高精度的同时，可以作为后一级锁存比较器的缓冲，减小了踢回噪声对输入信号的影响。

为了追求尽可能小的比较器延迟，增大系统带宽，此处采用多级级联的单极点二极管负载的差分放大器作为高速钟控比较器的前置放大级，使用的二极管负载差分放大器电路如图 5.53 所示。对于一个 n 级的单极放大器有

$$\frac{V_{\text{out}}(t)}{V_{\text{in}}}=A\left(1-\mathrm{e}^{\frac{-t}{\tau}}\right),\quad \tau=\frac{1}{\omega_c} \tag{5.66}$$

$$G=A^n \tag{5.67}$$

$$\text{GBW}=A\omega_c=\frac{A}{\tau}=\frac{G^{\frac{1}{n}}}{\tau} \tag{5.68}$$

$$t=n\tau=\frac{nG^{\frac{1}{n}}}{\text{GBW}} \tag{5.69}$$

$$\frac{\mathrm{d}t}{\mathrm{d}n}=0\Rightarrow n=\ln G\Rightarrow A=\mathrm{e} \tag{5.70}$$

式中，A 为单极比较器的直流增益；$\omega_c=1/\tau_c$ 为单极比较器的–3dB 带宽频率；G 为 n 级比较器总的增益；t 为 n 级比较器总的传输延时。通过式(5.66)～式(5.70)可以看出，为了获得最快的响应速度，则需要将每一级的增益调整为自然常数 e，约 2.72。

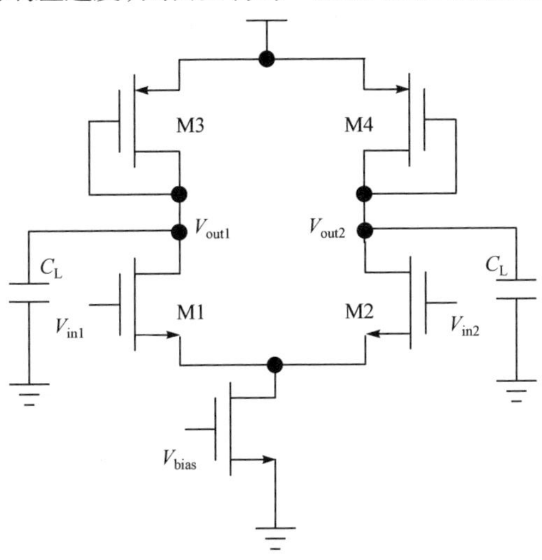

图 5.53　二极管负载差分放大器

通过分析图 5.53 中的差分放大器，其增益带宽积的大小和输入管 M1(2)的宽

长比、二极管连接的负载管 M3(4)的宽长乘积以及其过驱动电压 $V_{ov,3(4)}$有关，通过选取合适的宽、长数值可以调整单极点比较器的带宽、增益以及增益带宽积。

针对总指标，设计一个增益为 2.72 的二极管负载差分放大器，此放大器工作于 3V 电源电压下，取共模输入电压为 1.25V，其幅频特性如图 5.54 所示，从图中可以看到，系统增益为 2.72，–3dB 带宽为 4.167GHz，据此可以求出单位增益带宽为 11.34GHz。

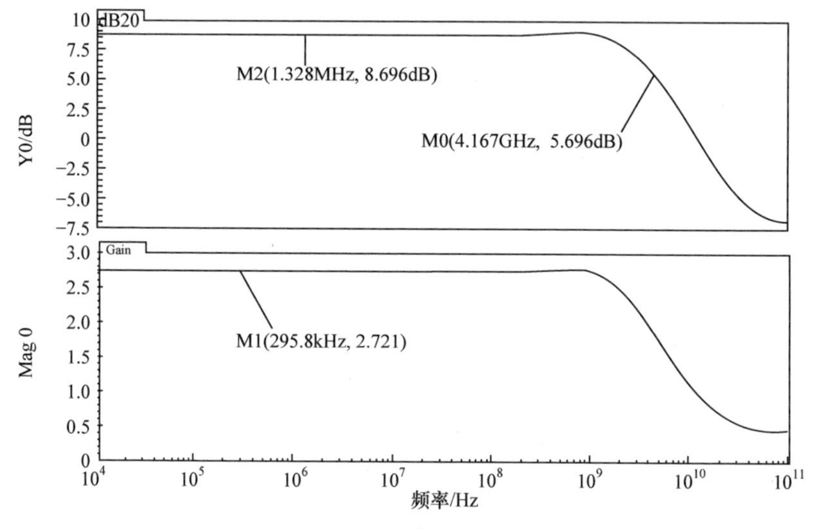

图 5.54　二极管负载单极点差分放大器幅频特性图

前置放大器在高速比较器中主要起着放大输入信号、降低失调电压和加速比较器的作用。因此将多个二极管负载单极点差分放大器级联，即可在保证高带宽的情况下，获得较高的增益。理论研究证明将 4 个单极点差分放大器级联可以获得最优的性能，且需要每个单极点差分放大器的增益都固定为 2.72 倍。

由 4 个单极放大器级联后的前置放大器结构如图 5.55 所示，为了尽可能地减小延时，加快比较速度，单极差分比较器的两输入管的长度都取最小值。

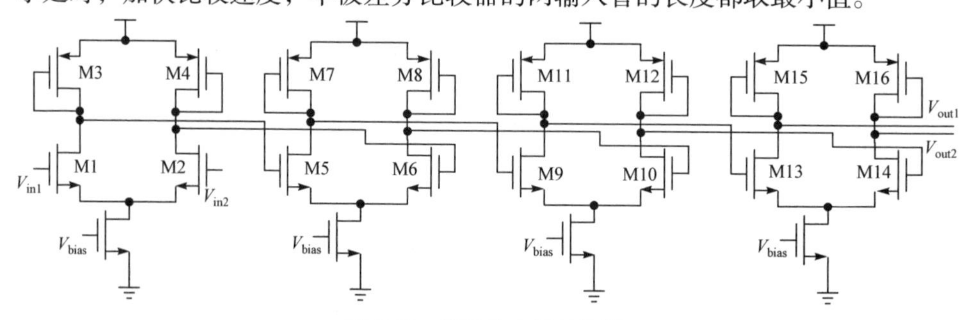

图 5.55　前置放大器结构图

于 3V 电源电压下对 4 级单极差分放大器级联进行幅频特性仿真，输入端共模电压选取 1.25V，可获得频率响应结果如图 5.56 所以。从图中可以看出，级联所获得的前置放大器的增益为 52.51dB，–3dB 带宽为 290.6MHz。

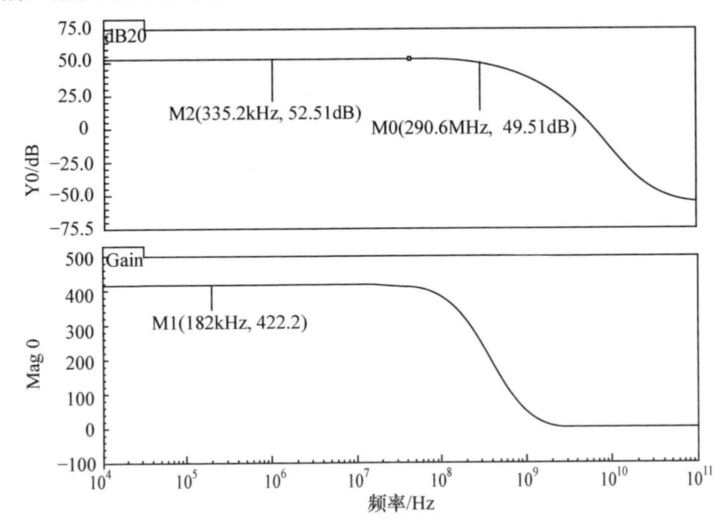

图 5.56　前置放大器幅频特性图

对所设计的前置放大器进行瞬态仿真，从而获得其输出延迟时间。仿真环境如下：电源电压为 3V，输入共模电压为 1.25V，输入差模电压为 10mV 的脉冲信号，得到的比较结果如图 5.57 所示。根据图可见，输入下降信号的延迟时间为 602ps，输入上升信号的延迟时间为 530ps，可简易求得前置放大器部分的传输延迟为输入上升延迟和输入下降延迟的平均，即 566ps。且在设计时单极点差分比较器的尾电流为 20μA，最终 4 级单极点差分比较器的平均工作电流为 79.3μA，功耗为 0.238mW。

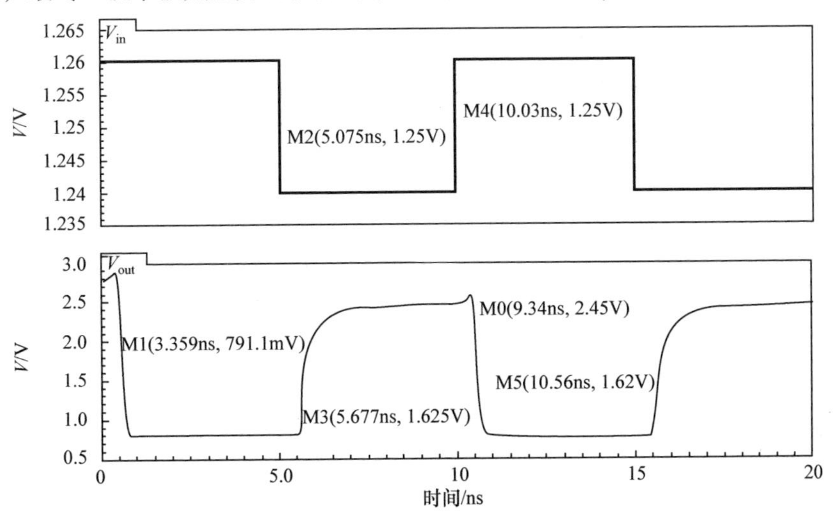

图 5.57　前置放大器瞬态延迟图

归纳设计的前置放大器各项指标仿真值如表 5.5 所示。

表 5.5　前置放大器的工作指标

指标	数值
工作电压	3V(典型值)
开环增益	52.51dB
−3dB 带宽	290MHz
平均传输延迟	566ps
功耗	0.238mW

通过在前置放大器后接入可再生动态锁存器作为闭环比较器的结构，可以减小比较延迟，增加输出信号幅值与驱动能力、增大比较器的增益。此设计中所使用的可再生动态锁存器结构如图 5.58 所示。

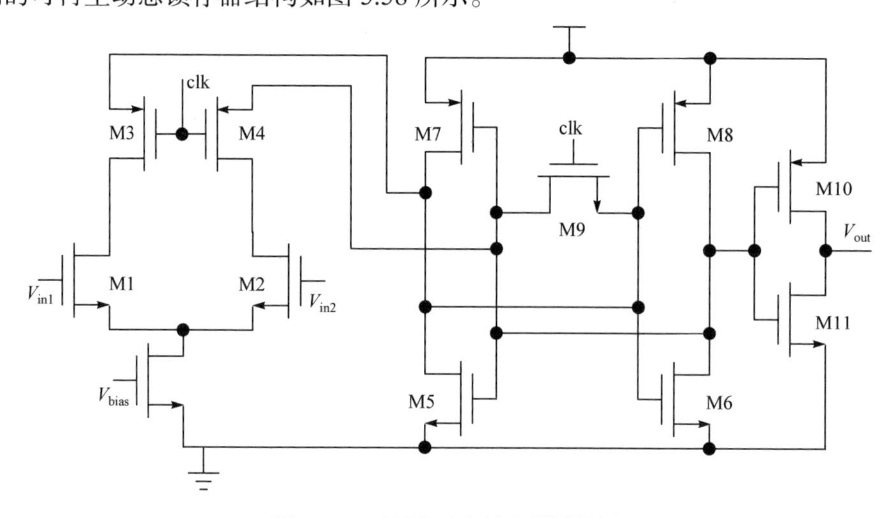

图 5.58　可再生动态锁存器结构图

参照图中的可再生动态锁存器结构图，简单描述其工作原理。时钟信号 clk 控制开关管 M3、M4、M9 的开关动作，其中 M3、M4 为 PMOS 管，M9 为 NMOS 管，故其开关状态互斥。M5、M7 和 M6、M8 组成的两个首尾相接的反相器，交叉耦合形成正反馈。当 clk 信号为高时，动态锁存器工作于复位状态，开关管 M3、M4 关闭以屏蔽输入管 M1、M2 栅极的输入信号，M9 打开，此时由 M5、M7 和 M6、M8 组成的两个反相器的输入、输出端全部连通，并通过 M9 放电至其输入、输出端电位中点的平衡状态，打破正反馈。当 clk 信号为低时，动态锁存器工作于再生比较状态。此时开关管 M3、M4 导通，M9 断开，输入信号 V_{in1}、V_{in2} 经过

M1、M2 比较后产生电流差值，使得 M9 两侧源极、漏极电压变化速度不同，最终引发 M5、M7 和 M6、M8 组成的相接反相器构成正反馈，输出经过 M10、M11 构成的反相器后输出。

对获得的可再生动态锁存器在 3V 电源电压下进行瞬态仿真，输入共模电压设置为 1.7V，差模电压设置为 0.4V，在时钟信号的控制下，锁存器依据输入的信号进行比较操作。所获得仿真结果如图 5.59 所示。图中展示了在时钟信号 clk 控制下，锁存器的上升延时和下降延时，分别为 416ps 和 427ps，故可再生动态锁存器的平均输出延时为 421.5ps。

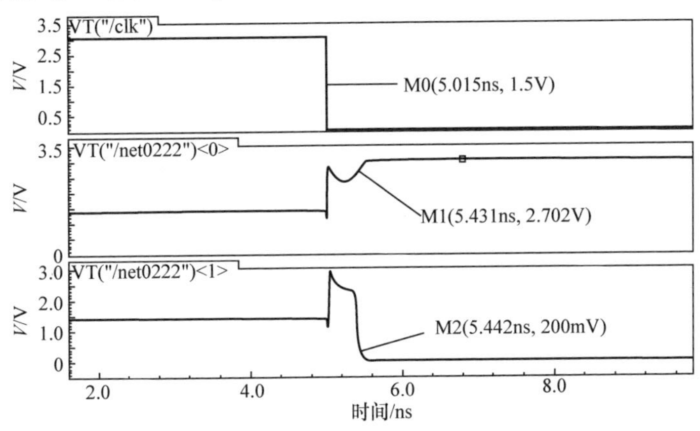

图 5.59　可再生动态锁存器瞬态输出图

将之前设计的前置放大器输出接入动态锁存器的输入，最终即可获得所需要的高速钟控比较器。

2) 加减计数器

对于本设计中的二进制 PWM 控制的 DC-DC 变换器而言，其工作时利用加减计数器来产生二进制数对应相应的占空比。此处所说的加减计数器即在加减控制信号控制下，每一时钟边沿时触发计数器中的二进制数进行加一或者减一操作。具体而言，在通过以 clk/n 为周期的时钟信号控制系统对输出电压进行比较后，需要依据比较的结果实时对加减计数器中的计数进行加一、减一操作，本设计中使用的二进制控制字 ctrl 为 7 位，故而需要设计对应的 7 位加减计数器。所使用的加减计数器结构如图 5.60 所示，图中为 3 位二进制输出示意图。输入信号 up/down_为加减控制信号，输入信号 CP 为时钟信号，Q0、Q1、Q2 分别为由低位到高位的输出二进制数。JKFF 为 JK 边沿触发器，输出信号 Q、/Q 为互补信号。在本例应用中，当输入时钟信号 CP 在出现下降沿时，若 J、K 信号为 1，则输出信号翻转，若 J、K 信号为 0，则输出信号保持不变。

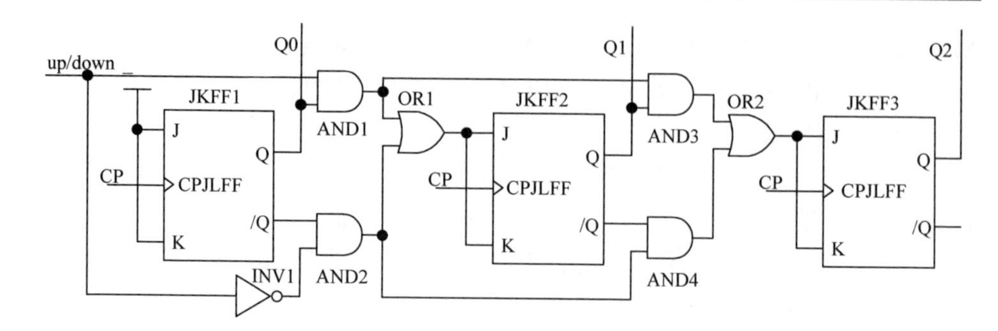

图 5.60　加减计数器原理图

加减计数器工作过程如下，若 up/down_信号为 1，首先假设输出二进制数 $Q_2Q_1Q_0$ 为 000，此时 JK 触发器 JKFF1 的 J、K 信号为 1，JK 触发器 JKFF2 的 J、K 信号为 0，JK 触发器 JKFF3 的 J、K 信号为 0，则在 CP 信号边沿触发时，JKFF1 输出信号翻转而 JKFF2、JKFF3 不变，此时输出二进制数变为 001，实现加一操作。若将 up/down_信号置为 0，在输出二进制数仍保持 001 不变的前提下，JKFF1、JKFF2、JKFF3 的 J、K 信号变为 1、0、0，故而在下一个 CP 时钟边沿触发时，输出二进制数变为 000，实现减一操作。

之所以加减计数器可以完成加、减技术操作，是因为计数器中包含由与门 AND1、AND3 构成的加控制通路和由与门 AND2、AND4 以及反相器 INV1 构成的减控制通路。当 up/down_信号为 1 时，加控制通路工作，减控制通路屏蔽，加控制通路中与门 AND 的作用为判断这一与门之前二进制数更低位是否全为 1，若全为 1 且当前位输出也为 1，则后一级 JKFF 的 J、K 信号置 1，在下一时钟边沿触发时，完成加一操作。当 up/down_信号为 0 时，减控制通路工作，加控制通路屏蔽，减控制通路中与门 AND 的作用为判断这一与门之前二进制数更低位是否全为 0，若全为 0 且当前位输出也为 0，则后一级 JKFF 的 J、K 信号置 1，当下一时钟边沿触发时，完成减一操作。

搭建 7 位加减计数器电路，并进行瞬态仿真，仿真时输入的时钟信号 CP 周期为 30ns，加减控制信号在 0、1 间切换，最终输出结果如图 5.61 所示，图中 up/down_为加减控制信号，clk 为时钟控制信号，Q_0、Q_1、Q_2 分别为 7 位二进制数输出中由低到高的低三位，三位二进制数被记录于 Q_0 信号图中，由于篇幅限制，图中只展示了最低的三位二进制数，更高位的工作状况以此类推。从图中可以看出，当 up/down_信号为低电平时，每当 clk 信号产生下降沿，二进制数减一，当二进制数减至 001 时，up/down_信号变为高电平，当 clk 信号产生下降沿时，二进制数加一。通过比较图中 M0 点和 M1 点的时间，发现 clk 信号触发后，二进制数发生变换的延迟为 122.1ps。综上可见，所设计的加减计数器符合之前的设计要求。

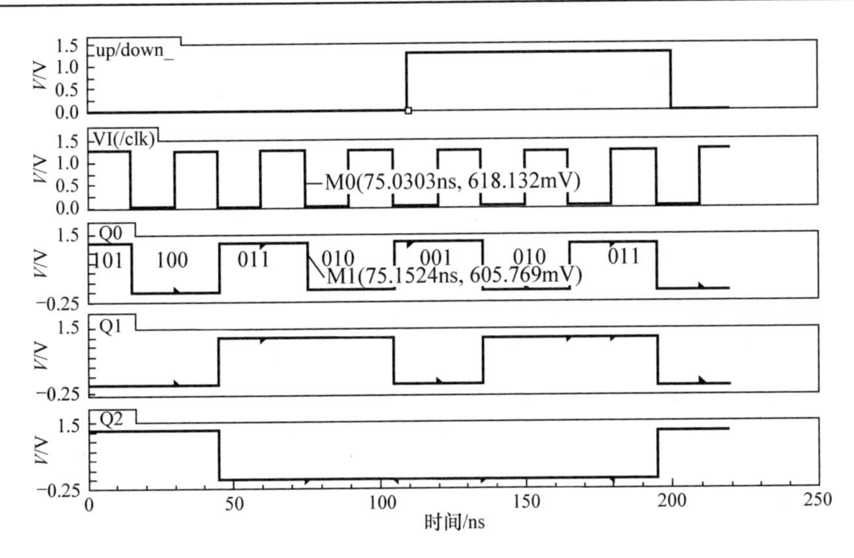

图 5.61　加减计数器仿真信号图

3) 二进制延时线及 PWM 产生电路

加减计数器产生的 7 位二进制数随着输出电压产生对应增减以后，被输出至二进制延时线中用于产生 PWM 信号以控制功率管的开关，此处 PWM 信号的占空比跟随二进制数对应的大小线性变化。所使用的二进制延时线结构如图 5.62 所示。

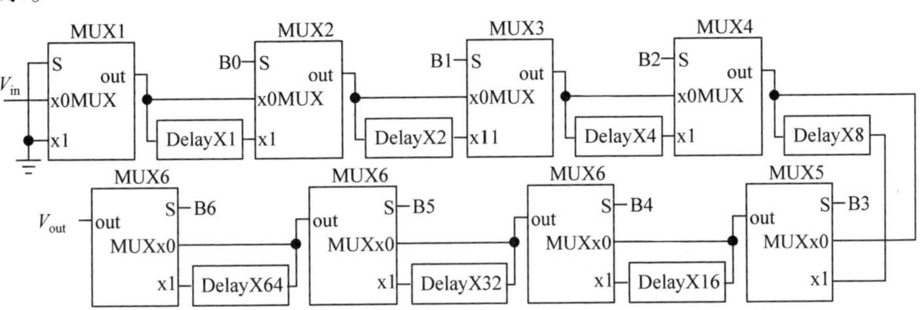

图 5.62　二进制延时线结构图

在二进制延时线结构中，采用二到一选通器 MUX 进行通路选择，使用延时单元 Delay 来产生延时信号，将单一延时单元 Delay 串联形成多倍的延时时间，图中的乘数即表示了延时模块的延时倍数，二到一选通器 MUX 的控制端 S 连接着对应的二进制控制字，对应图中控制信号 B_0～B_6，位数依次递增，即 B_0 为最低位控制信号，B_6 位最高位控制信号。二进制延时线的工作模式如下，加减计数器产生的二进制控制字被输入二进制延时线后，输入信号按照各位选通器对通路的选择来确定通过每一权位是否经过权位对应倍数的延时，最后经过延时的信号

从 V_{out} 端输出。以 B_0 位为例，若 B_0 为 0 时，则输入信号 V_{in} 通过 MUX1 后信号不通过延时单元直接传至下一位，若 B_0 为 1 则输入信号 V_{in} 通过延时单元 DelayX1 后传至下一位。V_{in} 信号通过 MUX1 后向后传递有利于控制各级 MUX 的输出电容稳定，有利于整体的一致性设计。

由于设定的系统工作频率为 250MHz，即周期时间为 4ns，故令单个延时单元的延时时间为 26ps 左右，即二进制控制数 ctrl 对应的 LSB 为 26ps。则 7 位二进制数总延时时间约为 3302ps，空余出其他电路延时后，基本可以覆盖周期时间 4ns，即产生占空比的范围基本覆盖 0～100%。在图 5.63 中即展示了二进制延时线的工作信号的仿真结果，图中可以明显看出输入信号 V_{in} 和输出信号 V_{out} 之间产生了明显的延时，具体而言，上升沿延时为 1.043ns，下降沿延时为 1.149ns。

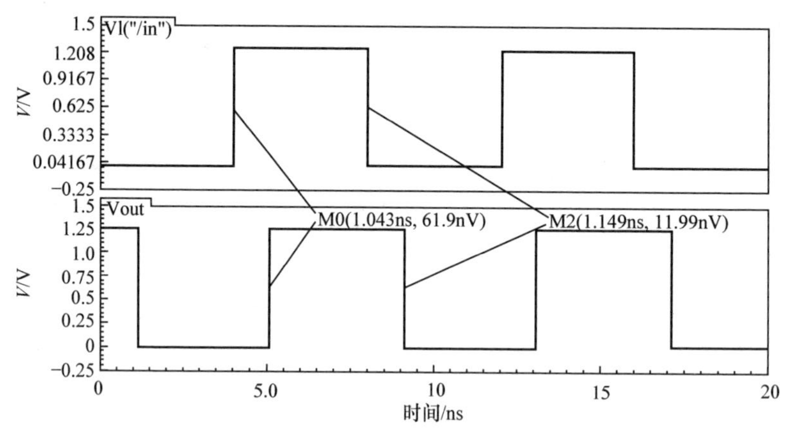

图 5.63　二进制延时线仿真信号图

由于上升沿延时和下降沿延时有较大不同，若在同一二进制控制字下同时使用上升沿延迟和下降沿延迟来轮流控制产生 PWM，会使得同一二进制控制字下 PWM 信号的占空比不断波动并加大，影响环路稳定性。故本设计中只采用下降沿延时来产生 PWM 信号。不同控制字下二进制延时线的下降沿延时时间的仿真结果总结如图 5.64 所示，从图中可以直观地看到所设计的二进制延时线的延时时间和二进制控制字有很好的线性相关性，而且延时时间依次单调线性变化，没有延时时间反复重叠的情况。从仿真结果中得出，当控制字为 0 时，下降沿延时为 273.5ps，当控制字为 127 时，下降沿延时为 3636.7ps，所以可知延时线自身固定延时为 273.5ps，可调延时范围为 3362.2ps，平均 LSB(最小权重位)对应的单位延时为 26.5ps，满足之前设计的指标要求。

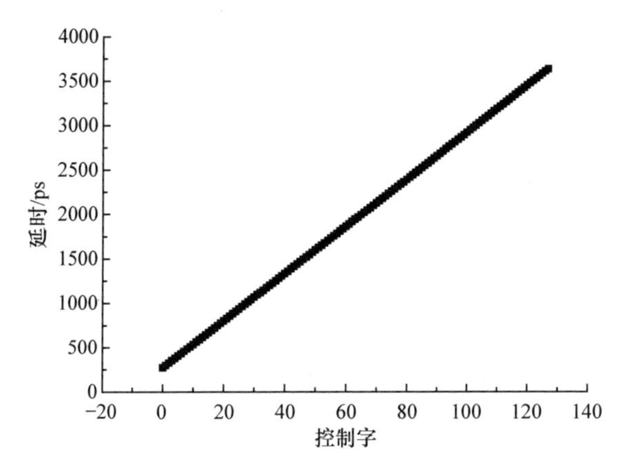

图 5.64　二进制延时线延时时间图

由于二进制延时线上升沿延时和下降沿延时会有一些差别，同时使用上升沿延时和下降沿延时来产生 PWM 信号会导致输出电压波动和环路不稳定，故只使用下降沿延时来产生 PWM 信号。

这里主要介绍一种利用下降沿延时产生 PWM 信号的方法，所使用的产生 PWM 信号的电路结构如图 5.65 所示。图中 delay_line 模块 I1、I2 即上面所涉及的二进制延时线，输入信号 B_0～B_6 为加减计数器输出的 7 位二进制控制字，用于控制延时线的延时时间长短，时钟信号 clk 经过反相器 INV3 后产生时序相反的时钟信号/clk。两时钟信号分别输入图中上下两延时线模块 I1 和 I2 中，由于 I1 和 I2 的时钟输入信号互斥，故两个模块产生的下降沿延时分别对应 clk 信号的上升沿和下降沿，将 I1、I2 的下降沿延时信号综合后即在 out 端产生所需的 PWM 信号。

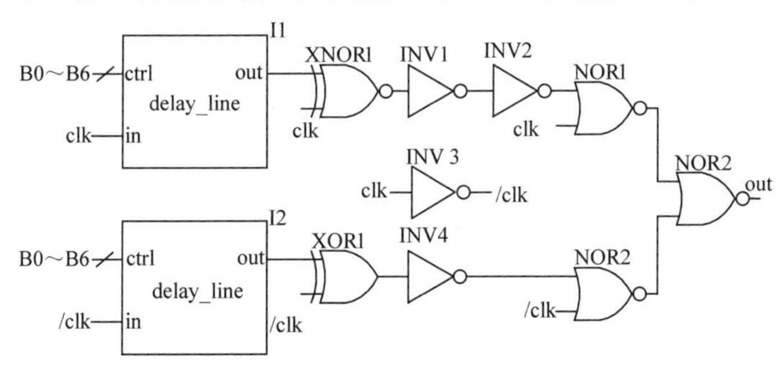

图 5.65　产生 PWM 信号的电路结构图

PWM 产生电路关键节点时序图如图 5.66 所示。图中 t_d 对应图 5.65 中产生/clk 信号的反相器延迟。其他各数字逻辑单元延迟由于在延时线 I1、I2 中同时存在，故可暂时忽略。图 5.66 中 delay_r 为二进制延时线上升沿延时，delay_f 为二进制延时线下降沿延时。从时序图中可以看出，输入时序信号经过延时线后输出延迟信号 I_{1_out}

和 I_{2_out}，并分别利用同或门和异或门选取出延迟部分信号，此处分别采用同或门和异或门来处理延时信号，是为了在两信号间引入反相，这样 I1 支路中加入两个反相器 INV1、INV2，I2 支路中只加入一个 INV4。I1 支路中多增加的 INV2 是为了增加 I1 支路信号延时 t_d 以抵消 INV3 对/clk 时钟信号引入的延时 t_d。最终输出信号是只利用延时线的下降延时产生的、相邻两周期完全相同且不受 t_d 影响的 PWM 信号 out。

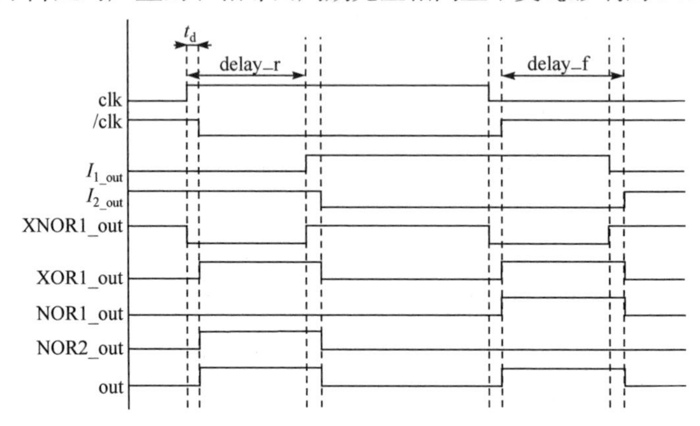

图 5.66　PWM 产生电路关键节点时序图

图 5.67 中展示了最终在 clk 时钟信号驱动下产生的 PWM 信号瞬态仿真图。图中时钟信号 clk 每半周期对应着 PWM 信号的一个周期，clk 的正半周期对应的 PWM 信号由二进制延时线 I2 产生，clk 的负半周期对应的 PWM 信号由二进制延时线 I1 产生。当二进制控制字为 1000000 时，PWM 信号相邻两周期的输出延时触发产生时间分别为 2.0801ns 和 2.0811ns，即图 5.65 中 INV3 的延时被很好地抵消，PWM 信号相邻两周期基本保持一致。

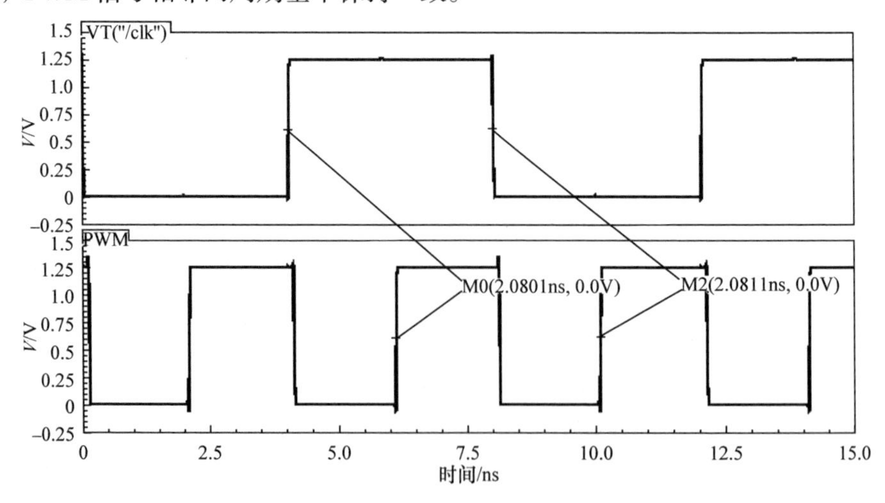

图 5.67　输出 PWM 信号瞬态仿真图

4) 输出功率管

设计开关电源系统时，功率级电路是不可忽略的部分，因为输出功率管的尺寸直接影响到输出损耗的大小，最终决定了系统的效率，特别在 250MHz 的高工作频率下，更需要仔细考虑输出功率管的损耗。功率管的损耗主要由导通损耗和开关损耗两部分构成，在上面已经仔细分析过，这里不再赘述。

由于开关频率高达 250MHz，所以开关损耗将成为主要部分，为了尽可能降低开关损耗，两功率管的栅长 L 都取工艺最小值，调节栅宽以获得最优的效率。由于系统的导通损耗随着功率管尺寸的增大而减小，开关损耗随着功率管尺寸的减小而减小，故将参数代入后，通过对总损耗表达式求导即可分别获得最优的功率管尺寸。在本例中，系统工作频率为 250MHz，希望在 300mA、3V 输入电压、1.25V 输出电压时获得最优的系统效率，此时系统的占空比为 41.67%。通过以上信息，可以求得最优的功率管尺寸为

$$W_{\mathrm{P}} = 5033\mu\mathrm{m}, \quad W_{\mathrm{N}} = 3315\mu\mathrm{m}, \quad L_{\mathrm{P}} = 0.4\mu\mathrm{m}, \quad L_{\mathrm{N}} = 0.5\mu\mathrm{m}$$

5) 片上功率电感

设计全集成的电源变换器的关键是将片外功率电感集成到芯片内部。在增加了系统工作频率后，系统对功率电感值的要求降低，从而为设计片上电感提供了可能性[13,14]。使用微机电系统(micro electro mechanical systems, MEMS)技术可以在硅片上轻易地制作出全集成的电感，并可以使用铁磁材料增加电感值，使用厚导线以减小 ESR[15]。然而 MEMS 技术和标准 CMOS 工艺并不兼容，在标准 CMOS 工艺中常使用金属层制作电感，这种电感常被用于 RF 电路中，它有着小的寄生电容和在 GHz 工作频率下的优异电感特性。可是金属层制作电感在电感值和 ESR 上有着局限性，较小的电感值和大的 ESR 使其并不适合在开关电源系统中作为功率电感使用。

使用金属焊线来构建电感虽然不是严格地将集成电感和 CMOS 工艺完全结合，但在各种集成电路中都可以实现，信号可以通过焊盘在焊线电感和电路中自由传递，故也可以认为是一种可接受的可融入标准 CMOS 工艺的电感制作方法[16]。

由于焊线只能在焊盘间直线连接，而不能够设计焊线弯曲，这局限了电感的几何形状，电感只能设计成多边形而不是圆形。在各种多边形结构的焊线电感中，形状的每个角都需要使用焊盘连接，焊盘在其中表现出比焊线更高的导通电阻，为了尽可能减小 ESR，即需要选用角尽可能少的结构。等边三角形结构有着最少的角数，且相同面积的焊线电感中等边三角形结构的电感值最大，故认为使用等边三角形的绕线电感是最优的选择。图 5.68 展示了上面提到的等边三角形焊线电感示意图。其中 S_{ext} 为多边形边长，a 为三角形边长的 1/2。通过 Biot-Savart 定律

中关于磁场和流过电流的关系，图中形状的电感值可表示为

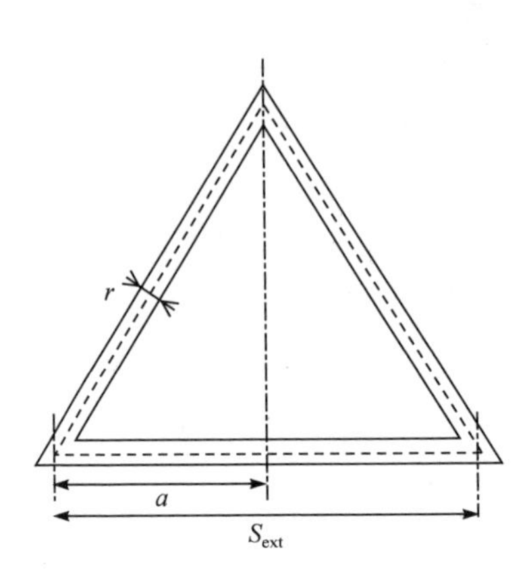

图 5.68　焊线电感示意图

$$L=\frac{\sqrt{3}\mu}{\pi}\left(\frac{r-\sqrt{3}a}{2}\ln\left(\frac{2k_{ar}+\sqrt{3}a-3r}{2k_{ar}-\sqrt{3}a+3r}\right)\right.$$
$$+\left(r-\sqrt{3}a\right)\left\{\arctan\left[h\left(\frac{\sqrt{3}a}{2k_{ar}}\right)\right]\right.$$
$$\left.+\arctan\left[\left(h\frac{3r-2\sqrt{3}a}{2k_{ar}}\right)\right]\right\}$$
$$-k_{ar}+\sqrt{3}r-\frac{r}{2}\ln\left[\frac{2k_{ar}+2\sqrt{3}a-3r}{\left(3+2\sqrt{3}\right)r}\right]$$
$$\left.-r\left\{\arctan\left[h\left(\frac{\sqrt{3}}{2}\right)\right]-\arctan\left[h\left(\frac{\sqrt{3}a}{2k_{ar}}\right)\right]\right\}\right) \tag{5.71}$$

$$k_{ar}=\sqrt{3a^2+3r^2-3\sqrt{3}ar} \tag{5.72}$$

同时不同多边形的电感的 ESR 可以表示为

$$R_{\rm L}=n_{\rm sides}\left(\frac{S_{\rm ext}}{\sigma\pi r^2}+R_{\rm bp}\right) \tag{5.73}$$

式中，$n_{\rm sides}$ 为多边形的边数，若是三角形则边数取值为 3，且单位长度电导 $\sigma=41\times10^6$S/m，焊线半径 r 为 12.5μm，焊盘电阻 $R_{\rm bp}$ 为 13mΩ。以上考虑的为单圈的焊线电感计算方法，为了节约面积，增加电感密度，常使用焊线构建多圈电感。对于多圈电感而言，除了单圈电感自身的互感以外，各圈电感之间的互感也需要考量。综上，总电感应表示为

$$L_{\rm all}=\sum_{j=1}^{n_{\rm L}}\sum_{i=1}^{n_{\rm L}}L_{ij} \tag{5.74}$$

式中，$n_{\rm L}$ 为总圈数，在式(5.74)中，当 $i=j$ 时分量 L_{ij} 对应式(5.71)所示电感值，且由于互感的互异性，当 $i\neq j$ 时，$L_{ij}=L_{ji}$。

多圈电感的 ESR 可通过式(5.75)表示。式中 p 为内外圈边缘距离的 1/2。

$$R_{\rm L\_all}=R_{\rm bp}\left(3n_{\rm L}+1\right)+\frac{3n_{\rm L}\left[S_{\rm ext}+\sqrt{3}p\left(1-n_{\rm L}\right)\right]}{\sigma\pi r^2} \tag{5.75}$$

综合考虑最优的电感密度与 ESR，3 圈环绕的绕线电感结构是最优的选择。封装参数以及设计尺寸如表 5.6 所示，最终获得 10.2nH 的电感，其 ESR 为 0.43Ω。

表 5.6　集成电感的指标

参数	数值
焊盘电阻 R_{bp}	13mΩ
焊线半径 r	12.5μm
相邻焊线距离 p	50μm
电感圈数 n_L	3
最外圈边长 S_{ext}	920μm
电感值 L	10nH
ESR R_L	0.43Ω

在上述设计完成后，下面进行仿真验证。二进制 PWM 控制开关电源变换器的电路仿真包括正常的功能实现、系统的稳定性仿真，系统负载在不同数值间跳变的情况下，系统的负载调整率和动态响应仿真，以及在整个负载范围内系统转换效率的仿真。对变换器整体电路进行仿真有利于验证电路设计的正确性和对初始规划的设计指标的吻合程度。整体电路仿真有助于优化电路参数，提升电路性能。本设计案例在 SMIC 55nm 工艺下进行仿真验证。

(1) 二进制 PWM 环路仿真

电路启动后，首先让加减计数器置零，此时功率开关控制 PWM 信号占空比设置为最小值，之后随着高速钟控比较器的比较，PWM 信号占空比随之变大，则在同一周期中，功率 PMOS 开关时间变长，功率 NMOS 开关时间变短，电荷从电源不断向功率电容 C_{out} 流动，从而使得输出电压抬升。随着启动过程继续，输出电压不断增大，最后输出电压稳定于所设定的输出电压，并激活稳态控制模块，减小输出电压纹波。图 5.69 即整体电路启动过程瞬态仿真图，其中预设稳定输出电压为 1.25V，电源电压为 3V，电路负载电流为 300mA，从图中可见启动过程耗时 2.8μs，输出电压 V_{out} 不断平稳增长，直到预设的输出电压 1.25V，在达到预设电压后，稳态控制模块启动，输出电压纹波明显减小。

图 5.70 为稳态控制模块启动图，当系统输出电压稳定时，PWM 占空比在两个邻近LSB之间来回波动，这导致了输出电压纹波增大，仿真结果显示为57.3mV，启动稳态控制模块后，输出占空比固定，这减小了输出电压纹波，此时输出电压为 1.265mV，纹波为 39.42mV。

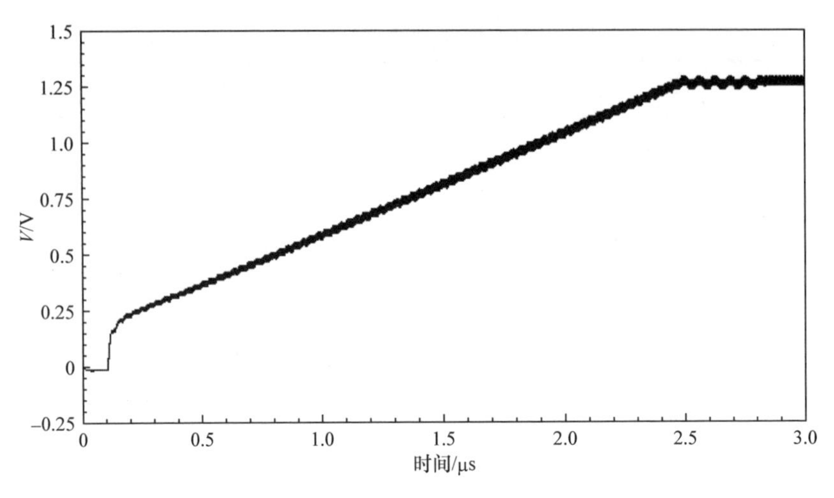

图 5.69　整体电路启动过程仿真图

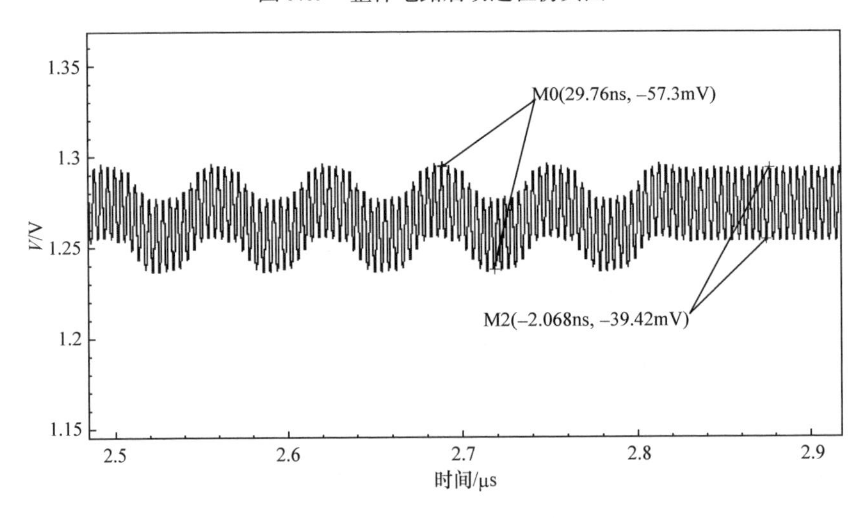

图 5.70　稳态控制模块启动图

(2) 瞬态响应特性

当变换器的负载电流发生突变时，因为电感上的电流不能发生突变，变换器的输出电压会随着负载的变化而相对上冲或下冲。图 5.71 所示为电源变换器输出负载从 300mA 发生向 200mA 跳变时，输出电压和电感电流的仿真波形图，图中分别显示了输出电压 V_{out}、电感电流 I_{out} 以及系统稳态标志位 stable_flag，从图中可见，在系统输出为 300mA，并进入启动稳态控制模块后，负载电流从 300mA 跳变至 200mA，使得输出电压向上跳变，控制环路退出稳态控制模块。最终过冲电压为 191mV，瞬态恢复时间为 262ns，恢复稳态模式时间为 568.3ns。

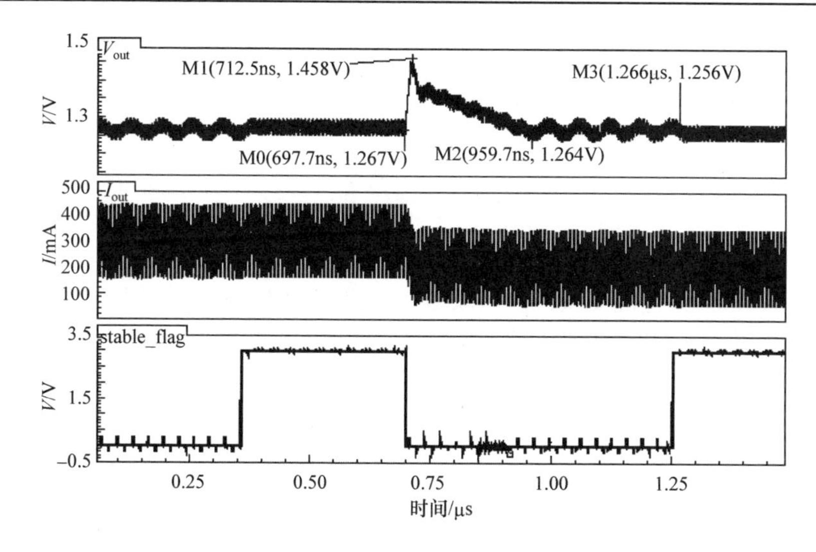

图 5.71　输出电压上冲瞬态响应图

图 5.72 所示为电源变换器输出负载从 200mA 向 300mA 跳变时，输出电压下冲瞬态响应图。从图中可见，系统输出为 200mA，并进入启动稳态控制模块后，负载电流从 200mA 跳变至 300mA，使得输出电压向下跳变，控制环路退出稳态控制模块。最终过冲电压为 166mV，瞬态恢复时间为 262ns，恢复稳态模式时间为 574ns。综上可见上、下冲的平均瞬态响应时间为 262ns。

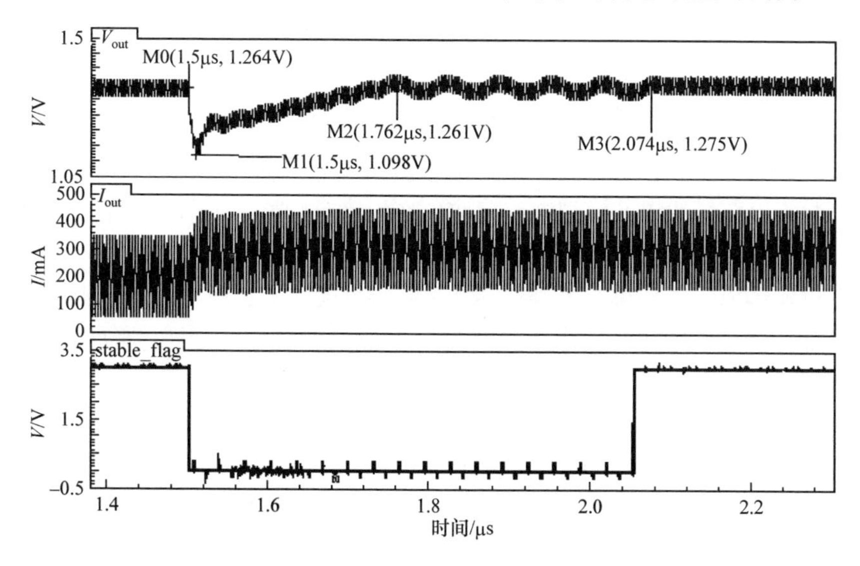

图 5.72　输出电压下冲瞬态响应图

(3) 开关变换器转换效率

对变换器总体的工作效率进行仿真，式(5.76)显示了所述效率，意为输出负载上消耗能量和总变换器消耗能量之比。

$$\eta=\frac{U_{\mathrm{out}}^2(t_2-t_1)}{U_{\mathrm{BAT}}\int_{t_1}^{t_2}I\mathrm{d}t\cdot R_{\mathrm{load}}} \tag{5.76}$$

图 5.73 为开关电源变换器的转换效率仿真图，图中显示了不同负载下变换器系统的转换效率。从图中可见变换器的最大效率在输出负载电流为 200mA 时，效率为 63.6%，可以预计系统最大效率点位于 200～300mA，基本符合设计功能管时所预计的最高效率点，最终效率曲线符合指标要求。

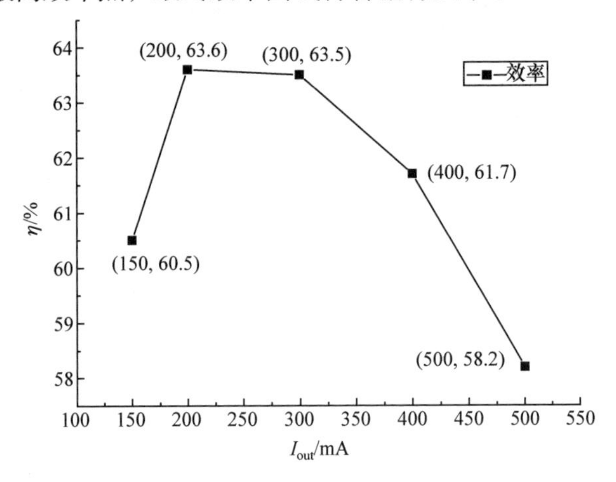

图 5.73　开关电源变换器的转换效率

250MHz 二进制 PWM 控制 DC-DC 变换器中包含多种电路模块，包括功率级电路，数字电路模块以及模拟电路模块，在最终布局整体版图时需要全局考虑，避免模块间相互影响。需要注意将敏感模拟电路模块和数字电路模块、功率级电路等尽可能远离，以减小数字噪声和功率管温度变化对模拟电路的影响。图 5.74 为变换器的总体版图，其总版图尺寸为 1.25mm×1.25mm，核心部分占用面积为 220μm×230μm。

表 5.7 为变换器的设计指标、前仿结果和后仿结果总结图，在图中对比可知，变换器的前仿、后仿结果都较好地达到设计指标要求，后仿中，由于版图绘制过程中引入的寄生参数使得后仿性能较前仿有所下降，但仍可以满足设计指标的要求。为实现全集成变换器，本设计使用了高的工作频率以减小功率电感、电容要求；同时采用二进制 PWM 控制，简化了较高工作频率下的控制难度，还引入了稳态控制模块减小稳态时的输出纹波。

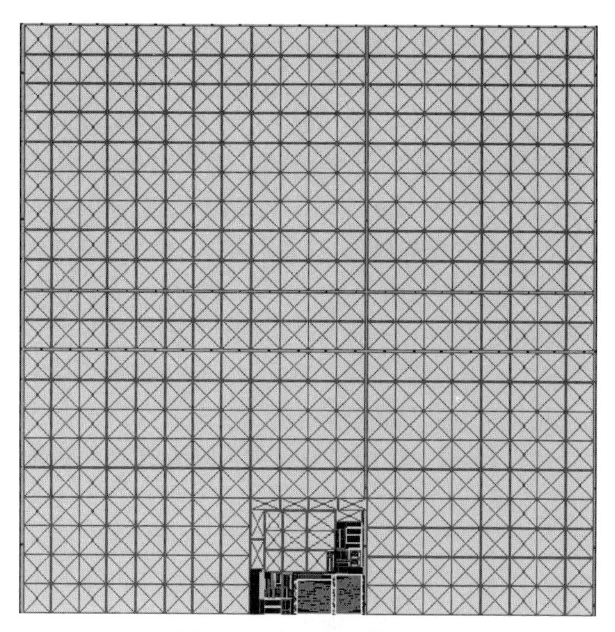

图 5.74　变换器整体版图

表 5.7　变换器整体指标与结果对比

性能参数	设计指标	前仿结果	后仿结果
电源电压 V_{BAT}	2.5～3.3V(typ 3)	2.5～3.3V	2.5～3.3V
输出电压 V_{out}	1.25V	1.265V	1.269V
输出电压纹波 V_{ripple}	<50mV	39.4mV	40.1mV
瞬态响应时间 t_{trans}	<0.5μs	0.262μs	0.261μs
瞬态过冲电压 V_{trans}	<200mV	191mV	187mV
开关频率 f	250MHz	250MHz	250MHz
转换效率 η	>60%	63.6%	64%
最大负载 I_{max}	500mA	500mA	500mA

5.3.4　单电感多输出设计技术

当前 SoC 供电等应用中，往往需要不同可变电压供给多路同时使用。传统的电源解决方案是采用阵列型的线性稳压器，但是其效率受到输入、输出电压和静态电流的限制而相对较低。而开关电源效率则要高得多，可见多输出 DC-DC 开关电源对当前电源管理应用有着重要意义。单电感多输出(single-inductor multiple-output, SIMO)开关电源[17,18]利用分时复用或是电荷分享原理实现单个电感多路输出电压，不仅减少了电源的片外元器件，而且节省了成本和电路板面积。

2000 年，微线性公司(Micro Linear Corporation)的 Thomas Li 在美国线性技术公司(Linear Technology Corporation)的 Dimitry Goder 于 1997 年提出的利用时分复用多输出开关电源专利的基础上，第一次提出了关于 SIMO 开关电源这一概念的专利，这是基于升压型的变换器。紧接着仙童半导体(Fairchild Semiconductor Corporation)的 Ronald J.Lenk 在 2001 年申请了降压型的 SIMO 的拓扑结构的专利。之后，很多公司和高校研究所都提出了不同控制结构的专利，如德州仪器(TI)、香港科技大学等。

目前 SIMO 开关电源得到了学术界以及产业界的广泛关注。在关键技术上也已经展开了各自的研究，并取得了一定的成果。但是由于多输出结构本身的复杂性，SIMO 开关电源仍然存在以下问题和设计难点。

(1) 效率不高。因为多输出结构需要更多的功率开关，整体的导通损耗和开关损耗会增加。而且在某些控制方法中，电感电流需要工作于续流状态，会导致额外的能量损耗。

(2) 交叉调制。在 SIMO 开关电源结构中，多路输出共享单个电感中的能量，因此某一路负载变化会影响其他路的输出电压。特别是负载发生大的变化时，不同输出之间的交叉调制会增加。

(3) 输出纹波和毛刺增大。由于各路输出都用开关管的通断来控制输出电容充放电，电容上要经历大电流的切换，造成输出电压的纹波与毛刺增大，特别是考虑到输出电容的寄生电感和电阻的影响，这一问题更加恶化。

上述问题和难点一直是国内外电源设计者面临的挑战，本节从 SIMO 开关电源基本的理论出发，设计一种主回路采用峰值电流模式、次级回路采用纹波控制的 PWM/PSM 双模式控制的单电感双输出(single-inductor double-output, SIDO)开关电源电路。

1. 纹波控制 SIDO 电源工作原理

SIDO 根据其开关功率管调节的方式可分为 PWM、PSM、PFM 等模式，PWM 主要用于中、重负载载情况，PSM 和 PFM 适用于轻负载情况，用于提高电源系统的转化效率。其中 PSM 模式工作原理为：当系统判断出负载电流较小时，将关闭控制电路和断开功率管，仅让输出电容放电提供负载能量，跳跃几个周期，直至电压下降到一定的电压值，再使能整个系统，让控制电路和功率管按照 PWM 模式正常工作。而工作在 PWM 模式下的 SIDO，根据电感电流的状态又分为 CCM、DCM。

本节所介绍的 SIDO 主要针对大负载电流的情况进行设计，输入电压为 3.3V，两路输出电压分别为 1.8V 和 1.2V，且两路输出电流的最大值均为 200mA，是一个降压型的 SIDO，采用 PWM/PSM 模式控制。由 PSM 工作原理可以看出，只要保证在 CCM 下，SIDO 能够保持稳定，在 PSM 模式下也将保持稳定，因此 CCM 下 SIDO 降压型 DC-DC 变换器的模型分析及系统优化将决定整个负载范围内的性能，这具有非常重要的意义。

本 BUCK 型 SIDO 采用时分复用的原理，在一般的单路 BUCK 结构上增加了两个选择功率管，用于控制两路输出电压的充电，其功率级结构如图 5.75 所示。开关管 S_1、S_2、S_3、S_4 分别为 PMOS、NMOS、NMOS、PMOS，都工作在线性区。滤波电感为 L，两路输出电压分别为 V_1、V_2，负载分别为 R_{o1}、R_{o2}，输出滤波电容分别为 C_{o1}、C_{o2}。占空比 D_1 由主级环路形成，控制开关管 S_1、S_2，决定电源提供能量的时间比例，如 S_1 闭合 S_2 断开，电源提供能量；S_1 断开 S_2 闭合，通过电感电流续流提供能量。占空比 D_2 由次级环路形成，控制开关管 S_3、S_4，决定给两路输出的哪一路提供能量，如 S_3 闭合 S_4 断开，给 V_2 充电；S_3 断开 S_4 闭合，给 V_1 充电。

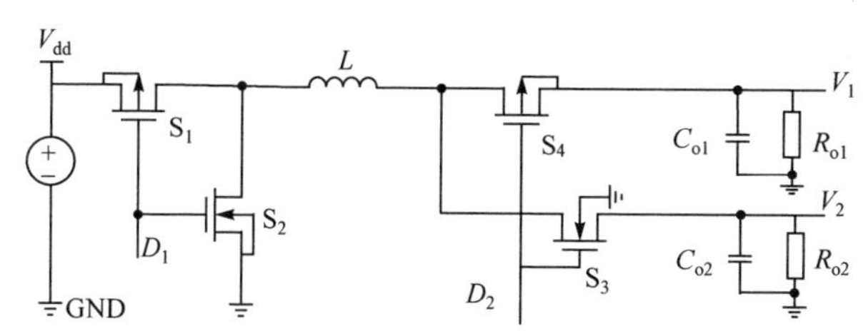

图 5.75　SIDO 功率级结构

主级环路是控制输入电源是否提供能量的环路，当需要输入电源向输出电压和电感提供能量时，开关管 S_1 闭合，S_2 断开。当不需要输入电源提供能量时，S_1 断开，S_2 闭合，通过电感储存的能量进行续流充电；定义 S_1 闭合 S_2 断开的时间比例为主级占空比 D_1。次级环路是选择给两路输出电压的其中一路充电的环路，当输出电压 V_2 低于设定电压时，给 V_2 充电；当 V_2 不再需要能量，输出电压 V_1 低于设定电压时，给 V_1 充电；定义 S_3 闭合 S_4 断开的时间比例为次级占空比 D_2。占空比 D_1 主要由两路输出负载综合决定，占空比 D_2 由输出 V_2 的负载占总负载的比例决定，因此 D_1 和 D_2 之间的大小没有绝对关系，随着两路输出负载的变化，D_1 会大于 D_2，也会小于 D_2，或者等于 D_2。而 $D_1>D_2$ 和 $D_1<D_2$ 时，SIDO 的工作原理是不相同的。

当占空比 $D_1>D_2$ 时，工作原理为：在周期开始时，关闭续流 NMOS 管 S_2，然后打开 PMOS 管 S_1，然后给两路输出的其中一路(假设为 V_2)充电，并往电感中储存能量，如图 5.76(a)所示。当输出电压 V_2 不再需要提供能量后，将关闭 S_3 打开 S_4，给输出电压 V_1 充电，如图 5.76(b)所示。当电源电压提供的能量满足两路输出的能量后，将关闭 PMOS 管 S_1，打开续流 NMOS 管 S_2，利用电感中储存的

能量对输出电压 V_1 进行续流充电，如图 5.76(c)所示。图 5.76(d)为滤波电感中的电流波形。

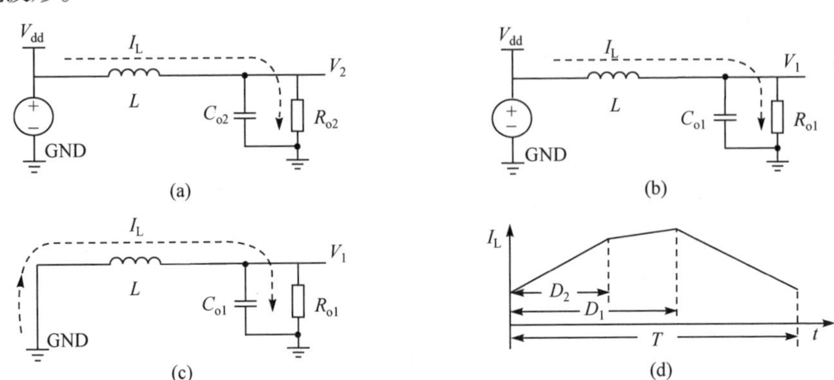

图 5.76 $D_1>D_2$ 时，SIDO 功率级工作原理

当占空比 $D_2>D_1$ 时，工作原理为：在周期开始时，关闭续流 NMOS 管 S_2，然后打开 PMOS 管 S_1，依然给输出电压 V_2 充电，并往电感中储存能量，如图 5.77(a)所示。当电源电压提供的能量满足两路输出的能量后，将关闭 PMOS 管 S_1，打开续流 NMOS 管 S_2，利用电感中储存的能量继续对 V_2 续流充电，如图 5.77(b)所示。当输出电压 V_2 不再需要提供能量后，将关闭 S_3 打开 S_4，通过电感储存的能量给输出电压 V_1 续流充电，如图 5.77(c)所示。图 5.77(d)为滤波电感中的电流波形。

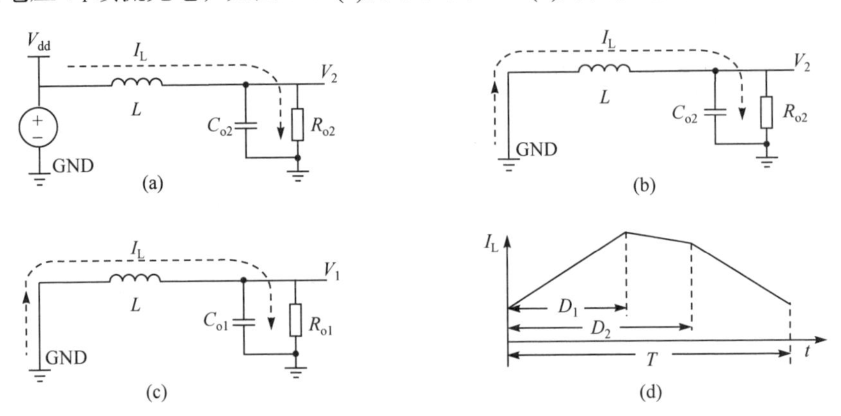

图 5.77 $D_1<D_2$ 时，SIDO 功率级工作原理

BUCK 型 SIDO 功率级的结构虽然基本相同，但是不同的控制方式有不同的效果和性能。尤其针对具有两路控制的 SIDO，不同的控制方式组合，导致 SIDO 的控制更加多样化和复杂化。因此对 SIDO 控制环路的研究非常有意义。

众所周知，利用电流环控制模式可以更快更稳定地控制电感中的电流以及输出电压，增加系统的瞬态响应。若采用平均电流模式，则需要电容占用较大的芯片面积，不利于芯片的集成，且无法采用数字工艺尺寸缩小所带来的好处。峰值电流控制模式，因为其快速瞬态响应，结构简单，不需要电容，易于集成的优点被广泛应用于电源管理芯片中。又因为主级环路是控制输入电源提供能量大小的环路，控制好电感电流就可以很好地控制能量，因此针对 SIDO 的主级环路，本例中采用峰值电流模式。

次级环路从功能上主要决定给两路输出的哪一路提供能量，对是否控制电感电流没有特殊要求，因此其控制方式选择相比主级环路比较多样，既可以用电流型控制，也可以用电压型以及采用比较器控制。因为其选择的多样性，需要选择一个最佳的控制方式。若次级环路也采用峰值电流环，容易导致谐波振荡。虽然此缺点可以通过增加额外的电路模块来改善，但是增加了系统的设计难度，而且对于次级环路，不需要控制电感电流，只需要电压环即可。采用普通的电压型控制不仅需要一个和时钟同步的谐波信号用于产生占空比，而且需要一个频率补偿模块。虽然这种电压型控制可使次级环路获得很高的小信号带宽和增益，但次级电压环的频率补偿模块把负载电流和电感电流共同引起的电压纹波滤掉了，其环路必须等待输出电压发生变化时再调节，对于负载电流突变之类的大信号瞬态响应，环路有一定的相位延迟。

而若次级环路采用比较器控制，不仅简化了环路的电路模块，降低了芯片面积，同时减小了电路的功耗。而且比较器的输入端都是输出电压的稳态和纹波叠加起来进行比较，当负载电流变化时，输出电压的纹波会立刻发生变化，直接反映到比较器两端，增加其瞬态响应。

工作在 CCM 下的 SIDO，存在一个共同的问题，那就是交叉耦合比较严重，为了降低交叉耦合，可采用共模控制主级环路，差模控制次级环路的方式。针对本 BUCK 型 SIDO，因为基准电压是 1.2V，所以主级共模输入的稳态电压是 1.2V，$2(V_1+V_2)/5$ 和 $V_1/3+V_2/2$ 都可以作为共模输入。但是在占空比 D_2 发生翻转瞬间，V_1、V_2 因为滤波输出电容的寄生电阻和电感引起的毛刺，其值大小完全相等、相位完全相反，考虑到高频信号对主级环路的影响，选用 $2(V_1+V_2)/5$ 作为主级环路共模输入端。因此主级环路采用 $2(V_1+V_2)/5$ 和 V_{ref} (1.2V)产生的误差与采样的电感电流进行比较产生占空比 D_1，即用共模峰值电流型控制主级环路；次级环路是 $2V_1/3$ 和 V_2 进行比较产生占空比 D_2，即用 $2V_1/3-V_2$ 控制次级环路。考虑到功率级的寄生参数后，SIDO 系统架构如图 5.78 所示。图中主级环路和次级环路中的误差放大器输入端都存在一些电阻和电容，为了对输出电压进行高频滤波。基于该架构，本设计实例指标为：电源电压输入范围为 2.7～3.5V，两路输出电压分别为 1.2V 和 1.8V，同时两路输出最大负载电流都为 200mA。

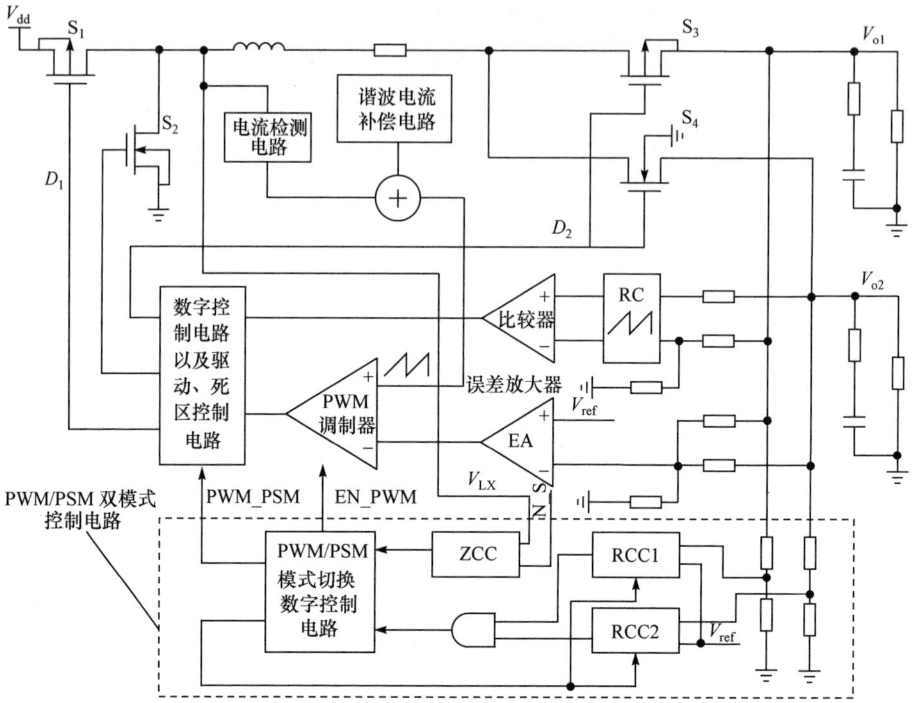

图 5.78　PWM/PSM 双模式控制的 SIDO 开关电源的具体电路框图

电源的稳态分析是其小信号模型推导的基础。下面将对 SIDO 的稳态参数如占空比、电压纹波进行推导。为了更便于分析，特采用图 5.79 进行说明。

1) SIDO 占空比

因为电感中电流不会发生突变，且当 SIDO 稳定后，其电感中电流在周期 T 内电流上升值等于下降值。根据图 5.80 所示，其中 M_1、M_2 分别是在 V_2 导通时，电感电流上升、下降斜率；M_3、M_4 分别是 V_1 导通时，电感电流上升、下降斜率。可以得到

$$D_2M_1T + M_3(D_1 - D_2)T = M_4(1 - D_1)T\,,\quad D_1 > D_2 \tag{5.77}$$

$$M_2(D_2 - D_1)T + M_4(1 - D_2)T = M_1D_1T\,,\quad D_1 < D_2 \tag{5.78}$$

化简后可得

$$D_2V_2 + (1 - D_2)V_1 + I_LR_{sw} = D_1V_{in} \tag{5.79}$$

其中，

$$R_{sw} = r_4 + D_2(r_3 - r_4) + r_L + r_2 + D_1(r_1 - r_2) \tag{5.80}$$

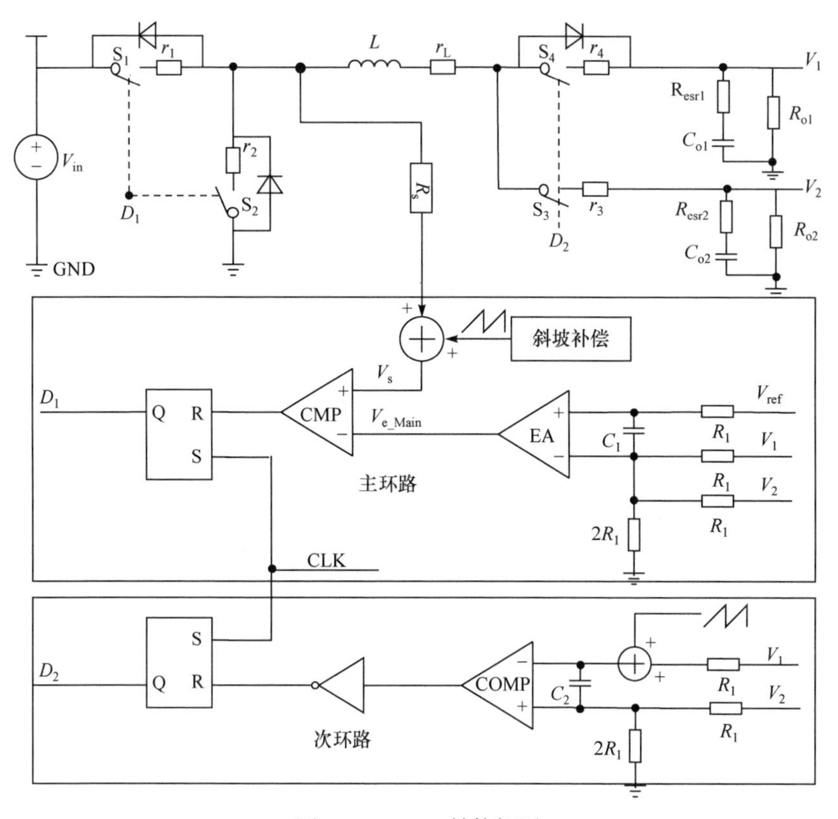

图 5.79　SIDO 结构框图

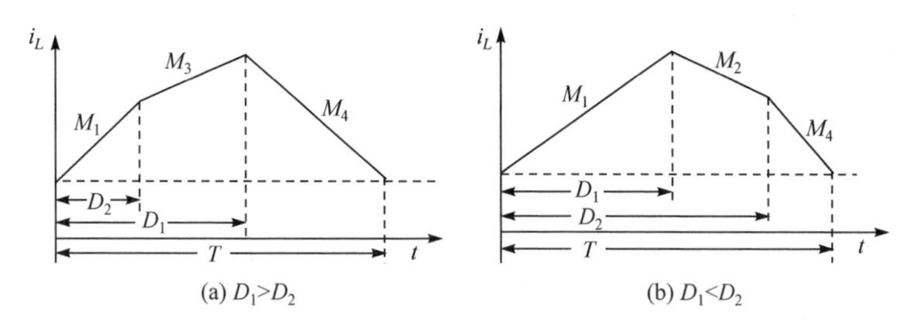

图 5.80　SIDO 稳定状态下，电感电流工作波形

假设电感电流在周期内的平均值保持不变，且纹波很小，近似为一个电流源，根据次级环路的能量分配可以得到

$$I_{o2}=I_L D_2 \tag{5.81}$$

$$I_{o1}=I_L(1-D_2) \tag{5.82}$$

由式(5.81)和式(5.82)可得占空比 D_2 的表达式：

$$D_2=\frac{I_{o2}}{I_{o1}+I_{o2}} \tag{5.83}$$

把式(5.83)代入式(5.79)后，可以得出占空比 D_1 的表达式为

$$D_1=\frac{V_2[D_2^2R_{o2}+(1-D_2)^2R_{o1}+R_{sw}]}{V_{in}D_2R_{o2}} \tag{5.84}$$

由式(5.83)可以看出次级环路的占空比 D_2 的范围为(0, 1)，范围非常广。由式(5.84)可以看出主级环路的占空比 D_1 的范围为(V_2/V_{in}, V_1/V_{in})，范围相对比较小。

2) SIDO 输出电压纹波

SIDO 的电压纹波主要是输出电容的寄生参数导致的。寄生电阻产生输出电压的谐波及阶跃；而寄生电感会在滤波电容充电电流突然变化的时候产生较大的电压毛刺。因为两路输出电压都由次级占空比 D_2 控制，在同一时刻关闭或者打开，相位是相反的，所以毛刺电压也是完全相反的。于是为了克服寄生电感所引入的电压毛刺，采用文献[19]的方法，在输出电压 V_1 和输出电压 V_2 之间加入一个滤波电容，从而对相位相反的高频的毛刺电压进行滤波，减小其毛刺电压。且当采用寄生电感相对较小的钽电容时，其两路输出的电压毛刺相对寄生电阻引入的纹波要小，因此本实例中的电压纹波将不考虑电压毛刺。

因为输出电压的纹波和电感电流的工作波形有很大关系，所以占空比 D_1 和 D_2 的大小不同，其两路输出电压纹波的表达式也不同。

根据文献[20]，电压纹波分为三个部分：第一部分为输出电容突然有电流流入，在寄生电阻上引起的阶跃压降，第二部分为电感电流变化在输出电容寄生电阻上引起的压降，第三部分为输出电容上存储电荷变化引起的压降。因此在占空比 $D_1>D_2$ 和 $D_1<D_2$ 两种情况下，输出电压 V_1 和 V_2 的电压纹波如图 5.81 所示，其表达式为

$$V_{1\_Ripple}=I_{L2}R_{esr1},\quad D_1<D_2 \tag{5.85}$$

$$V_{2\_Ripple}=I_{L0}R_{esr2}+D_1M_1TR_{esr2}+\frac{I_LD_1T}{C_{o2}},\quad D_1<D_2 \tag{5.86}$$

$$V'_{1\_Ripple}=I'_{L1}R_{esr1}+M_3(D_1-D_2)TR_{esr1}+\frac{(I'_{L1}+I'_{L2})/2-I_{o1}}{C_{o1}}(D_1-D_2)T,\quad D_1>D_2 \tag{5.87}$$

$$V'_{2\_Ripple}\approx I'_{L0}R_{esr2}+M_1D_2TR_{esr2}+\frac{(I'_{L0}+I'_{L1})/2-I_{o2}}{C_{o2}}D_2T,\quad D_1>D_2 \tag{5.88}$$

为了方便计算上述各表达式，把 I_{L2} 、I'_{L1} 近似为 I_L ，$(I'_{L0}+I'_{L1})/2$ 和 $(I'_{L1}+I'_{L2})/2$ 近似为 I_L ，因此上述各式化简为

$$V_{1\_Ripple}=I_LR_{esr1},\quad D_1<D_2 \tag{5.89}$$

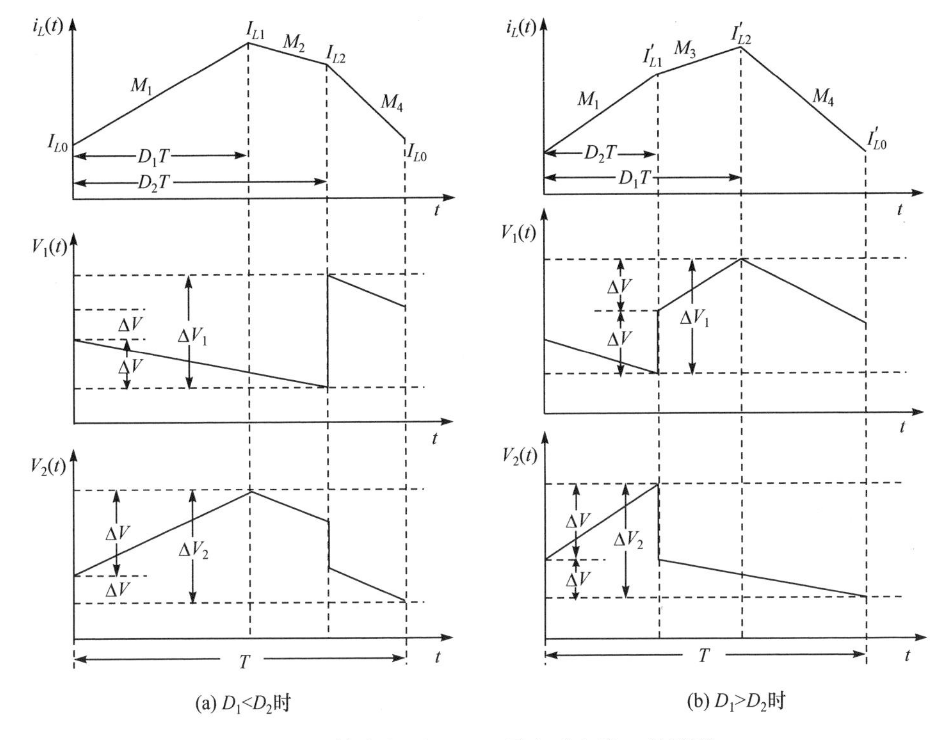

(a) $D_1<D_2$时　　　(b) $D_1>D_2$时

图 5.81　输出电压 V_1、V_2 及电感电流 i_L 的波形

$$V_{2\_\text{Ripple}} = I_L R_{\text{esr2}} + \frac{M_1 D_1 T R_{\text{esr2}}}{2} + \frac{I_L D_1 T}{C_{\text{o2}}},\quad D_1<D_2 \tag{5.90}$$

$$V'_{1\_\text{Ripple}} = I_L R_{\text{esr1}} + M_3 (D_1 - D_2) T R_{\text{esr1}} + \frac{I_L D_2 (D_1 - D_2) T}{C_{\text{o1}}},\quad D_1>D_2 \tag{5.91}$$

$$V'_{2\_\text{Ripple}} \approx I_L R_{\text{esr2}} + \frac{I_L (1 - D_2) D_2 T}{C_{\text{o2}}},\quad D_1>D_2 \tag{5.92}$$

从上述四个式子可以看出，当输出电容寄生电阻取值 20mΩ，I_L 取 0.1A，占空比 D_1、D_2 分别取 0.4、0.6 时，输出电容 C_{o1} 和 C_{o2} 取 20μF 时，输出电容寄生电阻引起的电压压降和电荷变化引起的变化在同一个数量级上。为了降低两路输出电压的电压纹波，采用较大的滤波电容，且其寄生电阻尽可能小，寄生的电感也要尽可能小，因此选用贴片的 20μF 的钽电容作为滤波电容。

2. 小信号建模分析

上面分析了 SIDO 的工作原理和稳态参数，接下来将对其进行小信号建模，分析其稳定性。

1) SIDO 功率级小信号模型

SIDO 的功率级考虑一些寄生参数后，精确的功率级结构如图 5.82 所示。其

中输出电感 L 的寄生电阻为 r_L，输出电容 C_{o1}、C_{o2} 的寄生电阻分别为 R_{esr1}、R_{esr2}，开关管 S_1、S_2、S_3、S_4 的导通电阻分别为 r_1、r_2、r_3、r_4。在开关周期 T 内，S_1 导通时间所占比例为 $d_1(t)$，S_3 导通所占比例为 $d_2(t)$，电感电流为 $i_L(t)$。输入电源电压为 $V_{in}(t)$，输入电源的输入电流为 $i_{in}(t)$，续流管 S_2 的续流电流为 $i_d(t)$，两路输出电压为 V_1、V_2，电感电流流向支路的电流分别为 $i_1(t)$、$i_2(t)$。开关管 S_1 和同步整流管 S_2 连接点电压为 $V_m(t)$，两路输出和电感的连接点电压为 $V_p(t)$。

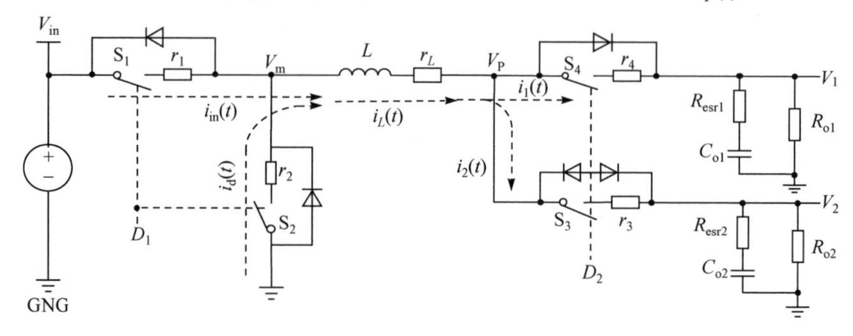

图 5.82　SIDO 功率级框图

根据开关元件法，对 $V_m(t)$、$i_{in}(t)$、$i_d(t)$、$V_p(t)$、$i_1(t)$、$i_2(t)$分别进行线性化，即在开关周期 T 内进行平均，并假设电感电流 $i_L(t)$在周期 T 内保持不变，得到

$$\hat{V}_m = \hat{V}_{in}D_1 + [V_{in} - I_L(r_1 - r_2)]\hat{d}_1 - [r_1D_1 - r_2(1-D_1)]\hat{i}_L \tag{5.93}$$

$$\hat{i}_{in} = D_1\hat{i}_L + I_L\hat{d}_1 \tag{5.94}$$

$$\hat{i}_d = (1-D_1)\hat{i}_L - I_L\hat{d}_1 \tag{5.95}$$

$$\hat{V}_p = D_2\hat{V}_2 + (1-D_2)\hat{V}_1 + (V_2 - V_1 + r_3I_L - r_4I_L)\hat{d}_2 + [r_3D_2 + r_4(1-D_2)]\hat{i}_L \tag{5.96}$$

$$\hat{i}_1 = (1-D_2)\hat{i}_L - I_L\hat{d}_2 \tag{5.97}$$

$$\hat{i}_2 = D_2\hat{i}_L + I_L\hat{d}_2 \tag{5.98}$$

式中，D_1、D_2 为主级、次级环路的稳态占空比；V_{in}、V_1、V_2 是输入电源电压、稳态值为 1.8V 的输出电压、稳态值为 1.2V 的输出电压；I_L 是电感电流中的稳态直流值。

从式(5.93)～式(5.95)可以看出，在连接点 V_m 处，其电压由三个独立的扰动源 $\hat{V}_{in}$、$\hat{d}_1$、$\hat{i}_L$ 线性叠加构成，输入电源电压提供的小信号电流由独立扰动电流源 $\hat{i}_L$、$\hat{d}_1$ 线性叠加而成，电源 GND 提供的电流即续流电流，也是由独立扰动电流源 $\hat{i}_L$、$\hat{d}_1$ 线性叠加而成。因此把连接点 V_m 当成一个三端口网络，对应小信号电路图如图 5.83 虚线框内所示。其中 R_{sw1} 值为 $r_1D_1 + r_2(1-D_1)$，考虑第 2 章关于开关管导通电阻的设定，功率开关管 S_1、S_2 的线性导通电阻相等，因此 R_{sw1} 为定值 r_1 或

r_2，不随占空比 D_1 的变化而变化。

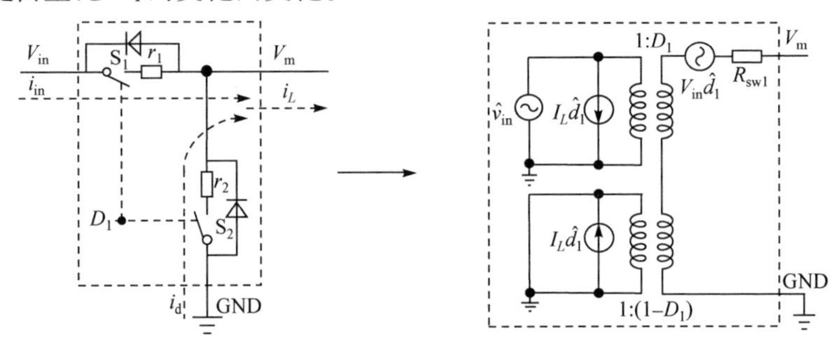

图 5.83　节点 V_m 小信号等效电路图

同理，根据式(5.96)～式(5.98)，把连接点 V_p 当成一个三端口网络，V_p 电压由四个独立的扰动源 $\hat{V}_1$、$\hat{V}_2$、$\hat{d}_2$、$\hat{i}_L$ 线性叠加构成，输出电压 V_1 的小信号输出电流 $\hat{i}_1$ 由独立扰动电流源 $\hat{i}_L$、$\hat{d}_2$ 线性叠加而成，输出电压 V_2 的小信号输出电流 $\hat{i}_2$ 也是由独立扰动电流源 $\hat{i}_L$、$\hat{d}_2$ 线性叠加而成。对应的小信号电路如图 5.84 虚线框内所示。其中 R_{sw2} 为 $r_3D_2+r_4(1-D_2)$，因为 r_3 等于 r_4，于是 R_{sw2} 为定值 r_3 或者 r_4，式(5.96)中由占空比 D_2 在 V_p 端引入的电压扰动源 $(V_2-V_1+r_3I_L-r_4I_L)\hat{d}_2$ 可以简化为 $(V_2-V_1)\hat{d}_2$。

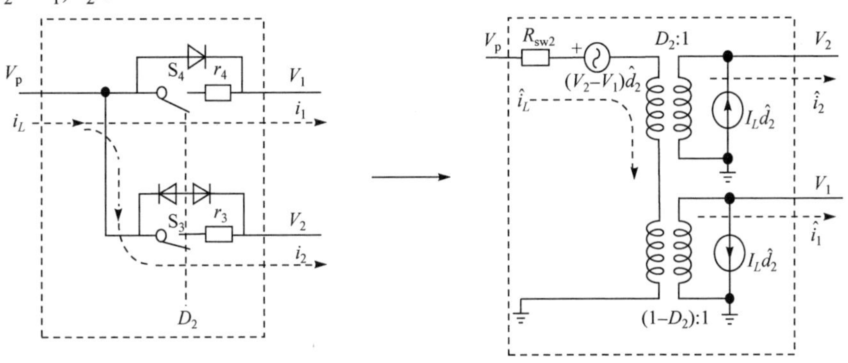

图 5.84　节点 V_p 小信号等效电路图

根据图 5.83 和图 5.84 所示的非线性节点的线性小信号电路图，把两者结合起来，考虑到电感的寄生电阻、输出滤波电容和寄生电阻以及负载，可以得到 SIDO 整个功率级的等效小信号电路图，如图 5.85 所示，其中 R_{sw} 为 $r_1+r_L+r_3$。

由图 5.85 可见，此 SIDO 的小信号电路完全是一个线性电路，其中的小信号干扰源如电压源、电流源是相互独立的，因此可以用独立的传递函数来表述这些干扰源对输出电压 V_1、V_2 的影响，至此功率级的小信号模型搭建完成。

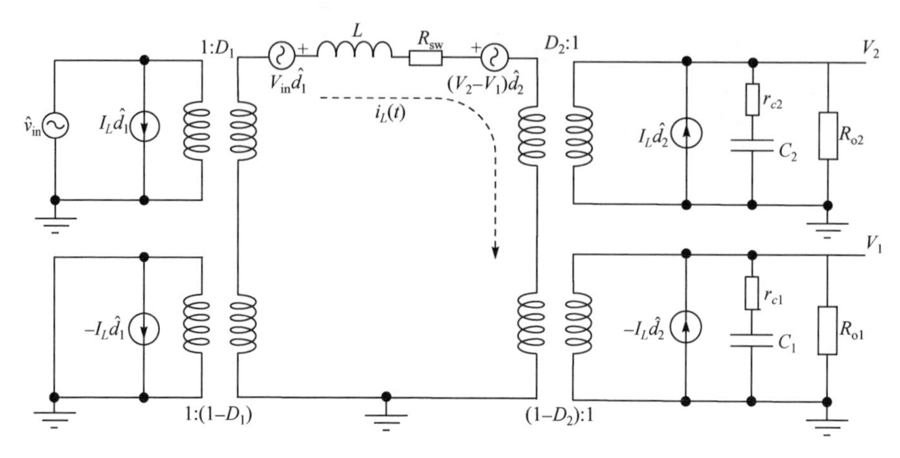

图 5.85　Buck 型 SIDO 功率级小信号电路图

2) SIDO 控制环路的小信号模型

SIDO 用共模信号 $2(V_1+V_2)/5$ 通过峰值电流模式控制主级环路，用差模信号 $2V_1/3-V_2$ 通过比较器来控制次级环路，如图 5.79 所示。图中斜坡补偿(ramp compensation)模块为主级环路中峰值电流的斜坡补偿电路，和开关时钟信号 CLK 同步。电流采样模块是利用线性电流镜的原理，对功率管 S_1 流过的电流进行采样，可以等效为电感电流，其采样系数为 R_s。次级环路比较器输入端也存在一个斜坡补偿，用于消除纹波的次谐波振荡。主级环路误差放大器输入端和次级环路输入端的电阻电容网络，主要实现共模信号叠加和高频滤波功能。其真正的共模输入信号 $\hat{V}_{CM}$ 与差模输入信号 $\hat{V}_{DM}$ 和 V_1、V_2 之间的表达式为

$$\hat{V}_{CM}=\frac{2}{5}(\hat{v}_1+\hat{v}_2)\frac{1}{\dfrac{7}{5}R_1C_1s+1} \tag{5.99}$$

$$\hat{V}_{DM}=\left(\frac{2}{3}\hat{v}_1-\hat{v}_2\right)\frac{1}{\dfrac{5}{3}R_1C_2s+1} \tag{5.100}$$

由上述两个表达式可以看出，主级环路的共模信号引入了一个高频极点 $5/(7R_1C_1)$，次级环路的差模信号引入了另一个高频极点 $3/(5R_1C_2)$。因为在主级环路中高频信号是完全没用的信号，需要全部滤掉，且有用信号的带宽最佳为开关频率的 1/4，因此选择的高频极点为 3～5 倍的开关频率。但是对于次级环路，由于其比较器需要利用输出电压纹波的高频信号，所以选择的高频极点为 10 倍的开关频率。选择合适的 R_1、C_1、C_2 参数，可以满足上述要求。为了降低电阻上的损耗，提高电阻版图的精度，一般采用比例电阻，且 R_1 取值应比较大。因此在本 SIDO 的设计中，C_1 取 0.34pF，C_2 取 0.08pF，R_1 取 60kΩ。

因为这里的小信号环路主要考虑频域在开关频率内的信号，所以在后续的表达式和叙述中将忽略此处的高频滤波模块，以共模信号 $2(V_1+V_2)/5$、差模信号 $2V_1/3-V_2$ 进行阐述。

(1) 主级环路模型。

SIDO 的主级环路如图 5.79 上半部分所示，若按照单路峰值电流的小信号模型的分析步骤，会存在很多的环路和复杂的传递函数表达式，然后根据这些环路和表达式得出的开环环路增益将更加复杂，如图 5.86 所示。其中，占空比 D_2 对电感电流 i_L、差模电压 V_{DM}、共模电压 V_{CM} 的影响的小信号传递函数分别为 G_{2i}、G_{2v}、G_{21}，占空比 D_1 对电感电流 i_L、共模电压 V_{CM}、差模电压 V_{DM} 影响的小信号传递函数分别为 G_{1i}、G_{1v}、G_{12}。F_m 是主级环路的占空比调制函数，R_s 和 $H_e(s)$ 是电流采样系数和引入的电路采样效应，T_c 是误差补偿模块的传递函数，$H_1(s)$ 是次级环路占空比的调制函数。

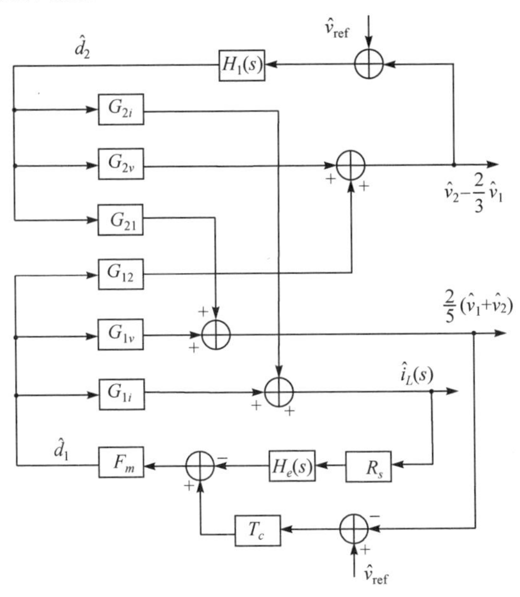

图 5.86　未简化的 SIDO 系统的小信号流程图

图 5.86 的数学表达式烦琐，不利于抽取物理意义清晰的零极点。为了简化分析，参照文献[19]的方法，当次级环路闭合后，分析主级环路的小信号模型。主级环路闭合后，分析次级环路的小信号模型。保证在上述两种情况下，环路都能稳定，则 SIDO 的整个系统将保持稳定。

次级环路闭合后，次级回路会通过调节 D_2 保证 $\hat{v}_2-2\hat{v}_1/3$ 不变，因此

$$\hat{v}_2 \approx \frac{2}{3}\hat{v}_1 \tag{5.101}$$

$$\frac{\hat{d}_2}{\hat{i}_L}=\frac{\left[\frac{2}{3}(1-D_2)R_{e1}-D_2R_{e2}\right]}{\left(R_{e2}+\frac{2}{3}R_{e1}\right)I_L} \tag{5.102}$$

式中，R_{e1}、R_{e2}分别为输出电压V_1、V_2的输出电容、输出负载组成的等效负载。

$$R_{e2}=\frac{R_{o2}(r_2C_2s+1)}{R_{o2}C_2s+1} \tag{5.103}$$

$$R_{e1}=\frac{R_{o1}(r_1C_1s+1)}{R_{o1}C_1s+1} \tag{5.104}$$

根据式(5.102),可以把功率级小信号模型图 5.85 中的小信号电压源$(V_2-V_1)\hat{d}_2$等效为一个电阻R_d，其表达式为

$$R_d=\frac{(V_1-V_2)\left[\frac{2}{3}(1-D_2)R_{e1}-D_2R_{e2}\right]}{\left(R_{e2}+\frac{2}{3}R_{e1}\right)I_L} \tag{5.105}$$

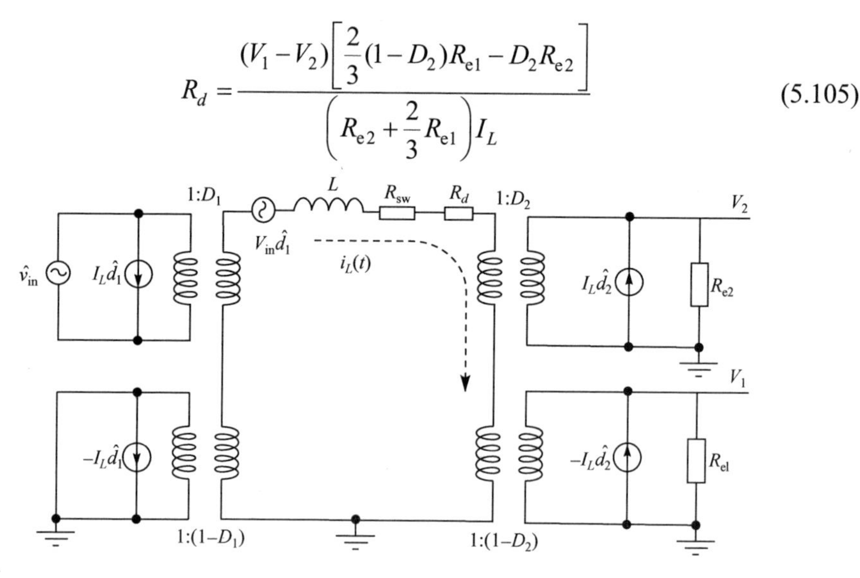

图 5.87　次级环路闭合后，等效功率级小信号模型

据图 5.87 可得次级环路闭合后功率级的一些传递函数，设传递函数$F_{cmi}(s)$、$F_{cmv}(s)$分别为占空比D_1对输出共模电压$2(V_1+V_2)/5$、电感电流i_L的影响，表达式为

$$F_{cmi}(s)=\left.\frac{\hat{i}_L}{\hat{d}_1}\right|_{T_1闭合}=\frac{V_g}{Ls+D_2{}^2R_{e2}+(1-D_2)^2R_{e1}+R_d+R_{sw}} \tag{5.106}$$

$$F_{cmv}(s)=\left.\frac{\hat{v}_{cm}}{\hat{d}_1}\right|_{T_1闭合}=\frac{2}{5}F_{cmi}\left[(D_2+R_dI_L)R_{e2}+(1-D_2-R_dI_L)R_{e1}\right] \tag{5.107}$$

由式(5.106)的分母可以看出,在高频(大于 10kHz)时R_d为定值$(V_1-V_2)(2-5D_2)/(5I_L)$，在低频(小于 10kHz)时，$F_{cmi}(s)$的分母$Ls+D_2{}^2R_{e2}+(1-D_2)^2R_{e1}+R_d+R_{sw}$近

似为 $D_2^2R_{o2}+(1-D_2)^2R_{o1}$，远大于 $(V_1-V_2)(2-5D_2)/(5I_L)$。因此式(5.105)中的 R_d 可以在整个频域内近似为高频值，如式(5.108)所示：

$$R_d \approx \frac{3(2-5D_2)}{25I_L} \tag{5.108}$$

因此次级闭环后，根据得出的主级功率级和控制环路的小信号传递函数，可以得出整个主级环路的小信号流程图，如图 5.88 所示。图中 F_{cmv}、F_{cmi} 为功率级传递函数，F_m、$H_e(s)$、R_s、T_c 为环路控制中的传递函数，其中 T_c 为环路中误差放大模块的小信号传递函数。

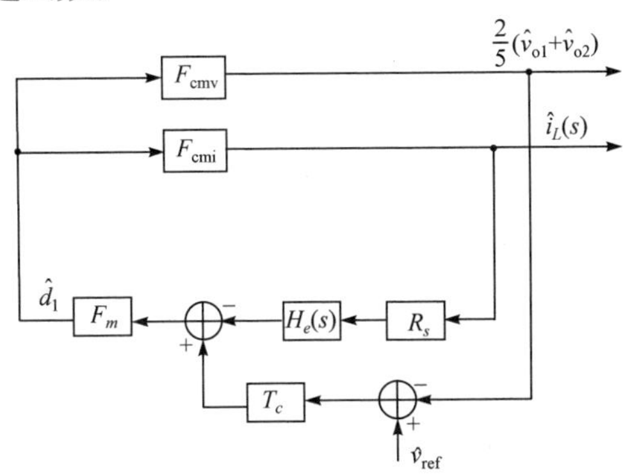

图 5.88 次级闭环后，主级环路的小信号流程图

根据梅森公式和图 5.88 可得次级环路闭合后，主环路的开环传递函数为

$$L_1 = \frac{F_{cmv}F_m}{1+F_{cmi}R_sF_m-K_rF_mF_{cmv}}T_c \tag{5.109}$$

电流环会引入一个电流采样效应函数，设为 $H_e(s)$，由此可得

$$H_e(s) \approx \frac{s^2}{w_n^2}+\frac{s}{w_nQ_n}+1 \tag{5.110}$$

式中，$w_n=\pi f_s$，$Q_n=-\frac{2}{\pi}$。

(2) 次级环路模型。

当主级回路闭合时，因为采用电流控制模式，电感电流可以近似认为是一个恒流电流源[19]。所以功率级小信号可以简化为图 5.89 所示。

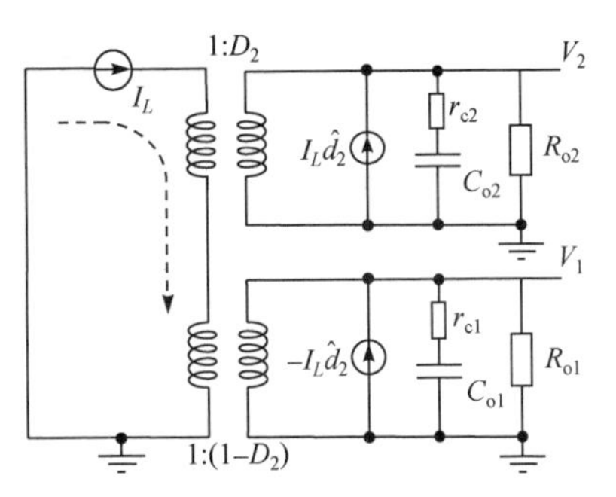

图 5.89 主级环路闭合后，SIDO 功率级简化小信号电路图

从图 5.89 可以发现，左边回路电流保持不变为 I_L，没有能量通过变压器传递给右边的两个输出电压。因此次级环路通过变压器右边的电流源调节输出电压 V_2 和

V_1。设次级环路占空比 D_2 对次级环路差模控制电压 $V_2-2V_1/3$ 的影响函数为 G_{2v}。根据图 5.89 可以得出

$$G_{2v}=I_LR_{e2}+\frac{2I_LR_{e1}}{3} \tag{5.111}$$

画出主级环路闭合后，次级环路的小信号流程图，如图 5.90 所示。

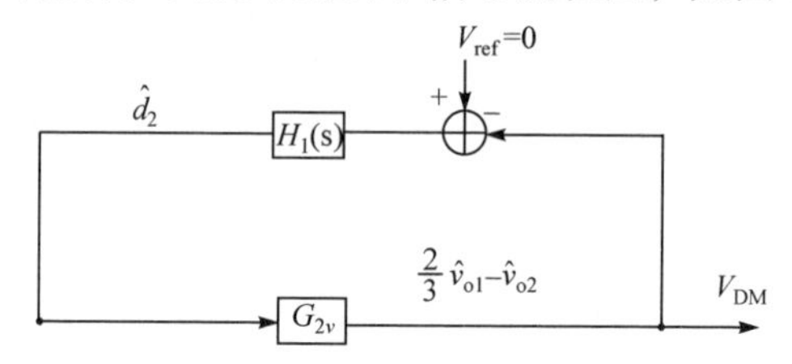

图 5.90　次级环路的小信号流程图

(3) 交叉耦合小信号模型。

在分析主级环路和次级环路的小信号模型时，都假设另外一条环路的调节能力非常强，即带宽无限大和非常大的环路增益，这在实际中和上述分析结果中是不可能的。虽然环路带宽不是无限大的，但是当系统的开关频率很高，环路设计恰当时，各个环路的带宽都是很大的，而且输出电压信号的变化都是低频信号，高频是干扰信号，会被滤除掉。因此上述的假设具有合理性。

在 SIMO 系统中，各路输出电压彼此之间的影响是一个很重要的问题，称为交叉干扰。即其中一个环路因为负载变化，会影响另一个环路，因此可以用一个环路的占空比发生变化对另一个环路电压影响的函数来表示其交叉耦合的大小。针对所设计结构的 SIDO，G_{21} 表示次级环路占空比 D_2 对共模电压 V_{CM} 的影响，G_{12} 表示主级环路占空比 D_1 对差模电压 V_{DM} 的影响，其表达式可以表示为

$$G_{21}=\left.\frac{\hat{v}_{CM}(s)}{\hat{d}_2(s)}\right|_{\hat{d}_1=0} \tag{5.112}$$

$$G_{12}=\left.\frac{\hat{v}_{DM}(s)}{\hat{d}_1(s)}\right|_{\hat{d}_2=0} \tag{5.113}$$

根据图 5.91 的小信号模型可得

$$G_{21}=\frac{2}{5}\{(D_2G_{2i}+I_L)R_{e2}+[(1-D_2)G_{2i}-I_L]R_{e1}\} \tag{5.114}$$

$$G_{12}=G_{1i}\left[D_2R_{e2}-\frac{2}{3}(1-D_2)R_{e1}\right] \tag{5.115}$$

其中，

$$G_{2i}=\frac{V_1-V_2-I_LR_{e2}D_2+I_LR_{e1}(1-D_2)}{\Delta} \tag{5.116}$$

$$G_{1i} = \frac{V_{\text{in}}}{\Delta} \tag{5.117}$$

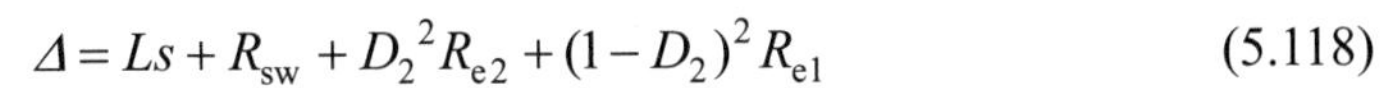

$$\Delta = Ls + R_{\text{sw}} + D_2{}^2 R_{\text{e}2} + (1 - D_2)^2 R_{\text{e}1} \tag{5.118}$$

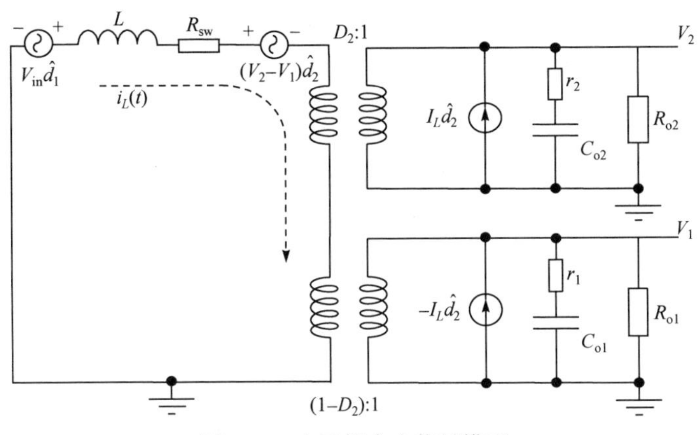

图 5.91　交叉耦合小信号模型

(4) SIDO 整体小信号模型。

SIDO 的功率级小信号模型、主级和次级的控制模型以及交叉耦合的小信号模型都已推导出，因此可以根据上述的结果，得出主级共模峰值电流型、次级比较器控制型的 SIDO 整个系统的小信号流程图，如图 5.92 所示。其中 T_c 是误差补偿模块，根据系统的要求进行设计，用于系统补偿。图 5.93 是本设计 SIDO 主级

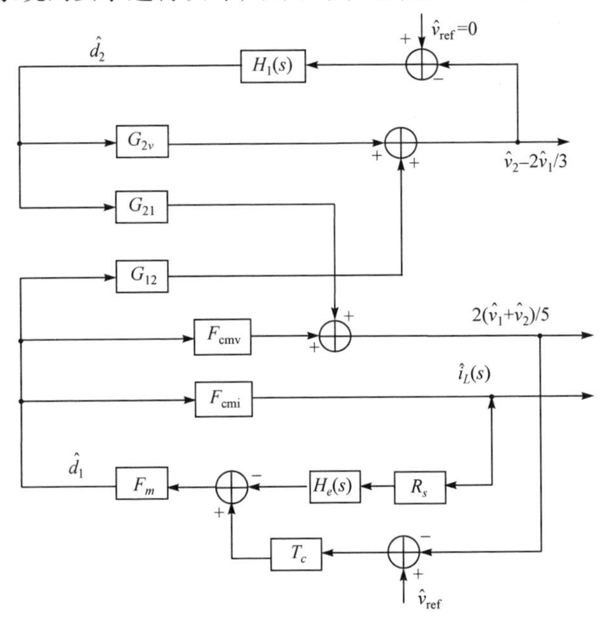

图 5.92　SIDO 整体小信号流程图

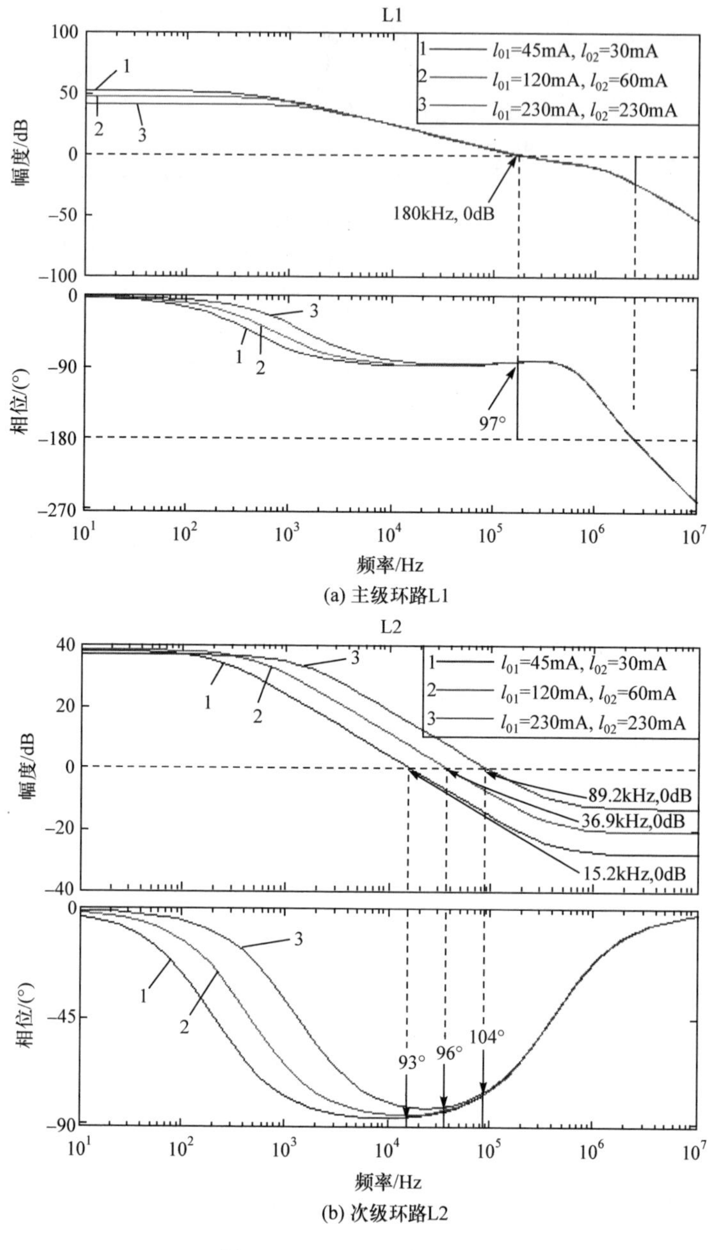

(a) 主级环路L1

(b) 次级环路L2

图 5.93　SIDO 环路波特图

环路和次级环路在不同负载条件下的仿真波特图，主环路的带宽大约为 180kHz，次级环路的带宽为 15.2～89.2kHz，两个环路都有足够的相位裕度，说明两个环路都能快速稳定地工作。

3. 电路设计与验证

在了解了 SIDO 电路的工作原理之后，针对图 5.78 中的各主要模块，本节重点描述其电路设计方法。根据前面所确定的 SIDO 开关电源性能指标、电路结构，本章对部分电路模块进行分析与设计，并利用 Chartered 0.18μm CMOS 工艺进行仿真验证以及优化，最后给出了相关仿真波形以及结果。

1) 零电流检测电路设计

零电流检测电路模块的功能：通过检测电感电流来判断负载的轻重，然后输出相应信号间接地控制 SIDO 开关电源从 PWM 模式切换到 PSM 模式，当工作在 PWM 模式时，所有与 PWM 模式相关的电路模块全部开启，电源给输出进行充电，当输出电压逐渐上升时，电感电流逐渐下降，当下降到设定的参考值时，可以判断出开关电源输出为轻载，过零检测电路(zero crossing detection circuit, ZCC)电路输出信号发生翻转，并传到 PWM/PSM 模式切换数字控制电路模块，数字控制电路模块产生相应的控制信号使开关电源从 PWM 切换到 PSM 工作模式。

(1) 零电流检测电路结构以及工作原理。

如图 5.94 所示，为 ZCC 模块电路结构，L_x 节点跟开关电源电感的正向端相连接，N_S 信号跟主级 NMOS 管的栅极信号一致，控制零电流检测电路在电感续流阶段起作用。NMOS 管 M1～M3 的栅极连在一起，NMOS 管 M10～M23 工作在线性区，多个 MOS 管串联主要作为电阻来使用，一方面增加了匹配精度，另一方面在等效电阻相等情况下，把一个沟道长的 MOS 管拆成几个沟道短的 MOS 管串联，增加了响应速度，使 M1、M2 的源极电压能快速跟随 L_x 节点的电压变化。COMP 为带输入失调消除的高精度比较器。

ZCC 模块主要有以下两个工作过程。

工作过程一：N_S 为高电平，开关管 M4～M7 导通，M8、M9 截止时，工作电路如图 5.95 所示，此时电感处于续流状态，电感电流逐渐减小。主功率级 NMOS 功率开关管导通时其等效导通电阻恒定，所以 L_x 节点电压的大小间接反映了电感电流的大小。电感续流阶段 L_x 节点电压从负压开始逐渐上升，导致 M1、M2 的源极电压也逐渐上升，M1 的源漏电流已由偏置电流决定，为保持电流的恒定，M1 的栅极电压同步上升，M2、M3 的栅极电压也跟随上升。由于等效电阻 R_{on1} 与 R_{on2} 的阻值以及 M1 与 M2 的尺寸相等，使得 M1、M2 的源漏电流几乎相等，而 M3 栅极电压的提高使得其源漏电流也同步提高，即比较器输入正向端的电压基本不变，而反相端的电压随着 L_x 节点电压逐渐上升而下降，比较器在它们的交点处发生翻转。

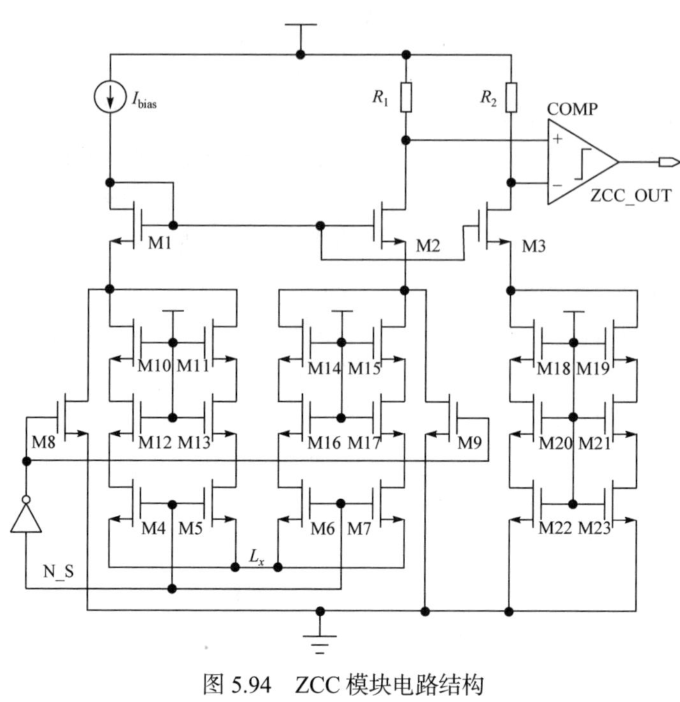

图 5.94　ZCC 模块电路结构

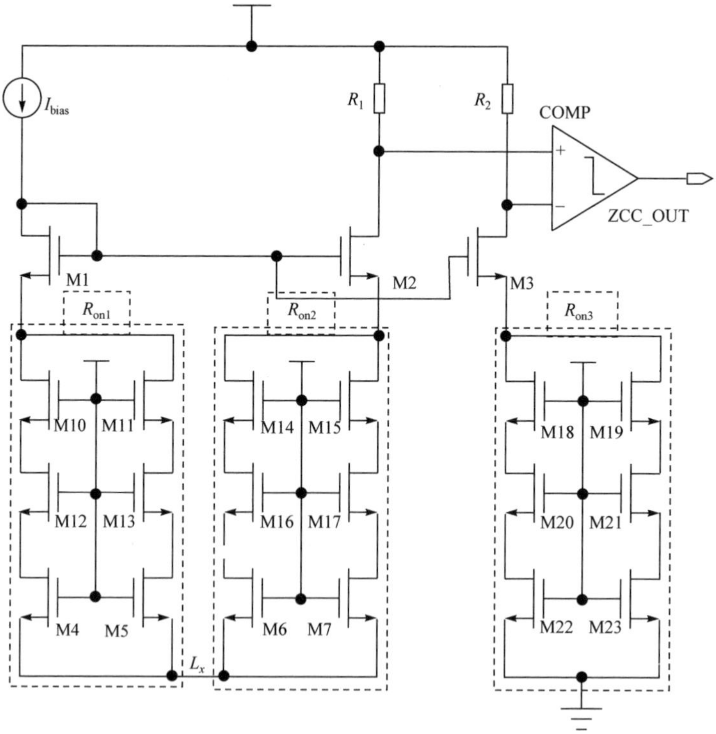

图 5.95　电感续流过程时 ZCC 电路

M3 的源漏电流 I_{DS3} 的大小随着 L_x 节点电压的上升而变大，具体大小如下：

$$I_{ds3} = \frac{1}{2}\mu_n C_{ox} \frac{W_{MN}}{L_{MN}} \left(V_{LX} + I_{bias} R_{on1} - I_{ds3} R_{on3} + \sqrt{\frac{2I_{bias}}{\mu_n C_{ox} \frac{W_{MN}}{L_{MN}}}} \right)^2 \tag{5.119}$$

式中，R_{on1} 为工作在线性区的 MOS 管 M4、M5、M10～M13 串联和并联后的等效导通电阻。而 R_{on2} 为 M6、M7、M14～M17 管串联和并联的等效导通电阻，阻值与 R_{on1} 相等，R_{on3} 为 M18～M23 管串联和并联后的等效导通电阻。

从式(5.119)可见，设计时可以通过改变 R_{on1} 与 R_{on3} 来确定比较器翻转点，即电感电流翻转阈值。而 R_{on1}、R_{on3} 可以通过合理地设计 M4～M7、M10～M23 的尺寸实现。

工作过程二：N_S 为低电平，开关管 M4～M7 截止，M8、M9 导通时，工作电路如图 5.96 所示，此时电感处于充电状态，电感电流逐渐增大，这时要求 ZCC 电路输出信号对 SIDO 开关电源没有任何作用，即比较器的输出不发生任何翻转，输出信号一直维持在低电平。只要设计 R_{on4} 和 R_{on5} 等效阻值小于 R_{on3}，则 I_{ds3} 小于 I_{ds2}，输出信号 ZCC_OUT 始终保持低电平。

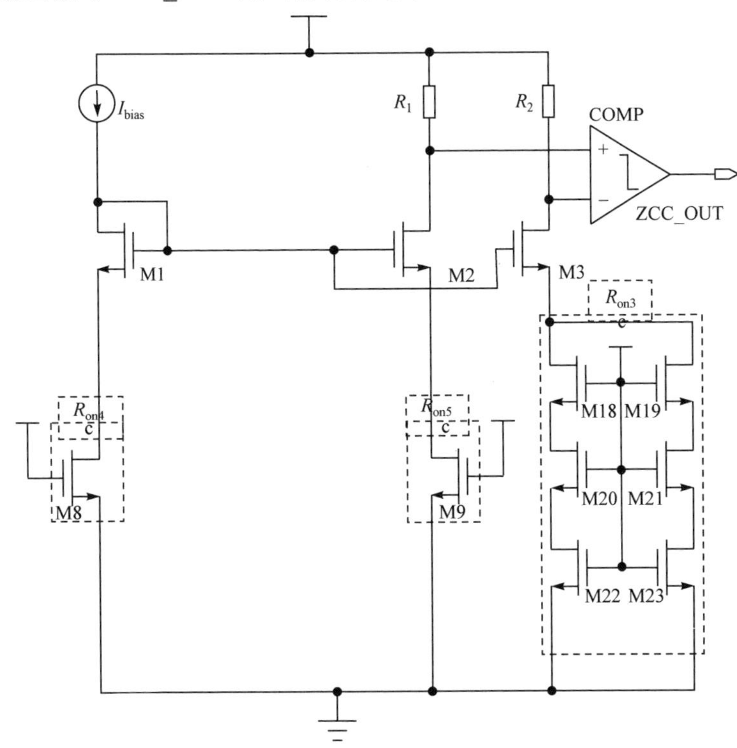

图 5.96　电感充电时 ZCC 电路

(2) 输入失调消除比较器。

比较器由于工艺偏差、匹配性、外界环境等影响往往会引入 100～300mV 的失调，为了满足零电流检测电路的高精度，必须对比较器进行失调消除。如图 5.97 所示，为 ZCC 电路中的输入失调电压存储结构，采用了全差分输入失调电压存储(input offset storage, IOS)的结构，前置放大器为全差分放大器[21]。全差分比较器最大的特点就是可以减少直流失调误差、开关时钟馈通和电荷注入效应。为了进一步减小开关时钟馈通、电荷注入效应，设计中还加入了双向非交叠时钟控制电路，如图 5.98 所示。

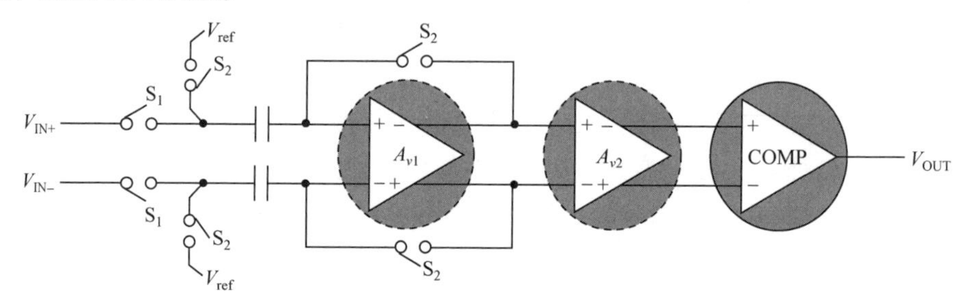

图 5.97　输入失调电压存储结构

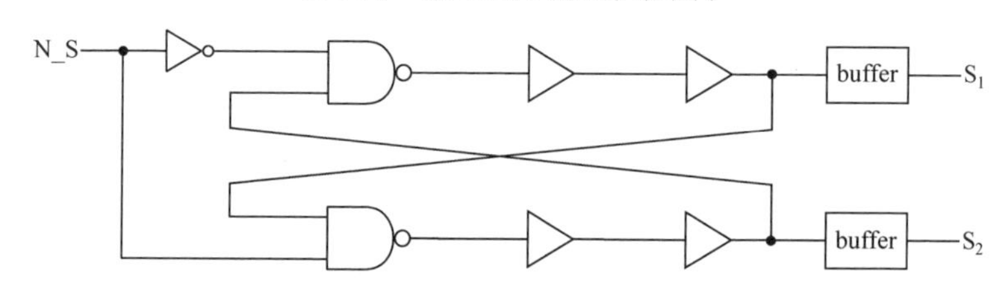

图 5.98　双向非交叠时钟控制电路

工作原理如下：N_S 为低电平时，S_2 闭合，S_1 断开，比较器前置放大器的单位增益反馈环闭合，输入失调电压被存储在输入耦合电容上；N_S 为高电平时，S_1 闭合，S_2 断开，输入信号输入到前置放大器时，由于输入耦合电容上存储的电荷与输入信号极性相反，这样就消除了输入失调电压的影响。

为了提高比较器的速度采用了多个较低增益的放大器级联起来形成多级比较器。这里采用的是三级比较器，前面两级放大器增益相对比较低，最后一级放大器增益比较高，同时第一级作为输入失调消除比较器的前置预放大级。图 5.99 所示为输入失调消除比较器的具体电路，A_{v1}、A_{v2} 为低增益放大级，都采用了如图 5.99(a)所示的以 MOS 二极管连接作为负载的共源极结构。A_{v3} 为较高增益比较器，采用了如图 5.99(b)所示的推挽输出放大结构。

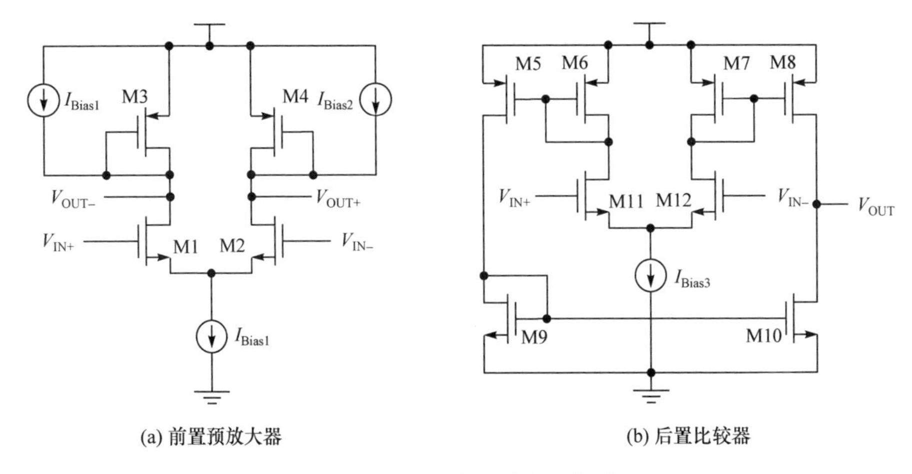

图 5.99　输入失调消除比较器

(3) 零电流检测电路整体仿真。

如图 5.100 所示，为 ZCC 电路工作波形，可以看出当开关电源续流阶段，即电感电流下降时，L_x 节点电压由负电压开始逐渐上升，V_-电压随着 L_x 节点电压的上升而逐渐下降，当下降到一定值时与 V_+相交，比较器发生翻转，最后 ZCC 电路输出一个有效脉冲信号；在输入电源给电感充电阶段，V_-始终大于 V_+，比较器不发生翻转。

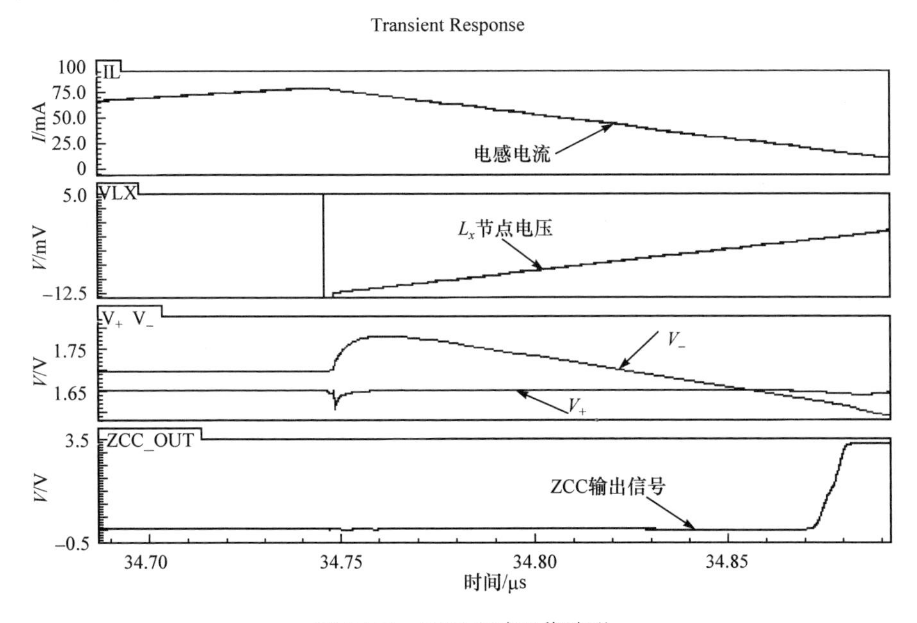

图 5.100　ZCC 电路工作波形

2) 纹波控制电路

RCC 电路模块的功能：间接地控制 SIDO 开关电源在 PSM 模式时从跨周期工作状态转换到 PWM 工作状态，同时控制轻载时 SIDO 开关电源两路输出电压纹波。当开关电源跨周期工作时，所有功率开关管处于截止状态，输出电压仅由输出滤波电容来维持，开始逐渐下降，当输出电压下降到一定值时，RCC_OUT 信号发生翻转，传到 PWM/PSM 模式切换数字控制电路模块，数字控制电路模块产生相应的控制信号使开关电源从跨周期工作状态切换到 PWM 工作状态。假设只有一路电压输出，开关电源工作在 PSM 模式时，不管负载电流是否为大，RCC 电路都能够使输出电压纹波大小维持在一个固定值，负载电流越小，开关电源功率级的开关损耗就越小。

(1) 纹波控制电路结构以及工作原理。

如图 5.101 所示，为 RCC 电路结构，V_o 为开关电源输出电压经过电阻网络的反馈电压，V_{ref} 为基准参考电压。输入到有一定放大倍数的双端输入双端输出差分电路，然后经过源跟随器、电阻电容网络以及传输门，最后输入 COMP&EA 模块。其中 K_1、K_2 是由 CMOS 传输门构成的开关，使能信号 EN_T1 控制 K_1、EN_T2 控制 K_2 的导通与关断。电容 C_1～C_5 使得整个电路具有记忆功能，不仅能把输出电压的峰值点电压存储在相应的电容上，还能消除后面比较器的输入失调。

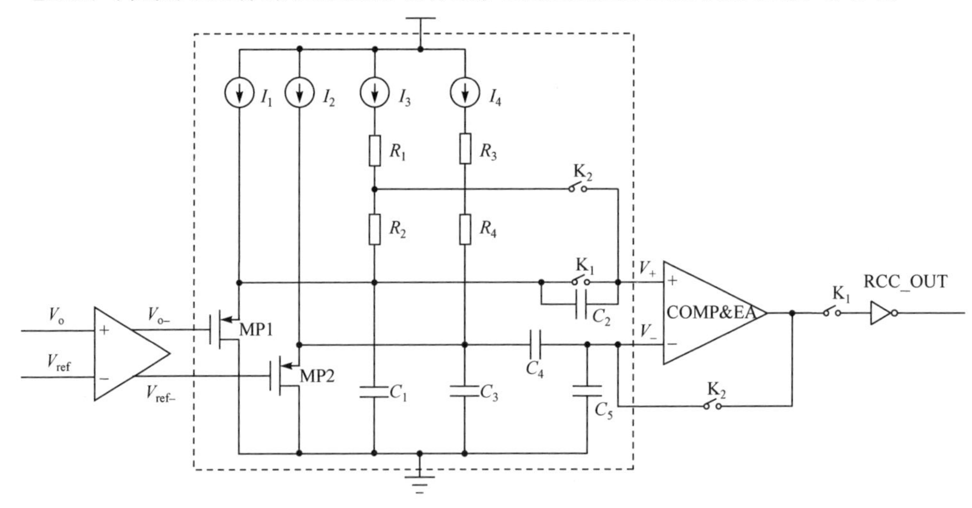

图 5.101　RCC 电路结构

RCC 模块的具体工作过程如下。

状态 1：当 SIDO 开关电源处于 PWM 工作状态时，PWM/PSM 模式切换控制电路输出使能信号 EN_T1、EN_T2，EN_T1 为低电平、EN_T2 为高电平，即传输门 K_1 截止而 K_2 导通，图 5.102 所示为具体电路。RCC 电路输出信号对开关电源的工作模式没有任何影响。

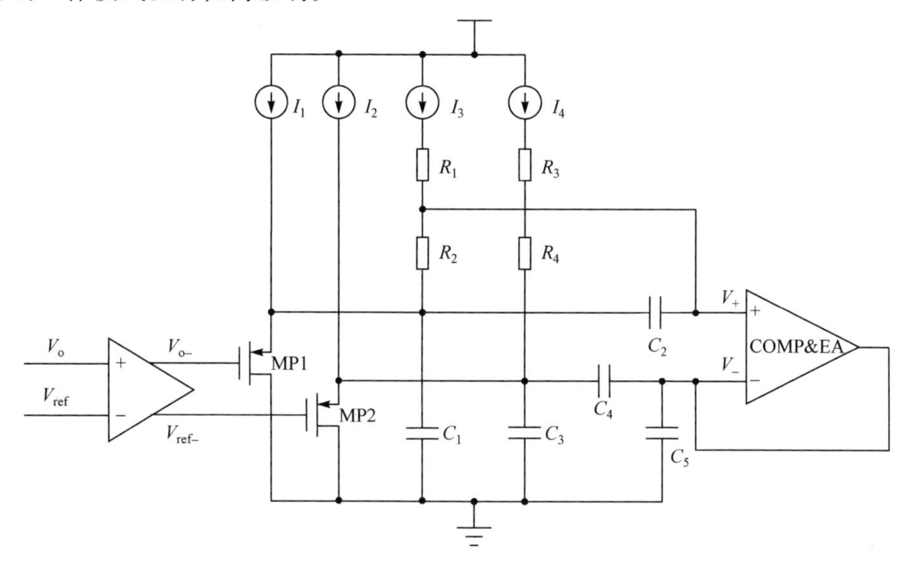

图 5.102　RCC 电路工作在状态 1 时的电路

V_o、V_+、V_-节点的电压波形如图 5.103 中 T_1 时刻内所示，当 SIDO 开关电源以 PWM 模式给两路输出电容充电时，两路输出电压逐渐上升，V_o 与输出电压成比例上升，V_o 经过前置放大电路以及源跟随器，最后输入 COMP&EA 模块，此时 COMP&EA 模块以及补偿电容 C_5 构成单位增益的运算放大器，使得 V_-跟随 V_+变化。运算放大器的开环增益为 58.57dB，相位裕度约为 63.5°。V_+、V_-开始同步下降，直至零电流检测电路输出信号发生翻转，RCC 电路进入状态 2 工作。这时电容 C_1～C_5 存储下此刻关键节点上的电压值，即记录了 SIDO 输出电压的峰值点。由于 COMP&EA 模块与 C_5 构成了单位增益负反馈环，把 COMP&EA 模块的输入失调电压存储在电容 C_4 上，当 COMP&EA 模块作为比较器在下面状态 2 中使用时，间接地消除了其输入失调电压，提高了精度。

状态 2：当 SIDO 开关电源进入跨周期工作时，PWM/PSM 模式切换数字控制电路输出使能信号 EN_T1、EN_T2，EN_T1 为高电平、EN_T2 为低电平，即传输门 K_1 导通而 K_2 截止，图 5.104 所示为具体工作电路。

K_1 导通瞬间 V_+端在原来电压的基础上立即被拉低 $\Delta V(\Delta V=I_3R_2)$，电容 C_3、C_4 使得 V_-的电压不能发生突变，维持在状态 1 结束时的电压值，如图 5.103 中 T_2 时刻所示。此时 SIDO 开关电源处于跨周期工作状态，PWM 环路停止工作，即负载电流仅靠片外电容来提供，输出电压开始逐渐下降，V_o 也与输出电压成比例同步下降。基准参考电压 V_{ref} 保持不变，V_o 与 V_{ref} 经过前置放大电路输出 V_{o-}以及 V_{ref-}，由于前置放大电路为对称的双端输入双端输出差分结构，V_{o-}以斜率 k_1 逐级

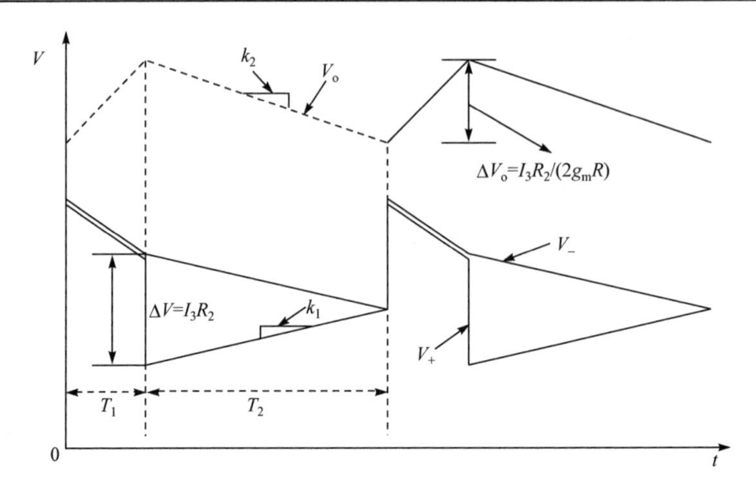

图 5.103　RCC 电路相关节点的电压波形示意图

上升，则 V_{ref-}以相同的斜率同步下降，而斜率 k_1 的大小与 V_o 下降斜率 k_2 的绝对值成正比。V_{o-}、V_{ref-}经过源跟随器分别输出 V_+与 V_-，由于源跟随器放大倍数几乎为 1，所以 V_+与 V_-以相同比例分别跟随 V_{o-}、V_{ref-}变化。V_+与 V_-输入 COMP&EA 模块，此时 COMP&EA 模块纯粹作为比较器，当 V_+与 V_-产生交点时，比较器输出发生翻转。比较器的开环增益为 58.57dB，单位增益带宽为 338MHz。RCC 电路输出信号 RCC_OUT 使得 PWM/PSM 模式切换数字控制电路产生相应的信号控制 SIDO 开关电源进入 PWM 工作状态，同时 RCC 电路转入状态 1 工作。

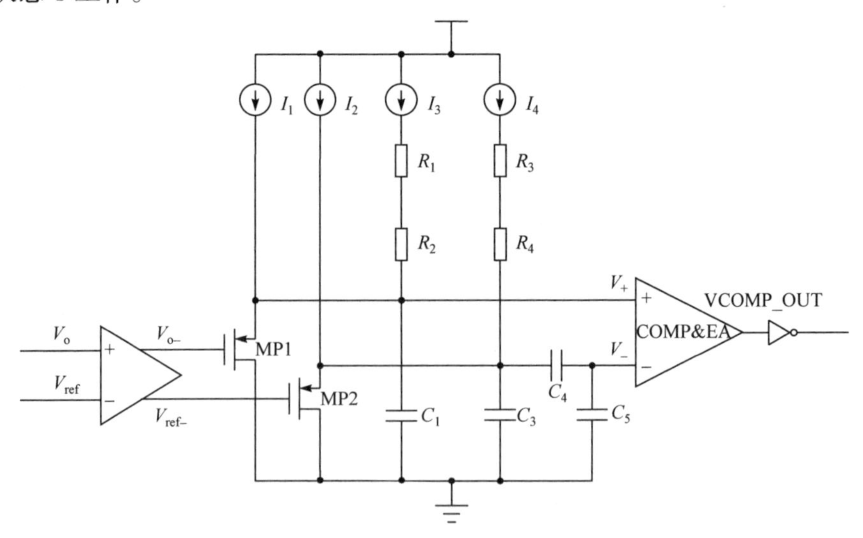

图 5.104　RCC 电路工作在状态 2 时的电路

(2) 放大电路。

如图 5.105(a)所示，为 RCC 电路的前置放大电路，图 5.105(b)为 COMP&EA 具体电路，前置放大电路为低增益的共源极放大器，电阻 R_5、R_6 作为其负载，并且与图 5.101 中的电阻 R_1～R_4 相匹配，增加输出电压波纹的精度。COMP&EA 为两级放大器，第一级电阻作为负载的共源极放大器，第二级则采用钳位推挽输出放大结构，既提高了电路的负载能力，又提高了速度。假设，电阻 R_2 两端的压差为 ΔV 以及 $R_5=R_6=R$，g_m 为 MOS 管 M1、M2 的跨导，而 A_v 为前置放大电路的放大倍数，可得输出电压纹波 ΔV_o 大小为

$$\Delta V_o = \frac{\Delta V}{A_v} = \frac{I_3 R_2}{2 g_m R} \tag{5.120}$$

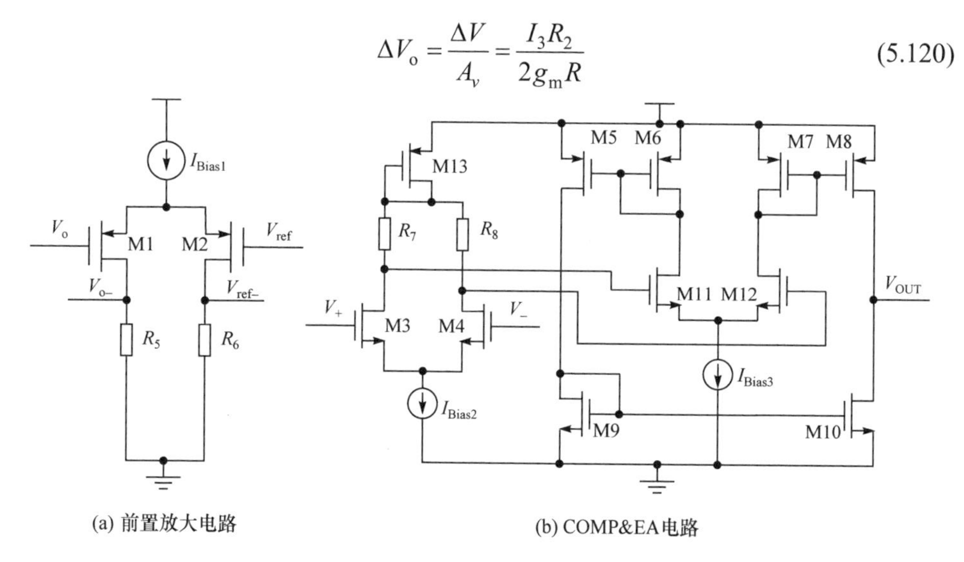

图 5.105　前置放大电路和 COMP&EA 电路

从式(5.120)可以看出 ΔV_o 大小为 R_2/R 的倍数，物理层中电阻的匹配精度相对较高。在实际电路中 V_o 是输出电压经过电阻网络分压而来的，其中支路 2 输出电压 V_{o2} 与 V_o 相等，而 V_{o1} 为 V_o 的 1.5 倍，同样支路 2 输出电压纹波 ΔV_{o2} 等于 ΔV_o，支路 1 输出电压纹波 ΔV_{o1} 为 ΔV_o 的 1.5 倍。

(3) 纹波控制电路整体仿真。

如图 5.106 所示，为 RCC 电路相关节点的仿真波形，正如示意图 5.103 所示，当使能信号 EN_T1 为低电平、EN_T2 为高电平时，V_- 跟随 V_+ 的变化，即按比例跟随输出电压的变化；当使能信号 EN_T1 变为高电平、EN_T2 变为低电平时，V_+ 端在原来的电压基础上立即被拉低 ΔV，当 V_+、V_- 产生交点时，RCC 电路输出信号发生翻转，输出有效信号。

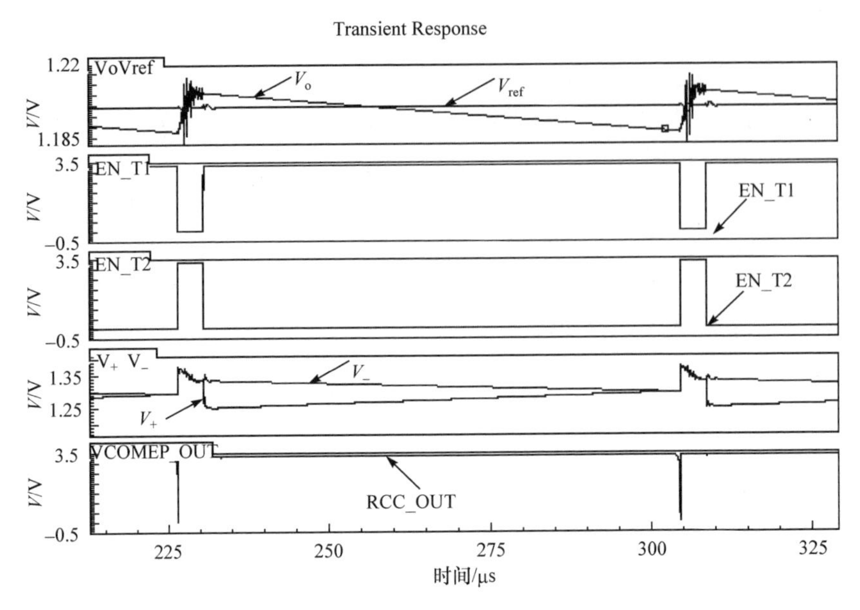

图 5.106　RCC 电路相关节点的仿真波形

3) PWM/PSM 模式切换数字控制电路

PWM/PSM 模式切换数字控制电路根据上述模拟电路产生的信号实现 SIDO 开关电源 PWM 与 PSM 两种模式的切换，图 5.107 所示为 PWM 与 PSM 模式相

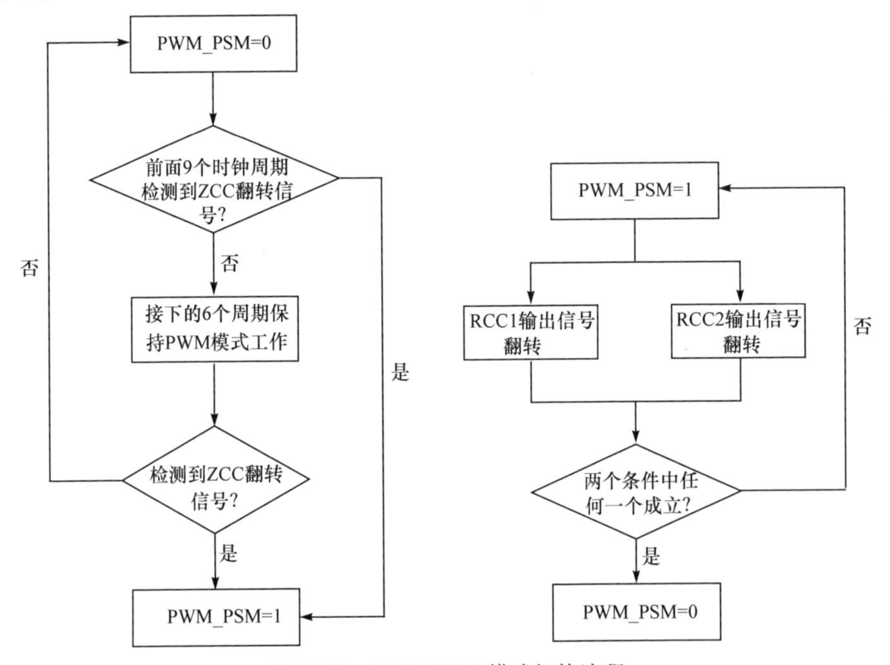

图 5.107　PWM/PSM 模式切换流程

互切换的具体流程。SIDO 开关电源工作在 PWM 工作状态时，即 PWM_PSM 标志位为 0，计数器电路开始计数，前 9 个时钟周期内如果检测到 ZCC 翻转有效信号，PWM_PSM 标志位变为 1，开关电源立即切换到 PSM 模式工作，如果在这 9 个时钟周期内没有检测到 ZCC 电路翻转有效信号，则在接下来的 6 个时钟周期内，开关电源会被强制工作在 PWM 工作状态。这 6 个时钟周期结束以后再检测到 ZCC 翻转有效信号，开关电源进入跨周期工作状态，即转入 PSM 模式工作，反之则以 PWM 模式工作。

SIDO 开关电源工作在 PSM 模式中的跨周期工作状态时，即 PWM_PSM 标志位为 1，只要检测到任何一条支路的 RCC 电路翻转有效信号，PWM_PSM 标志位变为 0，开关电源由跨周期工作状态转入 PWM 工作状态。

(1) 轻/重载临界点数字控制电路。

本设计中的 SIDO 开关电源输出负载发生变化时，即一路输出负载电流或是两路输出负载电流发生突变。当两路输出电流之和在重载和轻载间突变时，输出电压在 9 个时钟周期内就能稳定，但当两路输出电流之和处于轻/重载临界点时，输出电压往往需要 16 个时钟周期才能稳定。为了增强在轻/重载临界时两种模式切换的准确性，引入下面的数字控制电路。

如图 5.108 所示，为轻/重载临界点数字控制电路，该电路由计数器以及逻辑运算电路组成。计数器由 5 个 D 触发器串联而成，当使能信号 EN_PWM 有效时，计数器开始工作。

如图 5.109 所示，前面 9 个时钟周期内，D_Q 为低电平，ZCC_OUT 信号传到 ZCC_E 端口。之后 6 个时钟周期内 D_Q 为高电平，不管 ZCC_OUT 为什么信号，ZCC_E 始终保持低电平。从第 16 个时钟周期开始，D_Q 恢复为低电平，同时计数器停止工作，ZCC_OUT 信号再次传到 ZCC_E 端口。

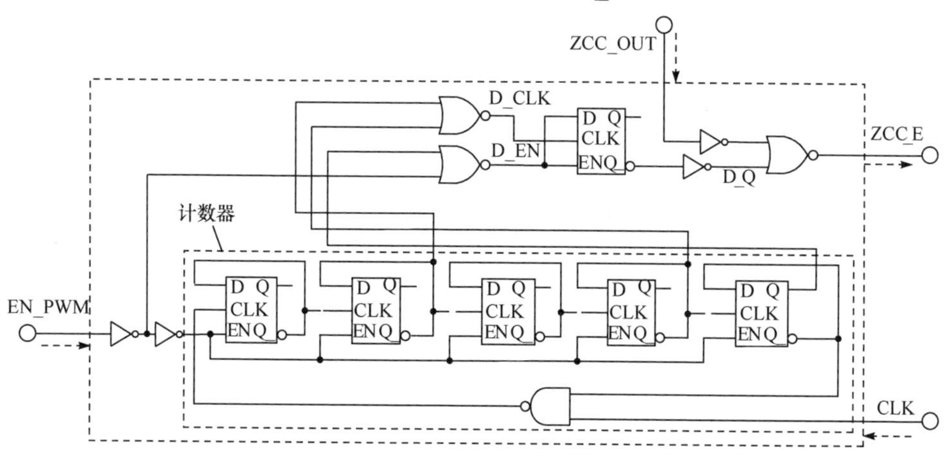

图 5.108　临界点数字控制电路

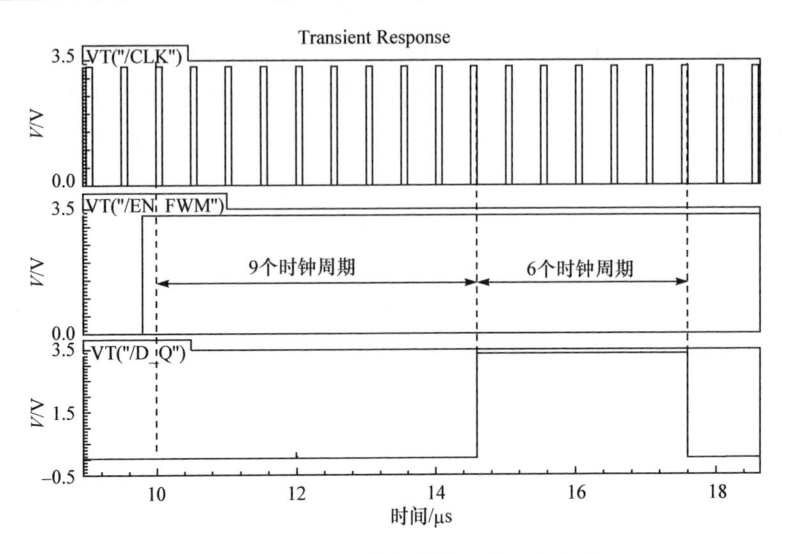

图 5.109　临界点数字控制电路工作波形

(2) 模式切换数字控制电路。

模式切换数字控制电路根据 ZCC 以及 RCC 电路的输出翻转信号产生相应的控制信号，实现 PWM 以及 PSM 模式的切换。对于翻转信号，可使用图 5.110 所示的正负脉冲产生电路。正负脉冲产生电路利用反相器延时电路，产生不同步变化的信号，从而输出一定脉宽的脉冲信号。正脉冲产生电路可将一个负向翻转的信号转换为一个正脉冲信号，如图 5.110(a)和(c)所示，脉冲的宽度约为反相器延时电路的延迟时间；而负脉冲产生电路可将一个正向翻转的信号转换为一个负脉冲信号，如图 5.110(b)和(d)所示，脉冲宽度也为反相器延时电路的延迟时间。翻转信号转换为脉冲信号后，可作为 RS 触发器的输入触发信号。

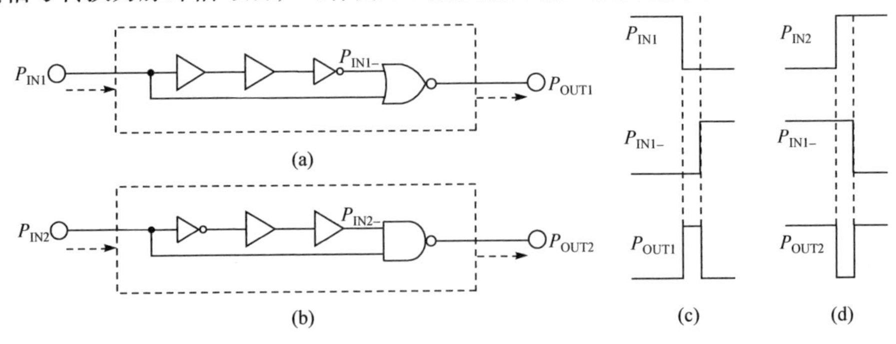

图 5.110　正负脉冲产生电路

模式切换数字控制电路如图 5.111 所示，当电感电流下降到设定值时，零电流检测电路输出信号 ZCC_E 由 0 变为 1，经过触发器 RS3 以及相关数字电路使标志位 PWM_PSM 变为 1，再经过两个 D 触发器即两个时钟周期，使 X_1 信号由 0 变为 1，同时使能信号 EN_PWM 由 1 变为 0。X_1 信号经过触发器 RS2 产生由 1 变为 0 的下降沿信号，下降沿信号经过下降沿检测电路产生正向脉冲信号 X_2。正向脉冲信号作为触发器 RS1 的触发信号，使 X_3 信号由 1 变为 0，同时使得使能信号 EN_T1 变为 1，EN_T2 变为 0。

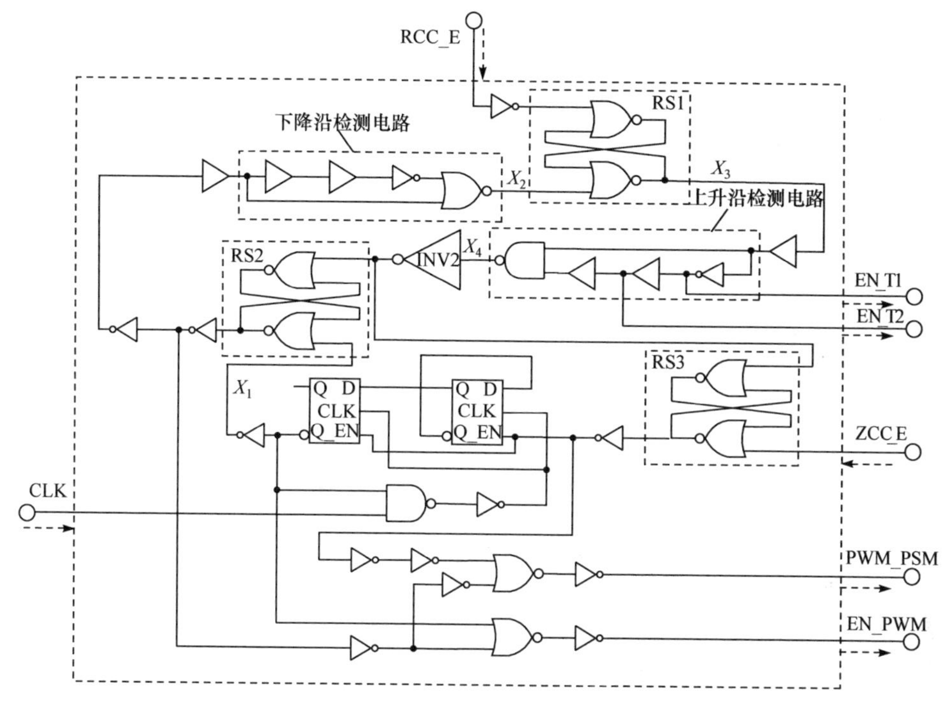

图 5.111　模式切换数字控制电路

当 SIDO 开关电源跨周期工作时，两路输出电压开始下降，只要其中一路输出电压下降为设定的电压值，RCC 电路输出信号 RCC_E 由 1 变为 0，经过触发器 RS1，使得 X_3 信号由 0 变为 1，再经过上升沿检测电路产生负向脉冲信号 X_4，同时使得使能信号 EN_T1 变为 0，EN_T2 变为 1。X_4 信号经过触发器 RS2 以及相关数字电路使标志位 PWM_PSM 变为 0，同时使能信号 EN_PWM 由 0 变为 1。

如图 5.112 所示，当 ZCC_E 出现有效翻转后，标志位 PWM_PSM 立即由 0 变为 1，再经过两个时钟周期后使能 EN_PWM 变为无效。当 RCC_E 出现有效翻转后，标志位 PWM_PSM 由 1 变为 0，同时使能 EN_PWM 开始有效。

上面是针对本 SIDO 中一些有特点的电路模块进行的设计方法的介绍，其他常规电路模块，如电流检测电路、误差放大器、PWM 调制器等在本节就不一一详细描述了。

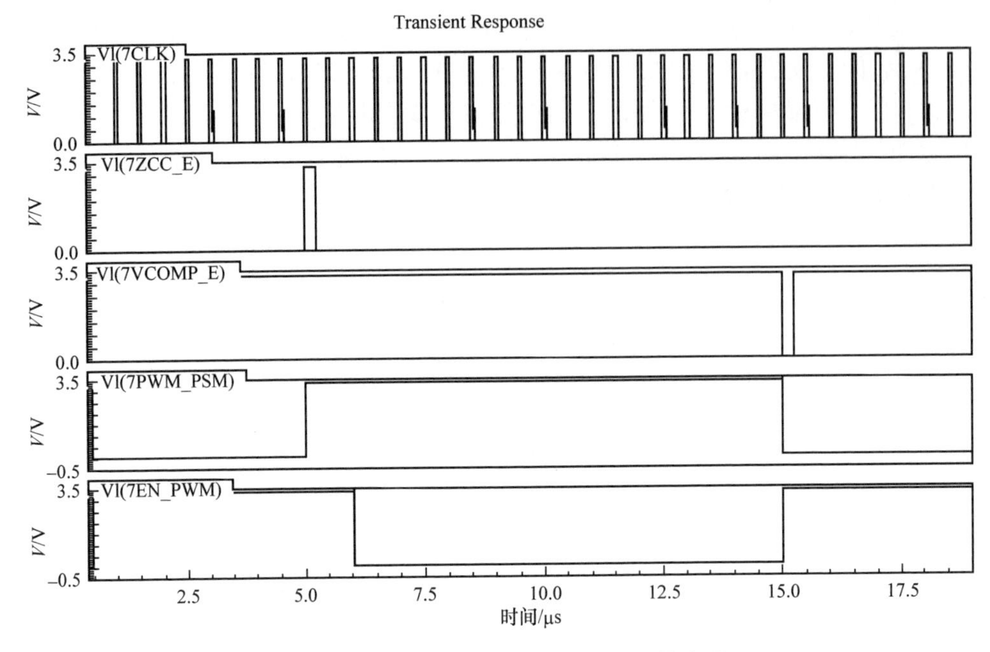

图 5.112　模式切换数字控制电路的工作波形

4) PWM/PSM 双模式 SIDO 开关电源整体仿真

整体仿真主要是对 PWM/PSM 双模式控制电路加入 SIDO 开关电源中后整体性能的仿真，通过整体性能的仿真来验证 PWM/PSM 双模式控制电路的有效性。仿真电路如图 5.78 所示，在仿真中还加入了电感和电容的寄生电阻、功率开关管的寄生电阻以及寄生电容，使得仿真更加符合实际情况。本节对 SIDO 开关电源整体电路分别进行了 PWM/PSM 双模式切换、PSM 模式下输出电压纹波的仿真等。

(1) PWM/PSM 模式切换。

本设计的 SIDO 开关电源芯片可以根据负载电流大小自适应切换 PWM 和 PSM 两种模式，图 5.113 所示为 PWM/PSM 模式相互切换的仿真波形。如图 5.113(a)所示，支路 1 负载电流从 199.9mA 突变到 10.06mA，同时支路 2 负载电流从 199.1mA 突变到 10.02mA，即负载电流从重载突变到轻载，PWM/PSM 模式切换控制电路立即做出响应，使得 PWM_PSM 信号从低电平变为高电平，SIDO 开关电源从 PWM 模式切换到 PSM 模式。如图 5.113(b)所示，支路 1 负载电流从 9.955mA 突变到 201.8mA，同时支路 2 负载电流从 9.92mA 突变到 197.2mA，即负载电流从轻载突变到重载，PWM/PSM 模式切换控制电路立即做出响应，使得 PWM_PSM 信号从高电平变为低电平，SIDO 开关电源立即从 PSM 模式切换到 PWM 模式。

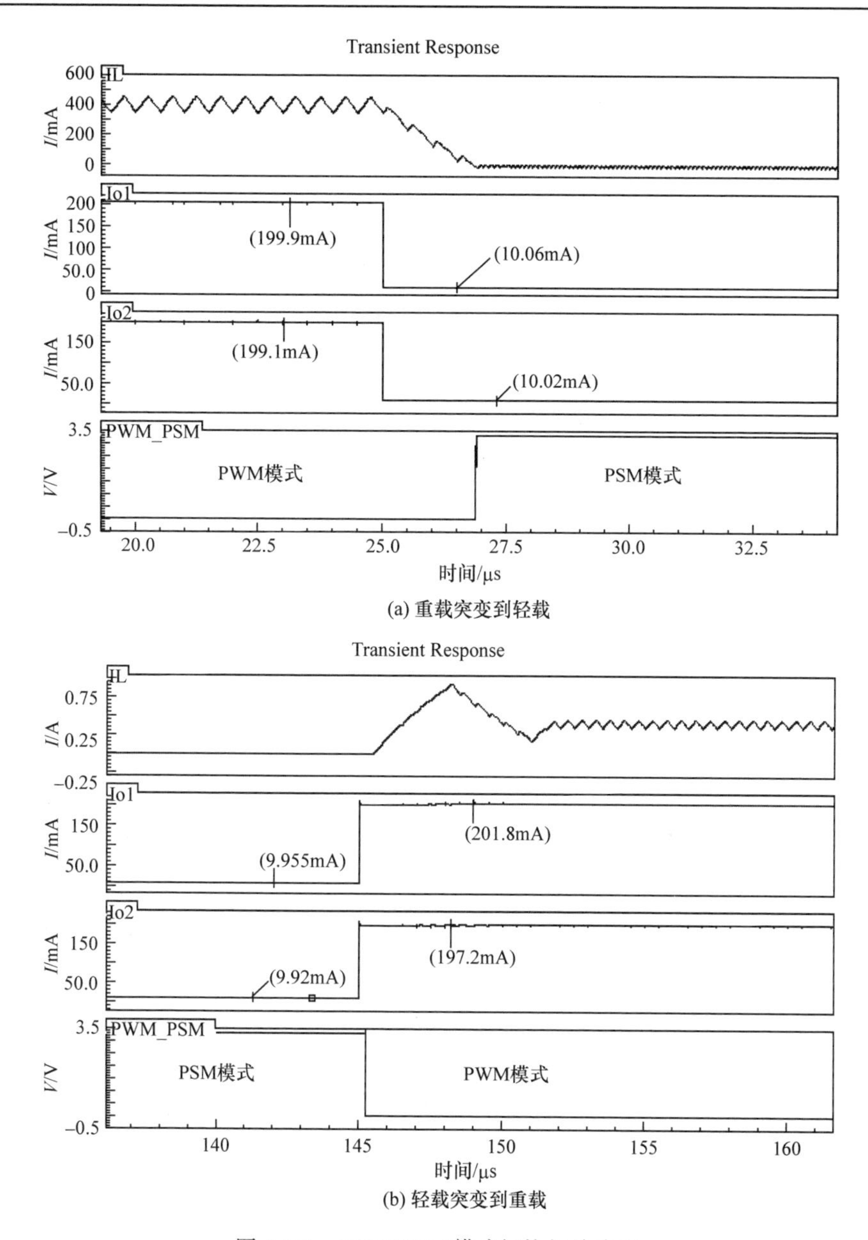

(a) 重载突变到轻载

(b) 轻载突变到重载

图 5.113 PWM/PSM 模式切换相关波形

之前提到为了增强在轻/重载临界时两种模式切换的准确性，设计中引入了临界切换数字控制电路。如图 5.114(a)所示，当两路负载电流都为 10mA 时，前面 9 个时钟周期内就检测到 ZCC 电路输出翻转有效信号，开关电源直接进入跨周期工作状态。如图 5.114(b)所示，当两路负载电流都为 20mA 时，负载电流刚好处于轻/重载临界点处，前面 9 个时钟周期内没有检测到 ZCC 电路输出有效信号，接下来 6 个时钟周期开关电源强制工作在 PWM 状态，这 6 个周期结束后再检测到 ZCC 电路输出翻转有效信号，说明负载为轻载，开关电源同样进入跨周期工作状态，即开关电源切换到 PSM 模式工作。

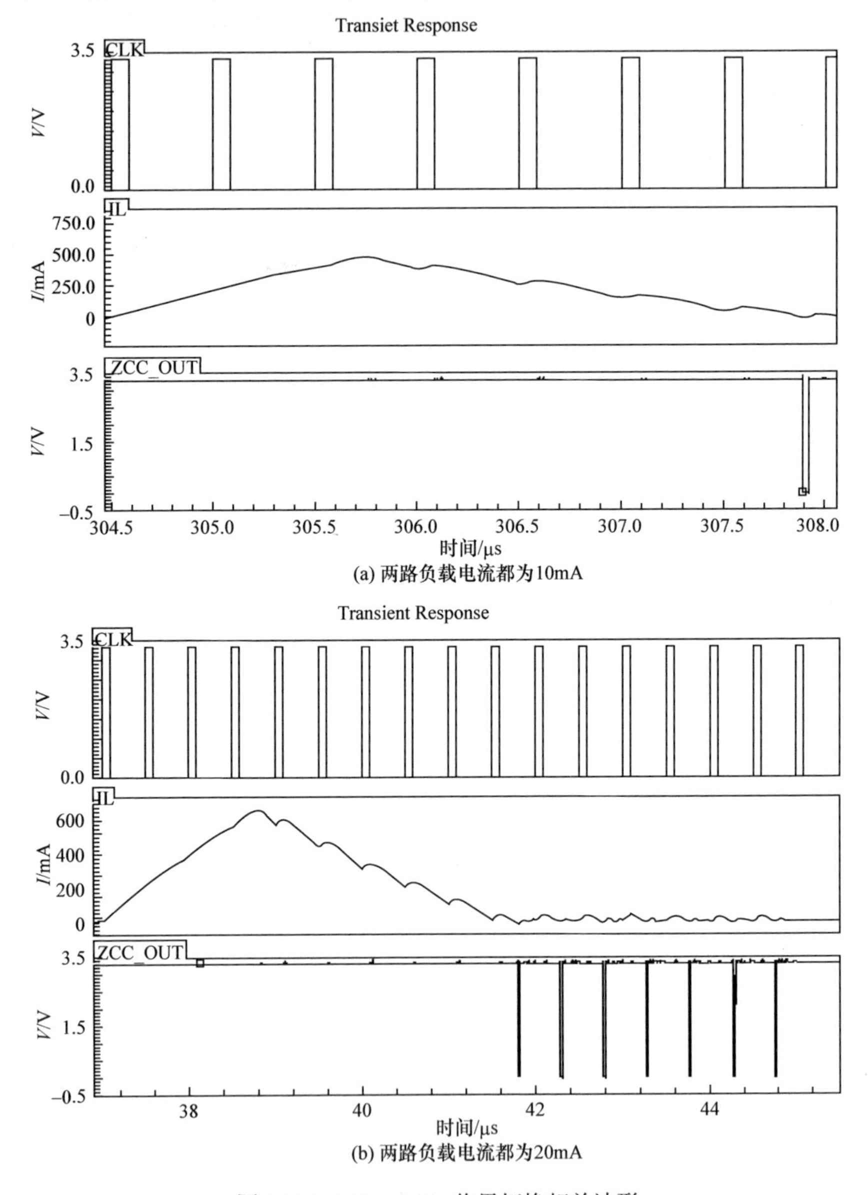

(a) 两路负载电流都为10mA

(b) 两路负载电流都为20mA

图 5.114　PWM/PSM 临界切换相关波形

(2) PSM 模式下输出电压纹波。

SIDO 开关电源工作在 PSM 模式时，两路输出电压纹波约为输出电压的 2%，即支路 1 输出电压纹波最大值约为 36mV，支路 2 输出电压纹波最大值约为 24mV。

如图 5.115(a)所示，当支路 1 与支路 2 负载电流同时为 10.02mA 时，支路 1 纹波为 24.16mV，支路 2 纹波为 23.80mV。由于两支路的片外滤波电容相同，这时支路 1 与支路 2 在 SIDO 开关电源跨周期工作状态时输出电压下降斜率相同，当支路 2 输出电压下降 24mV 左右时，开关电源从跨周期状态转到 PWM 工作状态，即支路 2 输出电压纹波始终维持在 24mV 左右；当支路 1 负载电流变为 5.003mA 时，支路 2 负载电流保持 10.02mA 不变，这时支路 1 在 SIDO 开关电源跨周期工作状态时输出电压下降斜率为支路 2 的 2 倍，当支路 1 输出电压下降到 36mV 左右时，开关电源从跨周期工作状态转到 PWM 工作状态，即支路 1 输出电压纹波始终维持在 36mV 左右。

如图 5.115(b)所示，当支路 1 与支路 2 负载电流同时从 10mA 左右突变到 5mA 左右时，两支路的输出电压纹波基本不变，都维持在 24mV 左右，但是 SIDO 开关电源跨周期工作状态的时间发生了变化。当两支路负载电流都为 10mA 时，跨周期工作状态的时间 T_1 为 37.58μs；而当两支路负载电流都为 5mA 时，跨周期工作状态的时间 T_2 变为 74.47μs，约为 T_1 的 2 倍，此时功率级开关损耗也相应地减小了 1/2 左右。

5) 流片验证

本设计案例采用 Chartered 0.18μm 2P6M 1.8V/3.3V CMOS 工艺进行了流片验证，图 5.116 为该 SIDO 开关电源整体芯片照片。

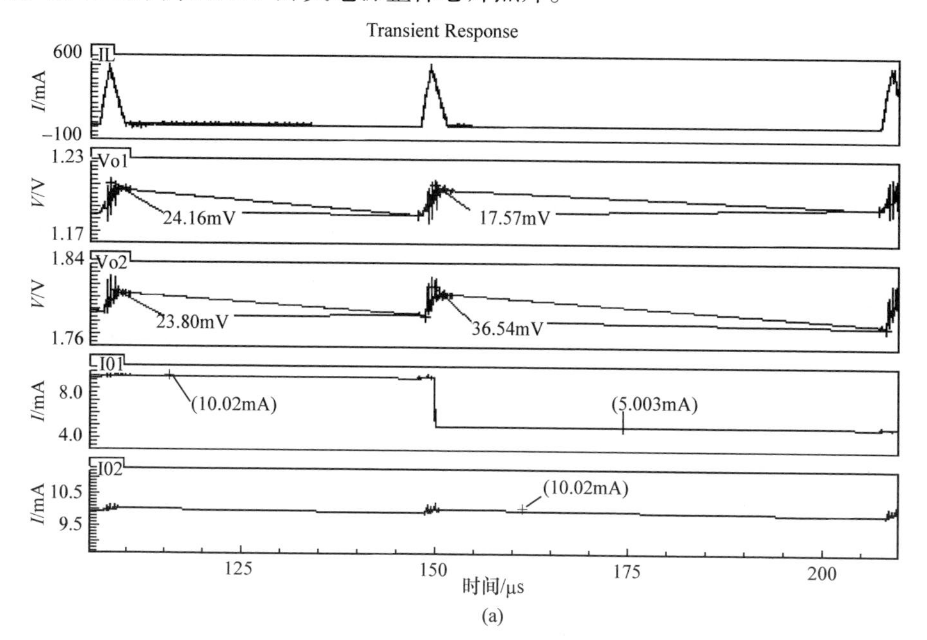

(a)

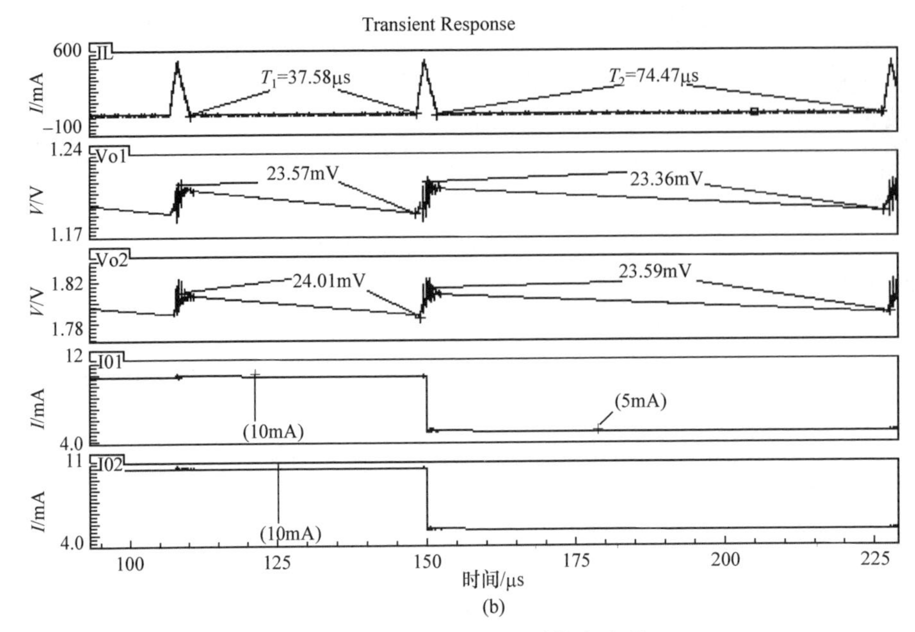

(b)

图 5.115　PSM 模式下相关仿真波形

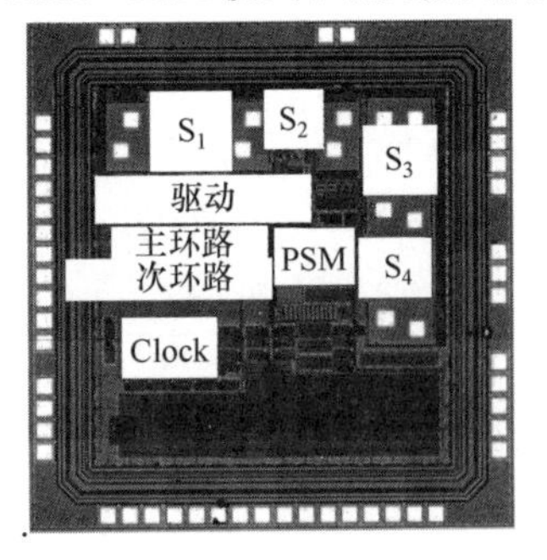

图 5.116　SIDO 开关电源整体芯片照片

SIDO 开关电源流片完成后，对芯片进行了实际的相关测试，主要包括 SIDO 开关电源在重载以及轻载下的转换效率、PSM 模式下输出电压纹波控制、ZCC 电路性能等。测试环境：常温，电源电压为 3.3V，片外电感为 4.7μH，两路输出滤波电容都为 20μF。

如图 5.117 所示，为实测 SIDO 电感电流以及输出电压波形。其中支路 1 输出电压为 1.8V，支路 2 输出电压为 1.2V。说明芯片在两种模式下可正常工作。

图 5.118 为实测 PWM 到 PSM 模式的切换过程，条件是支路 2 输出电流为 20mA，支路 1 输出电流从 60mA 切换到 20mA。从电感电流波形可以看出 PWM 模式下输入电压在每个时钟周期内都给电感进行充电，而在 PSM 模式下只是在某几个时钟周期给电感充电，减小了开关损耗。

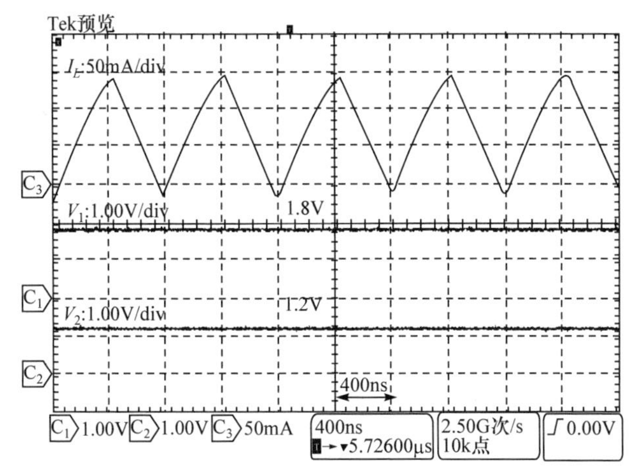

(a) 稳态输出电压

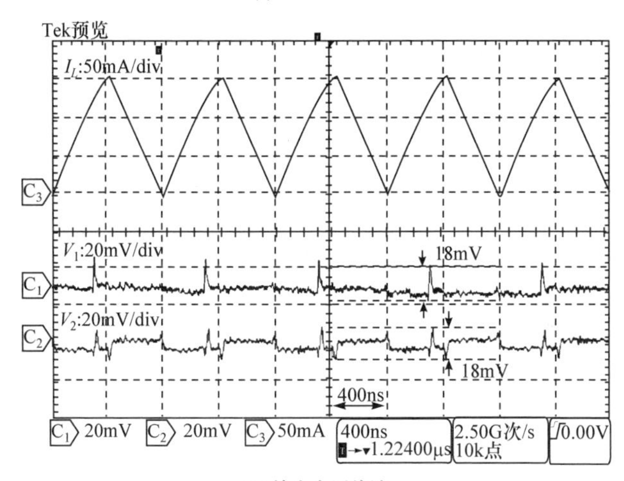

(b) 输出电压纹波

图 5.117　实测 SIDO 电感电流以及输出电压波形

表 5.8 为本设计 SIDO 开关电源芯片的一些主要指标。

表 5.8　设计测试指标

条目	指标
工艺	0.18μm 2P6M
片外电感	4.7μH
滤波电容	20μF
工作频率	2MHz
输出电压	1.2V/1.8V

续表

条目		指标
最大负载电流		400mA
转换效率	重载时	>82.1%(峰值点为 88%)
	轻载时	>83.2%
输出电压纹波	1.8V 支路	36mV±3mV
	1.2V 支路	25mV±2mV

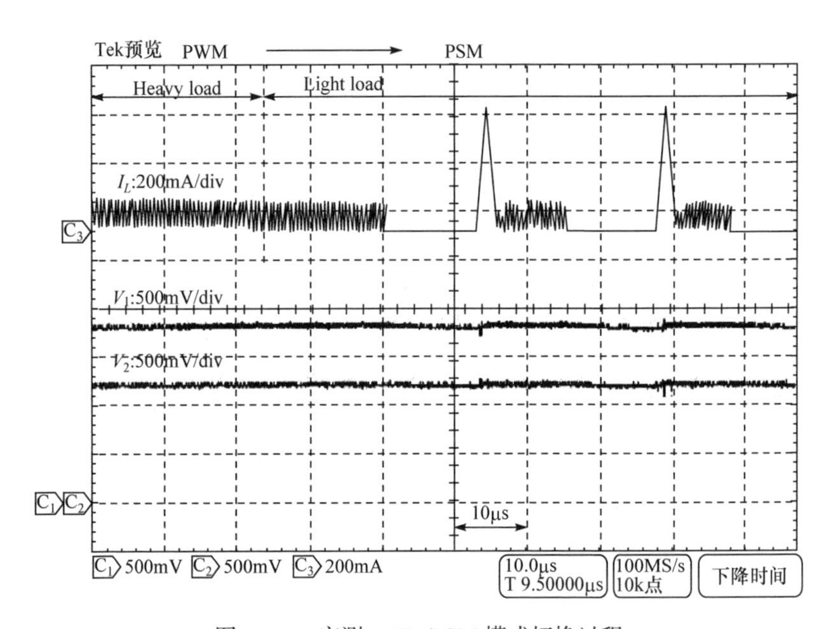

图 5.118　实测 PWM/PSM 模式切换过程

5.4　Boost 型 PFC 电源电路设计

随着经济社会的发展，电力电子设备应用日益广泛，由此产生的谐波污染问题也日趋严重。为了提高电网的供电质量和可靠性，降低能量损耗，必须限制电力电子设备所产生的电流谐波。1994 年，欧盟颁布实施 IEC555-2 电流谐波标准，规定所有欧盟区域内使用的电力电子设备须通过谐波测试，满足其规定的谐波标准；1998 年国际电工委员会在欧盟 IEC555-2 标准基础上，细化各种电力电子设备的特定的电流谐波标准，制定并颁布了新的电流谐波标准 IEC61000-3-2。

降低电子设备电流谐波污染主要存在两种途径：① 在电网中增加补偿设备(有源滤波器和无源滤波器)，以补偿电子设备所产生的电流谐波；② 采用 PFC 技术，改进电力电子设备本身，使之不产生或者产生较小谐波。本节将主要讲述其中 Boost 型 PFC 电路的原理及设计方法。

5.4.1　基本工作原理

1. 有源 PFC 变换器

如图 5.119 所示，直接在电网的整流桥后增加电容 C_{in} 滤波，以降低电网输入电流谐波，输出稳定的直流电压，然而电网端输入电流的导通角较小，输入电流仅是一个窄脉冲，其电流谐波成分含量大，因而此种途径难以有效降低电网的输入电流谐波污染。而 PFC 技术则采用特定的控制结构，调节图 5.119(b)中的电网端的输入电流的导通角，增加其角度，从而调节电网输入电流为与输入电压同相位的正弦波，降低输入电流谐波污染。与仅在电网中增加补偿设备相比，采用 PFC 技术降低设备谐波污染则是一种积极有效的途径，具有广阔的应用前景。

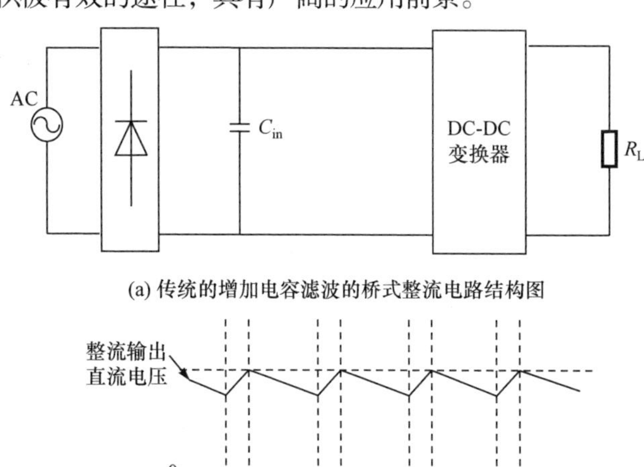

(a) 传统的增加电容滤波的桥式整流电路结构图

(b) 桥式整流电路输出电压、输入电压和输入电流波形图

图 5.119　传统桥式整流电路结构及波形图

早期 PFC 变换器为无源 PFC 变换器，如图 5.120 所示，其仅在电网整流桥后增加电感 L 和电容 C 等无源元件来构成无源滤波网络进行 PFC，电路简单且成本低。然而构成电路的滤波电感 L 和滤波电容 C 体积庞大，且难以有效抑制电网输入电流的谐波污染，功率因数值较低。随着半导体器件和开关变换技术的发展，

有源 PFC 变换器应运而生，其体积较小，重量较轻，采用特定的控制方法使电网输入电流波形呈正弦状，且紧紧跟随输入电压，从而实现 PFC，可有效提高设备的功率因数值。

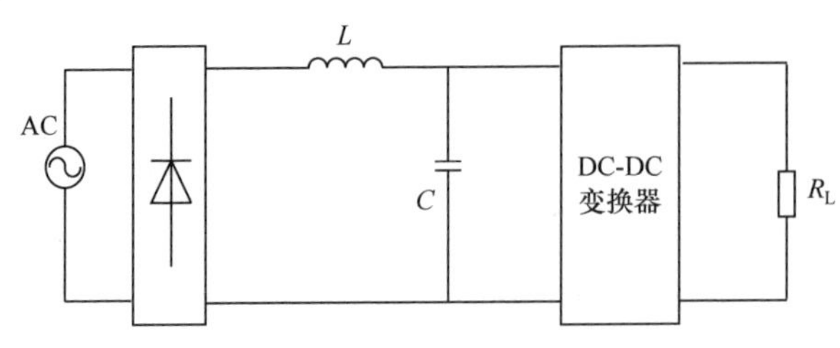

图 5.120　无源 PFC 变换器电路结构图

有源 PFC 变换器主要由两部分构成：系统功率级拓扑电路和系统控制电路。理论上任何直流变换器拓扑电路，如 Buck、Boost、Zeta、Cuk、Sepic 等，都可以作为有源 PFC 变换器的功率级拓扑电路[22,23]，其中以 Buck、Buck-Boost、Boost 三种拓扑电路最简单，相应的拓扑电路结构图如图 5.121 所示，其余有源 PFC 变换器拓扑电路可由这三种基本拓扑电路演变而来。

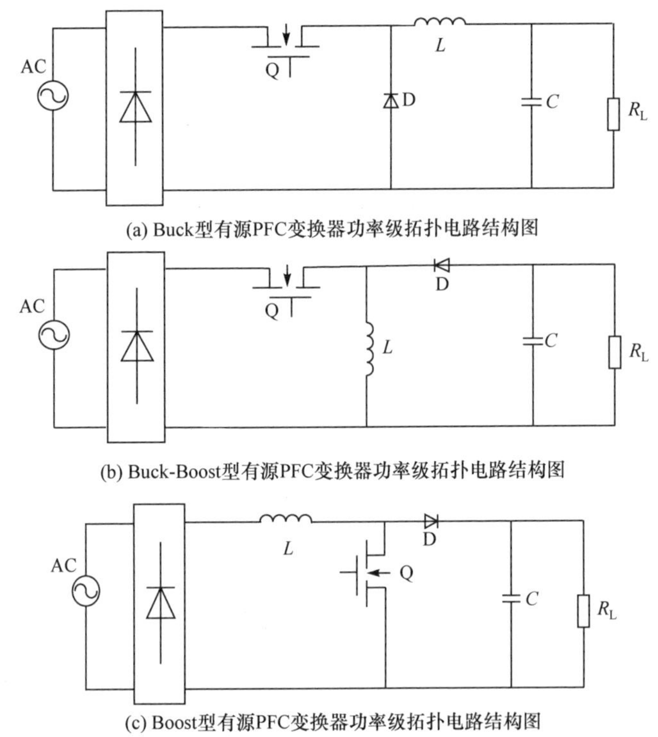

图 5.121　基本的有源 PFC 变换器功率级拓扑电路结构图

Buck 型 PFC 变换器为降压型变换器，易实现较低的输出电压，从而可以减小后级直流变换器的电压传输比，然而由于其开关管串联在输入端，每个开关周期内输入电流为断续的，输入电流纹波较大，输入功率因数较低，且驱动电路较为复杂。Buck-Boost 型 PFC 变换器可实现升/降压输出，输出电压可灵活选择，后级变换设计较为方便，然而类似于 Buck 型 PFC 变换器，其输入电流断续，对输入滤波电路要求较高，且输出电压与整流输入电压反向，开关器件的电压应力高。Boost 型 PFC 变换器在输入端串联电感，输入电流纹波较小，从而减小输入滤波电路要求，降低电网对功率电路的瞬态冲击，且在宽输入电压范围内可以获得较高的功率因数[24]。从上述分析可知，Boost 型有源 PFC 变换器具有众多优势，因而得到广泛应用。

Boost型有源PFC变换器根据其电感电流连续与否，可以分为三种工作模式，分别为电感电流 DCM，电感电流临界连续模式(critical conduction mode, CRM)和电感电流 CCM，其对应的变换器输入电压 v_{in} 和电感电流 i_L 波形图如图 5.122 所示，其中 i_{L_avg} 为变换器电感电流的平均值。DCM Boost 型有源 PFC 变换器控制电路较简单，其特点是变换器的输入电流能够自动跟踪输入电压，且开关管为零电流开通，升压二极管无反向恢复的问题，然而变换器输入功率因数值易受输入电压影响，输入电感电流峰值也远大于其平均值，开关器件承受较大电流应力，因而其一般适用于中小功率场合。CRM Boost 型有源 PFC 变换器在输入电感电流为零时开关管导通，升压二极管也无反向恢复的问题，输入电流的高频分量较小，实现的输入功率因数值较高，然而此模式下的 PFC 变换器开关频率多变，易随输入电压和输出负载变化而变化，增加了滤波器和电感设计的难度，其一般适用于中小功率场合。CCM Boost 型有源 PFC 变换器控制电路相对复杂，其特点是电感电流连续，电流脉动较小，滤波较容易，实现的输入功率因数值较高，其一般适用于中大功率场合。

有源 PFC 变换器系统控制电路实现方案总体分为模拟控制方案与数字控制方案[25,26]，其控制电路方案分别如图 5.123(a)和图 5.123(b)所示。模拟控制方案是有源 PFC 变换器控制电路实现的传统方案，控制方案相对成熟，然而其控制电路易老化、易受温度漂移和噪声干扰，适应能力弱，控制偏差较大，难以有效克服 PFC 变换器系统的非线性特性或者实现复杂控制架构，难以进一步提高变换器系统的 PFC 性能。

随着数字集成电路的不断发展，数字控制电路成本不断降低，数字控制方案成为近年来快速发展的有源 PFC 变换器控制电路的实现方案，数字信号处理器、基于可编程逻辑器件的半定制数字控制器及全定制的专用数字控制器被广泛应用

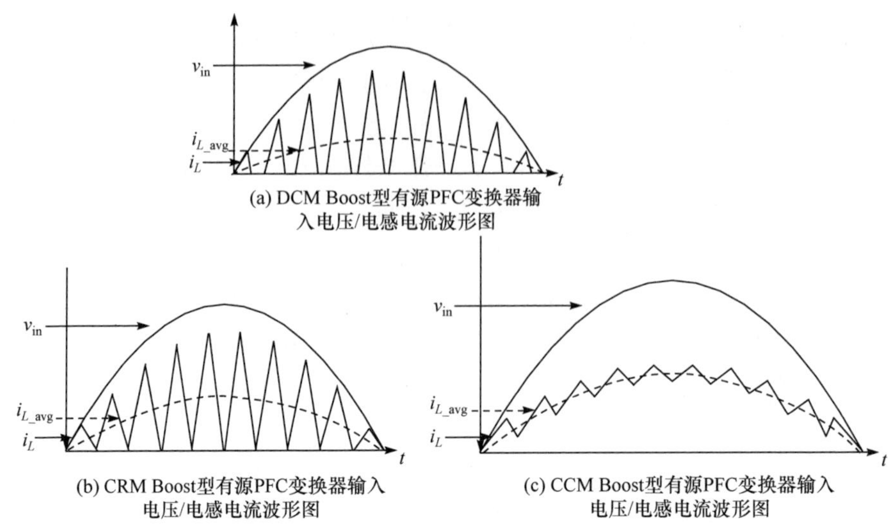

(a) DCM Boost型有源PFC变换器输入电压/电感电流波形图

(b) CRM Boost型有源PFC变换器输入电压/电感电流波形图

(c) CCM Boost型有源PFC变换器输入电压/电感电流波形图

图 5.122　三种工作模式下 Boost 型有源 PFC 变换器输入电压/电感电流波形图

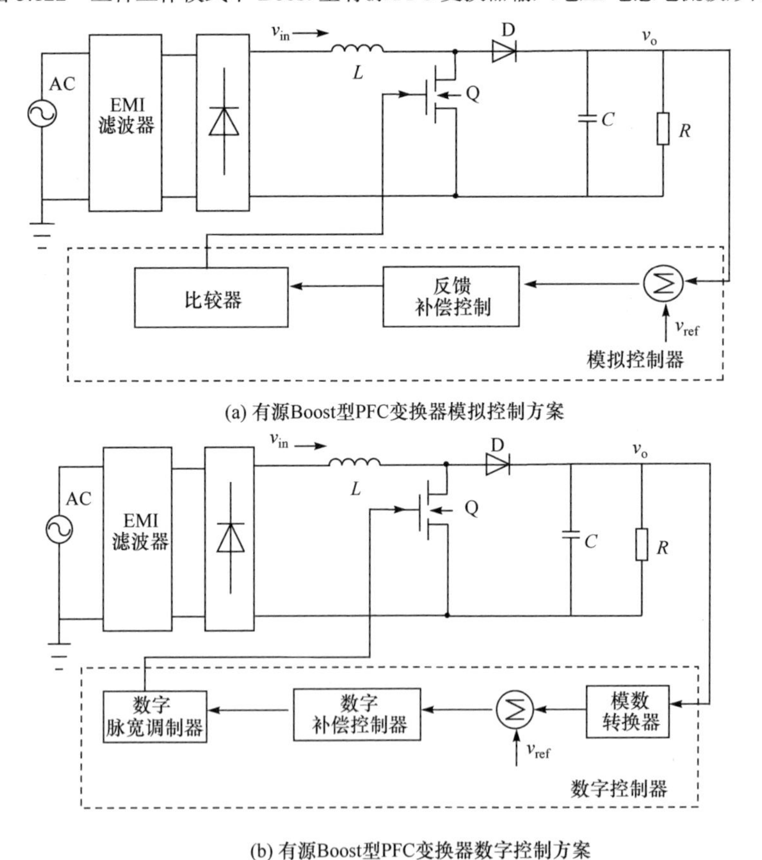

(a) 有源Boost型PFC变换器模拟控制方案

(b) 有源Boost型PFC变换器数字控制方案

图 5.123　有源 Boost 型 PFC 变换器控制电路实现方案

于有源 PFC 变换器。与有源 PFC 变换器模拟控制方案相比，数字控制方案充分利用数字控制电路灵活可变的特性，跟踪 PFC 变换器系统的输出特性，可动态调节控制电路的控制参数从而降低控制偏差，适应能力强，易克服变换器系统的非线性特性或者实现复杂控制架构以提高变换器系统的性能，且研发周期相对较短。

面对 PFC 技术持续的性能和功能改进需求，有源 PFC 变换器的模拟控制方案所存在的固有缺陷限制了其发展应用前景；而数字控制方案所具有的特有优势，使其具有更广阔的研究和发展空间，数字控制方案正成为 PFC 技术领域研究和应用的热点。

2. Boost 型 PFC 变换器各模式工作原理

1) DCM Boost 数字 PFC 变换器工作原理

Boost 型数字 PFC 变换器功率级拓扑电路结构图如图 5.121(c)所示，主要包括输入整流桥、升压电感 L、二极管 D、开关管 Q 和输出电容 C 等。为简化分析，我们假定：① 数字 PFC 变换器功率级拓扑主电路的元器件为理想的；② 变换器的开关频率远远高于输入电压频率，输入电压值在任意开关周期内恒定。

当 Boost 型数字 PFC 变换器工作于 DCM 模式时，其工作过程可以分为三个模态(模态 1～模态 3)，各工作模态的等效电路如图 5.124 所示。当变换器处于模态 1 时，开关管 Q 导通，二极管 D 关断；当变换器处于模态 2 时，开关管 Q 关断，二极管 D 导通；而当变换器处于模态 3 时，开关管 Q 关断，二极管 D 导通，但是变换器电流 i_L 为零。

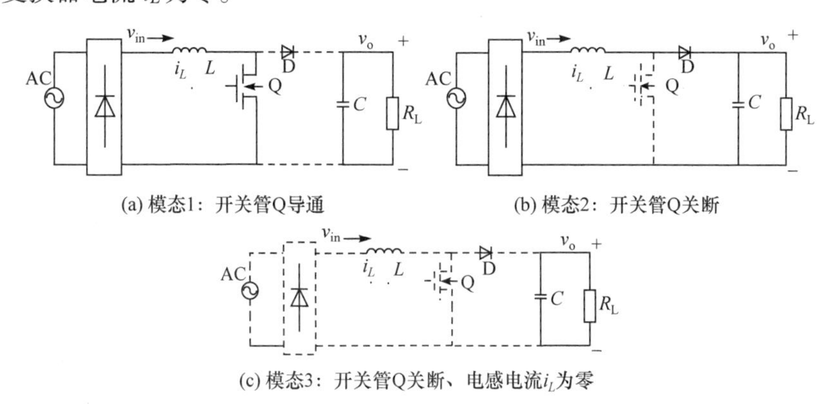

图 5.124　DCM Boost 数字 PFC 变换器各工作模态等效电路

对应 DCM Boost 数字 PFC 变换器三个模态，其任意开关周期内的电感电流波形如图 5.125 所示。当数字 PFC 变换器处于模态 1 时，变换器开关管 Q 导通，而二极管 D 关断，变换器输入电感 L 处于充电状态，同时电容 C 给负载 R_L 提供能量，电感电流 i_L 由零开始以线性斜率 v_{in}/L 上升至峰值电流 i_{L_PK}，其中 v_{in} 为输入电压值，L 为输入电感值；当数字 PFC 变换器处于模态 2 时，变换器开关管 Q 关断，而二极管 D 导通续流，电源和电感 L 通过二极管 D 给电容 C 充电，同时给负载 R_L 提供能量，电感电流 i_L 由峰值电流 i_{L_PK} 以线性斜率$(v_{in}-v_o)/L$ 下降至零，其中 v_o 为输出电压值；当数字 PFC 变换器处于模态 3 时，此时变换器的电感电流 i_L 为零，负载 R_L 由变换器的电容 C 提供能量。

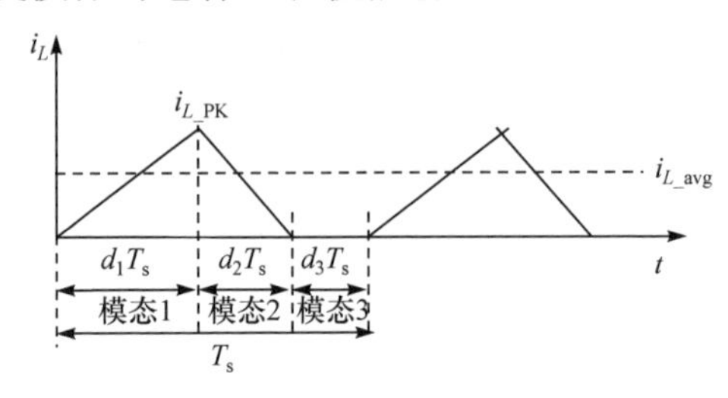

图 5.125　任意开关周期内 DCM Boost 数字 PFC 变换器电感电流波形图

2) CCM Boost 数字 PFC 变换器工作原理

图 5.126(a)为 CCM Boost 数字 PFC 电路与阶段分析等效电路。

(1) 开关周期阶段分析。

假定通过电感 L 的电流 i_L 在一个工频周期中保持连续，即不存在电感电流持续为零的区间，就称该电路工作在 CCM。如果输出滤波电容 C_o 足够大，那么输出电压可以近似视为恒定值 $v_o = V_o$。设电网电压 $v_s(\omega t)$为

$$v_s(\omega t) = \sqrt{2}V_s \sin \omega t \tag{5.121}$$

式中，ω 为电网工作角频率，$\omega = 2\pi f$, f 为电网频率。如果忽略输入整流桥二极管的导通压降，整流桥的直流侧输出电压 v_d 的瞬时值为

$$v_d(\omega t) = \sqrt{2}V_s |\sin \omega t| \tag{5.122}$$

设 Boost 型变换器中的开关管 V 采用恒定开关频率、变占空比 D 控制。设开关频率为 f_s，开关周期 $T_s = 1/f_s$。为简化分析，在以下分析中，认为开关管为理想开关器件，即开关管导通时其压降为零，开关管关断时其电阻为无穷大。在 CCM 下，一个开关周期 T_s 可以分为两个阶段。

阶段 1(0, DT$_s$)：Boost 型电感储存磁能阶段。

阶段 1 的等效电路如图 5.126(b)所示，开关管 V 处于导通状态，而二极管处于关断状态，Boost 型电感处于存储磁能阶段。电压 $v_d(\omega t)$加在电感 L 上，电感上电压 v_L 为

$$v_L = v_d(\omega t) = \sqrt{2}V_s |\sin \omega t| \tag{5.123}$$

根据法拉第电磁感应定律，电感上的电压 v_L 可以表示为

$$v_L = L\frac{\mathrm{d}i_L}{\mathrm{d}t} \tag{5.124}$$

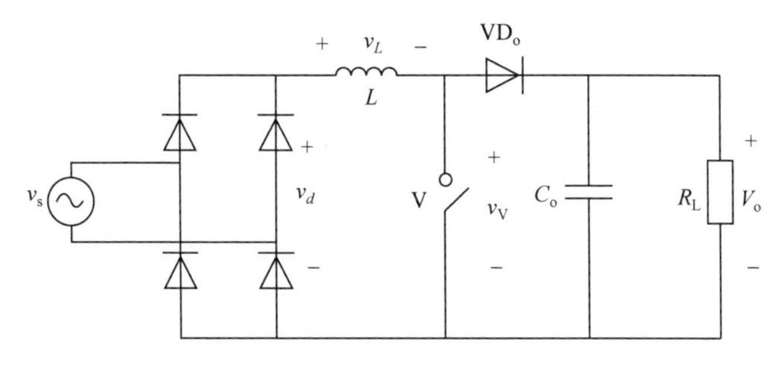

(a) Boost 型PFC电路

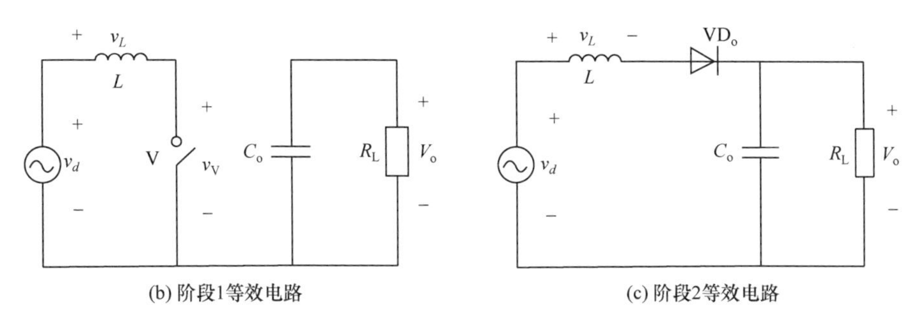

(b) 阶段1等效电路

(c) 阶段2等效电路

图 5.126 CCM Boost 数字 PFC 电路与阶段分析等效电路

结合式(5.123)和式(5.124)，得到电感电流变化率为

$$\frac{\mathrm{d}i_L}{\mathrm{d}t}=\frac{\sqrt{2}V_s}{L}|\sin\omega t|\geqslant 0 \tag{5.125}$$

式(5.125)表明，在阶段 1，电感电流处于上升状态，其上升率按正弦规律变化。由于在阶段 1，二极管 VD$_o$ 处于关态，电流 $i_{\mathrm{VD_o}}=0$，输出负载电流只能依靠 C_o 放电维持，$i_o=-i_C$。

阶段 2(DT$_s$, T_s)：Boost 型电感释放磁能阶段。

阶段 2 的等效电路如图 5.126(c)所示。开关管 V 处于关断状态，而 VD$_o$ 处于导通状态，Boost 型电感处于释放磁能阶段。电压 $v_d(\omega t)-V_o$ 加在输入电感 L 上，电感电压 v_L 为

$$v_L=v_d(\omega t)-V_o=\sqrt{2}V_s|\sin\omega t|-V_o \tag{5.126}$$

在阶段 2 中，电感 L 的电流变化率为

$$\frac{\mathrm{d}i_L}{\mathrm{d}t}=\frac{\sqrt{2}V_s|\sin\omega t|-V_o}{L} \tag{5.127}$$

由于 $V_o>\sqrt{2}V_s$，推导得

$$\frac{\mathrm{d}i_L}{\mathrm{d}t}<0 \tag{5.128}$$

式(5.128)表明，在阶段 2 中，电感电流下降，即表示电感 L 处于释放磁能状态。在阶段 2，电感 L 与输入电源一起，向输出负载输送电能，并对电容 C_o 充电。在此期间，滤波电容 C_o 中储存的电量将增加。电感 L 在阶段 1 储存磁能，将一部分磁能在阶段 2 向输出释放，但由于在 CCM 下，电感 L 储存了足够的磁能，因此在阶段 2 末，电感 L 中的磁能尚未耗尽，即在阶段 2 末的电感电流的值大于零。

式(5.125)和式(5.127)表明，电感电流的变化率随相位角 $\theta=\omega t$ 而变化，当 $\theta=0$ 时，输入电网电压瞬时过零，阶段 1 的电感电流上升率等于零；而阶段 2 的电感电流下降率 $di_L/dt=-V_o/L$，很高。当 $\theta=\pi/2$ 时，在输入电网电压瞬时达到峰值，阶段 1 的电感电流上升率 $di_L/dt=\sqrt{2}V_s/L$，很高；下降率为 $di_L/dt=(\sqrt{2}V_s-V_o)/L$，却很低。

(2) 占空比 D。

在 CCM 下，一个开关中期中电感上的电压 v_L 可表示为

$$v_L=\begin{cases}\sqrt{2}V_s\,|\sin\omega(\tau+t)|, & 0<\tau<\mathrm{DT_s}\\ \sqrt{2}V_s\,|\sin\omega(\tau+t)|-V_o, & \mathrm{DT_s}<\tau<T_s\end{cases} \tag{5.129}$$

假定开关周期 T_s 比工频周期 T 要小得多，在一个小时间段内近似认为电路处于稳态，于是可粗略地认为，在一个开关周期中电感上能量达到平衡状态，这样，电感电压 v_L 在一个开关周期中的平均值为零，即

$$\int_0^{T_s} v_L(\tau)\mathrm{d}\tau=0 \tag{5.130}$$

将式(5.129)代入式(5.130)左边，可以得到

$$\begin{aligned}\int_0^{T_s} v_L(\tau)\mathrm{d}\tau &= \int_0^{\mathrm{DT_s}} v_L(\tau)\mathrm{d}\tau+\int_{\mathrm{DT_s}}^{T_s} v_L(\tau)\mathrm{d}\tau\\ &\approx \sqrt{2}V_s\,|\sin\omega t|\,\mathrm{DT_s}+(\sqrt{2}V_s\,|\sin\omega t|-V)(1-D)T_s\\ &\approx \sqrt{2}V_s\,|\sin\omega t|\,T_s-V(1-\mathrm{D})T_s\end{aligned} \tag{5.131}$$

结合式(5.130)和式(5.131)，解得

$$D(t)=1-\frac{\sqrt{2}V_s\,|\sin\omega t|}{V_o} \tag{5.132}$$

在 CCM 下，在半个工频周期中，开关管 V 的占空比随电网电压按正弦波规律变化。当输入电压的瞬时值过零时，占空比达到最大值 1；而当输入电压的瞬时值达到峰值时，占空比达到最小值。因此，为了实现 PFC，需要有规律变化的占空比函数 $D(t)$，对开关管 V 的通断进行控制。

式(5.132)仅是 CCM 的必要条件，但仅按照该式，控制占空比 D，一般并不能

实现输入电网电流的正弦化目标，通常采用电流瞬时值控制，使得输入电网电流瞬时值跟踪电网输入电压正弦波的变化，达到单位功率因数和输入电流正弦化的目标。

3) CRM Boost PFC 工作原理

图 5.127 所示为单相 Boost 型 PFC 变换器工作在 CRM 时电感电流波形，由于采用变频控制，开关频率是变化的。为简化设计，变频控制采用恒定开通时间控制策略。下面分析开关频率与电路参数之间的关系。

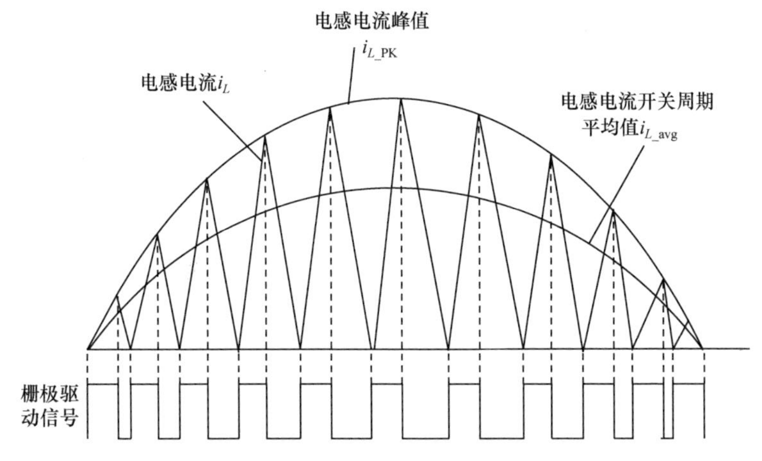

图 5.127　在 CRM 中电感电流波形

在 CRM 中，一个开关周期由两个阶段构成。在每个开关周期之初，电感电流总是从零开始上升，达到要求的峰值后，就开始下降，直到电感电流为零。一旦电感电流为零，立即启动下一个开关周期。因此在 CRM 中，电感电流的波形由一系列的三角波构成。对应的等效电路如图 5.128 所示。为简化分析，在以下分析中，假定开关管为理想开关器件，开关管导通时，其压降为零，开关管关断时，其电阻为无穷大。

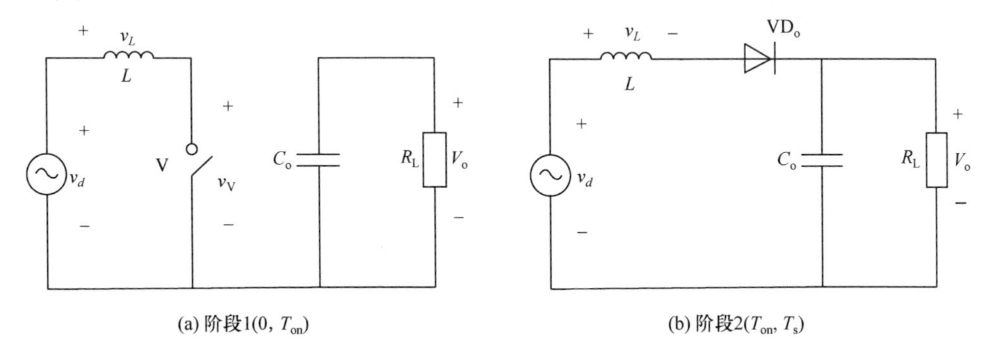

(a) 阶段1(0, T_{on})　　(b) 阶段2(T_{on}, T_s)

图 5.128　CRM 下工作的等效电路

在阶段 1$(0, T_{on})$中，开关管 V 导通，而 VD_o 处于关断状态，阶段 1 的等效电路如图 5.128(a)所示。电压 $v_d(\omega t)$加在电感 L 上，电感上电压 v_L 可表示为

$$v_L = v_d(\omega t) = \sqrt{2}V_s |\sin \omega t| \tag{5.133}$$

电感电流变化率 di_L/dt 为

$$\frac{di_L}{dt} = \frac{\sqrt{2}V_s}{L} |\sin \omega t| \tag{5.134}$$

由于开关周期 T_s 相对于工频周期非常短，所以近似认为在一个开关周期中电网电压保持恒定，由式(5.134)得到

$$\frac{di_L}{dt} = \frac{\sqrt{2}V_s}{L} |\sin \omega t| \approx \frac{\sqrt{2}V_s}{L} |\sin \omega t_n| = \frac{\sqrt{2}V_s |\sin \theta_n|}{L} \tag{5.135}$$

式中，θ_n 为在一个工频周期，第 n 个开关周期的开始时刻，$\theta_n = \omega tn$。

由式(5.135)可以解出电感电流

$$i_L = \int_0^t \frac{\sqrt{2}V_s |\sin \theta_n|}{L} d\tau = \frac{\sqrt{2}V_s |\sin \theta_n|}{L} t \tag{5.136}$$

式(5.136)表明：在阶段 1 中，电感电流 i_L 从零开始线性上升。在阶段 1 末，即 $t = T_{on}$，电感电流达到峰值为

$$i_{L\_PK}(\theta_n) = i_L(T_{on}) = \frac{\sqrt{2}V_s |\sin \theta_n|}{L} T_{on} \tag{5.137}$$

在每个开关周期中，电感电流峰值 $i_{L\_PK}(\theta_n)$ 是 $\sin\theta_n$ 的函数。如果变频控制采用恒定开通时间控制策略，即导通时间 T_{on} 为恒定值，那么在半个工频周期中，电感电流的峰值的包络线按照正弦变化。

由于在阶段 1，二极管 VD_o 处于关断状态，电流 i_{VDo}=0，输出负载电流只能依靠 C 的放电来维持，$i_o = -i_c$。在阶段 2(T_{on}, T_s)中，开关管 V 关断，而 VD_o 处于导通状态，阶段 2 的等效电路如图 5.128(b)所示。电压 $v_d(\omega t) - V_o$ 加在输入电感 L 上，于是电感上电压可表示为

$$v_L = v_d(\omega t) - V_o = \sqrt{2}V_s |\sin \omega t| - V_o \tag{5.138}$$

电感电流的变化率为

$$\frac{di_L}{dt} = \frac{\sqrt{2}V_s}{L}\left(|\sin \omega t| - \frac{V_o}{\sqrt{2}V_s}\right) \tag{5.139}$$

假定开关周期 T_s 相对工频周期非常短，这样可以近似认为在一个开关周期中，电网电压保持恒定，于是式(5.139)可近似为

$$\frac{di_L}{dt} \approx \frac{\sqrt{2}V_s}{L}\left(|\sin \theta_n| - \frac{V_o}{\sqrt{2}V_s}\right) \tag{5.140}$$

由于 $V_o > \sqrt{2}V_s$，所以式(5.140)的右边为负，表明在阶段 2 中，电感电流下降，

即表示电感 L 处于释放磁能状态。在阶段 2 中，电感 L 与输入电源一起向输出负载输送电能，并对电容 C 充电，电容 C 中储存的电能将增加。

由式(5.140)得到在阶段 2 中的电感电流为

$$\begin{aligned} i_L(t) &\approx \int_{T_{\text{on}}}^{t} \frac{\sqrt{2}V_{\text{s}}}{L}\left(|\sin\theta_n| - \frac{V_{\text{o}}}{\sqrt{2}V_{\text{s}}}\right)\mathrm{d}\tau + i_{L\_\text{PK}}(\theta_n) \\ &= \frac{\sqrt{2}V_{\text{s}}}{L}\left(|\sin\theta_n| - \frac{V_{\text{o}}}{\sqrt{2}V_{\text{s}}}\right)(t - T_{\text{on}}) + i_{L\_\text{PK}}(\theta_n) \end{aligned} \tag{5.141}$$

一旦电感电流下降为零，阶段 2 结束，于是开始下一个开关周期。令式(5.141)中 $t = T_{\text{s}}$ 时为零，以便求解开关周期 T_{s}，即

$$\frac{\sqrt{2}V_{\text{s}}}{L}\left(|\sin\theta_n| - \frac{V_{\text{o}}}{\sqrt{2}V_{\text{s}}}\right)(t - T_{\text{on}}) + i_{L\_\text{PK}}(\theta_n) = 0 \tag{5.142}$$

阶段 2 的持续时间 T_{off} 为

$$T_{\text{off}} = T_{\text{s}} - T_{\text{on}} = \frac{i_{L\_\text{PK}}(\theta_n)L}{V_{\text{o}} - \sqrt{2}V_{\text{s}}|\sin\theta_n|} = \frac{1}{\dfrac{V_{\text{o}}}{\sqrt{2}V_{\text{s}}|\sin\theta_n|} - 1}T_{\text{on}} \tag{5.143}$$

阶段 2 的持续时间 T_{off} 与输出电压 V_{o}、输入电压 $\sqrt{2}V_{\text{s}}|\sin\theta_n|$、开关导通时间 T_{on} 有关。

在 CRM 中，电感 L 在阶段 1 储存的磁能将在阶段 2 末全部向输出释放，即在阶段 2 末的电感电流的值为零。开关周期为 $T_{\text{s}} = T_{\text{on}} + T_{\text{off}}$，利用式(5.143)得到恒定导通时间控制时开关周期：

$$T_{\text{s}} = \frac{T_{\text{on}}}{1 - \dfrac{\sqrt{2}V_{\text{s}}|\sin\theta_n|}{V_{\text{o}}}} \tag{5.144}$$

开关频率为

$$f_{\text{s}} = 1 - T_{\text{s}} = \frac{1 - \dfrac{\sqrt{2}V_{\text{s}}|\sin\theta_n|}{V_{\text{o}}}}{T_{\text{on}}} \tag{5.145}$$

式(5.145)表明，单相 Boost 型 PFC 变换器工作在 CRM 时，在一个工频周期中，开关频率 f_{s} 是变化的，如图 5.129 所示。当 $\theta = \omega t = \pi/2$ 时，开关频率 f_{s} 达到最低值，即

$$f_{\text{s\_min}} = \frac{1 - \dfrac{\sqrt{2}V_{\text{s}}}{V_{\text{o}}}}{T_{\text{on}}} \tag{5.146}$$

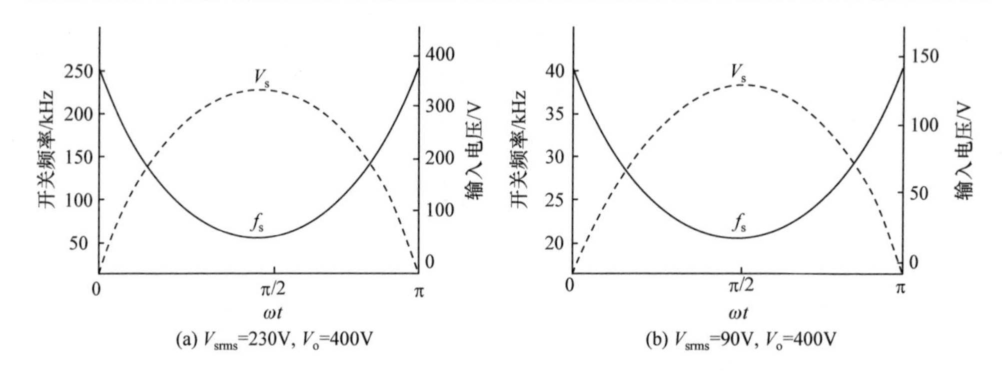

(a) V_{srms}=230V, V_o=400V　　(b) V_{srms}=90V, V_o=400V

图 5.129　在 CRM 下开关频率与输入交流瞬时值的关系

定义归一化开关频率 f_s^* 为

$$f_s^* = \frac{f_s}{1/T_{on}} = 1 - \frac{\sqrt{2}V_s|\sin\theta_n|}{V_o} \tag{5.147}$$

占空比为

$$D = \frac{T_{on}}{T_s} = 1 - \frac{\sqrt{2}V_s|\sin\theta_n|}{V_o} \tag{5.148}$$

式(5.148)与 CCM 时的占空比式(5.132)相同。

图 5.129 给出了开关频率随着输入交流电网电压正弦波形变化的情况。图 5.129(a)中输入交流电压的有效值 $V_s = 230V$，输出直流电压 $V_o = 400V$，可见当输入交流电压的峰值时开关频率约为输入交流电压过零时刻的开关频率的 1/5。图 5.129(b)中，输入交流电压的有效值 $V_s = 90V$，输出直流电压 $V_o = 400V$，可见当输入交流电压峰值时，开关频率约为输入交流电压过零时刻的开关频率的 2/3。可见，输入电压的有效值越小，开关频率 f_s 的变化范围越窄。

5.4.2　DCM Boost 型 PFC 变换器功率因数提升控制原理

1. PFC 控制方法概述

Boost 变换器的输入端回路上不含开关管，输入电流可以保持连续变化，输入电流的高频谐波很小，因此利用 Boost 变换器作为 PFC 控制器时，功率因数可以做得很高；且 Boost 变换器是升压输出，高的输出电压方便输出储能电容储存更多的能量，断电时还能给负载提供能量，维持输出恒定，因此 Boost 型 PFC 变换器得到广泛应用。

在 PFC 技术中，为了实现高功率因数，需要对输入电流进行控制从而使得输入电流接近正弦波形，跟随输入电压的波形。目前主要有以下几种控制类型：平均电流型、峰值电流型、滞环电流型和固定导通时间控制型。由于平均电流型、峰值电流型、滞环电流型都用到乘法器，所以这三种方式又称为基于乘法器控制。

(1) 平均电流型：需要电压环和电流环进行双环控制，使输入的平均电流能够实现正弦变化，跟随输入电压。采样的输入电流信号要经过比例积分器进行平均化处理。平均电流型需要系统工作在固定频率，且通常工作在 CCM。因为跟踪产生的误差导致电流畸变很大，所以要求电流环具备高增益带宽，由于平均电感电流能够高精度地跟踪电压信号，易达到接近 1 的功率因数。该控制模式通常适合于大功率场合，但是电压环与电流环的双环参数设计比较复杂。其系统框图和波形如图 5.130 所示。

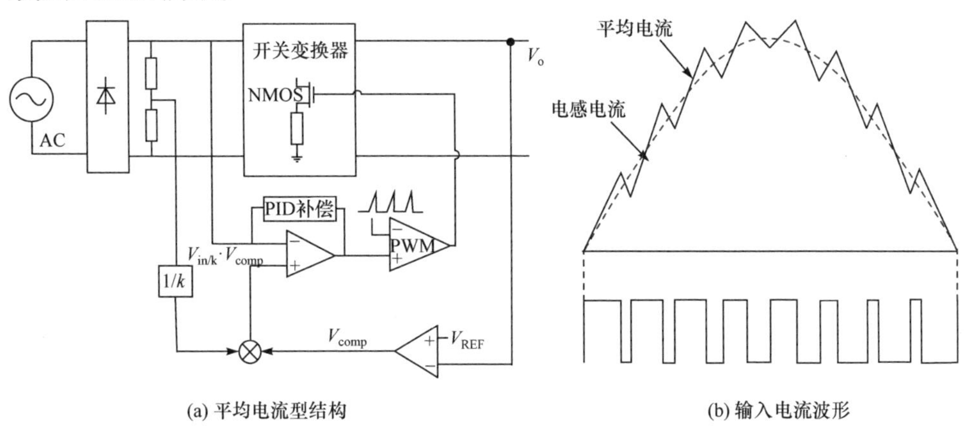

(a) 平均电流型结构　　(b) 输入电流波形

图 5.130　平均电流型结构及波形

(2) 峰值电流型：与平均电流型控制不同的是，峰值电流型通过控制输入电流峰值包络呈正弦形状来提高功率因数。将采样的输入电压与放大器输出信号相乘，以乘积包络作为参考控制量，控制开关管的导通与关断，使得输入电流能够跟随输入电压的正弦变化。这种控制方式一般适合工作在 DCM，内部设计比较简单，但与平均电流型相比，峰值电流型会存在较大的误差，特别是频率较高时，PF 值易受输入电压的影响，功率因数较低，抑制谐波能力较差。占空比大于 50%时易发生次谐波振荡，因此需要增加斜坡补偿信号。其系统框图和波形如图 5.131 所示。

(3) 滞环电流型：与平均电流控制相同，采样输入电压并利用乘法器得到正弦包络，控制输入电流呈正弦变化，不同的是电流包络存在上限和下限信号。这种控制方式多用于 CCM，频率可变。其特点是系统的稳定性好，电流谐波小，控制简单，且抗噪能力强，响应快，需要在过零点附近设计补偿电路。滞环宽度对开关频率和系统性能影响很大，其系统框图和波形如图 5.132 所示。

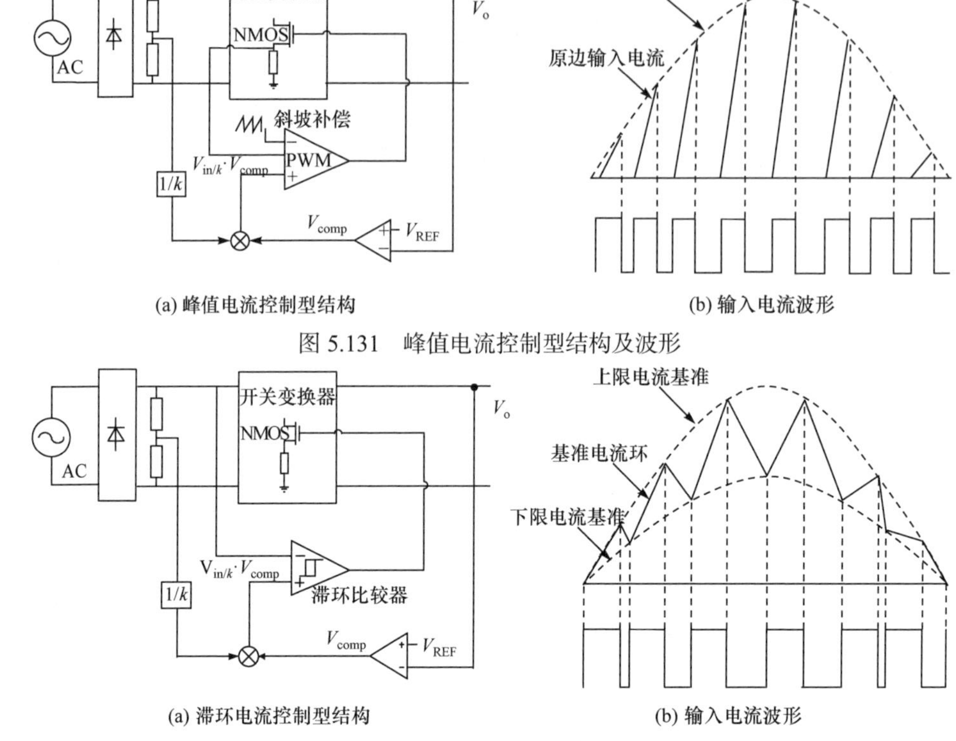

(a) 峰值电流控制型结构　　　　　　　　(b) 输入电流波形

图 5.131　峰值电流控制型结构及波形

(a) 滞环电流控制型结构　　　　　　　　(b) 输入电流波形

图 5.132　滞环电流控制型结构及波形

(4) 固定导通时间控制型：与前者均不同，固定导通时间控制无须采样输入电压量，无须乘法器，利用带宽极低的放大器钳位输出电压或电流，并得到在工频周期内近似恒定的输出，利用该信号以及固定斜率的锯齿波信号得到在半个工频周期内固定的导通时间，使得输入电流近似跟随输入电压正弦变化。这种控制模式的特点是设计简单，无须使用乘法器，通常适用于 DCM 或 CRM。其系统框图和波形如图 5.133 所示。

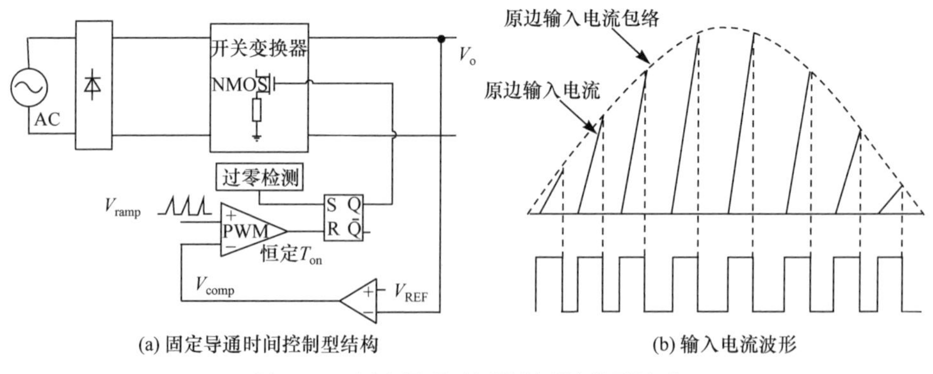

(a) 固定导通时间控制型结构　　　　　　　　(b) 输入电流波形

图 5.133　固定导通时间控制型结构及波形

表 5.9 详细给出了几种控制模式的优缺点。

表 5.9　单级 PFC 的控制模式

控制方式	特点
峰值电流型	优点：可快速有效地控制主电感电流峰值，控制环路易于实现； 缺点：电流畸变导致 THD 增大，对外部微扰较敏感，需引入斜坡补偿电路
滞环电流型	优点：控制简单，无额外调制信号，较宽的电流频率带宽，响应速度快； 缺点：存在 EMI 问题，开关频率容易受到负载的影响，在过零点附近输入电流易陷入死区，需引入补偿电路
平均电流型	优点：良好的瞬态特性，适用于大功率产品，对开关噪声的抑制较好，可降低输入电流的畸变现象； 缺点：控制电路较为复杂，需引入比例积分器，设计难度和成本增加
固定导通时间控制型	优点：控制电路设计简单，无须乘法器，成本低； 缺点：场合限制，只适用于 DCM、CRM 导通模式，动态响应慢，当负载跳变时，需要较长时间稳定

2. 功率因数提升原理分析

在 Boost PFC 变换器中，峰值电流型控制电路多采用 DCM，其结构简单，电路较易实现，被广泛应用于各类一般要求的变换器中。本节将针对此类 PFC 变换器，分析其功率因数性能，并采用数字控制技术提升其 PF 值。

1) DCM Boost 数字 PFC 变换器 PFC 性能分析

(1) DCM Boost 数字 PFC 变换器输入电流分析。

由推导可知，任意开关周期内 DCM Boost 数字 PFC 变换器的电感电流 i_L 的峰值 i_{L_PK} 为

$$i_{L\_PK}(t)=\frac{v_{in}}{L}T_{on}=\frac{v_m\left|\sin\omega t\right|}{L}T_{on}=\frac{v_m\left|\sin\omega t\right|}{L}d_1T_s \tag{5.149}$$

式中，v_m 为变换器交流输入电压 v_{in} 的幅值；ω 为变换器输入电压 v_{in} 的角频率；T_{on} 为任意开关周期内变换器的导通时间；d_1 为占空比值；T_s 为任意开关周期值。

当数字 PFC 变换器处于稳定工作状态下，任意开关周期内，根据伏秒平衡原理可得

$$v_{in}d_1T_s=(v_o-v_{in})d_2T_s \tag{5.150}$$

式中，d_2T_s 为变换器电感电流 i_L 由电流峰值 i_{L_PK} 下降至零的时间。根据式(5.150)，则可求得 d_2 为

$$d_2=\frac{v_{in}d_1}{v_o-v_{in}} \tag{5.151}$$

基于式(5.149)、式(5.151)，则 DCM Boost 数字 PFC 变换器在任意开关周期内

电感电流的平均值 i_{L_avg} 为

$$\begin{aligned} i_{L\_avg}(t) &= \frac{1}{2} i_{L\_PK}(d_1 + d_2) \\ &= \frac{d_1^2 T_s}{2L} \cdot \frac{v_o v_{in}}{v_o - v_{in}} = \frac{d_1{}^2 T_s}{2L} \cdot \frac{v_o v_m |\sin \omega t|}{v_o - v_m |\sin \omega t|} \end{aligned} \tag{5.152}$$

式(5.152)为变换器任意开关周期内电感电流平均值，则变换器的输入电流 i_{in} 可以表示为

$$i_{in}(t) = \frac{d_1{}^2 T_s}{2L} \cdot \frac{v_o v_m \sin \omega t}{v_o - v_m |\sin \omega t|} \tag{5.153}$$

对比分析式(5.149)和式(5.152)，当变换器的占空比 d_1 为恒定值时，DCM Boost 数字 PFC 变换器任意工频周期内，电感电流峰值 i_{L_PK} 的包络线呈正弦形状，而电感电流的平均值 i_{L_avg} 则为非正弦形状，存在电流畸变，变换器的输入电流存在谐波污染。

(2) DCM Boost 数字 PFC 变换器功率因数值分析。

为简化分析，设定参量 δ 为

$$\delta = \frac{v_o}{v_o - v_m |\sin \omega t|} = \frac{1}{1 - \dfrac{v_m}{v_o} |\sin \omega t|} = \frac{1}{1 - \sigma |\sin \omega t|} \tag{5.154}$$

式中，σ 为 DCM Boost 数字 PFC 变换器的输入电压幅值 v_m 与输出电压 v_o 的比例系数，则变换器的输入电流 i_{in} 可以简化表示为

$$\begin{aligned} i_{in}(t) &= \frac{d_1{}^2 T_s}{2L} \cdot \delta \cdot v_m \sin \omega t \\ &= \frac{d_1{}^2 T_s}{2L} \cdot \frac{v_m \sin \omega t}{1 - \sigma |\sin \omega t|} \end{aligned} \tag{5.155}$$

根据 DCM Boost 数字 PFC 变换器功率因数值 PF(power factor)的定义，其表达式为

$$\mathrm{PF} = \left[\frac{1}{\pi} \int_0^{\pi} v_{in}(t) i_{in}(t) \mathrm{d}\omega t \right] \Big/ \left[v_{in\_rms}(t) i_{in\_rms}(t) \right] \tag{5.156}$$

式中，v_{in_rms} 和 i_{in_rms} 分别为 DCM Boost 数字 PFC 变换器输入电压 v_{in} 和输入电流 i_{in} 的有效值，而变换器输入电流的有效值 i_{in_rms} 为

$$i_{in\_rms}(t) = \sqrt{\frac{1}{\pi} \int_0^{\pi} i_{in}^2(t) \mathrm{d}\omega t} \tag{5.157}$$

基于式(5.153)、式(5.155)、式(5.156)和式(5.157)，DCM Boost 数字 PFC 变换器的功率因数值 PF 可以表示为

$$\mathrm{PF}=\sqrt{\frac{2}{\pi}}\cdot\int_0^{\pi}\left(\frac{\sin^2\omega t}{1-\sigma\left|\sin\omega t\right|}\right)\mathrm{d}\omega t\Bigg/\sqrt{\int_0^{\pi}\left(\frac{\sin\omega t}{1-\sigma\left|\sin\omega t\right|}\right)^2\mathrm{d}\omega t} \tag{5.158}$$

根据式(5.158)，变换器的输入电压幅值与输出电压的比例系数 σ 显著影响变换器的功率因数值，假定 DCM Boost 数字 PFC 变换器的输入电压 v_{in} 的输入范围为 90～264V AC，而输出电压 v_{o} 为 460V，则 DCM Boost 数字 PFC 变换器的 PF 值与比例系数 σ 的关系图如图 5.134 所示，随着 DCM Boost 数字 PFC 变换器输入电压幅值与输出电压比例系数 σ 的提高，变换器 PF 值随之降低，尤其变换器输入电压幅值较高时，DCM Boost 数字 PFC 变换器 PF 值随之显著降低，这将难以满足输入电流谐波标准，需要优化设计。

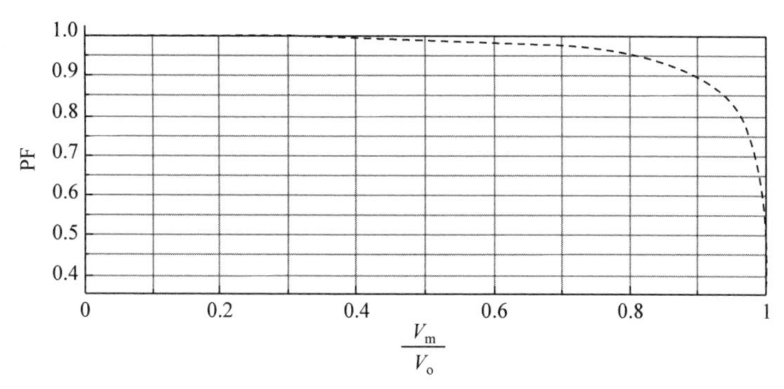

图 5.134　DCM Boost 数字 PFC 变换器 PF 值与比例系数 σ 关系图

2) 提高 DCM Boost 数字 PFC 变换器 PFC 性能方案设计

根据式(5.155)，在输出电压为恒定值时，DCM Boost 数字 PFC 变换器的输入电流的畸变程度与变换器的输入电压幅值有关，进而根据式(5.158)，变换器的 PFC 性能由变换器的输入电压幅值与输出电压的比例系数决定，当变换器的输入电压幅值较高时，其 PFC 性能将会显著降低，难以有效抑制变换器的输入电流谐波。

为了有效提高 DCM Boost 数字 PFC 变换器 PFC 性能，降低输入电流谐波畸变，基于式(5.155)，则期望占空比 d_1 的值是可以变化的，假定

$$d_1=d_0\cdot\sqrt{\frac{1}{\delta}} \tag{5.159}$$

式中，假定 d_0 为常量，则变换器的输入电流 i_{in} 为

$$\begin{aligned}i_{\mathrm{in}}(t)&=\frac{{d_1}^2T_{\mathrm{s}}}{2L}\cdot\delta\cdot v_{\mathrm{m}}\sin\omega t\\&=\frac{{d_0}^2T_{\mathrm{s}}}{2L}\cdot v_{\mathrm{m}}\sin\omega t\\&=\frac{{d_0}^2T_{\mathrm{s}}}{2L}v_{\mathrm{in}}\end{aligned} \tag{5.160}$$

此时输入电流 i_{in} 无电流畸变，输入电流将呈现正弦形状，且与变换器的输入电压 v_{in} 无相位差，变换器的功率因数值理论上为 1。

在 DCM Boost 数字 PFC 变换器中，d_0 为变换器电压控制环路的输出值[27]，当变换器的输入电压或者输出负载变化时，其与理想恒定值存在偏差，因此需要优化变换器电压控制环路，降低偏差值。同时将式(5.159)展开，变换器的期望占空比值 d_1 表示为

$$d_1 = d_0 \cdot \sqrt{1-\sigma|\sin\omega t|} = d_0 \cdot \sqrt{1-\frac{v_{in}}{v_0}} \tag{5.161}$$

基于式(5.160)和式(5.161)，为了有效抑制 DCM Boost 数字 PFC 变换器的输入电流谐波畸变，提高其 PFC 性能，控制方案如图 5.135 所示，分别采样变换器的输入电压和输出电压，优化变换器电压控制环路，降低输出值偏差，同时变换器通过动态调节策略，计算出最终的占空比 d_1，调节变换器的开关管开关状态以调节变换器的运行状态，从而降低变换器的输入电流畸变程度，提高变换器 PFC 性能。

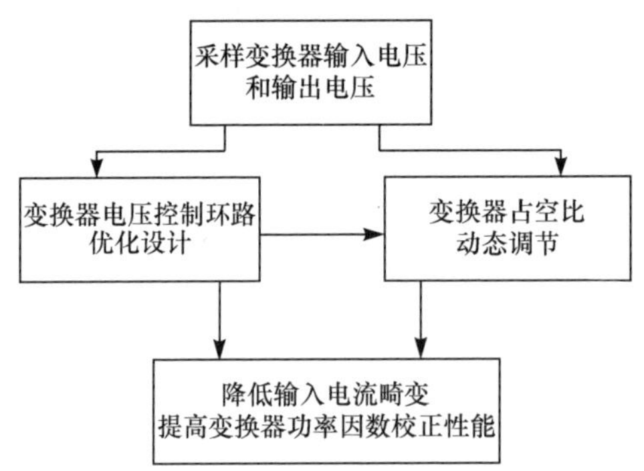

图 5.135　提高 DCM Boost 数字 PFC 变换器 PFC 性能方案图

5.4.3　DCM Boost 型 PFC 变换器电路架构设计与验证

根据 5.4.2 节中的理论分析，本小节提出提高 DCM Boost 数字 PFC 变换器 PFC 性能的数字控制器的整体架构，如图 5.136 所示。DCM Boost 数字 PFC 变换器的输入电压 $v_{in}(t)$和输出电压 $v_o(t)$通过模数转换器采样量化，转换成相应的数字离散量 $v_{in}(n)$和 $v_o(n)$; 电压控制环路根据输出电压 $v_o(n)$与参考电压 $v_{ref}(n)$的差值计算获得初始的占空比 $d_0(n)$，以调节变换器的输出电压 v_o 至特定的参考电压 v_{ref}；占空比调节器根据输入电压 $v_{in}(n)$和输出电压 $v_o(n)$，获得占空比调节因子 λ；电压控制环路输出的初始占空比 $d_0(n)$与占空比调节因子 λ 相乘，获得最终的离散占空比 $d_1(n)$，其经过数字脉宽调制器转换，输出连续的占空比信号 $d_1(t)$，控制 DCM Boost 数字 PFC 变换器开关管 Q 的开关状态，实时调节 DCM Boost 数字 PFC 变换器的运行状况。

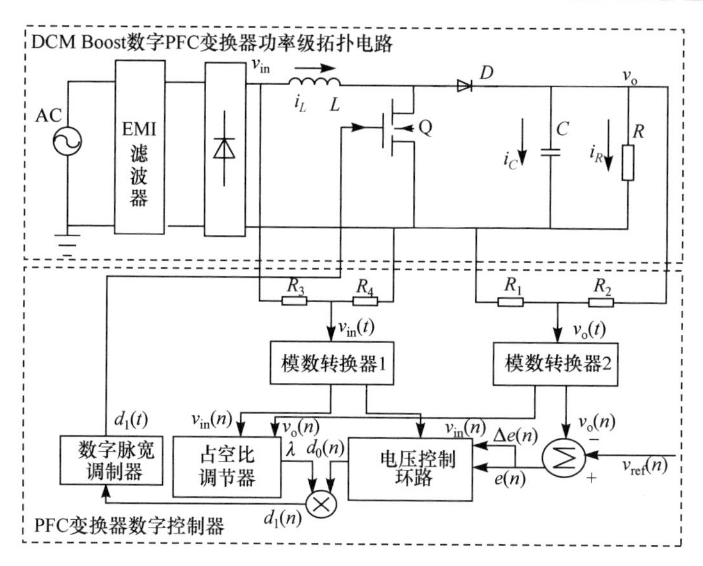

图 5.136 提高 DCM Boost 数字 PFC 变换器 PFC 性能整体架构图

1. 电路架构设计

如图 5.136 所示，DCM Boost 数字 PFC 变换器的输出电压 v_o 通过变换器数字控制器的电压控制环路调节，变换器系统的输出稳定性取决于电压控制环路[28]。

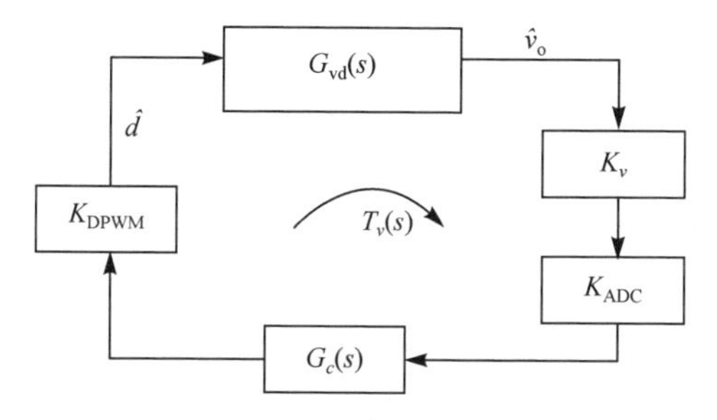

图 5.137 DCM Boost 数字 PFC 变换器整体电压控制环路小信号框图

DCM Boost 数字 PFC 变换器整体电压控制环路小信号框图如图 5.137 所示，K_v 是变换器输出电压 $\hat{v}_o$ 的采样比例系数，K_{ADC} 是数字控制器中的 ADC 模块增益，K_{DPWM} 是数字控制器中的深度 PWM(deep-PWM, DPWM)模块增益，$G_{vd}(s)$是 DCM Boost 数字 PFC 变换器整体拓扑电路结构的小信号模型，$G_c(s)$为 DCM Boost 数字 PFC 变换器电压控制环路补偿控制器，则 DCM Boost 数字 PFC 变换器整体环路增益 $T_v(s)$为

$$T_v(s) = K_v \cdot K_{ADC} \cdot G_c(s) \cdot K_{DPWM} \cdot G_{vd}(s) \tag{5.162}$$

DCM Boost 数字 PFC 变换器整体拓扑电路结构的小信号模型 $G_{vd}(s)$为

$$G_{\mathrm{vd}}(s)=\frac{\hat{v}_{\mathrm{o}}(s)}{\hat{d}(s)}\bigg|_{\hat{v}_{\mathrm{in}}(s)=0}=\frac{K_{\mathrm{vd}}}{1+\dfrac{s}{\omega_p}} \tag{5.163}$$

$$K_{\mathrm{vd}}=v_{\mathrm{m}}\sqrt{\frac{R}{Lf}} \tag{5.164}$$

$$\omega_p=\frac{2}{RC} \tag{5.165}$$

式中，R 是 DCM Boost 数字 PFC 变换器的输出负载电阻值；C 是变换器的输出电容值；L 是输入电感的电感值；f 是变换器的开关频率值。

为了调节变换器的输出电压至参考电压值，提高变换器的输出稳定性，本书电压控制环路采用 PI 补偿器，其表示为

$$G_c(s)=K_p+\frac{K_i}{s}=K_p\left(1+\frac{\omega_z}{s}\right) \tag{5.166}$$

对比分析式(5.163)和式(5.166)，DCM Boost 数字 PFC 变换器拓扑电路结构的小信号模型 $G_{\mathrm{vd}}(s)$有单个极点 ω_p，而数字控制器 PI 补偿器有一个初始零极点和一个零点 ω_z。根据式(5.164)和式(5.165)，变换器拓扑电路结构信号模型 $G_{\mathrm{vd}}(s)$的单个极点 ω_p 将随着 DCM Boost 数字 PFC 变换器输出负载变化而变化，而直流增益 K_{vd} 则同时随着变换器的输入电压和输出负载变换而变化，即当 DCM Boost 数字 PFC 变换器输入电压或者输出负载变化时，变换器主拓扑电路的特性是随之变化的，需要优化电压控制环路的 PI 补偿器来提高变换器的输出稳定性。同时基于图 5.135 所提的控制方案，为了有效提高变换器的 PFC 性能，根据式(5.161)，变换器的数字控制算法中，电压控制环路的初始输出占空比 d_0 期望为恒定值。

为了有效提高 DCM Boost 数字 PFC 变换器的稳定性和 PFC 性能，变换器数字控制器的电压控制环路期望在变换器全输入电压/输出负载情况下能够保持高的低频增益和合理的相位裕度，电压控制环路的带宽需要远远小于变换器输入电压的工频。假定 DCM Boost 数字 PFC 变换器的输出负载变化范围为 1/10 满载至满载，则根据式(5.164)，变换器输出负载变化引起的直流增益 K_{vd} 变化大概为 10dB，而当 DCM Boost 数字 PFC 变换器的输入电压范围为 90～264V 时，变换器输入电压变化引起的直流增益 K_{vd} 变化大概为 9dB，$G_{\mathrm{vd}}(s)$受 DCM Boost 数字 PFC 变换器输出负载变化影响更大。根据图 5.135 所提控制方案，在变换器数字控制器电压控制环路设计中，每个开关周期内数字控制器均采样变换器的输入电压值，所以数字补偿器设计时首先考虑变换器处于某特定输入电压值。

DCM Boost 数字 PFC 变换器在某特定输入电压 $G_{\mathrm{vd}}(s)$时与输出负载变化的波特图如图 5.138 所示。如果变换器数字补偿器的零点 ω_z 被设置于 $\omega_{p(\min)}$或者小于

$\omega_{p(\min)}$，在变换器输出负载为轻载情况下，变换器电压控制环路的带宽将偏窄，而同时在变换器输出负载为满载情况下，变换器存在相位滞后。如果变换器数字补偿器的零点 ω_z 被设置于 $\omega_{p(\max)}$或者大于 $\omega_{p(\max)}$，在变换器输出负载为轻载情况下，在穿越频率处将存在“−2”变化斜率。为了保证 DCM Boost 数字 PFC 变换器在全输出负载情况下同时获得合适的带宽和相位裕度，数字补偿器零点 ω_z 须折中设置，其取值为

$$\omega_z = \sqrt{\omega_{p(\min)}\omega_{p(\max)}} \tag{5.167}$$

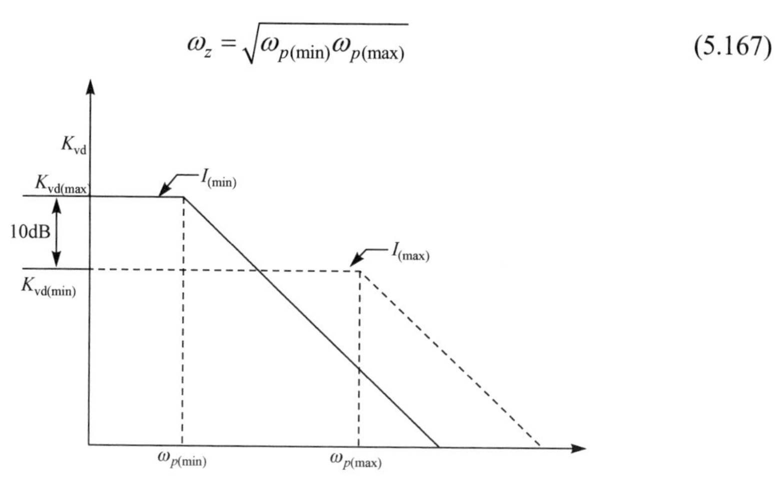

图 5.138　DCM Boost 数字 PFC 变换器特定输入电压 $G_{vd}(s)$与输出负载变化波特图

在 DCM Boost 数字 PFC 变换器数字补偿器零点 ω_z 确定基础上，其数字补偿器的 K_p 取值为

$$K_p = \sqrt{1+\frac{\omega_c^2}{\omega_{p(\max)}^2}} \Bigg/ \left(K_{\mathrm{vd(max)}} \cdot K_v \cdot K_{\mathrm{ADC}} \cdot \sqrt{1+\frac{\omega_z^2}{\omega_c^2}} \right) \tag{5.168}$$

式中，变换器数字控制器的穿越频率 ω_c 设置为 8Hz。

在前面分析中，根据式(5.161)，为了降低 DCM Boost 数字 PFC 变换器输入电流谐波畸变，提高变换器 PFC 性能，变换器的占空比值 d_1 需要根据变换器的输入电压值 v_{in} 变化而动态调节。基于前面所提的控制方案，在图 5.136 所示的整体控制架构中，假定所设计 DCM Boost 数字 PFC 变换器数字控制器中占空比调节器的输出占空比调节因子为 λ，则

$$\lambda = \sqrt{1-\frac{v_{\mathrm{in}}}{v_{\mathrm{o}}}} \tag{5.169}$$

在变换器数字控制器设计中，假定完全执行式(5.169)，则需要除法运算、开方运算等复杂数据运算处理过程，在任意开关周期内数字控制器的数据计算量较大，将进一步增加变换器数字控制器的数据计算负担[29]，且电路实现较为复杂，因此需要对式(5.169)进行简化处理。将其进行泰勒展开，可得

$$\lambda = \sqrt{1 - v_{in}(0)/v_o} - (1/2v_o)(1 - v_{in}(0)/v_o)^{-\frac{1}{2}}(v_{in} - v_{in}(0))$$
$$- (1/2!) \cdot (1/4v_o^2)(1 - v_{in}(0)/v_o)^{-\frac{3}{2}}(v_{in} - v_{in}(0))^2 + \cdots \tag{5.170}$$

为了进一步简化式(5.170)，式中 $v_{in}(0)$设置为零，则结合式(5.169)和式(5.170)，可得

$$\begin{aligned}\lambda &= \sqrt{1 - \frac{v_{in}}{v_o}} \\ &= 1 - (1/2v_o)v_{in} - (1/8v_o^2){v_{in}}^2 + \cdots \\ &\approx 1 - (1/2v_o)v_{in} - (1/8v_o^2){v_{in}}^2\end{aligned} \tag{5.171}$$

基于式(5.169)和式(5.171)，则 DCM Boost 数字 PFC 变换器数字控制器占空比调节因子 λ 与 DCM Boost 数字 PFC 变换器输入电压 v_{in} 的关系曲线图分别如图 5.139 所示，图中实线为理想 λ 值与 v_{in} 值曲线，而虚线为近似 λ 值与 v_{in} 值曲线。根据图示可知，当 DCM Boost 数字 PFC 变换器的输入电压 v_{in} 的输入范围为 90～264V AC，输出电压 v_o 为 460V 时，变换器数字控制器中理想 λ 值与近似 λ 值几乎吻合，存在极小误差。

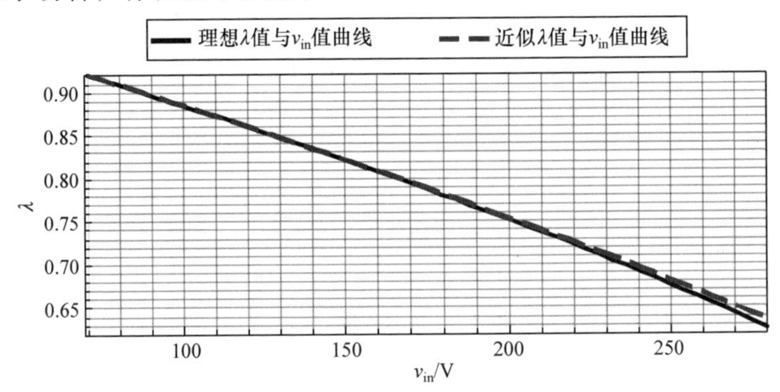

图 5.139　数字控制器中占空比调节因子 λ 与输入电压 v_{in} 的关系曲线图

2. 仿真验证分析

基于前面所阐述的提高 DCM Boost 数字 PFC 变换器 PFC 性能的电路架构，本节将通过仿真软件设计变换器的整体仿真电路，以验证所提控制方案和控制架构的有效性。DCM Boost 数字 PFC 变换器主要系统参数如表 5.10 所示，变换器的输入电压 v_{in} 的输入范围为 90～264V AC，输出电压 v_o 为 460V，开关频率 f 为 100kHz，变换器的输出额定功率 P_o 为 120W。

表 5.10　DCM Boost 数字 PFC 变换器系统参数表

输入电压/V AC	90～264
输出电压/V	460
开关频率/kHz	100
输出功率/W	120

1) 电感参数设置

DCM Boost 数字 PFC 变换器在任意开关周期内电感电流 i_L 存在三个状态，其不保持连续状态，而变换器的输入电感值决定了变换器输入端高频纹波电流总量，在设置 DCM Boost 数字 PFC 变换器输入电感值时，考虑工作状态为变换器输出功率最大而输入电压最小。当变换器处于上述工作状态时，其输入电流为最大值且输入电流的纹波值也较大。

为了保证 DCM Boost 数字 PFC 变换器在输出功率最大且输入电压最小情况下，输入电流能够满足设计要求，则输入电流纹波值最大值为

$$\Delta I = \sqrt{2}\frac{P_o}{\hat{v}_{in\_min}} \tag{5.172}$$

式中，P_o 为 DCM Boost 数字 PFC 变换器的输出功率额定值；$\hat{v}_{in\_min}$ 为变换器输入电压最小有效值。基于式(5.172)，则 DCM Boost 数字 PFC 变换器的输入电感最小值 L_{min} 为

$$L_{min} = \frac{v_{in\_min\_P}\left(1 - \dfrac{v_{in\_min\_P}}{v_o}\right)}{\Delta I f} \tag{5.173}$$

式中，$v_{in\_min\_P}$ 为 DCM Boost 数字 PFC 变换器输入最小电压峰值；v_o 为输出直流电压；f 为变换器的开关频率值。结合表 5.10 所阐述的所设计 DCM Boost 数字 PFC 变换器系统参数，基于式(5.172)和式(5.173)，所设计 DCM Boost 数字 PFC 变换器的电感值 L 设置为 180μH。

2) 电容参数设置

DCM Boost 数字 PFC 变换器的输出电容 C 决定变换器输出电压 v_o 的纹波，其电容容值选择需要考虑输出功率、开关频率、直流输出电压、输出纹波电压等，设置 DCM Boost 数字 PFC 变换器的输出电压纹波 $\Delta v_{o(ripple)} \leqslant 8\text{V}$，则变换器输出电容 C 为

$$C = \frac{P_o}{2\pi \cdot f_{line} \cdot v_o \cdot \Delta v_{o(ripple)}} \tag{5.174}$$

式中，P_o 为 DCM Boost 数字 PFC 变换器的额定输出功率；f_{line} 为变换器的输入电压工频频率。结合表 5.10 所阐述的 DCM Boost 数字 PFC 变换器系统参数指标，

基于式(5.174)，所设计 DCM Boost 数字 PFC 变换器的电感值 C 设置为 220μF。

3) ADC 转换器和 DPWM 转换器参数设置

(1) ADC 转换器参数设置。

DCM Boost 数字 PFC 变换器需要对变换器模拟信号进行采样量化处理，所提 DCM Boost 数字 PFC 变换器整体数字控制器架构中需要对输入电压 v_{in} 和输出电压 v_o 采样量化，ADC 转换器选取时重点考虑量化精度、量化范围、采样点选择等。

对于 ADC 转换器，其量化精度选择时需要保证量化信号小于输出电压纹波信号，具体可以表示为

$$\frac{v_{max\_ADC}}{2^{n\_ADC}} \leqslant \Delta v_o \tag{5.175}$$

式中，v_{max_ADC} 为 ADC 转换器的量化范围；n_ADC 为 ADC 转换器的转换精度；Δv_o 为变换器输出电压纹波信号。根据所设计参数指标，如图 5.135 所示，假定 DCM Boost 数字 PFC 变换器输入电压 v_{in} 经过分压电阻网络分压，其分压系数 H 为 1/200，则输出电压 460V 所对应的分压后的电压值为 2.3V，设定输出电压纹波为 2%，ADC 量化范围为 0～3.3V，则根据式(5.175)，所提变换器数字控制器中 ADC 变换器的量化精度设置为 7 位。

(2) DPWM 转换器参数设置。

在 DCM Boost 数字 PFC 变换器数字控制器中，为了避免数字控制环路出现常见的极限环振荡现象，数字控制器中 DPWM 变换器的位数选择需要与 ADC 变换器的位数相匹配。假定 n_ADC 为变换器 ADC 转换器的转换精度，n_ADC 表示 ADC 转换器可以得到 2^{n_ADC} 种可能的输出电压的量化值，同时假定 n_DPWM 为变换器 DPWM 的转换精度，则 n_DPWM 表示 DPWM 转换器可以调控输出电压的变化情况有 2^{n_DPWM} 种，即对于 DPWM 而言，2^{n_DPWM} 个占空比数字离散序列对应着稳定情况下 2^{n_DPWM} 种输出电压值。如图 5.140(a)所示，在变换器数字控制环路中，假定 DPWM 变换器的分辨率低于 ADC 变换器的分辨率，DPWM 能够调控输出电压离散值不满足 ADC 模块 2^{n_ADC} 种量化范围中的任一特定值，则控制环路为了调节输出电压 v_o 至参考电压 v_{ref}，DPWM 输出就会在占空比离散值中的两个或者多个不断转换，此时输出电压 v_o 将会在参考电压 v_{ref} 附近上下波动，输出电压 v_o 除了正常的纹波波动外，会出现规律的围绕参考电压 v_{ref} 的低频振荡，表现为极限环振荡[30]。

基于上述讨论，所设计变换器数字控制器中 DPWM 转换器的量化电压和 ADC 转换器的量化电压需要满足：

$$\frac{v_{max\_ADC}}{H \cdot 2^{n\_ADC}} \geqslant \Delta v_{DPWM} \tag{5.176}$$

$$\Delta v_{DPWM} = \frac{v_{in}}{2^{n\_DPWM}} \tag{5.177}$$

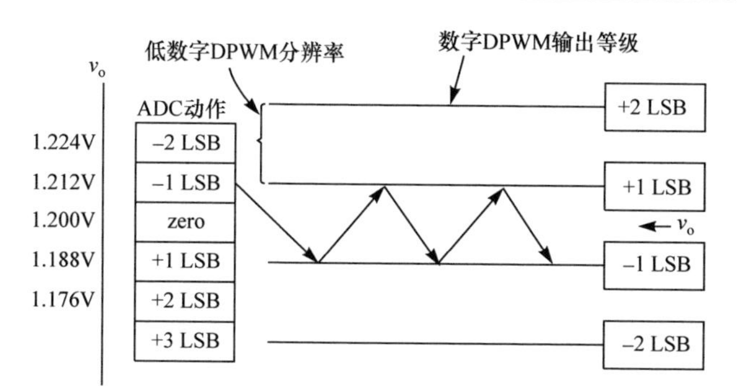

(a) 变换器数字控制器ADC模块与DPWM模块转换精度欠匹配情况分析

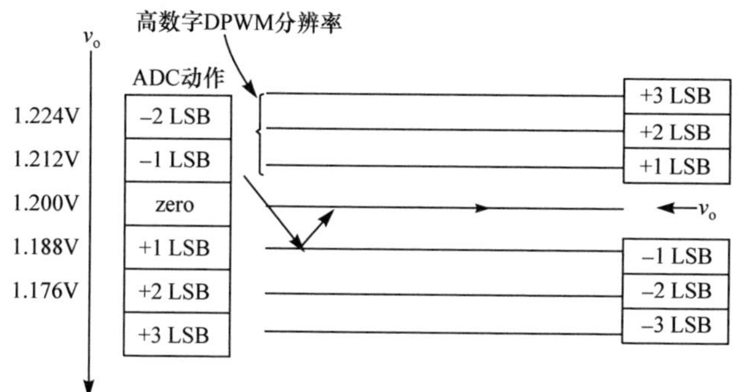

(b) 变换器数字控制器ADC模块与DPWM模块转换精度匹配情况分析

图 5.140 变换器数字控制器控制环路极限环振荡示意图

则由式(5.176)和式(5.177)可得

$$n\_\mathrm{DPWM} \geqslant \mathrm{int}\left[n\_\mathrm{ADC} + \log_2 \frac{v_{\mathrm{in}} \cdot H}{v_{\max\_\mathrm{ADC}}}\right] \tag{5.178}$$

同样根据系统参数指标,n_DPWM 取最大值,所需 DPWM 变换器的位数为 8 位。为了进一步提高变换器的转换精度，在实际数字控制器设计中，DPWM 变换器的位数设置为 9 位。

4) 仿真验证分析

本节基于 MATLAB/Simulink 软件包搭建整体 DCM Boost 数字 PFC 变换器的仿真电路模型。MATLAB/Simulink 软件基于 MATLAB 软件框图设计环境，其广泛应用于线性系统、复杂非线性系统、数字控制及数字信号处理的建模和仿真，可以用连续采样时间、离散采样时间或两种混合的采样时间分别进行电路建模与仿真，同时支持多速率系统。

根据图 5.136 所示的 DCM Boost 数字 PFC 变换器整体控制构架，在搭建完整的变换器仿真电路模型时，在变换器拓扑主电路结构基础上，主要需要分别搭建 DCM Boost 数字 PFC 变换器数字控制器中的 ADC 转换器模块、DPWM 转换器模块和控制算法模块，其中控制算法模块执行电压控制环路优化设计和占空比调节等。

ADC 转换器作为变换器数字控制器模拟域功率级和数字域控制级的端口，ADC 模块对变换器模拟域输出信号进行采样，常用的采样方法是每个采样周期采样一次。采样后的数据需要通过零阶保持器(zero-order holder, ZOH)保持，将某一时刻的采样值一直保持到下一时刻。经过保持后的采样信号需要经过量化器(A/D quantizer)转换为相应的离散信号，这个转换过程为量化，而后根据量化台阶将量化电平转换为二进制比特码，此过程即编码。

基于上述 ADC 模块工作原理，图 5.141 所示为采用 MATLAB/Simulink 软件搭建的变换器数字控制器中的 ADC 转换器仿真电路模块，其主要包括模拟信号输入端口、零阶保持器、信号量化器和数字信号输出端口等，其可以实时仿真变换器数字控制器对变换器输出的模拟信号的采样量化过程。

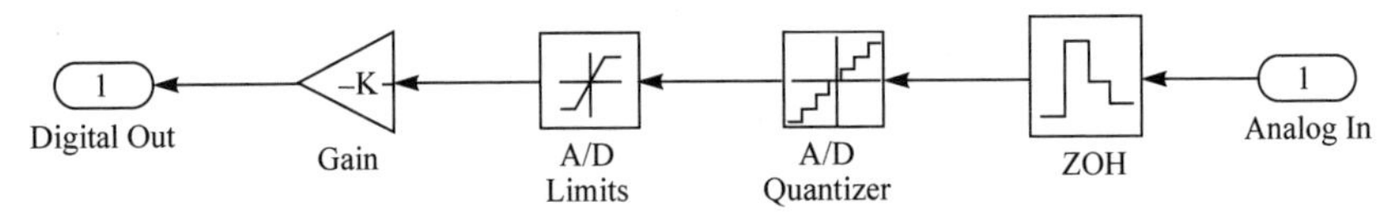

图 5.141　DCM Boost 数字 PFC 变换器数字控制器中 ADC 模块仿真电路模型

DPWM 转换器作为变换器数字控制器数字域控制级和后续的模拟域功率级的端口，其主要是根据数字控制器控制算法模块输出的离散数字占空比，进而转换为相应的连续模拟占空比波形，以控制变换器开关管的导通与关断。主要包含一个计数器和比较器，输入的离散占空比信号 $d[n]$通过与计数器计数值比较，从而生成相应的高或低的电平信号，即 PWM 信号。其功能类似于数模转换器，输入的是离散的数字信号，而输出的是时域的连续占空比信号。DPWM 变换器采样是均匀采样，其输入的离散占空比信号 $d[n]$在每个开关周期开始时刻更新，并在对应的开关周期内保持恒定不变，直至计数器产生的计数值超过控制变量，输出 PWM 信号才会发生改变。

图 5.142 所示为采用 MATLAB/Simulink 软件搭建的 DCM Boost 数字 PFC 变换器数字控制器中 DPWM 转换器仿真电路模块，其主要包括离散数字占空比信号输入端口、信号发生器、比较器和模拟信号输出端口等，其可以实时将控制算法模块计算输出的数字占空比值转换为相应的模拟占空比信号，以控制 DCM Boost 数字 PFC 变换器开关管的开关状态。

基于图 5.136、图 5.141 和图 5.142，图 5.143 所示为提高 DCM Boost 数字 PFC 变换器 PFC 性能的整体仿真电路模型图。DCM Boost 数字 PFC 变换器的输入电压 v_{in} 和输出电压 v_o 分别经过分压电阻网络分压，其后分别通过两个 ADC 转换器转换成相应的数字离散信号。转换完成后的数字离散信号作为输入信号进入 S-Function 模块，同时在 S-Function 模块编写与执行提高 DCM Boost 数字 PFC 变

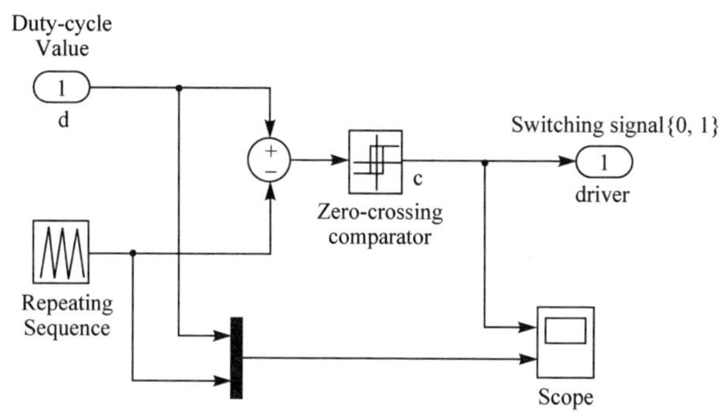

图 5.142　DCM Boost 数字 PFC 变换器数字控制器中 DPWM 模块仿真模型

换器 PFC 性能的控制算法 DCM_control_algorithm，设计并优化变换器电压控制环路，实时调节并输出变换器的占空比。S-Function 模块的输出信号分别为数字离散信号 d_0 和 d_1，其中 d_1 是调节后的占空比数字信号，作为 DPWM 转换器的输入数据。DPWM 转换器基于输入数字信号将其转换为相应的连续模拟信号，控制开关管 MOSFET，此模拟占空比信号控制开关管的导通和关断，从而调节变换器的工作状态以提高 DCM Boost 数字 PFC 变换器的 PFC 性能。在图 5.143 中，通过 Multi-Switch 来选择不同的输入电压值，而通过 Timer1 和 Timer2 来实时调整变换器的输出负载值，以模拟 DCM Boost 数字 PFC 变换器输入电压和输出负载的变化，同时通过 Mean 来实时计算变换器的输入电流值，进而基于总谐波失真(total harmonic distortion, THD)来观测不同工作情况下的 DCM Boost 数字 PFC 变换器的 THD 值，在电路实际仿真过程中相应的仿真参数通过 powergui 来设置。

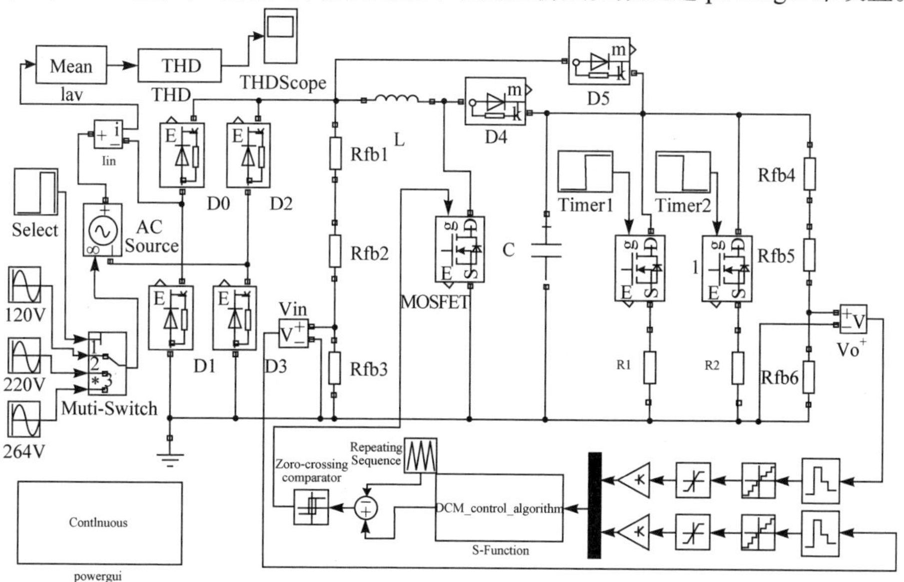

图 5.143　提高 DCM Boost 数字 PFC 变换器 PFC 性能整体仿真电路模型图

基于上述仿真电路的搭建，下面是一些仿真结果。

图 5.144 为 DCM Boost 数字 PFC 变换器在输出功率满载情况下输出电压 v_o、输入电流 i_{in}、输入电压 v_{in} 和电感电流 i_L 仿真波形示意图，其中图 5.144(a)中变换器输入电压 v_{in} 为 90V AC，图 5.144(b)中变换器输入电压 v_{in} 为 264V AC。根据图示分析可知，基于所设计的数字控制器，DCM Boost 数字 PFC 变换器在输出满载情况下，不管变换器输入电压 v_{in} 幅值高低，尤其是当输入电压 v_{in} 较高时，输入电流 i_{in} 都能够保持正弦形状，且紧紧跟随输入电压 v_{in} 的波形；同时变换器输出电压 v_o 稳定于 460V，无明显过冲现象。

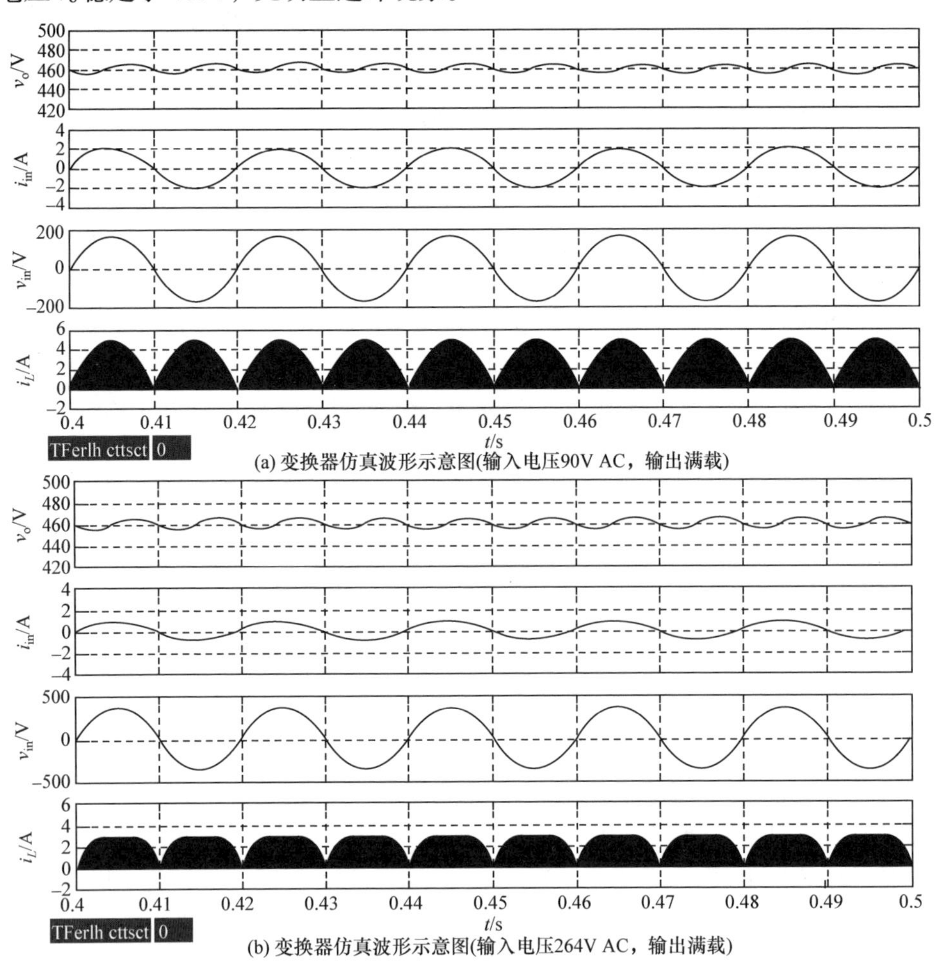

图 5.144　变换器输出电压 v_o、输入电流 i_{in}、输入电压 v_{in} 和电感电流 i_L 仿真波形示意图

图 5.145 为 DCM Boost 数字 PFC 变换器在输入电压 v_{in} 为 220V AC 情况下输出电压 v_o、输入电流 i_{in}、输入电压 v_{in} 和电感电流 i_L 仿真波形示意图，其中图 5.145(a)

变换器的输出负载为 20W，而图 5.145(b)变换器的输出负载为 120W。同样根据图示分析可知，基于所设计的数字控制器，DCM Boost 数字 PFC 变换器在特定输入电压情况下，不管变换器输出负载如何变化，尤其当输出负载较轻时，变换器的输入电流 i_{in} 始终保持正弦形状，且能够跟随变换器输入电压 v_{in} 的波形；同时变换器的输出电压 v_o 稳定于 460V，无明显过冲现象。

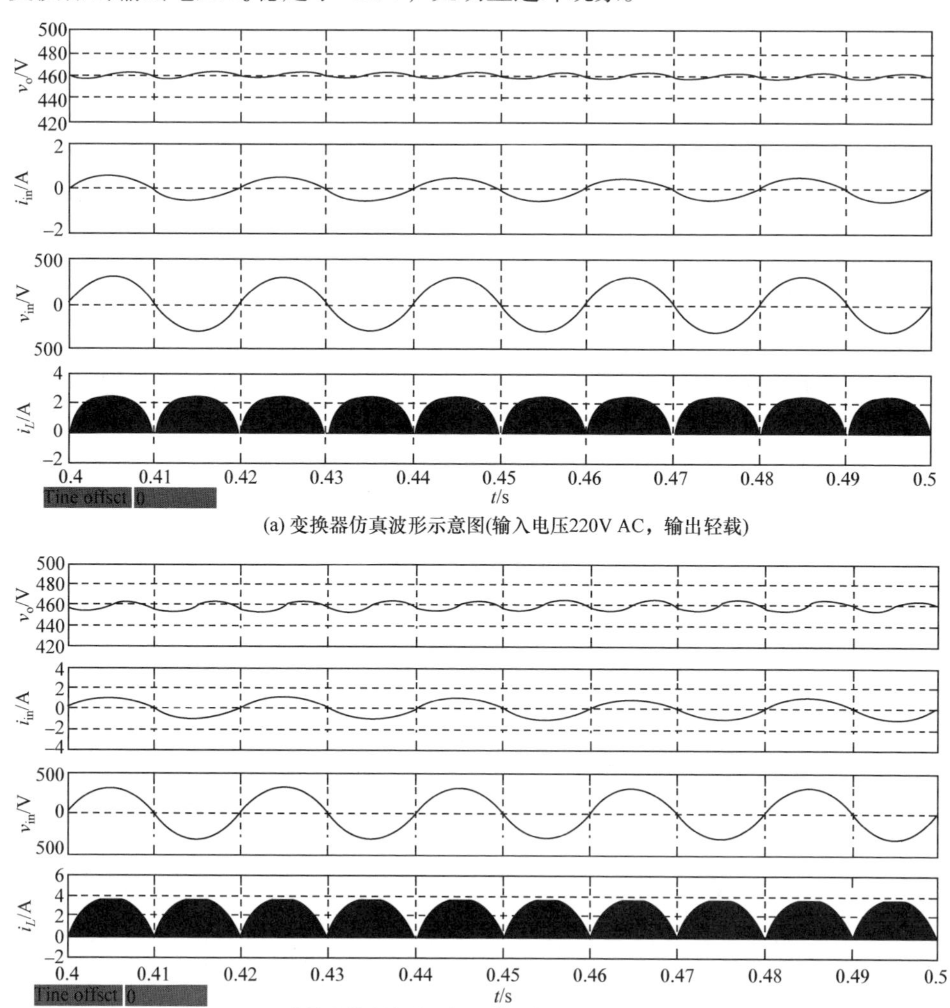

(a) 变换器仿真波形示意图(输入电压220V AC，输出轻载)

(b) 变换器仿真波形示意图(输入电压220V AC，输出满载)

图 5.145　变换器输出电压 v_o、输入电流 i_{in}、输入电压 v_{in} 和电感电流 i_L 仿真波形示意图

图 5.146 为 DCM Boost 数字 PFC 变换器的功率因数值(PF 值)曲线图，图 5.146(a)为变换器 PF 值与输入电压关系曲线图，变换器输出负载为输出满载 120W，而输入电压 v_{in} 由低变高；图 5.146(b)为变换器 PF 值与输出负载关系曲线图，变换器的输入电压为 220V AC，而输出负载由轻载转换为满载。根据图示分析可知，基

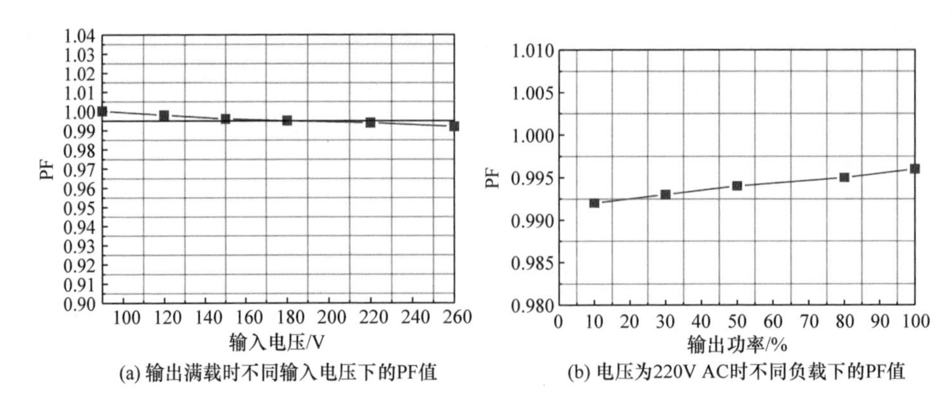

图 5.146 DCM Boost 数字 PFC 变换器 PF 值曲线图

于所提的数字控制器，DCM Boost 数字 PFC 变换器在输出负载满载情况下，无论变换器输入电压高低，变换器的 PFC 性能均较优，尤其当输入电压较高时，变换器依然保持较高的 PF 值；同样 DCM Boost 数字 PFC 变换器在特定输入电压情况下，无论变换器输出负载如何变化，变换器依然保持了较高的 PF 值。

图 5.147 为 DCM Boost 数字 PFC 变换器不同工作状态情况下的输出电压曲线图(图中上面曲线的输入电压为 260V AC，下面曲线的输入电压为 90V AC)，根据图示可知，基于所提数字控制器的 DCM Boost 数字 PFC 变换器，无论其输入电压或是输出负载如何变化，变换器的输出电压稳态偏差均小于 3V，DCM Boost 数字 PFC 变换器输出电压稳定性较高。

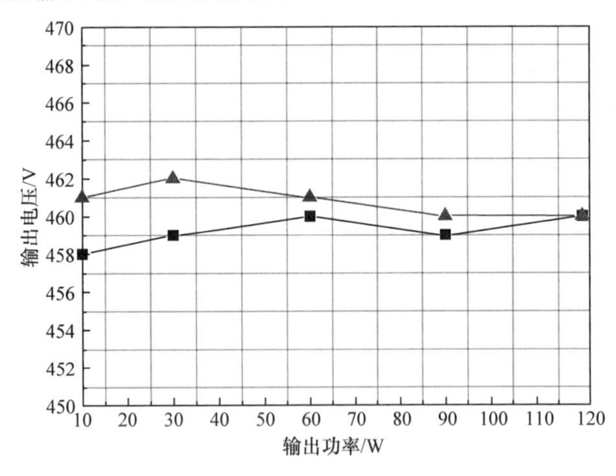

图 5.147 DCM Boost 数字 PFC 变换器不同工作状态下的输出电压曲线图

基于上述 DCM Boost 数字 PFC 变换器整体仿真验证的结果，本设计案例中的数字控制器能够有效提高 DCM Boost 数字 PFC 变换器的输出稳定性和 PFC 性能，无论变换器的输入电压高低和输出负载轻重，DCM Boost 数字 PFC 变换器均能够实现较优的 PFC，保持了较高的 PF 值。

参 考 文 献

[1] Gray P R, Meyer R G. MOS operational amplifier design: A tutorial overview. IEEE Journal of Solid-State Circuits, 1982, 17(6): 969-982.

[2] 刘晨, 来新泉, 钟龙杰, 等. 一种超低功耗的低压差线性稳压器环路补偿方法. 西安交通大学学报, 2016, 50(1): 139-144.

[3] Milliken R J, Silva-Martinez J, Sanchez-Sinencio E. Full on-chip CMOS low-dropout voltage regulator. IEEE Transactions on Circuits and Systems I, 2007, 54(9): 1879-1890.

[4] Kim D, Seok M. A fully integrated digital low-dropout regulator based on event-driven explicit time-coding architecture. IEEE Journal of Solid-State Circuits, 2017, 52(11): 3017-3080.

[5] Abdel-Rahman O A. Entire Load Efficiency and Dynamic Performance Improvements for DC-DC Converters. Orlando: the University of Central Florida, 2007.

[6] Eberle W, Zhang Z L, Liu Y F. A practical switching loss model for buck voltage regulators. IEEE Transactions on Power Electronics, 2009, 24(3): 700-713.

[7] Kursun V, Narendra S G, De V K, et al. Low-voltage-swing monolithic DC-DC conversion. IEEE Transactions on Circuits and Systems II, 2004, 51(5): 241-248.

[8] Yousefzadeh V, Maksimovic D. Sensorless optimization of dead times in DC-DC converters with synchronous rectifiers. IEEE Transactions on Power Electronics, 2006, 21(4): 994-1002.

[9] Yan W, Pi C, Li W. Dynamic dead-time controller for synchronous buck DC-DC converters. Electronics Letters, 2010, 46(2): 164-165.

[10] Liou W R, Yeh M L, Kuo Y L. A high efficiency dual-mode buck converter IC for portable applications. IEEE Transactions on Power Electronics, 2008, 23(2): 667-677.

[11] Kapat S, Mandi B C, Patra A. Voltage-mode digital pulse skipping control of a DC-DC converter with stable periodic behavior and improved light-load efficiency. IEEE Transactions on Power Electronics, 2016, 31(4): 3372-3379.

[12] Allen P E, Holberg D R. CMOS Analog IC Design. Oxford: Oxford University Press, 2002.

[13] Villar G, Delos J, Alarcon E. Bonding-wire triangular spiral inductor for on-chip switching power converters// 2011 IEEE International Symposium of Circuits and Systems (ISCAS), Rio de Janeiro, 2011: 817-820.

[14] Ding Y X, Fang X M, Gao Y, et al. A power inductor integration technology using a silicon interposer for DC-DC converter applications// 2018 IEEE 30th International Symposium on Power Semiconductor Devices and ICs (ISPSD), Chicago, 2018: 347-350.

[15] Mathuna S C O, O'Donnell T, Wang N N, et al. Magnetics on silicon: An enabling technology for power supply on chip. IEEE Transactions on Power Electronics, 2005, 20(3): 585-592.

[16] Lee H Y. Wideband characterization of a typical bonding wire for microwave and millimeter-wave integrated circuits. IEEE Transactions on Microwave Theory and Techniques, 1995, 43(1): 63-68.

[17] Ki W H, Ma D S. Single-inductor multiple-output switching converters// Power Electronics Specialists Conference, Cairns, 2002: 226-231.

[18] Goh T Y, Ng W T. Single discharge control for single-inductor multiple-output DC-DC buck

converters. IEEE Transactions on Power Electronics, 2018, 33(3): 2307-2316.
[19] Xu W W, Li Y, Gong X H, et al. A dual-mode single-inductor dual-output switching converter with small ripple. IEEE Transactions on Power Electronics, 2010, 25(3): 614-623.
[20] Hyakutake H, Harada K. Analysis of output voltage ripple caused by ESR of a smoothing capacitor for a low-voltage high-current buck converter. Electrical Engineering in Japan, 2002, 143(2): 59-66.
[21] Mou S X, Ma J G, Yeo K S, et al. A modified architecture used for input matching in CMOS low noise amplifiers. IEEE Transactions on Circuits and Systems, 2005, 52(11): 784-788.
[22] Ghanbari A R, Adib E, Farzanehfard H. Single-stage single-switch power factor correction converter based on discontinuous capacitor voltage mode buck and flyback converters. IET Power Electronics, 2013, 6(1): 146-152.
[23] Lin X, Wang F Q. New bridgeless buck PFC converter with improved input current and power factor. IEEE Transactions on Industrial Electronics, 2018, 65(10): 7730-7740.
[24] Raggl K, Nussbaumer T, Doerig G, et al. Comprehensive design and optimization of a high-power-density single-phase Boost PFC. IEEE Transactions on Industrial Electronics, 2009, 56(7): 2574-2587.
[25] Barreto L H S C, Sebastiao M G, de Freitas L C, et al. Analysis of a soft-switched PFC Boost converter using analog and digital control circuits. IEEE Transactions on Industrial Electronics, 2005, 52(1): 221-227.
[26] Nene H, Jiang C, Choudhury S. Digital controller with integrated valley switching control for light load efficiency and THD improvements in PFC converter// 2017 IEEE Applied Power Electronics Conference and Exposition (APEC), Tampa, 2017: 1785-1788.
[27] Clark C W, Musavi F, Eberle W. Digital DCM detection and mixed conduction mode control for boost PFC converters. IEEE Transactions on Power Electronics, 2014, 29(1): 347-355.
[28] Shin J W, Cho B H, Lee J H. Average current mode control in digitally controlled discontinuous - conduction-mode PFC rectifier for improved line current distortion// The Applied Power Electronics Conference and Exposition, Fort Worth, 2011:71-77.
[29] Zhang W F, Feng G, Liu Y F, et al. A direct duty cycle calculation algorithm for digital power factor correction (PFC) implementation// The IEEE 35th Power Electronics Specialists Conference, Aachen, 2004: 2326-2332.
[30] 曾勇, 吕征宇, 钱照明, 等. 高频 DC/DC 电路中数字脉宽调制极限环的抑制方法. 中国电机工程学报, 2002, 22(8): 22-25.

第 6 章　隔离型电源管理集成电路设计

第 5 章针对非隔离型电源管理集成电路进行了分析与设计，其应用的电源电路输出回路与输入回路共地，没有隔离作用。然而在很多应用中，由于安规、抗干扰等需求，很多电源都需要输入和输出端隔离，我们也称为隔离型电源，其主要具有如下优点。

(1) 保护人员、设备免遭隔离另一端的危险电压损害；

(2) 去除隔离电路之间的接地环路以改善抗噪声能力；

(3) 在系统中轻松完成输出接线，而不与主接地发生冲突。

本章将讨论几种最常用的隔离型开关电源拓扑，包括正激变换器、反激变换器、推挽变换器、半桥变换器和全桥变换器。这几种拓扑都是通过高频变压器将输入功率传递到负载端，由于变压器输入端与输出端的电气隔离，所以也可以实现多路输出。

6.1　隔离型电源及控制电路概述

完整的隔离型电源框图如图 6.1 所示，其中变压器具有电气隔离与电压调整的作用，输出电压反馈一般通过光耦隔离器或隔离变压器来实现隔离。

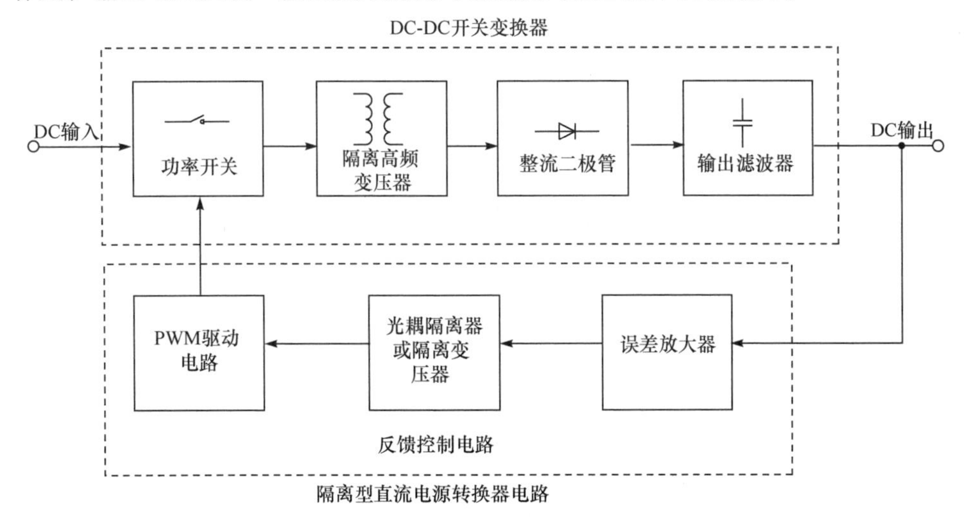

图 6.1　隔离型电源框图

6.1.1 电源拓扑结构及分类

隔离型电源拓扑包括正激变换器、反激变换器、推挽变换器、半桥变换器和全桥变换器等，下面将分别进行介绍[1-3]。

1. 正激变换器

基本的正激变换器电路如图 6.2 所示，主要由功率开关管 Q1、变压器 T1，二极管 D1、D2、D3，输出电感 L_o 和输出电容 C_o 组成。根据开关管的导通与关断，电路存在两种工作状态。当 Q1 导通时，原边绕组 N_1 两端电压为输入电压，整流二极管 D1 正向导通，二极管 D2 与 D3 反向截止，在该阶段变压器存储能量，并向输出传递能量，电感 L_o 的电流线性增加。当 Q1 关断时，整流二极管 D1 反向截止，二极管 D2 与 D3 正向导通，在该阶段变压器能量返回到电源，电感 L_o 的电流线性下降。由于输入功率是在开关管导通阶段传递到输出端的，所以称为正激变换器。

2. 反激变换器

反激变换器的电路结构如图 6.3 所示，电路包括输入电容 C_{in}、功率开关管 Q1、变压器 T、输出二极管 D1 以及输出电容 C_o。根据开关管的导通与关断，电路存在两种工作状态。当开关管 Q1 导通时，输出二极管 D1 反向截止，此时没有能量传递到负载，输出电容器 C_o 提供能量给输出负载，此时输入电压加载在原边变压器绕组上，变压器励磁电流线性上升，变压器存储能量。当开关管 Q1 截止时，输出二极管 D1 导通，此时变压器存储的能量通过二极管 D1 传递到变换器输出端，给输出电容与负载供电，在该过程中，励磁电流线性下降，变压器释放能量。由于输入功率是在开关管关断阶段传递到输出端的，所以称为反激变换器。

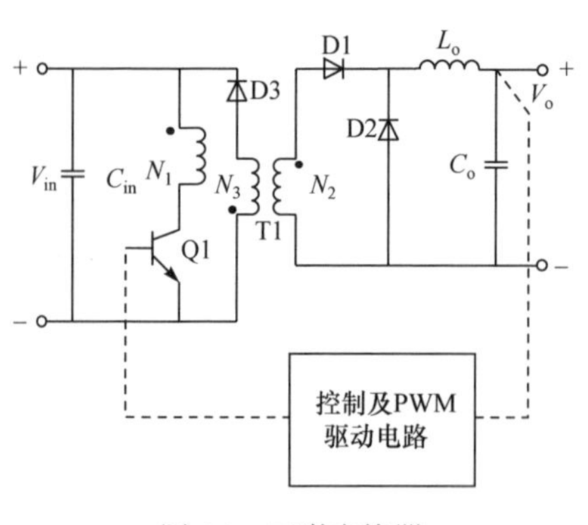

图 6.2　正激变换器

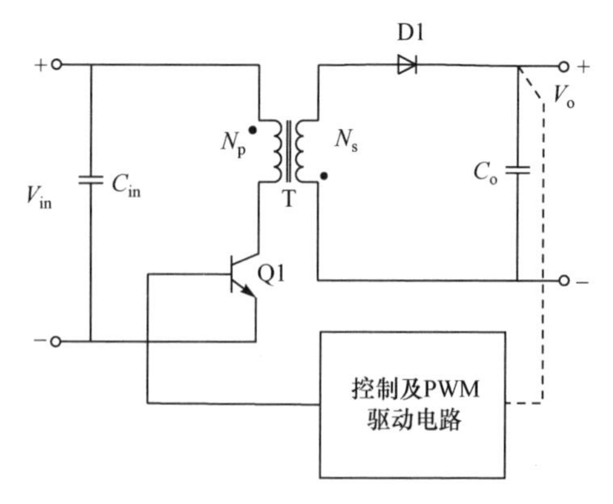

图 6.3　反激变换器

3. 推挽变换器

推挽变换器的电路结构如图 6.4 所示。由于开关管 Q1 和 Q2 轮流交替导通，开关管 Q1 和 Q2 的占空比小于 0.5。在前半个周期内，开关管 Q2 保持关断，当开关管 Q1 导通时，二极管 D1 导通，二极管 D2 关断，此时变换器的等效电路为正激电路，电感 L_o 的电流线性上升；当开关管 Q1 关断时，二极管 D1 关断，二极管 D2 导通，此时变换器的等效电路为反激电路，电感 L_o 的电流线性下降。在后半个周期内，开关管 Q1 保持关断，当开关管 Q2 导通时，二极管 D2 导通，二极管 D1 关断，此时变换器的等效电路为正激电路，电感 L_o 的电流线性上升；当开关管 Q2 关断时，二极管 D2 关断，二极管 D1 导通，此时变换器的等效电路为反激电路，电感 L_o 的电流线性下降。相当于两个开关电源同时输出功率，其输出功率约等于单一开关电源输出功率的 2 倍,等效开关频率为实际开关频率的 2 倍。当两个开关管均关断时，D1 和 D2 正向导通，并且两者流过的电流相同，此外，开关管 Q1 和 Q2 都关断时承受的峰值电压均为 2 倍的输入电压,这使得开关管的电压应力较大。与前面两种变换器不相同的是推挽变换器在整个周期都向输出传递能量。

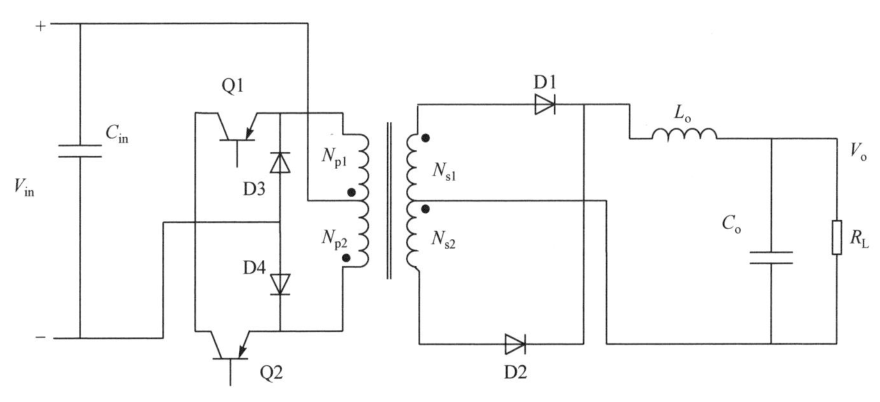

图 6.4　推挽变换器

4. 半桥变换器

半桥变换器的电路结构如图 6.5 所示。当开关元件 Q1 导通时，开关管 Q2 截止，则在原边绕组 N_p 上的电压为 $V_{in}/2$，V_{in} 为输入电压，此时变压器的励磁电流会在开关管 Q1 和原边绕组 N_p 上建立起来，二极管 D2 反向截止，二极管 D1 正向导通，此时电流就会流经输出电感 L_o 以及输出电容 C_o，并提供至负载输出端。当开关管 Q1 截止，开关管 Q2 保持截止时，则在 Q1 和 Q2 连接之处有负的振荡电压产生，因此，若储存在原边漏感的能量足够大，则 Q2 的体二极管 D4 就会导通，实现电压钳位，并将多余的变压器能量返回电源输入端。

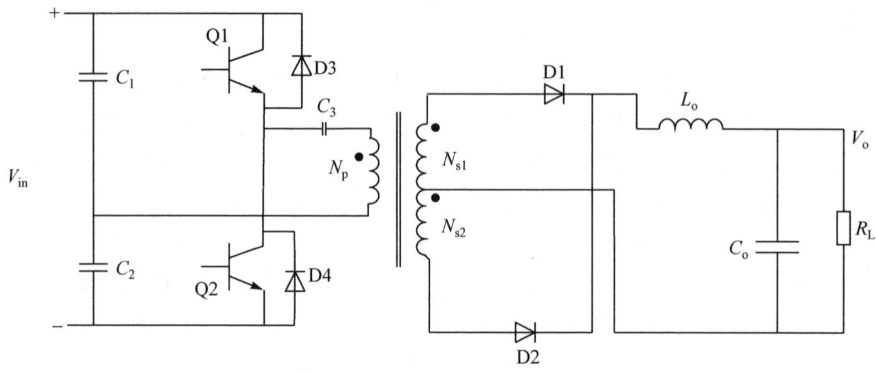

图 6.5　半桥变换器

当开关管 Q2 导通、开关管 Q1 截止时，在原边绕组 N_p 上的电压为$-V_{in}/2$，此时变压器的励磁电流会在开关管 Q2 和原边绕组 N_p 上建立起来。二极管 D1 反向截止，二极管 D2 正向导通，此时电流就会流经输出电感 L_o 以及输出电容 C_o，并提供至负载输出端。同样地，当开关管 Q2 截止、开关管 Q1 保持截止时，在 Q1 和 Q2 连接之处有负的振荡电压产生，因此，若储存在原边漏感的能量足够大时，Q1 的体二极管 D3 就会导通，实现电压钳位，并将多余的变压器能量返回电源输入端。当开关管 Q1 和 Q2 都截止时，在变压器所有绕组上的电压都会降为零，但是由于输出电感 L_o 使得电流能够继续流经输出二极管，此时输出二极管 D1 和 D2 所流过的电流接近相等。

5. 全桥变换器

全桥变换器的电路结构图如图 6.6 所示。这种结构必须使用四个开关管，变换器结构相对复杂。在全桥式电路中，开关管 Q1、Q2 会同时导通，开关管 Q3、Q4 同时导通；但 Q1、Q2 与 Q3、Q4 是处于交替导通的状态，而能量则经过变压器 T1，以及二极管 D1、D2 传递至输出，并经过 L_o、C_o 来获得所需的直流输出电压。

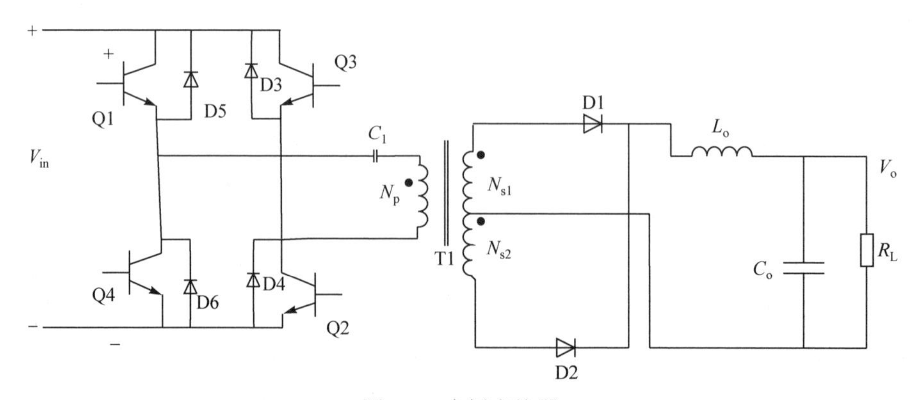

图 6.6　全桥变换器

当开关管 Q1 与 Q2 导通，开关管 Q3 与 Q4 断开时，电流方向是输入电压正端→Q1→C1→T1 的 N_p 绕组→Q2→输入电压负端，此时在原边绕组 N_p 上的电压降为输入电压 V_{in}，并且原边绕组的同名端正端为正电位，因此，输出绕组 N_{s1}、N_{s2} 按照匝比产生电压，此时二极管 D1 会导通，而电流则经过电感 L_o 流至输出负载与输出电容 C_o 内，同时能量则会储存在电感 L_o 中。当开关管 Q1 与 Q2 关断后，在一小段时间内 Q3、Q4 也在截止状态，即 Q1、Q2、Q3、Q4 都处于截止状态，变压器的绕组极性会反转，二极管 D4、D5 导通，能量则经过此路径回到输入电源。与此同时，此反激能量也会将输出二极管 D2 导通，并将能量传递至输出端。输出电感 L_o 则经过续流二极管 D1 与 D2，提供其能量至输出负载与输出电容器。

当 Q1、Q2 和 Q3、Q4 都截止的期间结束之后，功率晶体管 Q3、Q4 会被导通，则变压器绕组上会有电压感应产生，此时二极管 D2 会被导通，电流则经过电感 L_o 流至输出负载与输出电容器 C_o。当 Q3、Q4 导通状态结束时，由于能量也会储存在初级侧与漏感中，此时变压器的绕组极性会反转，二极管 D3、D4 导通，能量则经过此路径回至输入电源。同时该反激能量也会将输出二极管 D1 导通，并将能量传递至输出端。当 Q3、Q4 截止时，会有一小段时间 Q1、Q2 也处于截止状态，这时 Q1、Q2、Q3、Q4 都是处于截止状态。在此期间，输出电感 L_o 则可继续经过二极管 D1 与 D2，提供其能量至输出负载与输出电容器。

表 6.1 是上述电源拓扑的优缺点及主要应用的功率等级。正激变换器的输出电压瞬态特性好，但其变压器体积大，应用功率一般小于 500W；反激变换器其电路简单，但其效率偏低，一般应用在小功率应用中；推挽变换器的变压器利用率较高，输出列表电路体积减小，但开关管的电压应力高；半桥和全桥拓扑晶体管的电压应力等于直流输入电压，而不像推挽、正激或交错正激拓扑那样为输入电压的 2 倍。所以，桥式拓扑广泛应用于直流供电电压高于晶体管的安全耐压值的离线式变换器中。

表 6.1　隔离型开关电源典型拓扑的优缺点对比

变换器类型	优点	缺点	功率等级
正激变换器	输出电压瞬态特性好	体积大，电压应力高	<500W
反激变换器	电路简单，价格便宜	效率低	<150W
推挽变换器	变压器利用率较高	开关管电压应力高	<500W
半桥变换器	开关管电压应力小	结构复杂	<500W
全桥变换器	变压器效率高	价格高	>500W

6.1.2　控制电路简介

隔离型电源通过变压器进行电气隔离，根据其控制方式可以分为原边控制与副边控制两种方式。控制电路中一般包括原边采样模块、误差信号放大模块、环路控制模块、驱动电路模块、副边采样模块以及隔离信号传输模块。

1. 原边控制电路简介

传统的原边控制方法，如图 6.7 所示，其控制电路主要为 6 个模块，其中原边电路有 4 个模块，包括原边采样模块、误差信号放大模块、环路控制模块以及驱动电路模块，副边电路包括副边采样模块，隔离电路为隔离信号传输模块。

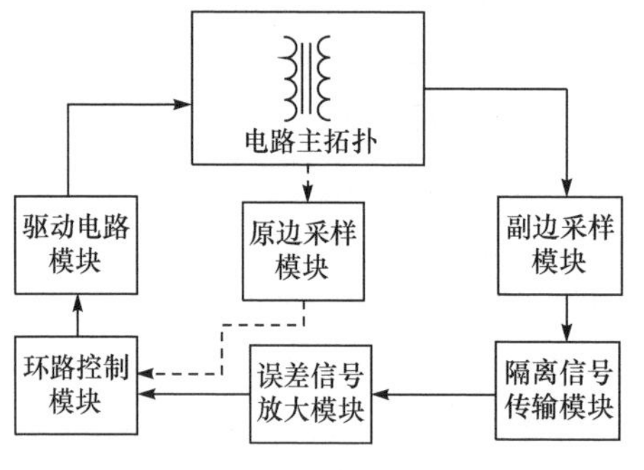

图 6.7　原边控制隔离型电源框图

当电路处于正常工作模式时，副边采样模块采样输出电压信息，并通过隔离信号传输模块传递到原边电路的误差信号放大模块。误差信号放大模块将参考电压与输出电压相减得到输出电压误差，并将输出电压误差传递到环路控制模块。环路控制模块根据电压误差调节控制参数，并输出占空比信号传递给驱动电路模块。驱动电路模块根据占空比信号，控制电路主拓扑工作，稳定输出电压。其中原边采样模块一般是在采用电压电流双环控制中采样原边电感电流，并将其传递给环路控制模块进行环路控制，如果仅采用电压环控制则无须该模块。

其中，副边采样模块的主要作用是对输出电压进行采样，并将其反馈给原边控制电路，针对不同的电路拓扑，拥有不同的采样方法。主要可以分为两类：直接采样和间接采样。直接采样有电阻分压采样、ADC 采样等。间接采样有光耦采样、变压器辅助绕组采样等。

图 6.8 是一种典型的原边控制副边反馈反激式隔离型变换器，该电路从副边输出端直接采样输电压，并通过隔离型光耦器件，将输出电压传递到原边控制电路，这种方法一般称为副边反馈。通过光耦合器进行输出电压采样的方法直接、简单，但是光耦器件存在非线性、温漂、老化等问题，且难以集成，其应用范围较窄。

相对于副边反馈，原边反馈控制电路通过采样原边电压间接计算得到输出电压，去除副边采样模块与隔离信号传输模块，电路实现成本降低，并避免了光耦器件带来的问题。采用原边辅助绕组间接采样输出电压是常用的一种控制方法，图 6.9 是原边控制原边反馈(primary-side regulation, PSR)反激变换器的实现电路。采样方法是基于辅助绕组和副边绕组的耦合关系，辅助绕组电压和副边输出电压呈比例关系，在输出二极管导通时可以根据辅助绕组此时的分压 V_{sense} 间接得到输出电压 V_o。

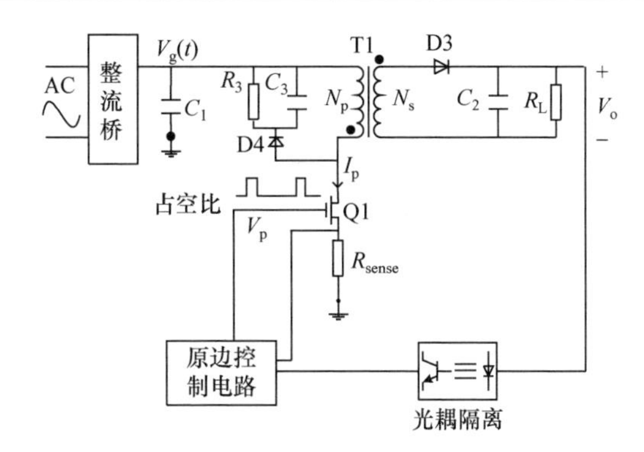

图 6.8　原边控制副边反馈反激式隔离型变换器

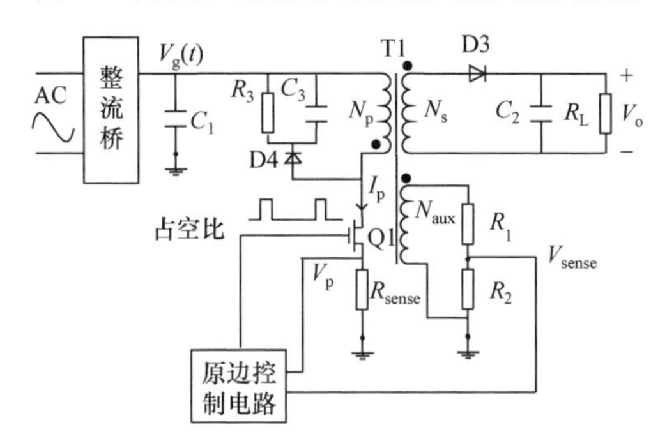

图 6.9　原边控制原边反馈反激变换器的实现电路

2. 副边控制电路简介

传统的副边控制方法，如图 6.10 所示，其控制电路主要为 6 个模块，其中原边电路为原边采样模块、驱动电路模块，副边电路包括采样模块、误差信号放大模块与环路控制模块，隔离电路为隔离信号传输模块。

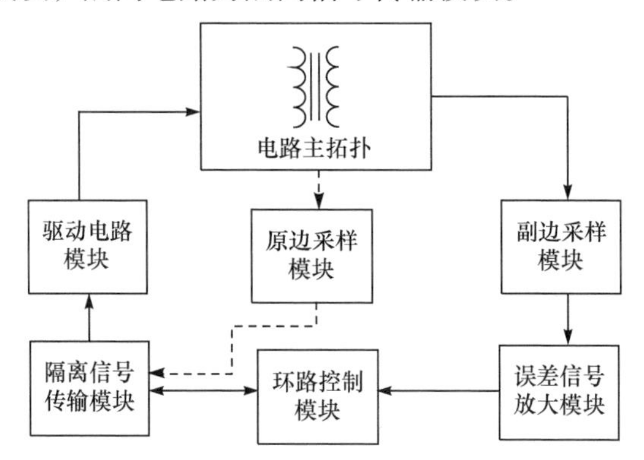

图 6.10　副边控制隔离型电源框图

当电路处于正常工作模式时，副边采样模块采样输出电压信息，并将输出电压传递到误差信号放大模块。误差信号放大模块将参考电压与输出电压相减得到输出电压误差，并将输出电压误差传递到环路控制模块。环路控制模块根据电压误差调节控制参数，并输出占空比信号传递给隔离信号传输模块。隔离信号传输模块将此时的占空比信号传递给原边的驱动电路模块，从而控制主电路工作。当环路控制中需要原边信号时，原边采样模块将电压或电流传递给隔离信号传输模块，并由隔离信号传输模块传递给环路控制模块进行环路控制；若无需原边电压或电流信息，则无须该原边采样模块。

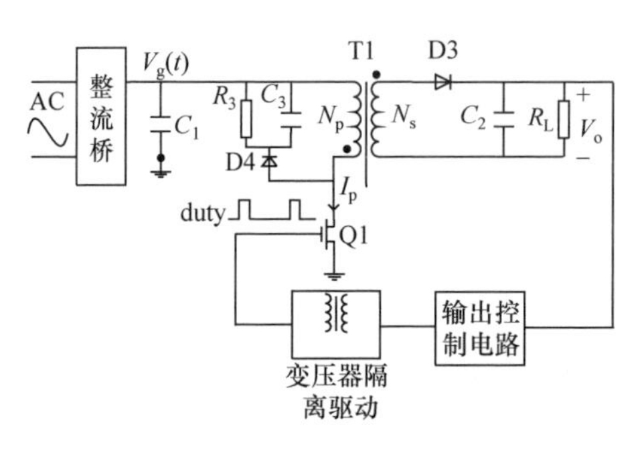

图 6.11　副边控制反激变换器

副边控制方法相比于原边控制方法其动态性能高，待机功耗低，因此主要在这两种性能要求比较严格的应用中使用。图 6.11 为采用副边控制的反激变换器的电路示意图，输出电压在副边采样得到，并以此计算得到开关管控制信号的占空比，并通过隔离驱动将副边控制信号传输到原边开关管，实现开关控制。PI 公司推出了 InnoSwitch3-CE 芯片，该芯片将隔离驱动与副边控制结合起来，进一步降低环路的实现成本。

6.2　反激式开关电源电路设计

反激变换器的主要优点是结构简单，不需要输出滤波电感(滤波电感在所有正激拓扑中都是必需的)，因为反激变换器有着变压器和电感的双重功能。在低成本多输出电源中，能够极大地减小变换器体积，降低实现成本。

6.2.1　反激式开关电源工作原理

拓扑图 6.12 是基于 PSR 反激变换器的电路结构图。PSR 反激变换器的主电路由以下元器件构成：开关管 M1，二极管 D1、D2，BD 整流桥，电容 C_{in}、C_1、C_{sn}、C_a，电阻 R_1、R_2、R_{load}、R_{sn}、R_s，变压器 T1。相比于理想反激变换器，该电路增加了 RCD 钳位电路与辅助绕组电路，其中 RCD 钳位电路由 D2、R_{sn}、C_{sn} 构成，可以限制开关管漏端的峰值电压。辅助绕组电路由变压器的辅助绕组 N_a 及电阻 R_1、R_2 构成，可以基于该电路间接采样输出电压。变压器 T1 为三端变压器，主要参数为原边绕组、输出绕组，辅助绕组的匝比为 N_p、N_s、N_a。反馈调节环路由反馈模块与控制模块组成，控制模块根据采样电阻 R_s 的电压与辅助绕组电路得到开关控制信号来控制开关管 M1。

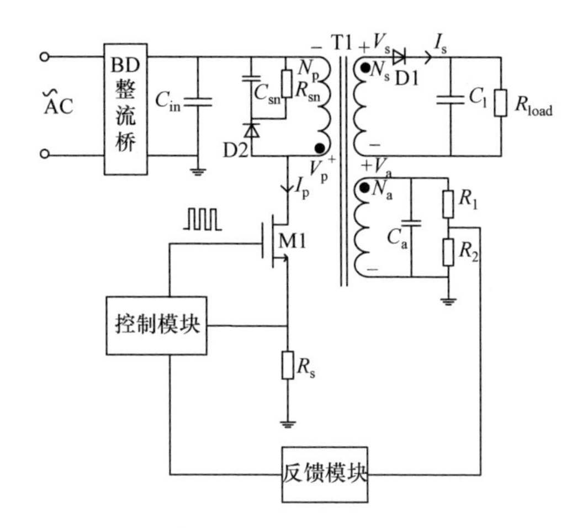

图 6.12　PSR 反激变换器的电路拓扑与环路

1. 反激式开关电源工作模式

反激式开关电源有三种完全不同的工作模式：CCM 和 DCM，以及临界电流模式(boundary conduction mode, BCM)[4]。

1) CCM 工作原理

CCM 的工作波形如图 6.13 所示。在 CCM 中，原边绕组的电感电流在稳定时是大于零的，由开关管 M1 的开关信号引入电流纹波。在开关导通时，由于变压器中的能量未全部释放给输出电路，这一部分能量以电流的形式回到原边绕组中，输出电流最小值 I_{sm} 与原边电流最小值 I_{pm} 满足能量守恒；导通过程中，原边电流 I_p 线性增加；此时输出绕组电压 V_s 与辅助绕组上的电压 V_a 与原边绕组上的电压呈匝比关系，此时原边绕组为电压源。当开关管 M1 关断时，原边绕组的能量转移到输出绕组，由于变压器的能量不能突变，输出电流峰值 I_{sp} 与原边电流峰值 I_{pp} 满足能量守恒；输出电流 I_s 在输出电压的作用下线性下降；这段过程原边绕组的电压 V_p 与辅助绕组的电压 V_a 与输出绕组的电压 V_s 呈匝比关系，该阶段输出绕组为电压源。

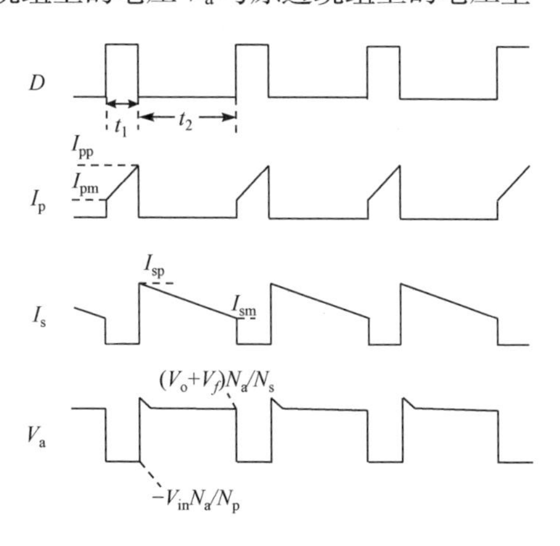

图 6.13　CCM 占空比与相关波形

变压器的原边绕组匝数 N_p、输出绕组匝数 N_s、辅助绕组的匝比 N_a 与主电感 L_p、输出电感 L_s、辅助电感 L_a 的关系如式(6.1)所示：

$$L_{\mathrm{p}}:L_{\mathrm{s}}:L_{\mathrm{a}}=N_{\mathrm{p}}^2:N_{\mathrm{s}}^2:N_{\mathrm{a}}^2 \tag{6.1}$$

根据能量守恒，开关导通时，变压器能量守恒，得到 I_{sm} 与 I_{pm} 的关系，在开关关断时得到 I_{pp} 与 I_{sp} 的关系如下：

$$\frac{1}{2}L_{\mathrm{p}}I_{\mathrm{pm}}^2=\frac{1}{2}L_{\mathrm{s}}I_{\mathrm{sm}}^2 \tag{6.2}$$

$$\frac{1}{2}L_{\mathrm{p}}I_{\mathrm{pp}}^2=\frac{1}{2}L_{\mathrm{s}}I_{\mathrm{sp}}^2 \tag{6.3}$$

根据式(6.1)～式(6.3)得到电流与匝比的关系，n_{ps} 即输入与输出线圈的匝比，如下：

$$I_{\mathrm{pm}}n_{\mathrm{ps}}=I_{\mathrm{sm}} \tag{6.4}$$

$$I_{\mathrm{pp}}n_{\mathrm{ps}}=I_{\mathrm{sp}} \tag{6.5}$$

$$n_{\mathrm{ps}}=\frac{N_{\mathrm{p}}}{N_{\mathrm{s}}} \tag{6.6}$$

在开关导通阶段 t_1 电流上升，电流的上升斜率，以及在开关关断阶段 t_2 输出电流下降，电流的下降斜率满足下面的关系：

$$L_{\mathrm{p}}\frac{\mathrm{d}I_{\mathrm{p}}(t)}{\mathrm{d}t}=L_{\mathrm{p}}\frac{I_{\mathrm{pp}}-I_{\mathrm{pm}}}{t_1}=L_{\mathrm{p}}\frac{I_{\mathrm{pp}}-I_{\mathrm{pm}}}{DT_{\mathrm{s}}}=V_{\mathrm{in}} \tag{6.7}$$

$$L_{\mathrm{s}}\frac{\mathrm{d}I_{\mathrm{s}}(t)}{\mathrm{d}t}=L_{\mathrm{p}}\frac{I_{\mathrm{sp}}-I_{\mathrm{sm}}}{(1-D)T_{\mathrm{s}}}=V_{\mathrm{o}}+V_f \tag{6.8}$$

结合式(6.4)～式(6.7)可以得到稳定时的占空比 D 如下，V_f 为输出二极管正向导通压降，V_{o} 为输出电压：

$$D=\frac{n_{\mathrm{ps}}(V_{\mathrm{o}}+V_f)}{V_{\mathrm{in}}+n_{\mathrm{ps}}(V_{\mathrm{o}}+V_f)} \tag{6.9}$$

因此，可以得到电流的纹波大小如下：

$$I_{\mathrm{pp}}-I_{\mathrm{pm}}=\frac{V_{\mathrm{in}}T_{\mathrm{s}}D}{L_{\mathrm{p}}} \tag{6.10}$$

负载电流 I_{o} 需要满足

$$\frac{I_{\mathrm{pp}}+I_{\mathrm{pm}}}{2}n_{\mathrm{ps}}(1-D)=I_{\mathrm{o}} \tag{6.11}$$

根据式(6.9)～式(6.11)可以得到任意相关电量参数，CCM 一般应用于负载功率较大的情况，电路的电流纹波较小，因此 CCM 有较小的电流应力，需要较大的电感量。

2) DCM 工作原理

DCM 的电路工作波形如图 6.14 所示。在开关导通前一段时间，变压器存储的能量完全传递到输出端，当开关导通时，原边电感电流从零电流开始线性上升，这个时间阶段，输出整流二极管 D1 反向截止，输入电源将能量以电流的形式存储在原边电感中，此时输出电感电压 V_s 与辅助电感电压 V_a 由原边绕组电压按照匝比等比例映射到这两个绕组上；当开关关断时，由于能量守恒，原边电感电流的能量以电流的形式转移到输出电感上，输出电感在输出电压的作用下，输出电流线性下降，当输出电流下降到零以前，原边绕组电压 V_p 与辅助绕组电压 V_a 由输出绕组电压 V_s 按照匝比等比例映射到这两个电感上；当输出电感电流下降到零以后，原边电感与开关管漏源端的等效电容形成谐振，此时输出绕组电压 V_s 与辅助绕组电压 V_a 由输入绕组电压按照匝比等比例将电压谐振映射到这两个绕组上，M1 漏源等效电容主要由开关管漏源电容与变压器等效电容组成。

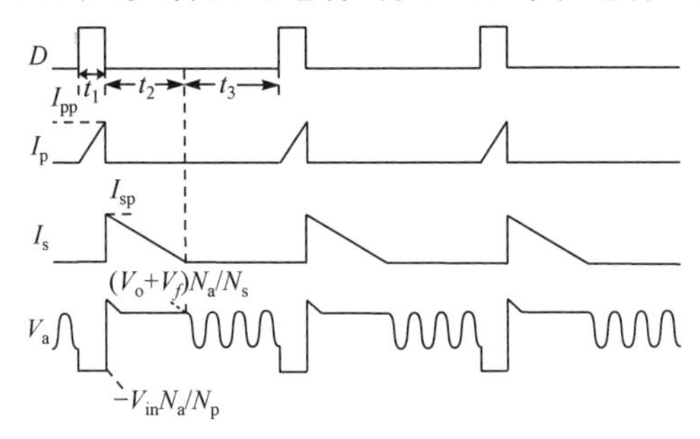

图 6.14　DCM 占空比与相关波形

DCM 在单个开关周期中有三个工作阶段：开关管 M1 导通时间 t_1、输出电流下降时间 t_2 以及死区时间 t_3。在开关导通阶段，原边绕组电感电流从零电流开始线性上升，原边电感电流峰值与导通时间 t_1 以及整流桥后的输入电压 V_{in} 的关系如下：

$$L_p \frac{I_{pp}}{t_1} = V_{in} \tag{6.12}$$

当开关关断时，根据能量守恒，原边电感的能量以电流的形式转移到输出电感，原边电感电流的峰值 I_{pp} 与输出电感电流的峰值关系和匝比成反比，输出电流在输出电压的作用下线性下降，下降时间与输出峰值电流的关系如下：

$$I_{pp} n_{ps} = I_{sp} \tag{6.13}$$

$$L_s \frac{I_{sp}}{t_2} = V_o + V_f \tag{6.14}$$

根据式(6.1)、式(6.13)、式(6.14)可以变换得到

$$L_p \frac{I_{pp}}{n_{ps}(V_o + V_f)} = t_2 \tag{6.15}$$

且有

$$t_1 + t_2 < T_s \tag{6.16}$$

在 t_3 阶段，输出电流下降为零，输出二极管反向截止，变压器中存储的能量全部消耗完毕，此时原边开关管 M1 的漏端电压为 $V_{in}+n_{ps}(V_o+V_f)$，原边绕组的另一端电压为输入电压 V_{in}，此时寄生电容 C_d 与主电感 L_p 形成 LC 振荡，振荡周期为

$$T_{Lc} = 2\pi\sqrt{L_p C_d} \tag{6.17}$$

一般开关管 M1 漏端电压谐振降低到最低点，开关管导通，一般称为谷底导通技术，可以提高效率，减小 EMI。

在 DCM 下，变换器每个周期传递到输出的能量为 $\frac{1}{2}L_pI_{pp}^2$，当开关频率为 f_s，当变换器效率为 η 时，输出功率 P_{out} 为

$$P_{out} = \frac{1}{2}L_p I_{pp}^2 f_s \eta \tag{6.18}$$

DCM 变换器工作比较稳定，反馈设计也比较简单，但开关管的电流应力较大。

3) BCM 工作原理

BCM 是 CCM 与 DCM 的特殊形式，BCM 在 CCM 中电流的纹波等于平均电流 2 倍的状态，BCM 在 DCM 中死区时间为零的状态。其示意图如图 6.15 所示。

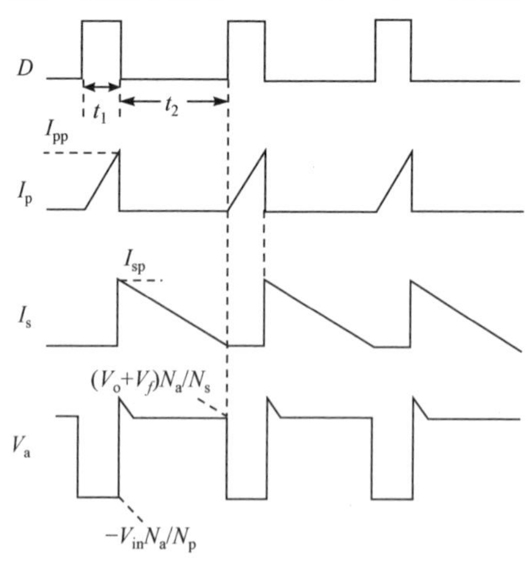

图 6.15 BCM 相关波形示意图

BCM 在一个开关周期中，有两个工作状态，原边电流上升阶段 t_1 与输出电流下降阶段 t_2，由于BCM的死区长度为零，因此有

$$t_1 + t_2 = T_s \tag{6.19}$$

T_s 为开关周期长度。BCM 是变频模式，负载越小 BCM 的开关频率越高，负载越大，BCM 的开关频率越低，与 QR 模式类似，一般用于重载情况。

2. 反激变换器控制原理

根据 PSR 反激变换器控制模式的不

同，可以分为电压控制模式、峰值电流控制模式，并分析它们各自的优缺点，下面将对其进行简单介绍[5]。

1) 电压控制模式

电压控制模式是一种单环控制模式，在早期的开关电源设计中通常采用这样的控制模式，典型的结构如图 6.16 所示。

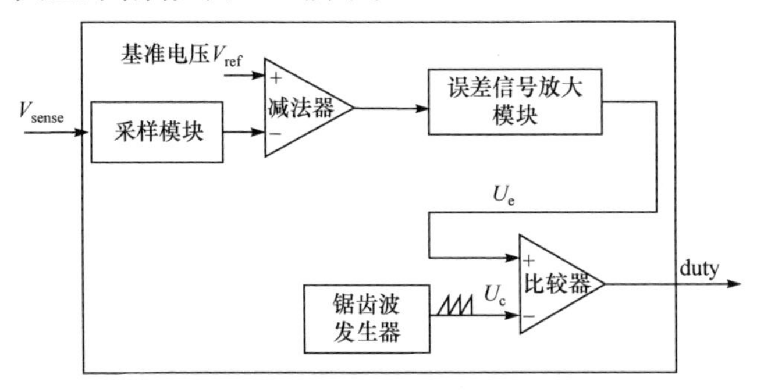

图 6.16　电压控制模式功能简图

图 6.16 展示了 PSR 反激变换器电压控制模式结构图，在图 6.16 中 V_{sense} 经过采样模块得到输出电压，而后和基准电压 V_{ref} 进行运算，经过减法器得到误差电压，误差电压经过误差信号放大模块得到控制电压 U_e，并和锯齿波 U_c 相比较产生占空比信号 duty 来调节输出电压。当输出电压偏大时，经过上述控制环路作用，下周期控制电压 U_e 减小，输出占空比将会减小，使得输出电压降低，当输出电压偏小时，经过上述控制环路作用，下周期控制电压 U_e 增加，占空比将会增大，使得输出电压升高。占空比输出信号 duty 的产生过程如图 6.17 所示。

图 6.17 中 U_c 信号频率决定了占空比信号 duty 的频率，当 U_e 大于 U_c 时，占空比信号为高电平，否则为低电平。电压控制模式的优点是调试简单、易于实现，并且占空比调节不受限制，缺点是输出电压的动态性能不好。

图 6.17　电压控制模式关键波形关系图

2) 峰值电流控制模式

峰值电流控制模式是比较典型的电流电压双环控制方式，结构如图 6.18 所示。

图 6.18 展示了反激变换器峰值电流控制模式结构框图，图 6.18 中 CLK_SET 脉冲信号的频率和开关频率相同，用来置位 RS 触发器，使开关管导通。采样模块采样输出信号信息，然后和基准电压 V_{ref} 相减得到误差信号，误差信号经过误差信号放大模块得到原边电感电流的峰值 I_{p_peak}，当原边电感电流 I_p 到达峰值 I_{p_peak} 后产生一个 CLK_RESET 信号，复位 RS 触发器，使开关管断开。当输出信

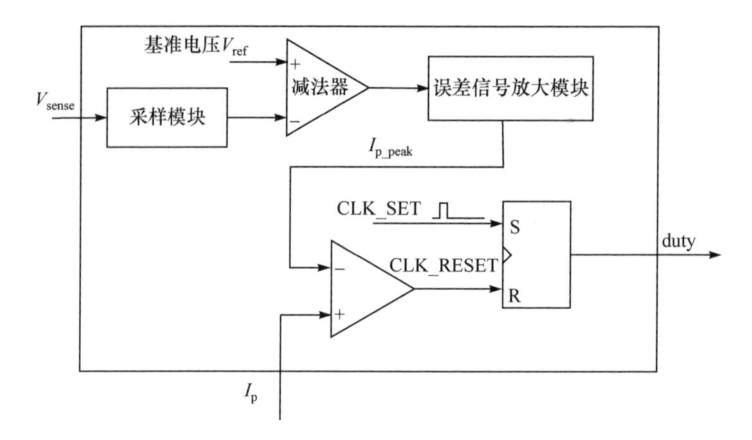

图 6.18　峰值电流控制模式功能简图

号偏大时，误差信号放大模块产生的峰值 I_{p_peak} 将减小，当输出信号偏小时，误差信号放大模块产生的峰值 I_{p_peak} 将增加，经过这样的负反馈调节来使输出信号趋于稳定。图 6.19 展示了峰值电流模式中关键波形的关系。

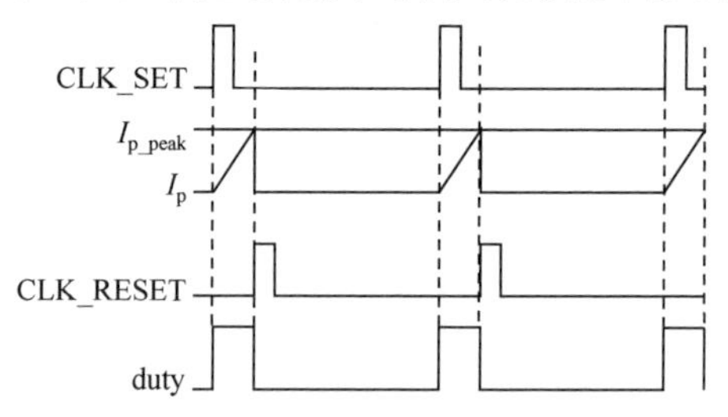

图 6.19　峰值电流控制模式关键波形关系图

图 6.19 中，CLK_SET 信号频率决定了占空比信号 duty 的频率，峰值电流阈值 I_{p_peak} 决定了占空比信号 duty 的占空比，当原边电感电流 I_p 上升到 I_{p_peak} 时，产生 CLK_RESET 信号，复位 RS 触发器。

应用峰值电流控制模式有以下几个优点：①峰值电流控制模式是双环控制系统，电压外环控制电流内环，电流内环是顺势快速工作的，所以峰值电流控制模式对输入电压和输出负载的响应速度均比较快；②峰值电流控制模式限制了每个周期内的电感峰值电流，具有电流保护的作用。但是峰值电流模式也有缺点，当占空比 duty 大于 50%时，电流内环不稳定。但由于小功率 PSR 反激式 AC-DC 的占空比远小于 50%，所以不存在上述电流内环不稳定的问题。

6.2.2　多模式高效率控制技术

为了优化不同负载状态下的变换器效率，开关电源通常要在不同的工作条件下采用不同的工作模式，常见的模式主要有 PWM 模式、PFM 模式、PSM 模式[6,7]

以及准谐振(quasi-resonant, QR)模式等。传统开关电源通常采取单一的工作模式实现，但是随着电子产品对开关电源高效率、高精度、高性能的要求，多模式的反激变换器应用越来越广泛。本节将首先介绍各个单一模式的优点，再介绍现有的多模式控制方案，最后介绍模式选择及模式切换的相关技术[5]。

1. 各工作模式原理

1) PWM 模式

PWM 模式通过固定开关频率而改变占空比对输出信号进行调整。当电流峰值控制模式中采用 PWM 模式时，开关占空比可以通过改变峰值电流的阈值来调节。当输出电压偏高时，减小峰值电流阈值，即减小占空比；输出电压偏低时，增大峰值电流阈值，即增大占空比。PWM 模式下开关频率较高，开关电源在 PWM 模式下有较好的动态响应、较低的开关纹波。同时 PWM 模式下重载具有较高的效率，然而随着负载的降低，峰值电流阈值逐渐减小，即开关导通时间减小。轻载时，开关导通损耗减小，但高频率导致开关管开关损耗增大，使轻载效率降低。

2) PFM 模式

PFM 模式固定导通时间，通过改变开关频率对输出进行调整，其实也是改变了占空比。在电流峰值控制模式中采用 PFM 模式时，固定导通时间即固定峰值电流阈值。PFM 模式下，由于开关的导通时间不变，导通损耗不变。但是随着负载的降低，开关频率随之减小，从而能够减小开关管的开关损耗，因此 PFM 模式在轻载时效率较高。但由于开关频率一直在波动，输出电压纹波较大。

3) PSM 模式

PSM 模式主要是通过检测负载与误差信号放大器的输出来工作的，其关键工作波形图如图 6.20 所示。根据负载选取合适的占空比值，根据误差放大器的输出，跳过合适的开关周期数以调节输出电压值。在峰值电流控制模式中采用 PSM 模式，当输出电压反馈信号 V_{FB} 低于基准信号 V_{ref} 时，PSM 的使能信号 EN 为高，否则为低。当 EN 为高时，反激变换器以峰值电流环路控制方式工作，在时钟周期开始时导通，当 V_P 上升到等于误差信号 V_C 时，功率管关断，该阶段的工作模式与 PWM 相似。当 EN 为低时，开关管保持关断，输出电压下降。相比 PFM 模式，PSM 模式在轻载时效率更高，且动态响应性能较好，但是当跳过开关周期数较多时，PSM 又会带来纹波较大的缺点，且容易造成音频噪声。

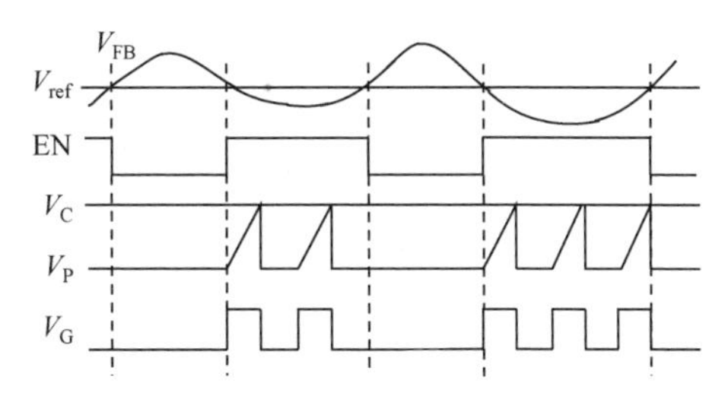

图 6.20　PSM 控制模式关键波形图

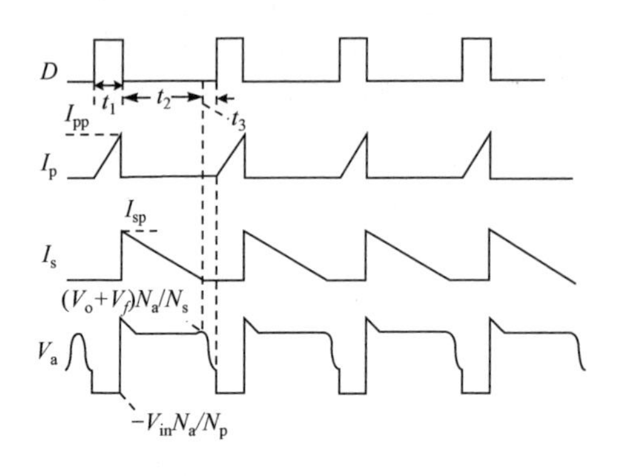

图 6.21　QR 相关波形示意图

4) QR 模式

QR 模式与 BCM 模式相近，是 DCM 模式的一种特殊工作状态，其关键工作波形图如图 6.21 所示。输出电流下降到零后，QR 模式在辅助绕组电压 V_a 的第一个谷底导通，即在开关管漏端电压谷底导通开关管，使得开关损耗降低，同时降低开关频率，使电路效率得到提高。

如上所述，单一工作模式的优缺点非常明显，因此在反激变换器中一般采用多模式的控制方案，可以将它们各自的优点结合起来，加以利用，避开不同模式的缺点。

2. 多模式控制方案

本小节列举现有在反激变换器中的各类多模式控制方案。

1) PFM-PWM 模式[8]

PFM-PWM 模式采用的是将 PFM 和 PWM 两种模式相结合的实现方式。图 6.22 展示了该模式在全负载范围内输出电压 V_o 和开关频率 F_s 随输出负载 I_o 变化的情况。当负载为中载与重载时，电路工作在 PWM 模式；当负载为轻载时，电路工作在 PFM 模式。这种控制模式将 PWM 模式下重载效率高和 PFM 模式下轻载效率高有机结合起来，从而实现全负载范围内的高效率。

这种方法工作时，当负载电流为 I_{N1} 时，开关频率为 20kHz，为了使电路不产生音频噪声，那么 PWM 与 PFM 模式切换点负载电流 I_{N2} 越小越好。这种多模式方法切换点负载一般小于 25%的全载电流，使得电路在 25%负载范围的效率仍然很低。若将切换点提高到大于 25%的负载电流时，则会带来音频噪声以及轻载时很差的动态响应效果，此外 PFM 模式的负载范围很宽时，其动态性能有所下降。因此这种方法虽然控制简单，并不能全载范围内提高效率，还需要优化。

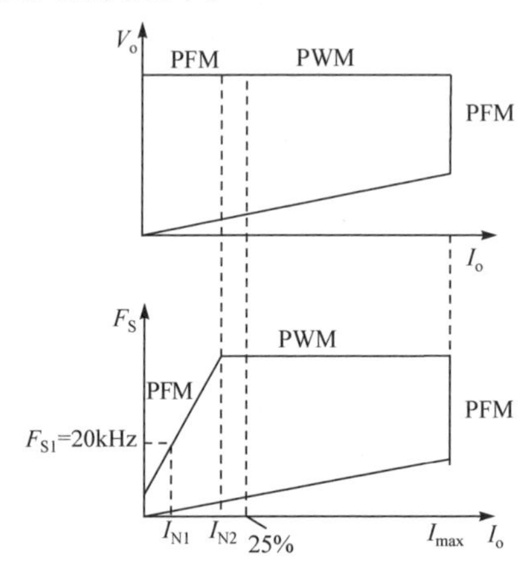

图 6.22　PFM-PWM 控制

2) PSM-PFM-PWM 模式[9]

针对 PFM-PWM 模式在 25%附近的效率较低的问题，在极轻载时引入 PSM 模式，如图 6.23 所示，这种多模式方法提高了 PFM-PWM 模式切换点的负载电流，这样使得 25%负载时工作在 PFM 模式，开关频率下降，但会使得 PFM 模式更早一步下降到 20kHz，当负载电流小于 I_{N1} 时，电路工作在 PSM 模式，PSM 模式的动态过程可能会引入较大的电压波动，且速度较慢，此外 PSM 模式还是会引入音频噪声，但比工作在 PFM 模式的状态要小。

3) PSM-PFM-PWM-QR 模式[10]

PSM-PFM-PWM-QR 模式在已有的 PSM-PFM-PWM 模式基础上，当输出功率很大时，增加 QR 模式，QR 模式降低了开关频率，并减小了开关管开通时的开关损耗，使得电路效率得到提高，其他模式的效果与前面的多模式相同，如图 6.24 所示。

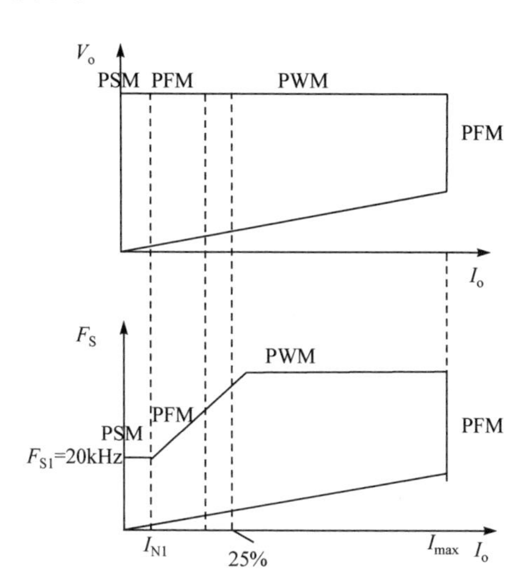

图 6.23　PSM-PFM-PWM 控制

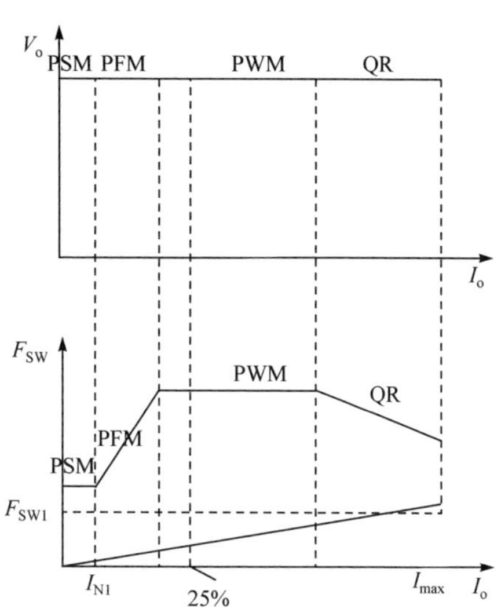

图 6.24　PSM-PFM-PWM-QR 控制

4) PWM-PFM-DPWM-DPFM 模式[11-13]

图 6.25 所示即 PWM-PFM-DPWM-DPFM 控制。这种方案在恒压模式下，系统要进行多次模式切换。重载时系统工作在 PWM 模式下，第一个切换点 I_1 大约在 50%负载，PWM 模式的应用使得 50%、75%和 100%负载点效率较高；第二个切换点 I_2 大约在 20%负载，25%负载点时系统工作在 PFM 模式下，因此 25%负载点效率也得到提高；第三个切换点 I_3 大约在 5%负载，负载大小在 I_2 和 I_3 之间时，系统的工作频率为 25kHz，高于音频噪声的产生频率。当负载大小降至 5%负载以下时，此时经过系统传递的能量已经很少，即使系统频率降至 20kHz 也不会产生音频噪声。这项多模式控制方案不仅提高了全负载范围内的电源平均效率，还消除了音频噪声。此外极轻载时工作在深度 PFM(deep-PFM, DPFM)模式，此时

的开关频率相比前面的多模式要低，因此效率得到提高，待机时的功耗也有很大的下降，使得变换器的寿命延长。

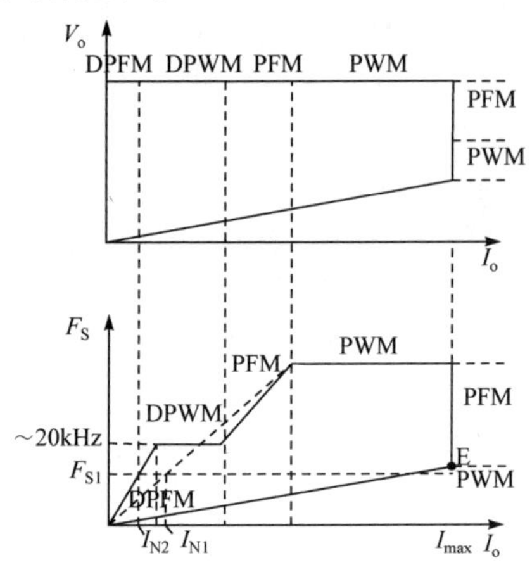

图 6.25　PWM-PFM-DPWM-DPFM 控制

3. 模式选择及模式切换技术

在多模式控制方案中，何时选择何种模式十分关键，也是多模式的优势所在。此处以峰值电流控制的 PWM-PFM-DPWM-DPFM 多模式控制方案为例，简单介绍一下模式的选择和切换技术[13]。

PWM-PFM-DPWM-DPFM 多模式的模式控制方案，各个模式的调节机制和它们之间的切换条件可由图 6.26 展示：重载时，电路工作在 PWM 模式下，随着负载的降低，峰值电流不断降低，当峰值电流 I_{peak} 降至低于第一个切换点的参考阈值 I_{peak1} 时，电路切换至 PFM 模式；PFM 模式下，随着负载的降低开关频率不断降低，当开关频率低于第二个切换点的参考频率 F_2 时，电路切换至 DPWM 模式；DPWM 模式下，随着负载的降低，峰值电流不断降低，当峰值电流 I_{peak} 降低至低于第三个切换点的参考阈值 I_{peak2} 时，系统切换至 DPFM 模式。轻载时，电路工作在 DPFM 模式下，随着负载的升高开关频率不断升高，当开关频率升高至第三个切换点的参考频率 F_2 时，电路切换至 DPWM 模式；DPWM 模式下，随着负载的升高，峰值电流不断升高，当峰值电流高于第二个切换点的参考阈值 I_{peak1} 时，电路切换至 PFM 模式；PFM 模式下，随着负载的升高，开关频率不断升高，当开关频率高于第一个切换点的参考频率 F_1 时，电路切换至 PWM 模式。

由图 6.26 可以看出，各个模式之间切换必然是当前负载超出了可调节范围。这里提出一种模式切换方法，可以避免模式切换的误判断。在峰值电流控制的多模式控制方法中，模式转变的条件有两个：$e(n)$和 V_{p_c}。$e(n)$代表输出电压的误差，V_{p_c}代表原边电流峰值，即原边电流峰值 I_{p_peak} 在原边采样电阻上的峰值电压。之

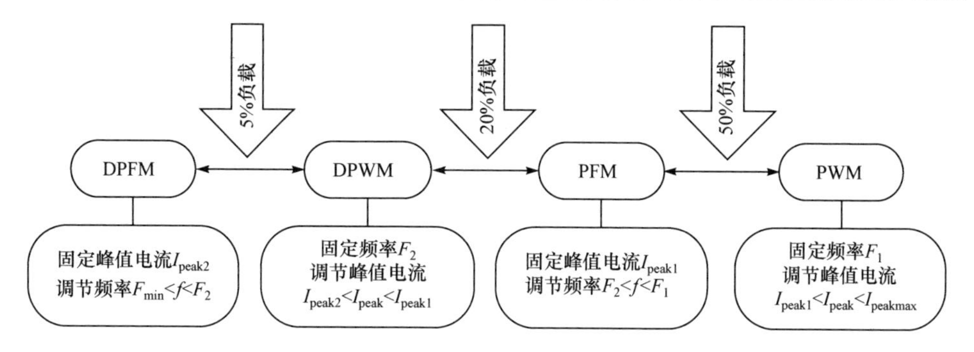

图 6.26　恒压时各个模式调节与切换

所以选择它们作为模式切换的条件，原因有两个：①它们能够反映负载的大小，有利于实现模式之间的平滑切换；②它们比较敏感，当负载发生变化时，它们会随着负载的变化而变化。下面将分别介绍每个模式下发生模式转变的条件。结合各个模式的切换原理，图 6.27 形象地展示了不同模式下模式之间转变的条件，在设定每个模式下控制电压的范围时，应保证相邻模式之间负载范围存在适当的交叉，实现模式之间的平滑切换。

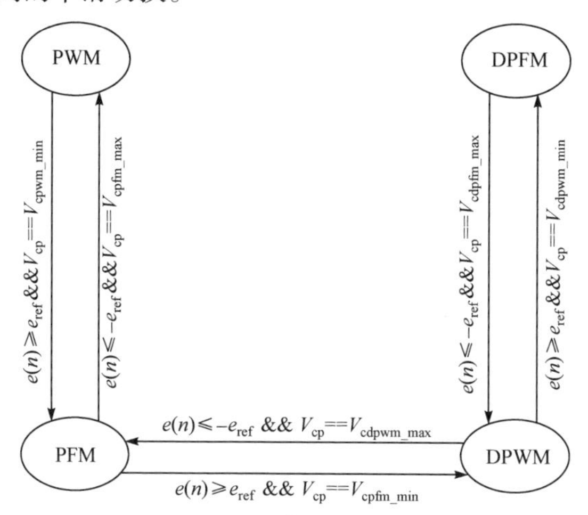

图 6.27　复合多模式切换控制图

在 PWM 模式下，开关管频率固定，当负载变小时，根据负反馈调节的特性，需要减小 T_{on} 时间，由峰值电流控制原理，V_{p_c} 会减小，如果负载足够小，当 V_{p_c} 小于 PWM 模式峰值电压下限(T_{on} 下限)V_{p_pwm}–时，控制电压将不再减小，此时输出电压会增加，采样模块会产生一个负的 $e(n)$，当 $e(n)$小于设定的阈值$-\Delta e(n)$时，电路将由 PWM 模式切换到 PFM 模式。

在 PFM 模式下，固定 T_{on} 时间，负载变小时，电路的开关频率 f 会减小，如果负载足够小，当 f 小于 F_2 时，控制电压将不再减小，此时输出电压会增加，采样模块会产生一个负的 $e(n)$，当这个负的误差信号小于设定的阈值$-\Delta e(n)$时，电路将由 PFM 模式切换到 DPWM 模式。负载变大时，根据负反馈调节的特性，电路的开关频率 f 会减小，当 f 大于 F_1 时，控制电压将不再增大，此时输出电压会减小，采样模块会产生一个正的 $e(n)$，当这个正的误差信号大于设定的阈值 $\Delta e(n)$ 时，电路将由 PFM 模式切换到 PWM 模式。

DPFM 模式下的模式切换原理与 PFM 模式相同，DPWM 模式切换原理与 PWM 模式相同。

6.2.3　高精度电压、电流补偿技术

反激电源的电压、电流精度始终是重要的外部指标，例如，在充电适配器上的应用，其精度越高，对电池的匹配要求就越低。同时，较高的电压、电流精度也能使电池充电更快速、更高效。在数字式控制的反激变换器中，仍然存在一系列因素影响电源的电压、电流精度。分别存在以下几个问题：①输出电压电流采样电路，不仅需要采样输出电压和电流，还要将其转化成内部数字控制电流可以处理的数字信号，而采样电路的采样精度直接影响电压和电流的精度；②多模式控制虽然提高了电源的效率，消除了音频噪声，但是模式切换点的切换问题也会对精度造成一定的影响；③电源充电通常需要通过一根 USB 数据线，而 USB 数据线上的内阻会降低输出端的电压，线缆上损耗的电压随着充电电流的增大而增大。

图 6.28 是数字控制 PSR 反激变换器的整体框图，其中数字控制模块整体架构主要包含采样部分、数字 PI 部分、多模式控制部分以及占空比信号控制部分。采样模块分为电压采样模块和电流采样模块，其输入信号为辅助绕组上经过分压的 V_{sense} 与四个电压比较的结果。V_{sense} 与 V_{max} 和 V_{min} 的比较结果分别用于过压保护和欠压保护，V_{sense} 与 V_{ref} 的比较用于电压采样，V_{sense} 与零电压的比较结果用于电流采样和整体模块运行的时序控制。电压采样模块根据时域上的信息对拐点进行跟踪，通过逐次逼近方法采样输出电压。电流采样模块则根据复位时间 T_r 估算输出电流。采样的输出电流不仅用于恒流控制，还用于输出线补偿模块的补偿值计算。数字 PI 模块分为恒流比例积分(constant current proportion integral, CCPI)补偿模块和恒压比例积分(constant voltage proportion integral, CVPI)补偿模块，CCPI 补偿模块的功能是对输出电流采样值和基准电流值的误差进行误差放大，而 CVPI 补偿模块的功能是对输出电压采样值和基准电压值的误差进行误差放大。模式切换模块主要是根据数字 PI 模块输出的控制值进行模式切换，包括 CV 模式切换，CC 模式切换，以及 CC 模式与 CV 模式之间的切换。保护模块主要有最大、最小导通时间保护，原边峰值电流的过流保护，输出电压的过压和欠压保护。其余的模块还有用于对延迟造成的峰值电流误差进行补偿的峰值电流补偿模块、PFM 模式下的周期计算模块以及谷底导通控制模块。

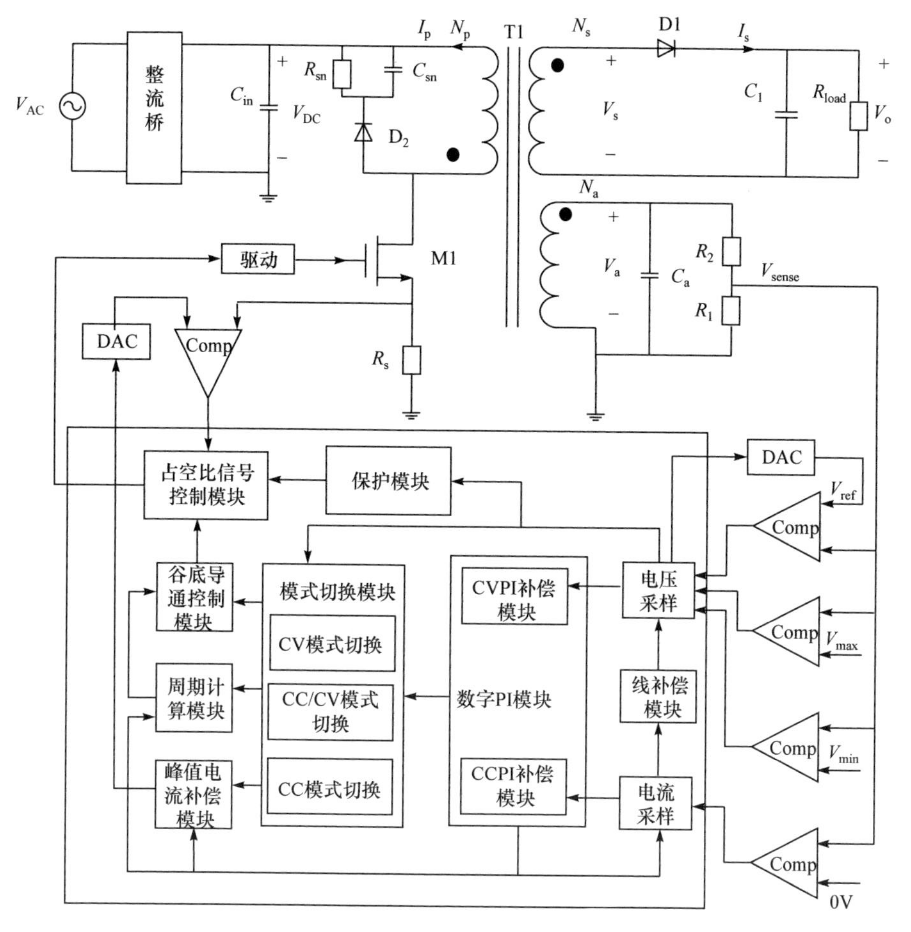

图 6.28　数字控制 PSR 反激变换器的整体架构示意图

下面将针对该类电路，分析高精度恒压恒流控制的相关技术[14]。

1. 高精度恒流控制技术

本节首先讨论 PSR 反激变换器恒流控制的实现方法，并讨论其输出电流误差来源；其次针对现有恒流控制误差，提出电流误差补偿修正的方法。

1) 恒流控制原理

PSR 反激变换器采用峰值电流控制时，在 DCM 中，其工作波形如图 6.29 所示。

采样模块根据辅助绕组上的采样波形得到复位时间 T_r，运算模块根据本周期的复位时间得到下一周期的开关频率和峰值电流阈值，峰值电流阈值由 DAC 转换成模拟信号输入到比较器。复位时间的计算是将辅助绕组上电压波形与零电压比较，取比较器输出的中间一段高电平时间[15,16]。

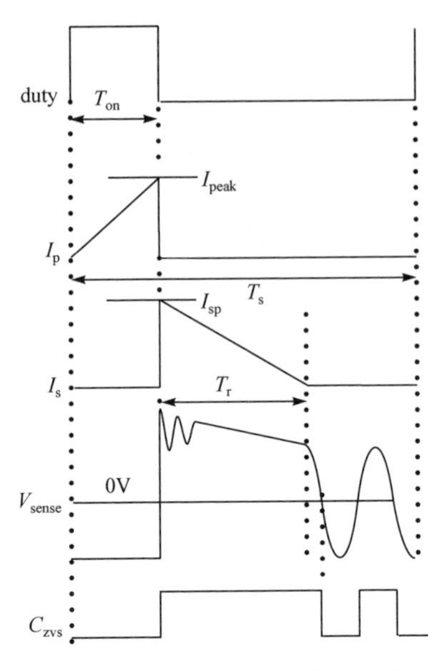

图 6.29 数字恒流控制关键波形

由于开关管关断后，稳定状态下输出电压保持不变，二极管电压变化较小，副边电流近似于线性下降，输出电流 I_o 可以由式(6.20)估算得到，其中 I_{sp} 是副边峰值电流，T_r 是变压器励磁电感的复位时间。

$$I_o = \frac{1}{2} I_{sp} \cdot \frac{T_r}{T_p} \tag{6.20}$$

副边峰值电流与原边峰值电流及原副边的匝比成反比，因此输出电流又可以表示成式(6.21)。其中 I_{peak} 为原边峰值电流，N_p 为原边绕组匝数，N_s 为次级绕组匝数。

$$I_o = \frac{1}{2} I_{peak} \cdot \frac{T_r}{T_s} \cdot \frac{N_p}{N_s} \tag{6.21}$$

PSR 反激变换器工作在电流模式下，其原边峰值电流的采样是通过原边采样电阻 R_s 的电压得到的，因此原边峰值电流可以表示为式(6.22)，其中 V_{peak} 是峰值电流阈值 I_{peak} 对应的 R_s 电阻电压。

$$I_{peak} = \frac{V_{peak}}{R_s} \tag{6.22}$$

由式(6.21)和式(6.22)可以得到输出电流表达式(6.23)，其中 R_s、N_p、N_s 在固定的系统中都是常数，输出电流主要由 V_{peak}、T_r、T_s 决定。在 PWM 模式下，由于开关频率是固定不变的，即 T_s 保持不变，所以若要维持输出电流恒定则要保持 V_{peak} 和 T_r 的乘积不变。采样得到 T_r 后，通过除法运算可以得到下一周期的峰值电流阈值。在 PFM 模式下，由于导通时间是固定不变的，即 V_{peak} 保持不变，所以若要维持输出电流恒定则要保持 T_r 和 T_s 的比值不变。采样得到 T_r 后，通过乘法运算可以得到下一周期的开关频率。

$$I_o = \frac{1}{2}\frac{V_{peak}}{R_s}\cdot\frac{T_r}{T_s}\cdot\frac{N_p}{N_s} \tag{6.23}$$

图 6.29 所示为数字恒流控制的关键波形，其中 C_{zvs} 为采样电压与零电压比较的结果，用于采样复位时间。这种恒流控制策略的优点是控制简单，通过简单的乘除法运算即可实现 PWM 和 PFM 控制。但是缺点也很明显，第一是对于由延迟带来的峰值电流的误差并没有较好的补偿措施，第二是由于在 PWM 模式下，周期固定，谷底导通带来的周期波动严重影响恒流精度，第三是对于复位时间的采样不够精准。

2) 高精度恒流补偿

在 PSR 反激变换器中，恒流控制必然要采样输出电流，但输出电流并不是直接采样输出端得到，而是根据复位时间、峰值电流、开关周期这些信息得到。复位时间、峰值电流、开关周期这三个信息的准确性直接影响恒流精度。

(1) 峰值电流补偿。

如图 6.30 所示，I_{sense} 表示的是原边采样电阻 R_s 上的电压波形，comp 表示的是电流环比较器的波形。开关导通后，峰值电流逐渐增大，R_s 上的电压也逐渐增大，当采样电阻上的电压增大至 V_{peak1} 时，比较器翻转，此时 RS 触发器翻转至低电平。但是由于开关延迟，峰值电流会继续上升，直至 V_{peak}。V_{peak} 和 V_{peak1} 的关系如式(6.24)所示。T_{on} 可以通过计数 duty 信号的高电平的时间得到，延迟时间 T_d 的大小与栅极驱动器以及开关管的寄生电容有关，由于开关延迟造成的原边峰值电流偏高，可以通过式(6.24)来补偿。

$$V_{peak} = V_{peak1}\cdot\frac{T_{on}}{T_{on}-T_d} \tag{6.24}$$

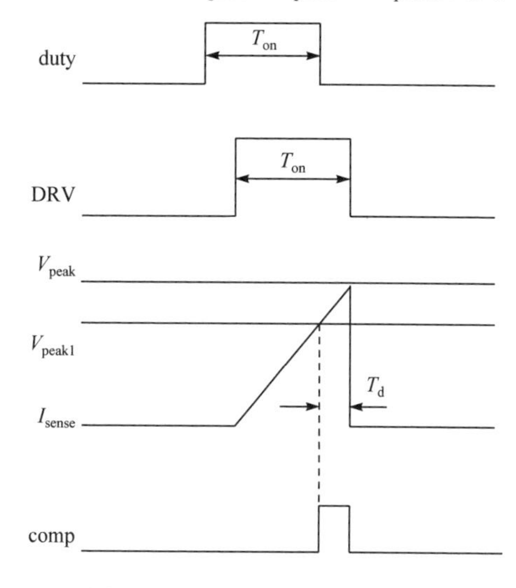

图 6.30　延迟对峰值电流的影响

由式(6.24)可知，T_d 保持不变，T_{on} 越小，由延迟带来的峰值电流的误差就越大。在同样的负载下，导通时间随输入电压的增大而减小，因此输出电流随输入电压的增大偏离额定电流的误差也越来越大。输入电压保持不变时，在 PWM 模式下，峰值电压阈值随着负载的降低而逐渐减小，即导通时间随着负载的降低而减小，所以输出电流随着负载的降低偏离额定电流的误差越来越大；在 PFM 模式下，峰值电压阈值保持不变，即导通时间保持不变，输出电流偏离额定电流也保持不变。

因此，峰值电压阈值不可以直接输出到电流环的比较器，需要经过补偿再输出至比较器，补偿公式可由式(6.24)演变而来，如式(6.25)所示。在式(6.25)中，V_{peak}代表最终的峰值电压，V_{peak1}是峰值电压阈值，当峰值电压阈值是V_{peak1}时，最终峰值电压是V_{peak}。

$$V_{\text{peak1}} = V_{\text{peak}} \cdot \frac{T_{\text{on}} - T_{\text{d}}}{T_{\text{on}}} \tag{6.25}$$

(2) 复位时间补偿。

如图 6.31 所示，传统的控制方式中取比较器为高电平的时间 T_{0_2} 为 T_{r}，而实际的复位时间T_{r}等于T_{0_2}减去1/4的死区阶段谐振周期。该谐振周期的大小由变压器漏感和 MOS 管的寄生电容决定。在 DCM 模式的死区阶段，可以计数零电压比较器为低电平的时间 T_{2_3}，它的 1/2 即 1/4 的死区阶段谐振周期。T_{r}的计算方法为

$$T_{\text{r}} = T_{0\_2} - \frac{1}{2} T_{2\_3} \tag{6.26}$$

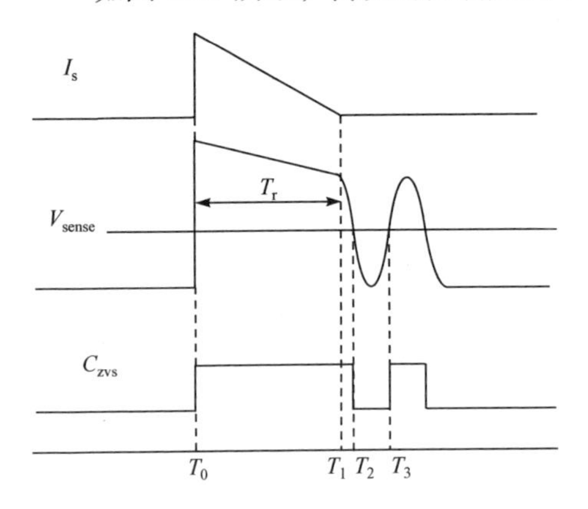

图 6.31　复位时间波形

由式(6.26)可知，在 PWM 模式下，周期保持不变，原边峰值电流随着负载的增大而升高。恒流输出下，若周期不变，则原边峰值电流越大，复位时间越小，由谐振周期带来的误差对电流精度的影响越大。在 PFM 模式下，原边峰值电流保持不变，频率随着负载的增大而升高。恒流输出下，若原边峰值电流保持不变，则周期越小，复位时间越小，由谐振周期带来的误差对电流精度的影响越大。因此随着负载的升高，由谐振周期带来的误差对精度影响越来越大，复位时间补偿的实现是很有必要的。

(3) 谷底导通控制。

在 DCM 的死区阶段，当 MOS 管漏端电压位于其谐振谷底时，开关管在此时导通能有效降低开关损耗，提高变换器效率。恒流控制策略中选择在距离预定开关周期最近的一个谷底导通。如图 6.32 所示，若预定开关周期在 t_1 时刻导通，则在 t_1 之前的谷底导通；若预定开关周期在 t_3 时刻导通，则在 t_3 的后一个谷底导通；若预定开关周期在 t_2 时刻导通，则前后一个谷底都可以导通。所以采用谷底导通，周期会在小的范围内波动，与算法预先设定的 T_{s} 有一些差距，这个差距与谐振周期有关，最大为 1/2 谐振周期。周期的小范围波动也会带来电流估算的误差，因

此采样准确的开关周期才能使输出电流精度更高。

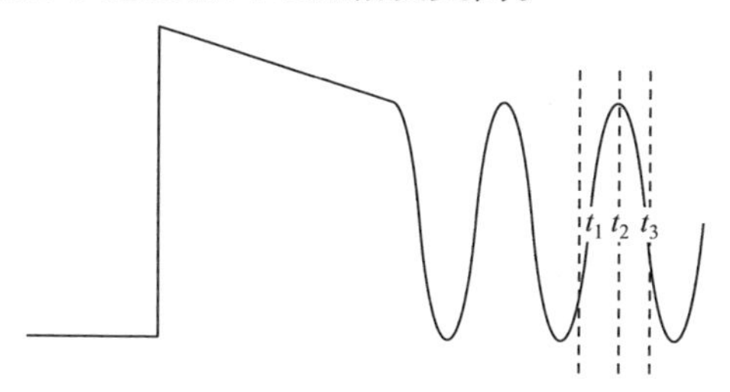

图 6.32　谷底导通导致周期波动的波形

如图 6.33 所示，Count_{Ts} 计数真实开关周期的大小，在 duty 的上升沿开始计数，由上述分析得实际开关周期与预定周期的差距最大为 1/2 谐振周期，C_{zvs} 为 V_{sense} 与零电压比较后的结果。在图 6.33(a)中，当延迟时间 T_{d} 大于 1/4 谐振周期时，$\text{Count}_{\text{valley}}$ 在 C_{zvs} 为高电平时计数，低电平时清零，当 $\text{Count}_{\text{valley}}$ 等于 3/4 谐振周期减去延迟时间 T_{d} 时，duty 信号翻转为高电平，经过延迟时间 T_{d} 后，开关管在谷底导通。所以谷底导通的约束条件为式(6.27)和式(6.28)，其中 T_{sp} 为预定周期，T_0 为谐振周期。而当延迟时间小于 1/4 谐振周期时，$\text{Count}_{\text{valley}}$ 在 C_{zvs} 为低电平时计数，高电平时清零，当 $\text{Count}_{\text{valley}}$ 等于 1/4 谐振周期减去延迟时间 T_{d} 时，duty 信号翻转为高电平，经过延迟时间 T_{d} 后，开关管在谷底导通。所以谷底导通的约束条件为式(6.27)和式(6.29)。因此当 T_{d} 大于 $\frac{1}{4}T_0$ 并且满足式(6.27)和式(6.28)的条件，或者当 T_{d} 小于 $\frac{1}{4}T_0$ 并且满足式(6.27)和式(6.29)的条件，duty 信号翻转，即可使开关管在距离预定周期最近的一个谷底导通，导通瞬间 Count_{Ts} 的值即实际开关周期。

$$T_{\text{sp}}-\frac{1}{2}T_0 \leqslant \text{Count}_{\text{Ts}} \leqslant T_{\text{sp}}+\frac{1}{2}T_0 \tag{6.27}$$

$$\text{Count}_{\text{vally}}=\frac{3}{4}T_0-T_d \tag{6.28}$$

$$\text{Count}_{\text{vally}}=\frac{1}{4}T_0-T_d \tag{6.29}$$

(4) 恒流模式控制。

恒流控制中，若只采用 PWM 模式，峰值电流阈值随着负载的降低而减小，开关管的导通时间也减小。当进入轻载时，导通时间非常短，对于数字控制系统，若不采用较高的系统时钟频率，将会严重影响恒流精度。但若采用较高的系统时钟频率，又会增加芯片的面积开销和成本开销。若只采用 PFM 模式，峰值电流阈值保持不变，系统频率随着负载的降低而减小，如果开关频率会降低至 20kHz，将产生严重的音频噪声。因此恒流设计中通常采用 PWM-PFM 模式，在重载时采

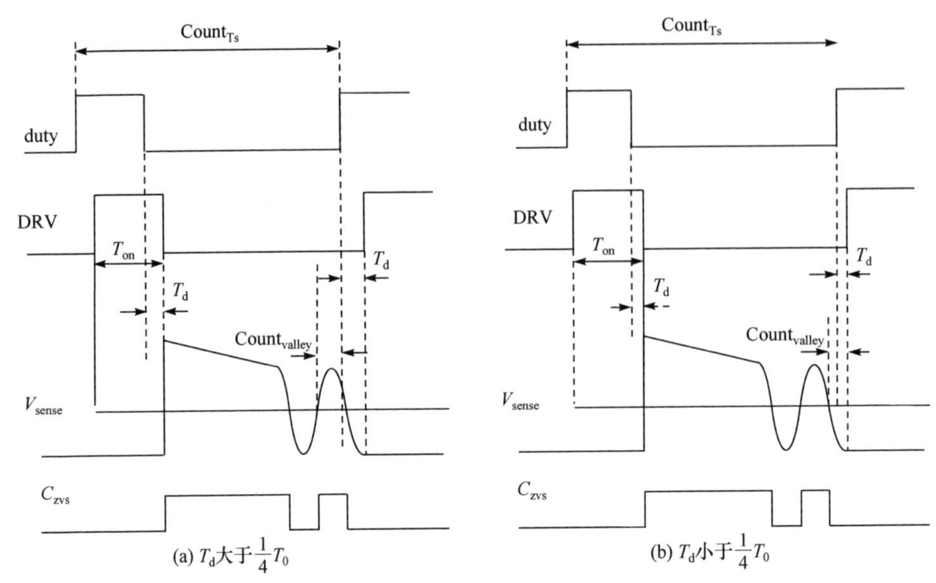

图 6.33　谷底导通控制的波形

用 PWM 模式，当负载降低至 50%左右时，切换至 PFM 模式，这时导通时间将不会进一步降低，消除了导通时间过小对于精度的影响。同时，在 50%负载点切换到 PFM 模式后，当负载降低到 20%负载点时，开关频率也远高于 20kHz，消除了音频噪声。图 6.34 展示了恒流模式切换开关频率与负载大小的关系图。

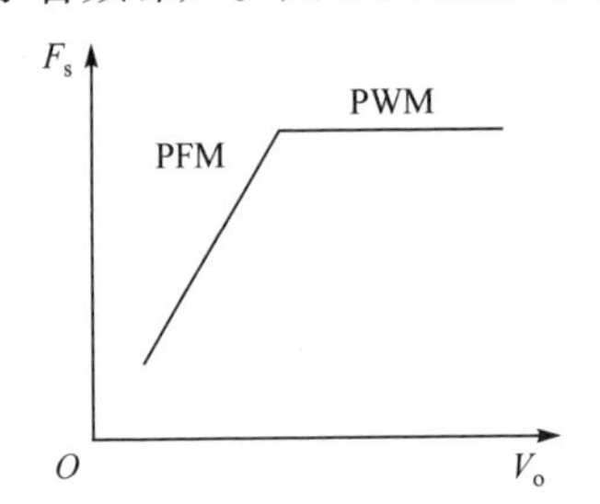

图 6.34　恒流模式切换开关频率与负载大小的关系图

如图 6.34 所示，重载时，系统工作在 PWM 模式，随着负载的降低，峰值电流阈值逐渐降低。利用式(6.30)计算出 50%负载点对应的峰值电压阈值，其中 η 代表系统效率，V_{peak} 为此时原边峰值电流对应的峰值电压阈值。在稳定状态下，数字 PI 输出的控制值在对应的峰值电压阈值 V_{peak} 上下小范围内波动。当数字 PI 输出的控制值连续多个周期小于计算出的峰值电流阈值 V_{peak} 时，即可从 PWM 模式切换至 PFM 模式。轻载时，系统工作在 PFM 模式下，随着负载的升高开关频率逐渐升高。在稳定状态下，数字 PI 输出的控制值代表着当前开关周期的大小。当数字 PI 控制输出的开关周期值在连续多个周期小于PWM模式的开关周期时，即可从PFM模式切换至PWM模式。因此，PWM 模式切换至 PFM 模式利用的是峰值电压进行判断，而 PFM 模式切换至 PWM 模式利用的是开关周期进行判断。

$$P=\frac{1}{2}\left(\frac{V_{peak}}{R_s}\right)^2 L_p F_s \eta \tag{6.30}$$

2. 恒流算法仿真分析

本小节通过一个 5V/1A 的 PSR 反激变换器仿真系统，对高精度恒流控制原理设计算法进行仿真验证。仿真中的算法使用数字 PI 控制，利用 6.2.2 节的多模式控制，结合上面的恒流控制原理来设计。

PSR 反激变换器主拓扑的仿真模型如图 6.35 所示，图 6.35(a)是 PSR 反激变换器主拓扑电路，图 6.35(b)是电压采样模块中比较器模型，图 6.35(c)是电流采样模块中比较器模型。

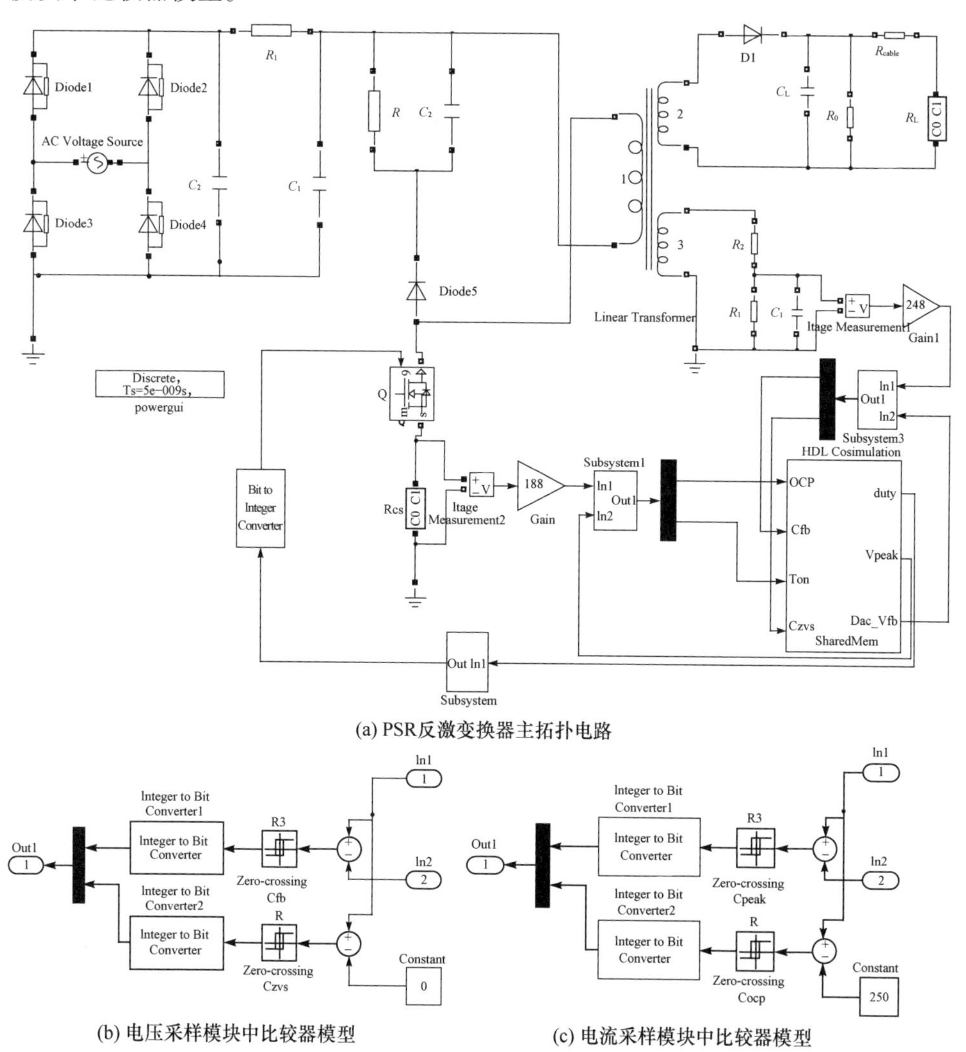

(a) PSR反激变换器主拓扑电路

(b) 电压采样模块中比较器模型

(c) 电流采样模块中比较器模型

图 6.35 PSR 反激变换器仿真模型

图 6.36 所示为电流输出与负载的关系图，其中图 6.36(b)是图 6.36(a)放大的

情况。由图可以看到在不同输入电压下，不同负载条件下，输出电流精度均在±1.5%以内。由于系统时钟是 20MHz，包括原边峰值电流补偿、电流估算，谷底导通控制仍然存在一些误差。然而峰值电流补偿，谷底导通时周期精确采样以及复位时间的精确采样，这三个补偿的实施，使得精度在有误差的条件下达到了±1.5%，这也充分证明了本设计所使用的恒流控制策略的有效性。

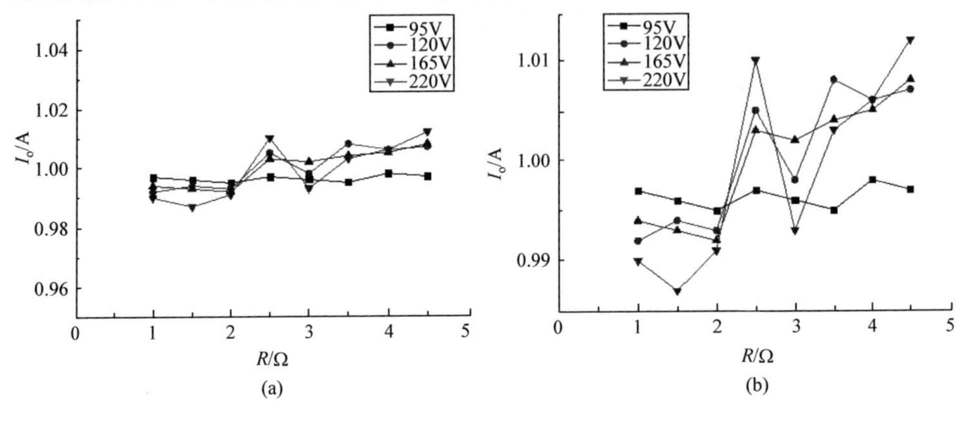

图 6.36　电流随负载变化图

图 6.37 展示了 95V AC 和 220V AC 输入电压下，负载大小为 4.5Ω 时，原边峰值电流补偿波形及谷底导通的波形。图 6.37 中(a)和(c)所示分别为 95V AC 和 220V AC 时的谷底导通波形，输入电压为 95V AC 时，原边电流上升较慢，导通时间较长，则复位时间和死区时间较少，开关管在第 5 个谷底导通；而输入电压为 220V AC 时，原边电流上升较快，导通时间较短，则复位时间和死区时间较长，开关管在第 7 个谷底导通。如图 6.37 中(b)和(d)所示分别为 95V AC 和 220V AC

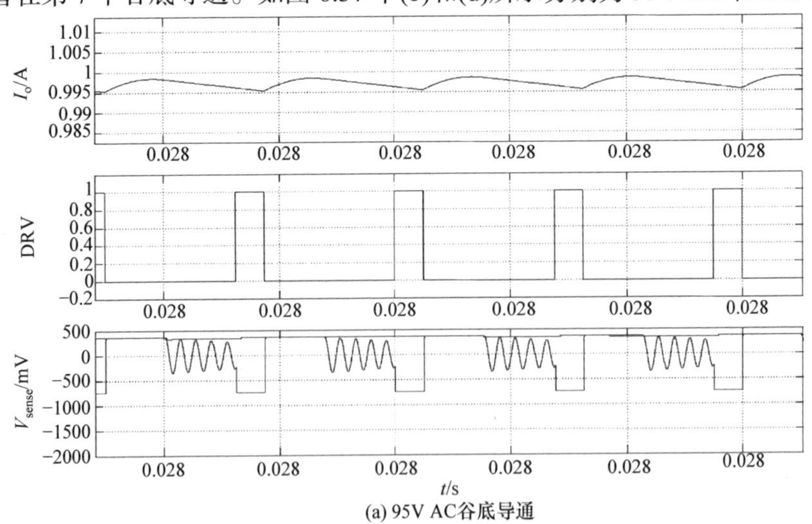

(a) 95V AC谷底导通

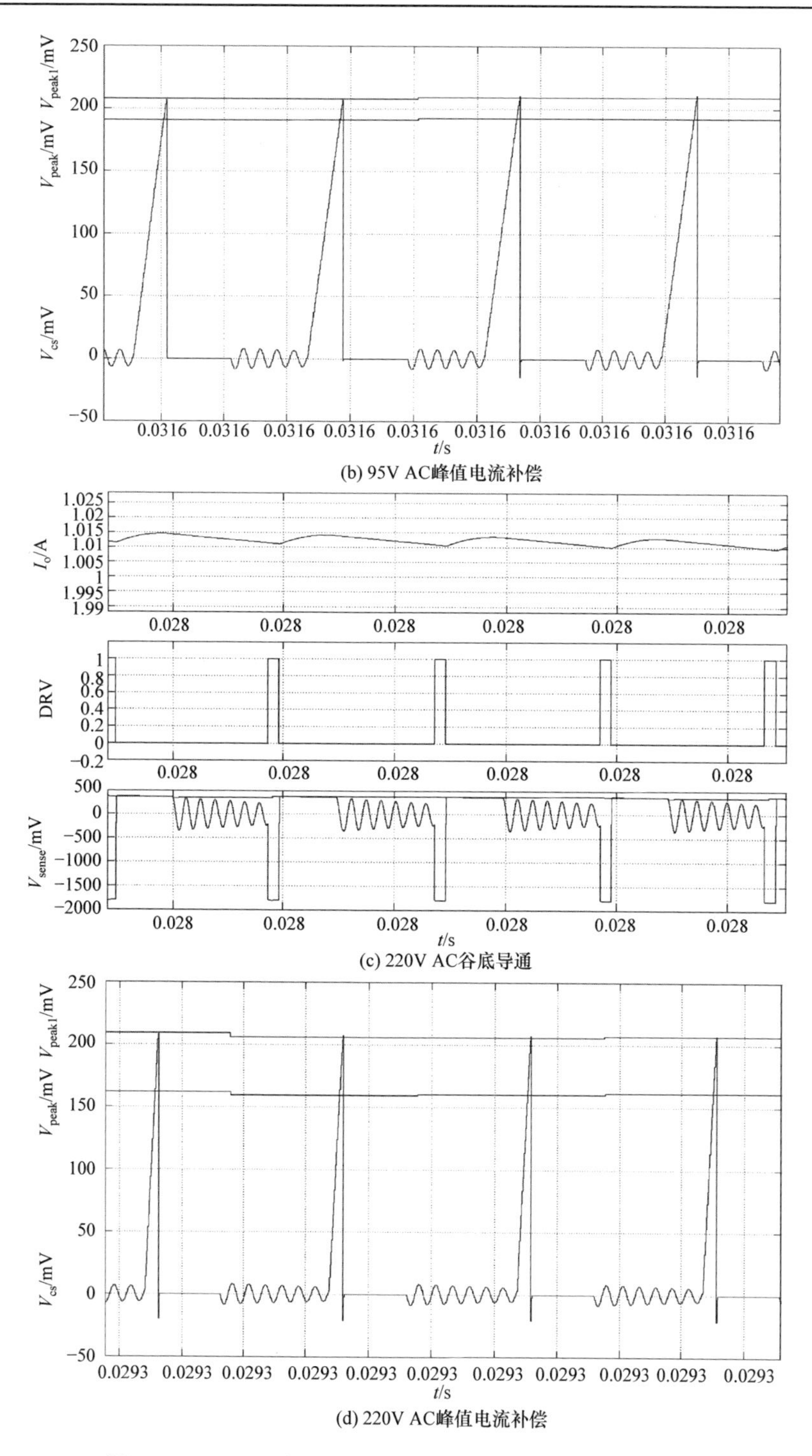

(b) 95V AC峰值电流补偿

(c) 220V AC谷底导通

(d) 220V AC峰值电流补偿

图 6.37　95V AC 和 220V AC 谷底导通及峰值电流补偿波形

时的峰值电流补偿波形，V_{peak1} 为最终要达到的峰值电压，V_{peak} 是数字控制模块输出的峰值电压阈值。由图可以观察到，当峰值电压阈值为 V_{peak} 时，最终采样电阻上峰值电压正好为 V_{peak1}，实现了峰值电流补偿。然而由于系统时钟频率为 20MHz，峰值电流补偿仍然存在误差，由图 6.37(a)和(c)的输出电流波形可以看出，95V AC 输出电流为 0.997A，而 220V AC 下输出电流为 1.012A。

图 6.38 为 120V AC 输入电压下，加入补偿和不加补偿方案的恒流精度仿真对比。加入所有补偿(all comp)的条件下，恒流精度在±1.5%以内，不加谷底导通(QR)补偿，恒流精度在±4%以内，不加复位时间(T_R)补偿，恒流精度在±6%以内，不加延迟时间(T_d)补偿，恒流精度在±19%以内。因此每个补偿的加入都有利于恒流精度的提高。谷底导通对恒流精度的影响是随机的，并没有特定的规律，数据上显示的是电流在 1A 上下浮动。复位时间对恒流精度的影响随着负载的增大而变大，5Ω 时电流偏离 1A 最多。重载时工作在 PWM 模式下，延迟时间对电流精度的影响随着负载的降低而增大。轻载时工作在 PFM 模式下，延迟时间对电流精度的影响保持不变。在 1Ω 和 2Ω 时电流偏离 1A 最多。

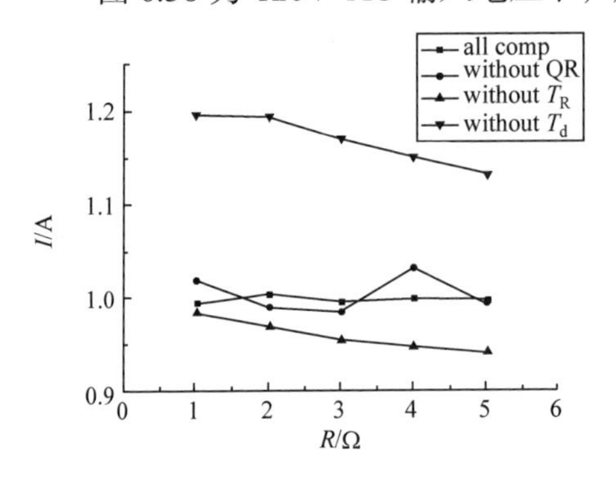

图 6.38　加入补偿和不加补偿恒流精度仿真对比图

3. 高精度恒压控制技术

由于开关电源更多工作在恒压模式下，恒压控制策略也是 PSR 反激变换器控制的设计核心之一。恒压控制策略设计的关键在于：保证系统较高的稳定性，使系统在全输入电压范围内和全负载范围内高精度恒压输出；保证系统较高的效率，使系统的轻载效率、待机效率和四个负载点的平均效率均达到较高的水平；保证系统良好的动态响应，使系统在输入电压变化和负载变化时，快速达到稳定状态并且具有较小的过冲。本节将采用数字控制技术，分析和介绍基于峰值电流控制的 PSR 反激变换器高精度恒压控制的策略。

恒压模式下第一个关键点是提高输出电压采样精度，包括高精度电压采样、补偿等。第二个关键点是输出线补偿，由于 PSR 反激变换器不能直接采样输出电流，输出线补偿必须利用恒流模式下的电流采样，同时引入输出线补偿还会引入一个新的环路，这个环路必须保持稳定以维持整个系统的稳定性。

图 6.39 所示为基于峰值电流控制的 PSR 反激变换器恒压控制原理框图，电压采样模块根据 V_{sense} 波形得到当前输出电压 V_s，线补偿模块根据电流采样模块

的输出电流大小计算输出线电压的补偿值 V_{cc}，输出线补偿值 V_{cc} 经过一个数字滤波器以维持环路稳定。在稳定状态下，V_s 减去 V_c 的值，得到反馈值 V_{fb}，即负载两端的输出电压值，而恒压控制则是实现 V_{fb} 稳定不变。V_{fb} 与 V_{ref} 经过一个增量式 PI 模块得到多模式控制参数，增量式 PI 模块根据当前所在的模式调节其关键参数，以达到最好的动态效果。多模式控制模块根据增量式 PI 输出的多模式控制值进行模式切换，根据当前模式决定下一周期的开关周期大小和峰值电流大小。这里和电压精度最密切相关的是输出电压的数字采样和线补偿计算两个部分，下面将分别描述。

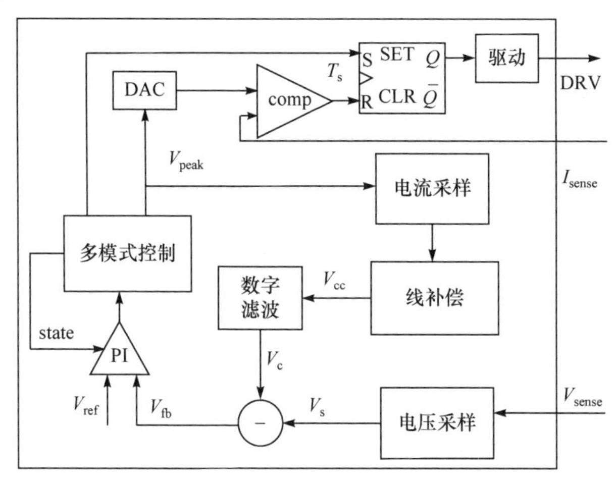

图 6.39　恒压控制原理框图

1) 采样方法原理[17,18]

采样模块是连接外围电路和内部数字控制模块的关键桥梁，其采样精度直接影响整个控制模块的性能。PSR 反激变换器中，开关管关断并且输出二极管导通阶段辅助绕组上采样电压的大小为

$$V_{sense} = (V_o + V_D) \cdot \frac{R_2}{R_1 + R_2} \cdot \frac{N_A}{N_s} \tag{6.31}$$

式中，R_1、R_2、N_A、N_s 都是常数，V_o 在一个开关周期内也基本保持不变，因此式(6.31)中主要变化的是 V_D，其也是影响采样精度的主要因素之一。当次级电流 I_S 下降时，二极管电压 V_D 在不断变化，当输出电流刚刚降为零时，V_D 也为零，我们称此时为 V_{sense} 的拐点，此时 V_{sense} 电压和输出电压 V_o 成比例，因此可以由拐点电压精确地推算出输出电压的值，所以，在 PSR 数字控制反激变换器中，我们需要精确地采样该拐点的电压，并转化成所对应输出电压的数字量。下面就来看看如何实现这样的采样。

二极管伏安特性曲线如图 6.40(a)所示，当二极管两端压降低于导通压降 V_{on}

时，流过二极管的电流随着电压的增大而缓慢的增大，而当二极管两端压降大于导通压降时，流过二极管的电流随着电压的增大而迅速增大。在图 6.40(b)的 V_{sense} 波形中，横轴是时间 t，由于开关管关断后，副边电流近似线性下降，因此横轴即相当于电流 I。使用前沿消隐可以屏蔽 t_1 至 t_2 阶段的谐振，t_2 至 t_3 阶段的波形与二极管的伏安特性曲线相同。自 t_2 至二极管两端电压下降至导通压降之前，V_{sense} 随时间缓慢下降，如图 6.40(b)中第 1 阶段所示。自二极管两端电压下降至导通压降之后至谐振开始之前，如图 6.40(b)中第 2 阶段所示，V_{sense} 电压随时间变化相对第 1 阶段要快。自谐振开始之后到 V_{sense} 第一次降为 0 之前，如图 6.40(b)中第 3 阶段所示，V_{sense} 随时间变化相对第 2 阶段要快。

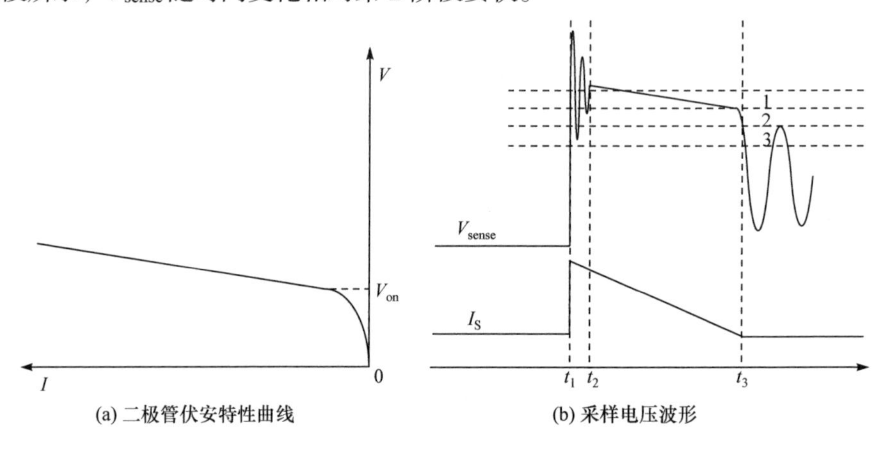

图 6.40　二极管伏安特性曲线和采样电压波形

根据上述分析，假设 V_{sense} 变化 ΔV，而 ΔV 大于经过辅助绕组和分压的二极管导通压降，V_{sense} 在第 1 阶段变化 ΔV 所需要的时间大于第 2 阶段变化 ΔV 所需要的时间，V_{sense} 在第 2 阶段变化 ΔV 所需要的时间大于第 3 阶段变化 ΔV 所需要的时间。该采样方法的工作过程如图 6.41 所示，由 DAC 输出一个基准电压 V_{sa} 与 V_{sense} 进行比较，当 V_{sa} 第一次与 V_{sense} 相交时，V_s 在延迟 t_{delay} 后降低 ΔV，之后 V_{sa} 与 V_{sense} 第二次相交，探测两个交点之间的时间间隔 Δt 的计算方法如式(6.32)所示，其中 t_{delay} 固定不变，t_{count} 通过计数 V_s 降低之后的高电平时间得到。当 V_{sa} 降低 ΔV 之后的电压大小等于拐点电压时，Δt 等于 Δt_{ref}，Δt_{ref} 为常数，如图 6.41(b)所示。当 V_{sa} 降低 ΔV 之后的电压大小大于拐点电压时，Δt 大于 Δt_{ref}，如图 6.41(a)所示。当 V_{sa} 降低 ΔV 之后的电压大小大于拐点电压时，Δt 小于 Δt_{ref}，如图 6.41(c)所示。

$$\Delta t = t_{delay} + t_{count} \tag{6.32}$$

采样方法的实现框图如图 6.42 所示，主要包括模拟电路部分和数字算法部分。模拟电路由 DAC 和比较器组成，接收数字电压值 V_s 和 $V_s+\Delta V_{digital}$ 转化成模拟值，

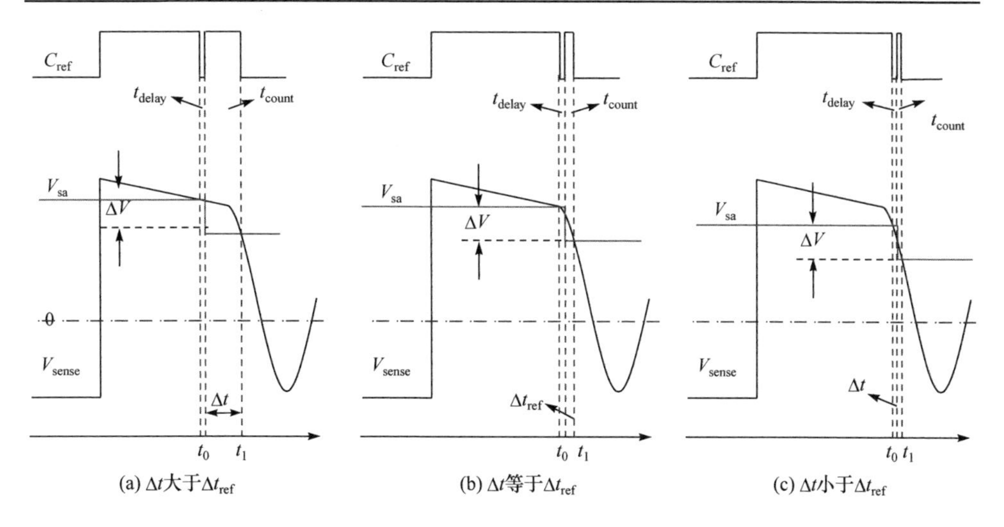

(a) Δt大于Δt_{ref}　(b) Δt等于Δt_{ref}　(c) Δt小于Δt_{ref}

图 6.41　采样方法的工作波形

将比较器的结果输出至数字算法模块。数字算法模块包括波形分析模块、反馈控制模块和 DAC 输入控制模块。波形分析模块探测到 V_{sense} 和 V_{sa} 第一个交点时，输出一个信号至 DAC 输入控制模块，DAC 输入控制模块改变输入到 DAC 的值。波形分析模块探测到第二个交点进而计算 Δt，并将其输出至反馈控制模块，反馈控制模块根据 Δt 的值改变反馈电压的值。V_s 的值即反馈电压的值，数字电压和模拟电压的关系如式(6.33)和式(6.34)所示，其中 V_s 是反馈值，V_{dac_ref} 是 DAC 的基准电压，n 是 DAC 的位数。数字压差 $\Delta V_{digital}$ 和模拟压差 ΔV 的关系如式(6.35)和式(6.36)所示。

$$V_{sa} = \frac{V_s + \Delta V_{digital}}{2^n} \cdot V_{dac\_ref} \tag{6.33}$$

$$V_{sa} - \Delta V = \frac{V_s}{2^n} \cdot V_{dac\_ref} \tag{6.34}$$

$$\Delta V = \frac{\Delta V_{digital}}{2^n} \cdot V_{dac\_ref} \tag{6.35}$$

$$\Delta V > V_D \cdot \frac{R_2}{R_1 + R_2} \cdot \frac{N_A}{N_s} \tag{6.36}$$

图 6.43 所示是采样控制的流程图，$V_s[k+1]$和 $V_s[k]$分别是本周期和下一周期的参考值，$V_s[k+1]$是本周期的反馈值。δ 是为了合理调整 V_{fb} 而设置的参数，这个参数的大小根据输出二极管特性来设定，一般取 1、2、3。式(6.37)是一个取整函数，例如，当 Δt_{ref} 设为 8 个周期，每个周期 50ns，即 400ns，δ 设为 3，当 Δt 是 9、10、11 时，V_{ref} 将加 1；当 Δt 是 5、6、7 时，V_{fb} 将减 1。如流程图 6.43 所示，当 Δt 等于 Δt_{ref} 时，反馈值等于本周期的参考值；当 Δt 大于 Δt_{ref} 时，反馈值根据本

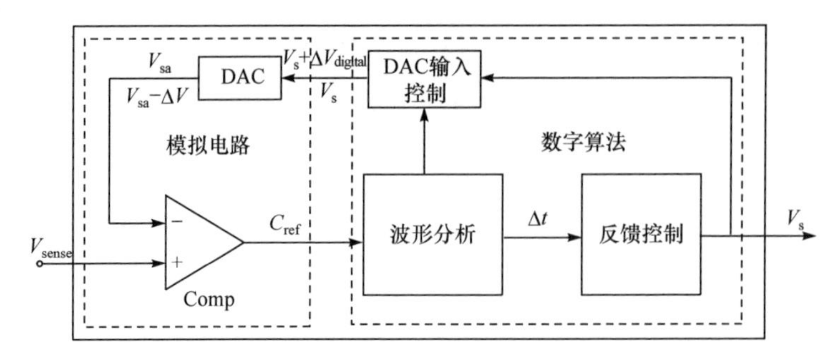

图 6.42　采样模块框图

周期的参考值加上适量的数值；当 Δt 小于 Δt_{ref} 时，反馈值等于本周期的参考值减去适量的数值。

$$\lceil x \rceil = \min\{n \in Z \mid x \leqslant n\} \tag{6.37}$$

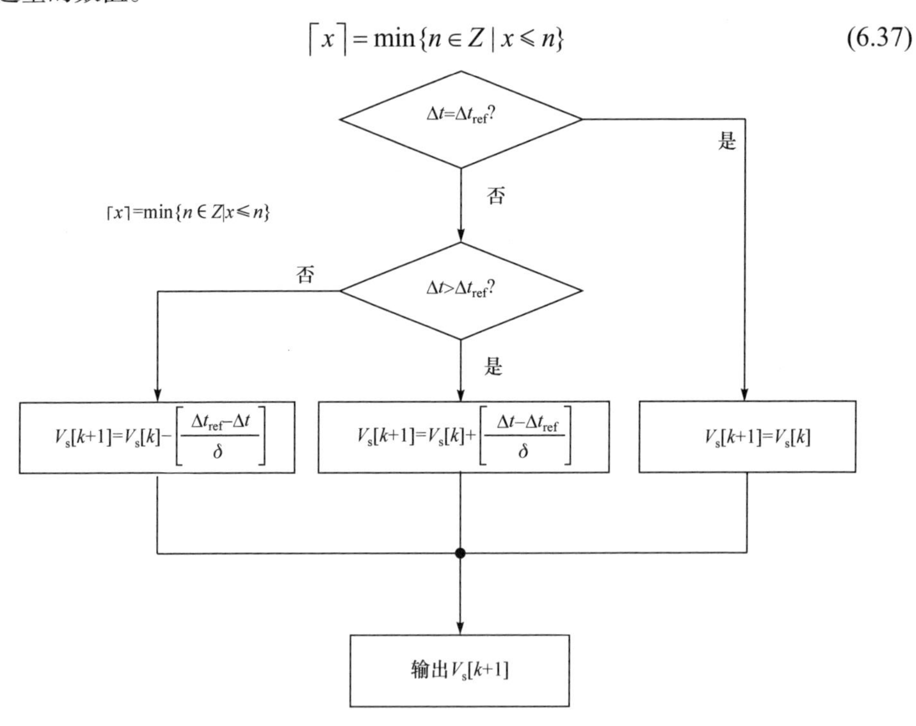

图 6.43　采样控制的流程图

2) 输出线补偿原理

虽然采样模块达到了较高的输出电压采样精度，但是高精度恒压输出的目标仍然不能够实现。因为适配器通常需要通过一根较长的 USB 数据线与电子设备连接，USB 数据线上的电压损耗是不可忽略的。虽然高采样精度使得适配器输出端电压维持较高的精度，但是经过 USB 线到达负载端时，负载端的电压随着负载电流的增大偏离额定电压越来越多，负载端的电压仍难以保持高精度。

反激变换器输出端的电压 V_s 应由 USB 线阻电压和负载端电压两部分组成，如式(6.38)所示，其中 R_{cable} 是 USB 线的内阻，适配器的 USB 通常是标准配置，内阻固定，I_o 是输出电流，V_c 是 USB 线上的电压降，V_{fb} 是负载端电压。不考虑输出线补偿的条件下，反激变换器输出端电压和负载端电压与输出电流的关系如图 6.44 所示，随着输出电流的增加，线阻上损耗的压降越来越多，负载端电压偏离额定电压越来越大。

$$V_s = V_c + V_{fb} = I_o R_{cable} + V_{fb} \tag{6.38}$$

线阻上电压的损耗使得反激变换器在进入恒压模式时充电速度减缓，为了解决这一问题，本节提出了一种输出线补偿算法。输出线补偿模块的结构如图 6.45 所示，电流采样模块根据电流计算公式估算出当前的输出电流 I_o，如式(6.39)所示，考虑到系统稳定时，PWM 模式下的原边峰值电流和 PFM 模式下的周期也是上下波动的，输出电流 I_o 在不断抖动，为了排除这种干扰，线补偿模块使用多个开关周期的平均电流来计算补偿值，平均输出电流 I_{o_avg} 如式(6.40)所示。线补偿模块根据估算出的输出电流、USB 线内阻大小，得到 USB 线内阻上的电压 V_{cable} 如式(6.41)所示。考虑变压器匝比以及辅助电路的分压比计算出补偿值电压 V_{cable} 的数字值 V_{cc}。V_{cc} 与 V_{cable} 的关系如式(6.42)所示，其中 V_{dac_ref} 是采样模块 DAC 的基准电压值。

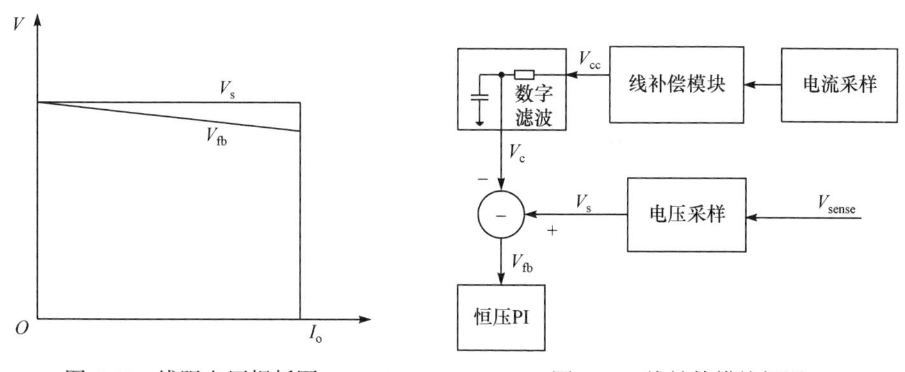

图 6.44　线阻电压损耗图　　图 6.45　线补偿模块框图

$$I_o = \frac{V_{peak} \cdot T_r \cdot N_p}{2R_{cs} \cdot T_s \cdot N_s} \tag{6.39}$$

$$I_{o\_avg} = \frac{I_o(n-k+1) + I_o(n-k+2) + I_o(n-k+3) + \cdots + I_o(n)}{k} \tag{6.40}$$

$$V_{cable} = I_{o\_avg} \cdot R_{cable} \tag{6.41}$$

$$V_{cc} = \frac{R_1}{R_1 + R_2} \cdot \frac{N_A}{N_s} \cdot \frac{V_{cable}}{V_{dac\_ref}} \cdot 2^n \tag{6.42}$$

由于线补偿模块的加入产生了一个额外的环路，若这个补偿值直接被电压采样模块的采样电压值减去，将会引起稳定性问题。因此加入数字滤波模块，使得补偿值稳定变化，维持环路稳定。线补偿模块设计的关键在于电流估算和数字滤波模块的参数设计。

数字滤波模块的功能是实现 RC 低通滤波，V_c是最终被采样电压 V_s减去所得的值，V_{cc}和 V_c的关系如式(6.43)所示。为了便于数字实现，使用差分法对式(6.43)化简，如式(6.44)所示，最终转化成式(6.45)，其中 $V_c(n+1)$和 $V_c(n)$分别是本周期和上一周期被 V_{ref}减去的值。

$$\frac{V_{cc}-V_c}{R}=C\frac{dV_c}{dt} \tag{6.43}$$

$$\frac{V_{cc}(n)-V_c(n)}{R}=C\frac{V_c(n+1)-V_c(n)}{T} \tag{6.44}$$

$$V_c(n+1)=\frac{T}{RC}V_{cc}(n)+\left(1-\frac{T}{RC}\right)V_c(n) \tag{6.45}$$

4. 恒压算法仿真分析

1) 采样算法验证

图 6.46 所示为采样算法稳态仿真图，负载大小为 10Ω，由于线补偿模块的作用，输出电压为 5.15V。仿真图中的波形从上到下依次为输出电压波形、V_{sense}与 V_{refa}的波形、state 波形、C_{ref}波形，由于仿真阶段开关关断瞬间，辅助绕组振荡较小，LEB 并未发挥作用，实物测试时 LEB 将会发挥其功能。

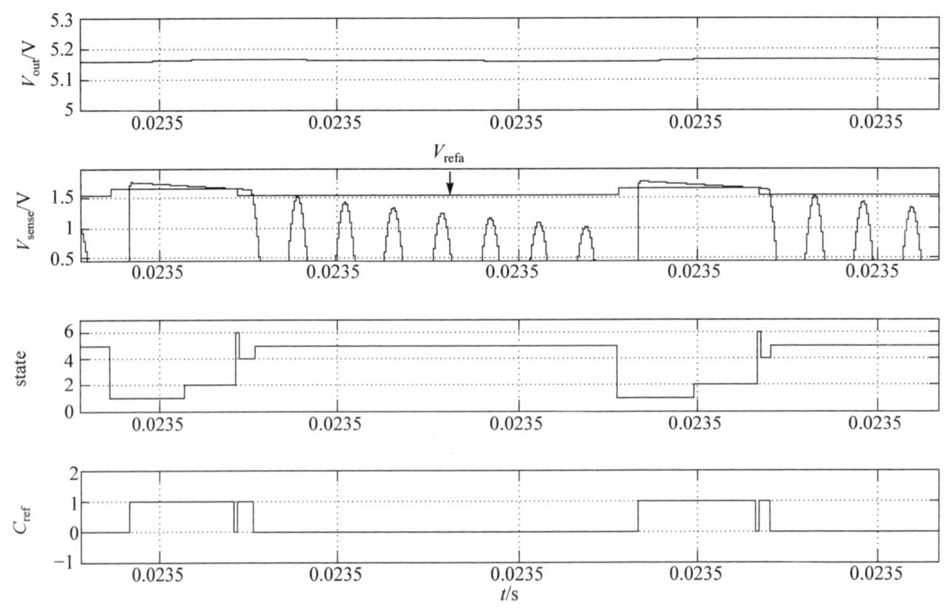

图 6.46　采样算法稳态仿真图

图 6.47 所示为采样算法动态仿真图，负载从 5Ω 切换至 50Ω，由于线补偿模块的作用，输出电压从 5.3V 变化至 5.03V，中间经历了切换的瞬态响应过程。从 V_{sense} 波形可以看出，在负载变化的响应过程中，采样算法仍能正常工作，直至重新回到稳定状态。

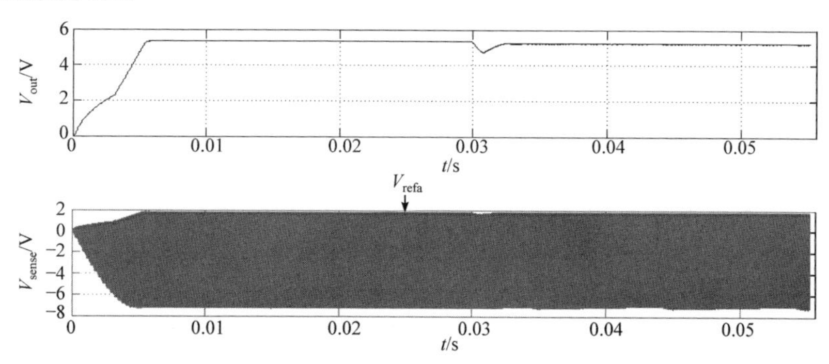

图 6.47　采样算法动态仿真图

2) 输出线补偿算法验证

图 6.48 所示为 95V AC、120V AC、165V AC 和 220V AC 下，负载从 1A 切换至 0.75A，再切换至 0.5A，再切换至 0.25A，最后切换至 0.1A 的输出线补偿波形。如图 6.48(a)所示，输入电压为 95V AC 时，负载依次跳变，输出电压依次为 5.31V、5.23V、5.16V、5.08V、5.03V，负载端电压依次为 5.01V、5.01V、5.01V、5.00V、5.00V；如图 6.48(b)所示，输入电压为 120V AC 时，负载依次跳变，输出

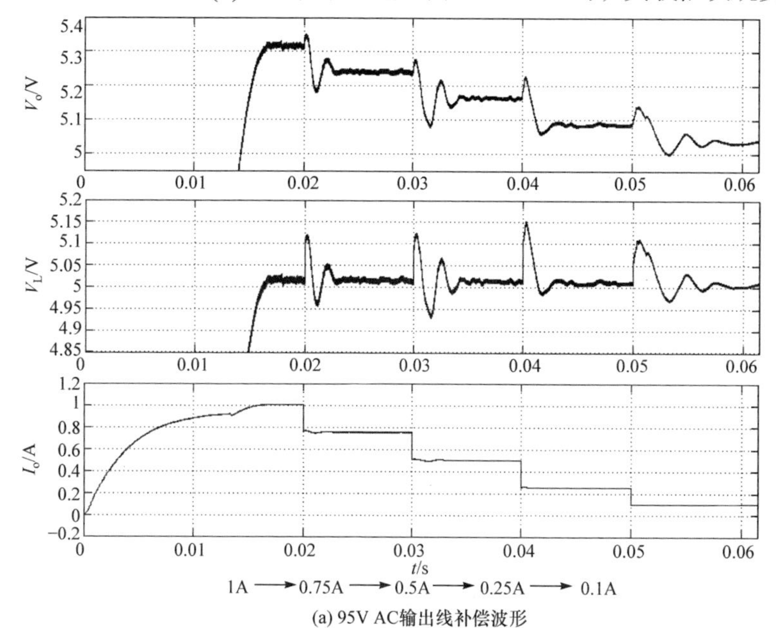

(a) 95V AC输出线补偿波形

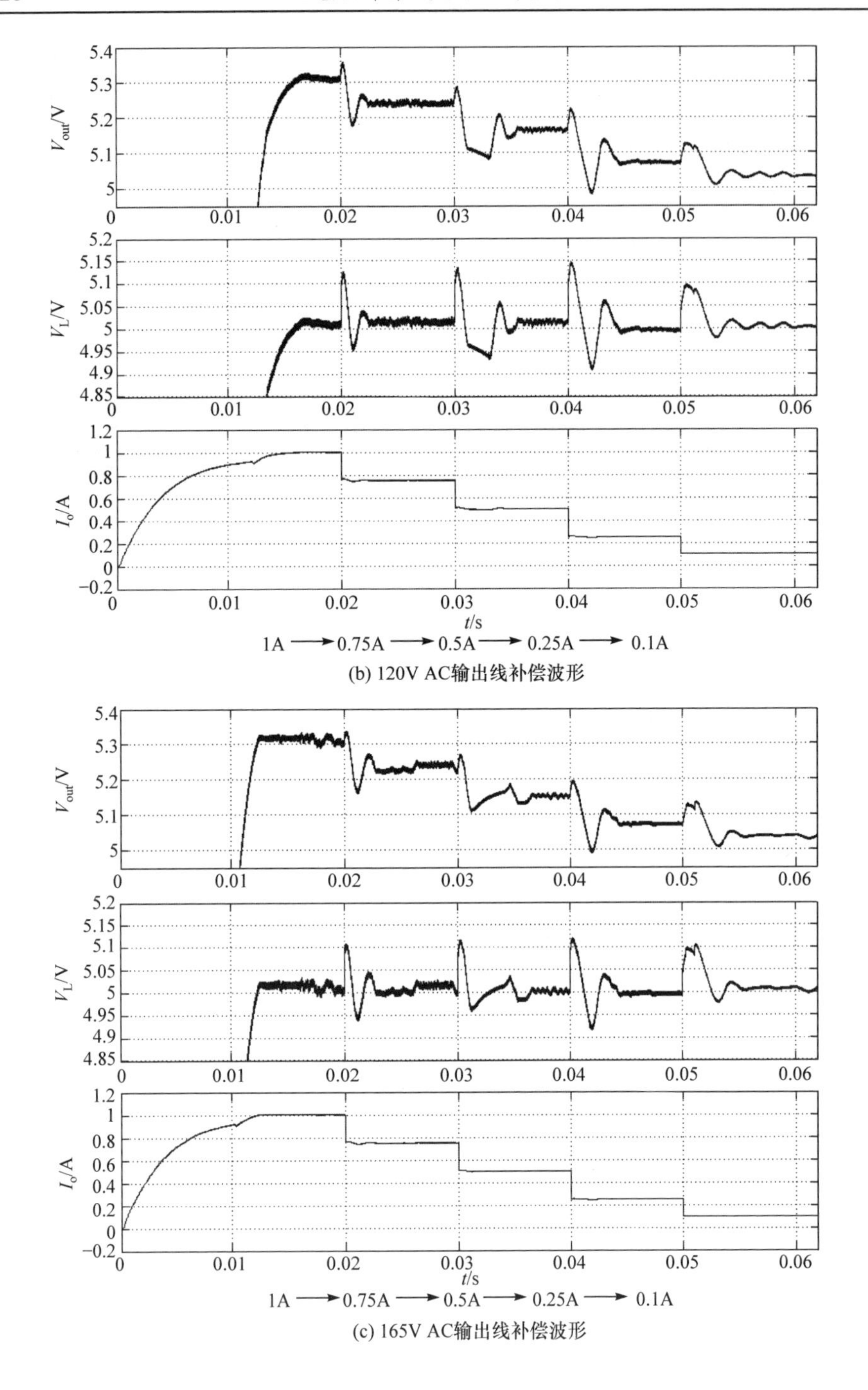

(b) 120V AC输出线补偿波形

(c) 165V AC输出线补偿波形

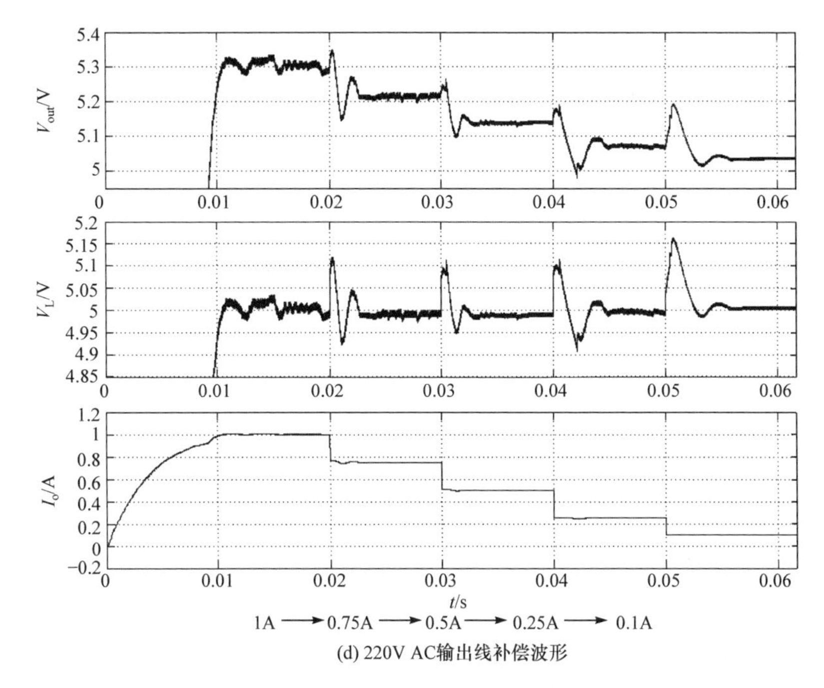

(d) 220V AC输出线补偿波形

图 6.48　95V AC、120V AC、165V AC 和 220V AC 输出线补偿波形

电压依次为 5.30V、5.23V、5.17V、5.08V、5.03V，负载端电压依次为 5.00V、5.01V、5.01V、5.00V、5.00V。如图 6.48(c)所示，输入电压为 165V AC 时，负载依次跳变，输出电压依次为 5.31V、5.22V、5.16V、5.07V、5.03V，负载端电压依次为 5.01V、5.00V、5.00V、5.00V、5.01V。如图 6.48(d)所示，输入电压为 220V AC 时，负载依次跳变，输出电压依次为 5.30V、5.21V、5.14V、5.07V、5.03V，负载端电压依次为 5.00V、4.99V、5.00V、5.00V、5.00V。从输出线补偿的四幅图可以看出，当输入电压变化时，输出线补偿模块发挥了巨大的作用，基本完全消除了输出线阻压降损耗的影响，实现了真正的恒压充电。从图 6.48 可以看出，在不同电压、不同负载条件下，恒压精度均达到±0.5%，比较理想。

本节主要介绍 PSR 反激变换器高精度恒流恒压实现方法及其高精度实现方法，并在仿真的基础上验证了相关算法。

6.2.4　高动态响应技术

反激变换器动态过程可以分为两种：重载向轻载跳变以及轻载向重载跳变。重载向轻载跳变过程中，输出电压会先上升后下降，出现电压过冲；轻载向重载跳变过程中，输出电压会先下降后上升，出现电压下冲。当负载切换范围较小时，输出电压波动较小，传统的多模式控制算法可以通过设置合适的 PI 参数，加快 PI 调节的速度，使输出电压迅速恢复。但是，当负载发生大范围切换时，如由空载切换至满载过程中，传统的多模式控制算法的工作模式是依次向相邻模式切换，这会导致输出电压下冲幅度大、恢复时间长。本节将围绕反激变换器的动态响应，重点采用数字策略分析和研究相关的优化控制技术。

1. 常用动态优化控制技术

1) 轻载状态下提高开关频率算法

图 6.49 中的控制方式是在轻载时采用 PFM 工作模式，PFM 模式的动态响应为输出电压实线部分，可知 PFM 模式在轻载状态下的反激变换器的工作频率很低，在动态切换过程发生之后，需要多个周期采样、计算调节之后才能判断并切换到正常的工作模式，而在采样、计算、判断模式的过程中，反激变换器当前提供的能量不能满足负载的水平，因此输出电压的值一直下降。PI 公司提出了一种提高轻载状态下动态响应性能的方法，如图 6.49 中的控制方式(2)，其主要的思路是，通过提高轻载时 PFM 模式的开关频率而达到提高采样频率的目的，但开关频率的提升会使得轻载时的效率下降。当负载切换发生时，由于采样的频率较高，反激变换器可以在更短的时间内完成采样、计算、判定切换模式的任务，减小了输出电压下冲幅度，缩短了负载切换时的动态响应时间，如虚线所示。

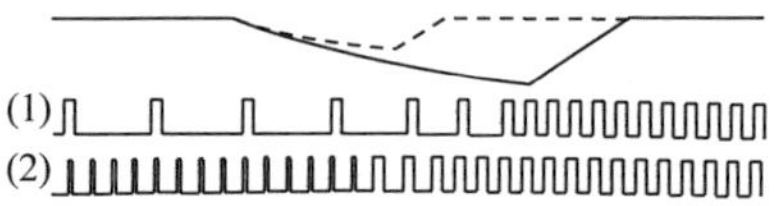

图 6.49　轻载时工作状态分析

上述控制方式提高轻载工作时的工作频率，减小开关信号的占空比，从而达到提高系统动态响应性能的目的。但是该方式同时存在一些缺点，首先功率管开关损耗在轻载状态下占较大比例，提高工作频率会降低轻载状态下反激变换器的效率；其次，提升轻载状态下开关频率的同时，必须相应地降低占空比大小。在反激变换器开关管开始导通时，由于存在漏感和开关管寄生电容，在原边电感电流上存在一段振荡时间，影响原边电感电流的采样；最后，该控制方式只适用于部分改善轻载向重载切换的动态响应性能，不能提高全负载范围的动态响应性能。

2) 滞后量预测算法

滞后量预测是改善 PSR 反激变换器动态响应性能的主要方法之一。数字控制的 PSR 反激变换器通常会采样当前开关周期的输出电压值，然后通过 PID 控制器计算控制参数，当前计算的控制参数只有在下一个开关周期才会产生影响。因此，在控制环路中不可避免地会引入时间延时，该时间延时不仅和系统结构相关，还和反激变换器的开关频率有关。如图 6.50 所示，采样模块的主要功能是采样输出电压值，PI 控制器的功能则是计算下一周期的控制参数，$G(s)$是反激变换器系统的传递函数，表示输出电压和占空比信号之间的关系。延时框图则是系统的延时。由于延时的存在，当前的 PI 控制参数和下一周期实际工作状态会不符合，导致系统控制性能降低。

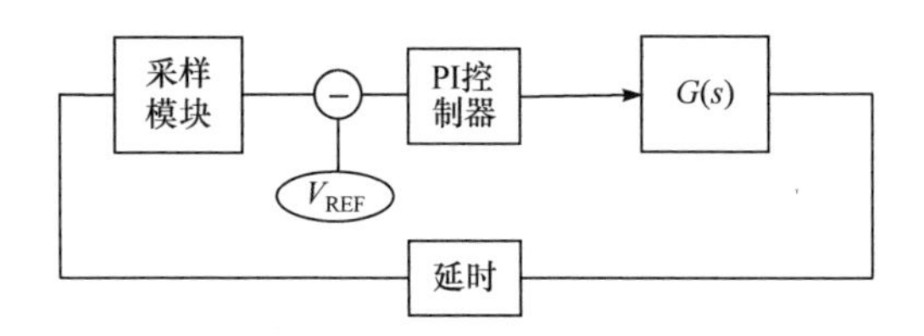

图 6.50　PSR 反激变换器简易框架图

Smith 滞后量预估会在当前周期产生一个下一周期控制参数的预估量，其特点是会预先估计系统在基本扰动作用下的预估量，然后用预估器进行补偿，使延迟的被控制量超前反映到控制器中，使控制器提前动作，从而显著地减小系统的超调量，同时加速系统的调节过程。图 6.51 为带 Smith 预估的 PSR 反激变换器控制图，相比于图 6.50，添加了一个 Smith 预估器，该预估器的输出是下一周期的控制量的预估值，加入该控制参量之后，如果 PI 控制器的传递函数表示为 $G_d(s)$，则系统的开环传递函数可以表征为

$$Y(s)=\frac{G_d(s)G(s)}{1+G_d(s)G(s)}e^{-ts} \tag{6.46}$$

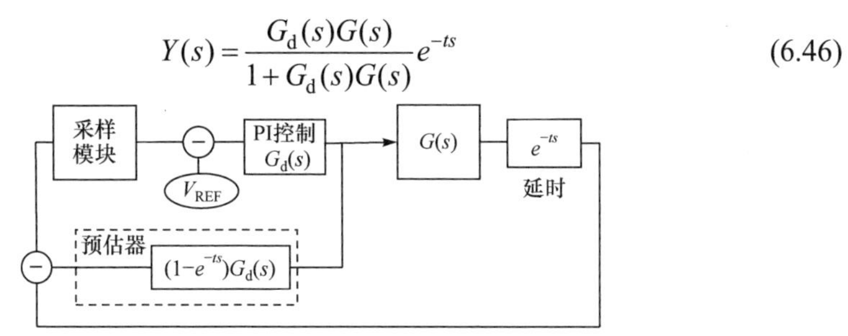

图 6.51　带 Smith 预估的 PSR 反激变换器控制图

从式(6.46)中可以看出，在系统的特征方程中已经不含系统的延时参数影响了。e^{-ts} 只是相当于在系统整个控制操作延时了一段时间，但是系统的调节品质和延时无关。

Smith 滞后量预估能够降低系统延时对动态响应性能的影响，但是预估方法很大程度上依赖于模型的精度，并需要大量的计算资源。在 PSR 反激变换器中，存在很多非理想的因素会影响模型的精度，实际效果不理想。

3) 混合控制算法

传统的反激变换器补偿模块通常由一个 PI 控制器组成，无论系统处于稳态或是负载切换的动态过程，系统的补偿量都通过统一的 PI 控制模块产生，图 6.51 所示的反激变换器基本框图就采用该种方法。该种控制方式在动态过程中，系统补偿慢，动态响应性能差。图 6.52 为 Wang 等提出的混合控制算法的反激变换器的基本框架图。与传统的反激电源控制器框架结构不同，在控制器中加入了一个动态过程检测模块，从而将系统的工作状态分为稳态和动态两种工作状态。动态检测模块的主要功能是检测当前系统是否出现了负载切换，输出电压是否发生了波动。对于动态过程，补偿模块将会以一个系数 K，加快补偿参数的调节，从而更加快速地稳定输出电压的值，提高系统的动态响应性能。

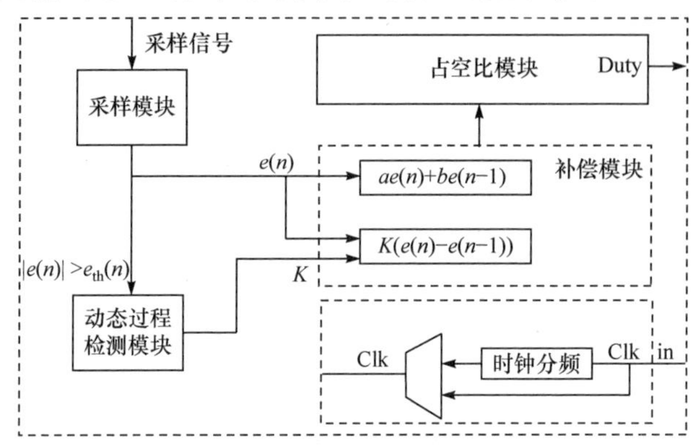

图 6.52　混合控制方式简单框架图

图 6.53 是混合控制算法的状态机图，正常状态系统工作于稳态，但此时动态过程检测模块会检测输出电压在两个开关周期之间的变化，如果出现误差的绝对值 $|e(n)|$大于阈值 $e_{th}(n)$，则表示当前系统出现了负载切换，系统将会提高开关频率，并切换到动态过程，在动态过程中，系统的补偿参数会按比例参数提高，以快速稳定输出电压的值。在动态下，系统将当前计算得到的负载电流与实际的负载电流做比较。如果两者相等，则结束动态，恢复系统的工作频率，等待系统输出电压值回到预先设定的范围后切换到正常的稳态。

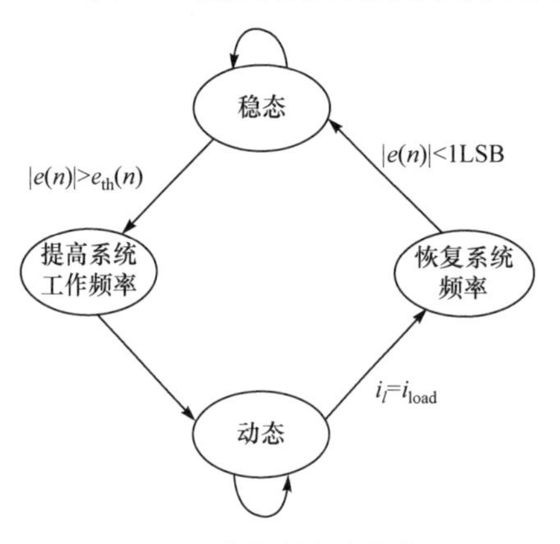

图 6.53　混合控制方式状态机图

混合控制方式能够提高全负载范围的动态响应性能，但是一方面在 PSR 反激变换器中很难实现负载电流的采样；另一方面动态状态下，补偿参数改变较大，会影响模式切换的可靠性，从而引起输出电压的波动。

2. 数字多模式高动态控制技术

本节重点描述一种基于数字控制技术的峰值电流多模式高动态控制算法。图 6.54 是数字多模式高动态控制算法的架构，主要包括采样模块、数字 PI 补偿模块、多模式控制模块、峰值电流控制模块、PWM 控制模块、高动态控制模块、负载点判断模块。采样模块通过采样 V_{sense} 波形得到输出电压 V_o 的数字采样值 $V_o(n)$ 及其相对于参考值 V_{ref} 的偏离值 $e(n)$。数字 PI 补偿模块根据 $e(n)$的值和当前模式

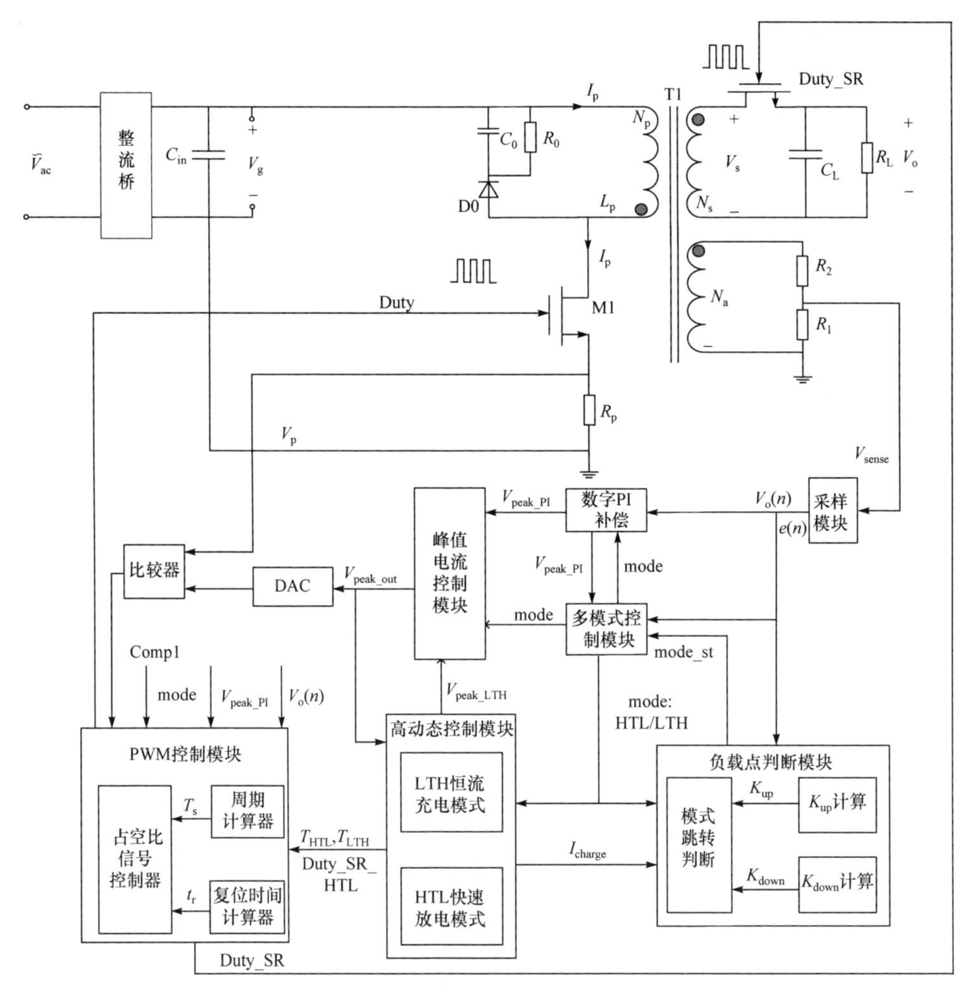

图 6.54　数字多模式高动态控制算法架构图

信息 mode 计算环路补偿量 V_{peak_PI}。多模式控制模块根据 V_{peak_PI} 和 $e(n)$的值实现稳态和动态多模式的判断及切换控制；峰值电流控制模块确定各模式下每个开关周期的原边峰值电流值；高动态控制模块用于实现动态切换过程的控制，分为两种情况：轻载切重载过程进行轻载向重载跳变(light to heavy, LTH)大电流恒流充电控制，重载切轻载过程进行重载向轻载跳变(Heavy to Light，HTL)快速放电控制。负载点判断模块由 K_{up} 计算器、K_{down} 计算器、模式跳转判断器组成，K_{up} 计算器用于计算轻载切重载过程中输出电压的上升斜率 K_{up}，K_{down} 计算器用于计算重载切轻载过程中输出电压的下降斜率 K_{down}，模式跳变判断器在动态切换过程结束时根据 K_{up} 或 K_{down} 的值判断系统该跳转至哪个稳态工作模式。PWM 控制模块由周期计算器、复位时间计算器、占空比信号控制器组成，周期计算器用于计算开关

周期的时间长度 T_s，复位时间计算器用于确定复位时间长度 t_r 值，占空比信号控制器根据 T_s、t_r 和 Comp1 进行占空比控制，输出主开关管控制信号 Duty 和同步整流管控制信号 Duty_SR。

该架构基于传统的数字多模式控制，在控制环路中加入一个动态过程检测单元，将系统调节过程分为稳态和动态两种情况。在稳态多模式基础上，另外设置两个动态过程的工作模式，分别称为 HTL 模式、LTH 模式[19-21]。动态模式工作示意图如图 6.55 所示。

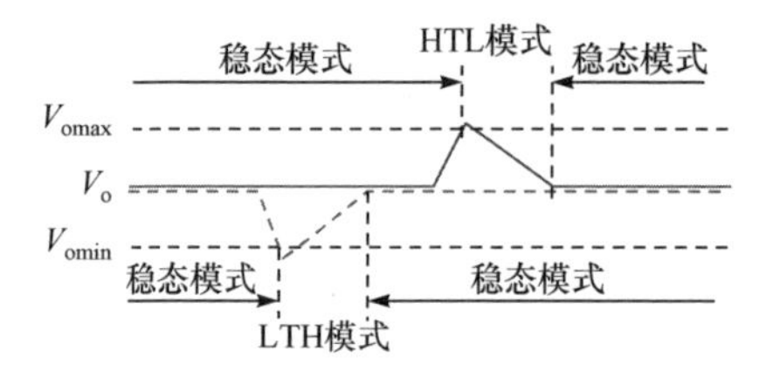

图 6.55　动态模式工作示意图

图 6.55 中，系统设置了两个阈值电压 V_{omax}、V_{omin}。当负载由重载向轻载跳变时，若输出电压 V_o 大于上阈值 V_{omax}，则系统由某一稳态模式跳转至 HTL 模式，当 V_o 恢复至额定值时，系统跳出 HTL 模式进入某一稳态工作模式；当负载由轻载向重载跳变时，若输出电压 V_o 小于下阈值 V_{omin}，则系统由某一稳态模式跳转至 LTH 模式，当 V_o 恢复至额定值时，系统跳出 LTH 模式进入某一稳态工作模式。负载切换过程中，若 $V_{omin} < V_o < V_{omax}$，则不触发动态模式，仍工作在稳态多模式，进行 PI 调节。

变换器采用峰值电流多模式控制方法，当负载较重时采用 PWM 模式，在 PWM 模式中，开关周期保持不变，电路工作在 DCM 与 CCM 中，为了区分这两种工作状态，工作在 CCM 状态的 PWM 模式定义为 PWM_C 模式，工作在 DCM 状态的 PWM 模式定义为 PWM 模式。当负载不断变轻时，依次采用 PFM 模式、DPWM 模式，DPFM 模式，这三种工作模式均工作在 DCM 状态。

LTH 过程中输出电压先下降后上升，HTL 过程中输出电压先上升后下降。为提高变换器的动态性能，必须使 LTH 过程的充电速度加快、HTL 过程的放电速度加快，以减小动态过程的电压波动幅度，缩短动态恢复时间。本节将结合同步整流结构以及中等功率 CCM 工作模式，对动态切换过程中的控制算法进行设计。

动态过程控制模块架构如图 6.56 所示，分为 HTL 模式与 LTH 模式两种情况。LTH 模式包括参数计算模块、电流计算模块和 PI 补偿模块。其中，参数计算模块根据主开关管控制信号 Duty、V_{sense} 过零比较信号 V_{zvs_comp}、比较器输出信号 Comp1 和 Comp2，得到 t_r 等各时间参数；电流计算模块根据各时间参数和原边峰值电流数字值 V_{peak_dig}，计算得到当前的充电电流值 I_{ctrl}；PI 补偿模块对 I_{ctrl} 与其参考值 I_{ctrl_ref} 进行误差放大，计算并输出数字 PI 补偿量 V_{peak_LTH}，同时输出开关周期 T_{LTH}。HTL 模式内，原边主开关管关断，仅需控制同步整流管，放电控制模块输出占空比控制信号 Duty_SR_HTL。以上为动态过程中各个控制子模块的功能及连接关系，具体算法设计将在后续两小节给出。

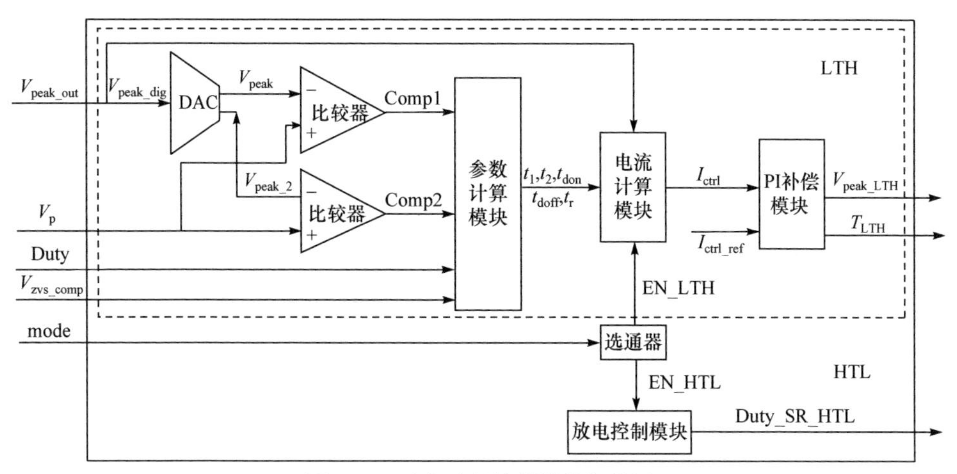

图 6.56　动态过程控制模块架构图

1) 动态算法设计

针对 HTL 的动态特性，本例中设计了一种 CCM 大电流恒流充电算法。当负载切换使系统进入 LTH 模式后，控制系统工作在 CCM 状态下且保持峰值电流为最大值，采用 PWM 模式并适当提高开关频率，此时 LTH 输出电流为 I_{charge} 并近似不变，LTH 模式的输出功率为变换器当前的峰值功率，从而使输出电压 V_o 迅速上升至额定值。在 V_o 恢复之后立即停止大电流充电，并跳转至稳态工作模式。

图 6.57 为 LTH 模式的关键波形图，其中，V_o 为输出电压，V_{omin} 为下阈值电压，Duty 为原边主开关管的控制信号，I_p 为原边电流波形，Duty_SR 为副边同步整流管的控制信号，I_s 为副边电流波形。如图 6.57 所示，轻载时系统工作在 DCM 状态，轻载切重载后，输出电压低于下阈值电压 V_{omin}，启动 LTH 模式，LTH 模式对输出电容进行充电，此时输出功率达到峰值，输出电压迅速上升；当 V_o 恢复至参考值 V_{ref} 时，进行负载点判断，避免出现因能量不匹配导致的电压波动。为了尽可能地提高 LTH 模式的输出功率，在 LTH 模式中，控制系统工作在 CCM 状态下且保持峰值电流为最大值，采用 PWM 模式并使得开关频率大于 PWM_C 模式的开关频率，此时 LTH 输出电流为 I_{charge} 并近似不变，LTH 模式的输出功率为变换器当前的峰值功率，能够使输出电压 V_o 迅速上升至额定值。

针对轻载切重载的动态特性，本例中设计了一种基于同步整流结构的快速放电算法。当负载切换使系统进入 HTL 后，关断主开关管，停止能量输入；同时，通过控制同步整流管的开关，将输出端负载电容中存储的能量抽取至原边，大大加快负载电容的能量释放，使得输出电压迅速下降。为简化控制、保证放电过程的稳定性，用固定周期、固定占空比的开关信号控制同步整流管；同时，为保证采样频率，及时捕捉输出电压的变化，在 HTL 模式中，同步整流管的开关频率为达到满载时系统的开关频率。

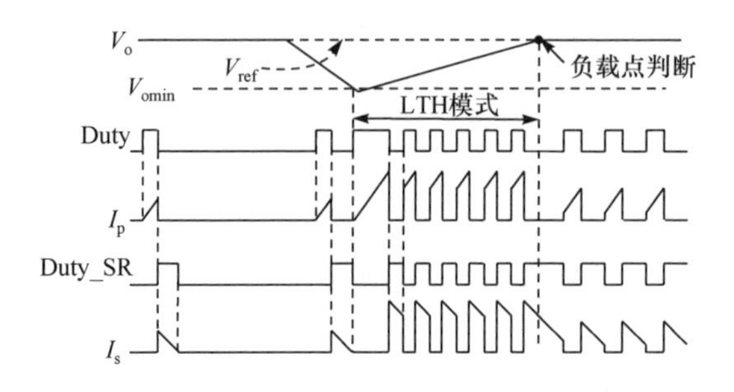

图 6.57　LTH 模式的关键波形

图 6.58 为 HTL 模式的关键波形图，其中，V_o为输出电压，V_{omax}为上阈值电压，Duty 为主开关管控制信号，I_p为原边电流波形，Duty_SR 为副边同步整流管的控制信号，I_s为副边电流波形。如图 6.58 所示，重载切轻载后，输出电压高于上阈值电压 V_{omax}，启动 HTL 模式，主开关管关断。在 HTL 模式中，同步整流管以固定周期、固定占空比的开关方式工作，当 Duty_SR=1 时，同步整流管导通，副边电流 I_s负向线性增加，从负载电容 C_L中抽取能量；当 Duty_SR=0 时，同步整流管关断，原边电流 I_p由负向的最大值减小至 0，能量流回原边。当 V_o下降至参考值 V_{ref}时，进行负载点判断，避免动态过程结束时出现因能量不匹配导致的电压波动。

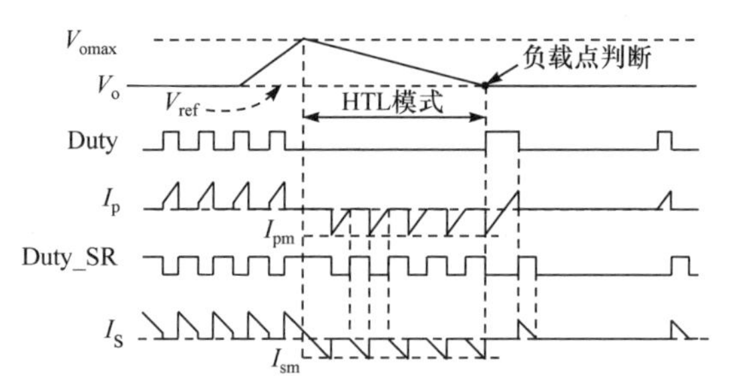

图 6.58　HTL 模式的关键波形

图 6.59 为 HTL 模式内同步整流管导通阶段简化后的等效电路。由图可得，同步整流管导通阶段，负载电容 C_L充当电压源，在变压器次级绕组等效电感 L_s两端形成电压降，将自身所存储的能量转移到励磁电感当中，从而使得 C_L两端电压迅速下降。忽略同步整流管导通电阻 R_{SR}上的压降，结合电感的电流特性，可得

$$\frac{dI_s}{dt}=\frac{V_{CL}}{L_s} \tag{6.47}$$

图 6.60 为 HTL 模式内同步整流管关断阶段简化后的等效电路。由图可得，同步整流管关断阶段，励磁电感中存储的能量形成流经主开关管 M1 体二极管的

电流，将能量转移到输入端滤波电容 C_{in} 中，实现了能量的重复利用。C_{in} 两端电压加载在电感 L_p 两端，结合电感的电流特性，可得

$$\frac{dI_p}{dt}=\frac{V_{cin}}{L_p} \tag{6.48}$$

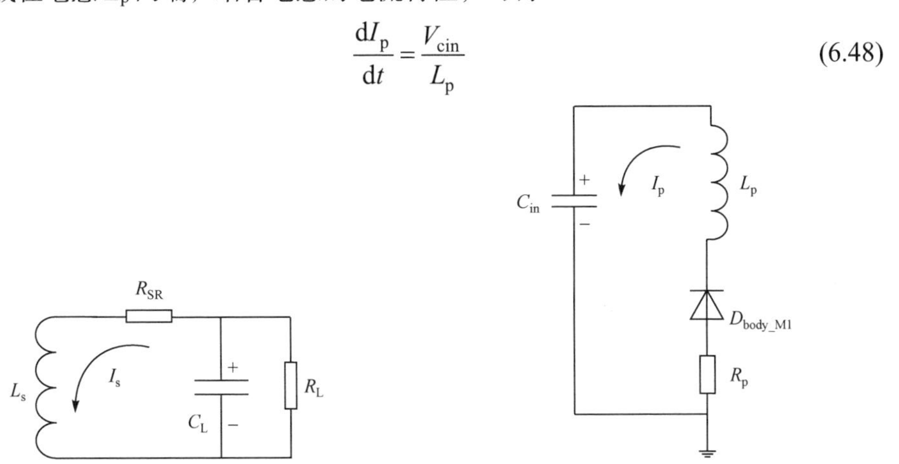

图 6.59　同步整流管导通阶段等效电路　　　　图 6.60　同步整流管关断阶段等效电路

由上述分析可知，LTH 模式能够高效地实现大电流充电，使得输出电压迅速上升，可有效提高轻载切换重载的动态性能。HTL 模式内的基于同步整流结构的快速放电算法能够实现负载电容能量的快速释放，使得输出电压迅速下降，可有效提升重载切轻载过程的动态性能。同时，当动态结束时，采用稳定时的工作模式与控制参数，避免后续电压纹波振荡。

2) 负载点判断算法设计

前面所述的控制算法能够在动态过程中使输出电压迅速恢复至额定值，而动态过程结束时，系统需要跳出动态模式进入稳态控制。因此，动态结束时需要确定系统当下的负载点大小，使系统跳转到正确的稳态工作模式，并给予合适的控制参数，从而避免输出电压的波动。本节将结合两种动态过程的控制算法，进行负载点判断算法的设计。

负载点判断模块架构图如图 6.61 所示，分为 HTL 模式与 LTH 模式两种情况。LTH 模式下包括 K_{up} 计算模块、I_o 计算模块和模式判断模块。K_{up} 计算模块根据输出电压采样值 $V_o(n)$和参数 k_1 得到输出电压上升斜率 K_{up}；I_o 计算模块根据电压上升斜率 K_{up}、恒流充电电流 I_{charge}、开关周期 T_{LTH} 得到当前负载电流值 I_o；模式判断模块根据 I_o 的值判断当前系统负载的大小，从而确定 LTH 模式结束后系统该进入的稳态工作模式 mode_st。HTL 模式包括 K_{down} 计算模块、I_o 计算模块以及模式判断模块。K_{down} 计算模块根据输出电压采样值 $V_o(n)$和参数 k_2 得到输出电压下降斜率 K_{down}；I_o 计算模块根据电压下降斜率 K_{down}、开关周期 T_{HTL}、输出电压采样值 $V_o(n)$得到当前负载电流值 I_o；模式判断模块根据 I_o 的值判断当前系统负载的大小，从而确定 HTL 模式结束后系统该进入的稳态工作模式 mode_st。上述内容介绍了负载点判断

模块各个子模块的功能及连接关系，具体的算法设计将在后面给出。

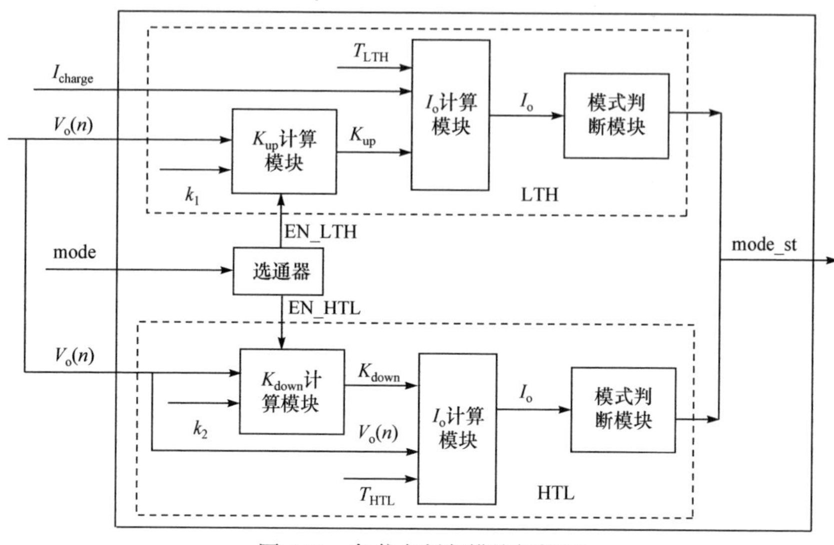

图 6.61　负载点判断模块架构图

LTH 模式下，根据能量守恒，一个开关周期内系统副边所获得的能量，一部分被消耗在电阻负载 R_L 上；另一部分存储在负载电容 C_L 上，使得输出电压上升。具体关系为

$$V_o(n)I_{charge}T_{LTH}=V_o(n)I_oT_{LTH}+\frac{1}{2}C_L\left[V_o(n)^2-V_o(n-1)^2\right] \tag{6.49}$$

式中，I_{charge} 为 LTH 模式内的恒流充电电流值；T_{LTH} 为 LTH 模式下的开关周期；C_L 为输出端负载电容值；I_o 为流经负载电阻 R_L 的电流值，$V_o(n)$和 $V_o(n-1)$分别表示当前周期和上一周期的输出电压值。

以 K_{up} 表示在 LTH 模式中输出电压 V_o 的上升斜率，K_{up} 表达式如下：

$$K_{up}=\frac{V_o(n)-V_o(n-k_1)}{k_1T_{LTH}} \tag{6.50}$$

式中，变量 k_1 表示开关周期数，是大于 1 的整数，由于单个开关周期计算的电压斜率误差较大，所以采用多个开关周期计算 K_{up}。由于这里 LTH 模式内开关周期 T_{LTH} 为固定值，所以在计算 K_{up} 时，可以将 k_1 设为固定值而只计算采样电压的变化量。

根据式(6.49)和式(6.50)，可得当输出电压恢复至额定值时，负载 R_L 的工作电流 I_o 的表达式如下：

$$I_o=I_{charge}-C_LK_{up} \tag{6.51}$$

由于 LTH 模式下采用恒流充电算法，所以关系式等号右侧的第一项是常量；第二项中 C_L 为常量，仅有 K_{up} 为变量。因此，I_o 只与 LTH 模式中输出电压的上升

斜率 K_{up} 相关，所以可以通过 K_{up} 的值判断负载大小。若 K_{up} 的值较小，则 I_o 的值较大，说明负载较重；若 K_{up} 的值较大，则 I_o 的值较小，说明负载较轻。

根据以上描述，当 LTH 模式结束时，可以根据输出电压的上升斜率 K_{up} 的值判断当前系统负载的大小，进而确定系统该跳转至哪种稳态工作模式，给予合适的初始输入能量，与负载功耗匹配，避免因能量不匹配导致的输出电压振荡。

HTL 模式下，原边主开关管关断，系统没有能量输入，而输出电压在下降。此过程中，一个开关周期内，负载电容上释放的能量消耗在两个地方：同步整流管导通阶段，副边电流 I_s 负向线性增大，负载电容上的能量被转移到励磁电感当中；另一部分能量消耗在负载电阻 R_L 上。所以根据能量守恒，可得如下关系式：

$$\frac{1}{2}C_L\left[V_o(n)^2 - V_o(n-1)^2\right] = \frac{1}{2}L_s(I_{peak\_s})^2 + V_o(n)I_oT_{HTL} \tag{6.52}$$

式中，T_{HTL} 为 HTL 模式下同步整流管的开关周期；I_{peak_s} 为副边电流的峰值；C_L 为输出端负载电容值；I_o 为流经负载电阻 R_L 的电流值；$V_o(n)$和 $V_o(n-1)$分别为当前周期和上一周期的输出电压值。L_s 为变压器次级绕组的电感量，根据电感自身的特性，电感两端电压与流经电感的电流之间的关系为

$$V_L = L\frac{dI}{dt} \tag{6.53}$$

由式(6.53)可得副边电流峰值表达式如式(6.54)所示，其中，t_{sr_on} 为一个开关周期内同步整流管的导通时间，因 LTH 模式采用固定周期、固定占空比的信号控制同步整流管，所以 t_{sr_on} 是一个常量。而当输出电压恢复至额定值时，$V_o(n)$是常量，故此时 I_{peak_s} 也为常量。

$$I_{peak\_s} = \frac{V_o(n)}{L_s}t_{sr\_on} \tag{6.54}$$

以 K_{down} 表示 HTL 模式中输出电压的下降斜率，则 K_{down} 表达式如下：

$$K_{down} = \frac{V_o(n-k_2) - V_o(n)}{k_2T_{HTL}} \tag{6.55}$$

其中，变量 k_2 表示开关周期数，是大于 1 的整数，由于单个开关周期计算的电压斜率误差较大，所以采用多个开关周期计算电压下降斜率。因为这里 HTL 模式内同步整流管的开关周期 T_{HTL} 为固定值，所以在计算斜率时，可以将 k_2 设为固定值而只计算采样电压的变化量。

根据式(6.52)、式(6.54)和式(6.55)，可得当输出电压 V_o 恢复至额定值时，负载 R_L 的工作电流 I_o 的表达式为

$$I_o = C_LK_{down} - \frac{L_s(I_{peak\_s})^2}{2V_o(n)T_{HTL}} \tag{6.56}$$

HTL 模式内采用固定周期、固定占空比的信号控制同步整流管，当 V_o 恢复

至额定值时，式(6.56)等号右侧的第二项是常量；第一项中 C_L 为常量，仅有 K_{down} 为变量。因此，负载电流 I_o 只与 HTL 模式中输出电压的下降斜率 K_{down} 相关，所以可以通过 K_{down} 的值判断负载大小。若 K_{down} 的值较小，则 I_o 的值较小，说明负载较轻；若 K_{down} 的值较大，则 I_o 的值较大，说明负载较重。

根据以上描述，当 HTL 模式结束时，可以根据输出电压的下降斜率 K_{down} 的值判断当前系统负载的大小，进而确定系统该跳转至哪种稳态工作模式，给予合适的初始输入能量，与负载功耗匹配，避免因能量不匹配导致的输出电压振荡。

3. 动态算法仿真分析

上述高动态算法基于 20V/5A 的 PSR 峰值电流多模式控制的反激变换器进行仿真验证。

1) 小范围负载切换

当负载发生小范围切换时，输出电压波动较小，不会超过设定的上下限，系统不会进入动态模式，而是采用多模式控制，利用 PI 补偿算法进行调节。图 6.62 为小范围负载切换仿真图，图中分别给出了 V_o、I_o、mode 的波形。图 6.62(a)为 90%负载切换至 10%负载的动态过程仿真图，由 V_o 的波形图可知，该动态过程的上冲电压为 0.89V，恢复时间为 4.5ms；由模式变量 mode 的波形可知，动态过程依次历经 PFM、DPWM、DPFM 模式，最终稳定在 DPWM 模式。图 6.62(b)为 20%负载切换至 50%负载的动态过程仿真图，由 V_o 的波形图可知，该动态过程的下冲电压为 0.65V，恢复时间为 1.5ms；由模式变量 mode 的波形可知，动态过程依次历经 DPWM、PFM 模式，最终稳定在 PWM 模式。由仿真结果可知，当负载发生小范围切换时，V_o 不会超过 V_{omax}(21V)，系统不会进入动态模式，仍由多模式控制，输出电压能较快地稳定至 20V。

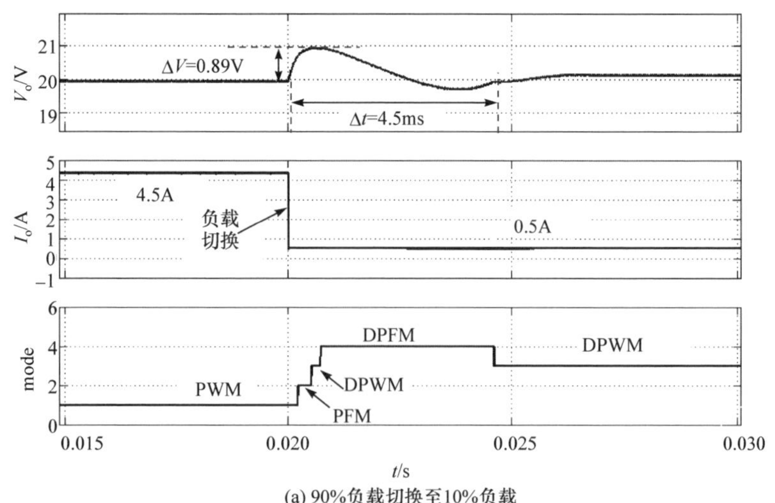

(a) 90%负载切换至10%负载

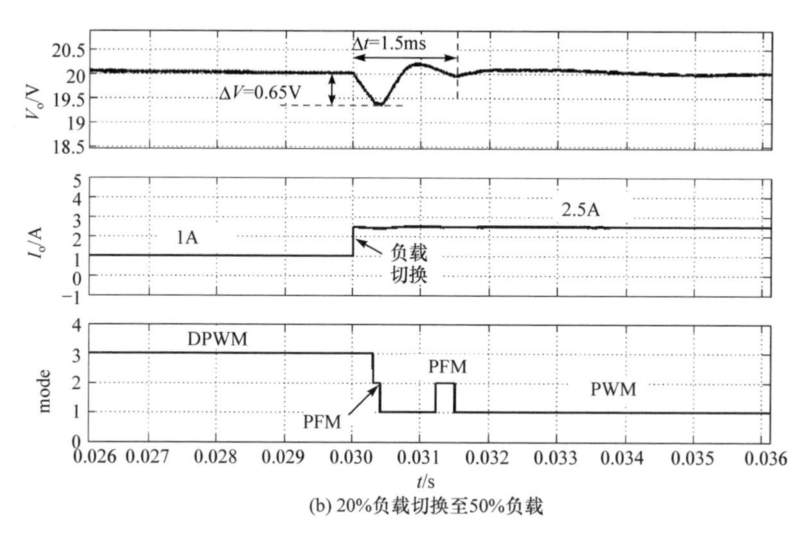

(b) 20%负载切换至50%负载

图 6.62　小范围负载切换动态过程仿真图

2) 轻载切换重载的动态特性

图 6.63 为传统多模式控制下 0.5%负载切满载动态过程的仿真图，图中分别给出了 V_o、I_o、mode 的波形，由 V_o的波形图可得，0.5%负载切满载过程的下冲电压为 4.93V，下冲恢复时间为 54.58ms。由模式变量 mode 的波形可知，0.5%负载时系统工作在 DPFM 模式，满载时系统工作在 PWM_C 模式。负载跳变过程中，系统依次历经 DPFM、DPWM、PFM、PWM 模式，最终稳定在 PWM_C 模式。由于模式间只能按顺序切换，导致动态调节速度过慢，下冲电压过大，动态恢复时间过长。

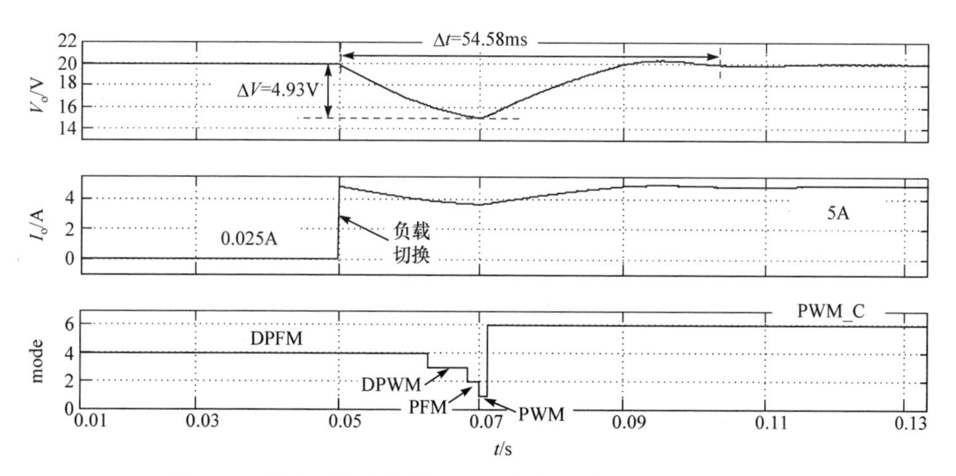

图 6.63　传统多模式控制下 0.5%负载切满载动态过程仿真图

当负载由轻载向重载切换，且负载切换范围较大时，输出电压的下冲会小于

下阈值电压 V_{omin}，系统会进入 LTH 模式，进行 CCM 大电流恒流充电，使输出电压迅速上升至额定值。图 6.64 为高动态算法控制下 0.5%负载切满载动态过程仿真图。其中，图 6.64(a)为动态响应效果图，图中分别给出了 V_o、I_o、mode 的波形。由 V_o 的波形图可得，0.5%负载切满载过程的下冲电压为 1.45V，下冲恢复时间为 566.7μs。由模式变量 mode 的波形可知，0.5%负载下系统工作在 DPFM 模式，满载下系统工作在 PWM_C 模式。图中，负载切换导致输出电压下冲幅度超过 1V，使系统进入 LTH 模式，开始进行 CCM 大电流充电，输出电压 V_o 立即停止下降并开始上升，且 LTH 模式内 V_o 呈线性上升。当 V_o 上升至 20V 时进行负载点判断，系统跳转至 PWM_C 模式，且负载点判断准确，输出电压无后续波动。通过对比可知，本例中所设计的高动态控制算法能够显著提升 PSR 反激变换器轻载向重载

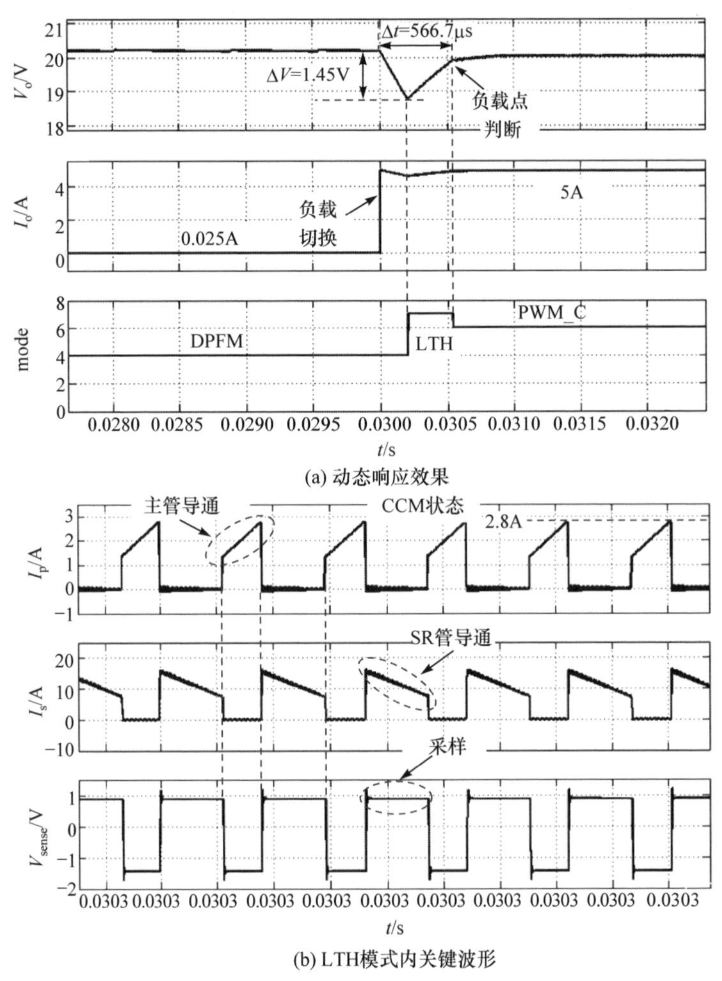

(a) 动态响应效果

(b) LTH模式内关键波形

图 6.64 高动态算法控制下 0.5%负载切满载动态过程仿真图

跳变过程的动态性能，大大减小下冲电压，缩短恢复时间。图 6.64(b)为 LTH 模式内的关键波形，分别为原边电流 I_p、副边电流 I_s、辅助绕组电压 V_{sense}，由图可得，LTH 模式内系统工作在 CCM 状态，且原边电流峰值达到 2.8A，以大电流充电，使得 V_o 迅速上升，显著提升轻载切重载过程的动态性能。

3) 重载切换轻载的动态特性

图 6.65 为传统多模式控制下满载切 0.5%负载动态过程仿真图，图中分别给出了 V_o、I_o、mode 的波形，由 V_o 的波形图可得，满载切 0.5%负载过程的过冲电压为 1.8V，过冲恢复时间为 39.6ms。由模式变量 mode 的波形可知，满载时系统工作在 PWM_C 模式，0.5%负载时系统工作在 DPFM 模式。负载跳变过程中，系统依次历经 PWM_C、PWM、PFM、DPWM 模式，最终稳定在 DPFM 模式。由于模式间只能按顺序切换，导致动态调节速度过慢，放电速度慢，过冲电压过大，动态恢复时间过长。

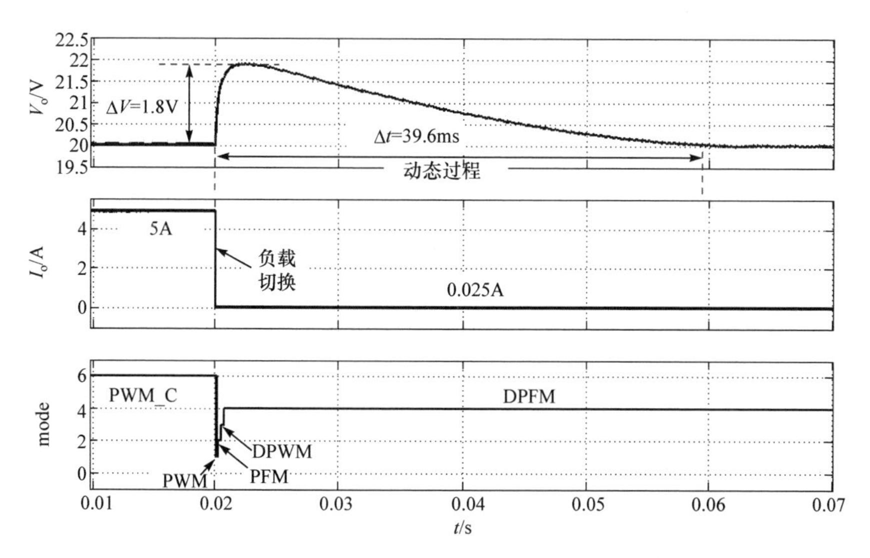

图 6.65　传统多模式控制下满载切 0.5%负载动态过程仿真图

当负载由重载切轻载，且负载切换范围较大时，输出电压的过冲会大于上阈值电压 V_{omax}，系统将工作在 HTL 模式，进行快速放电控制，使输出电压迅速下降至额定值。

图 6.66 为高动态算法控制下满载切 0.5%负载动态过程仿真图。图 6.66(a)为动态响应效果图，由 V_o 波形可得，满载切 0.5%负载过程的上冲电压为 1.06V，上冲恢复时间为 580.7μs。由模式变量 mode 的波形可知，满载时系统工作在 PWM_C 模式，0.5%负载时系统工作在 DPFM 模式。负载切换导致输出电压上冲幅度超过 1V，使系统进入 HTL 模式。进入 HTL 模式后，输出电压 V_o 立即停止上升并开始

下降，且 HTL 模式内 V_o 呈线性下降。当 V_o 下降至 20V 时进行负载点判断，跳转至 DPFM 模式，且负载点判断准确，V_o 无后续波动。图 6.66(b)为 HTL 模式内关键波形，分别为原边电流 I_p、副边电流 I_s、辅助绕组电压 V_{sense}。由图中虚线圈所标注的波形可得，HTL 模式内当 Duty_SR=1 时，I_s 负向线性增大，从负载电容上抽取能量，并存储在励磁电感中；Duty_SR=0 的初始阶段，原边电流 I_p 由负向的最大值线性减小为 0，励磁电感中存储的能量释放完毕，将能量传回原边，当 I_p=0 之后，V_{sense} 波形出现振荡，直到下次同步整流管导通，如此循环往复，使得 V_o 迅速下降，显著提升重载切轻载过程的动态性能。

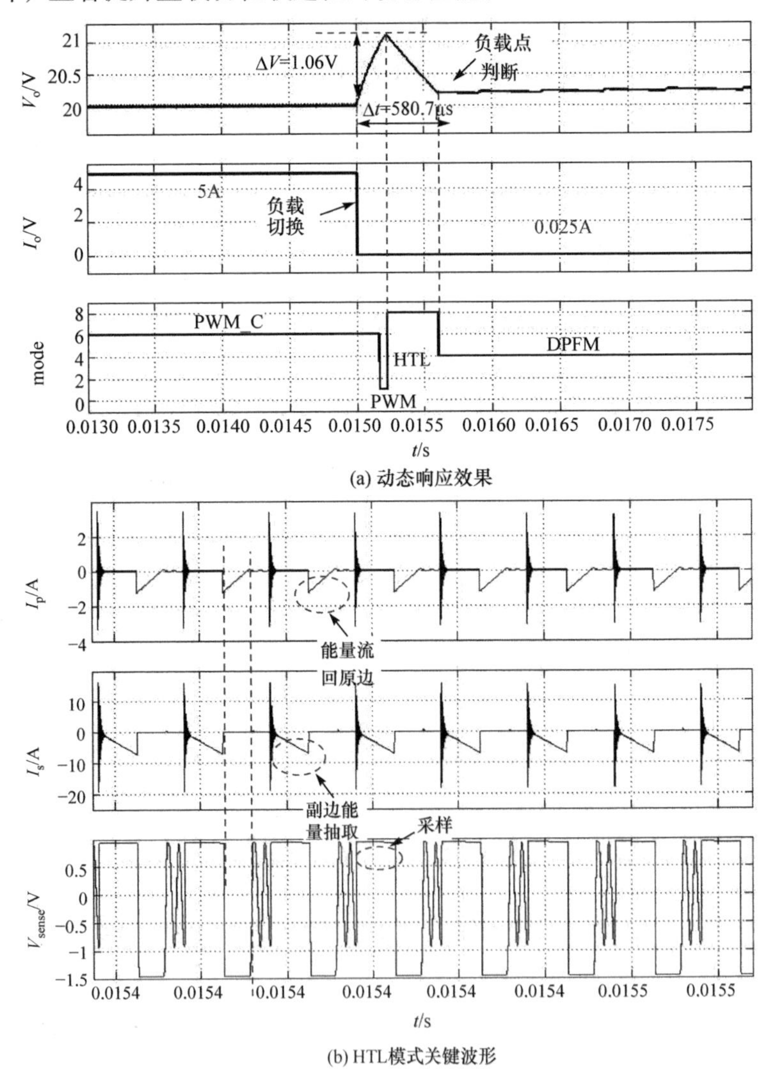

(a) 动态响应效果

(b) HTL模式关键波形

图 6.66　高动态算法控制下满载切 0.5%负载动态过程仿真图

通过上述对比可知，本例中所设计的高动态控制算法能够显著提升 PSR 反激变换器重载向轻载跳变过程的动态性能，大大减小了过冲电压，缩短了恢复时间。

6.2.5　单管谐振控制技术

针对高频高功率密度变换器的需求，准谐振变换器是一种常用变换器拓扑[22-28]，但其开关频率一般低于 500kHz。本节将介绍一种高频单管谐振反激变换器拓扑，这种拓扑能够实现开关管零电流关断，并利用寄生参数引入的谐振实现开关管谷底导通，大大减小开关损耗，进一步提高开关频率，其开关频率能够提升到 1MHz 以上。针对所提出的单管谐振变换器，提出一种闭环控制电路的实现方法，并讨论基于电流检测的谷底导通技术与过流保护算法的实现。为进一步提高变换器的输出电压精度，还将介绍一种高精度低纹波控制算法。

1. 单管谐振反激变换器的工作原理

本节所提出新型变换器拓扑如图 6.67 所示，相对传统反激变换器，该拓扑去除了 RCD 钳位电路，在原边增加了串联谐振电感 L_r，并在输出绕组上并联谐振电容 C_r。变压器的漏感 L_{lk} 可以归纳入电感 L_r 中，即 L_r 为变压器原边漏感以及实际外接谐振电感之和，这里仅以 L_r 表示。

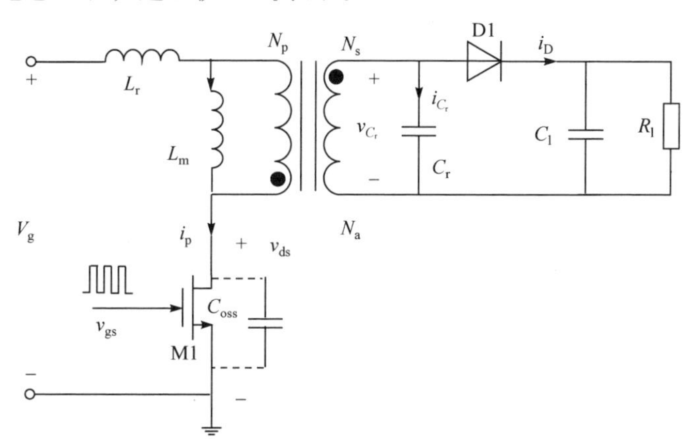

图 6.67　新型 MHz 级隔离型单管变换器拓扑

考虑变压器的励磁电流 i_m 的变化，变换器工作 CCM 中，其工作波形如图 6.68 所示。其中 v_{gs} 为开关管的栅端驱动电压，v_{C_r} 为谐振电容 C_r 的电压，i_p 为变压器原边绕组电流，i_D 为输出二极管电流，v_{ds} 为开关管漏端电压。在 CCM 中，单个开关周期可以分为四个工作模态，下面分别对电路的不同工作模态进行分析。

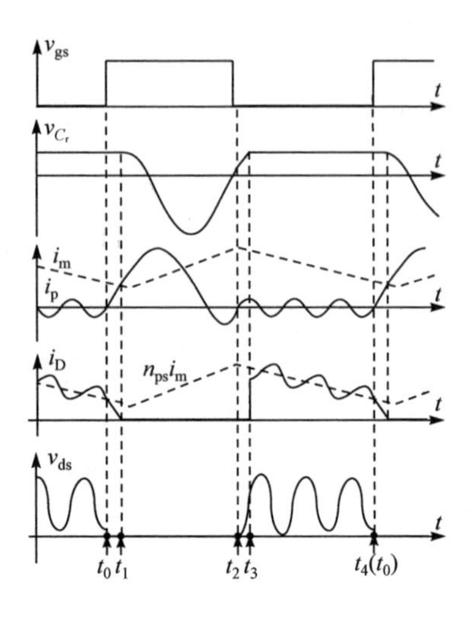

图 6.68　CCM 的工作波形

1) 工作原理

工作模态 a，$t_{10}(t_0\sim t_1)$：在 t_0 时刻开关管导通，此时 v_{ds} 电压位于其谐振的最低点，实现了谷底导通，大大减小了开关导通损耗。变换器的等效电路如图 6.69(a) 所示，在 t_0 时刻，励磁电流 $i_m(t_0)$ 大于原边电流 $i_p(t_0)$，输出二极管电流 i_D 等于输出绕组电流 i_s。在该阶段谐振电容电压 v_{C_r} 等于输出二极管正向导通电压 V_f 与输出电容电压 V_{out} 之和，为简化分析，将等效输出电压定义为输出二极管导通电压 V_f 与实际输出电压 V_{out} 之和。

$$V_o = V_{out} + V_f \tag{6.57}$$

为了简化分析，将变压器输出电路等效到原边，电容 C_r' 是电容 C_r 等效到原边的电容，v_{C_r}' 是电容 C_r' 的电压，C_r 与 C_r' 的容值及电压关系如式(6.58)所示。n_{ps} 为变压器原副边匝比，N_p 为原边绕组匝数，N_s 为副边绕组匝数。

$$C_r' = C_r / n_{ps}^2\,,\quad v_{C_r}' = n_{ps} v_{C_r}\,,\quad n_{ps} = N_p / N_s \tag{6.58}$$

在工作模态 a，由于 v_{C_r} 保持不变，变压器原副边的电压均保持不变，等效电路可以进一步简化为图 6.69(b)。原边电流 i_p，励磁电流 i_m 以及输出二极管电流 i_D 可以表达为

$$\begin{cases} L_r \dfrac{\mathrm{d}i_p(t)}{\mathrm{d}t} = V_g + n_{ps} V_o \\ L_m \dfrac{\mathrm{d}i_m(t)}{\mathrm{d}t} = -n_{ps} V_o \\ i_D(t) = n_{ps}(i_m(t) - i_p(t)) \end{cases} \tag{6.59}$$

在该阶段，原边电流 i_p 线性增加，励磁电流 i_m 线性减小，输出二极管电流 i_D 线性下降，在 t_1 时刻，i_D 下降为零，二极管实现了零电流关断，工作模态 a 结束。

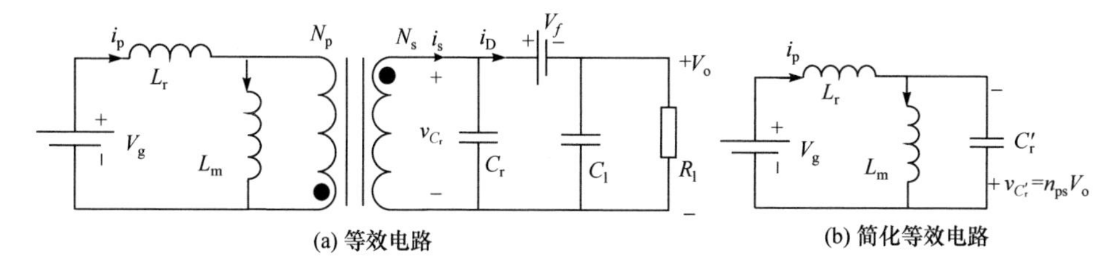

图 6.69　工作模态 a 的等效电路

工作模态 b，$t_{21}(t_1\sim t_2)$：在 t_1 时刻，输出二极管反向截止，其等效电路如图 6.70(a)所示，此时电感 L_r，电容 C_r 以及变压器励磁电感 L_m 三者组成 LC 谐振网络。为了简化分析，电路可以进一步简化为图 6.70(b)，L_m、L_r、C_r' 三者并联组成 LC 谐振网络。

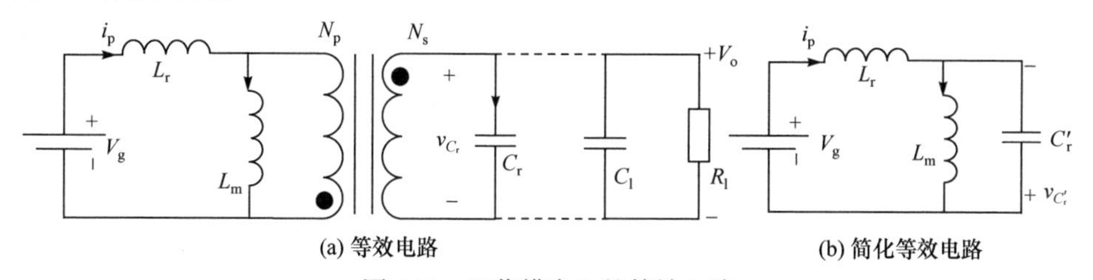

图 6.70　工作模态 b 的等效电路

i_m、i_p 及 $v_{C_r'}$ 的解析关系如式(6.60)所示，其解析表达式如式(6.61)所示。该模态的谐振网络的角频率 w_1 由 L_m、L_r 的并联电感与电容 C_r' 之间的 LC 谐振决定。原边电流 i_p 与励磁电流 i_m 均可以看成一个正弦电流分量与一个线性电流分量之和，当原边电流 i_p 的正弦电流分量振幅足够大，且 i_p 的最小值能够下降到零电流以下时，可以确保实现零电流关断。在此过程中，励磁电流 i_m 的正弦电流分量振幅较小，i_m 的变化趋势主要由其线性分量决定，随着 i_m 的升高，输入功率存储在变压器中。电容 C_r' 的电压可以看成一个余弦电压分量与一个直流电压分量的叠加。在 t_2 时刻，原边电流 i_p 上升到零电流，开关管关断，实现了零电流关断。

$$\begin{cases} L_m \dfrac{di_m(t)}{dt} = -v_{C_r'}(t) \\ L_r \dfrac{di_p(t)}{dt} = V_g + v_{C_r'}(t) \\ C_r \dfrac{dv_{C_r'}(t)}{dt} = i_m(t) - i_p(t) \end{cases} \tag{6.60}$$

$$
\begin{cases}
i_{\mathrm{m}}(t-t_1)=-\dfrac{v_{C_{\mathrm{r}}'}(t_1)+V_{\mathrm{ge}}}{w_1 L_{\mathrm{m}}}\sin[w_1(t-t_1)]+\dfrac{V_{\mathrm{g}}}{L_{\mathrm{m}}+L_{\mathrm{r}}}(t-t_1)+i_{\mathrm{m}}(t_1)\\
i_{\mathrm{p}}(t-t_1)=\dfrac{v_{C_{\mathrm{r}}'}(t_1)+V_{\mathrm{ge}}}{w_1 L_{\mathrm{r}}}\sin[w_1(t-t_1)]+\dfrac{V_{\mathrm{g}}}{L_{\mathrm{m}}+L_{\mathrm{r}}}(t-t_1)+i_{\mathrm{m}}(t_1)\\
v_{C_{\mathrm{r}}'}(t-t_1)=(v_{C_{\mathrm{r}}'}(t_1)+V_{\mathrm{ge}})\cos[w_1(t-t_1)]-V_{\mathrm{ge}}
\end{cases}
$$

$$
V_{\mathrm{ge}}=\frac{L_{\mathrm{m}}}{L_{\mathrm{m}}+L_{\mathrm{r}}}V_{\mathrm{g}}, \qquad w_1=\sqrt{\frac{1}{C_{\mathrm{r}}'}\left(\frac{1}{L_{\mathrm{m}}}+\frac{1}{L_{\mathrm{r}}}\right)} \tag{6.61}
$$

工作模态 c，$t_{32}(t_2\sim t_3)$：在 t_2 时刻，开关管关断，此时 $v_{C_{\mathrm{r}}}$ 小于输出电容电压，输出二极管维持关断，等效电路如图 6.71(a)所示，L_{m}、L_{r}、C_{r} 以及开关管漏源电容 C_{oss} 组成谐振网络，等效电路可以简化为图 6.71(b)。i_{p}、i_{m}、$v_{C_{\mathrm{r}}'}$ 及开关管漏端电压 v_{ds} 可以由式(6.62)表示，以此可以推导得出，在该阶段的存在两个谐振频率分量，其角频率 w_{21}、w_{22} 如式(6.63)所示，w_{21} 为高频分量，其谐振频率近似等于 L_{r} 与 C_{oss} 的串联谐振频率，w_{22} 为低频分量，谐振频率近似等于 L_{m} 与 C_{r}' 的并联谐振频率，因此，该阶段可以简化为两个独立的 LC 谐振网络，一是 L_{r} 以 i_{p} 电流给电容 C_{oss} 充放电，二是 L_{m} 以 i_{m} 给 C_{r} 充放电。由于 i_{m} 较大，$v_{C_{\mathrm{r}}}$ 的上升速度快，该模式维持时间较短。在 t_3 时刻，$v_{C_{\mathrm{r}}}$ 电压高于输出电容电压时，输出二极管导通，该模态结束。

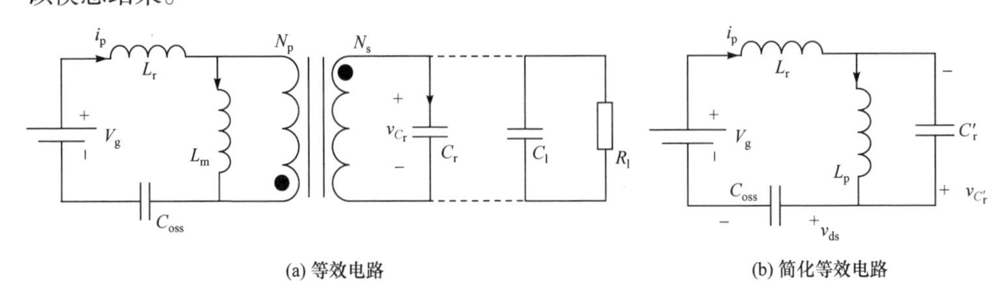

(a) 等效电路　　(b) 简化等效电路

图 6.71　工作模态 c 等效电路

$$
\begin{cases}
L_{\mathrm{m}}\dfrac{\mathrm{d}i_{\mathrm{m}}(t)}{\mathrm{d}t}=-v_{C_{\mathrm{r}}'}(t)\\
L_{\mathrm{r}}\dfrac{\mathrm{d}i_{\mathrm{p}}(t)}{\mathrm{d}t}=V_{\mathrm{g}}+v_{C_{\mathrm{r}}'}(t)-v_{\mathrm{ds}}(t)\\
C_{\mathrm{r}}\dfrac{\mathrm{d}v_{C_{\mathrm{r}}'}(t)}{\mathrm{d}t}=i_{\mathrm{m}}(t)-i_{\mathrm{p}}(t)\\
C_{\mathrm{oss}}\dfrac{\mathrm{d}v_{\mathrm{ds}}(t)}{\mathrm{d}t}=i_{\mathrm{p}}(t)
\end{cases} \tag{6.62}
$$

$$w_{22}=\sqrt{\frac{b-\sqrt{b^2-4a}}{2a}}\approx\frac{1}{\sqrt{L_\mathrm{m}C_\mathrm{r}'}},\quad w_{21}=\sqrt{\frac{b+\sqrt{b^2-4a}}{2a}}\approx\frac{1}{\sqrt{L_\mathrm{r}C_\mathrm{oss}}}$$

$$a=L_\mathrm{m}C_\mathrm{r}'L_\mathrm{r}C_\mathrm{oss},\quad b=L_\mathrm{r}C_\mathrm{oss}+L_\mathrm{m}C_\mathrm{r}'+L_\mathrm{m}C_\mathrm{oss} \tag{6.63}$$

工作模态 d，$t_{43}(t_3\sim t_4)$：在 t_4 时刻，输出二极管导通，其等效电路如图 6.72 所示。在该阶段，电压 v_{Cr} 为等效输出电压 V_o、i_p、i_m、$v_{C_\mathrm{r}'}$ 及开关管漏端电压 v_ds 可以由式(6.64)表示。L_r 与 C_oss 串联谐振，且谐振角频率 w_3 如式(6.65)所示。在该阶段，变压器通过输出二极管给输出电容以及输出负载供电。在 t_4 时刻，v_ds 电压谐振到其最低点，此时开关管导通，实现了谷底导通。

$$\begin{cases}L_\mathrm{m}\dfrac{\mathrm{d}i_\mathrm{m}(t)}{\mathrm{d}t}=-n_\mathrm{ps}V_\mathrm{o}\\ L_\mathrm{r}\dfrac{\mathrm{d}i_\mathrm{p}(t)}{\mathrm{d}t}=V_\mathrm{g}+n_\mathrm{ps}V_\mathrm{o}-v_\mathrm{ds}(t)\\ C_\mathrm{oss}\dfrac{\mathrm{d}v_\mathrm{ds}(t)}{\mathrm{d}t}=i_\mathrm{p}(t)\\ v_{C_\mathrm{r}'}(t)=n_\mathrm{ps}V_\mathrm{o}\end{cases} \tag{6.64}$$

$$w_3=\sqrt{\frac{1}{L_\mathrm{r}C_\mathrm{oss}}} \tag{6.65}$$

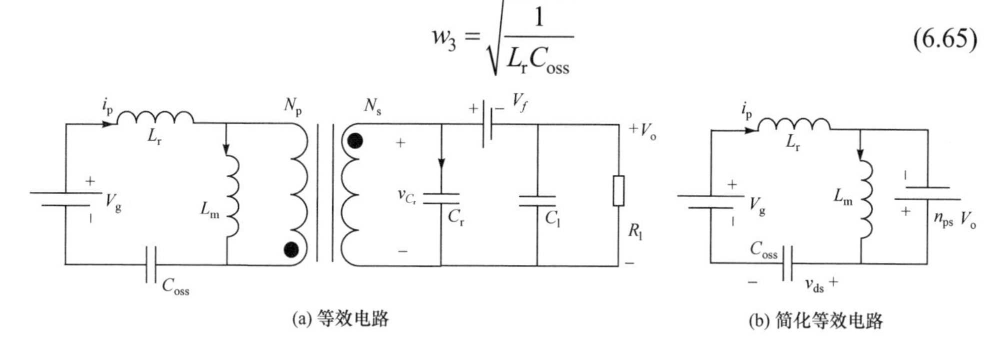

图 6.72　工作模态 d 等效电路

由以上分析可以看到，所提出单管谐振反激变换器拓扑在 CCM 中实现了开关管谷底导通与零电流关断及二极管零电流关断，其开关损耗大大减小，实现了变换器的高频化。

2) 电路特性分析

CCM 的电路解析分析如下。

(1) t_{10} 阶段。

在 CCM 中，根据式(6.57)，i_p、i_m、i_D 在该模态可以表示为式(6.66)，$i_{\mathrm{p}0}$、$i_{\mathrm{m}0}$ 分别代表在 t_0 时刻电流 i_p 与 i_m 的大小。在 t_1 时刻，电流 i_m 记为 $i_{\mathrm{m}1}$。

$$\begin{cases} i_{\mathrm{p}}(t-t_0)=\dfrac{V_{\mathrm{g}}+n_{\mathrm{ps}}V_{\mathrm{o}}}{L_{\mathrm{r}}}(t-t_0)+i_{\mathrm{p}}(t_0) \\ i_{\mathrm{m}}(t-t_0)=-\dfrac{n_{\mathrm{ps}}V_{\mathrm{o}}}{L_{\mathrm{m}}}(t-t_0)+i_{\mathrm{m}}(t_0) \\ i_{\mathrm{D}}(t-t_0)=n_{\mathrm{ps}}\left(-\dfrac{n_{\mathrm{ps}}V_{\mathrm{o}}}{L_{\mathrm{m}}}-\dfrac{V_{\mathrm{g}}+n_{\mathrm{ps}}V_{\mathrm{o}}}{L_{\mathrm{r}}}\right)(t-t_0) \end{cases} \tag{6.66}$$

(2) t_{21}阶段。

在 CCM 中，基于式(6.61)，在 t_{21} 阶段的原边电流 i_{p}，励磁电流 i_{m}，可以重新表达为式(6.67)。可以看到电流 i_{p} 在 t_{21} 阶段的波形主要由参数 A_1, k 以及 i_{m1} 决定，A_1 是谐振电流分量的振幅，k 是线性电流分量的上升速度，i_{m1} 是线性电流分量的在 t_1 时刻的初始值。

$$i_{\mathrm{p}}(t-t_1)=A_1\sin[w_1(t-t_1)]+k(t-t_1)+i_{\mathrm{m1}}\,,\quad A_1=\frac{n_{\mathrm{ps}}V_{\mathrm{o}}+V_{\mathrm{ge}}}{w_1L_{\mathrm{r}}}\,,\quad k=\frac{V_{\mathrm{g}}}{L_{\mathrm{m}}+L_{\mathrm{r}}} \tag{6.67}$$

$$i_{\mathrm{m}}(t-t_1)=A_1\frac{L_{\mathrm{r}}}{L_{\mathrm{m}}}\sin[w_1(t-t_1)]+k(t-t_1)+i_{\mathrm{m1}} \tag{6.68}$$

为了保证实现零电流关断，需要保证式(6.69)有解：

$$A_1\sin[w_1(t-t_1)]+k(t-t_1)+i_{\mathrm{m1}}=0 \tag{6.69}$$

对式(6.67)求导可得

$$\frac{\mathrm{d}i_{\mathrm{p}}(t-t_1)}{\mathrm{d}t}=w_1A_1\cos[w_1(t-t_1)]+k \tag{6.70}$$

i_{p} 电流及其导数波形如图 6.73 所示，当 k 大于 w_1A_1 时，$i_{\mathrm{p}}(t-t_1)$的导数恒大于0，i_{p} 单调上升，无法实现开关管零电流关断，传统线性反激变换器属于这种情况。在高频变换器设计中，需要保证 k 相对 w_1A_1 不能太大，即需要励磁电感 L_{m} 不能太小。图 6.73 中，t_{a}、t_{b} 为导数等于零的时刻，可以由式(6.71)计算得到。t_{a} 时刻，i_{p} 达到其峰值 $i_{\mathrm{p\_max}}$，$i_{\mathrm{p\_max}}$ 可以由式(6.73)计算得到；t_{b} 时刻发生，i_{p} 电流达到其最小值 $i_{\mathrm{p\_min}}$，如式(6.74)所示。

$$w_1A_1\cos[w_1(t-t_1)]+k=0 \tag{6.71}$$

$$t_{\mathrm{a}}=\frac{1}{w_1}\arccos\left(-\frac{k}{w_1A_1}\right)+t_1\,,\quad t_{\mathrm{b}}=\frac{1}{w_1}\left[2\pi-\arccos\left(-\frac{k}{w_1A_1}\right)\right]+t_1 \tag{6.72}$$

$$i_{\mathrm{p\_max}}=A_1\sqrt{1-\left(\frac{k}{w_1A_1}\right)^2}+\frac{k}{w_1}\cdot\arccos\left(-\frac{k}{w_1A_1}\right)+i_{\mathrm{m1}} \tag{6.73}$$

$$i_{\mathrm{p\_min}}=-A_1\sqrt{1-\left(\frac{k}{w_1A}\right)^2}+\frac{k}{w_1}\cdot\left[2\pi-\arccos\left(-\frac{k}{w_1A}\right)\right]+i_{\mathrm{m1}} \tag{6.74}$$

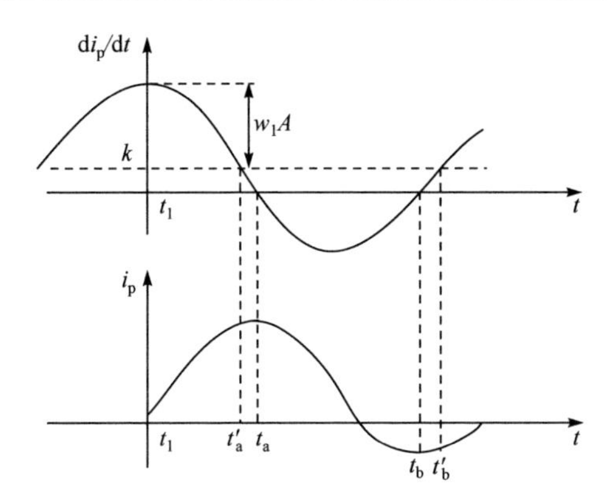

图 6.73　i_p电流及其导数波形

为了确保能够实现零电流关断，需要确保原边电流的最小值 i_{p_min} 小于等于零，而求解 i_{p_min} 等于零的方程难度较高，因此，提出近似计算 i_{p_min} 与 i_{p_max} 的方法。当 k 相对 w_1A_1 可以忽略时，t_a 与 t_b 可以近似为 t'_a 与 t'_b，i_{p_max} 与 i_{p_min} 可以近似为 i'_{p_max} 与 i'_{p_min}，i'_{p_max} 与 i'_{p_min} 为 t'_a 与 t'_b 对应的 i_p 电流值。

$$t_a \approx t'_a = \frac{\pi}{2} + t_1 , \quad t_b \approx t'_b = \frac{3\pi}{2} + t_1 \tag{6.75}$$

$$i'_{p\_max} = A\sqrt{1 - \left(\frac{k}{w_1A}\right)^2} + \frac{\pi}{2}\frac{k}{w_1} + i_{m1} , \quad i'_{p\_min} = -A\sqrt{1 - \left(\frac{k}{w_1A}\right)^2} + \frac{3\pi}{2}\frac{k}{w_1} + i_{m1} \tag{6.76}$$

由于 i'_{p_min} 大于 i_{p_min}，当 i'_{p_min} 小于等于零时，能够确保 i_{p_min} 小于零，并实现零电流关断。在 t_2 时刻，i_p 电流等于零，为了计算方便，将此时的 i_p、i_m、$v_{C'_r}$、v_{ds} 记为 i_{p2}、i_{m2}、$v_{C'_{r2}}$、v_{ds2}。

(3) t_{32} 阶段。

在 t_{32} 阶段，变换器的谐振网络由 L_r、L_m、C_{oss} 及 C'_r 构成，其中包含两个谐振频率 w_{21}、w_{22}，在该阶段，原边电流 i_p 直流分量为零，参考式(6.62)，可以得到

$$i_p(t-t_2) = A_{21}\sin[w_{21}(t-t_2)+\varphi_{21}] + A_{22}\sin[w_{22}(t-t_2)+\varphi_{22}] \tag{6.77}$$

A_{21} 与 φ_{21} 为频率分量 w_{21} 的幅度与相位，A_{22} 与 φ_{22} 为频率分量 w_{22} 的幅度与相位。参考式(6.62)，v_{ds}、$v_{C'_r}$、i_m 可以表达为

$$v_{ds}(t-t_2) = V_g - N_1A_{21}\cos[w_{21}(t-t_2)+\varphi_{21}] - N_2A_{22}\cos[w_{22}(t-t_2)+\varphi_{22}]$$

$$N_1 = \frac{1}{C_{oss}w_{21}} , \quad N_2 = \frac{1}{C_{oss}w_{22}} \tag{6.78}$$

$$v_{C'_r}(t-t_2) = P_1A_{21}\cos[w_{21}(t-t_2)+\varphi_{21}] + P_2A_{22}\cos[w_{22}(t-t_2)+\varphi_{22}] \tag{6.79}$$

$$P_1 = L_rw_{21} - N_1 , \quad P_2 = L_rw_{22} - N_2$$

$$i_m(t-t_2) = M_1A_{21}\sin[w_{21}(t-t_2)+\varphi_1] + M_2A_{22}\sin[w_{22}(t-t_2)+\varphi_2]$$

$$M_1=-\frac{P_1}{w_{21}L_{\mathrm{m}}}\text{，}\quad M_2=-\frac{P_2}{w_{22}L_{\mathrm{m}}} \tag{6.80}$$

将 t_{32} 阶段的初值 i_{p2}、i_{m2}、$v_{C'_{\mathrm{r2}}}$、v_{ds2} 代入式(6.77)～式(6.80)，可以得到

$$A_{21}\sin\varphi_{21}=\frac{I_{\mathrm{p2}}M_2-I_{\mathrm{m2}}}{M_2-M_1}\text{，}\quad A_{22}\sin\varphi_{22}=\frac{I_{\mathrm{p2}}M_1-I_{\mathrm{m2}}}{M_1-M_2}$$

$$A_{21}\cos\varphi_{21}=\frac{V_{\mathrm{g}}P_2-v_{C'_{\mathrm{r2}}}N_2}{N_1P_2-P_1N_2}\text{，}\quad A_{22}\cos\varphi_{22}=\frac{V_{\mathrm{g}}P_1-v_{C'_{\mathrm{r2}}}N_1}{N_2P_1-P_2N_1} \tag{6.81}$$

基于式(6.81)可以得到 A_{21}、A_{22}、φ_{21} 及 φ_{22}。在 t_3 时刻，$v_{C_{\mathrm{r}}}$ 电压等于输出电压 V_{o}，即在 t_3 时刻，$v_{C'_{\mathrm{r}}}$ 需要满足：

$$v_{C'_{\mathrm{r}}}(t-t_2)=n_{\mathrm{ps}}V_{\mathrm{o}} \tag{6.82}$$

求解式(6.82)可以得到 t_3。将 t_3 时刻的 i_{p}、i_{m}、v_{ds}、$v_{C'_{\mathrm{r}}}$ 等记为 i_{p3}、i_{m3}、v_{ds3}、$v_{C'_{\mathrm{r3}}}$ 用于 t_{43} 阶段的计算。

(4) t_{43} 阶段。

在该阶段，$v_{C_{\mathrm{r}}}$ 输出电压等于输出电压 V_{o}，在该阶段，参考式(6.64)，i_{m}、i_{p}、v_{ds} 可以表示为

$$\begin{cases}i_{\mathrm{m}}(t-t_3)=i_{\mathrm{m3}}-\dfrac{n_{\mathrm{ps}}V_{\mathrm{o}}}{L_{\mathrm{m}}}(t-t_3)\\ i_{\mathrm{p}}(t-t_3)=A_3\sin[w_3(t-t_3)+\varphi_3]\\ v_{\mathrm{ds}}(t-t_3)=(V_{\mathrm{g}}+n_{\mathrm{ps}}V_{\mathrm{o}})-w_3L_{\mathrm{r}}A_3\cos[w_3(t-t_3)+\varphi_3]\end{cases} \tag{6.83}$$

将 i_{p3}、i_{m3}、v_{ds3} 代入式(6.83)可以得到该阶段原边电流 i_{p} 的振荡幅度 A_3 及初始相位 φ_3，如式(6.84)所示，进一步可以得到 v_{ds} 在该阶段的振荡幅度 $w_3L_{\mathrm{r}}A_3$。

$$A_3\sin\varphi_3=i_{\mathrm{p3}}\text{，}\quad A_3\cos\varphi_3=\frac{(V_{\mathrm{g}}+n_{\mathrm{ps}}V_{\mathrm{o}})-V_{\mathrm{ds3}}}{w_3L_{\mathrm{r}}} \tag{6.84}$$

基于式(6.78)，可以将 v_{ds} 电压的直流电压分量 V_{g} 与 w_{22} 对应的低频交流分量之和视为等效直流偏置，即 v_{ds} 以此偏置做频率为 w_{21} 的高频谐振。在 t_{32} 阶段，v_{ds} 可以看成围绕 $V_{\mathrm{g}}+n_{\mathrm{ps}}V_{\mathrm{o}}$ 的直流分量，以 w_3 频率进行谐振，w_{21} 与 w_3 近似相等，因此可以推断出，v_{ds} 在 t_{21} 阶段 w_{21} 频率分量的振幅与 t_{32} 阶段 w_3 频率分量的振幅相等。即

$$w_3L_{\mathrm{r}}A_3=N_2A_{22} \tag{6.85}$$

2. 高效闭环控制技术

由于前面提出单管准谐振电源需实现零电流关断，所以开关管的关断时刻是

由原边电流 i_p 决定的，只能通过调整开关周期的方法来调节平均励磁电流及输出功率，因此采用 PFM 模式进行环路控制，本节所提出的变换控制方法如图 6.74 所示，为了得到输出电压的数字值，通过 ADC 采样输出分压电路得到输出电压数字量 V_{o_d}。当负载功率下降，输出电压升高，此时控制环路增加开关周期以减小输出功率；同理，当负载功率升高时，输出电压下降，控制环路减小开关周期以提高输出功率。

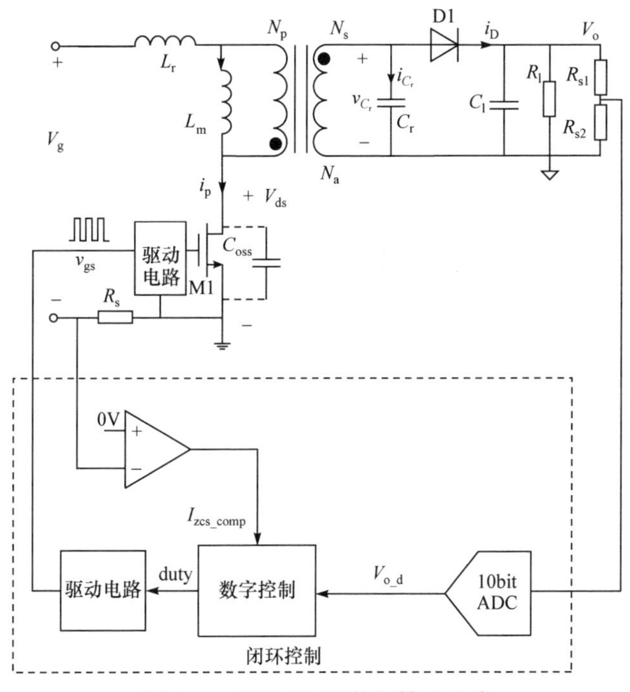

图 6.74　变换器闭环控制算法设计

原边增加电流检测电阻 R_s，通过零电流检测判断原边电流 i_p 的状态，并将比较结果记为 I_{zcs_comp}。谷底导通技术是基于该信号实现的，其工作波形如图 6.75 所示。可以看到开关管关断后，当 i_p 大于零时，v_{ds} 升高，在 i_p 下降到零时，即 I_{zcs_comp} 在其下降沿时刻，v_{ds} 达到其峰值；同样地，当 i_p 小于零，v_{ds} 下降，在 i_p 上升到零时，即 I_{zcs_comp} 在其上升沿时刻，v_{ds} 达到谷底值，此时开通开关管，即可实现谷底导通。

1) 闭环控制电路

在闭环控制中，基于输出电压，采用 PID 控制调制开关周期长度。首先计算当前开关周期的采样电压误差 err，如式(6.86)所示，V_{REF} 是输出电压的数字参考值。然后基于采样误差计算得到当前周期的开关周期长度 T_s。

$$err = V_{REF} - V_{o\_d} \tag{6.86}$$

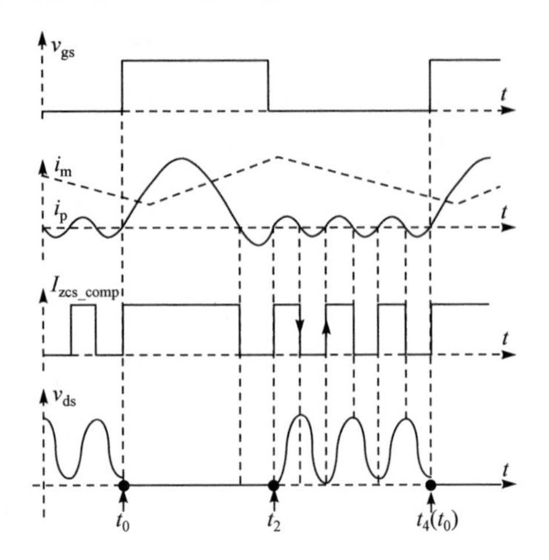

图 6.75　CCM 谷底导通实现方法

如图 6.76(a)所示，采用 PFM 模式，无法确保实现谷底导通，为了实现谷底导通技术，提出了一种基于时间抖动的 PFM 模式控制方法，如图 6.76(b)所示。采用最接近开关周期 T_s 的谷底进行导通，如式(6.87)所示，t_{valley_ccm} 为 v_{ds} 的谐振分量的周期。当检测到 v_{ds} 的第 n 个谷底电压时，从该时刻到开关周期 T_s 结束时刻的时间长度记为 $\Delta t_{valley}(n)$，若 $\Delta t_{valley}(n)$ 小于 $t_{valley\_ccm}/2$，那么第 n+1 个谷底与开关周期 T_s 结束时刻的时间长度则大于 $t_{valley\_ccm}/2$，因此，v_{ds} 的第 n 个谷底时刻是最接近开关周期 T_s 的关断时刻；同样，当检测到 v_{ds} 的第 n+1 个谷底时，该时刻到开关周期 T_s 结束时刻的时间长度 $\Delta t_{valley}(n+1)$ 小于 $t_{valley\_ccm}/2$，即在 v_{ds} 的第 n+1 个谷底导通开关。

$$\Delta t_{valley}(n) < t_{valley\_ccm} / 2 \tag{6.87}$$

2) 过流保护(over current protection, OCP)算法

当原边励磁电流过高时，开关管无法实现零电流关断，并可能导致磁芯饱和，本节内容提出了一种电流过流保护算法。假定稳定时开关管在 v_{ds} 的第 n 个谷底或第 n+1 个谷底时导通开关管，在第 n 个谷底导通，其开关周期偏小，励磁电流上升，在第 n+1 个谷底导通，其开关周期偏大，励磁电流下降。如图 6.77(a)所示，若连续在第 n 个谷底处导通，这可能出现励磁电流过高，以至于无法实现开关管零电流关断，并带来大的漏端电压尖峰。图 6.77(b)是一种过流保护方法，在开关导通阶段，当电流 i_p 下降到零电流以下时，计算负电流的时间长度 t_{minus}，若有负电流，t_{minus}>0，则当前励磁电流仍然在合理范围内；若在开关导通时间内，i_p 电流均大于零，i_p 电流没有负电流过程，即 t_{minus}=0，表明此时励磁电流过高。为了降低励磁电流，延长本开关周期的长度，使得开关管在第 n+1 个谷底导通，以降低励磁电流，防止励磁电流过高，实现过流保护过程。

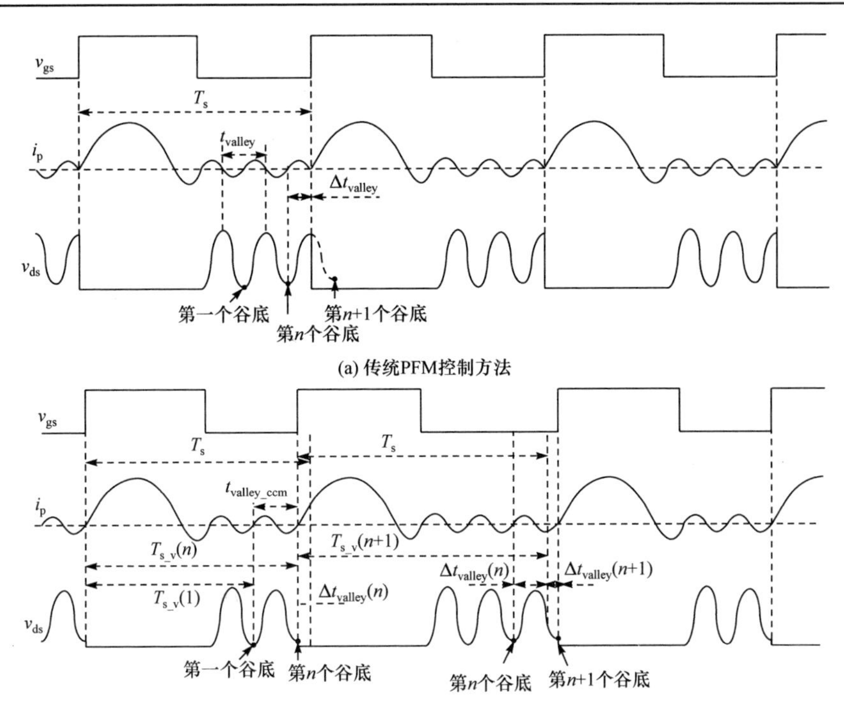

图 6.76　CCM 模式的谷底导通实现

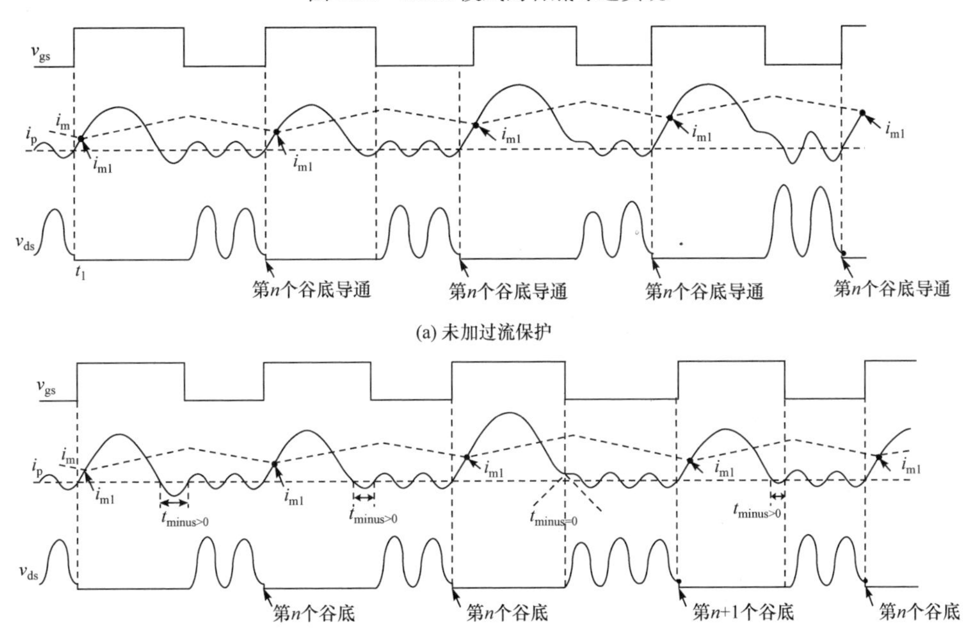

图 6.77　过流保护算法

3) 仿真波形

当环路采用 PFM 模式控制，且不考虑谷底导通实现，只通过开关周期调制输出电压时，不能确保谷底导通的实现。图 6.78 是负载电流为 3A 时的工作波形，此时输出电压纹波较低，但开关管在 v_{ds} 的第一个谷底与第二个谷底之间的某个时刻导通，由于没有实现谷底导通，引入了很大的开关损耗。

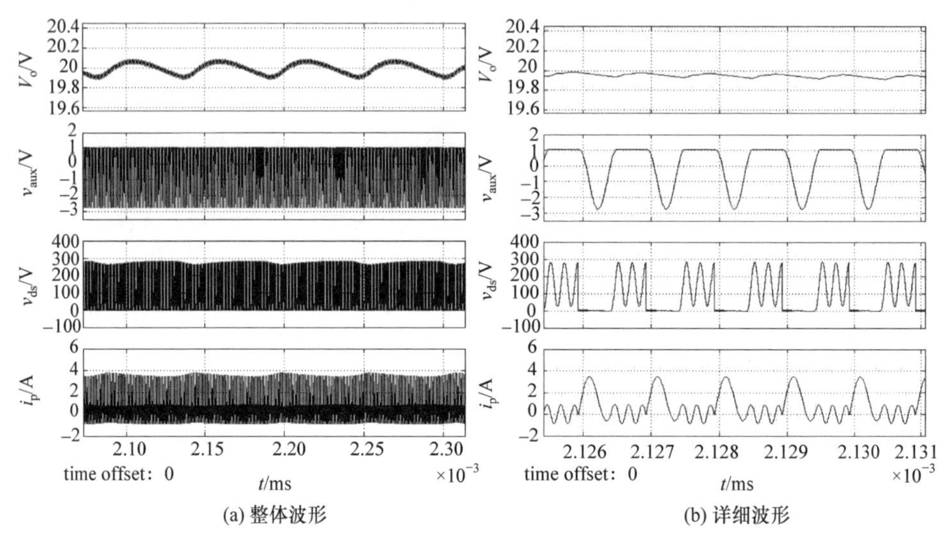

图 6.78　CCM 模式无谷底导通时的仿真波形(20V/3A)

图 6.79 是负载电流为 3A 时，采用基于时间抖动的 PFM 模式实现谷底导通后的工作波形。当电路稳定时，开关管在 v_{ds} 的第二个谷底或第三个谷底时刻开通

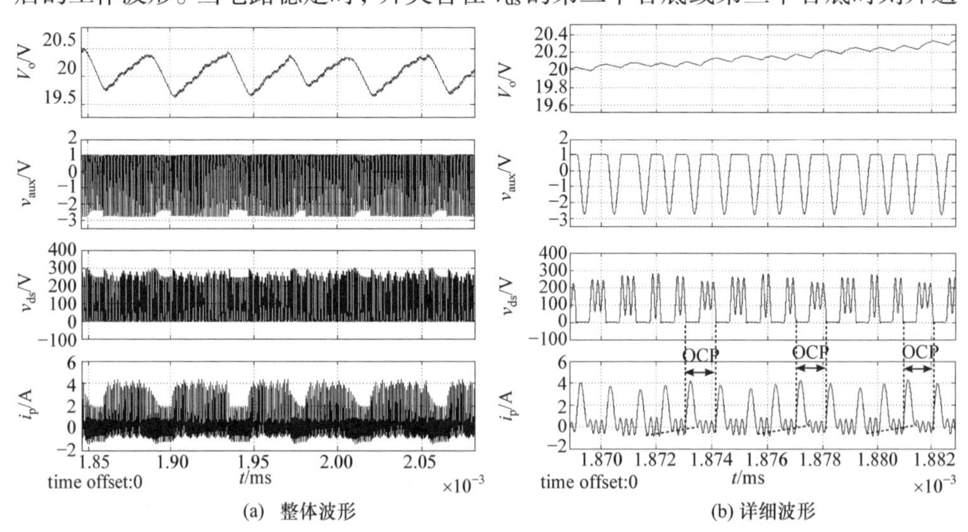

图 6.79　CCM 实现谷底导通时的仿真波形(20V/3A)

开关管，开关损耗大大减小。同时，当原边电流 i_p 在导通阶段检测不到负电流阶段时(t_{minus}=0)，励磁电流过高，当前周期采用在 v_{ds} 的第三个谷底导通以降低励磁电流，实现电路过流保护。

建立本节提出的变换器拓扑实测系统，开关频率为 1MHz，输出为 12V/3A。图 6.80 是实现谷底导通前后的效率对比结果。当实现谷底导通后，变换器的平均效率提升近似为 10%，因此可以看到，高频下的开关损耗是主要损耗，在实现谷底导通后，开关损耗大大减小。变换器的效率变化趋势是随负载减小而减小，在传统 PFM 模式中，效率随负载减小不是单调减小的，该效率波动主要是由开关管 v_{ds} 的波动引入的。

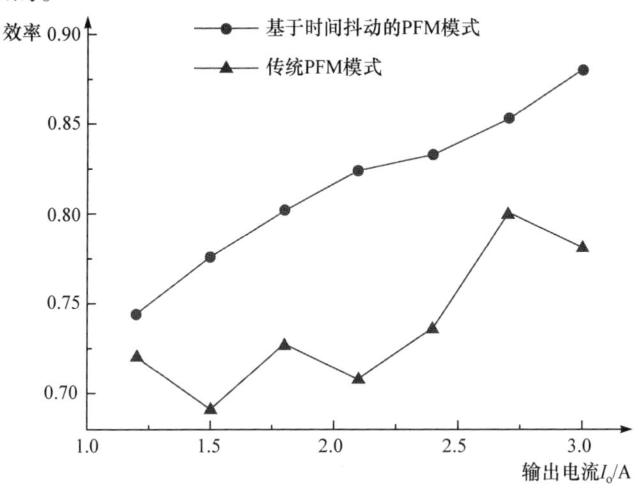

图 6.80　采用谷底导通前后的效率对比

3. 高精度控制技术

输出电压的精度与纹波是变换器性能的重要指标，前面主要讨论了所提出的 MHz 级单管准谐振反激变换器的闭环实现方法。变换器实现了 CCM 谷底导通，极大地提升了变换器效率，但带来输出电压纹波较大的问题。本节主要研究提高输出电压精度与减小输出电压纹波的方法。

1) 稳态特性分析

在 CCM 中，若不考虑谷底导通，在 t_{21} 阶段，原边电流可以表达为式(6.88)，i_{m1} 为 t_1 时刻的励磁电流。在 t_{32} 阶段，由于励磁电流 i_m 远大于原边电流 i_p 且近似保持不变，因此在 t_{32} 阶段，v_{C_r} 以 t_2 时刻 v_{C_r} 的切线斜率上升至输出电压 V_o。

$$i_p(t-t_1)=A_1\sin[w_1(t-t_1)]+k(t-t_1)+i_{m1}\text{，}\quad A_1=\frac{n_{ps}V_o+V_{ge}}{w_1L_r}\text{，}\quad k=\frac{V_g}{L_m+L_r} \tag{6.88}$$

$$v_{C_r}(t-t_1)=(V_o+V_{ge}/n_{ps})\cos[w_1(t-t_1)]-V_{ge}/n_{ps} \tag{6.89}$$

如图 6.81 所示，当 i_{m1} 增加时，稳态波形从虚线波形变化为实线波形，t_{21} 减小，$t_{31}(t_{on})$减小，并且 v_{C_r} 在 t_{31} 阶段的伏秒值上升，由于 v_{C_r} 满足伏秒平衡原则，因此 t_{off} 阶段的伏秒值下降，$t_{off}(t_{42}+t_{10})$长度减小，开关周期 T_s 缓慢减小，图 6.82 是 CCM 中开关周期 T_s 与负载电流 I_o 关系的仿真结果。图 6.83 是等效占空比 D_{eq} 与负载电流 I_o 关系的仿真结果，可以看到随着负载电流增加，等效占空比 D_{eq} 近似不变。因此可以得到推论：当负载电流增加时，开关周期减小，等效占空比保持不变，励磁电流升高，输出功率增加。

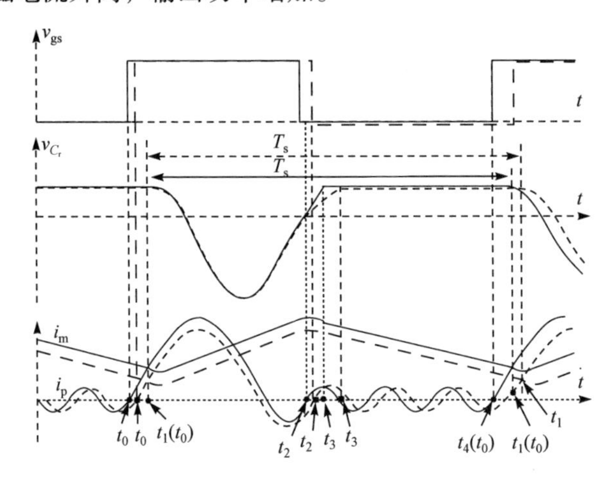

图 6.81　CCM 稳态波形

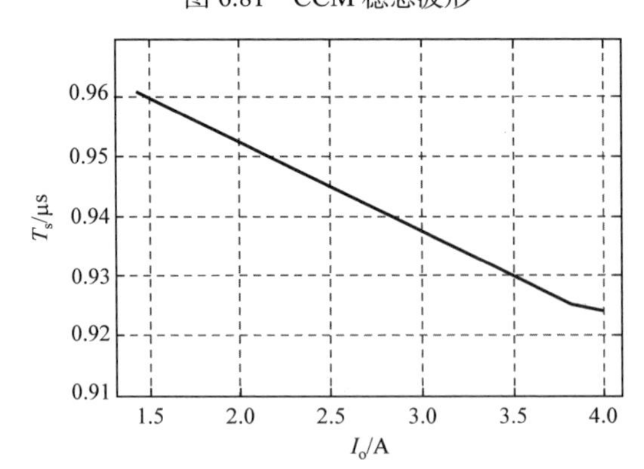

图 6.82　CCM 开关周期 T_s 与负载电流 I_o 的关系

在 CCM 中，随着负载功率的增加，开关周期缓慢减小，因此开关导通时 v_{ds} 谐振的幅度与相位也各不相同。图 6.84 是 CCM 中采用普通 PFM 模式的闭环控制波形，开关管在 v_{ds} 的第 2 个谷底与第 3 个谷底之间导通，负载电流增加时，其开关周期由 1.12μs 变化到 1.02μs。在不同负载下，开关导通时刻 v_{ds} 谐振的相位与幅度不相同，1.5A 负载时，v_{ds} 谐振是从其峰值向平衡点电压下降，在 2.7A 时，

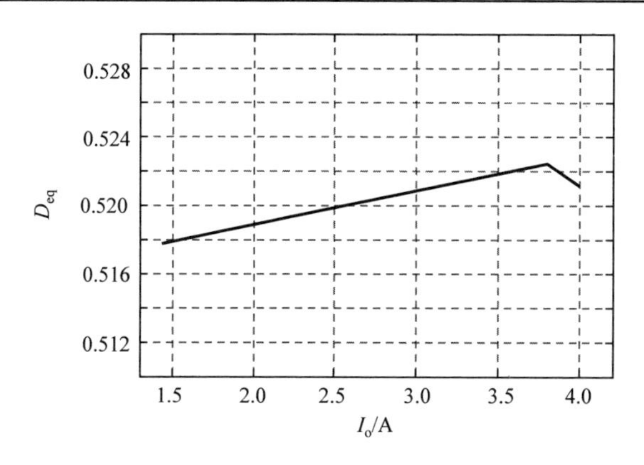

图 6.83　CCM 等效占空比 D_{eq} 与负载电流 I_o 的关系

v_{ds} 谐振是从平衡点电压向其峰值上升。可以预估得到，若采用包含时间抖动的 PFM 模式实现谷底导通控制时，在 1.5A 负载稳定波形中，开关管在 v_{ds} 第 3 个谷底导通的周期数目大于在 v_{ds} 第 2 个谷底导通的周期数目；反之，在 2.7A 负载稳定波形中，开关管在 v_{ds} 第 2 个谷底导通的周期数目大于在 v_{ds} 第 3 个谷底导通的周期数目。

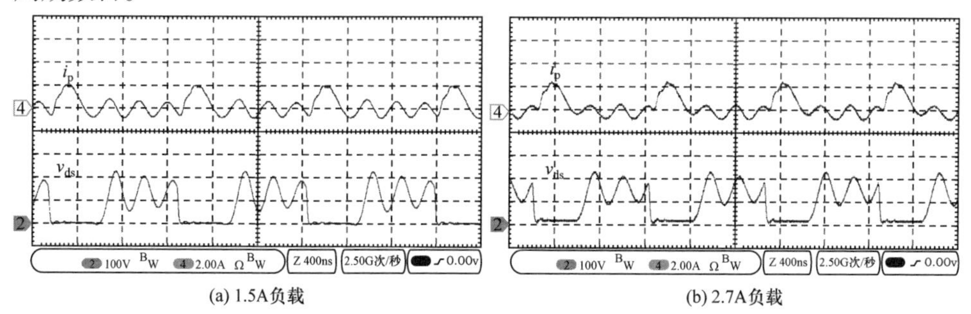

(a) 1.5A负载　　(b) 2.7A负载

图 6.84　CCM 不同负载下的开关波形

2) 输出纹波电压分析

图 6.85 是 CCM 采用谷底导通技术时的工作波形，在 t_{off} 阶段输出二极管导通，变压器磁芯中的能量给输出电容与负载供电。单个周期的平均输出功率可以计算为式(6.90)，I_{m_off} 为当前开关周期在 t_{off} 阶段的平均励磁电流。若采用普通 PFM 模式进行闭环控制，稳定时的占空比记为 D_{eq_s}，t_{off} 阶段的平均励磁电流为 $I_{m\_off\_s}$，此时单个周期的输出功率 P_{o_s} 满足式(6.91)，P_{o_s} 等于输出负载功率 P_{load}，P_{load} 正比于负载电流 I_o，如式(6.92)所示。

$$P_o = \frac{1}{T_s}\int_0^{T_s} V_o i_D(t)\mathrm{d}t \approx n_{ps} V_o I_{m\_off}(1-D_{eq}) \tag{6.90}$$

$$P_{o\_s} = \frac{1}{T_s}\int_0^{T_s} V_o i_D(t)\mathrm{d}t \approx n_{ps} V_o I_{m\_off\_s}(1-D_{eq\_s}) \tag{6.91}$$

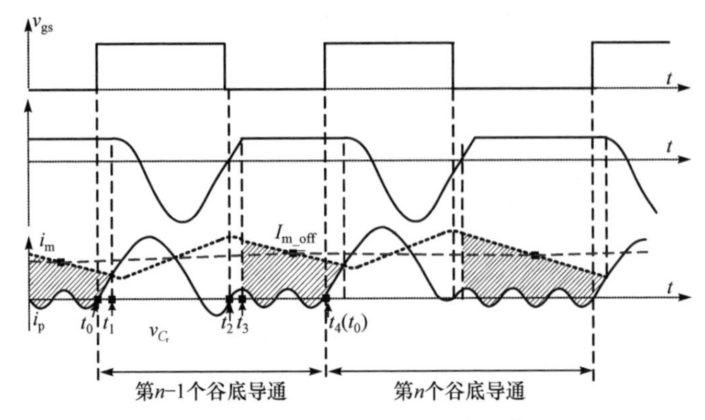

图 6.85 单周期输出功率计算示意图

$$P_{load} = V_o I_o \tag{6.92}$$

当采用包含时间抖动的 PFM 模式实现 CCM 谷底导通控制并且环路稳定时，开关管在 v_{ds} 的第 n 个谷底或第 n–1 个谷底导通。为了简化分析，不考虑励磁电流变化对开关周期与占空比的微小扰动，即假定开关管在 v_{ds} 的第 n 个谷底导通时，当前周期的等效占空比 D_{eq_n} 与开关周期 T_{s_n} 不受励磁电流变化的影响，近似保持不变；同理，假定开关管在 v_{ds} 的第 n–1 个谷底导通，其等效占空比 $D_{eq\_n\_1}$ 与开关周期 $T_{s\_n\_1}$ 不受励磁电流变化的影响，近似保持不变。

当前周期在 v_{ds} 的第 n 个谷底导通时，定义 t_{off} 阶段的平均励磁电流的临界值为 $I_{m\_off\_n}$，如式(6.93)所示，即当 I_{m_off} 等于 $I_{m\_off\_n}$ 时，当前周期的平均输出功率 P_o 等于负载功率 P_{load}，输出电压保持不变；当 I_{m_off} 小于 $I_{m\_off\_n}$ 时，当前周期的平均输出功率 P_o 小于负载功率 P_{load}，输出电压下降；当 I_{m_off} 大于 $I_{m\_off\_n}$ 时，当前周期的平均输出功率 P_o 大于负载功率 P_{load}，输出电压下降。同样地，当前周期在 v_{ds} 的第 n–1 个谷底导通，定义 t_{off} 阶段的平均励磁电流的临界值 $I_{m\_off\_n\_1}$，如式(6.94)所示，可以通过 I_{m_off} 与 $I_{m\_off\_n\_1}$ 其关系，判断当前周期的平均输出功率与负载功率的关系。由式(6.93)和式(6.94)可以得到 $I_{m\_off\_n\_1}$ 大于 $I_{m\_off\_n}$。

$$I_{m\_off\_n} = \frac{P_{load}}{n_{ps} V_o (1 - D_{eq\_n})} \tag{6.93}$$

$$I_{m\_off\_n\_1} = \frac{P_{load}}{n_{ps} V_o (1 - D_{eq\_n\_1})} \tag{6.94}$$

不考虑过流保护算法，CCM 的输出电压纹波分析如图 6.86 所示。假定输出电压纹波远小于输出电压的直流分量，即输出电压纹波不会对 t_{off} 阶段励磁电流的下降速度产生影响。为了简化分析，假定开关管只在 v_{ds} 的第 n–1 个谷底或第 n 个谷底处导通，开关周期的临界值定义为 T_{s_c}，即当开关周期 T_s 大于 T_{s_c}，开关管选择在 v_{ds} 的第 n 个谷底导通；当开关周期 T_s 小于 T_{s_c}，开关管选择在 v_{ds} 的第

n–1 个谷底导通。CCM 输出电压的单个低频纹波周期可以分为以四个阶段。

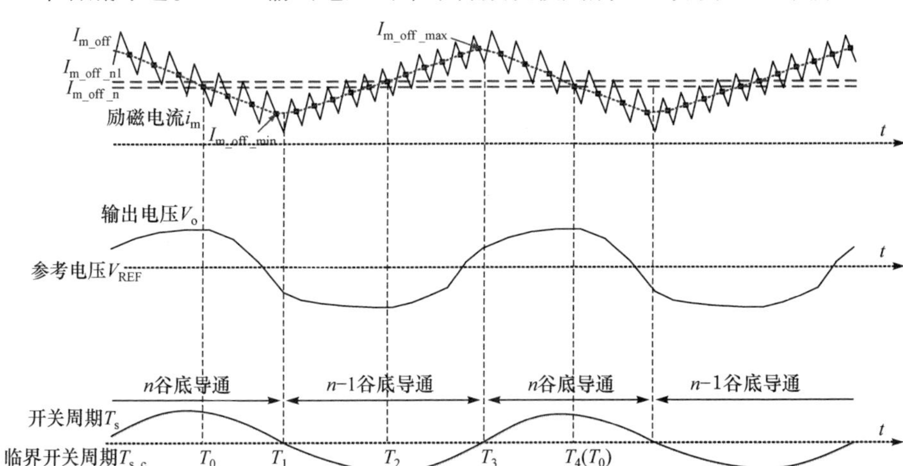

图 6.86　采用谷底导通的闭环输出电压纹波

[T_0:T_1]：在 T_0 时刻，开关管在 v_{ds} 的第 n 个谷底导通，当前周期 I_{m_off} 等于其临界值 $I_{m\_off\_n}$，输出电压 V_o 保持不变，但此时输出电压高于输出电压额定值 V_{REF}，开关周期 T_s 在环路调节下不断减小，在 T_1 时刻前，开关周期 T_s 高于临界值 T_{s_c}，开关管一直在 v_{ds} 的第 n 个谷底导通，励磁电流不断下降，I_{m_off} 也不断下降，单个周期的平均输出功率 P_o 小于负载功率 P_{load}，输出电压下降。

为了计算该阶段输出电压的变化量 ΔV_{10}，假定开关管在 v_{ds} 的第 n 个谷底导通时，I_{m_off} 单个周期的减小量为 ΔI_{m_n}，如式(6.95)所示，可以计算得到 T_{10} 阶段的开关周期数目为 N_{um10}，$I_{m\_off\_min}$ 为 I_{m_off} 的最小值。基于式(6.90)和式(6.91)，可以计算 T_{10} 阶段的输出电压变化量 ΔV_{10}，如式(6.96)所示，其中 c_{10} 为常数，ΔV_{10} 小于零。当最小励磁电流 $I_{m\_off\_min}$ 减小时，N_{um10} 增加，输出电压下降量增加，ΔV_{10} 下降。

$$N_{um10}=\frac{I_{m\_off\_n}-I_{m\_off\_min}}{\Delta I_{m\_n}} \tag{6.95}$$

$$V_o(T_1)-V_o(T_0)=\Delta V_{10}=-c_{10}(N_{um10}+1)N_{um10}\text{，}\quad c_{10}=\frac{n_{ps}T_{s\_n}(1-D_{eq\_n})\Delta I_{m\_n}}{2C_L} \tag{6.96}$$

[T_1:T_2]：在 T_2 时刻前，输出电压 V_o 低于额定值 V_{REF}，开关周期 T_s 不断减小，开关周期 T_s 一直小于临界值 T_{s_c}，因此开关管维持在 v_{ds} 的第 n–1 个谷底导通，励磁电流不断升高，由于在该阶段 I_{m_off} 小于临界值 $I_{m\_off\_n\_1}$，单个周期的输出功率 P_o 小于负载功率 P_{load}，输出电压持续下降。

为了计算该阶段的输出电压变化量 ΔV_{21}，假定开关管在 v_{ds} 的第 n–1 个谷底导通时，I_{m_off}单个周期的增加量为$\Delta I_{m_n_1}$，可以计算得到T_{21}阶段的开关周期数目为N_{um21}，如式(6.97)所示。参考式(6.90)和式(6.91)，可以计算得到T_{21}阶段的输出电压变化量ΔV_{21}，如式(6.98)所示，c_{21}为常数，ΔV_{21}小于零。当最小励磁电流$I_{m_off_min}$减小时，N_{um21}增加，输出电压下降量增加，ΔV_{21}下降。

$$N_{um21} = \frac{I_{m\_off\_n\_1} - I_{m\_off\_min}}{\Delta I_{m\_n\_1}} \tag{6.97}$$

$$V_o(T_2) - V_o(T_1) = \Delta V_{21} = -c_{21}(N_{um21}+1)N_{um21}, \quad c_{21} = \frac{n_{ps}T_{s\_n\_1}(1-D_{eq\_n\_1})\Delta I_{m\_n\_1}}{2C_L} \tag{6.98}$$

[T_2:T_3]：在该阶段，开关管在v_{ds}的第n–1个谷底导通，因此励磁电流持续升高，并且I_{m_off}大于临界值$I_{m_off_n_1}$，因此单个周期输出功率P_o大于负载功率P_{load}，输出电压持续升高，当输出电压大于额定值V_{REF}时，开关周期T_s随之增加，在T_3时刻前，开关周期T_s小于临界值T_{s_c}。

计算该阶段的开关周期数目N_{um32}，如式(6.99)所示，$I_{m_off_max}$为I_{m_off}的最大值。参考式(6.90)和式(6.91)，T_{32}阶段的输出电压变化量ΔV_{32}如式(6.100)所示，输出电压升高，ΔV_{32}大于零。当最大励磁电流$I_{m_off_max}$增加时，N_{um32}增加，该阶段输出电压的上升量增加，ΔV_{32}增加。

$$N_{um32} = \frac{I_{m\_off\_max} - I_{m\_off\_n\_1}}{\Delta I_{m\_n\_1}} \tag{6.99}$$

$$V_o(T_3) - V_o(T_2) = \Delta V_{32} = c_{21}(N_{um32}+1)N_{um32} \tag{6.100}$$

[T_3:T_4]：在该阶段，由于开关周期T_s大于临界值T_{s_c}，该阶段开关管一直维持在v_{ds}的第n个谷底导通，因此励磁电流持续下降，且I_{m_off}大于临界值$I_{m_off_n}$，因此单周期输出功率P_o大于负载功率P_{load}，输出电压持续升高，当输出电压大于额定值V_{REF}时，开关周期T_s随之增加。

计算该阶段的开关周期数目N_{um43}，如式(6.101)所示，$I_{m_off_max}$为I_{m_off}的最大值。参考式(6.90)和式(6.91)，T_{43}阶段的输出电压变化量ΔV_{43}如式(6.102)所示，输出电压升高，ΔV_{43}大于零。当最大励磁电流$I_{m_off_max}$增加时，N_{um43}增加，该阶段输出电压的上升量增加，ΔV_{43}增加。

$$N_{um43} = \frac{I_{m\_off\_max} - I_{m\_off\_n}}{\Delta I_{m\_n}} \tag{6.101}$$

$$V_o(T_4) - V_o(T_3) = \Delta V_{43} = c_{10}(N_{um43}+1)N_{um43} \tag{6.102}$$

T_4时刻即下一个低频纹波的T_0时刻，从T_0到T_4时刻，输出电压V_o的总变化量为零，如式(6.103)所示，可以得到I_{m_min}与I_{m_max}的关系。

$$\Delta V_{10} + \Delta V_{21} + \Delta V_{32} + \Delta V_{43} = 0 \tag{6.103}$$

由上面的分析可以看到，在$[T_0:T_2]$阶段，t_{off}阶段的平均励磁电流I_{m_off}小于其临界值$I_{m_off_n_1}$，因此输出功率P_o小于负载功率P_{load}，输出电压下降；在$[T_2:T_4]$阶段，I_{m_off}高于其临界值$I_{m_off_n}$，输出功率P_o大于负载功率P_{load}，输出电压上升。输出电压纹波ΔV_{ripple}如式(6.104)所示，参考式(6.96)、式(6.98)、式(6.100)、式(6.102)，可以得到$I_{m_off_min}$越低或$I_{m_off_max}$越高，即励磁电流i_m的纹波越大，$[T_0:T_4]$的周期越长，输出电压纹波ΔV_{ripple}越大。而采用传统 PID 调节开关周期T_s时，不可避免地会发生开关管连续若干个周期在v_{ds}的第n–1 个谷底或第n个谷底导通，励磁电流的纹波变化很大，输出电压产生很大的纹波。

$$\Delta V_{ripple} = -(\Delta V_{10} + \Delta V_{21}) = \Delta V_{32} + \Delta V_{43} \tag{6.104}$$

3) CCM 低纹波控制算法

为了减小输出纹波，需要减小励磁电流纹波，即减小$I_{m_off_min}$与$I_{m_off_max}$的差值。首先假定未采用谷底导通，当系统稳定时，开关管在v_{ds}的第n–1 个谷底与第n个谷底之间导通，可以分为两种情形，如图 6.87 所示。图 6.87(a)中，开关管在v_{ds}谐振的下降阶段导通，图 6.87(b)中，开关管在v_{ds}谐振的上升阶段导通。

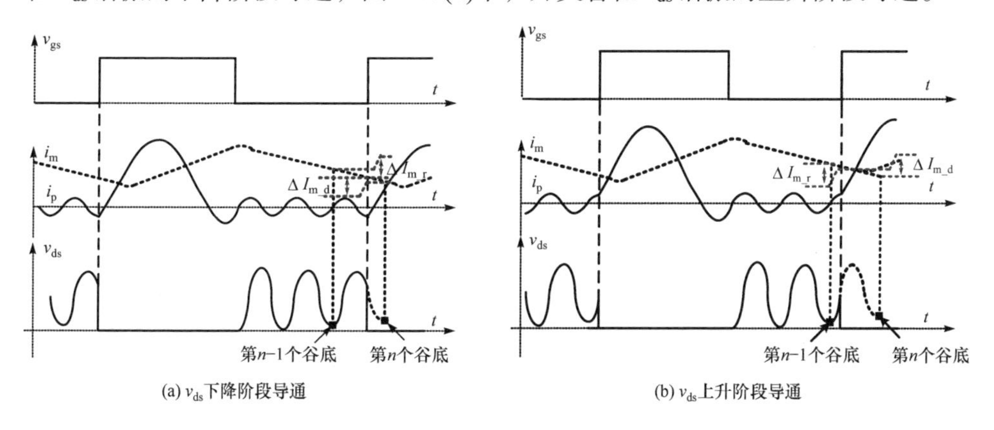

图 6.87　开关管导通的两种情形

在图 6.87 中，考虑到t_{off}阶段励磁电流的下降速度是不变的，在 CCM 中，采用谷底导通控制时，当开关管在v_{ds}的第n个谷底导通，其开关周期T_{s_n}大于稳定开关周期T_{s_s}，在t_{off}阶段，励磁电流的下降幅度大于开关周期T_{s_s}对应的励磁电流下降幅度，其额外的励磁电流下降幅度的绝对值定义为ΔI_{m_d}。当开关管在v_{ds}的第n–1 个谷底导通时，其开关周期$T_{s_n_1}$小于稳定开关周期T_{s_s}，励磁电流的下降幅度小于开关周期T_{s_s}对应的下降量，其欠缺的励磁电流下降量的绝对值定义为ΔI_{m_r}。

若输出电压低频纹波的一个循环由连续M_r个在第n–1 个谷底导通的开关周

期与连续 M_d 个在第 n 个谷底导通的开关周期组成，经过一个循环，励磁电流恢复到初始值，因此有

$$M_r \Delta I_{m\_r} + M_d(-\Delta I_{m\_d}) = 0 \tag{6.105}$$

由此可以得到 M_r 与 M_d 的关系如式(6.106)所示。在图 6.87(a)中，开关导通时刻距离 v_{ds} 的第 n 个谷底的距离比距离第 n–1 个谷底更近，此时可以得到 $\Delta I_{m\_r} > \Delta I_{m\_d}$，$M_r$ 小于 M_d。当负载功率增加时，根据前面的分析结果，CCM 的稳定开关周期缓慢减小，在图 6.87(b)中，开关导通时刻距离 v_{ds} 的第 n–1 个谷底的距离比距离第 n 个谷底更近，此时可以得到 $\Delta I_{m\_r} < \Delta I_{m\_d}$，$M_r$ 大于 M_d。

$$\frac{M_r}{M_d} = \frac{\Delta I_{m\_d}}{\Delta I_{m\_r}} \tag{6.106}$$

考虑到 v_{ds} 的谐振周期 t_{valley_ccm} 近似为 0.2μs，而 CCM 的开关周期 T_s 的变化量一般小于 $t_{valley\_ccm}/2$，因此当 CCM 中采用谷底导通时，存在两种工作情况：①在 CCM 较轻负载时，开关导通时刻到 v_{ds} 的第 n 个谷底的距离比到第 n–1 个谷底更近，在 CCM 中较重负载时，开关导通时刻距离第 n–1 个谷底的距离比距离第 n 个谷底更近；②CCM 中较轻负载时，开关导通时刻到第 n–1 个谷底的距离比到第 n 个谷底更近，CCM 中较重负载时，开关导通时刻距离第 n–1 个谷底的距离比距离第 n–2 个谷底更近。下面以情况①为例进行分析。

低纹波算法的主要思想：将连续在 v_{ds} 的第 n 个谷底导通的若干个周期与连续在第 n–1 个谷底导通的若干个周期工作方式，调整为在 v_{ds} 的第 n 个谷底导通的开关周期与在第 n–1 个谷底导通的开关周期均匀分布，实现近似理想的输出纹波。下面将根据以上的两种情形分别设计有针对性的低纹波控制算法。

(1) CCM 轻载(CCM light, CCM_L)模式($\Delta I_{m\_r} \geqslant \Delta I_{m\_d}$)。

变换器稳定时，开关管在 v_{ds} 的第 n–1 个谷底导通的开关周期数目要少于开关管在第 n 个谷底导通的开关周期数目，为了减小输出纹波需要减小励磁电流 i_m 的纹波。图 6.88 是所提出的降低励磁电流纹波的方法，采用一个在第 n–1 个谷底导通的开关周期与若干在第 n 个谷底导通的开关周期组合构成一个励磁电流的低频循环。这样使得在第 n–1 个谷底导通的开关周期均匀分布在第 n 个谷底导通的开关周期中，这样在实现谷底导通的前提下，得到最小的励磁电流纹波与输出电压纹波。由于这种方法适用于负载较轻的 CCM，我们将该方法定义为 CCM 轻载模式。

图 6.89 是 CCM_L 模式的控制流程图，这种低纹波算法是通过输出电压 V_o 实现的。若检测输出电压 V_o 低于额定值 V_{REF}，且计数器 Counter 大于“1”时，表

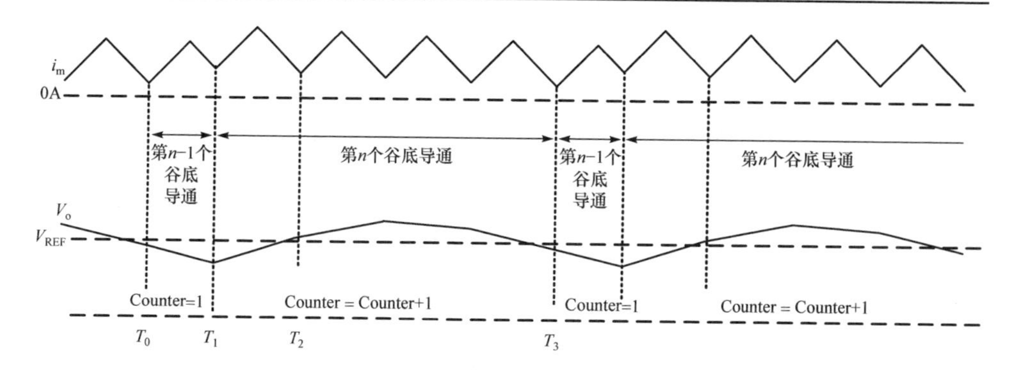

图 6.88　$\Delta I_{m_r} \geqslant \Delta I_{m_d}$时的低纹波控制方案

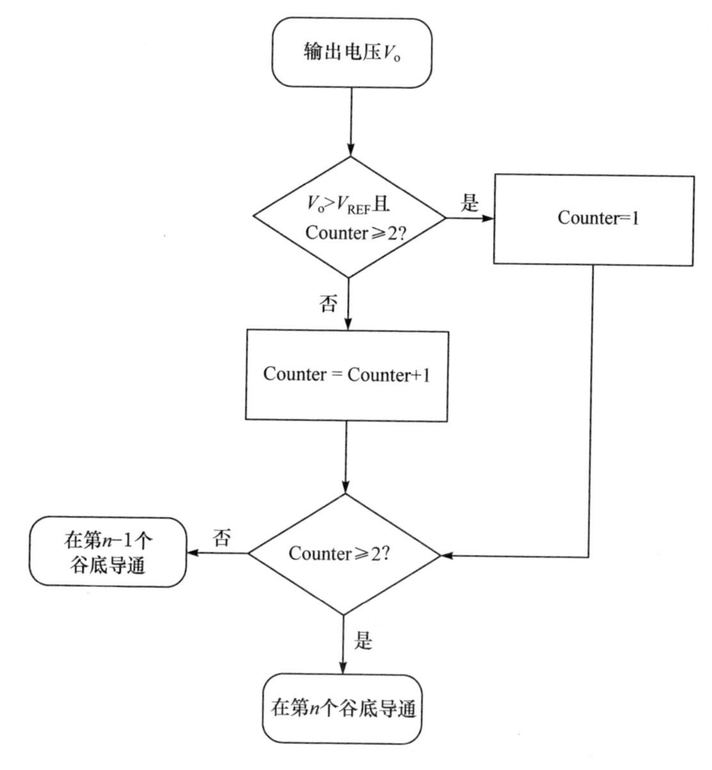

图 6.89　CCM_L 模式控制流程图

明此时需要提高输出功率，并且前一个周期不是在第 $n-1$ 个谷底导通开关管，Counter 置“1”，并且当前周期在 v_{ds} 的第 $n-1$ 个谷底导通；下一个周期，计数器 Counter 置“2”，为了避免连续两个周期在第 $n-1$ 个谷底导通，Counter 大于等于“2”时，当前周期在 v_{ds} 的第 n 个谷底导通；在后续若干周期中，若输出电压高于额定值 V_{REF}，则说明当前能量依然偏高，其维持在 v_{ds} 的第 n 个谷底导通，以降低输出电压。若输出电压低于 V_{REF}，且 Counter 大于“1”时，Counter 置“1”，重复上面的过程。由于输出电压紧紧跟随输出电压额定值 V_{REF}，CCM_L 模式同时能够实现很高的输出电压精度。

(2) CCM 重载(CCM heavy, CCM_H)模式($\Delta I_{m\_r} \leqslant \Delta I_{m\_d}$)。

变换器稳定时，开关管在 v_{ds} 的第 n 个谷底导通的开关周期数目要少于开关管在第 n–1 个谷底导通的开关周期数目，为了减小输出纹波需要减小励磁电流 i_m 的纹波。图 6.90 是所提出的降低励磁电流纹波的方法，采用一个在第 n 个谷底导通的开关周期与若干在第 n–1 个谷底导通的开关周期组合构成一个励磁电流的低频循环。这样使得在第 n 个谷底导通的开关周期均匀分布在第 n–1 个谷底导通开关周期中，这样可以在谷底导通的前提下，得到最小的励磁电流纹波与输出电压纹波。由于这种方法适用于负载较重的 CCM，我们将该方法定义为 CCM 重载模式。

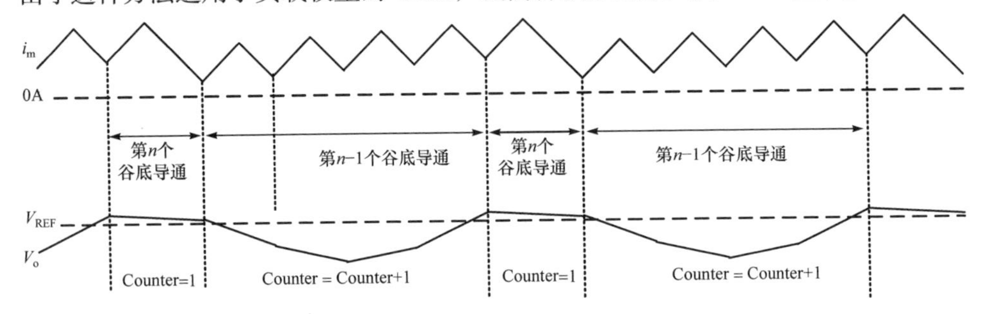

图 6.90　$\Delta I_{m_r} \leqslant \Delta I_{m_d}$时的低纹波控制方案

图 6.91 是 CCM_H 模式的控制流程图。该低纹波方法是通过输出电压 V_o 实现的。若检测输出电压 V_o 高于 V_{REF}，且计数器 Counter 大于“1”时，表明此时需要减小输出功率，并且前一个周期不是在第 n 个谷底导通开关管，计数器 Counter 置“1”，当前周期在 v_{ds} 的第 n 个谷底导通；下一个周期，计数器 Counter 置“2”，为了避免连续两个周期在第 n 个谷底导通，Counter 为“2”时，当前周期在 v_{ds} 的第 n–1 个谷底导通；在后续若干周期中，若输出电压低于额定值 V_{REF}，则说明当前能量依然偏低，其维持在 v_{ds} 的第 n–1 个谷底导通，以提高输出电压。若输出电压低于 V_{REF}，且 Counter 大于“1”时，Counter 置“1”，重复上面的过程。

基于 CCM_L 模式与 CCM_H 模式可以实现 CCM 下极高的输出电压精度与极低的输出电压纹波。

4) 高精度低纹波算法仿真

CCM_L 模式与 CCM_H 模式的工作波形如图 6.92 所示。如图 6.92(a)与(b)所示，当负载为 13.3Ω 时，采用 CCM_L 模式，其输出电压纹波为 150mV，稳态电为 20.03V，稳态误差为 30mV；如图 6.92(c)与(d)所示，当负载为满载时，采用 CCM_H 模式可以看到，其输出电压纹波为 150mV，稳态电为 19.97V，稳态误差为 30mV。

本节首先介绍了一种高频下的单管谐振反激变换器拓扑及其环路控制与优化方法，所提出的变换器在实现谷底导通后具有很好的软开关特性，其开关损耗大大减小，提高了开关频率。其次，讨论了一种低成本的电流检测方法，通过简单的控制实现闭环谷底导通。最后，研究了闭环控制中的输出电压纹波问题，并讨论了一种高精度低纹波控制算法。

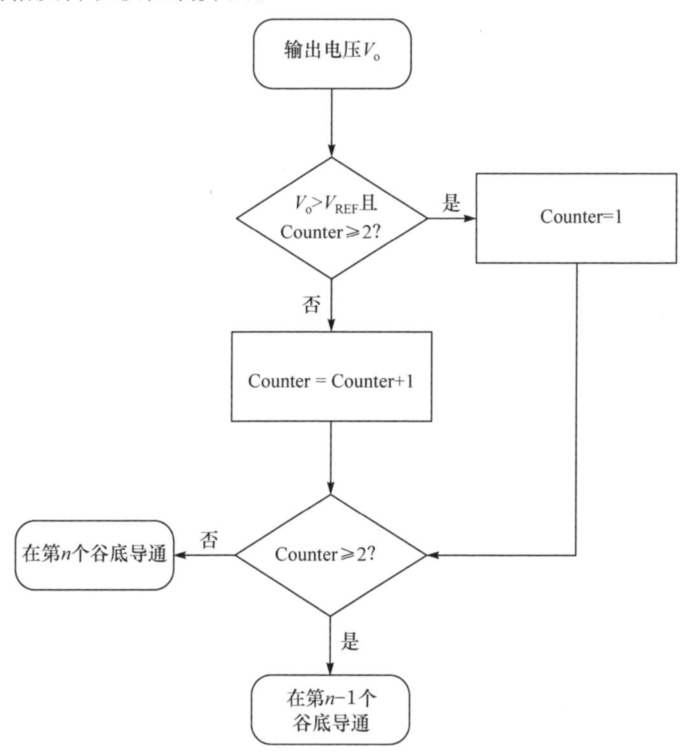

图 6.91　CCM_H 模式控制流程图

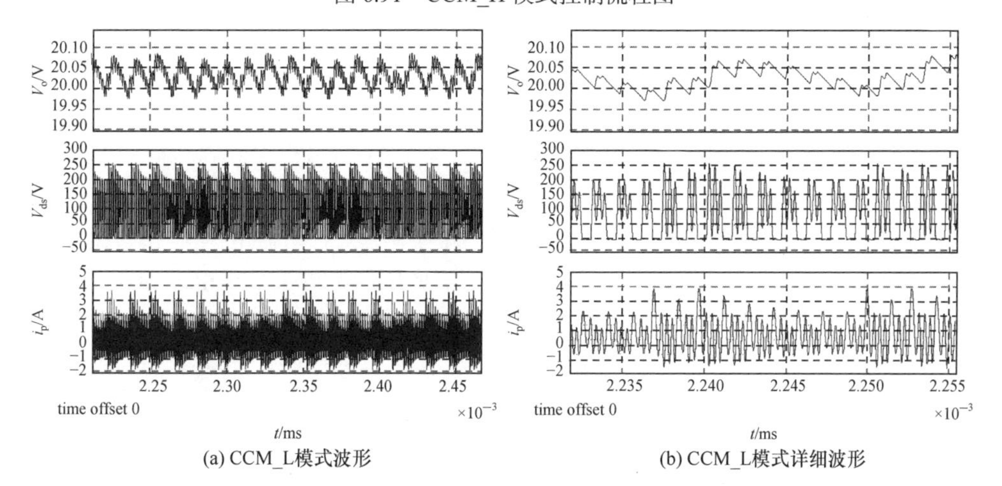

(a) CCM_L模式波形　　(b) CCM_L模式详细波形

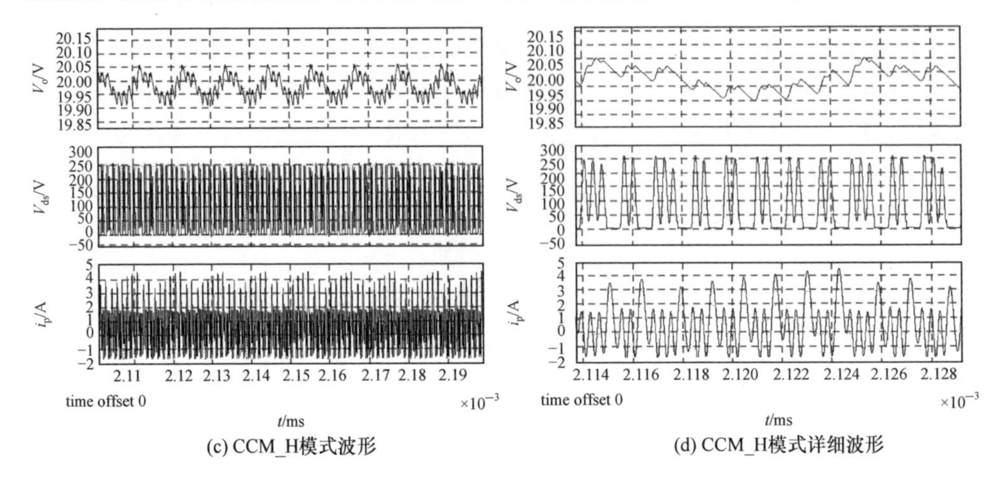

(c) CCM_H模式波形　　(d) CCM_H模式详细波形

图 6.92　不同工作模式的稳态波形

6.3　半桥型 LLC 谐振变换器设计

多年来，采用更高的工作频率以降低储能和滤波元件的尺寸(如输出电容、变压器、滤波电感等)是功率变换器设计中不变的主题。然而，高工作频率同时带来了功率管的高开关损耗。LLC 谐振变换器具备全负载范围内的原边功率管零电压开通和副边整流二极管零电流关断的优势，更适合于高频、高功率密度场合，已在 100W 以上的开关电源中得到越来越广泛的应用[29]。

一般地，LLC 谐振变换器有半桥型和全桥型两种，均由方波发生器、谐振网络、整流网络三部分构成。以半桥型 LLC 谐振变换器为例，其电路结构如图 6.93 所示。方波发生器包括直流电源 V_{in}、功率管 Q1 和 Q2。功率管 Q1 和 Q2 每个周期都以 50%的占空比交替工作，产生方波电压 V_d；谐振网络包括谐振电容 C_r、谐振电感 L_r 和励磁电感 L_m。谐振网络可以滤掉方波电压 V_d 中的高次谐波信号，只有低次正弦信号允许流经谐振网络。当谐振电流 I_p 的相位滞后于谐振电压 V_d 时，功率管 Q1 和 Q2 可实现零电压开通；整流网络通过二极管 D1、D2 和输出电容 C_o，输出直流电压。

在 LLC 谐振变换器工作过程中，当副边侧整流管 D1 或 D2 导通时，变压器原、副边电压均被输出电压钳位。此时，谐振网络中只有谐振电感 L_r 和谐振电容 C_r 参与谐振。当 D1 和 D2 都处于关断状态时，变压器不再被输出电压钳位，此时励磁电感和谐振电感都参与谐振过程。因此，LLC 谐振变换器具有两个谐振频率，L_r 与 C_r 的串联谐振频率 f_{r1}、L_r 与 L_m 的等效电感与 C_r 的串联谐振频率 f_{r2}。LLC 谐振变换器的两个谐振频率分别为

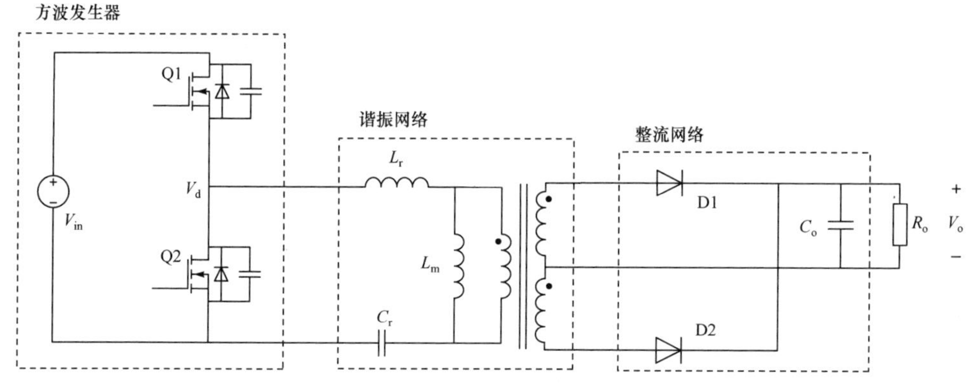

图 6.93　半桥型 LLC 谐振变换器电路结构图

$$f_{r1}=\frac{1}{2\pi\sqrt{L_r C_r}} \tag{6.107}$$

$$f_{r2}=\frac{1}{2\pi\sqrt{(L_m+L_r)C_r}} \tag{6.108}$$

在串联谐振变换器中，只有在工作频率 f_s 高于谐振频率 f_{r1} 的情况下，原边侧功率管才能够实现零电压开通。而在 LLC 谐振变换器中，只要工作频率 $f_s > f_{r2}$，原边侧功率管即可实现零电压开通。以半桥型 LLC 谐振变换器为例，其在不同工作频率下的工作原理如下[30]。

6.3.1　半桥型 LLC 谐振变换器工作原理

1. $f_s > f_{r1}$ 时的工作原理

图 6.94 所示为半桥型 LLC 谐振变换器工作在 $f_s > f_{r1}$ 时的波形图，V_{g1} 和 V_{g2} 分别为原边侧功率管栅驱动信号，v_{C_r} 为谐振电容电压，i_{L_r} 和 i_{L_m} 分别为谐振电感和励磁电感的电流，i_{D1} 和 i_{D2} 分别为副边侧整流管电流。在一个开关周期内，可将这些工作波形分为如下八个阶段。

阶段一($t_0 \leqslant t < t_1$)：

如图 6.95 所示，在 t_0 时刻，Q2 关断，谐振电流方向为负(定义谐振电流从左到右流过谐振电感 L_r 的方向为正方向)，且大小大于变压器的励磁电流 i_{L_m}。此时谐振电流为 Q2 的寄生漏源电容 C_{oss2} 充电，为 Q1 的寄生漏源电容 C_{oss1} 放电，从而使半桥 LLC 谐振变换器的桥臂中点电位不断上升。当两个功率管的寄生电容充放电完成时，桥臂中点电位 V_d 将上升到直流电源电压 V_{DC}。之后，Q1 的体二极管 D_{oss1} 将自然导通。若忽略 Q1 的寄生体二极管的导通压降，则 Q1 的漏源电压 V_{ds} 将被钳位在 0V，从而为 Q1 实现零电压开通提供了条件。在这个过

程中，谐振电流的大小将不断减小。

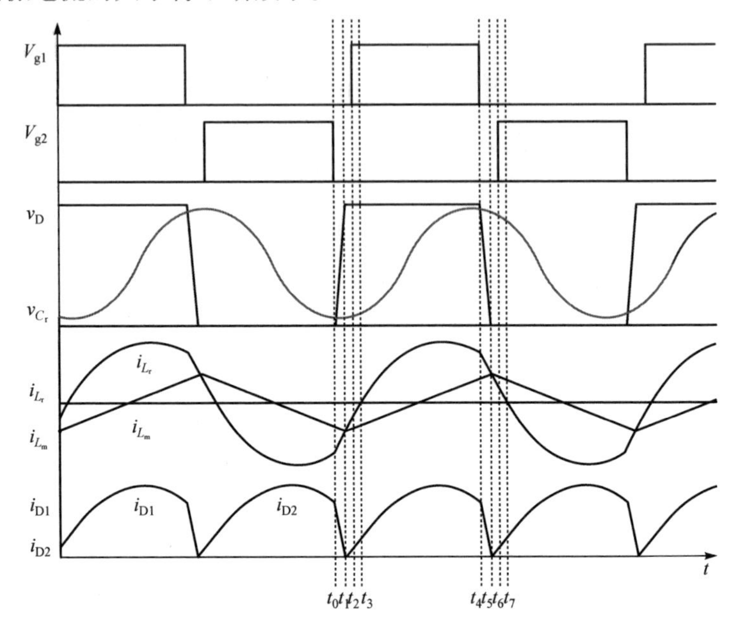

图 6.94　半桥型 LLC 谐振变换器工作在 $f_s > f_{r1}$ 时的波形图

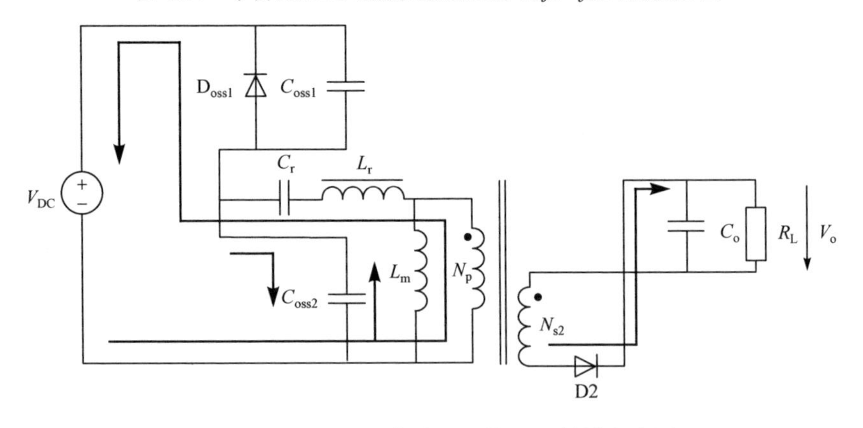

图 6.95　$f_s > f_{r1}$ 时工作阶段一的 LLC 等效电路图

阶段二($t_1 \leqslant t < t_2$)：

如图 6.96 所示，在 t_1 时刻，谐振电流减小至与励磁电流大小相等，变压器副边不再有电流流过，D2 截止。在 t_1 时刻以后，谐振电流的大小将小于励磁电流，变压器副边整流二极管 D1 将开始导通。由于在这一阶段谐振电流仍然为负，所以 Q1 的体二极管将继续导通续流，Q1 的漏源电压仍然为 0。若在 t_2 时刻开通 Q1，则 Q1 是零电压开通。在这个过程中，变换器向直流电源回馈能量。

阶段三($t_2 \leqslant t < t_3$)：

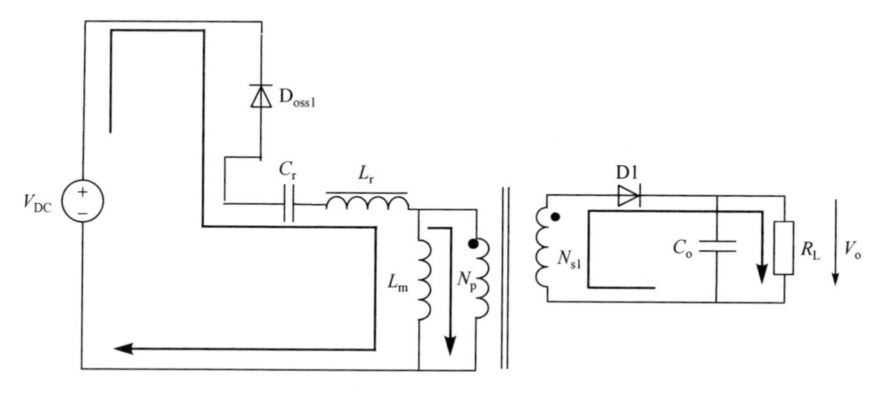

图 6.96　$f_s > f_{r1}$ 时 LLC 工作阶段二的 LLC 等效电路图

如图 6.97 所示，在 t_2 时刻，Q1 开通，但此时谐振电流方向仍然为负，因此继续从 Q1 的体二极管流向电源正端。在这段时间内，二极管 D1 继续导通，谐振网络向输出提供能量。t_3 时刻，谐振电流减小至 0，Q1 的体二极管截止。

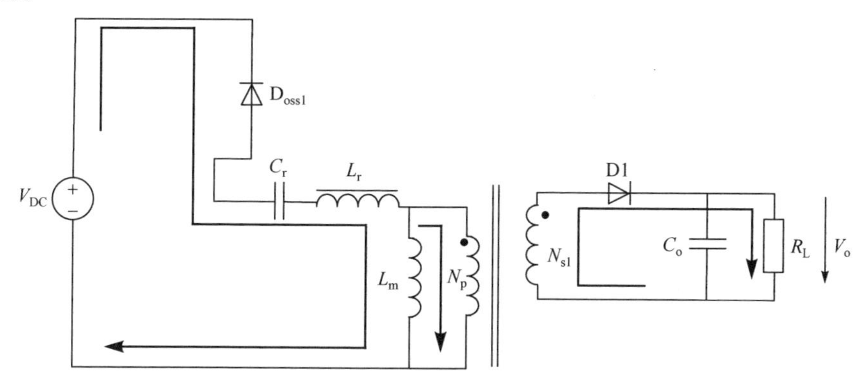

图 6.97　$f_s > f_{r1}$ 时 LLC 工作阶段三的 LLC 等效电路图

阶段四($t_3 \leqslant t < t_4$)：

如图 6.98 所示，在 t_3 时刻，谐振电流由负变正，并开始从 Q1 流过，Q1 的体二极管截止。在 t_3～t_4 时间段内，D1 将一直导通续流，直流电源通过谐振网络向负载输出能量。t_4 时刻，Q1 关断，变换器始进入下半个开关周期，由于这期间的四个工作阶段与前面分析的四个阶段基本相似，因此不再一一分析。

从上述对 LLC 谐振变换器在 $f_s > f_{r1}$ 时的工作过程分析可以发现，励磁电感 L_m 并没有参与到谐振过程中。此外，只要保证在 Q1 的体二极管续流时开通 Q1，Q1 总是能够实现零电压开通，并且不会对电路的工作状态产生实际影响。

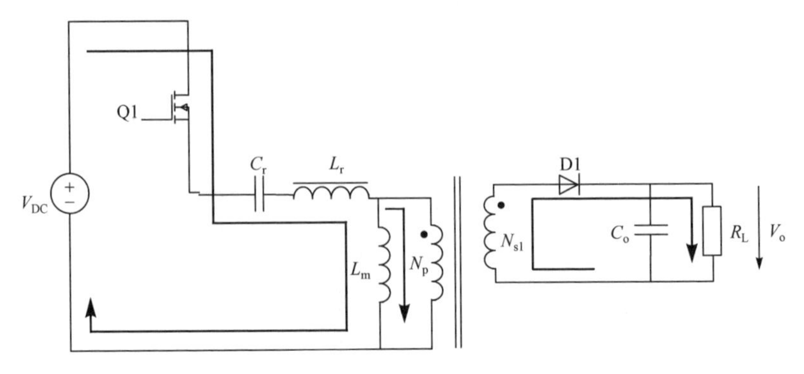

图 6.98　$f_s > f_{r1}$ 时 LLC 工作阶段四的 LLC 等效电路图

在 Q1 关断时，谐振电流的大小仍然较大，因此 Q1 的关断损耗会比较大。而且，由于副边的整流二极管在这一区域内没有实现零电流关断，故二极管存在反向恢复问题。但由于 LLC 谐振变换器通常在输入电压较高或轻载时才会工作在此区域，所以，实际运行时 MOSFET 的关断电流并不会特别大，整流二极管的损耗也不会很大。

2. $f_s = f_{r1}$ 时的工作原理

图 6.99 是半桥型 LLC 谐振变换器工作在 $f_s = f_{r1}$ 时的波形图。从图中可以

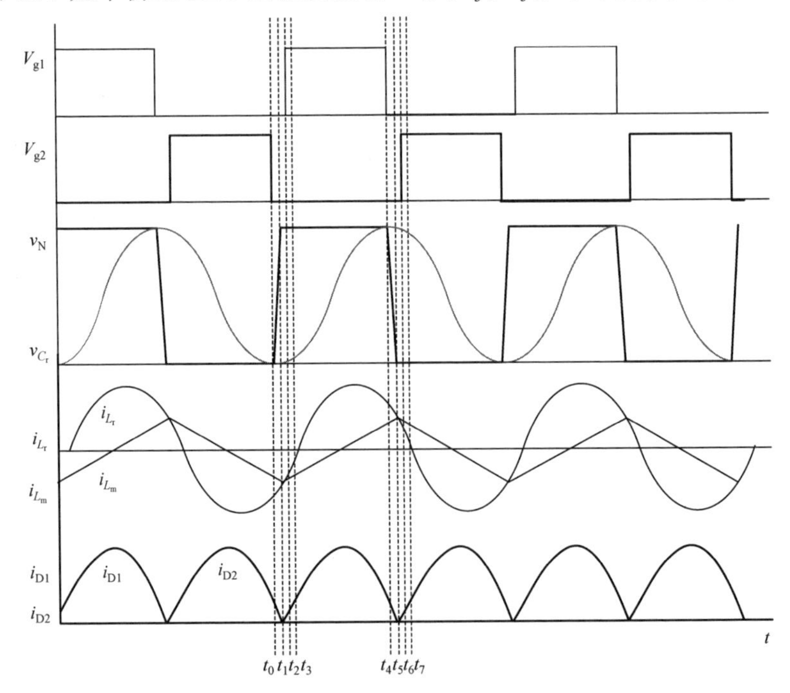

图 6.99　半桥型 LLC 谐振变换器工作在 $f_s = f_{r1}$ 时的波形图

看出，LLC 在 $f_s = f_{r1}$ 时的工作状态可以认为是 $f_{r2} < f_s < f_{r1}$ 时工作状态的特殊情况。当 $f_s = f_{r1}$ 时，LLC 谐振网络内的谐振电流为标准的正弦波，副边整流二极管处于临界连续状态。由于变换器此时的工作原理与 $f_{r2} < f_s < f_{r1}$ 时类似，因此，这里将不作详细叙述。

3. $f_{r2} < f_s < f_{r1}$ 时的工作原理

$f_{r2} < f_s < f_{r1}$ 时变换器的工作波形如图 6.100 所示。从图中可以看出，副边整流二极管电流波形处于断续状态，因此整流二极管在这一工作区域内能够实现零电流关断。此外，MOSFET 在开通时总是能够保证实现零电压开通，而在关断时 MOSFET 的电流较小，因此 MOSFET 关断损耗并不会很大，不会对变换器的工作效率造成很大的影响。

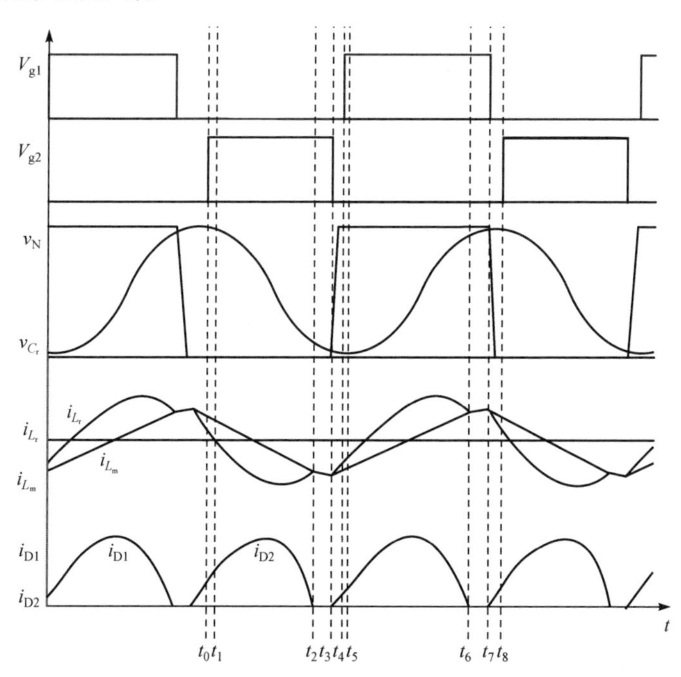

图 6.100　半桥型 LLC 谐振变换器工作在 $f_{r2} < f_s < f_{r1}$ 时的波形图

当 $f_{r2} < f_s < f_{r1}$ 时，LLC 谐振变换器的工作过程也可以分为 8 个阶段，各个阶段的具体工作过程如下。

阶段一($t_0 \leqslant t < t_1$)：

在 t_0 时刻，Q2 开通，从图 6.101 中可以看到，此时谐振电流通过 Q2 的体二极管正向流动。在 Q2 开通之前，桥臂中点的电位 V_d 已经降为 0，因此 Q2 是零电压开通。在这个阶段中，由于谐振电流小于励磁电流，因此 D2 导通、D1 截止，谐振槽向副边侧传递能量。

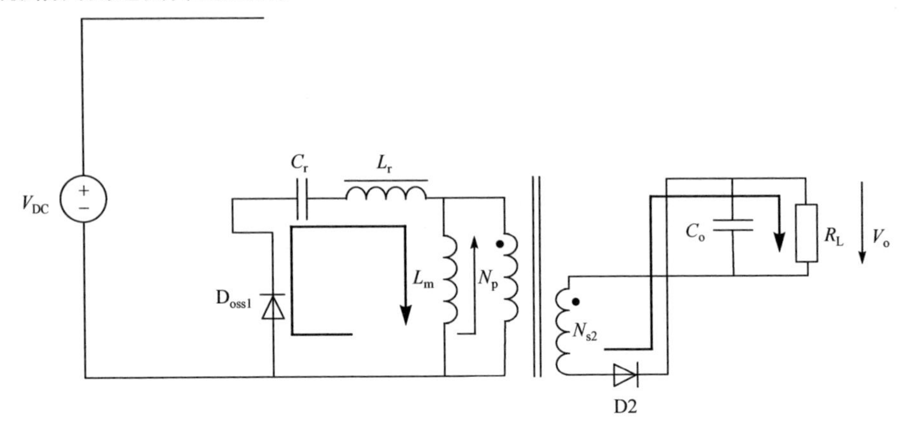

图 6.101　$f_{r2}<f_s<f_{r1}$ 时 LLC 工作阶段一的 LLC 等效电路图

阶段二($t_1 \leqslant t < t_2$)：

如图 6.102 所示，在 t_1 时刻，谐振电流降至 0 并开始反向流动。从这一刻开始，Q2 的体二极管截止，谐振电流流过 Q2。在 t_2 时刻之前，由于谐振电流始终小于励磁电流，因此 D2 一直导通。由于在这个阶段内，变压器副边电压一直被输出电压钳位，因此励磁电感不参与谐振过程。

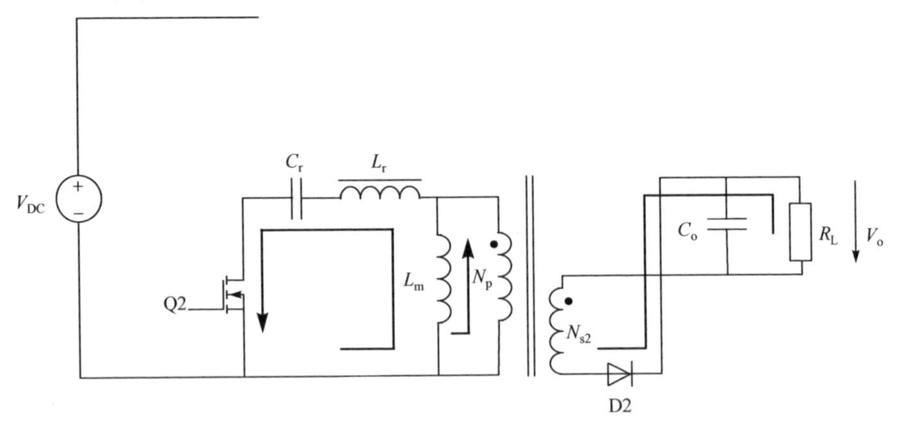

图 6.102　$f_{r2}<f_s<f_{r1}$ 时 LLC 工作阶段二的 LLC 等效电路图

阶段三($t_2 \leqslant t < t_3$)：

如图 6.103 所示，在 t_2 时刻，谐振电流大小与励磁电流相等，副边侧整流二极管 D2 截止。而由于 D1 在此时也处于截止状态，所以变压器原边侧不再向副边侧传递能量。且从这一刻起变压器副边不再被输出电压钳位，于是励磁电感 L_m 参与谐振过程中，谐振频率为 f_{r2}。到 t_3 时刻，Q2 关断，这一谐振过程结束。在这一阶段内，负载完全依靠输出滤波电容来提供能量。

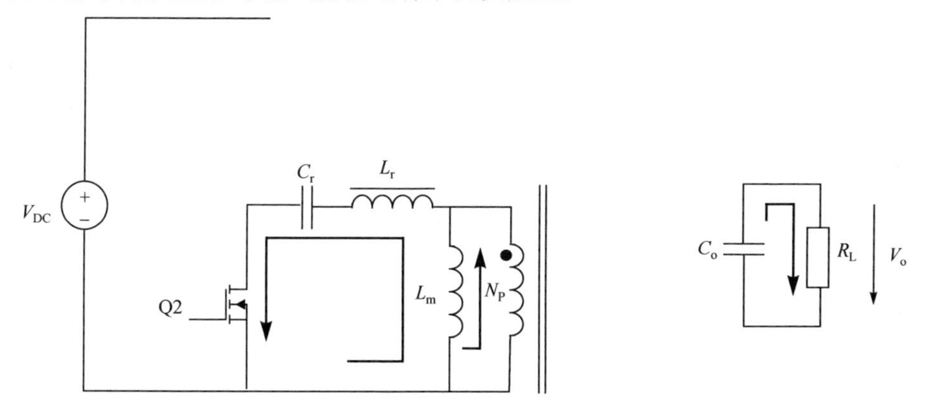

图 6.103　$f_{r2} < f_s < f_{r1}$ 时 LLC 工作阶段三的 LLC 等效电路图

阶段四($t_3 < t < t_4$)：

如图 6.104 所示，在 t_3 时刻，Q2 关断，此时谐振电流仍然为负，并且向 Q2 的寄生电容 C_{oss2} 充电，同时给 Q1 的寄生电容 C_{oss1} 放电，从而使桥臂中点电位 V_d 上升至电源电压，为 Q1 的零电压开通提供了条件。当 Q1 的漏源两端电压降为 0 时，Q1 的体二极管将自然导通，并将 Q1 的漏源电压钳位在 0V。由于谐振电流的大小始终大于励磁电流，所以副边二极管 D1 导通。在这段时间内，谐振电流因向直流电源回馈能量而不断减小。若在 t_4 时刻开通 Q1，则 Q1 为零电压开通。t_4 时刻以后，下半个开关周期开始，随后的四个工作阶段与前面所述的四个阶段基本一致。

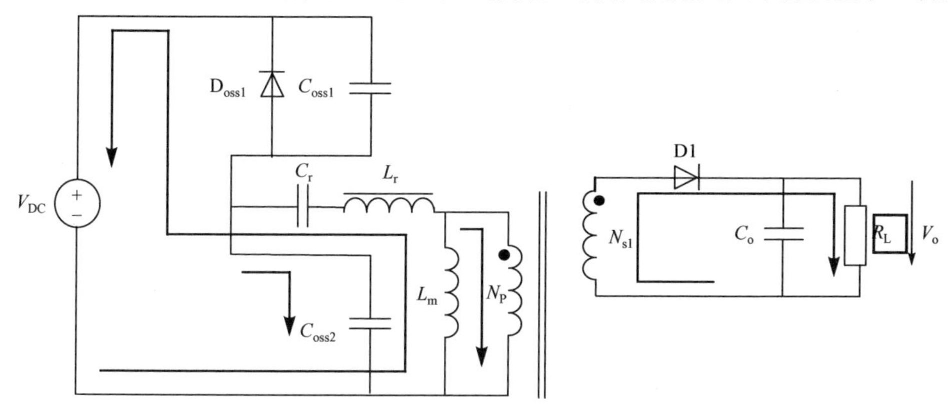

图 6.104　$f_{r2} < f_s < f_{r1}$ 时 LLC 工作阶段四的 LLC 等效电路图

从上述对半桥型 LLC 谐振变换器的工作过程分析可以知道，当 $f_s > f_{r1}$ 时，半桥型 LLC 谐振变换器的工作方式与串联谐振变换器相似，励磁电感两端的电压始终被钳位而不参与谐振过程。在这一频段，半桥型 LLC 谐振变换器能够实现开关管的零电压开通，但整流无法实现二极管的零电流关断。

当 $f_{r2}<f_s<f_{r1}$ 时，半桥型 LLC 谐振变换器的励磁电感也参与了谐振，因此存在两个谐振过程，使半桥型 LLC 谐振变换器的工作过程相对复杂。MOSFET 在这一阶段能够实现零电压开通，且其关断电流总体较小，整流二极管在关断时也能够实现零电流关断。

6.3.2　LLC 谐振变换器控制芯片的一般功能模块简介

基于上述对半桥型 LLC 谐振变换器的不同工作过程中的工作原理的分析，可以对 LLC 谐振变换器进行系统设计。在现有的工程设计中，常常采用 LLC 谐振变换器控制芯片实现系统的环路控制功能。如图 6.105 所示，LLC 谐振变换器控制芯片一般包含以下模块。

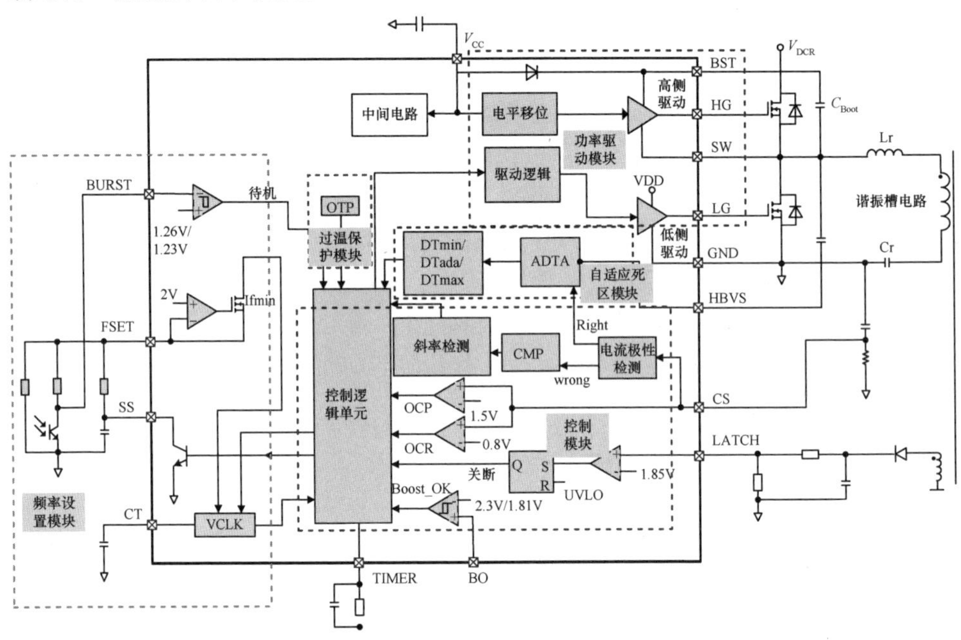

图 6.105　LLC 控制芯片内部结构框图

(1) 频率设置模块，设置系统工作频率限制，振荡器频率等参数，实现软启动功能等；

(2) 控制模块，主要包括误差放大电路、环路补偿电路、压控振荡器(voltage controlled oscillator, VCO)等，实现变换器的稳压或恒流调节；

(3) 功率驱动模块，将控制芯片产生的逻辑控制信号转换为驱动原边桥臂的浮栅驱动信号；

(4) 自适应死区模块，根据系统工作状态调节死区时间，使桥臂工作在最优死区状态，减小其续流损耗；

(5) 过温保护模块，检测系统的温升参数，实现系统过温保护功能，也可检测系统输入、输出、负载等参数，实现系统的过压、欠压、过流等保护功能。

此外，大多数 LLC 谐振变换器控制芯片还设有与前级 PFC 电路通信的 PFC 接口电路、设置系统工作频率范围的外部频率设置引脚以及时钟/基准源/比较器等子电路单元[31,32]。

6.3.3　LLC 谐振变换器的 PFM 稳压调制技术

根据 LLC 谐振变换器的工作原理分析可知，LLC 的工作模态与工作频率有很大的关系。半桥型 LLC 谐振变换器为了满足变压器的励磁、去磁要求，必须使两个功率管的占空比保持相等，因而需要采用 PFM 调节不同输入和负载下的变换器增益，以实现 LLC 谐振变换器的稳压调节[33,34]。

LLC 谐振变换器的控制芯片多采用基于电压模控制的 PFM 调制技术[31,32]。基本的 LLC 谐振变换器电压模控制原理框图如图 6.106 所示。通过采样电阻 R_1 和 R_2 组成的分压网络采集输出电压，再将采集到的输出电压的衰减值与外部参考值 V_{ref} 比较后产生的误差信号，经过补偿和隔离器后输入 VCO；VCO 根据输入端信号，设定相对应的频率信号传送给驱动电路；然后驱动电路根据频率信号产生相应的脉冲信号，控制功率管的开通和关闭，调节和稳定输出电压[35]。这种传统的电压模控制方案的主要特点是整个控制环路只需要一条电压反馈通道就可稳定输出电压，因而比较容易分析和设计。但电压模控制存在的问题是：

(1) 输入电压或负载的任何变化都必须首先检测到输出电压的变化来反映，然后再通过反馈环路矫正，导致其闭环系统的动态性能较差；

(2) 输出滤波器给控制环路增加了两个极点，因此误差放大器不易设计；

(3) LLC 谐振变换器常用 PFM 调制，电压模 PFM 控制要获得高精度的频率调节性能，需要精确的 VCO 模块；

(4) 电压模控制模式中只有电压反馈通道，只能检测输出电压的变化，但电源系统中常常需要设计过流保护或短路保护电路，因此需要单独的通道检测负载的变化。

电流模控制能够使电压模控制中存在的问题得以减轻，因此逐渐受到关注。常见的电流控制模式中存在两个反馈环路：一个是电压外环，用于检测输出电压的变化，通过调节增益稳定输出电压值；另一个是电流内环，用于检测电路中的电流信号(一般为电感电流)，实现快速调节、电流峰值保护限制和过流保护等功能。常用的电流模控制方案有峰值电流模(peak current mode, PCM)控制、平均电

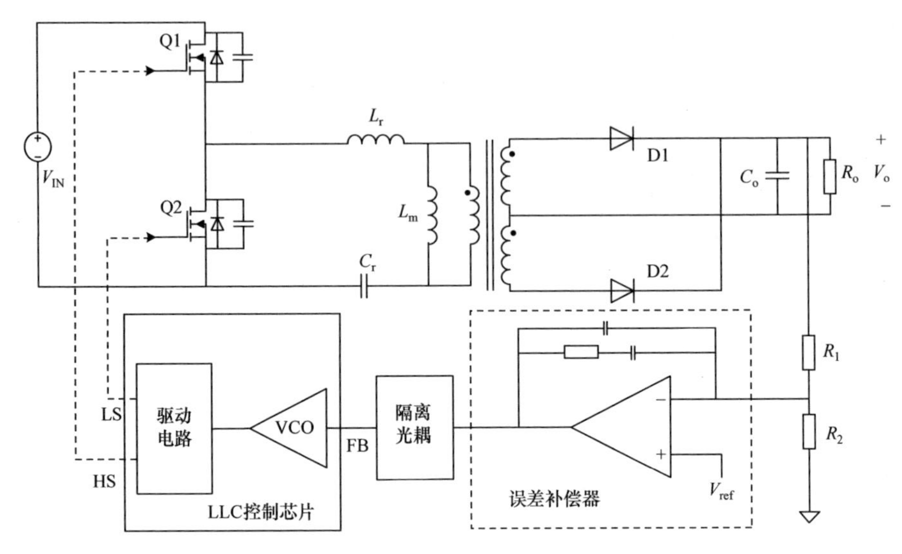

图 6.106　基于电压模控制的 LLC 谐振变换器 PFM 调制简图

流模(average current mode, ACM)控制、滞环电流模(hysteresis current mode, HCM)控制等。这些控制方式都能表现出比传统电压模控制动态响应快、调节性能好、误差补偿器易于设计等优点，因而被广泛采用。图 6.107 所示为 LLC 谐振变换器所采用的一种电流模控制方案[36,37]，电压外环采集到输出电压后的补偿信号作为电流内环的参考信号，与采集到的电流信号经过比较、补偿后输入 VCO，从而改变驱动信号的控制频率，达到稳压、调压的目的。在该控制过程中，当输入或负载发生变化时，输出电压由于误差补偿器的延迟作用而未能及时做出反应，而是 LLC 谐振变换器谐振网络中的谐振电流信号首先做出响应，使电流信号与误差补

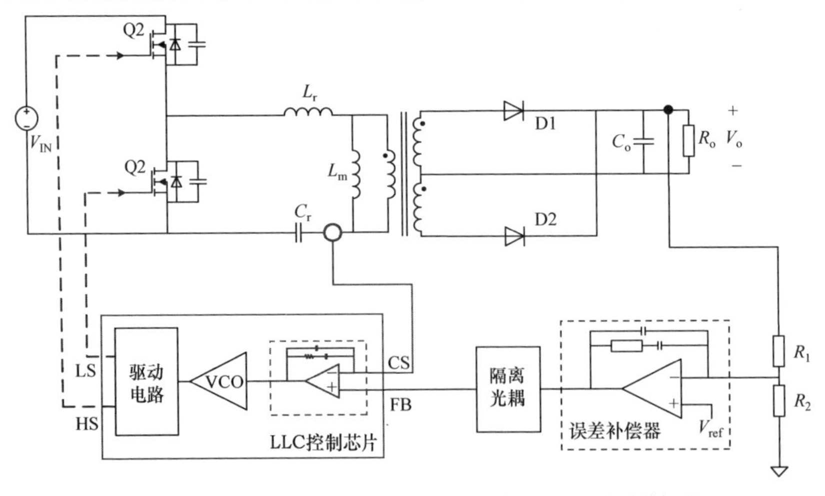

图 6.107　基于电流模的 LLC 谐振变换器 PFM 调制简图

偿器输出信号之间的误差值发生改变,从而使 VCO 检测到变化的输入电位信号，改变驱动频率的大小，实现输出电压的调节。

如图 6.108 所示，为 LLC 谐振变换器的一种电流模控制波形图[31]。LLC 谐振变换器控制电路仍参考图 6.107。FB 引脚的电平在稳态时刻为一个基本不变的直流量，CS 引脚采集到正弦类的谐振电流波形信号。当 CS 引脚的电位上升到与 FB 引脚电位相同时，功率管 Q2 关闭，经过一段自适应死区时间之后，功率管 Q1 开启。在 Q2 导通过程中，通过内部计数器记录 Q2 导通时长。当低侧功率管 Q1 导通时，不断减小计数器的值，可以使高低侧功率管 Q1 和 Q2 的导通时间相同，产生互补驱动信号，避免变压器发生磁偏问题。当 Q1 关断后，再经过一段死区时间，Q2 开启。通过此控制时序，可以实现 LLC 谐振变换器的电流模控制。当输出电压降低时，经过负反馈回路，FB 采集的电位值升高，导致 FB 与 CS 的交点延后，使功率管的导通时间增加，即开关频率变小，最终使 LLC 谐振变换器的输出电压升高。如此，经过一段时间的调节之后，可使输出电压重新稳定。

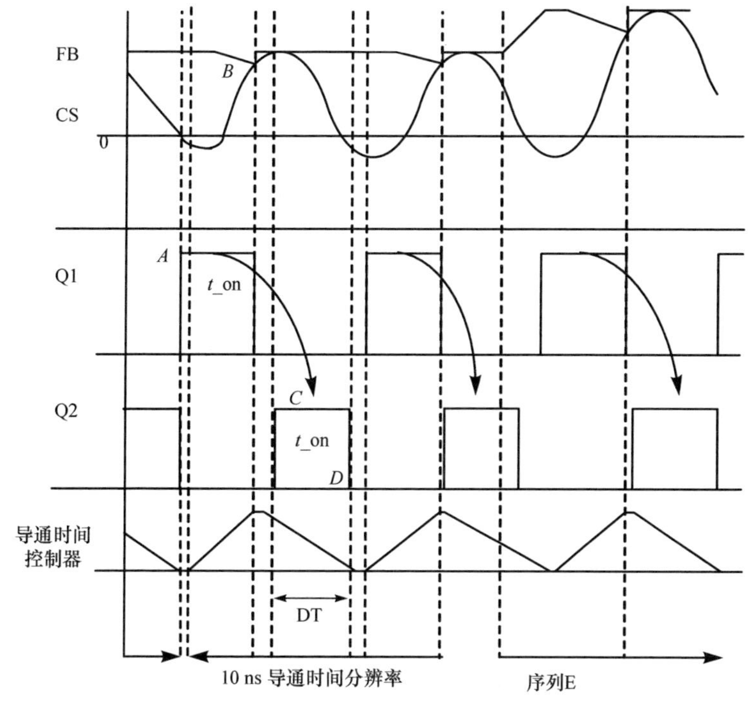

图 6.108　LLC 谐振变换器电流模控制波形

但是在工作过程中，当负载切换时，容易出现控制时序紊乱的情况。例如，当负载从重载到轻载切换时，高侧功率管导通时间长，低侧功率管导通时间短，导致变压器磁偏，使工作过程不正常，甚至损坏系统。为了提高 LLC 谐振变换器电流模的控制性能，避免在负载或输入突变时控制时序紊乱，需要对 FB 信号进行处理，处理的时序如图 6.108 所示。在高侧功率管导通时，对 FB 引脚电位按照一个固定的比例衰减(类似于峰值电流模的斜坡补偿)，限制 CS 引脚的动态电压范围。当 LLC 谐振变换器在满载和轻载之间切换时，为了避免系统来不及反应而进入不正常工作状态，需要对 CS 引脚电位进行监控，当检测到 CS 引脚电位高于某一值超过一定次数时，则说明 LLC 谐振变换器工作在过载状态，此时 LLC 谐振变换器将进入过载保护模式或短路保护模式。其中，LLC 谐振变换器电流模控制中 CS 引脚电平检测过程如图 6.109 所示。

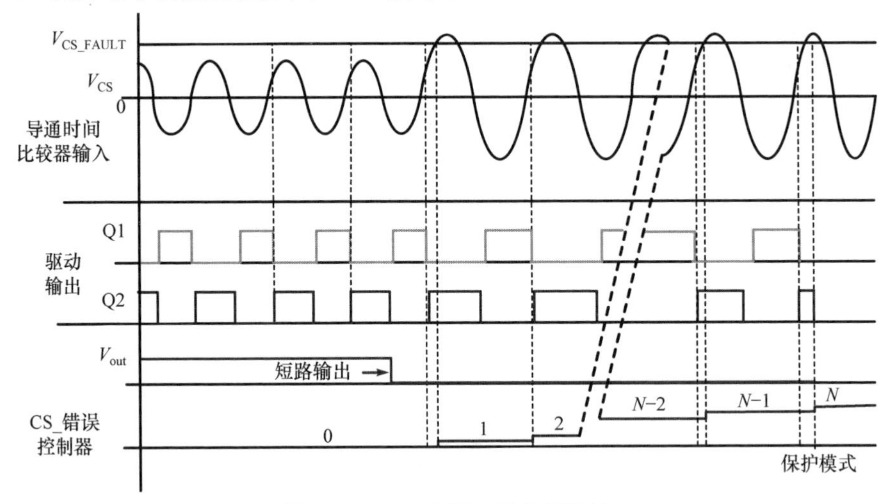

图 6.109　CS 引脚电平检测机制

根据上述 LLC 谐振变换器电压模和电流模控制的工作原理，在 PSPICE 软件中搭建下面的仿真电路，实现 LLC 的电压模和电流模控制功能仿真。

图 6.110 所示的 LLC 谐振变换器电压模控制仿真电路由输出电压采样电路、误差补偿器、VCO、栅驱动电路和 LLC 主功率拓扑组成。输出电压采样电路由采样电阻构成分压网络，采集输出电压，与外部设定的固定参考信号比较之后经过误差补偿器对输出电压进行补偿。误差补偿器的输出信号输送给 VCO 产生相应的控制脉冲信号，再经过栅驱动电路后形成功率脉冲电压信号，控制功率管的导通和关闭。其中，所采用的误差补偿器为Ⅲ型误差补偿器。栅驱动电路带有死区设置功能，更改内部的参考电压，可以在两个互补的脉冲信号之间插入可变的死区时间，避免功率管的误导通。

图 6.110 所示的 LLC 谐振变换器电压模控制环路如图 6.111 所示。其中，采样电路由两个采样电阻构成分压网络；Ⅲ型误差补偿器由理想运放和外围电阻、电容组合而成，电阻、电容值可根据 LLC 谐振变换器的小信号模型设计(具体内容可参考 6.3.4 节的 LLC 谐振变换器小信号模型部分)；VCO 为 PSPICE 仿真软件内部的给定元件，设定系统的中心工作频率和频率波动范围后，针对不同的输入电位，输出不同频率的脉冲信号。将此控制信号输入给栅驱动电路，就可产生驱

动信号，控制半桥方波发生网络中功率管的开通和关断。

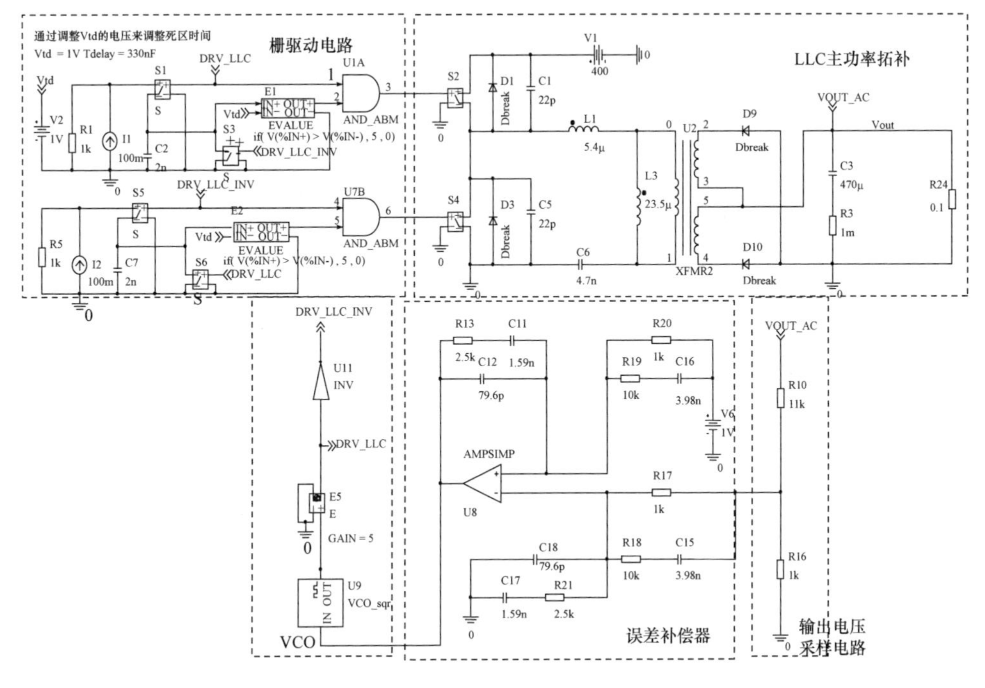

图 6.110　LLC 谐振变换器电压模控制 PSPICE 仿真电路图

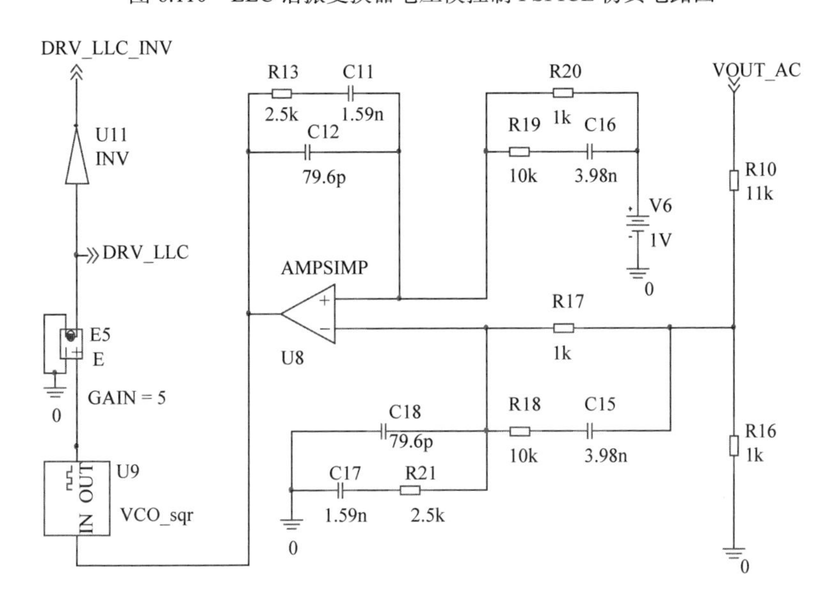

图 6.111　LLC 谐振变换器电压模控制环路

图 6.110 所示的 LLC 谐振变换器电压模控制电路仿真波形如图 6.112 所示。从图中可以看出，在给定的参数下，当负载电流从 11A 降低到 3A 时，电压模控制不仅对输出电压的变化反应比较迟钝，而且在设计的负载切换条件下很难再回到原来的输出电压值，导致输出电压值的直流量在不同的负载下有一个直流偏差。

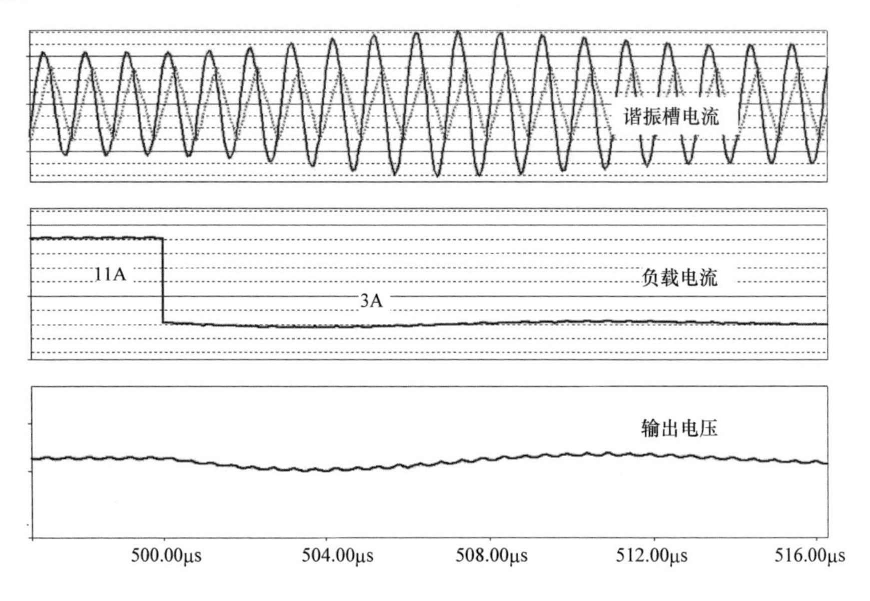

图 6.112　LLC 谐振变换器电压模控制 PSPICE 仿真波形

图 6.113 所示为基于电流模控制的 PSPICE 仿真电路，由 LLC 主功率拓扑、输出电压采样电路、误差补偿器、电流反馈回路、栅驱动电路组成。与电压模控制电路不同的是，将 LLC 电压模控制电路中的 VCO 替换成了电流反馈回路，且该电流环的输出未经过 VCO，而是直接根据谐振电流的交流电流信号产生脉冲信号，作为功率管开关的控制信号，比传统的电流模控制更加方便地利用了谐振电流的固有正弦曲线特性。

图 6.113 所示的 LLC 谐振变换器电流模控制电路仿真波形如图 6.114 所示。从图中可以看出，当负载从 3A 增加到 11A 时，电流模控制 LLC 谐振变换器能够很快地反映输出电压的变化，并在较短的时间内完成调节过程，使输出电压重新稳定，且调节过程中输出电压的过冲较小，表现出比图 6.110 所示的电压模控制更好的特性。

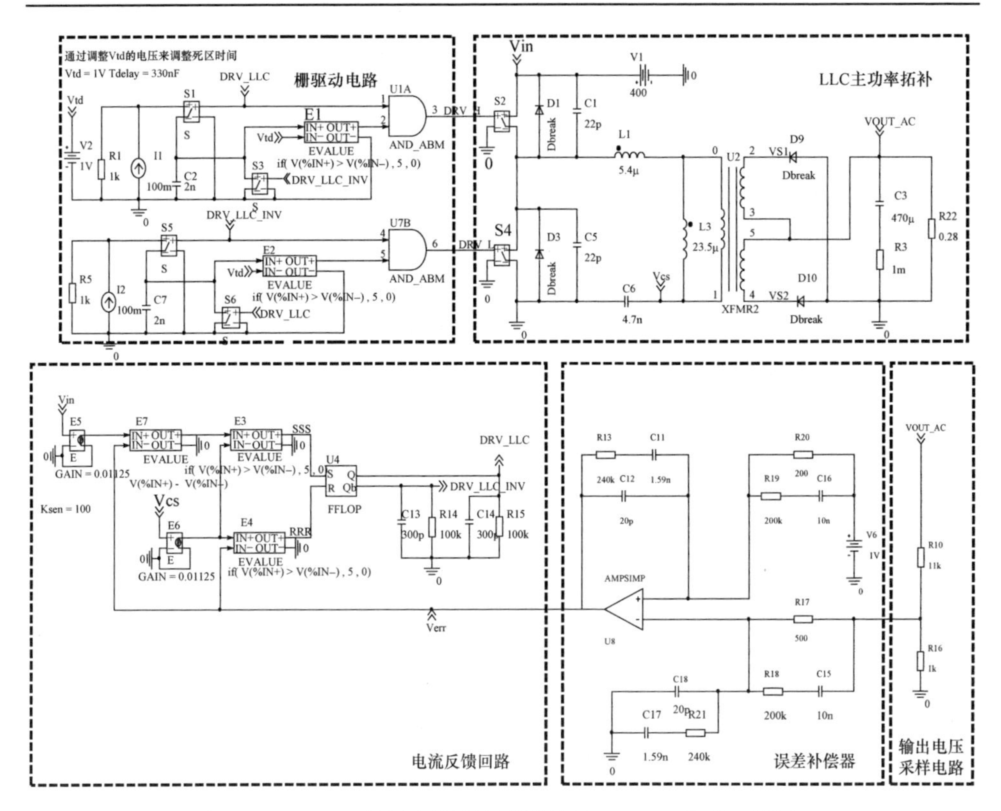

图 6.113　LLC 谐振变换器电流模控制 PSPICE 仿真电路图

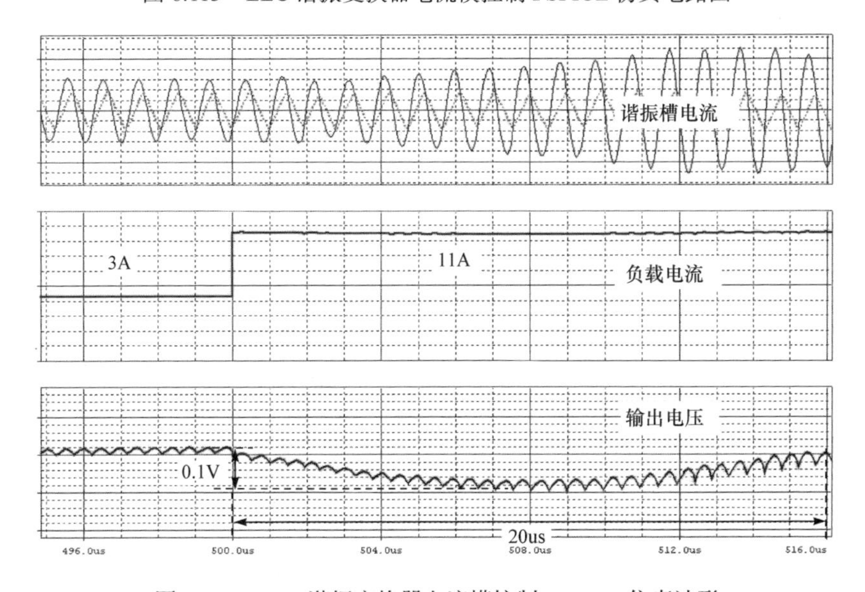

图 6.114　LLC 谐振变换器电流模控制 PSPICE 仿真波形

6.3.4 LLC 谐振变换器的小信号模型与环路补偿技术

小信号分析能够帮助开关变换器解决控制设计方面的问题，理解系统的动态特性，分析动态响应。传统的状态空间平均法基于状态变量平均值的思想，能够很好地为 PWM 变换器和准谐振变换器提供一个比较精确的小信号模型。然而，状态空间平均法不能应用在 LLC 谐振变换器的建模上。这是由于在一个或多个开关周期内，LLC 谐振变换器的谐振槽内的一些变量没有直流分量，无法采用平均值理论给小信号扰动提供一个合适的工作点。所以基于“小纹波假设”的 PWM 型变换器的小信号建模方法不适用于带有谐振网络的谐振变换器的小信号建模。

扩展函数法可以针对基于开关网络、谐振槽、整流网络和滤波网络等的谐振变换器的整体电路建立小信号模型。其利用基尔霍夫电路定律列出非线性状态方程，用描述函数法对非线性环节进行线性化处理，用谐波平衡法得到其大信号模型，对大信号模型进行小信号扰动与线性化处理，最后得到某个稳态工作点的小信号模型[38]。因此，对 LLC 谐振变换器运用扩展函数法建模可以得到精确的小信号模型，用于控制环路误差补偿器的设计。采用扩展函数法，得到的 LLC 谐振变换器的小信号模型如式(6.109)～式(6.115)所示。

$$\frac{\mathrm{d}\hat{i}_{\mathrm{rs}}}{\mathrm{d}t}=-\frac{r_{\mathrm{s}}+H_{\mathrm{is}}}{L_{\mathrm{r}}}\hat{i}_{\mathrm{rs}}+\frac{L_{\mathrm{r}}\Omega_{\mathrm{s}}-H_{\mathrm{ic}}}{L_{\mathrm{r}}}\hat{i}_{\mathrm{rc}}-\frac{1}{L_{\mathrm{r}}}\hat{v}_{\mathrm{cs}}+\frac{H_{\mathrm{is}}}{L_{\mathrm{r}}}\hat{i}_{\mathrm{ms}}+\frac{H_{\mathrm{ic}}}{L_{\mathrm{r}}}\hat{i}_{\mathrm{mc}}-\frac{H_{\mathrm{vcr}}}{L_{\mathrm{r}}}\hat{v}_{\mathrm{o}}+w_{\mathrm{r}}I_{\mathrm{rc}}\hat{f}_{\mathrm{sn}}+\frac{K_1}{L_{\mathrm{r}}}\hat{v}_{\mathrm{in}}+\frac{K_2}{L_{\mathrm{r}}}\hat{d} \tag{6.109}$$

$$\frac{\mathrm{d}\hat{i}_{\mathrm{rc}}}{\mathrm{d}t}=-\frac{L_{\mathrm{r}}\Omega_{\mathrm{s}}+G_{\mathrm{is}}}{L_{\mathrm{r}}}\hat{i}_{\mathrm{rs}}-\frac{r_{\mathrm{s}}+G_{\mathrm{ic}}}{L_{\mathrm{r}}}\hat{i}_{\mathrm{rc}}-\frac{1}{L_{\mathrm{r}}}\hat{v}_{\mathrm{crc}}+\frac{G_{\mathrm{is}}}{L_{\mathrm{r}}}\hat{i}_{\mathrm{ms}}+\frac{G_{\mathrm{ic}}}{L_{\mathrm{r}}}\hat{i}_{\mathrm{mc}}--\frac{G_{\mathrm{vcr}}}{L_{\mathrm{r}}}\hat{v}_{\mathrm{o}}-w_{\mathrm{r}}I_{\mathrm{rs}}\hat{f}_{\mathrm{sn}} \tag{6.110}$$

$$\frac{\mathrm{d}\hat{v}_{\mathrm{crs}}}{\mathrm{d}t}=\frac{1}{C_{\mathrm{r}}}\hat{v}_{\mathrm{rs}}+\Omega_{\mathrm{s}}\hat{v}_{\mathrm{crc}}+w_{\mathrm{r}}V_{\mathrm{crc}}\hat{f}_{\mathrm{sn}} \tag{6.111}$$

$$\frac{\mathrm{d}\hat{v}_{\mathrm{crc}}}{\mathrm{d}t}=\frac{1}{C_{\mathrm{r}}}\hat{v}_{\mathrm{crc}}-\Omega_{\mathrm{s}}\hat{v}_{\mathrm{crs}}+w_{\mathrm{r}}V_{\mathrm{crs}}\hat{f}_{\mathrm{sn}} \tag{6.112}$$

$$\frac{\mathrm{d}\hat{i}_{\mathrm{ms}}}{\mathrm{d}t}=\frac{H_{\mathrm{is}}}{L_{\mathrm{m}}}\hat{i}_{\mathrm{rs}}+\frac{H_{\mathrm{ic}}}{L_{\mathrm{m}}}\hat{i}_{\mathrm{rc}}-\frac{H_{\mathrm{is}}}{L_{\mathrm{m}}}\hat{i}_{\mathrm{ms}}+\frac{L_{\mathrm{m}}\Omega_{\mathrm{s}}-H_{\mathrm{ic}}}{L_{\mathrm{m}}}\hat{i}_{\mathrm{mc}}+\frac{H_{\mathrm{vo}}}{L_{\mathrm{m}}}\hat{v}_{\mathrm{o}}+w_{\mathrm{r}}I_{\mathrm{mc}}\hat{f}_{\mathrm{sn}} \tag{6.113}$$

$$\frac{\mathrm{d}\hat{i}_{\mathrm{mc}}}{\mathrm{d}t}=\frac{G_{\mathrm{is}}}{L_{\mathrm{m}}}\hat{i}_{\mathrm{rs}}+\frac{G_{\mathrm{ic}}}{L_{\mathrm{m}}}\hat{i}_{\mathrm{rc}}-\frac{G_{\mathrm{ic}}}{L_{\mathrm{m}}}\hat{i}_{\mathrm{mc}}-\frac{L_{\mathrm{m}}\Omega_{\mathrm{s}}+G_{\mathrm{is}}}{L_{\mathrm{m}}}\hat{i}_{\mathrm{ms}}-\frac{G_{\mathrm{vo}}}{L_{\mathrm{m}}}\hat{v}_{\mathrm{o}}-w_{\mathrm{r}}I_{\mathrm{ms}}\hat{f}_{\mathrm{sn}} \tag{6.114}$$

$$\frac{\mathrm{d}\hat{v}_{\mathrm{co}}}{\mathrm{d}t}=\frac{K_{\mathrm{is}}r_s'}{C_{\mathrm{o}}r_{\mathrm{c}}}\hat{i}_{\mathrm{rs}}+\frac{K_{\mathrm{ic}}r_c'}{C_{\mathrm{o}}r_{\mathrm{c}}}\hat{i}_{\mathrm{rc}}-\frac{K_{\mathrm{is}}r_s'}{C_{\mathrm{o}}r_{\mathrm{c}}}\hat{i}_{\mathrm{ms}}-\frac{K_{\mathrm{ic}}r_{\mathrm{c}}'}{C_{\mathrm{o}}r_{\mathrm{c}}}\hat{i}_{\mathrm{mc}}-\frac{r_{\mathrm{c}}'}{C_{\mathrm{o}}r_{\mathrm{c}}R_{\mathrm{L}}}\hat{v}_{\mathrm{co}} \tag{6.115}$$

式中，L_r 为谐振电感；L_m 为励磁电感；C_r 为谐振电容；C_o 为输出电容；R_L 为负载电阻；r_c 为输出电容的等效串联电阻；$\hat{i}_{rs}$ 、$\hat{i}_{rc}$ 分别为谐振电流扰动信号的正弦分量和余弦分量；$\hat{i}_{ms}$ 、$\hat{i}_{mc}$ 分别为励磁电流扰动信号的正弦分量和余弦分量；$\hat{v}_{crs}$ 、$\hat{v}_{crc}$ 分别为谐振电容电压扰动信号的正弦分量和余弦分量；$\hat{v}_{co}$ 为输出电容电压扰动信号。公式中的中间变量的代数关系分别为

$$\Omega_{\mathrm{s}}=2\pi f_{\mathrm{s}} \tag{6.116}$$

$$w_{\mathrm{r}}=2\pi f_{\mathrm{r}} \tag{6.117}$$

$$H_{\mathrm{is}}=\frac{4nV_{\mathrm{o}}}{\pi}\frac{I_{\mathrm{pc}}^2}{I_{\mathrm{p}}^3} \tag{6.118}$$

$$H_{\mathrm{ic}}=\frac{4nV_{\mathrm{o}}}{\pi}\frac{I_{\mathrm{ps}}I_{\mathrm{pc}}}{I_{\mathrm{p}}^3} \tag{6.119}$$

$$H_{\mathrm{vo}}=\frac{4n}{\pi}\frac{I_{\mathrm{ps}}}{I_{\mathrm{pp}}} \tag{6.120}$$

$$G_{\mathrm{is}}=-\frac{4nV_{\mathrm{o}}}{\pi}\frac{I_{\mathrm{ps}}I_{\mathrm{pc}}}{I_{\mathrm{p}}^3} \tag{1.121}$$

$$G_{\mathrm{ic}}=\frac{4nV_{\mathrm{o}}}{\pi}\frac{I_{\mathrm{ps}}^2}{I_{\mathrm{p}}^3} \tag{6.122}$$

$$G_{\mathrm{vo}}=\frac{4n}{\pi}\frac{I_{\mathrm{pc}}}{I_{\mathrm{pp}}} \tag{6.123}$$

借助 MATLAB 仿真软件，将由扩展函数法得到的 LLC 谐振变换器的小信号模型在给定的电路参数下对其控制到输出频率特性函数进行仿真，可分别得到工作在 $f_s > f_{r1}$ 和 $f_{r1} > f_s > f_{r2}$ 时的 Bode 图和根轨迹图，分别如图 6.115 和图 6.116 所示。

从图 6.115 和图 6.116 中可以看出，不管 LLC 谐振变换器工作在 $f_s > f_{r1}$ 区域还是 $f_{r1} > f_s > f_{r2}$ 区域，都存在右半平面零点，但由于此零点频率比较高，在系统需要的带宽之外，不影响系统在所需频率范围内的稳定性。根据两个阶段的根轨迹图可以看出，当 LLC 谐振变换器工作在 $f_s>f_{r1}$ 阶段时，随着负载的增加或开关频率的降低，负实轴上的两个实极点相向移动，在实轴上分离后形成两个共轭极点，向虚轴移动。而当 LLC 谐振变换器工作在 $f_{r1}>f_s>f_{r2}$ 阶段时，随着负载的增加或开关频率的降低，系统中一对共轭极点向实轴方向移动，相遇后再背向移动，

一个向高频，另一个向低频。

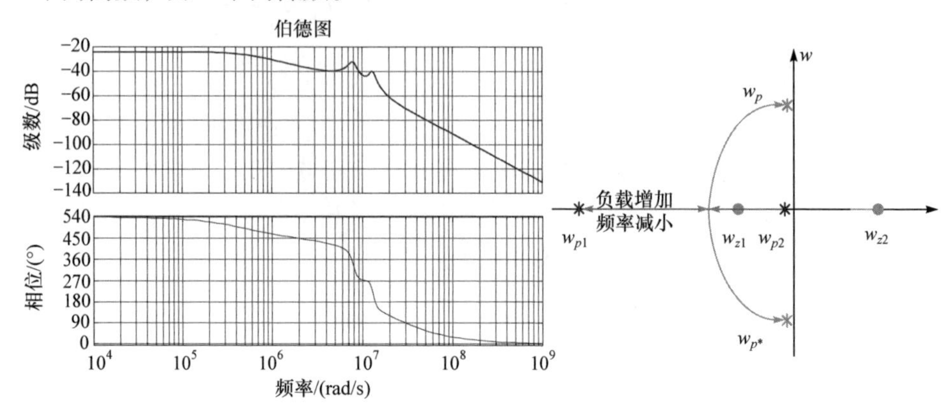

图 6.115　LLC 谐振变换器工作在 $f_s > f_{r1}$ 时的 Bode 图和根轨迹图

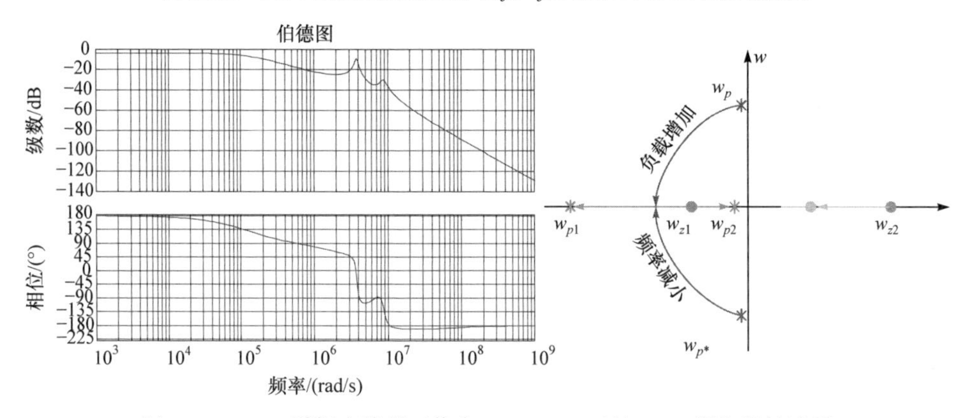

图 6.116　LLC 谐振变换器工作在 $f_{r1} > f_s > f_{r2}$ 时的 Bode 图和根轨迹图

在进行环路设计时，需要根据 LLC 的小信号模型设计误差补偿器。根据上面的分析，存在于右半平面的零点一般都在设计带宽之外，所以不会对变换器的稳定性造成影响，不需要特别处理。需要处理的主要是左半平面的一对低频极点和输出滤波电容引起的一个 ESR 零点。因此，补偿器应该包含一个积分器、两个极点和两个零点。其中，积分器用于减小稳态误差，两个零点用于补偿一对双重极点，一个极点用于补偿输出电容 ESR 产生的零点，最后还需要一个极点来加速设计带宽之外的衰减。因此，设计出的 LLC 谐振变换器的误差补偿器的传递函数的形式应为

$$G_c(s) = \frac{K_c\left(1+\dfrac{s}{w_{z1}}\right)\left(1+\dfrac{s}{w_{z2}}\right)}{s\left(1+\dfrac{s}{w_{p1}}\right)\left(1+\dfrac{s}{w_{p2}}\right)} \tag{6.124}$$

根据 LLC 谐振变换器的频率特性，设定好误差补偿器相应的零极点参数后，经过 MATLAB 仿真得到的误差补偿器的 Bode 图如图 6.117 所示。

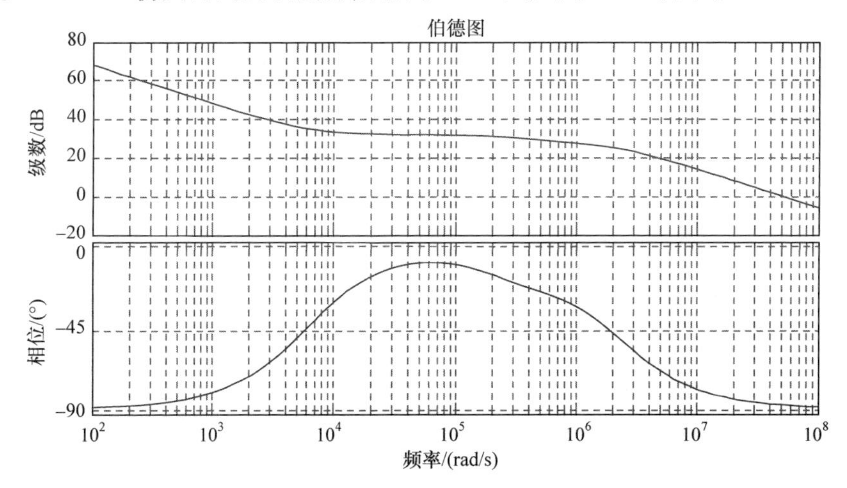

图 6.117　LLC 谐振变换器误差补偿器 Bode 图

在 PSPICE 中搭建完整的闭环仿真电路，如图 6.110 所示，并在软件中采用 AC 扫描分析，仿真得到如图 6.118 所示的闭环 Bode 图。从图中可以看出，在穿越频率处，相位裕度达到 25°，大于 0°。

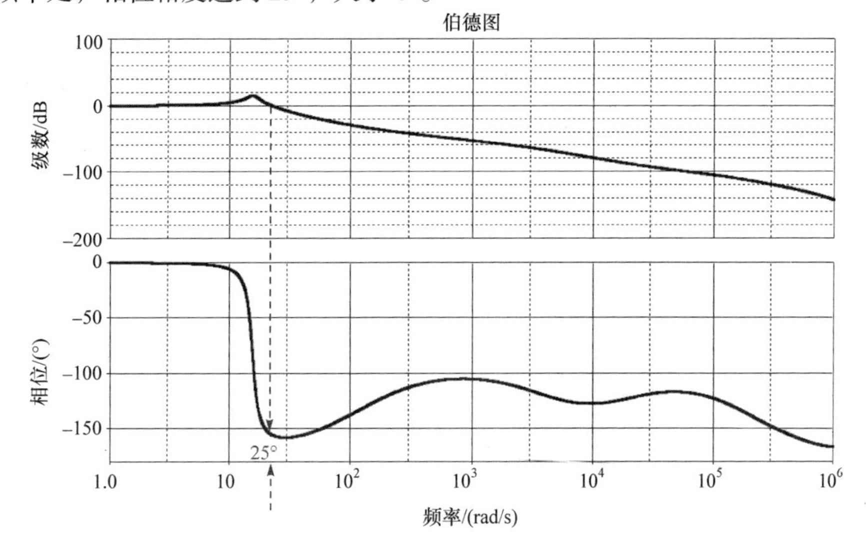

图 6.118　LLC 谐振变换器 PSPICE 闭环仿真 Bode 图

虽然 Bode 图表明系统是稳定的，但相位裕度太小，且带宽很窄，说明系统的动性能很差，这一点从图 6.112 中的仿真波形也可以看出，因此有必要对 LLC 谐振变换器采用电流模控制。其中设计的仿真电路如图 6.113 所示，仿真波形如图 6.114

所示，经过 PSPICE 仿真得到的电流模控制的闭环 Bode 图如图 6.119 所示。

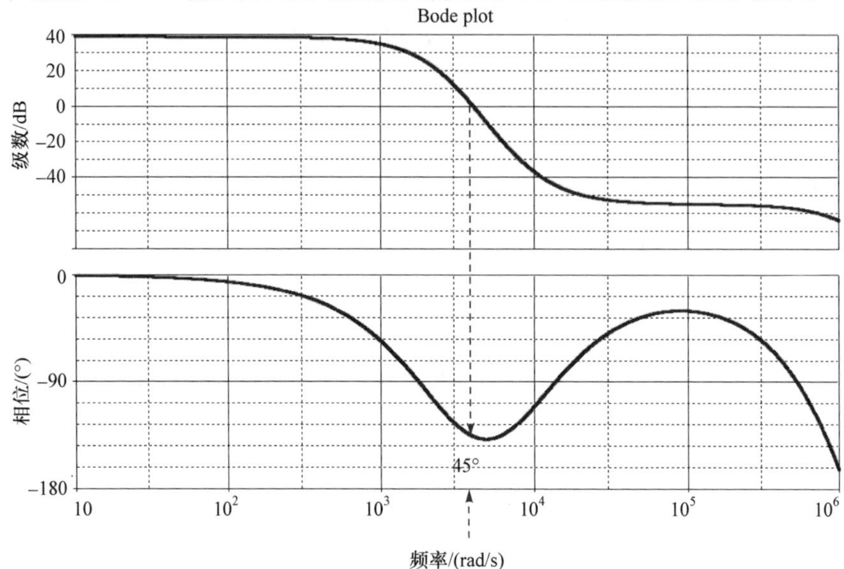

图 6.119　LLC 谐振变换器电流模控制 PSPICE 闭环仿真 Bode 图

从图 6.119 中 LLC 电流模仿真 Bode 图可以看出，相位裕度满足要求，带宽相对于电压模控制有明显的提高。闭环系统的负载切换波形可以参考图 6.114，启动及稳态波形如图 6.120 所示。从图中可以看出，根据扩展函数法得到的小信号模型设计的控制环路，使整体系统的输出电压在 300μs 内能达到稳态，并且超调量小于 10%，输出电压纹波小于 100mV，具有调节时间短，输出电压精度高的优点，能够满足系统设计的需要。

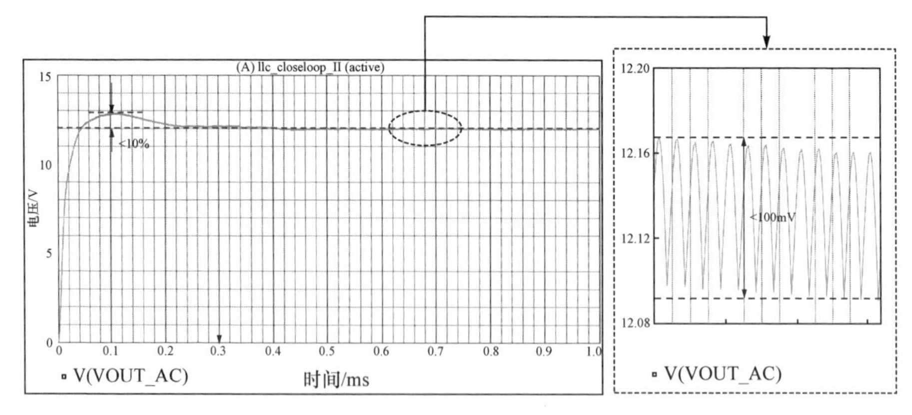

图 6.120　LLC 谐振变换器电流模控制 PSPICE 仿真输出电压波形

6.3.5　LLC 谐振变换器的软启动技术

LLC 谐振变换器在启动阶段，由于初始时刻输出电压未建立(导致映射到变压器原边的电压很小)、谐振电容上的直流电压也未建立，从而加在谐振槽上的电压应力很大，谐振电流峰值显著大于稳态值。图 6.121 为未采用任何软启动措施的某 LLC 谐振变换器启动过程中谐振槽电流仿真图，从图中可以看出启动电流峰值已达稳态情况下峰值的近 3 倍。为了避免大电流对功率管的毁坏，常常需要采用软启动技术：在变换器工作的初期，使能量缓慢地流入变换器的储能元件中，从而避免引起功率回路中不必要的过电压或者电流应力。

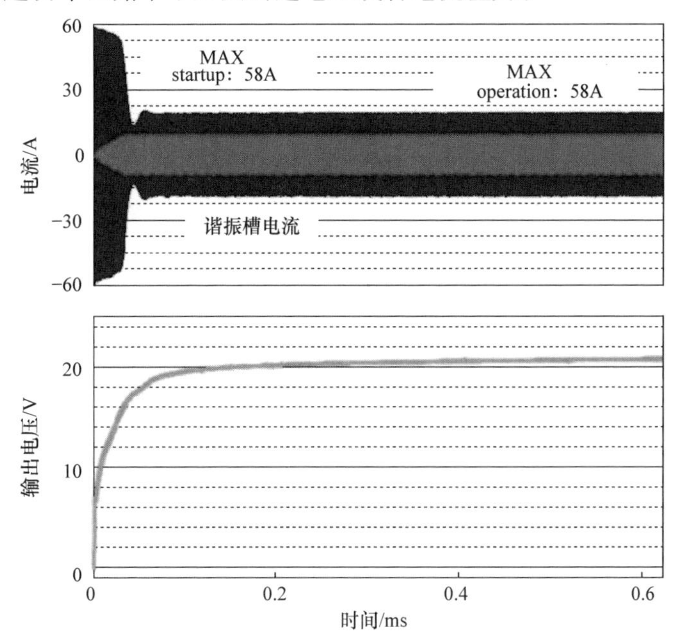

图 6.121　无任何软启动措施的 LLC 谐振变换器启动过程仿真波形图

LLC 谐振变换器常用的软启动技术有降频软启动[31,32]和 PWM 软启动[39]。降频软启动在电源启动时刻，以高于稳态工作频率的初始开关频率启动(通常为额定工作频率的 3～5 倍)，并在启动过程中不断降低频率，直到输出电压和电路内部参数达到预先设定的阈值而结束软启动过程。降频软启动过程波形图如图 6.122 所示，对比图 6.121 和图 6.122 可见，采用软启动技术后，系统启动峰值电感电流明显降低，但输出电压建立时间也更长。

启动时的初始频率和频率递减系数是影响降频软启动峰值电感电流和启动时间的两个主要参量。初始启动频率越大，软启动时的最大谐振电感电流越小，而相应的启动时间会变长。而对一个确定的启动频率，则有一个最佳的频率递减系数，使得启动时间和最大谐振电感电流有最佳折中。

降频软启动技术是目前绝大部分 LLC 控制芯片所采用的启动方式，但该软启动过程中功率管很容易产生硬开关问题[32]，其主要原因及对策如下。

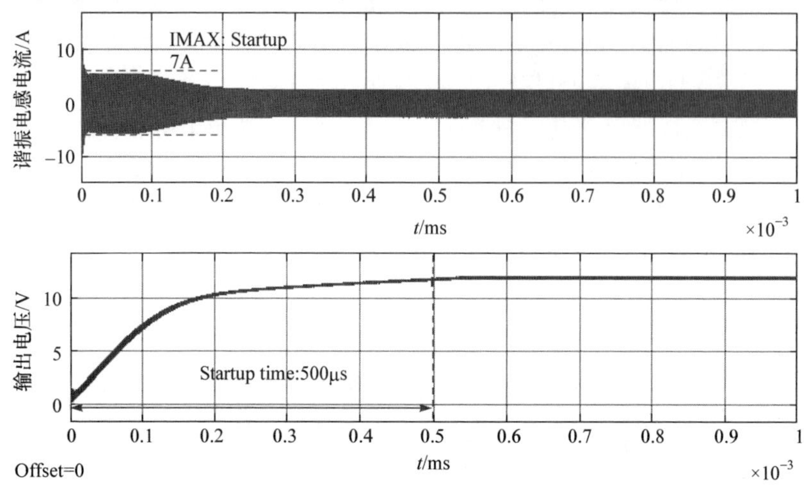

图 6.122　LLC 谐振变换器降频软启动仿真波形

(1) LLC 谐振电容初始电压不为 0。如图 6.123 所示，LLC 控制芯片在工作时，需先打开低侧功率管给自举电容充电，该阶段谐振电容与谐振电感发生谐振。如果这段时间较长，谐振电流反向流动，导致在低侧功率管关断、高侧功率管开启时，高侧功率管因硬开关而损坏。这种情况极易发生在芯片工作于保护模式后的自恢复阶段。一个有效解决方案是在自举电容充电完成后等待一段时间，待谐振电容中的能量释放完之后再开启高侧功率管。

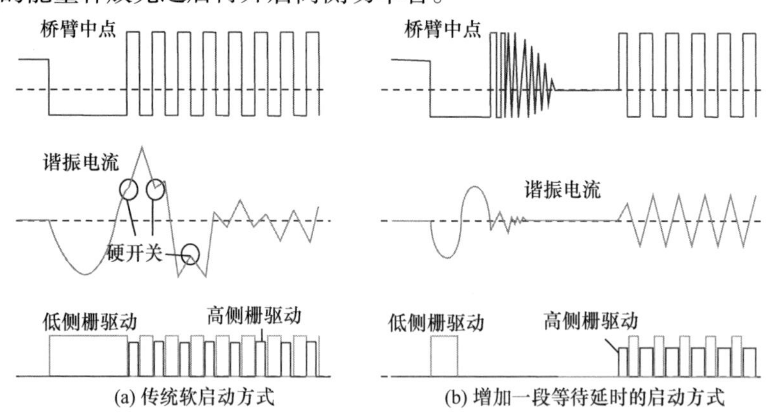

图 6.123　谐振电容初始电压不为 0 导致的启动时刻硬开关问题及对策

(2) 变压器在软启动过程中的磁通不平衡。如图 6.124 所示，LLC 谐振变换器在原边功率管上栅驱动信号总保持 50%占空比，使变压器原边被 $\pm V_{in}/2$ 的对称方波驱动。但在启动时刻，变压器原边电压并不对称，导致伏秒不平衡而使谐振电流上升和下降的速度有较大差别，这可能导致谐振电流不能正确反向而导致 LLC 谐振变换器在原边启动时产生功率管的硬开关问题。解决该问题可通过检测变压器电压的变化，改变控制芯片内部的振荡器的工作状态，或在启动阶段设定与稳态工作不同的驱动信号时序。

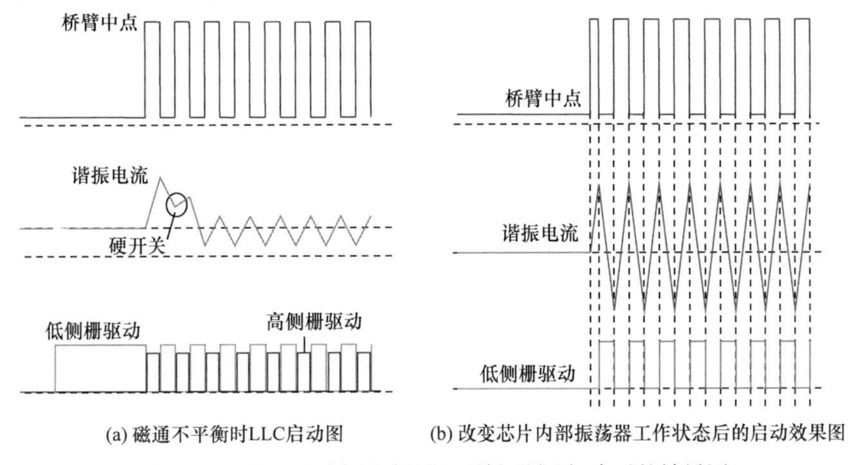

(a) 磁通不平衡时LLC启动图　(b) 改变芯片内部振荡器工作状态后的启动效果图

图 6.124　磁通不平衡导致的硬开关问题及解决后的效果图

针对 LLC 谐振变换器在软启动过程的硬开关问题，安森美公司的 LLC 谐振变换器控制芯片 NCP1399 内部采用了一个专用的软启动时序[31]，如图 6.125 所示。首先通过一个内部电流开关使桥臂中点电压放电到零电位，当检测到放电完成，才开通低侧功率管给自举电容充电(开通时间固定，由芯片内部设定)。经过一段死区后，开启高侧功率管一小段时间后再关断该管，此时芯片检查关断后实现零电压开通的时间长短及谐振槽的状态。若高侧功率管关断到实现零电压开通所用的时间是高侧功率管开通时间的两倍以上，则下次高侧功率管导通的时间为本次的 3/2；若基本相同，则下次高侧功率管导通时间和本次相同。当检测到这种相同状态时，则开始正常的 LLC 谐振变换器的软启动过程。正常的软启动依然采用降频方式，且芯片内部有看门狗设定最大的启动时间，防止 LLC 谐振变换器启动过程出现异常。

需要说明的是，随着 LLC 谐振变换器工作频率的进一步提高，降频软启动的高启动频率显著增加了栅驱动回路和磁性元件的设计难度。此时，采用 PWM 软启动策略则可能是更好的选择。PWM 软启动是在启动过程中不断增大栅驱动信号导通时间的占空比，从而使输出电压缓慢从零开始达到稳定状态时的输出值。需要注意的是，LLC 谐振变换器的高低侧功率管栅驱动信号在 PWM 软启动过程中应保持占空比一致，而不能互补，否则很可能因低侧功率管在启动初期长时间导通而使得谐振电容一直无法积蓄能量。前者的不足在于需要产生和承受很高的开关频率，后者的不足在于软启过程中存在软开关失效风险。LLC 谐振变换器的 PWM 软启动仿真波形如图 6.126 所示。对比图 6.126 和图 6.122 可以看出，降频软启动和 PWM 软启动的启动阶段峰值电感电流和启动时间基本相当。

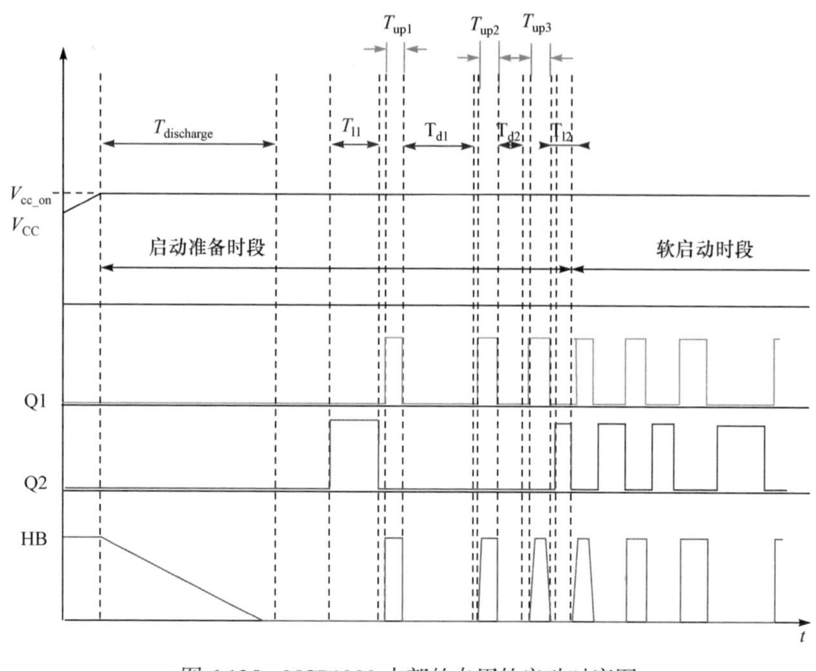

图 6.125　NCP1399 内部的专用软启动时序图

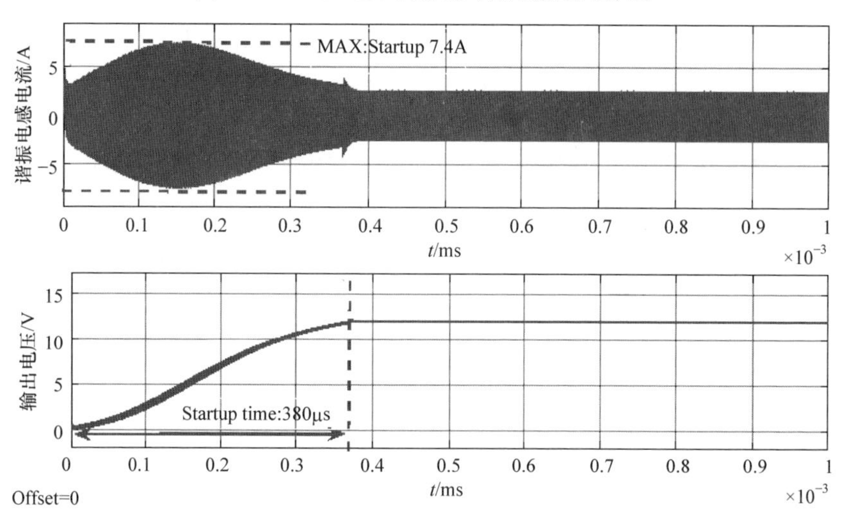

图 6.126　LLC 谐振变换器 PWM 软启动仿真波形

影响 PWM 软启动的启动峰值电感电流和启动时间的两个主要参量是 PWM 初始占空比和占空比递增系数。增加初始占空比可以减少启动时间，但却会增加启动峰值电感电流，增加占空比递增系数同样可以减少启动时间，增加启动峰值电感电流。相比降频软启动，PWM 软启动不涉及高频问题，但在启动初期由于占空比很小(死区时间很长)，谐振电感电流会在互补管前就降为零，从而无法提供功率管零电压开通所需的电感负电流。考虑到此时功率管为零电流开通，因此零电压开通的失效并不会造成功率管开关损耗的激增。

随着对 LLC 谐振变换器研究的不断深入，基于谐振网络状态轨迹[40]和基于平均几何控制[41]的软启动策略也相继出现，其启动时间和峰值电感电流抑制得到了大幅改善,但这些方法都需要复杂的采样和环路计算,距实用化还有一定距离。

6.3.6　基于 ON/OFF 控制的 LLC 谐振变换器的轻载效率优化技术

与 PWM 变换器类似，轻载工作条件下，由于存在驱动损耗、磁芯损耗、续流损耗等很多固定损耗,LLC 谐振变换器的工作效率同样会显著下降。然而 PWM 变换器中轻载条件下降低电路工作频率的 PFM-PWM 混合控制模式等却难以在 LLC 谐振变换器中使用。ON/OFF 控制策略则是一种可行的 LLC 谐振变换器轻载工作模式[42]，其栅驱动控制信号如图 6.127 所示。ON/OFF 控制策略通过周期性阻断变换器原边功率管栅驱动信号，降低变换器总体功率，从而提高转换效率。

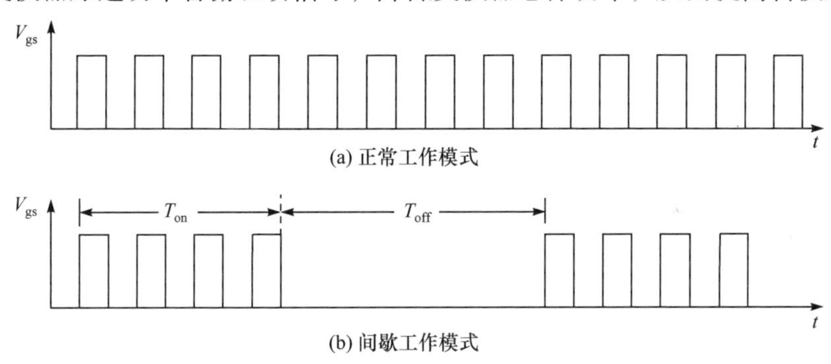

图 6.127　LLC 谐振变换器的 ON/OFF 控制方法的栅驱动波形示意

由于周期性阻断变换器原边功率管期间，输出电压完全靠输出电容维持，该方法不可避免地使得输出电压纹波增加。图 6.127 中 T_{off} 的时间越长，输出电压纹波越大；而 T_{off} 时间越短，轻载效率的提升效果越差。因此轻载效率和输出电压纹波间存在一定程度的折中关系。

该模式下，由于变换器只在 T_{on} 期间提供负载所需的能量，所以 T_{on} 期间的实际负载电流可以近似看作：

$$I_{burst} = \frac{I_L(T_{on} + T_{off})}{T_{on}} \tag{6.125}$$

式中，I_L 为轻载下实际负载电流。

由式(6.125)可知，Burst 模式下不同的占空比对应了变换器不同的负载工作状态。为了达到更高的轻载效率，Burst 模式下占空比需满足以下关系：

$$D_{\text{burst}} = \frac{i_{\text{L}}}{i_{\text{opt}}} = \frac{T_{\text{on}}}{T_{\text{on}} + T_{\text{off}}} \tag{6.126}$$

式中，i_{opt} 是变换器效率达到最高值的负载电流。

根据以上分析，可提出如图 6.128 所示的 Burst 控制策略。首先根据输出电压纹波与轻载效率间的折中关系确定一个合适的 $T_{\text{on}} + T_{\text{off}}$ 总时间周期；然后通过负载电流采样值与事先测得或计算出的最佳效率点的负载电流值相比较，确定合适的 Burst 模式的占空比 D_{burst}；最后在经过输出电压的 PID 控制环路确定 T_{on} 期间的变换器工作频率，从而实现 LLC 谐振变换器的轻载调节。

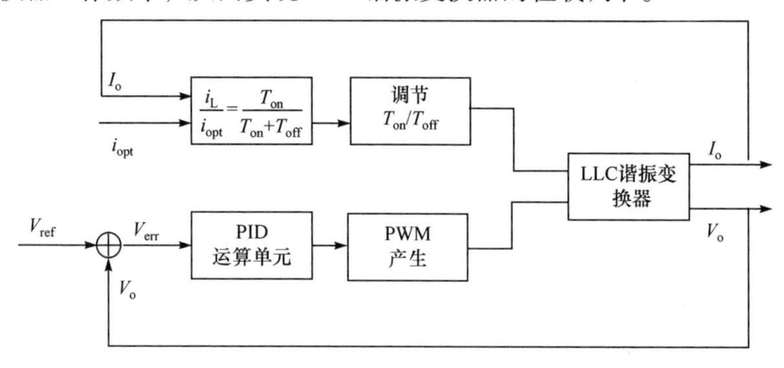

图 6.128 LLC 谐振变换器的轻载 Burst 控制策略框图

Burst 模式下，LLC 谐振变换器的工作波形如图 6.129 所示，通常在 T_{on} 阶段的第一个半周期，由于缺乏实现零电压开通所需的电感负电流(实际上电感初始时刻为零电流)，该功率管一般为硬开关打开。更严重的是，此时谐振电流是从零起振，而不是正常工作模式下另外一个半周期结束时刻的相反方向电流(相当于从负电流)起振，因此第一个周期的谐振电流峰值会显著大于后几个周期，甚至会引发变换器过流保护等误动作。另外，T_{on} 阶段结束后，谐振电流也不会立刻消失，而是通过桥臂上下管的寄生电容和谐振电感及励磁电感阻尼振荡，逐步衰减到零。

解决 Burst 模式下 T_{on} 阶段第一个周期面临的谐振电流过大问题的一个有效方法是，在 T_{on} 阶段开始前插入一个预调整脉冲(如先将原边一个功率管打开 1/4 周期)，使得谐振电流进入一个合理的起振点。采用预调整策略后 LLC 谐振变换器的一个典型 Burst 模式仿真波形如图 6.130 所示，从图中可以看出第一个周期谐振电流过大问题得到消除。

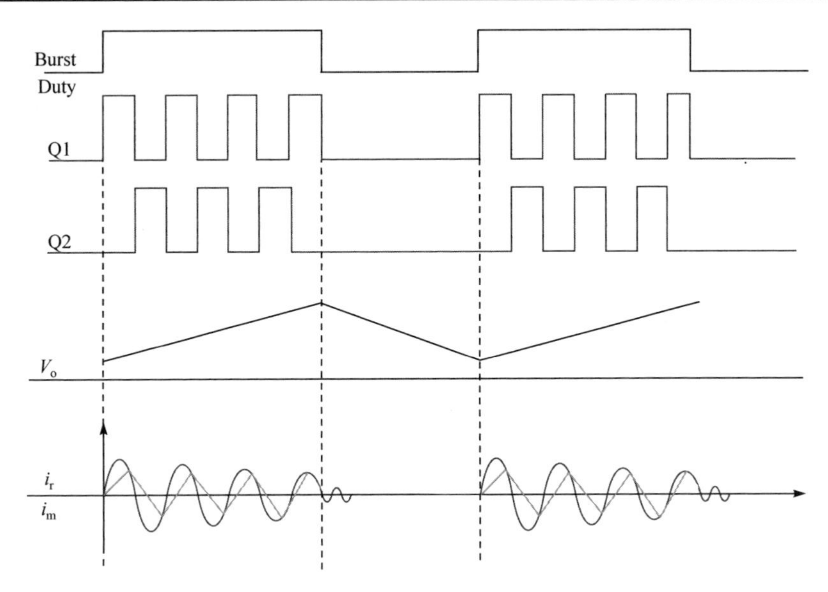

图 6.129　LLC 谐振变换器 Burst 模式下的工作波形示意图

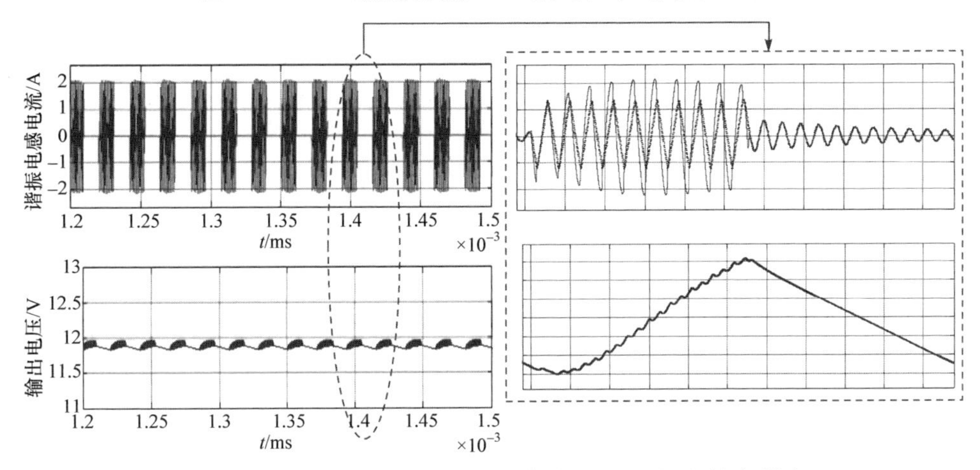

图 6.130　LLC 谐振变换器 Burst 模式下经过预调整的波形图

6.3.7　LLC 控制芯片的容性保护技术

LLC 谐振变换器实现零电压开通需要 LLC 谐振变换器工作于感性区域，即功率管两端的电压相位滞后于其电流相位。如图 6.131 的 LLC 谐振变换器的增益曲线所示，当变换器工作在零电压开通区域 1 和区域 2 时，可实现功率管的软开关。当变换器工作在零电流关断区域时，无法实现功率管的零电压开通[34]。所以，需要采取一定的措施使 LLC 谐振变换器工作在感性区域，保证软开关的实现，避免进入容性区域。当系统意外进入容性区域时，也要采用相应的容性保护措施，保证系统的安全[43]。

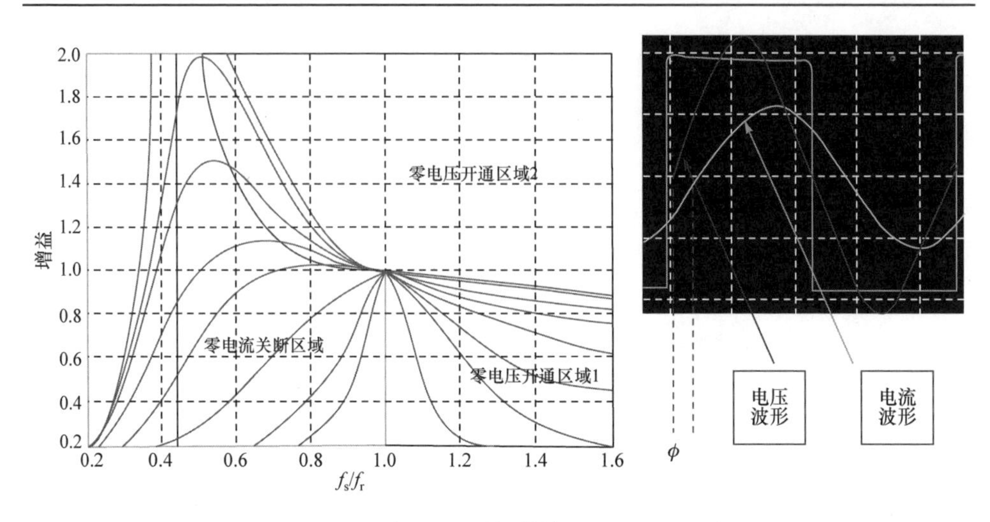

图 6.131　LLC 增益图及谐振槽输入电压、电流波形图

一种典型的容性模式保护电路如图 6.132 所示，通过极性判断电路在时钟信号 CLK 和反相时钟信号 CLKN 的上升沿判断电流采样信号 V_{CS} 的方向，产生容性判断信号 M_C。在半桥型 LLC 谐振变换器两个开关关断前对流过谐振电感的电流方向进行检测并判断，并通过控制逻辑电路和延迟电路将判断后的信号作用于驱动电路。当判断结果指示变换器将要进入感性模式时，控制电路正常运行。当判断结果显示系统将要进入容性模式时，则启动容性保护模式。

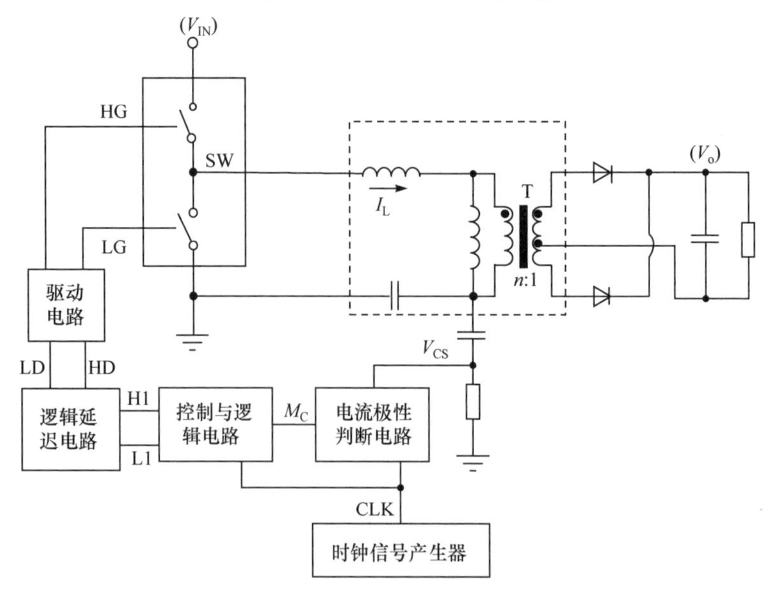

图 6.132　一种 LLC 容性模式保护电路原理框图

容性模式保护过程的时序如图 6.133 所示。CSPOS 代表图中的 C_S 端电流极

性为正，CSNEG 代表 C_S 端电流极性为负。结合图 6.132，在 t_0 时刻，LG 关闭，CSNEG 为高电平，说明电流方向正常，变换器工作在感性区；在 t_1 时刻，HG 关闭，CSPOS 为高电平，说明电流方向正常，变换器工作在感性区；在 t_2 时刻，LG 第二次关闭时，CSNEG 为低电平，说明电流方向错误(下侧开关管的体二极管导通)，变换器工作在容性区。为防止 HG 开通，在电流方向恢复正常之前，V_{SW} 不会升高，同时 DT 维持为高电平，V_{osc} 暂停，直到 t_3 时刻 CS 端电流方向恢复正常。待检测过 dV/dt 后，HG 开启。通过此控制时序，可以保证 LLC 谐振变换器工作在感性区域，而避免工作于容性区域。

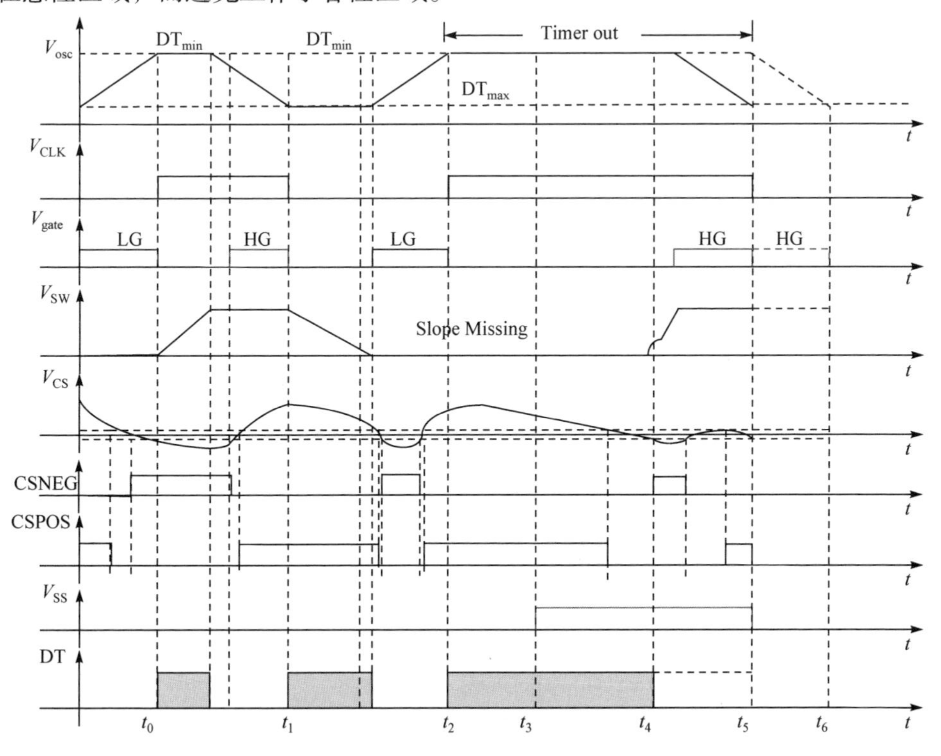

图 6.133　一种容性模式保护过程的时序控制图

参 考 文 献

[1] Pressman A I, Billings K, Morey T. 开关电源设计. 王志强, 肖文勋, 虞龙, 译. 北京：电子工业出版社, 2010.

[2] Maniktala S. 精通开关电源设计. 王志强, 译. 北京: 人民邮电出版社, 2008.

[3] 王水平, 孙柯, 王禾. 开关电源原理与应用设计. 北京: 人民邮电出版社, 2012.

[4] 程松林. 原边反馈反激变换器数字控制环路设计. 南京: 东南大学, 2015.

[5] 王冲. 基于损耗模型的原边反馈反激电源数字多模式设计. 南京: 东南大学, 2014.

[6] Li F H, Wang H X, Lu Z H, et al. Design of an off-line AC/DC controller based on skip cycle modulation // Proceedings of the 12th International Symposium on Integrated Circuits, 2010: 228-231.

[7] Lee K, Sung C, Yoon H, et al. Improvement of power conversion efficiency at light-load using a variable-duty burst mode // Proceedings of Power and Energy Conference at Illinois, 2013: 142-146.
[8] Agnihotri P, Kaabouch N, Salehfar H, et al. FPGA-based combined PWM-PFM technique to control DC-DC converters // Proceedings of North American Power Symposium, 2010: 1-6.
[9] Fairchild Semiconductor Corporation. PWM controller for low standby power battery-charger applications. http://www.onsemi.com/PowerSolutions/product.do?id=FAN302HLMY_F117 [2013-03-01].
[10] 宗强. 多模式 PWM 反激式变换器的设计. 杭州: 浙江大学, 2008.
[11] Xu S, Cheng S, Wang C, et al. Digital regulation scheme for multimode primary-side controlled flyback converter. IET Power Electronics, 2016, 9(4):782-788.
[12] Li Y, Zheng J. A low-cost adaptive multi-mode digital control solution maximizing AC/DC power supply efficiency // Proceedings of Applied Power Electronics Conference and Exposition, 2010: 349-354.
[13] Li Y, Seim C, Zheng J J, et al. Adaptive multi-mode digital control improving light-load efficiency in switching power converters: US,0164455. 2010.
[14] 张晓明. 原边反馈反激变换器的高精度恒流恒压数字控制策略设计. 南京: 东南大学, 2016.
[15] 李勇, 郑俊杰, 严亮, 等. 混合 PWM 和 PFM 的电流限制控制: 中国, 200880104676.8. 2008- 08-27.
[16] Wang Y, Jiang J, He L. High-precision constant current controller for primary-side feedback LED drivers // Proceedings of International Symposium on Industrial Electronics, 2013:1-5.
[17] Lin L, Eason D, Muegge R. Power converter controller controlled by variable reference voltage generated by dual output digital to analog converter: US, US7589983, 2009.
[18] Qiu J, He L, Wang Y. A multimode digital controller IC for flyback converter with high accuracy primary-side feedback. Journal of Zhejiang University-Science C (Computers & Electronics), 2013, 14(8): 652-662.
[19] Wang C, Xu S, Fan X, et al. Novel digital control method for improving dynamic responses of multimode primary-side regulation flyback converter. IEEE Transactions on Power Electronics, 2017, 32(2): 1457-1468.
[20] Xu S, Kou X, Wang C, et al. New digital control method for improving dynamic response of synchronous rectified flyback converter with CCM and DCM mode // Proceedings of Applied Power Electronics Conference and Exposition, 2018: 338-343.
[21] 寇兴鹏. 100W PSR 反激变换器高动态控制算法设计. 南京: 东南大学, 2018.
[22] Emrani A, Adib E, Farzanehfard H. Single-switch soft-switched isolated DC-DC converter. IEEE Transactions on Power Electronics, 2012, 27(4): 1952-1957.
[23] Lee J Y, Moon G W, Park H J, et al. Integrated ZCS quasi-resonant power factor correction converter based on flyback topology. IEEE Transactions on Power Electronics, 2002, 15(4): 634-643.
[24] Tian F, Chen F, Rustom K, et al. Pulse frequency modulation with soft-switching flyback signal-stage inverter // Proceedings of INTELEC 2010 Conference, 2010: 1-6.
[25] Sugimura H, Saha B, Omori H. Single reverse blocking switch type pulse density modulation controlled ZVS inverter with boost transformer for dielectric barrier discharge lamp dimmer // Proceedings of International Power Electronics and Motion Control Conference, 2006: 1-5.
[26] Alireza A, Hosein F, Seyed M. Single stage soft switching ac-dc converter without any extra switch.

IET Power Electronics, 2014, 7(3): 745-752.
[27] Kang B, Low K S, Soon J J, et al. Single-switch quasi-resonant DC-DC converter for a pulsed plasma thruster of satellites. IEEE Transactions on Power Electronics, 2017, 32(6): 4503-4513.
[28] Kwon J M, Choi W Y, Kwon B H. Single-switch quasi-resonant converter. IEEE Transactions on Power Electronics, 2009, 56(4): 1158-1163.
[29] 史永胜, 李利, 田卫东, 等. 宽范围输入高效 LLC 谐振变换器的研究. 电子器件, 2017, 40(1): 256-261.
[30] 刘一希. 基于全数字控制 LLC 谐振变换器的电动汽车电池充电器研究. 南京: 南京航空航天大学, 2014.
[31] On Semiconductor. NCP1399: Current mode resonant controller (integrated high voltage drivers, high performance). https://www.onsemi.cn/pub/Collateral/NCP1399-D.PDF[2017-08-09].
[32] ST Microelectronics. L6599: High-voltage resonant controller. https://www.st.com/resource/en/datasheet/l6599.pdf[2016-10-16].
[33] 胡先东, 高俊宁, 葛立峰. 半桥 LLC 谐振变换器的参数优化设计. 电力电子技术, 2013, 47(7): 101-103.
[34] Fang X, Hu H, Shen Z J, et al. Operation mode analysis and peak gain approximation of the LLC resonant converter. IEEE Transactions on Power Electronics, 2012, 27(4): 1985-1995.
[35] Ing M F, Peter D, Pavol S. Experimental analysis and optimization of key parameters of ZVS mode and its application in the proposed LLC converter designed for distributed power system application. International Journal of Electrical Power & Energy Systems, 2013, 47(6): 448-456.
[36] Jang J, Kumar P S, Kim D, et al. Average current-mode control for LLC series resonant DC-to-DC converters. International Power Electronics and Motion Control Conference, Harbin, 2012: 21-27.
[37] Jang J, Kumar P S, Kim D, et al. Current mode control for LLC series resonant DC-to-DC converters. Energies, 2015(8):6098-6113.
[38] Chang C H, Chang E C, Cheng C A, et al. Small signal modeling of LLC resonant converters based on extended describing function. International Symposium on Computer, Consumer and Control IEEE Computer Society, 2012: 365-368.
[39] Yang D D, Chen C S, Duan S X. A variable duty cycle soft startup strategy for LLC series resonant converter based on optimal current-limiting curve. IEEE Transactions on Power Electronics, 2016, 31(11): 7796-8006.
[40] Feng W, Lee F C. Optimal trajectory control of LLC resonant converters for soft start-up. IEEE Transactions on Power Electronics, 2013, 29(3): 1461-1468.
[41] Mohammadi M, Ordonez M. Inrush current limit or extreme start-up response for LLC converters using average geometric control. IEEE Transactions on Power Electronics, 2018, 33(1): 777-792.
[42] Wang B, Xin X, Wu S, et al. Analysis and implementation of LLC burst mode for light load efficiency improvement. Applied Power Electronics Conference and Exposition, 2009:58-64.
[43] HR1001B: Enhanced LLC controller with adaptive dead-time control. https://www.monolithicpower.com/en/documentview/productdocument/index/doc_url/L2gvci9ocjEwMDFiX3IxLjEucGRm/prod_id/NTM/[2017-05-28].